面向21世纪课程教材

材料结构表征及应用

吴　刚　　主编

化学工业出版社
教材出版中心
·北　京·

图书在版编目（CIP）数据

材料结构表征及应用/吴刚主编．—北京：化学工业出版社，2001.9（2023.3重印）
面向21世纪课程教材
ISBN 978-7-5025-3340-3

Ⅰ．材…　Ⅱ．吴…　Ⅲ．①金属材料-性能实验-高等学校-教材②非金属材料-性能实验-高等学校-教材③高分子材料-性能实验-高等学校-教材　Ⅳ．TB302

中国版本图书馆CIP数据核字（2001）第049004号

责任编辑：杨　菁　　　　装帧设计：蒋艳君
责任校对：顾淑云

出版发行：化学工业出版社　教材出版中心
（北京市东城区青年湖南街13号　邮政编码100011）
印　　装：北京虎彩文化传播有限公司
787mm×960mm　1/16　印张29¾　字数535千字
2023年3月北京第1版第16次印刷

购书咨询：010-64518888　　　　售后服务：010-64518899
网　　址：http://www.cip.com.cn
凡购买本书，如有缺损质量问题，本社销售中心负责调换。

定　　价：89.00元

前　言

材料的发明与使用曾是人类进步里程的重要标志之一。今天，材料既是一切产业部门的物质基础，也是现代文明的重要支柱，所以世界各国无不对材料研究给予足够的重视。中国历来把材料的研制生产放在十分重要的位置，从而保证了国家工业生产水平的提高与国防科技工业的不断发展。在20世纪末，人们普遍认识到信息、材料和能源已成为现代科学技术重点发展的三大领域。传统的金属材料、无机非金属材料、有机高分子材料和复合材料、以及近年来相继问世的具有特殊功能的新材料不仅为工业生产和国民经济发展提供了重要保证，而且与其他领域的新发现相互促进，推动了一波又一波的新技术革命。基于此，国家最近又把基础材料作为国民经济发展的重点，把新材料定为中国高技术领域的主要领域之一，这必将对今后科学技术的进步和国民经济的发展起到关键的促进作用。

材料的设计、制备和表征是材料研究这一整体工作中鼎立的三足。材料设计的重要依据来源于对材料的结构分析，材料制备的实际效果必须通过材料结构分析的检验。因此可以说材料科学的进展极大地依赖于对材料结构分析表征的水平。《材料结构表征及应用》便是基于这样一种认识而编写出来的。

在教育部“面向21世纪高等工程教育教学内容和课程体系改革计划”的指导下，作为由四川大学牵头，北京化工大学、华东理工大学、东北大学、武汉理工大学主持，东华大学和吉林工业大学参加的“材料类专业人才培养方案及教学内容体系改革的研究与实践”这一教改项目的成果之一，由北京化工大学主编、武汉理工大学和华东理工大学参编，撰写了《材料结构表征及应用》一书。本书已获得教育部批准列入“面向21世纪课程教材”。它是面向大材料公共课程平台的系列教材之一，比较系统地介绍了材料结构表征的主要方法、原理及应用。该课程与专业实验课相结合，是培养学生深入理解材料结构与性能关系的重要课程。本教材是在部分院校相关内容同类教材或讲义多届试用基础上经项目组和执笔人员反复讨论、修改后确定的版本。我们希望本教材的出版能够适应材料类专业教育改革的要求，能够满足材料类专业本科生和研究生学习和科研活动的需要。

本书主要介绍了X射线衍射分析方法；扫描和透射电子显微分析方法；红外光谱、核磁共振、质谱等谱学方法；各种热分析方法；以及X射线光电子能谱等技术的基本原理、所能解决的主要结构方面的问题及在材料研究各领域的应用实例。在内容的组织上力求少而精，在基本满足材料研究的主要手段的前提下，内容上力求删繁就简、尽量做到理论与实际应用的密切结合，在实例方面，尽量兼顾不同材料类别。

为了满足当前高新技术发展的需要，编者在总结个人多年工作的基础上，广泛收集有关文献资料，编写了此书。书中比较全面地介绍了有关表征技术的基本原理、主要用途及研究对象、样品的制备方法及具体的应用实例等。本书在组织选材方面，注意将基础知识与应用实例结合起来，力求每章内容独立、完整而又互相衔接。在写作方面尽量做到通俗易懂，由浅入深，以使读者阅后有一个清晰的概念，对于已具备基础知识的读者，也能从中得到新的启发。

本书由北京化工大学吴刚主编，武汉理工大学赵青南和华东理工大学杲云任副主编。第 1 章由北京化工大学佘鼎声编写，第 2 章和第 8 章由武汉理工大学赵青南编写，第 3 章由北京化工大学张权编写，第 4 章由北京化工大学张美珍编写，第 5 章和第 6 章由北京化工大学严宝珍编写，第 7 章由华东理工大学杲云编写。全书各章由北京化工大学吴刚负责初审，并由武汉理工大学孙文华和赵修建分别对第 2、8 章；北京化工研究院陈立清对第 3 章；北京化工大学柯以侃对第 4 章；中国科学院感光化学研究所俞珺对第 5、6 章；中国科学院硅酸盐研究所陈玮对第 7 章的内容进行二审。

对教育部教改项目领导小组，对参与或支持本书编写的武汉理工大学、华东理工大学、北京化工大学、北京化工研究院、中科院感光化学所和硅酸盐研究所的同仁表示深切的感谢，对书中所引用资料的作者表示感谢。

材料的发展日新月异，材料科学与技术的内容也在不断更新，因此本书的内容不可能一成不变，今后势必要不断更新、补充与修订，希望广大读者对其内容予以建议和批评指正。

编　者

2001 年 1 月

目　录

第1章　绪　　论

材料就是用以制造有用物件的物质。历史上，人们把材料作为人类进步的里程碑。从早期的石器时代、青铜器时代、铁器时代，经过数千年的发展，逐渐进步到现代的金属与合金的冶炼、无机非金属材料、有机高分子材料、复合材料、生物材料和光电子材料等。现在，人们已把材料、信息与能源誉为当代文明的三大支柱。同时，又把新材料、信息技术和生物技术看做是新技术革命的主要标志。世界上先进的工业国家都把材料作为21世纪优先发展的领域。

材料重要，发展也很快，现已成为一门科学。但是材料学作为学科来说，与其他学科最大的不同点是其本身就是多学科交叉的新兴学科。对每一类材料来说，各自早就是一门学科，例如与金属材料有关的冶金学，与有机高分子材料相关的有机化学，与陶瓷材料相关的无机化学，还有与材料表征有关的分析化学等。所以材料科学工作者必须具有广泛而坚实的跨学科基础知识，才能适应材料科学不断地向前发展的需要。

1.1　材料结构与材料性能的关系

现代材料科学的发展在很大程度上依赖对材料性能和其他成分结构及微观组织关系的理解。因此，对材料性能的各种测试技术；对材料在微观层次上的表征技术，构成了材料科学的一个重要组成部分。宏观上的性能测试和微观上的成分、结构、组织的表征。这两个方面构成了材料的检测评价技术。在材料的发展过程中可以清楚地看到测试评价新技术所起的重要作用。

曾有人提出材料研究的四大要素是材料的固有性质、材料的结构与成分、材料的使用性能和材料的合成与加工，并认为要解决材料科学问题，这4个方面缺一不可。这个分析还是比较精辟的。材料的固有性质可以罗列数百种之多，但对通常的材料研究来说不必一一通晓，而且基本上可以把这些材料性质归结为三类：化学性质、物理性质和力学性质。对于金属、聚合物、陶瓷材料来说各自的这三类性质除物理性质外所包含的内容的侧重点有所不同可以归纳在图1-1中。应当了解，没有归入此图中的性质则还很多。

使用性能是材料在使用状态下表现出的行为。使用性能基本依据就是材料的固有性质，如有超导性才有超导材料，有导电性才有导电高分子材料，有高热稳定性才有阻燃高分子材料等。但使用性能还和设计、加工条件和工程环境密切相关，有些材料的固有性质很好，但在复杂的使用条件下，如在氧化与腐蚀、疲劳及其他复杂载荷条件下就不能令人满意。使用性能要包括可靠性、耐用性、寿命预测和延寿措施等。通过优化设计和改变加工制备的条件等措施，可以提高材料的使用性能。

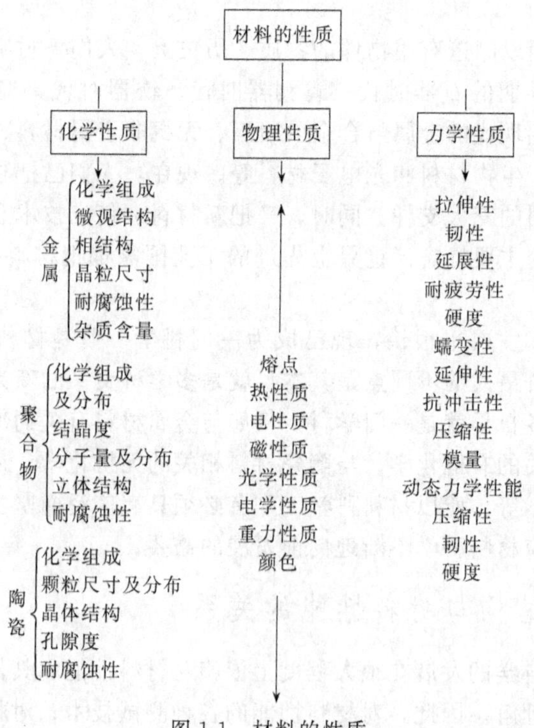

图 1-1　材料的性质

材料的固有性质大都取决于物质的电子结构、原子结构和化学键结构。这就是通常所说的“结构与性能的关系”的基础。用图 1-2 的六面体可以清楚地表示结构与性能之间的依存关系。

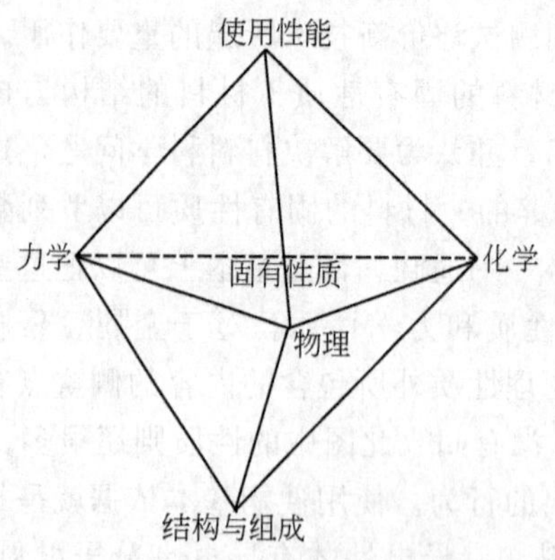

图 1-2　材料结构与性能关系

了解这些基本关系就可以在材料研究中改变传统的“炒菜”法，而进入“材料设计”的新研究方式。材料设计简单地说是按指定性能“定做”新材料，按生产要求“设计”最佳的制备和加工方法。需要指出的是材料设计是一门边缘学术领域，目前还仅仅处于初级阶段。

1.2 材料结构表征的基本方法

材料的结构可按尺寸分为不同层次。最基本的是原子-电子层次（以0.1nm为尺度），其次是以大量原子、电子运动为基础的微观结构（大约为1μm为尺度）。材料的成分即其组成原子种类和数量（包括微量杂质）。

材料结构的表征方法相当多，而且新的表征方法层出不穷，本书中只介绍经常遇到的基本方法。而这些表征方法对于材料工作者来说是必须要掌握的。其他方法，特别是一些新出现的方法，所用的检测仪器十分昂贵，通常只设置在国家的少数几个检测中心内。例如，用同步辐射进行的广延X射线吸收精细结构测量、中子活化谱仪、毫微秒激光管光分析、超高压透射电子显微镜等。材料工作者可以通过委托分析或合作研究的方法获得必要的测试数据。

材料结构的表征就其任务来说主要有三个，即成分分析、结构测定和形貌观察。

1.2.1 化学成分分析

材料的化学成分分析除了传统的化学分析技术外，还包括质谱、紫外、可见光、红外光谱分析，气、液相色谱，核磁共振，电子自旋共振、X射线荧光光谱、俄歇与X射线光电子谱、二次离子质谱，电子探针、原子探针(与场、离子显微镜联用)、激光探针等。在这些成分分析方法中有一些已经有很长的历史，并且已经成为普及的常规的分析手段。如质谱已是鉴定未知有机化合物的基本手段之一，其重要贡献是能够提供该化合物的分子量和元素组成的信息。色谱中特别是裂解气相色谱（PGC）能较好显示高分子类材料的组成特征，它和质谱、红外光谱、薄层色谱、凝胶色谱等的联用，大大地扩展了其使用范围。红外光谱在高分子材料的表征上有着特殊重要地位。红外光谱测试不仅方法简单，而且也由于积累了大量的已知化合物的红外谱图及各种基团的特征频率等数据资料而使测试结果的解析更为方便。核磁共振谱虽然经常是作为红外光谱的补充，但其对聚合物的构型及构象的分析，对于立构异构体的鉴定，对于共聚物的组成定性、定量及序列结构测定有着独特的长处。许多信息是其他方法难以提供的。

需要特别提及的是，近年来由于对材料的表面优化处理技术的发展，对确定表面层结构与成分的测试需求迫切。一种以X射线光电子能谱、俄歇电子能谱、低能离子散射谱仪为代表的分析系统的使用日益重要。其中X射线光电子能谱（XPS）也称为化学分析光电子能谱（ESCA），是用单色的软X射线轰击样品导致电子的逸出，通过测定逸出的光电子可以无标样直接确定元素及元素含量。对于固体样品，XPS可以探测2～20个原子层深度的范围。目前已成为从生物材料、高分子材料到金属材料的广阔范围内进行表面分析的不可缺少的工具之一。俄歇电子能谱（AES）是用一束汇聚电子束，照射固体后在表面附近产生了二次电子。由于俄歇电子在样品浅层表面逸出过程中没有能量的损耗，因此从特征能量可以确定样品元素成分，同时能确定样品表面的化学性质。由于电子束的高分辨率，故可以进行三维区域的微观分析。二次离子质谱（SIMS）是采用细离子束轰击固体样品，它们有足够能量使样品产生离子化的原子或原子团，这些离子化物质就称为二次离子。二次离子被加速后在质谱仪中根据荷质比不同分类，从而提供包含样品表面各种官能团和各种化合物的离子质谱。二次离子质谱又分为静态和动态二次离子质谱两种，前者可以保证样品表面化学的完整性，可以完成样品外层的化学分析，而动态二次离子谱破坏样品表面的完整性，但是可以迅速得到样品的成分的分布和成分随着轰击时间（表示距样品深度）的变化情况。在无法利用上述手段进行材料表面成分表征的情况下，可以尝试采用红外光谱的衰减全反射（ATR）技术进行测试。ATR 技术的优点是不需要进行复杂的分离，不破坏材料的表面结构，而且制样方法简单易行，可以得到高质量的表面红外谱图，是一种对材料特别是高分子材料很实用的表面成分分析技术。

1.2.2 结构测定

材料结构的测定仍以衍射方法为主。衍射方法主要有 X 射线衍射、电子衍射、中子衍射、穆斯堡谱、γ 射线衍射等。应用最多最普遍的是 X 射线衍射，这一技术包括德拜粉末照相分析、高温、常温、低温衍射仪、背反射和透射劳厄照相，测定单晶结构的四联衍射仪等。在 X 射线衍射仪中，一束平行的波长为 $\lambda=0.05\sim0.2\text{nm}$ 的 X 射线射到样品上时，将被样品中各种晶体相所衍射，衍射遵循 Bragg 公式，$2d\sin\theta=\lambda$，其中 d 是晶面间距。X 射线的衍射强度是晶胞参数、衍射角和样品取向度的函数。衍射图用以确定样品的晶体相和测量结构性质，包括应变、外延织构和晶粒的尺寸和取向。X 射线也能确定非晶材料和多层膜的成分深度分布、膜的厚度和原子排列。但是 X 射线不能在电磁场作用下汇聚，所以要分析尺寸在微米量级的单晶晶体材料需要更强的 X 射线源。这种源可以通过同步辐射得到。由于电子与物质的相互作用比 X 射线强四个数量级，而且电子束可以汇聚得很小，所以电子衍射特别适用于测定细微晶体或材料的亚微米尺度结构，如电子衍射图可以用来分析表面或涂层的结构，对衍射强度的分析可以确定表面原子之间的相对位置及它们相对下层原子的位置。对不同角度的衍射束的分析可以提供表面无序程度的分析。

中子是组成原子核的基本成分之一，除了^{1}H 原子之外，地球上所有元素的原子核都有不同数量的中子。中子衍射技术经过50年的发展,特别是20世纪70年代以后,随着高通量核反应堆的建成及电子计算机技术的飞速发展,已经成为更加完善的结构分析手段,它与X射线衍射和电子衍射及多种能谱分析结合起来,相互补充,使材料结构研究取得了更为精确的结果。由于中子可以穿透厘米量级的厚度,测定结果的统计性要远优于能穿透微米量级的X射线。中子衍射用途是测定材料(主要是金属、合金材料)的缺陷、空穴、位错、沉淀相、磁不匀性的大小和分布。此外它还可以研究生物大分子在空间的构型。

在结构测定方法中,值得特别一提的是热分析技术。热分析技术虽然不属于衍射法的范畴,但它是研究材料结构特别是高分子材料结构的一种重要手段。热分析技术的基础是当物质的物理状态和化学状态发生变化时(如升华、氧化、聚合、固化、脱水、结晶、降解、熔融、晶格改变及发生化学反应),往往伴随着热力学性质(如热焓、比热容、导热系数等)的变化,因此可通过测定其热力学性质的变化来了解物质物理或化学变化过程。目前热分析已经发展成为系统的分析方法,是高分子材料研究的一种极为有用的工具,它不但能获得结构方面的信息,而且还能测定一些物理性能。

1.2.3 形貌观察

主要是依靠显微镜,光学显微镜是在微米尺度上观察材料的普及方法。扫描电子显微镜与透射电子显微镜则把观察的尺度推进到亚微米和微米以下的层次。扫描电镜在材料的断口形貌分析上很有用处。由于近年来扫描电镜的分辨率的提高,所以可以直接观察部分结晶高聚物的球晶大小完善程度、共混物中分散相的大小、分布与连续相(母体)的混溶关系等。透射电镜的试样制备虽然比较复杂,但是在研究晶体材料的缺陷及其相互作用上是十分有用的。场离子显微镜(FIM)利用半径为50nm的探针尖端表面原子层的轮廓边缘电场的不同,借助氦、氖等惰性气体产生的离化,可以直接显示晶界或位错露头处原子排列及气体原子在表面的吸附行为。20世纪80年代初期发展的扫描隧道显微镜(STM)和20世纪80年代中期发展的原子力显微镜(SFM),克服了透射电子显微镜景深小、样品制备复杂等缺点,借助一根针尖与试样表面之间隧道效应电流的调控,可以在三维空间达到原子分辨率。在探测表面深层次的微观结构上显示了无与伦比的优越性。在有机分子的结构中,应用STM已成功观察到苯在Rh(3+)晶面的单层吸附,并且显示清晰的Kekule环状结构。

在选择适当的表征方法时,首先是考虑采用什么方法才能得到所需要的参数,也即一方面要知道探测样品组织的尺度,另一方面需要知道分析方法自身具备的能力。同时还要考虑所需信息是整体统计性还是局域性的,是宏观尺度、纳米尺度还是原子尺度。图 1-3 列出材料若干典型组织的尺度范围和进行材料表征的各种仪器设备分辨率的限制，可以在应用中参考。图 1-4 给出了按成分分析、晶体结构测定及形貌观察三方面的各种测试技术，及其在材料深度及横向方面可能提供的空间分辨率。实线框表示该技术到底的最佳分辨率的范围。虚线框表示该技术在理想条件下，已显示这样的能力，但在实际的应用中还有待发展。图中纵、横坐标所列的分辨率仅为数量级。

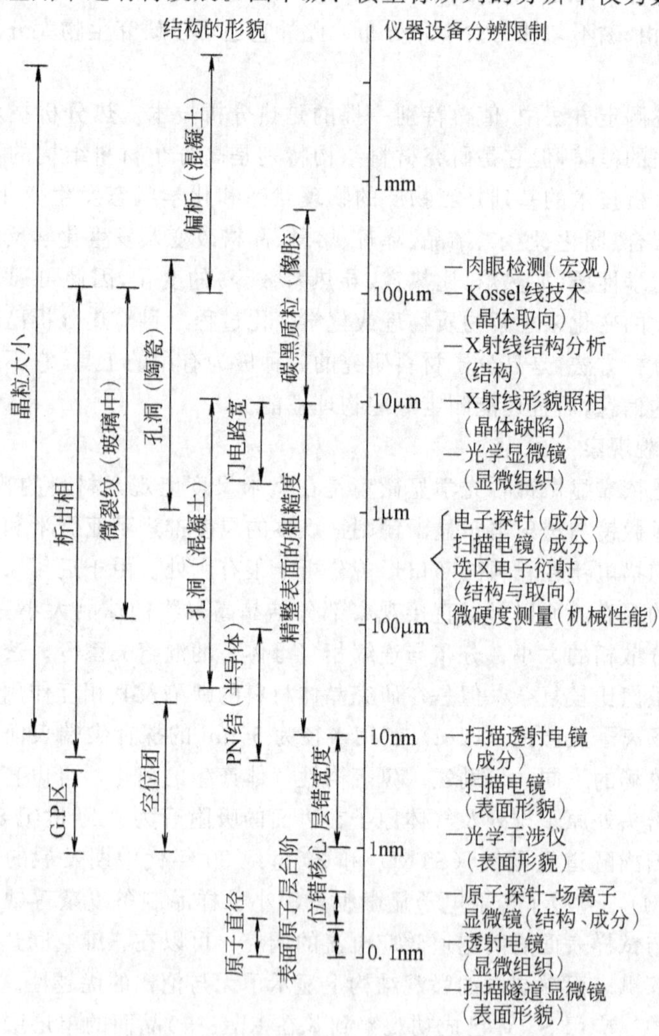

图 1-3　材料中组织的尺度与检测仪器分辨率极限对比图

为了说明从材料的需要及从测试表征技术提供的可能两方面的结合，以粘土/聚合物纳米复合材料作为典型的例子介绍对材料进行表征的分析测试技术。

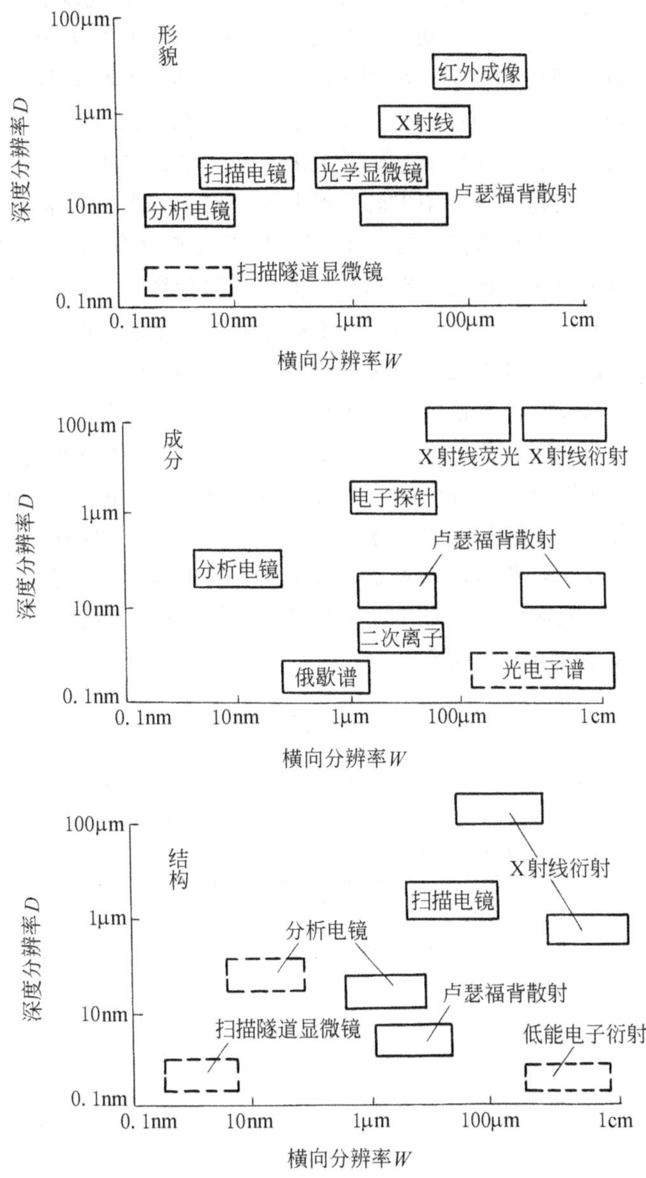

图 1-4 材料结构表征时所用方法在深度和横向尺度方面的分辨率示意图

粘土/聚合物纳米复合材料是一种典型的无机/有机杂化材料，有机聚合物嵌入层状结构的粘土（如蒙脱土）晶层之间是纳米级的分散。根据这个尺度要求，可选用的测试技术有：① 形貌观察，根据图 1-4 可知，透射电镜是首选的仪器，在透射电镜照片中可以清晰地观察粘土的层状结构在被大分子嵌入以后晶层间距发生的变化情况。如果采用扫描隧道显微镜可以观察到晶层厚度、晶层间距、晶层缺陷及其细微结构。但是扫描隧道显微镜对制样要求极其严格，费用较昂贵，由于这些性质可以通过其他表征手段获得，所以不一定用来作为常规测试项目。②结构测定，粘土层间嵌入了体积较大的有机分子必然引起粘土晶层 d_{001} 发生变化，因此在试样的 X 射线衍射实验中出现不同角度和衍射强度的衍射峰。纯粘土晶层的层间距通常为0.96nm。据此可以计算有机分子嵌入后夹层的高度。如果能知道有机分子的平均直径，还可以进一步推算出有机分子在粘土层间的排列层数，以及排列的形态（层间夹角等）。③化学成分分析，由于粘土的主要成分为硅酸盐，因此适宜进行红外光谱分析。在红外光谱中可以看到粘土的硅氧特征峰，也能观察到有机分子的特征峰以及由于极性分子与粘土层间离子之间的强烈相互作用而产生的新峰。④热性质分析，主要手段是 DSC，在与纯的有机大分子的 DSC 谱图对比，往往发现有机分子嵌入粘土晶层后的 DSC 谱图发生许多有趣的变化。如果嵌入的是结晶性的大分子，会观察到熔点的漂移现象，随着嵌入程度的增加，可以看到熔融峰的减弱直至消失。这是大分子在晶层间的活动明显受到限制的证据。对于非晶性大分子，同样可以观察到玻璃化转变温度的漂移，减弱甚至消失的现象。

参 考 文 献

1 叶恒强等. 高技术新材料要览. 33～37，北京：中国科学技术出版社，1993

2 马如璋，徐祖雄. 材料物理现代研究方法. 北京：冶金工业出版社，1997

3 山科俊郎，福田伸. 表面分析的基础和应用. 东京大学出版社，1991

4 余鼎声，王一中. 高分子材料科学与工程. 1998，**14**(3)，26～28

5 王一中，武保华，余鼎声. 高等学校化学学报. 1999，**20**(7)，1143～1145

6 励杭泉编. 材料导论. 北京：中国轻工业出版社，2000

第 2 章　红外光谱及激光拉曼光谱

红外（Infrared 缩写为 IR）和拉曼（Raman）光谱在材料领域的研究中占有十分重要的地位，它们是研究材料的化学和物理结构及其表征的基本手段。由于红外光谱技术可以对材料的研究提供各种信息，因此已逐渐扩展到多种学科和领域，应用非常广泛。随着激光技术的发展，激光拉曼光谱仪在材料研究中的应用也日益增多。

红外和拉曼光谱统称为分子振动光谱，但它们分别对振动基团的偶极矩和极化率的变化敏感。因此可以说，红外光谱为极性基团的鉴定提供最有效的信息，而拉曼光谱对研究物质的骨架特征特别有效。在研究高聚物结构的对称性方面，红外和拉曼光谱两者可相互补充。一般非对称振动产生强的红外吸收，而对称振动则出现显著的拉曼谱带。红外和拉曼分析法相结合，可以更完整地研究分子的振动和转动能级，从而更可靠地鉴定分子结构。

2.1　红外光谱的基本原理

红外辐射光的波数可分为近红外区（10000～4000cm^{-1}）、中红外区（4000～400cm^{-1}）和远红外区（400～10cm^{-1}）。其中最常用的是中红外区，大多数化合物的化学键振动能级的跃迁发生在这一区域，在此区域出现的光谱为分子振动光谱，即红外光谱。

2.1.1　双原子分子的振动——谐振子和非谐振子

2.1.1.1　谐振子

用双原子分子振动的经典力学——谐振子模型来处理，把两个原子看做由弹簧联结的两个质点，如图 2-1 所示。根据这样的模型，双原子分子的振动方式就是在两个原子的键轴方向上作简谐振动。

按照经典力学，简谐振动服从虎克定律，即振动时恢复到平衡位置的力 F 与位移 x 成正比，力的方向与位移方向相反。用公式表示即

$$F=-kx \tag{2-1}$$

k 是弹簧力常数，对分子来说，就是化学键力常数。根据牛顿第二定律，

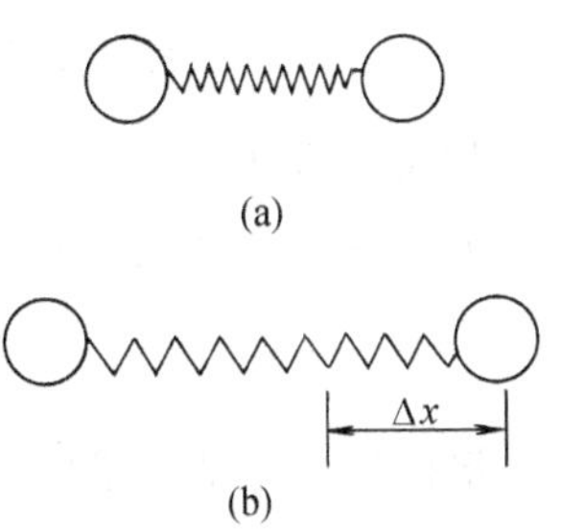

图 2-1　由弹簧联结的两个质点从其平衡位置的位移

$$F = ma = m\frac{d^2x}{dt^2}$$

则

$$m\frac{d^2x}{dt^2} = -kx \tag{2-2}$$

式（2-2）的解为

$$x = A\cos(2\pi\nu t + \phi) \tag{2-3}$$

式中 A 为振幅（即 x 的最大值）；ν 为振动频率；t 为时间；ϕ 为相位常数。

将式（2-3）对 t 求二次微商，再代入式（2-2），化简即得

$$\nu = \frac{1}{2\pi}\sqrt{\frac{k}{m}} \tag{2-4}$$

用波数表示时，则

$$\sigma = \frac{1}{2\pi c}\sqrt{\frac{k}{m}} \tag{2-5}$$

对原子质量分别为 m_1、m_2 的双原子分子来说，用折合质量 $\mu = \dfrac{m_1 \cdot m_2}{m_1 + m_2}$代替 m，则

$$\sigma = \frac{1}{2\pi c}\sqrt{\frac{k}{\mu}} \tag{2-6}$$

双原子分子的振动行为用上述模型描述的话，分子的振动频率可用式（2-6）计算之。化学键越强，相对原子质量越小，振动频率越高。

例如有机分子中 C—H 键伸缩振动频率，μ 以原子质量单位为单位，

$$\mu = \frac{1\times 12}{1+12}\times\frac{1}{N} = 0.92\times\frac{1}{6.023\times 10^{23}}\text{g}$$

$$k_{\text{C—H}} = 5\text{N}\cdot\text{cm}^{-1}$$

$$\sigma = 1303\sqrt{\frac{5}{0.92}} = 3000\text{cm}^{-1}$$

与实验值基本一致。例如 $CHCl_3$ 的 C—H 伸缩振动频率是 2915cm^{-1}。

为简便，将上述双原子分子的势能描述为

$$V = \frac{1}{2}kx^2 \tag{2-7}$$

根据量子力学，求解体系的薛定谔方程为

$$\left[\frac{-h}{8\pi^2\mu}\frac{d^2}{dx^2} + \frac{1}{2}kx^2\right]\psi = E\psi \tag{2-8}$$

解为

$$E=\left(v+\frac{1}{2}\right)kc\sigma=\left(v+\frac{1}{2}\right)\frac{h}{2\pi c}\sqrt{\frac{k}{\mu}} \tag{2-9}$$

$v=0$，1，2，3，…称为振动量子数。

2.1.1.2　非谐振子

实际上双原子分子并非理想的谐振子，其势能曲线也不是式（2-7）给出的数学抛物线。分子的实际势能随着核间距的增大而增大，当核间距增大到一定值后，核间引力不再存在，分子离解成原子，势能为一常数。其势能曲线如图 2-2 所示。

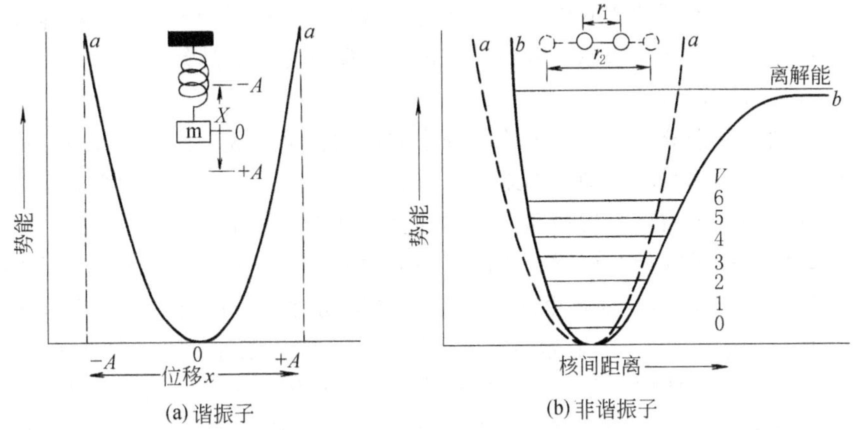

(a) 谐振子　(b) 非谐振子

图 2-2　势能曲线

按照非谐振子的势能函数求解薛定谔方程，体系的振动能为

$$E(v)=\left(v+\frac{1}{2}\right)hc\sigma_{振}-\left(v+\frac{1}{2}\right)^2 xhc\sigma_{振}+\cdots \tag{2-10}$$

即非谐振子振动能应对式（2-9）加校正项（通常只取到第二项），式中的 x 称为非谐性常数，其值远小于 1。

2.1.1.3　基频和倍频

由分式（2-9）和式（2-10）可知分子在任何情况下其振动能也不会等于零，即使在振动基态（$v=0$）仍有一定的振动能，对于非谐振子：

$$E(v)=E(0)=\frac{1}{2}hc\sigma_{振}-\frac{x}{4}hc\sigma_{振}$$

对于谐振子：

$$E(v)=E(0)=\frac{1}{2}hc\sigma_{振}$$

在常温下绝大部分分子处于 $v=0$ 的振动能级，如果分子能够吸收辐射跃迁到较高的能级，则吸收辐射 $\sigma_{吸收}$ 为

$$\sigma_{\underset{0\to1}{吸收}}=\frac{E(1)-E(0)}{hc}=\sigma_{振}-2x\sigma_{振}=(1-2x)\sigma_{振} \tag{2-11}$$

$$\sigma_{\underset{0\to2}{吸收}}=\frac{E(2)-E(0)}{hc}=2\sigma_{振}-6x\sigma_{振}=(1-3x)2\sigma_{振} \tag{2-12}$$

$$\sigma_{\underset{0\to3}{吸收}}=\frac{E(3)-E(0)}{hc}=3\sigma_{振}-12x\sigma_{振}=(1-4x)3\sigma_{振} \tag{2-13}$$

由 $v=0$ 跃迁到 $v=1$ 产生的吸收谱带叫基本谱带或称基频，由 $v=0$ 跃迁到 $v=2$，$v=3$，……产生的吸收谱带分别叫第一，第二，……倍频谱带。

2.1.2 多原子分子的简正振动

多原子分子振动比双原子分子要复杂得多。双原子分子只有一种振动方式，而多原子分子随着原子数目的增加，其振动方式也越复杂。

2.1.2.1 简正振动

如同双原子分子一样，多原子分子的振动也可看成是许多被弹簧连接起来的小球构成体系的振动。如果把每个原子看作是一个质点，则多原子分子的振动就是一个质点组的振动，要描述多原子分子的各种可能的振动方式，必须确定各原子的相对位置。要确定一个质点（原子）在空间的位置需要 3 个坐标（x，y，z），即每个原子的空间的运动有 3 个自由度。一个分子有 n 个原子，就需要 $3n$ 个坐标确定所有原子的位置，也就是说一共有 $3n$ 个自由度。但是，这些原子是由化学键构成的一个整体分子，因此，还必须从分子的整体来考虑自由度，分子作为整体有 3 个平动自由度和三个转动自由度，剩下 $3n-6$ 个才是分子的振动自由度（直线性分子有 $3n-5$ 个振动自由度）。每个振动自由度相应于一个基本振动，n 原子组成一个分子时，共有 $3n-6$ 个基本振动，这些基本振动称为分子的简正振动。

简正振动的特点是，分子质心在振动过程中保持不变，所有的原子都在同一瞬间通过各自的平衡位置。每个简正振动代表一种振动方式，有它自己的特征振动频率。

例如,水分子由 3 个原子组成,共有 3 个简正振动,其振动方式如图2-3所示。

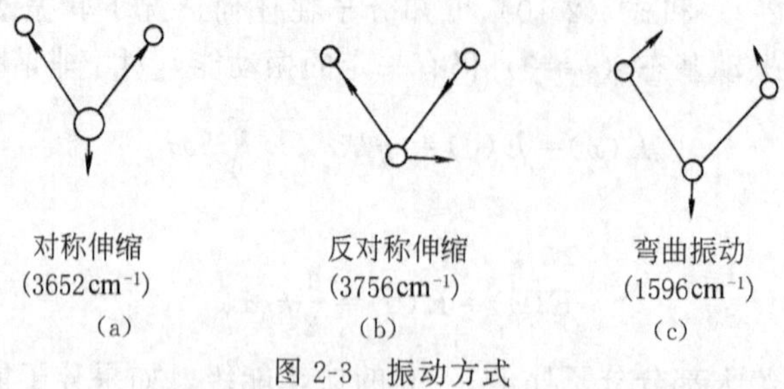

图 2-3 振动方式

第一种振动方式：两个氢原子沿键轴方向作对称伸缩振动，氧原子的振动恰与两个氢原子的振动方向的矢量和是大小相等、方向相反。这种振动称为对称伸缩振动。第二种振动方式：一个氢原子沿着键轴方向作收缩振动，另一个作伸展振动。同样，氧原子的振动方向和振幅也是两个氢原子的振动的矢量和。这种振动称为反对称伸缩振动。第三种振动方式：两个氢原子在同一平面内彼此相向弯曲。这种振动方式叫剪式振动或面内弯曲振动。

又如二氧化碳是三原子线型分子，它有 $3n-5=4$ 个简正振动，如图 2-4 所示。图中（Ⅲ），（Ⅳ）两种弯曲振动方式相同，只是方向互相垂直而已。两者的振动频率相同，称为简并振动。（Ⅰ）为对称伸缩振动，在振动时无偶极矩的变化，所以显示红外非活性。因此在 CO_2 的红外光谱中，仅在 2368cm^{-1}（反对称伸缩振动）及 668cm^{-1}（弯曲振动）附近观察到两个吸收带。但在对称伸缩振动中，极化率发生了变化，因而在拉曼光谱中可观察到此谱带（拉曼活性）。

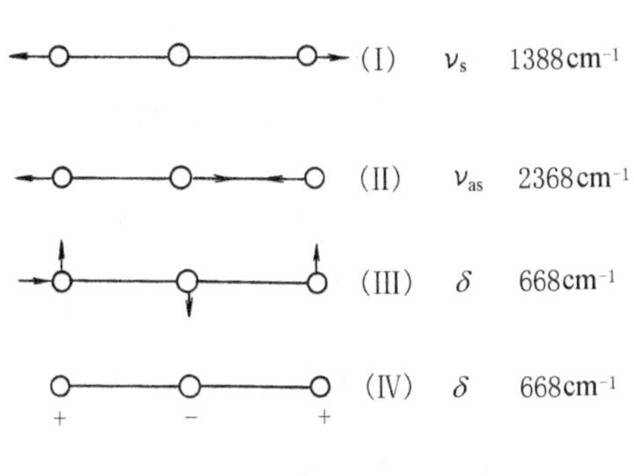

图 2-4 CO_2 分子的简正振动

2.1.2.2 简正振动类型

复杂分子的简正振动方式虽然很复杂，但主要可分两大类，即伸缩振动和弯曲振动。所谓伸缩振动，是指原子沿着键轴方向伸缩使键长发生变化的振动。伸缩振动按其对称性的不同分为对称伸缩振动和反对称伸缩振动。前者在振动时各键同时伸长或缩短；后者在振动时，某些键伸长另外的键则缩短。

弯曲振动又叫变形振动，一般是指键角发生变化的振动。弯曲振动分为面内弯曲振动和面外弯曲振动。面内弯曲振动的振动方向位于分子的平面内，而面外弯曲振动则是在垂直于分子平面方向上的振动。

面内弯曲振动又分为剪式振动和平面摇摆振动。两个原子在同一平面内彼此相向弯曲叫剪式振动，若基团键角不发生变化只是作为一个整体在分子的平面内左右摇摆，即所谓平面摇摆振动。

面外弯曲振动也分为两种，一种是扭曲振动，振动时基团离开纸面，方向相反地来回扭动。另一种是非平面摇摆振动。振动时基团作为整体在垂直于分子对称面的前后摇摆，基团键角不发生变化。

下面以分子中的甲基、次甲基以及苯环为例图示各种振动方式，见图 2-5。

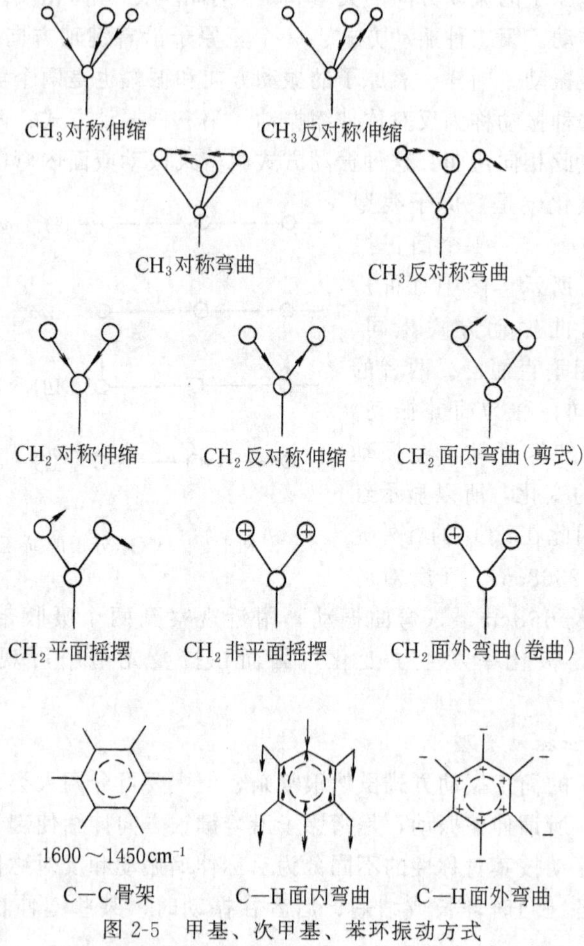

图 2-5　甲基、次甲基、苯环振动方式

2.1.3　红外光谱的吸收和强度

2.1.3.1　分子吸收红外辐射的条件

分子的每一简正振动对应于一定的振动频率，在红外光谱中就可能出现该频率的谱带。但是并不是每一种振动都对应有一条吸收谱带。分子吸收红外辐射必须满足两个条件。

① 只有在振动过程中，偶极矩发生变化的那种振动方式才能吸收红外辐射，从而在红外光谱中出现吸收谱带。这种振动方式称为红外活性的。反之，在振动过程中偶极矩不发生改变的振动方式是红外非活性的，虽有振动但不能吸收红外辐射。

② 振动光谱的跃迁规律是$\Delta v \pm 1$，± 2，……。因此当吸收的红外辐射其能量与能级间的跃迁相当时才会产生吸收谱带。

2.1.3.2 吸收谱带的强度

红外吸收谱带的强度决定于偶极矩的变化大小。振动时偶极矩变化愈大，吸收强度愈大。一般极性比较强的分子或基团吸收强度都比较大。例如C═C，C═N，C—C，C—H 等化学键的振动吸收谱带都比较弱；而C═O，Si—O，C—Cl，C—F 等的振动，其吸收谱带就很强。

2.2 红外光谱与分子结构

分子除了有简正振动对应的基本振动谱带外，由于各种简正振动之间的相互作用，以及振动的非谐性质，还有倍频、组合频、偶合以及费米共振等的吸收谱带，因此确定红外光谱中各个谱带的归属是比较困难的。但是化学工作者根据大量的光谱数据发现，具有相同化学键或官能团的一系列化合物有近似共同的吸收频率，这种频率称为基团特征频率。同时同一种基团的某种振动方式若处于不同的分子和外界环境中，其化学键力常数是不同的，因此它们的特征频率也会有差异，因此了解各种因素对基团频率的影响，可帮助我们确定化合物的类型。由此可见，掌握各种官能团与红外吸收频率的关系以及影响吸收峰在谱图中的位置的因素是光谱解析的基础。

2.2.1 基团振动与红外光谱区域的关系

按照光谱与分子结构的特征可将整个红外光谱大致分为两个区，即官能团区（4000～1300cm^{-1}）和指纹区（1300～400cm^{-1}）。

官能团区，即前面讲到的化学键和基团的特征振动频率区，它的吸收光谱主要反映分子中特征基团的振动，基团的鉴定工作主要在该区进行。指纹区的吸收光谱很复杂，特别能反映分子结构的细微变化，每一种化合物在该区的谱带位置、强度和形状都不一样，相当于人的指纹，用于认证化合物是很可靠的。此外，在指纹区也有一些特征吸收峰，对于鉴定官能团也是很有帮助的。

利用红外光谱鉴定化合物的结构，需要熟悉红外光谱区域基团和频率的关系。通常将红外区分为四个区，如图 2-6 所示。

下面对各光谱区域作一介绍。

① 区为 X—H 伸缩振动区（X 代表 C、O、N、S 等原子）。频率范围为 4000～2500cm^{-1}，该区主要包括 O—H，N—H，C—H 等的伸缩振动。O—H 伸缩振动在 3700～3100cm^{-1}，氢键的存在使频率降低，谱峰变宽，它是判断有无醇、酚和有机酸的重要依据；C—H 伸缩振动分饱和烃与不饱和烃两种，饱和烃 C—H 伸缩振动在 3000cm^{-1}以下，不饱和烃 C—H 伸缩振动（包括烯烃、炔烃、芳烃的 C—H 伸缩振动）在 3000cm^{-1} 以上。因此，3000cm^{-1}是区分饱和烃与不饱和烃的分界线，但三元环的 —CH_2 伸缩振动

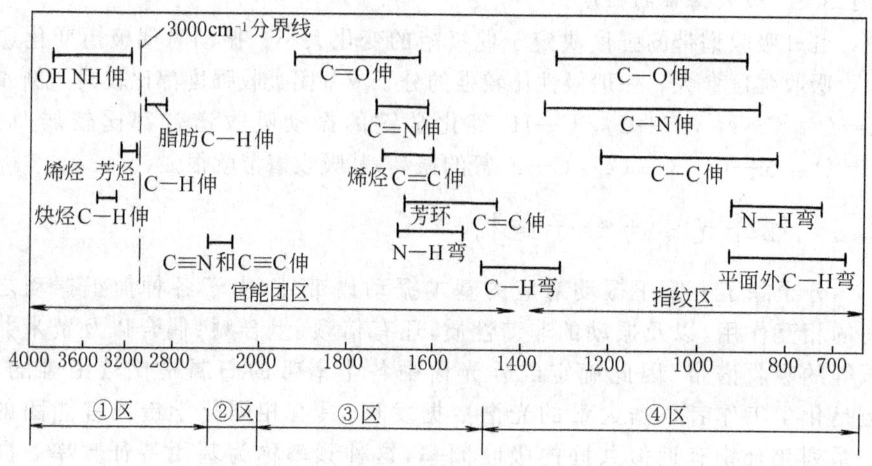

图 2-6 重要的基团振动和红外光谱区域

除外，它的吸收在 $3000cm^{-1}$ 以上；N—H 伸缩振动在 $3500\sim3300cm^{-1}$ 区域，它和 OH 谱带重叠，但峰形比 O—H 尖锐。伯、仲酰胺和伯、仲胺类在该区都有吸收谱带。

② 区为叁键和累积双键区，频率范围在 $2500\sim2000cm^{-1}$。该区红外谱带较少，主要包括 —C≡C— ，—C≡N 等叁键的伸缩振动和 —C═C═C ，—C═C═O 等累积双键的反对称伸缩振动。

③ 区为双键伸缩振动区，频率范围在 $2000\sim1500cm^{-1}$ 区域，该区主要包括 C═O ，C═C ，C═N ，N═O 等的伸缩振动以及苯环的骨架振动，芳香族化合物的倍频谱带。羰基的伸缩振动在 $1600\sim1900cm^{-1}$ 区域，所有羰基化合物，例如醛、酮、羧酸、酯、酰卤、酸酐等在该区均有非常强的吸收带，而且往往是谱图中的第一强峰，其特征非常明显，因此 C═O 的伸缩振动吸收带是判断有无羰基化合物的主要依据。C═O 伸缩振动吸收带的位置还和邻接基团有密切关系，因此对判断羰基化合物的类型有重要价值；C═C 伸缩振动出现在 $1600\sim1660cm^{-1}$，一般情况下强度较弱。单核芳烃的 C═C 伸缩振动出现在 $1500\sim1480cm^{-1}$ 和 $1600\sim1590cm^{-1}$ 两个区域。这两个峰是鉴别有无芳核存在的重要标志之一，一般前者谱带比较强，后者比较弱。

④ 区为部分单键振动及指纹区。$1500\sim670cm^{-1}$ 区域的光谱比较复杂，出现的振动形式很多，除了极少数较强的特征谱带外，一般难以找到它的归属。对鉴定有用的特征谱带主要有 C—H ，O—H 的变形振动以及 C—O ，C—N ，C—X 等的伸缩振动。

饱和的 C—H 弯曲振动包括甲基和次甲基两种。甲基的弯曲振动有对称、反对称弯曲振动和平面摇摆振动。其中以对称弯曲振动较为特征，吸收谱带在 1370～1380cm^{-1}，受取代基影响很小，可以作为判断有无甲基存在的依据。次甲基的弯曲振动有四种方式，其中的平面摇摆振动在结构分析中很有用，当 4 个或 4 个以上的 CH_2 基呈直链相连时，CH_2 基的平面摇摆振动出现在 722cm^{-1}，随着 CH_2 个数的减少，吸收谱带向高波数方向位移，由此可推断分子链的长短。

在烯烃的 ═C—H 弯曲振动中，波数范围在 1000～800cm^{-1}的非平面摇摆振动最为有用，可借助这些吸收峰鉴别各种取代类型的烯烃。

芳烃的 C—H 弯曲振动中，主要是 900～650cm^{-1}处的面外弯曲振动，对于确定苯环的取代类型是很有用的。甚至可以利用这些峰对苯环的邻、间、对位异构体混合物进行定量分析。

C—O 伸缩振动常常是该区中最强的峰，比较容易识别。一般醇的 C—O 伸缩振动在 1200～1000cm^{-1}，酚的 C—O 伸缩振动在 1300～1200cm^{-1}。在酯醚中有 C—O—C 的对称伸缩振动和反对称伸缩振动。反对称伸缩振动比较强。

C—Cl，C—F 伸缩振动都有强吸收，前者出现在 800～600cm^{-1}，后者出现在 1400～1000cm^{-1}。

上述四个重要基团振动光谱区域的分布，和用振动频率公式 $\sigma=\frac{1}{2\pi c}\sqrt{\frac{k}{\mu}}$ 计算出的结果完全相符。即键力常数大的（如 C≡C），折合质量小的（如 X—H）基团都在高波数区，反之键力常数小的（如单键），折合质量大的（C—Cl）基团都在低波数区。

2.2.2 影响基团频率的因素

一个特定的基团只是在周围环境完全没有力学和电学偶合的情况下，它的力学常数才固定不变。事实上，总是有不同程度的各种偶合存在，从而使谱带发生位移。这种谱带的位移反过来为我们提供了关于分子邻接基团的情况。例如 C—H 的伸缩振动频率很强地受到其他原子与这个碳原子键接方式的影响。在 C—C—H 的情况，C—H 伸缩振动频率在 3000～2850cm^{-1}之间；在 C═C—H 的情况，C—H 伸缩振动频率在 3100～3000cm^{-1}之间；而在 C≡C—H 的情况，C—H 伸缩振动的频率在 3300cm^{-1}附近。

影响频率位移的因素可分为两类：一是内部结构因素，二是外部因素。下面分别进行讨论。

2.2.2.1 内部因素

A. 诱导效应

在具有一定极性的共价键中，随着取代基的电负性不同而产生不同程度的静电诱导作用，引起分子中电荷分布的变化，从而改变了键的力常数，使振动的频率发生变化，这就是诱导效应。这种效应只沿键发生作用，故与分子的几何形状无关，它主要是随取代原子的电负性或取代基的总的电负性而变化。

例如下列四个卤素取代的丙酮化合物，随着取代基电负性增强而使其羰基伸缩振动频率向高频方向位移。

$$\underset{1715cm^{-1}}{CH_3\text{—}\overset{\overset{O}{\|}}{C}\text{—}CH_3},\ \underset{1780cm^{-1}}{CH_3\text{—}\overset{\overset{O}{\|}}{C}\text{—}Cl},\ \underset{1827cm^{-1}}{Cl\text{—}\overset{\overset{O}{\|}}{C}\text{—}Cl},\ \underset{1876cm^{-1}}{Cl\text{—}\overset{\overset{O}{\|}}{C}\text{—}F},\ \underset{1942cm^{-1}}{F\text{—}\overset{\overset{O}{\|}}{C}\text{—}F}$$

这种现象是由诱导效应引起的。在丙酮分子中的羰基略有极性，其氧原子带有一些负电荷，这就意味着成键的电子云离开键的几何中心而偏向于氧原子。如果分子中的甲基被电负性强得多的卤素原子所取代，由于对电子的吸引力增加而使电子云更接近于键的几何中心。因而降低了羰基键的极性，使双键性增加，从而使振动频率增高。取代基的电负性越大，诱导效应越显著，因此，振动频率向高频位移也越大。

B. 共轭效应

构成多重键的 π 电子云在一定程度上是可以极化的，故可认为具有一些可动性。在类似 1,3-丁二烯的化合物中，所有的碳原子均处于同一平面上，因而所形成的分子轨道包含所有的碳原子，使分子中间的 C—C 单键具有一定程度的双键性，同时原来的双键的键能稍有减弱。整个系统获得共振能，结果增加了稳定性，这就是共轭效应。

由于共轭效应，使 C═C 伸缩振动频率向低频方向位移，同时吸收强度增加。正常的 C═C 伸缩振动频率在 1650cm^{-1}附近。在 1,3-丁二烯中位移到 1597cm^{-1}。当双键与苯环共轭时，因为苯环本身的双键性较弱，故位移较小，出现在 1625cm^{-1}附近。

在一个分子中诱导效应和共轭效应往往同时存在，因此双键振动频率的位移方向将取决于哪一种效应占优势，如果诱导效应占优势，则对应谱带向高频位移。反之，谱带向低频位移。

C. 键应力的影响

在正常情况下，碳原子位于正四面体中心，它的键角为 109°28′。但有时由于结合条件而使键角改变，引起键能变化，从而使振动频率产生位移。最简单的例子是环丙烷，三个碳原子成三角形，键角（60°）比正常值小得多。它的 C—H 伸缩振动频率比正常值大大增高，位移到 3030cm^{-1}。

键应力的影响在含有双键的振动中最为显著。例如 C═C 伸缩振动的频率在正常情况下为 1650cm^{-1}左右（如环己烯）。环逐渐增大，波数变化不大。但当环变小时，由于键角改变使双键性减弱，谱带向低频位移。例如环戊烯降到 $1611cm^{-1}$，而环丁烯为 $1566cm^{-1}$。另一方面，双键上的 C—H 基团键能增加。例如环己烯的 C—H 伸缩振动频率为 $3017cm^{-1}$，而环丁烯的上升到 $3060cm^{-1}$。

环状结构也能使 C═O 伸缩振动的频率发生变化。羰基在七元环或六元环上，其振动频率和直链分子的差不多。当羰基处在五元环或四元环上，则振动频率随环的原子个数减少而增加。

D. 氢键效应

氢键是一个分子（R-X-H）与另一个分子（R′-Y）相互作用，生成 R-X-H……Y-R′的形式。X 一般为电负性强的原子，Y 为具有未共电子对的原子。

O，N，F，S，P 等原子都能生成氢键，但 S，P 等原子由于本身极性弱，生成的氢键也很弱。氢键除了和原子极性有关外，还和原子本身的尺寸有关。如 Cl 原子虽然极性很强，但由于本身体积大，因此生成的氢键很弱。

对于伸缩振动来说，氢键越强，谱带越宽，吸收强度越大，而且向低频方向位移也越大。但是对于弯曲振动来说，氢键则引起谱带变窄，同时向高频方向位移。

氢键有分子间和分子内之分。分子内氢键取决于分子的内在性质，不受溶剂的种类、浓度和温度变化的影响。而分子间的氢键则受上述因素的影响。如果把样品溶液稀释到非常稀的程度，这时样品分子间的距离相隔很远，大都呈游离状态，就不能生成分子间的氢键。这是区别分子间和分子内氢键的好办法。

分子内氢键和分子本身的结构有关，与生成氢键的两个基团的极性、彼此间的距离以及夹角均有关系，基团相距较近而且能在同一直线上的可生成较强的氢键。以邻羟基苯甲酸与对羟基苯甲酸为例，前者的羟基和羧基能够生成很强的分子内的氢键，它的羟基伸缩振动频率位移到 $3000cm^{-1}$附近，与羧基的 O—H 伸缩振动谱带重合在一起；而后者不能生成分子内氢键，它的羟基伸缩振动频率在 $3300cm^{-1}$附近。羰基伸缩振动频率也有类似的情况。例如反丁烯二酸（$\begin{matrix} \text{HC—COOH} \\ \| \\ \text{HOOC—CH} \end{matrix}$）分子能生成分子内的氢键，其羰基谱带位移至 $1680cm^{-1}$；顺丁烯二酸（$\begin{matrix} \text{HC—COOH} \\ \| \\ \text{HC—COOH} \end{matrix}$）分子只能生成分子间的氢键，其羰基谱带位于 $1705cm^{-1}$，接近分子的正常值。

最后需要指出，上面讲的只是 R-X-H……Y-R′氢键体系中 X-H 的振动，而 H……Y 振动，由于其键能很弱，一般在远红外区出现。

E. 偶合效应

当两个频率相同或相近的基团联结在一起时会发生偶合作用，分裂成两个峰，在原谱带位置的高频和低频一侧各出现一条谱带。例如酸酐由于两个羰基振动偶合的结果，出现两个吸收峰，约 1820cm^{-1} 相应于酸酐中羰基的反对称偶合振动。约 1750cm^{-1} 相应于对称偶合振动。

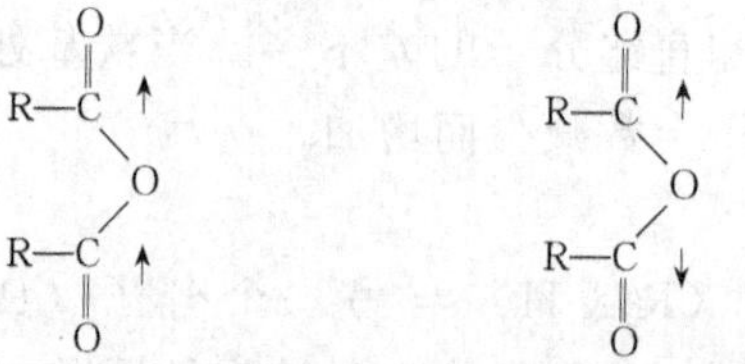

约 1820cm^{-1}　　　　约 1750cm^{-1}

F. 费米（Feymi）共振

当一个基团振动的倍频或合频与另一个基团振动频率相近，并且具有相同的对称性，也可能产生共振和使谱带分裂，并使强度很弱的倍频或合频谱带异常地增强。这一现象称作费米共振。

例如苯甲醛（C_6H_5—C(=O)—H）中的 C—H 伸缩振动（2800cm^{-1}）和 C—H 面内弯曲振动（1400cm^{-1}）的第一倍频由于相互共振而产生 2780cm^{-1} 和 2700cm^{-1} 两个吸收峰，这对于鉴定醛类化合物是很特征的。

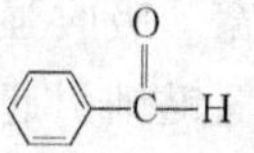

2.2.2.2　外部因素

A. 物态变化的影响

红外光谱可以在样品的各种物理状态（气态、液态、固态、溶液或悬浮液）下进行测量，由于状态的不同，它们的光谱往往也有不同程度的变化。

在气态，分子间相距很远，因此除了少数例外（如氟化氢等）基本上可以认为不受其他分子的影响。

在液态，分子间的相互作用较强，有的化合物存在很强的氢键作用。例如多数羧酸类化合物由于强的氢键作用而生成二聚体，因而使它的羰基和羟基谱带的频率比气态时要下降达 50cm^{-1} 及 500cm^{-1} 之多。

在结晶的固体中，分子在晶格中规则排列，加强了分子间的相互作用，使谱带产生分裂。例如聚乙烯的 CH_2 面内摇摆振动（位于 720cm^{-1} 附近）在非晶态时只有一条谱带，而在结晶态时分裂为 720cm^{-1} 和 731cm^{-1} 两条谱带。

在溶液状态下进行测试，除了发生氢键效应外，由于溶剂改变所产生的频率位移一般不大，在非极性溶剂中，极性基团的伸缩振动频率位移可以用 Kirkwood-Bauer-Magat 的方程式近似计算：

$$\frac{\nu_v-\nu_s}{\nu_v}=\frac{K(D-1)}{2D+1} \tag{2-14}$$

式中　ν_v，ν_s——分别表示在气态和溶液中的频率；

D——溶剂的介电常数；

K——常数。

在极性溶剂中，这个关系不成立。一般情况下，C—C 振动受溶剂的极性影响很小，C—H 振动可能位移 10～20cm^{-1}，而 C═O 和 C≡N 等极性基团的伸缩振动均随着溶剂的极性增强向低频方向位移。

B. 折射率和粒度的影响

对于固体粉末样品，散射的影响很大，往往使谱图失真，谱图质量主要受两个物理因素的影响。其一是溴化钾和测试样品折射率的差别，其二是样品的颗粒尺寸与红外辐射波长的关系。溴化钾和测试样品的折射率的差值越小，被样品散射掉的光能就越少。一些极性物质如聚酰胺、聚脲、聚羧酸等可以制得透明或稍微混浊的压片，而聚烃类样品的溴化钾压片往往不透明，这主要是由于前一类样品的折射率和溴化钾的相近，而后一类相差较远。样品颗粒的大小也会影响谱图的质量，因为样品的折射率随吸光度的变化也会有很大的变化，因此在吸收峰处吸光度突然变化，使折射率产生很大的变化，从而由散射引起的光能损失也发生剧烈变化，这会造成光谱的峰位位移，这种现象称为克里斯蒂森(Christiansen)效应。只有当样品的粒度小于测定波长时，才能基本消除这一干扰，一般当颗粒尺寸小于 5μm 时散射就可明显减弱。

2.3　红外光谱图的解析方法

2.3.1　谱带的三个重要特征

在对某一个未知化合物的红外光谱进行解析时，首先应了解红外光谱的特点。红外谱带具有如下三个重要特征。

(1) 位置　谱带的位置是表明某一基团存在的最有用的特征，即谱带的特征振动频率。由于许多不同的基团可能在相同的频率区域产生吸收，所以在做这种对应时要特别注意。

(2) 形状　有时从谱带的形状也能得到有关基团的一些信息。例如氢键和离子的官能团可以产生很宽的红外谱带，这对于鉴定特殊基团的存在很有用。酰胺基团的羰基伸缩振动（$\nu_{C═O}$）和烯类的双键伸缩振动（$\nu_{C═C}$）均在 1650cm^{-1}附近产生吸收，但酰胺基团的羰基大都形成氢键，其谱带较宽，很容易和烯类的谱带区别。谱带的形状也包括谱带是否有分裂，可用以研究分子内是否存在缔合以及分子的对称性、旋转异构、互变异构等。

(3) 相对强度　把红外光谱中一条谱带的强度和另一条谱带相比，可以得出一个定量的概念，同时也可以指示某特殊基团或元素的存在。如 C—H 基团邻接氯原子时，将使它的变形振动谱带由弱变强，因此从对应谱带的增强可以判断氯原子的存在。分子中含有一些极性较强的基团，将产生强的吸收带，例如羰基和醚键等的谱带均较强。这里要指出的是峰的强度与样品厚度有关，在某种程度上还取决于仪器的种类。

2.3.2 解析技术

2.3.2.1 直接查对谱图

这种直接查对谱图的方法往往是最直接，也是最可靠的。材料方面常用的图集有以下两种。

萨特勒（Sadtler）谱图集收集了比较多的化合物的红外光谱图，由美国费城萨特勒研究室编制。它分两大类，一类为纯度在98%以上的化合物的红外光谱，另一类为商品（工业产品）光谱。与材料有关的谱图分为单体和聚合物、纤维、增塑剂、聚合物添加剂、粘合剂和密封胶、有机金属、无机物、聚合物的热解产物等不同类别。这套谱图检索方便，有四种索引。对于已知物，可查阅分子式索引和字母顺序索引。对于已知大概类型和可能的官能团，可按化学分类索引查找，该索引以官能团类别为序。对于未知物，依据谱线索引检索，该索引以第一强峰为序。

另一类为赫梅尔（Hummel）和肖勒（Scholl）等著的“Infrared Analysis of Polymer，Resins and Additives，An Atlas”一书，该书已出版了三册，第一册为聚合物的结构与红外光谱图，第二册为塑料、橡胶、纤维及树脂的红外光谱图和鉴定方法，第三册为助剂的红外光谱图和鉴定方法。

随着计算机技术的发展，当代的傅里叶变换红外光谱仪已能用计算机检索，许多公司的红外工作站的软件就提供了大量红外光谱图作查索对照。

在利用分子指纹图进行对照时，由于高分子材料结构的复杂性，即使是简单的均聚物，也不能期望它们有完全相同的指纹图。高分子的不均一性表现在以下几个方面。

① 分子长短不一，从而端基的数量（甚至结构）就会有差别，而端基的化学结构与链的结构单元是不同的。

② 高分子的不同构型会引起不同的指纹图。例如二烯烃有1,2加成、顺式1,4加成和反式1,4加成等不同的加成方式，单烯烃则可能有全同、间同和无规等不同的立体结构。

③ 高分子的不同构象也对谱图有影响。

2.3.2.2 否定法

如果已知某波数区的谱带对于某个基团是特征的，那么当这个波数区没有出现谱带时，就可以判断在分子中不存在这个基团。图2-7为对于否定法应用的若干种基团频率的位置。例如，如果在1735cm^{-1}附近没有吸收带，就可以判断没有酯基存在；如果在3700～3100cm^{-1}没有吸收谱带，就可以排除 N—H 和 O—H 基团的存在。

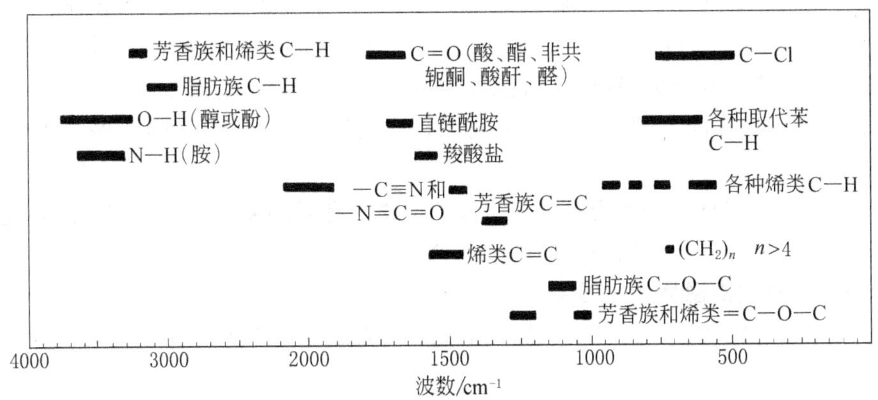

图 2-7 基团频率特征谱图

2.3.2.3 肯定法

这种分析方法主要针对谱图上强的吸收带，确定是属于什么官能团，然后再分析具有较强特征性的吸收带，如在 2240cm^{-1}出现吸收峰，可确定含有腈基。在高聚物中含有腈基的不多，可以进一步判断是含有丙烯腈类的聚合物。有些吸收谱带可能含有多种基团重叠，这样只依据基团的一种振动形式就不容易确定，需要分析基团的各种振动频率。例如图 2-8 所示的未知高聚物谱图，在 3100～3000cm^{-1}有吸收峰，可知含有芳环或烯类的 C—H 伸缩振动，但究竟属于哪种类型就要看 C—H 的其他峰。由 2000～1668cm^{-1}区域的一系列的峰和 757cm^{-1}及 699cm^{-1}出现的峰，依据查图，可知为苯的

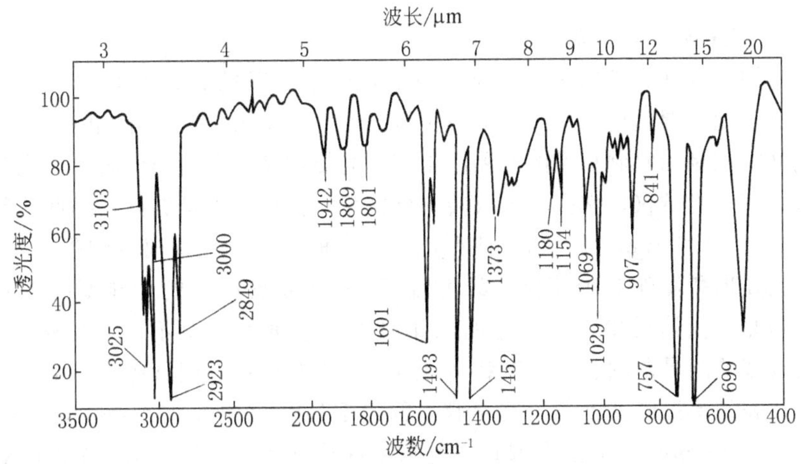

图 2-8 某未知高聚物谱图

单取代基，这样可判断 3100～3000cm^{-1}处的峰为苯环中的 C—H 的伸缩振动。再检查苯的骨架振动，在 1601cm^{-1}，1583cm^{-1}，1493cm^{-1} 和 1452cm^{-1}的谱带可证实是有苯环存在。再依据 3000～2800cm^{-1}的谱带判断是饱和碳氢化合物的吸收，而且 1493cm^{-1}和 1452cm^{-1}的强吸收也可以说明有 CH_2 或 C—H 弯曲振动与苯环骨架振动的重叠。由上可初步判断为聚苯乙烯。

也可以把肯定法和否定法配合起来使用。有时还需要和其他方法配合起来进行综合分析，才能得出明确的结论。

2.3.3 影响谱图质量的因素

一张谱图质量的好坏直接影响对未知样品的正确判断。影响因素有如下几方面。

(1) 仪器参数的影响　光通量、增益、扫描次数等直接影响信噪比 S/N。要根据不同的附件及测试要求及时进行必要的调整，以得到满意的谱图。

(2) 环境的影响　光谱中的吸收带并非都是由样品本身产生的，潮湿的空气、样品的污染、残留溶剂、由玛瑙研钵或玻璃器皿所带入的二氧化硅、溴化钾压片时吸附的水等原因均可产生附加的吸收带，故在光谱解析时应特别加以注意。

(3) 厚度的影响　样品的厚度或合适的样品量是很重要的，通常要求厚度为 10～50μm，对于极性物质如聚酯要求厚度小一些，对非极性物质如聚烯烃要求厚一些。

2.4 红外光谱仪及制样技术

2.4.1 红外光谱仪的进展

早期的红外光谱仪为色散型的仪器，由于当时的分光器为 NaCl 晶体，因此对温度、湿度要求很高，波数范围 4000～600cm^{-1}。20 世纪 60 年代由于光栅的刻制和复制技术的发展，出现了光栅代替色散棱镜的第二代光栅型色散式红外光谱仪，它提高了仪器的分辨率，拓展了测量波段，降低了环境要求，到 20 世纪 80 年代初，计算机化的光栅型红外光谱仪得到很大发展，使数据处理和操作更为简便。20 世纪 70 年代发展起来的干涉型红外光谱仪，是此类仪器的第三代，它的工作原理和色散型完全不同（见图 2-9），它具有宽的测量范围、高精度和高分辨率，以及极快的测量速度。干涉型仪器的代表是傅里叶变换红外光谱仪，简称 FTIR（Fourier Transform Infrared Spectroscopy），它逐渐取代了色散型红外光谱仪。20 世纪 70 年代末发展起来的激光红外光谱，能量高，单色性好，具有极高的灵敏度，可调激光既作为光源又省去了分光部件，这类第四代红外光谱仪将成为今后研究的重要工具。

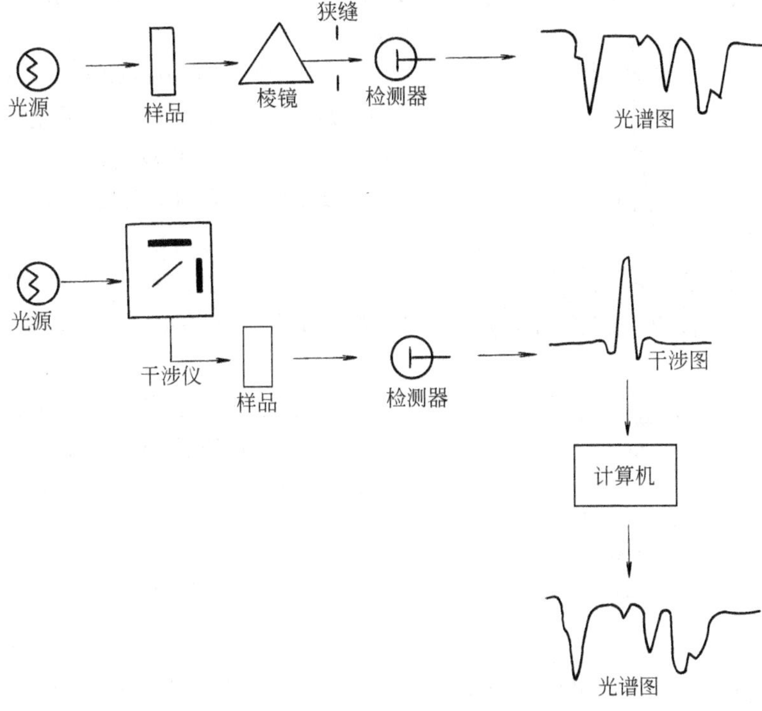

图 2-9　色散型红外与干涉型红外原理图

2.4.2　傅里叶变换红外光谱仪原理

在傅里叶变换红外光谱仪中，用迈克尔逊干涉仪测得时域图（光强随时间变化的谱图）。其原理如图 2-10 所示。干涉仪由光源、动镜（M_1）、定镜（M_2）、分束器、检测器等组成。

当光源发出一束光后，首先到达分束器，把光分成两束；一束透射到定镜，随后反射回分束器，再反射入样品池后到检测器；另一束经过分束器，反射到动镜，再反射回分束器，透过分束器与定镜来的光合在一起，形成干涉光透过样品池进入检测器。由于动镜的不断运动，使两束光线的光程差随动镜移动距离的不同，呈周期性变化。因此在

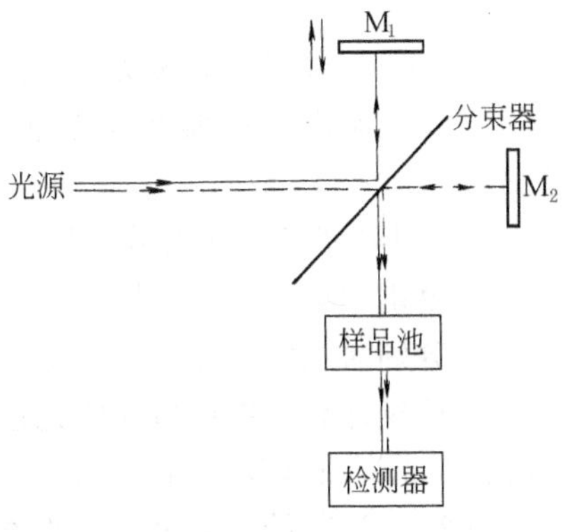

图 2-10　傅里叶变换红外光谱仪原理图

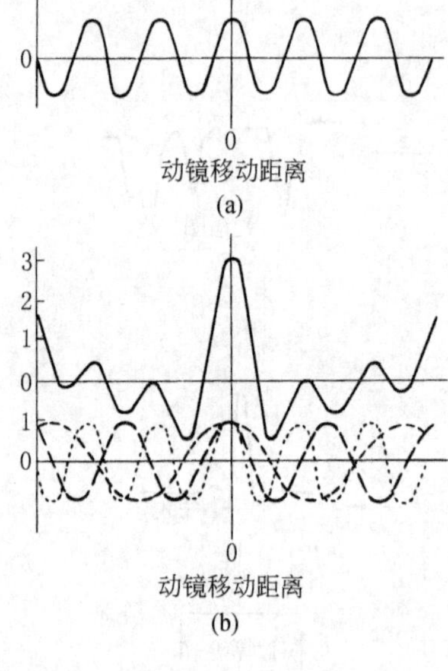

图 2-11　干涉图

(a) 单色光源干涉图；

(b) 多色光源干涉图

检测器上所接收到的讯号是以 $\lambda/2$ 为周期变化的，如图 2-11(a)所示。干涉光的讯号强度的变化可用余弦函数表示：

$$I(x)=B(\nu)\cos(2\pi\nu x) \quad (2\text{-}15)$$

式中　$I(x)$——干涉光强度，I 是光程差 x 的函数；

$B(\nu)$——入射光强度，B 是频率 ν 的函数。

干涉光的变化频率 f_ν 和两个因素即光源频率 ν 和动镜移动速度 v 有关，

$$f_\nu=2v\nu \quad (2\text{-}16)$$

当光源发出的是多色光，干涉光强度应是各单色光的叠加，如图 2-11（b）所示，可用式（2-15）的积分形式来表示：

$$I(x)=\int_{-\infty}^{\infty} B(\nu)\cos(2\pi\nu x)\,\mathrm{d}\nu \quad (2\text{-}17)$$

把样品放在检测器前，由于样品对某些频率的红外光吸收，使检测器接收到的干涉光强度发生变化，从而得到各种不同样品的干涉图。

上述干涉图是光强随动镜移动距离 x 的变化曲线，为了得到光强随频率变化的频域图，借助傅里叶变换函数，将式（2-17）转换成式（2-18）：

$$B(\nu)=\int_{-\infty}^{\infty} I(x)\cos(2\pi\nu x)\,\mathrm{d}x \quad (2\text{-}18)$$

这个变化过程比较复杂，在仪器中是计算机完成的，最后计算机控制的终端打印出与经典红外光谱仪同样的光强随频率变化的红外吸收光谱图。

用傅里叶变换红外光谱仪测量样品的红外光谱包括以下几个步骤。

① 分别收集背景（无样品时）的干涉图及样品干涉图。

② 分别通过傅里叶变换，将上述干涉图转化为单光束红外光谱。

③ 经过计算，将样品的单光束光谱除以背景的单光束光谱，即得到样品的透射光谱或吸收光谱。

图 2-12 为测量某一化合物的透射红外光谱的几个中间步骤的干涉图及光谱图。

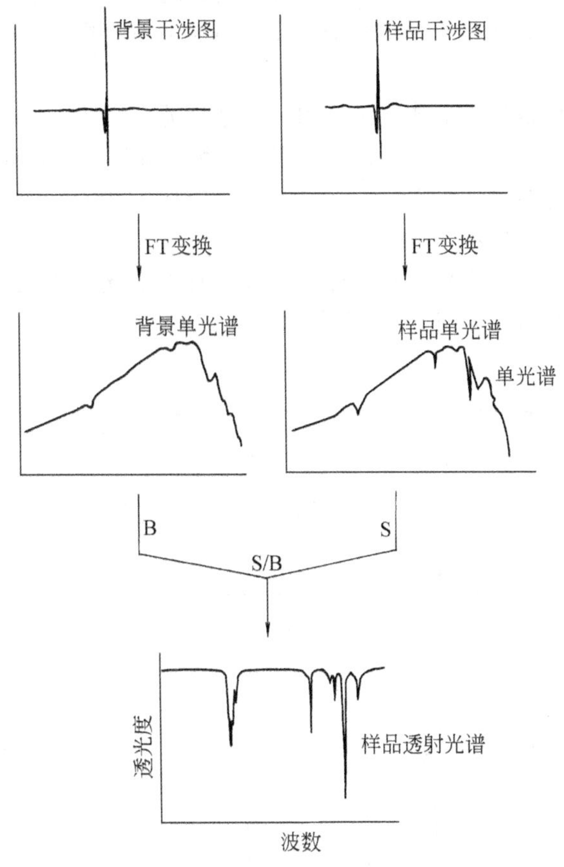

图 2-12　FTIR 光谱获得过程示意图

2.4.3　傅里叶变换红外光谱法的主要优点

(1) 信号的“多路传输”优点　普通色散型的红外分光光度计由于带有狭缝装置，在扫描过程的每个瞬间只能测量光源中一小部分波长的辐射。在色散型分光计中以 t 时间检测一个光谱分辨单元的同时，干涉型仪器可以同时检测出全部 M 个光谱分辨单元，这一特点有利于光谱快速测定。

(2) 辐射通量大的优点　常规的分光计由于受到狭缝的限制，因此能达到检测器上的能量是很少的，光能的利用率极低。而傅里叶变换光谱仪没有狭缝的限制，因此在同样分辨率情况下，其辐射能量要比色散型仪器大得多，从而使检测器所收到的信号和信噪比增大，因此有很高的灵敏度，有利于微量样品的测定。

(3) 极高的波数精度　因为动镜的位置及光程差可用激光的干涉条纹准确地测定，从而使计算的光谱波数精确度可达 $0.01cm^{-1}$。

(4) 高的分辨率　傅里叶变换红外光谱仪的分辨能力主要取决于仪器达到的最大光程差，在整个光谱范围内能达到 $0.1cm^{-1}$ 并不困难，有的可达到 $0.0023cm^{-1}$。

(5) 光谱的数据化形式　可以用微型电脑进行处理，光谱可以相加、相减、相除或储存。这样光谱的每一频率单元可以加以比较，光谱间的微小差别可以很容易地被检测出来。

2.4.4 红外光谱的表示方法

用红外光去照射样品，并将样品对每一种单色光的吸收情况记录下来，就得到了红外光谱。如图 2-13 所示。

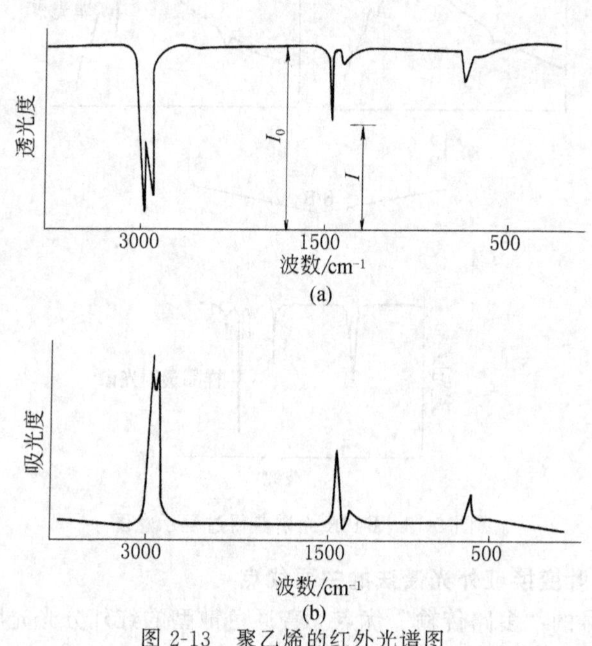

图 2-13　聚乙烯的红外光谱图

(a) 透过光谱图；(b) 吸收光谱图

纵坐标，表示透光度（T）或吸光度（A），

(1) 透光度

$$T=\frac{I}{I_0}\times100\% \tag{2-19}$$

式中　I_0——入射光强度；

I——入射光被样品吸收后透过的光强度。

(2) 吸光度

$$A=\lg\frac{1}{T}=\lg\frac{I_0}{I} \tag{2-20}$$

横坐标，表示波长或波数。波长是波数的倒数，

$$\sigma=\frac{1}{\lambda}$$

式中　λ——波长，μm；

σ——波数，cm^{-1}。

所以波长与波数间的换算关系是：

$$波数(cm^{-1})=\frac{10^4}{波长(\mu m)}$$

2.4.5　样品的制备技术

在测定材料的红外光谱图时，样品的制备技术是个关键问题，红外光谱的质量在很大程度上取决于样品的制样方法。除了测量光谱时选择参数不当之外，样品的过厚或过薄、不均匀性、杂质的存在、残留溶剂及干涉条纹都可能失去相当多的光谱信息，甚至导致错误的谱带识别和判断。所以选择适当的制样方法并认真操作，是获得优质光谱图的重要途径。根据材料的组成及状态，可以选用不同的样品制备方法。

2.4.5.1　常用红外光谱（中红外区）的光学材料

不同的光学材料透过红外光的波长范围有所不同，也有不同的物理性能。表 2-1 列出了常用于中红外区的光学材料。

表 2-1　常用于中红外区的光学材料透过范围

材料名称	组　成	红外光透过范围	
		波长/μm	波数/cm^{-1}
氯化钠	NaCl	2～16	5000～625
溴化钾	KBr	2～25	5000～400
KRS-5	TlBr，TlI	2～40	5000～250
氟化钙	CaF_2	2～7	5000～1110
锗	Ge	2～23	5000～430
硅	Si	2～15	5000～460

2.4.5.2　固体样品的制备技术

A. 不熔不溶样品的制备

常见的不熔不溶样品是指它们在高温下，到达它们的熔化温度前已发生了热分解反应。也不溶于常见溶剂，或在溶解过程中组分与结构发生了化学变化。一些矿物样品及热固性高聚物，如硫化橡胶就属于此类，对于这类样品通常采用以下一些方法进行样品制备。

(1) KBr压片法　此法是红外光谱技术中使用最多的方法。一般的矿物样品、无机样品或交联的树脂、橡胶皆可方便地采用 KBr 压片法。具体的操作程序是，首先把分析纯的溴化钾在玛瑙研钵中充分研细，直至溴化钾粉

末粘附在研钵壁上，此时的颗粒直径在 2μm 以下，然后按一定比例加入样品，无机样品比例小一些，有机样品比例大一些，样品与溴化钾的质量比约为 1∶100，边研磨边使样品与溴化钾充分混匀。对于韧性好、不易粉碎的高分子样品可用锋利的刀片轻轻刮下样品，用力越小样品粒度越小，混合越匀。对于硫化胶一类的弹性体，可用氯仿等强极性溶剂使样品先溶胀，然后与溴化钾粉末一起研磨，也能达到充分混合的目的。把经充分研磨而混匀的粉末放在专用的模具中，在油压机上进行压片。在油压机上加压 1min，一般压力在 1～2GPa 之间，就可得到透明的溴化钾压片。

(2) 热裂解法　不熔不溶的高聚物，如硫化橡胶、环氧树脂、交联聚苯乙烯等样品在适当的裂解条件下的热裂解产物常是低分子量聚合物或单体，可测得能表征该样品结构的热裂解谱图。将这些裂解产物的谱图与已知样品的热裂解谱图及标准热裂解谱图进行对比鉴定，或通过特征吸收谱带估计聚合物的结构，用其他方法如元素分析进行综合分析以最后确定未知物的结构。

此外，可用裂解气相色谱与红外光谱联用技术进行分析，这一部分的原理及操作技术请见本章的第 2.6 节。

B. 薄膜样品的制备

有时为了避免溶剂及分散介质对分析样品的吸收光谱的干扰或影响，希望制备厚度适当的薄膜样品进行测定。在红外光谱测定中，一般厚度大约为 25μm 以下，对于无机化合物及含有强极性基团的有机化合物厚度要求适当减小，有时可薄到 1μm 左右，以光谱图能满意地测得最强峰为准。成膜方法可根据所测样品的性质灵活选择热压法或溶液制膜法，两者主要用于高聚物薄膜的制备。另外还有冷压法，其制样如同溴化钾压片法，只不过不使用 KBr 等分散介质，而只用纯样品。

C. 粉末样品的制备

粉末样品的制备常采用石蜡糊法，该法是把已充分研磨的粉末样品在玛瑙研钵中与滴加的石蜡油充分研磨混匀成糊状物，在红外灯下干燥后，把此糊状物涂在两盐片之间，掌握适当的厚度即可进行测定。

石蜡油是长链烷烃，具有较大的粘度和较高的折射率，可成功地克服因样品颗粒散射给红外光谱测定带来的困难。但此法不能用于样品中饱和 C—H 链的鉴定，一般也不用它作定量分析。

2.4.5.3　液体样品的制备技术

(1) 液膜法　液膜法是定性分析中经常采用的一种比较简便的方法，尤其对高沸点样品只需用不锈钢刮刀把少量样品涂于盐片（KBr 或 NaCl）表面，在红外灯下适当烘烤除去微量水分后，即可进行红外测试。对于低沸点易挥发的样品可用液体吸收池进行测定。

（2）共混液体样品　共混液体样品的分析，最好的办法是采用GC/FT-IR联机技术，既可得到各组分的定量关系，又可以得到各组分的定性分析数据。

2.5　红外光谱在材料研究领域中的应用

红外光谱在材料研究中是一种很有用的手段。目前较普遍的应用有下述几个方面。

2.5.1　高分子材料的研究

2.5.1.1　分析与鉴别高聚物

因红外光谱操作简单，谱图的特征性强，因此是鉴别高聚物很理想的方法。用红外光谱不仅可区分不同类型的高聚物，而且对某些结构相近的高聚物，也可靠指纹谱图来表示。

2.5.1.2　定量测定聚合物的链结构

由于红外光谱法操作简单方便，重复性好和精确度高等优点，它在高聚物的定量工作中得到广泛的应用。在定量分析工作中，有时需要用核磁共振谱、紫外光谱等分析手段的数据作标准。以聚丁二烯微观结构的测定为例简述定量分析方法。

定量分析的基础是光的吸收定律——朗伯-比尔定律，

$$A=k\cdot c\cdot l=\lg\frac{1}{T} \tag{2-21}$$

式中　A——吸光度；

T——透光度；

k——消光系数，$L\cdot mol^{-1}\cdot cm^{-1}$；

c——样品浓度，$mol\cdot L^{-1}$；

l——样品厚度，cm。

聚丁二烯微观结构的测定分三步。

A. 选择特征峰作为分析谱带

图2-14为聚丁二烯指纹区的吸收谱图。聚丁二烯中有顺式1,4、反式1,4及1,2结构，分别用峰高法量取峰的高度：

A_c——$738cm^{-1}$处顺式1,4的峰高；

A_t——$967cm^{-1}$处反式1,4的峰高；

A_v——$910cm^{-1}$处1,2结构的峰高。

B. 摩尔消光系数的确定

可由纯物质测得摩尔消光系数：

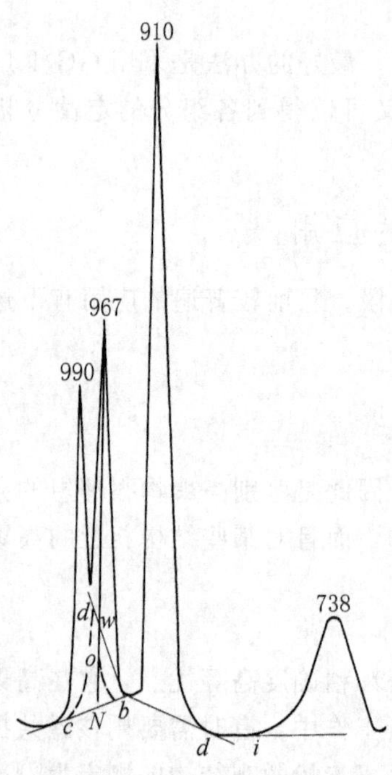

图 2-14 聚丁二烯指纹区吸收峰

顺式 1,4 结构 $k_{738}=31.4\text{L}\cdot\text{mol}^{-1}\cdot\text{cm}^{-1}$

反式 1,4 结构 $k_{967}=117\text{L}\cdot\text{mol}^{-1}\cdot\text{cm}^{-1}$

1,2 结构 $k_{910}=151\text{L}\cdot\text{mol}^{-1}\cdot\text{cm}^{-1}$

C. 直接计算

$$c=\frac{A}{kl}$$

$$c_c=\frac{A_{738}}{k_{738}\cdot l};\ c_t=\frac{A_{967}}{k_{967}\cdot l};\ c_v=\frac{A_{910}}{k_{910}\cdot l}$$

它们的含量分别为：

$$c_c=\frac{c_c}{c_c+c_t+c_v}\times 100\%;$$

$$c_t=\frac{c_t}{c_c+c_t+c_v}\times 100\%;$$

$$c_v=\frac{c_v}{c_c+c_t+c_v}\times 100\%。$$

2.5.1.3 聚合物反应的研究

用傅里叶变换红外光谱仪可直接对聚合物反应进行原位测定来研究聚合物反应动力学，包括聚合反应动力学和降解、老化过程的反应机理等。

要研究反应过程必须解决下述三个问题：首先是样品池，既能保证按一定条件进行反应，又能进行红外检测；其次是选择一个特征峰，该峰受其他干扰小，而且又能表征反应进行的程度；最后是能定量地测定反应物（或生成物）的浓度随反应时间（或温度、压力）的变化。根据比尔定律，按照式(2-20)，只要能测定所选特征峰的吸光度（峰高或峰面积）就能换算成相应的浓度，例如双酚 A 型环氧-616（EP-616）能与固化剂二胺基二苯基砜（DDS）发生交联反应，形成网状高聚物，这种材料的性能与其网络结构的均匀性有很大的关系，因此可用红外光谱法研究这一反应过程，了解交联网络结构的形成过程。图 2-15 是未反应的 EP-616 的局部红外光谱图，其中 913cm^{-1} 的吸收峰是环氧基的特征峰，随着反应进行，该峰逐渐减小，这表征了环氧反应进行的程度。在反应过程中，还观察到 1050～

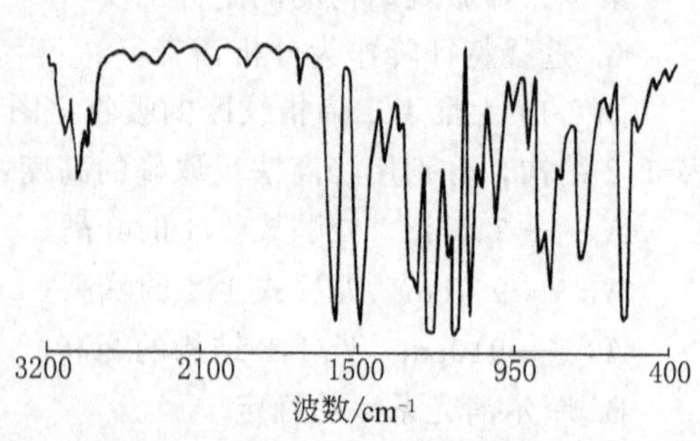

图 2-15 EP-616 的局部红外光谱图

1150cm^{-1}范围内的醚键吸收峰不变，3410cm^{-1}的仲胺吸收峰逐渐减小而3500cm^{-1}的羟基吸收峰逐渐增大，说明固化过程中主要不是醚化反应，而是由胺基形成交联点。在固化过程中一级胺的反应可由1628cm^{-1}伯胺特征峰的变化来表征，而二级胺的生成与反应，因为可以不考虑醚化反应，可由下式导出：

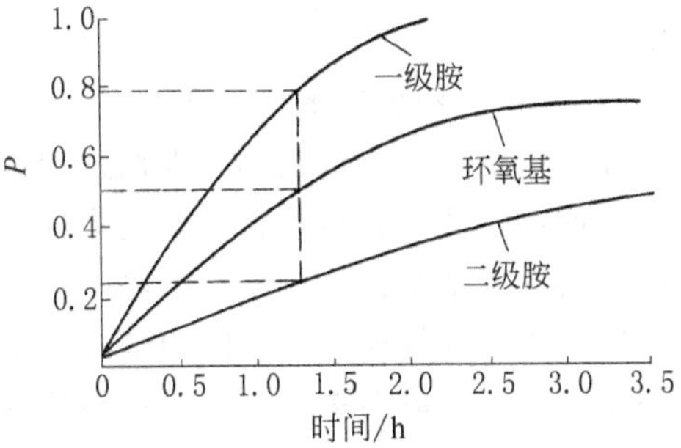

$$2P = P_{\text{I}} + P_{\text{II}} \quad (2\text{-}22)$$

图 2-16　在130℃固化时，环氧基、一级胺和二级胺含量随时间的变化

式中　　P——环氧反应程度；

P_{I} 和 P_{II}——分别表示一级胺和二级胺的反应程度。

在图2-16中显示了在130℃固化时，环氧基、一级胺、二级胺含量随时间的变化曲线。从中可看出，从固化开始到一级胺反应90%时，二级胺的含量一直在增加，说明二级胺的反应速度低于一级胺。

2.5.1.4　高聚物结晶过程的研究

把高聚物样品放在红外光谱测量用的变温池内，用在位测量方法可在恒温或变温条件下跟踪高聚物的结晶过程。下面以聚丙烯为例加以说明。

全同聚丙烯是一种重要的结晶性高聚物。文献中对它的玻璃化转变温度T_g已做了大量研究工作，但所报道的T_g数值（从－56～47℃）相差很大。主要原因之一是由于所研究的样品大都是在室温存放过，已具有较高的结晶度。徐端夫等把聚丙烯薄膜夹于两片铝箔间，待充分熔融后迅速于低于－75℃的干冰-乙醇中淬火，然后在低温下迅速转移到低温红外测定池内，在升温过程中（－30～30℃）测量其红外光谱。选用998cm^{-1}和974cm^{-1}谱带的吸光度比表征聚丙烯的结晶度，结果如图2-17所示。可看到在－30～－20℃温度区间，聚丙烯没有发生结晶。但当温度超过－20℃

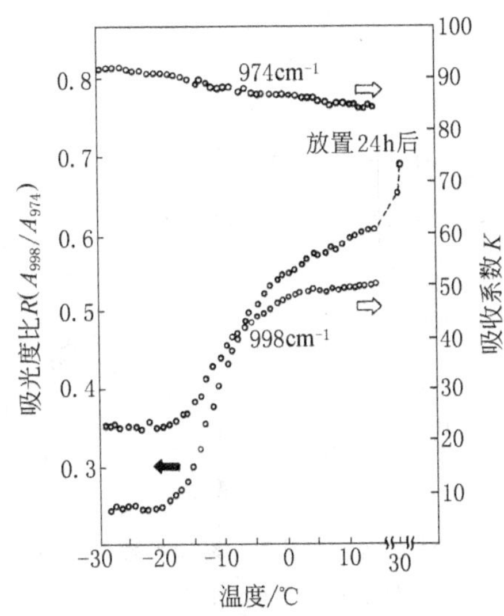

图 2-17　玻璃态聚丙烯在等速升温过程中的光谱测量

后，结晶度迅速增加，由此可推断玻璃态全同聚丙烯的 T_g 可能接近于 -20℃。

2.5.1.5　高聚物物理老化的研究

在20世纪70年代初期，人们发现很多种玻璃态高分子材料在存放过程中，其冲击强度和断裂伸长大幅度降低，材料由延性转变成脆性，而在此过程中材料的化学结构、成分及结晶度等都没有发生变化。这种现象引起科学家的广泛兴趣和重视，“物理老化”一词的流行及其后的研究即源于此。大量的研究表明，玻璃态高分子材料多数处于热力学的非平衡态，其凝聚态结构是不稳定的，在 T_g 以下存放过程中会逐渐向稳定的平衡态转化，导致材料的密度、焓和熵的变化，使高分子材料的物理性能发生变化。从结构的角度来研究高聚物物理老化的本质是很有必要的，下面以PVC物理老化为例加以说明。

在PVC的研究中，把样品膜加热至210℃保持15s后淬火到水中，得到淬火样品。其后把淬火样品在65℃热处理81h，得到物理老化样品。在等速升温和降温过程中，连续测量这两个样品的红外光谱。图2-18表示升温和降温循环中，PVC淬火样品的 1100cm^{-1} 骨架伸缩振动谱带的频率位移情况。可看到无论是升温或降温过程中，其频率位移随温度的变化速率均在

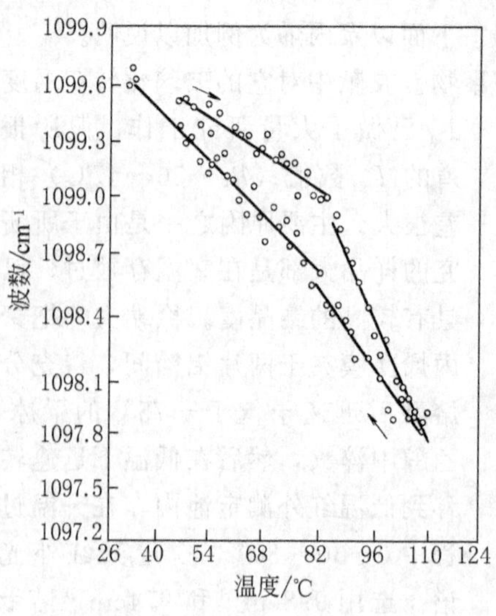

图2-18　在升温、降温循环过程中，淬火PVC样品的 1100cm^{-1} 骨架伸缩振动谱带的频率随温度的变化

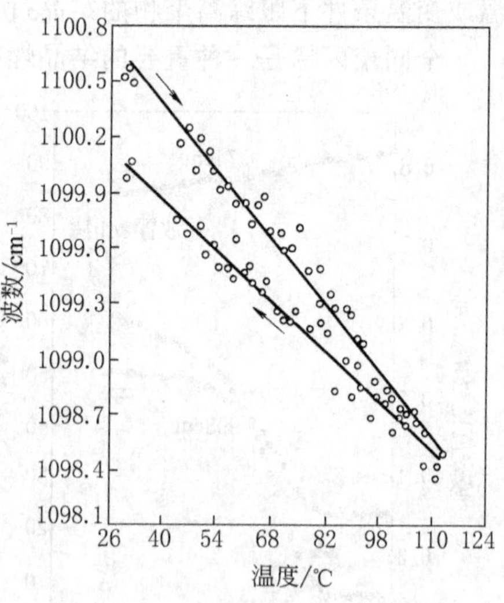

图2-19　在升温、降温循环过程中，物理老化的PVC样品的 1100cm^{-1} 骨架伸缩振动谱带的频率随温度的变化

84℃（接近 T_g 温度）有明显的变化。而图 2-19 为对经物理老化后的 PVC 膜测量的结果，其频率位移速率在通过 T_g 温度前后没有明显变化。其结果解释为，淬火的样品处于热力学非平衡态，分子链内存在着应变能，当温度升至 T_g 附近时，由于分子热运动能增加，而使内部应力快速弛豫掉，故使得谱带频率位移速率加快（进入新的温度平衡态）。而对经物理老化的样品，由于已接近热力学平衡态，不存在分子内应变能，故在 T_g 前后谱带的频率位移速率保持恒定。

2.5.1.6　高分子共混相容性的研究

可以近似地假设，如果高分子共混物的两个组分完全不相容，则这两个组分是分相的，所测量的共混物光谱应是两个纯组分光谱的简单加合。但如果共混物的两个组分是相容的，则该共混体系是均相的。由于不同分子链之间的相互作用，和纯组分光谱相比，共混物光谱中许多对结构和周围环境变化敏感的谱带会发生频率位移或强度的变化。

有学者研究了不同种类聚酯和 PVC 共混体系的相容行为。其中聚 ε-己内酯（PCL）和 PVC 在熔融态是相容的，而在固态则是部分混容（PVC 含量在 60％以上）。但聚 β-丙内酯（PPL）和 PVC 是完全不相容的。图 2-20（a）和（b）分别为 PVC 和 PCL、PPL 共混物在 80℃测量的羰基伸缩振动区域的光谱。在熔融态，PCL 和 PVC 混容，随着 PVC 浓度增加，PCL 的羰基谱带移向低频多达 $6cm^{-1}$ ［图 2-20（a）］。显然这是由于两种分子间存在

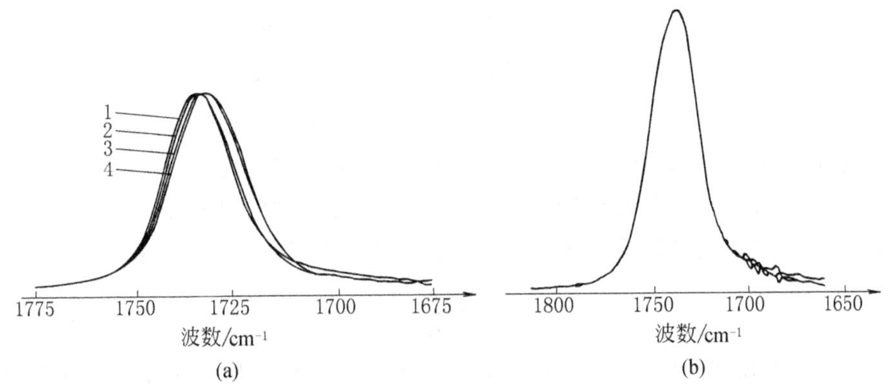

图 2-20　聚酯和 PVC 共混物羰基伸缩振动区域的红外光谱

（a）PVC 和 PCL 共混物的光谱

PVC 对 PCL 的摩尔比分别为：1—0∶1　2—1∶1　3—3∶1　4—5∶1

（b）PVC 和 PPL 共混物的光谱

PVC 对 PPL 摩尔比分别为：0∶1，45∶55 和 80∶20

有特殊相互作用的结果。与此对照，由于 PPL 和 PVC 不相容，故在这种共混物的光谱中，羰基谱带没有发生位移，和纯 PPL 的相同［图 2-20（b）］。

2.5.1.7 高聚物取向的研究

在红外光谱仪的测量光路中加入一个偏振器形成偏振红外光谱，是研究高分子链取向的一个重要手段，广泛地用于研究高聚物薄膜和纤维的取向程度、变形机理以及取向态高聚物的弛豫过程。也可用于研究高聚物分子链的化学或几何结构。

当红外光通过偏振器后，得到电矢量只有一个方向的偏振光。这束光射到取向的高聚物时，若基团振动偶极矩变化的方向与偏振光电矢量方向平行，具有最大吸收强度；反之若二者垂直，则不吸收，如图 2-21 所示，这种现象称为红外二向色性。

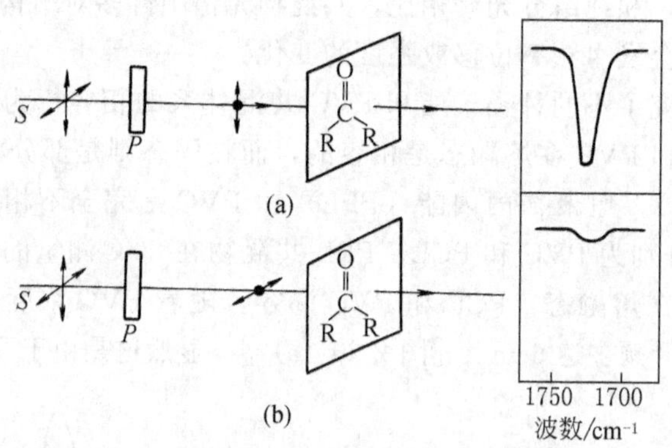

图 2-21 羰基伸缩振动红外二向色性示意图

测试方法：单向拉伸的膜（如 PET），沿拉伸方向部分取向，将样品放入测试光路，转动偏振器，使偏振光的电矢量方向先后与样品的拉伸方向平行和垂直，然后分别测出某谱带的这两个偏振光方向的吸光度，并用 $A_{\parallel}$ 和 $A_{\perp}$ 表示，二者比值称为该谱带的二向色性比，即可用下式计算：

$$R=\frac{A_{\parallel}}{A_{\perp}} \tag{2-23}$$

在高聚物样品中，$R<1$ 称为垂直谱带；$R>1$ 称为平行谱带。在原则上讲 R 可从 0～∞，但由于样品不可能完全取向，因此 R 是 0.1～10。

上面讨论的仅是单轴取向的情况，这时和拉伸方向（y 轴）垂直的两个方向，即薄膜的横轴方向（x 轴）和薄膜的厚度方向（z 轴）的分子取向情况是相同的，也就是说 $A_x=A_z$。但实际上，除了纤维外，任何取向薄膜的 A_x 和 A_z 都不会绝对相同。因此在有些情况下，特别是双向拉伸的薄膜，需要测量谱带沿 x 轴，y 轴和 z 轴 3 个方向的分量，即进行三维的测量。这时二向色性比可写成更广泛的形式：

$$R_{xy}=\frac{1}{R_{yx}}=\frac{A_x}{A_y} \tag{2-24}$$

$$R_{yz}=\frac{1}{R_{zy}}=\frac{A_y}{A_z} \tag{2-25}$$

$$R_{zx}=\frac{1}{R_{xz}}=\frac{A_z}{A_x} \tag{2-26}$$

从上式可知，在三个二向色性比中仅有两个是独立的。这意味着正确地测量两个二向色性比就可以充分地表征谱带的二向色性行为。

2.5.2 材料表面的研究

红外光谱法在研究材料表面的分子结构、分子排列方式以及官能团取向等方面是很有效的手段。特别是近年来各种适合于研究表面的红外附件技术的发展，如衰减全反射、漫反射、光声光谱、反射吸收光谱以及发射光谱等的应用，更加促进了红外光谱在材料表面和界面的研究工作。在这里重点介绍衰减全反射法的应用。

在材料表面研究中，衰减全反射法（ATR）是使用较早且应用较为广泛的方法。ATR方法的优点是光线对样品的透射深度较浅，而且可以通过内反射晶体的材料和光线的入射角来改变透射深度，以研究不同深度表面的结构情况。ATR原理如图2-22所示。

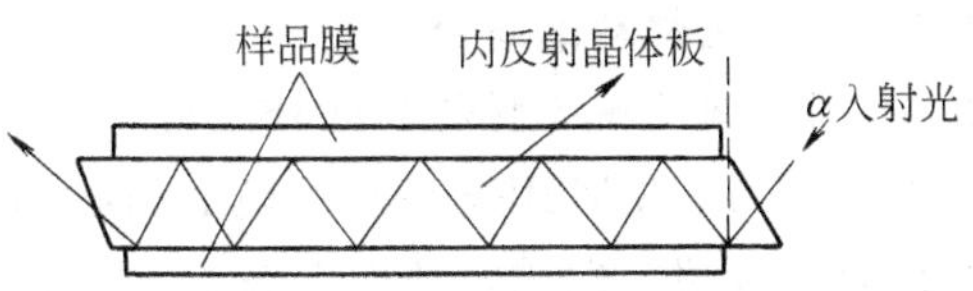

图 2-22 ATR原理图

光线透射到样品内的深度可用透射深度 d_p 来表示，它定义为光的电场强度下降到表面值的 e^{-1} 时光所穿透的距离。光的穿透深度是波长的函数，即

$$d_p=\frac{\lambda_1}{2\pi\left[\sin^2\alpha-\left(\frac{n_2}{n_1}\right)^2\right]^{1/2}} \tag{2-27}$$

式中 α——光线的入射角；

λ_1——光在内反射晶体内的波长；

n_1——内反射晶体的折射率；

n_2——样品的折射率。

根据选用内反射晶体的材料和不同的入射角，透射深度可在几百纳米到几微米之间。下面简单介绍ATR在材料表面和界面的研究。

2.5.2.1 复合膜的界面扩散和粘合机理的研究

用ATR研究聚氯乙烯（PVC）和聚甲基丙烯酸甲酯（PMMA）复合膜的界面扩散和粘合机理。首先用四氢呋喃溶液制备厚度分别为1.6μm，2.3μm，3.4μm，4.2μm和6.0μm的PVC膜。然后用旋转制膜法在PVC膜上涂上一层厚度为1.5μm的PMMA膜。把复合膜以PVC面和45°入射面的Ge内反射晶体板相贴，加热至150℃，测量光谱随时间的变化。结果表明，随着时间增加，表征PMMA组分的1730cm^{-1}谱带逐渐增加，说明PMMA分子逐渐向PVC分子层中扩散。从光谱的定量结果，探讨了两者的粘合机理。

2.5.2.2 聚丙烯氧化机理的研究

在用ATR研究聚丙烯的光氧化降解机理时，分别使用KRS-5和Ge内射晶体，入射角分别为45°和60°(对KRS-5)以及30°和45°(对Ge)。聚丙烯光氧化降解主要产生 —C═O 和 C—O—O—H 基团，分别在1715cm^{-1}和3400cm^{-1}处产生吸收。通过对不同透射深度测量的这两条谱带吸光度的变化，证明聚丙烯光氧化降解主要是发生在薄膜的表面

2.5.3 无机材料的研究

2.5.3.1 陶瓷超导材料的红外光谱

Bednorz和Muller首次发现La-Ba-Cu-O体系在35K（为零电阻转变温度）时具有超导性质，从而引起了人们对陶瓷超导材料的极大兴趣。在研制高锝（Tc）超导材料的同时，也对这类材料的超导机理做了大量的实验研究和理论计算。红外光谱也是研究超导生成机理的重要手段，下面举一例加以说明。

刘会洲、吴瑾光等人研究了组成为$YBa_2Cu_3O_x$超导样品的红外光谱。X-射线衍射结果表明，当$x \leqslant 0.69$时，$YBa_2Cu_3O_{7-x}$为正交晶相；当$0.80 \leqslant x \leqslant 0.85$时为四方晶相。图2-23（a）和图2-23（b）表示$YBa_2Cu_3O_{7-x}$随x变化的红外光谱，不难看出：随着x值增大，高频区的背景吸收减小[见图2-23（a)]；从四方晶相到正交晶相的相变过程中，650～500cm^{-1}范围内的吸收谱带的强度和位置都发生变化［见图2-23（b）］。当$x \geqslant 0.69$时，$YBa_2Cu_3O_{7-x}$在室温下是半导体，导带和价带间的能量间隙约为1.2eV，因此与能隙有关的背景消失。对四方晶相（$x=0.85$时）在591cm^{-1}的吸收带的归属还有分歧，有人认为是$Cu_{(2)}$-$O_{(2,3)}$的反对称伸缩振动，而有的人认为可能与$Cu_{(1)}$-$O_{(1)}$和$Cu_{(1)}$-$O_{(5)}$的伸缩振动有关。

2.5.3.2 在半导体材料研究中的应用

红外光谱分析在半导体材料的结构、成分分析和杂质缺陷特性的研究等许多方面起到了较大的作用。尤其随着红外低温技术和显微技术的发展，对

一些半导体材料的低温特性、低温效应进行观察，从而为分析材料的结构、杂质原子的组态及晶格位置提供了有利的实验依据。

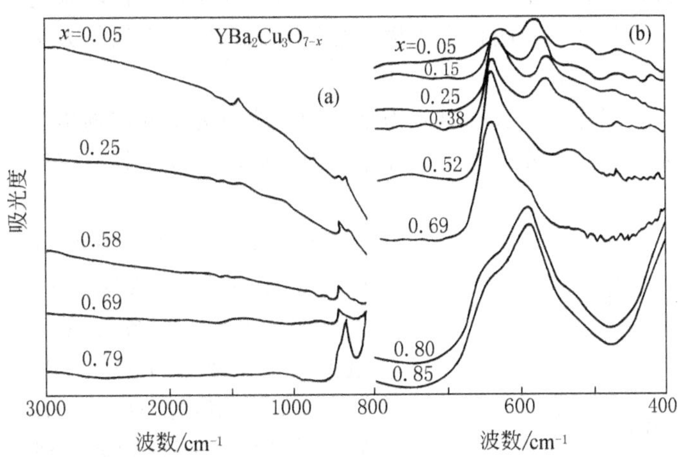

图 2-23　$YBa_2Cu_3O_{7-x}$在室温下的红外光谱

1—3000～800cm^{-1}范围；2—800～400cm^{-1}范围

在半导体材料中硅材料是用量最大的重要材料。硅中氧含量、碳含量、氮含量、磷含量等均可用红外光谱法来测定和研究。下面介绍硅中氮含量的测定和研究的方法。

室温时，硅中 N—N 对会呈现 963cm^{-1}和 764cm^{-1}两个特征吸收峰。764cm^{-1}峰吸收系数比 963cm^{-1}吸收系数要大一些，但 963cm^{-1}谱带基线较为容易确定，故定量分析均选择 963cm^{-1}峰为特征吸收峰。

计算公式如下：

$$N=5\times10^{18}\alpha_{963}\ (\text{原子数/cm}^3) \tag{2-28}$$

α_{963}为 963cm^{-1}处的吸收系数。

由于硅中所掺入的 N 杂质含量很低，一般都使用厚度为 10～20mm 的样品测量。在 78K 时氮峰的吸收系数比室温时增加约 1 倍，故在低温下的测量可以提高检测灵敏度。

随着温度的降低，963cm^{-1}和 764cm^{-1}峰分别移至 968cm^{-1}和 770cm^{-1}。温度进一步降低，光谱仍有所变化，图 2-24 给出区熔硅中氮的红外吸收光谱。

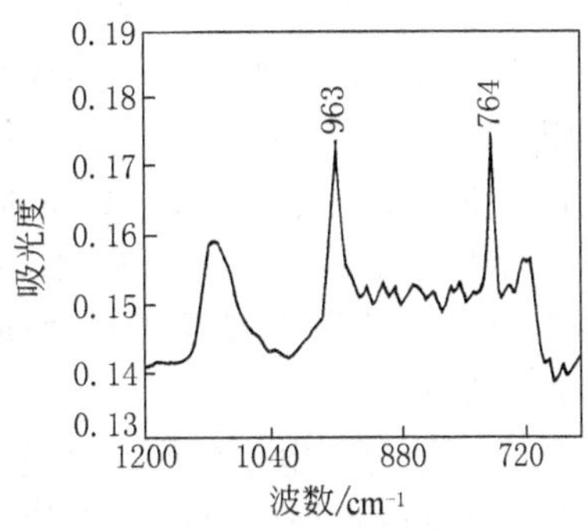

图 2-24　区熔硅中氮的红外吸收光谱

2.5.3.3 宝石、玉石的红外光谱研究

传统的宝石鉴定主要靠鉴定人的经验，使用简单的测试手段如放大镜、显微镜、折光仪、比重计等非破坏手段。近十几年来人们越来越重视用紫外可见光谱、荧光光谱、阴极发光谱、热发光谱及红外光谱等方法来研究鉴定宝、玉石。

寿山石（福建）过去一直认为是一种叶蜡石为主的矿物集合体。用红外光谱研究表明，其主要矿物不是叶蜡石而是高岭石族矿物，它们的形成环境是不同的。

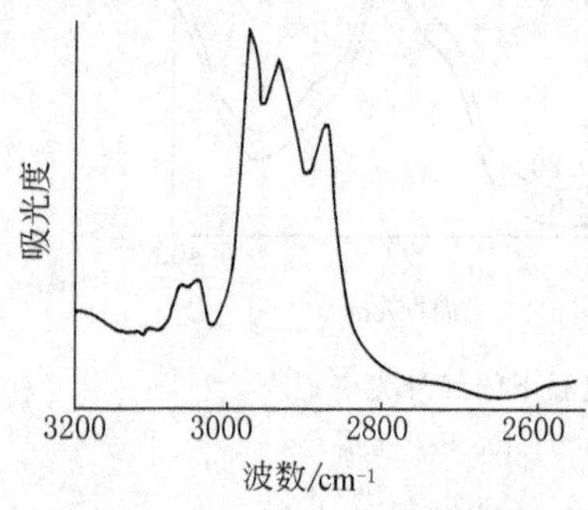

图 2-25 翡翠中树脂充填物的红外光谱

天然产出的矿石有的颜色不好，有的难免有些瑕疵（如裂缝），影响质量。于是市场上出现了各种用人工方法染色或粘结填补处理的赝品。用红外光谱可以无损伤地鉴定这些赝品中的人工添加物，图 2-25 是用树脂类处理的翡翠红外光谱，纯翡翠应由 SiO_2、Al_2O_3、Na_2O 等组成，但在图 2-25 中在 3200～2600cm^{-1}区间出现了一组谱带，它们属于 C—H 伸缩振动带，是有机物的特征谱带，由此可确定赝品中添加了树脂。

高分子材料的无机填料如玻纤、二氧化硅、碳酸钙、滑石粉等和建筑材料中的玻璃、砖、灰、石等多在中红外的长波区域有特征吸收，可用红外谱来鉴定材料的结构。

2.5.4 有机金属化合物的研究

有机金属化合物化学属于有机和无机相互渗透的边缘学科，近年来一直是化学科学中一个十分活跃的研究领域。有机金属化合物之所以引起广泛的注意，一方面在于它们的结构和化学键有许多独特之处；另一方面，它们有许多重要的用途。例如属于烷基卤化镁类的格氏试剂，已广泛用于有机合成；烷基铝类的 Ziegler-Natta 催化剂已在烯类均相聚合中得到广泛应用。

有机金属化合物可按化学键的性质分作三类。

① 金属原子 M 与碳原子 C 之间形成 σ 键，如烷基铝化合物 $Al_2(CH_3)_6$ 等。

② 金属原子 M 与碳原子 C 之间形成 σ-π 键，这类化合物以金属羰基化合物最为典型。

③ 碳原子为 π 电子给体。这类化合物中最著名的是 Zeise 盐和二茂铁。

下面讨论茂基配位化合物中的二茂铁（Cp_2Fe）和二茂镍（Cp_2Ni）的红外光谱。

二茂铁的合成反应如下：

$$2\ C_5H_5MgBr + FeCl_2 \longrightarrow Cp_2Fe + MgBr_2 + MgCl_2$$

Wilkinson 根据二茂铁的红外光谱在 $3076cm^{-1}$ 处出现 C—H 伸缩振动单吸收峰，认为在 Cp_2Fe 分子中 10 个 H 所处的位置环境完全一样。结合对磁化率、偶极矩的测定，Wilkinson 判断二茂铁具有 D_{5h} 对称性的夹心结构。为此，他于 1973 年和 Fischer 共享了诺贝尔奖。

二茂铁和二茂镍的红外光谱示于图 2-26 中。比较 Cp_2Fe 和 Cp_2Ni 的红外光谱不难看出，除了 $3076cm^{-1}$ 处的 C—H 伸缩振动吸收峰外，在 $1420cm^{-1}$ 和 $1000cm^{-1}$ 附近出现的 C—C 伸缩振动和 C—H 面内弯曲振动吸收峰也非常特别，C—H 面外弯曲振动位于 $850\sim650cm^{-1}$，随金属原子不同而有很大变化。

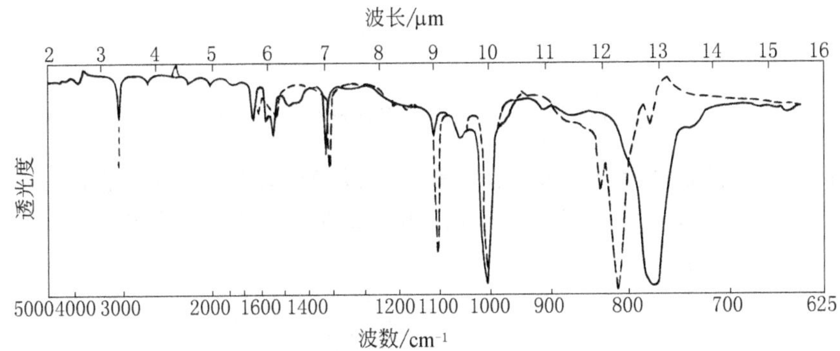

图 2-26　Cp_2Fe 和 Cp_2Ni 的红外光谱（实线 Cp_2Ni，虚线 Cp_2Fe）

2.6　红外光谱新技术及其应用

2.6.1　时间分辨光谱

利用 FTIR 光谱仪对样品进行动态红外测量大致分成三种情况，差别是样品结构随时间变化的快慢，也就是说测定出已感觉到样品结构变化的两个光谱间的时间长短。第一类是假稳态阶段，是变化较慢的过程，能记录下起始样品的光谱，在整个结构变化过程中可以多次记录经过一定时间间隔后样品结构变化的光谱，从而可观察到整个结构随时间变化的情况。

第二类是快变化过程，时间分辨率在秒的数量级。可以利用 FTIR 采集数据软件，连续快速地测光谱。可达到采集速度取决于磁盘存取时间或干涉仪的扫描速度。

第三类是变化非常快的过程，以至其物质结构的变化或者瞬间寿命的时间短于光谱仪的一次扫描时间，这种瞬态光谱需通过时间分辨光谱技术来测定。下面将该技术作一简单介绍。

时间分辨傅里叶变换红外光谱，简称时间分辨光谱（FTIR/TRS），是将FTIR仪器进行快速多重扫描和计算机快速采集及处理数据的功能相结合，在与时间相关的研究领域中的应用。

在常规FTIR光谱仪中，红外光源是稳定的（不随时间而改变），迈克尔逊干涉仪扫描所得的干涉图为一时域函数，表示为F（δ）或F（t），其中δ为干涉仪动镜移动而引起的光程差，t为动镜移动时间，经过傅里叶变换后的光谱表示为B（ω）。但对于时间分辨光谱来说，其干涉图（或光谱）随时间T变化，T为样品的瞬变时间。在FTIR/TRS中的F（δ）或F（t）是随分辨时间过程T而变化的时序干涉图，即F（δ，T）或F（t，T），经傅里叶变换后的光谱图亦为一时序光谱图B（ω，T）。

$$\mathrm{B}(\omega,T)=\int_{0}^{\delta_{\max}}\mathrm{F}(\delta,T)\exp(-i\omega\delta)\mathrm{d}\delta \tag{2-29}$$

或

$$\mathrm{B}(\omega,T)=\int_{0}^{t_{\max}}\mathrm{F}(t,T)\exp(-i\omega t)\mathrm{d}t \tag{2-30}$$

图2-27是由样品的瞬变时间T，光程差δ或光谱频率ω，光谱强度三个参量构成的三维时间分辨干涉图F(δ,T)和三维时间分辨光谱图B(ω,T)。

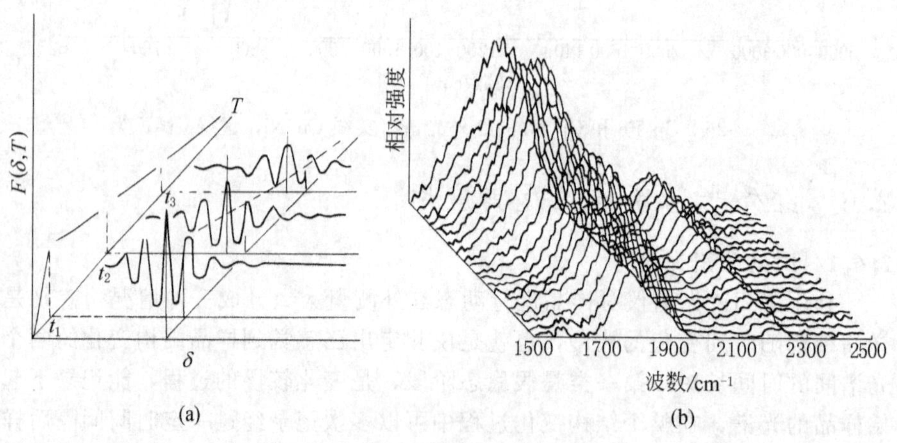

图2-27 时间分辨图

(a) 时间分辨干涉图；(b) 时间分辨光谱图

样品的瞬变时间是极短的（以微秒计），若想在此瞬变时间内获取多张干涉图所需的全部数据点，采用通常的办法是难以实现的，因此，在时间分辨中，往往在样品变化的瞬间内仅能取得有限个数据点（瞬变时间越短，取得数据点往往越少），然后，让样品多次重复瞬间变化（通过机械、光、电等外界激发因素），每重复一次变化即重复一次瞬变过程（物理或化学变化过程），即可取得一组数据点的数据，如此多次扫描可完成每一瞬变过程干涉图所需全部数据点处的数据。由此可见，FTIR/TRS 基于两个技术：① 瞬变体系要完全可以多次重复；② 变化的体系的时间与 FTIR 干涉仪的扫描有一定的相关。如何实现时间分辨 FTIR/TRS 呢？目前大体上有分步采样法、慢扫描时间编组法、快扫描时间编组法及改进的时间编组法四种方式。

FTIR/TRS 首先在高聚物拉伸研究中应用成功。用 FTIR/TRS 研究聚丙烯的物理形变。在这项研究中，反应“引发剂”是一机械拉伸应力，整个循环包括膜的拉伸和松弛，约在 100ms 完成。图 2-28 是聚丙烯的拉伸起点、中点及终点时的时间分辨光谱，峰没有移动，但 974cm^{-1} 和 995cm^{-1}峰随伸长而变化，这两峰强度比与聚丙烯的结晶度有关，实验结果说明了聚合物的内应力可引起结晶度变化。

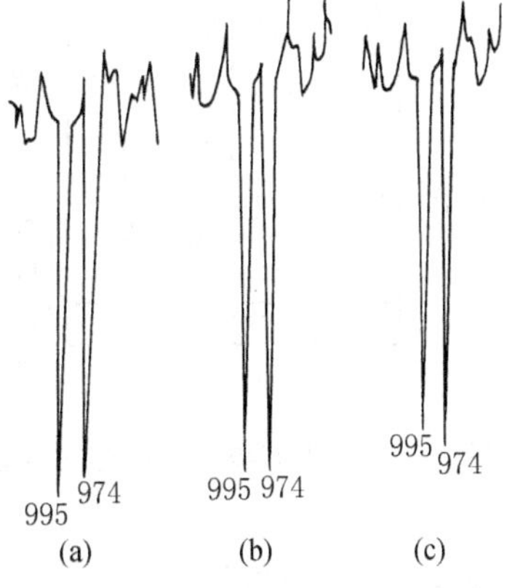

图 2-28　聚丙烯的时间分辨光谱
(a) 拉伸前；(b) 拉伸到中点；
(c) 拉伸终点

2.6.2　红外光热光声光谱技术

在固态样品的红外测定方面仍然有很多使光谱学者感到困难的问题。溴化钾压片、石蜡或氯化石蜡糊法和溶液都可能与样品有某种程度的相互作用，而且这些“稀释剂”本身也有特征吸收。大多数固体制样技术能明显影响样品的形态。因此，希望发展一些理想的制样技术，使所得光谱能保留常规光谱的所有特征，而样品制备要尽量少或不和稀释剂发生作用，对样品的大小及形状没有什么严格要求。漫反射法（DRIFTS）测粉末状样品是一个较为令人满意的技术，但对表面光滑的样品仍然有问题，而且需要用 KBr 稀释，同时样品应是小而均匀的粉末，使样品形态产生不可逆的变化。20 世纪 70～80 年代出现一种新的技术，即傅里叶红外光热光声光谱技术。由于这种技术具有独特的优点，使其很快得到了广泛的应用。对于分析没有物理变化的样品，光声信号能在样品表面层下面自动地、重复地发生，它有一适当的稳定的光强度。用这种技术可直接测量样品表层的吸收光谱。

2.6.2.1　光热光声光谱原理

光热光声光谱（PAS）和常规红外光谱法的基本差别是检测入射光吸收的方式。常规红外光谱光的吸收是用光电传感器检测透过的光通量，然后与没有样品时的光通量比较来完成的。相反，在 PAS 中光的吸收用声传感器检测，检测是通过周围气体压力的变化来测定的。PA 信号固有的优点是直接正比于吸收的光，因此能测量吸收非常弱的样品。

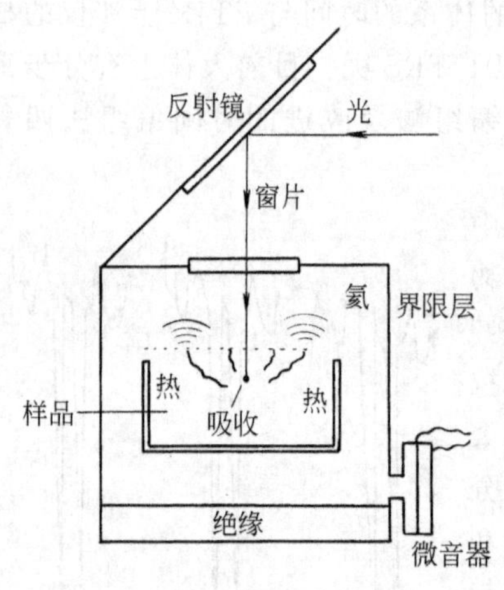

图 2-29　凝聚态样品光声池的示意图

中红外光源的辐射通过干涉仪，被动镜调制，然后调制辐射光聚焦到样品。当气体、液体或固体吸收这类辐射光时，吸收的光能全部或部分转变成分子的动能。若测定的是气态样品，密封小室中的气体随温度增加其压力也相应增加。如果入射光被调制成声频范围，在此频率下产生的压力波动能用微音器检测。若是凝聚态样品，可放在封闭池中（图 2-29）。池上有一个光学窗口可透过红外辐射（如 KBr、KRS-5），池内充满了不吸收红外光的气体。样品的吸收能量通过两个基本过程释放出来：一个是发射光；另一个是更常见的转化成热能释放出来，热传到样品表面，再热耦合到样品表面的气体，随之产生压力变化。由于入射的是调制光，产生的热和伴随着的压力变化也被调制成和入射光一样，这声波通过小的连接通道进入微音器室，就能检测到压力的变化，再通过电路转换成电压的变化，最后得到的信息有振幅和相位信息。在产生这样的声波同时，气体的折光指数将以正弦波的形式变化，因此除微音器检测（光声光谱）外，也可用光束折射等其他方式检测，所以这种原理的光谱技术又称光热光谱。

2.6.2.2　FTIR-PAS 应用举例

图 2-30 是汽车零件的 PAS 图，经用光声光谱分析确定其材料是尼龙-6。图 2-31 是用 KBr 压片透过法做同一样品的光谱。显然 PAS 图的质量比 IR 图的质量要高。

图 2-32、图 2-33 分别是硅橡胶、粉状聚乙烯的 FTIR-PAS 图。所测样品都未经任何处理，而光谱图质量很好。

FTIR-PAS 技术的一个重要特性就是探测样品不同深度的结构变化。这方面的实例很多，可参考有关文献[6,8]。

2.6.3　气相色谱-红外光谱及热重分析-红外光谱联用技术

2.6.3.1　气相色谱-傅里叶变换红外光谱联用

红外光谱被公认为现代有机化合物结构分析的主要方法之一。然而，红外光谱法原则上只能用于纯化合物，对于混合物的定性分析常常是无能为力的，而色谱法长于分离混合物。联合这两种方法，把色谱仪作为红外光谱仪的前置分离工具，或者说把红外光谱仪作为色谱仪的检测器，就组成了一种理想的分析工具。这种联合只有在快速、灵敏的傅里叶变换红外光谱仪出现之后才能实现。联用技术包括气相色谱-傅里叶变换红外光谱联用（GC/FT-IR）、高效液相色谱-傅里叶变换红外光谱联用（HPLC/FTIR）、超临界流体色谱-傅里叶变换红外光谱联用（SFC/FTIR）、薄层色谱-傅里叶变换红外光谱联用（TLC/FTIR）。文中只介绍 GC/FTIR 的测试原理及应用举例。

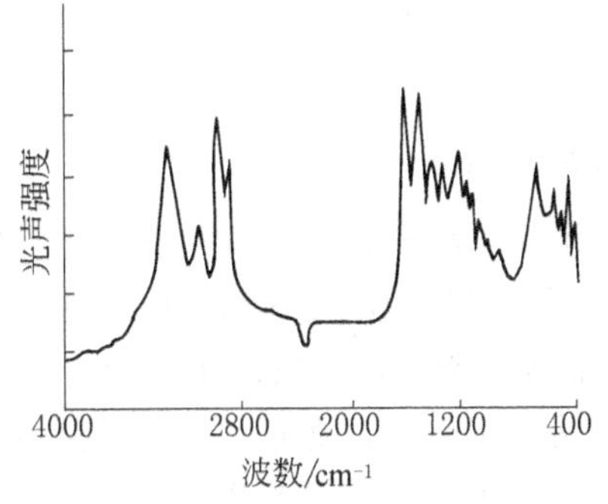

图 2-30　汽车零件的光声光谱图

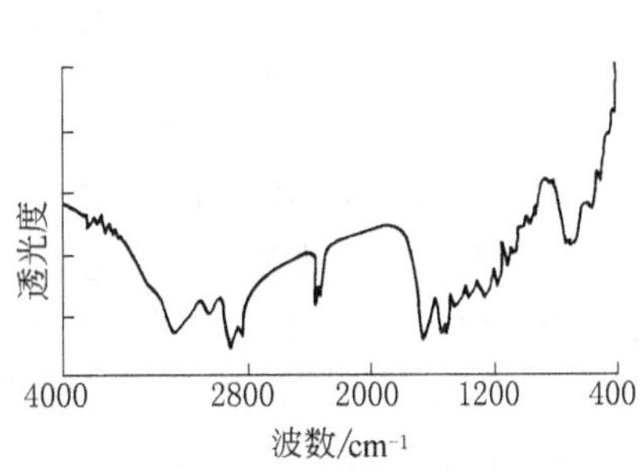

图 2-31　汽车零件的红外光谱图

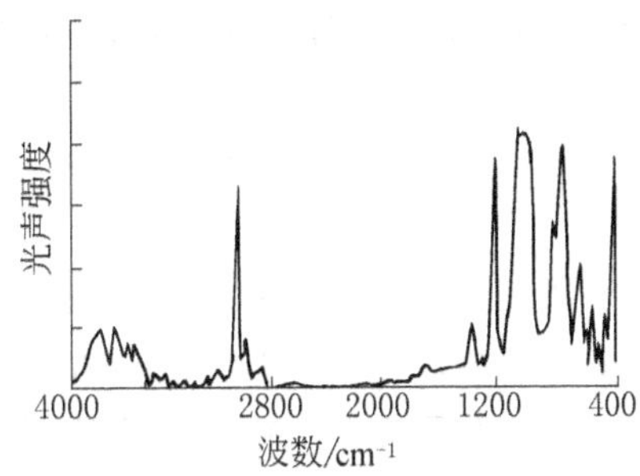

图 2-32　硅橡胶的 PAS 图

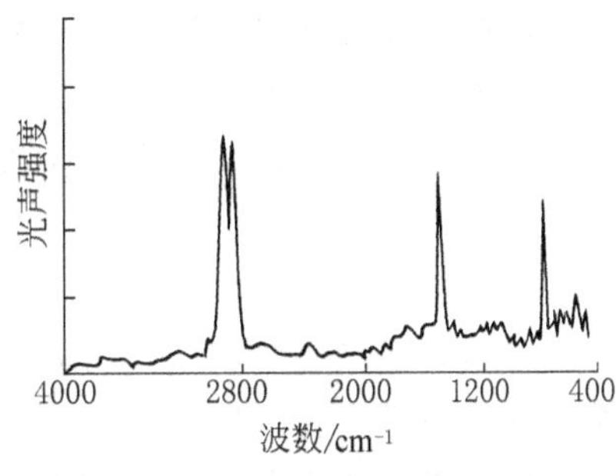

图 2-33　低压聚乙烯的 PAS 图

A. 测试原理

GC/FTIR 系统由以下几个单元组成：GC，对复杂试样进行分离；光管，联机的接口，GC 的馏分在此处受检；FTIR 谱仪，同步跟踪扫描，检测 GC 馏分；计算机数据系统，控制联机运行与采集、处理数据。

图 2-34 所示为 GC/FTIR 原理示意图。联机检测过程大致是：经干涉仪调制的干涉光汇聚到光管窗口，经光管镀金内表面多重反射后到达 MCT 检测器；另一方面，试样进入 GC 后，经色谱柱分离，GC 馏分按保留时间顺序进入光管，并被 MCT 所检测。计算机数据系统存贮到采集到的干涉图信息，经快速傅里叶变换得到组分的气相红外光谱图，进而通过谱库检索得

到试样组分的分子结构和化合物名称。

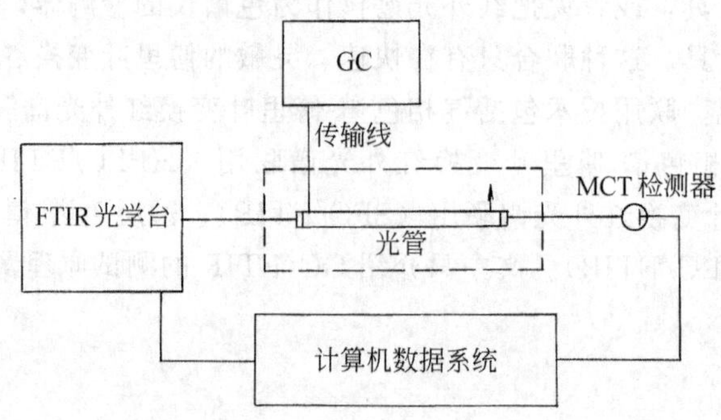

图 2-34　GC/FTIR 原理示意图

GC/FTIR 只适用于有机化合物混合物的分离与鉴定。但对于高分子材料中常遇到已交联材料的定性定量鉴定问题，需要采用裂解色谱技术与 FT-IR 联用（PGC/FTIR），即在 GC 上加一个热解器。这种技术是将聚合物在热解器（裂解头）中加热至几百度或更高的温度，聚合物的大分子因受加热而裂解为若干易挥发的小分子物质，即碎片，而后将裂解产物进行 GC/FT-IR 鉴定。由于一定性质的聚合物在一定温度下有着组成一定的热裂解产物，其碎片组成和相对含量与被测物质的结构、组成有一定的对应关系，因此，裂解色谱图与 FTIR 光谱可作为定性的依据，并可利用裂解色谱图中能反映物质结构、组成的特征碎片来定性和定量地分析混合物中的各组分。

B. 数据处理

（1）数据采集　联机操作的第一步就是在计算机软件控制下完成数据采集。首先是设置操作参数，如扫描速度，采样点数，变换点数等。接着采集开始，载气通过光管，MCT 上产生的信号为一平坦直线，它类似于色谱的基线。然后，试样组分连续通过光管，FTIR 仪跟踪扫描与检测 GC 馏分，即采集 GC 峰，在相应软件控制下，进行实时低分辨傅里叶变换，并于荧光

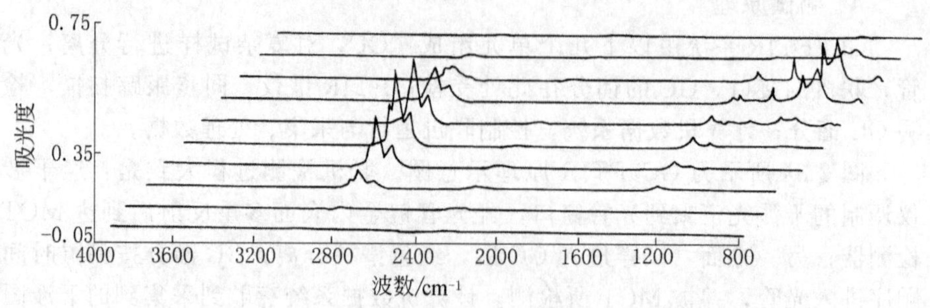

图 2-35　荧光屏实时显示的三维图形

屏上实时显示一张张低分辨气相红外光谱图（$16cm^{-1}$）。如图 2-35 所示，在联机检测的三维图形中，x 轴为波数，y 轴为吸光度，z 轴为时间，xoy 平面显示低分辨 IR 光谱，并沿 z 轴方向移动。

（2）化学图　在联机运行中，于荧光屏上连续显示三维图形的同时，绘图仪按设定的“化学窗口”连续绘制化学图，直至运行终了。“化学窗口”是根据试样的化学特性和分析需要人为设置的。如需要观察某反应过程的 C═O 变化情况，只需设置一个 C═O 窗口即可。显然，“化学窗口”的设置与试样组分的化学结构密切相关，化学图正是因此而得名的。羟基窗口 $3200\sim3600cm^{-1}$，羰基窗口 $1670\sim1800cm^{-1}$，烷基窗口 $2800\sim3000cm^{-1}$，苯环窗口 $1500\sim1610cm^{-1}$，亚甲基变形振动窗口 $720\sim850cm^{-1}$。图 2-36 所示为 GC/FTIR 采集的复杂试样的化学图，由图可大致看出试样由多少成分组成，这些成分含有哪些官能团，大致是什么类型的化合物。

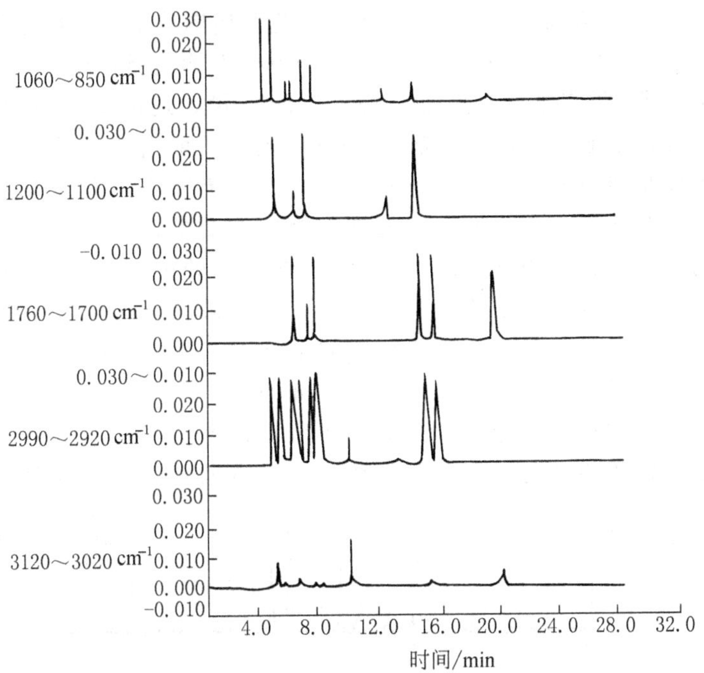

图 2-36　GC/FTIR 采集的复杂试样化学图

（3）重建色谱图　重建色谱图有两种类型，一类是吸收重建，另一类是干涉图重建，即 Gram-Schmidt 重建色谱图。图 2-37 所示为 Gram-Schmidt 重建色谱图。

在实际联机操作中，在数据采集结束后，一般先进行色谱图重建，借助 IR 重建色谱图不仅可以判定试样有多少组分组成，而且可以其为

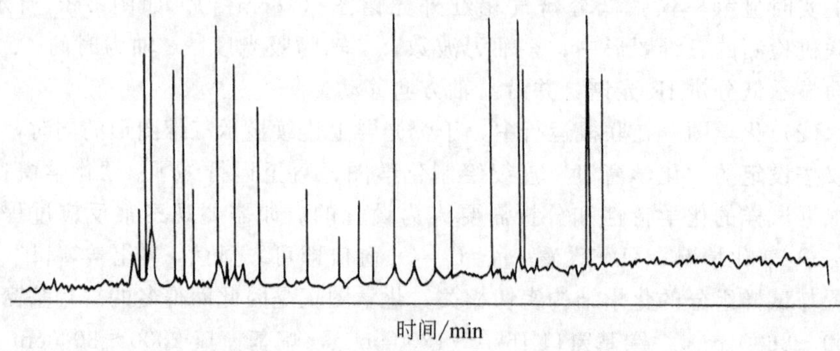

图 2-37 Gram-Schmidt 重建色谱图

依据有序地进行数据处理，或随意调出相应于某数据点的干涉图信息或光谱信息。

(4) FTIR 光谱图的获得 通常先由重建色谱图确定 GC 峰的数据点范围或峰尖位置，而后选取适当数据点处的干涉图信息进行傅里叶变换，即可获得相应于某数据点干涉图信息的气相 FTIR 光谱。到底选取 GC 峰什么位置的干涉图信息进行变换，要视具体情况而定。一般当峰弱时，多选取峰尖的干涉图信息进行变换；当峰强时，则不一定选取峰尖的干涉图信息进行变换；当峰的纯度高时，一般选取峰尖作变换，当峰纯度不高，即为混峰时，则往往取峰的前、中、后部或峰肩处的干涉图信息进行变换，并比较之。为了获得质量高的气相红外光谱图，联机操作要大量使用差减技术，一是扣除由水蒸气引起的干扰，一是对混峰进行差减。

近年来计算机软件技术发展很快，谱图处理过程已变得非常简单，操作人员只需用一个指令即可完成上述谱图指令全过程，而在荧光屏上同时显示重建色谱图与 FTIR 光谱图。图 2-38 所示为工业溶剂鉴定中所

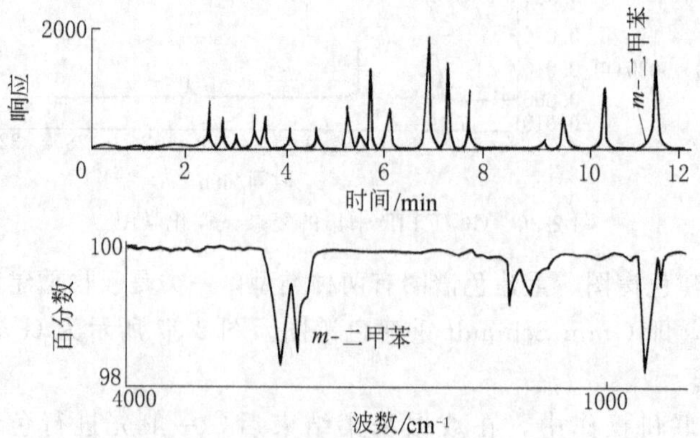

图 2-38 工业溶剂鉴定中所作的 *m*-二甲苯显示

作的 m-二甲苯显示。

(5) GC/FTIR 谱库检索　为对检测到的 GC 馏分进行鉴定，一般是将 GC 馏分的 FTIR 光谱图与计算机存贮的气相红外光谱图进行比较，即通过谱库检索确认。

C. 应用举例

对北京轮胎厂生产的 650-16 型轮胎胶面进行分析。实验选用 CDS-120 型热裂解器，裂解温度为 650℃，裂解时间 5s，毛细柱为 HP-1 甲基硅酮型石英柱，FTIR 光谱仪为 Nicolet 170 SX FTIR，光管温度为 130℃，尾吹流速为 0.8mL/min，分流比 1∶1，进样量 0.2mg。重建色谱图见图 2-39。鉴定出 35 个组分。各种聚合物都有其特征裂解产物。例如，天然橡胶的主要裂解产物是异戊二烯和二戊烯；顺丁橡胶的主要裂解产物是 1,3-丁二烯和 4-乙烯环己烯；而丁苯橡胶的主要裂解产物除与顺丁橡胶相同外，还有苯乙烯等。由裂解产物的红外谱图判断可知，胎面胶主要有顺丁橡胶，天然橡胶和丁苯橡胶等组成。

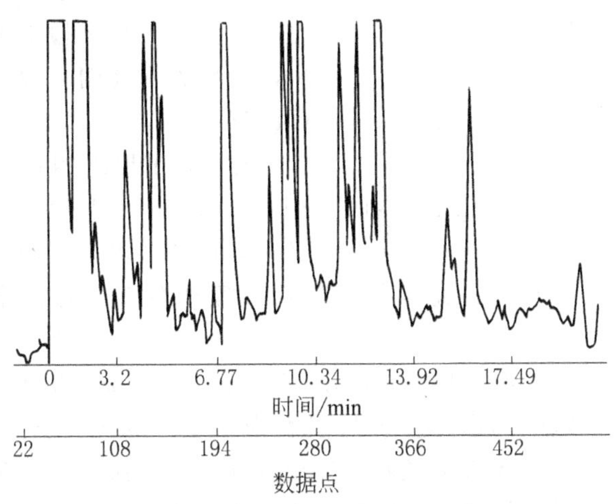

图 2-39　胎面胶的 IR 重建色谱图

2.6.3.2　热重分析-傅里叶变换红外光谱联用

(1) 概述　热重分析法（TGA）是在程序控制温度下，测量物质的质量与温度关系的一种技术。只要受检物质在受热时发生质量变化，就能用 TGA 来研究其变化过程，测得的热重曲线表明了物质在受热时质量随温度（或时间）变化情况。对于物质在受热时所释放出的挥发物质的定性和定量分析，除色谱法、质谱法外，也可采用红外光谱法。

对于红外光谱来说，只要在 TGA 分析中被分析物所释放的挥发组分有红外吸收，而且能被载气带入红外光谱的气体池中，就能用红外光谱对气体样进行定性分析。早在1969年前，就有人开展了TGA与红外光谱的联用(TGA/IR)研究，但由于红外光谱仪为色散型的，检测灵敏度低，因而使得这一联用技术未得到进一步发展和广泛应用。高灵敏度的FTIR光谱仪的问世有力地推动了TGA/FTIR联用技术的发展。常规的联机系统主要由热解室（如热天平、热解炉等）、接口和FTIR光谱仪组成。理想的接口应是结构简单，易于安装和使用，化学惰性，且内体积小，以减少那些热不稳定的逸出气在接口中的停留时间。已报道的接口装置有三种形式，它们均为红外气体流动池。在这里介绍一种TGA/FTIR专用接口装置。

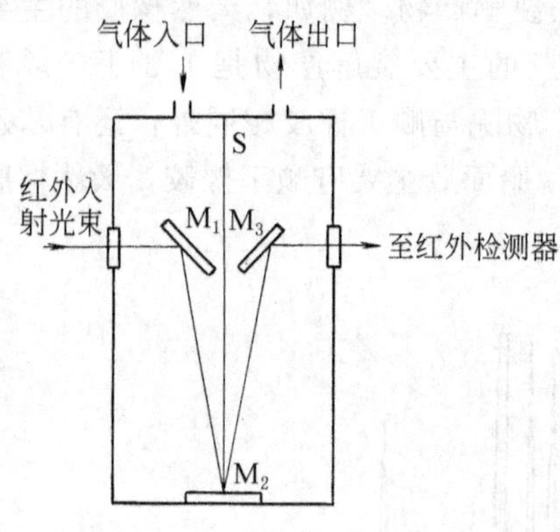

图 2-40　TGA/FTIR专用接口示意图

这类专用接口装置结构比较简单，安装和使用方便，维护也比较容易。图2-40为此接口的示意图。红外光束经三面反射镜 M_1，M_2，M_3 后入射到红外检测器上，从而增加了检测光程，提高了红外检测灵敏度而又不必增加检测池体积。整个检测池置于绝热套中，检测池温度则可根据实验要求进行调节。

与GC/FTIR相似，进行TGA/FTIR联机检测时，除应尽量降低系统各单元（热解室、传输管线、接口等）的死体积外，还应注意载气流速及热解室-接口工作温度对联机分析的影响。

(2) 应用举例　本例用Bio-Rad TGA/FTIR系统分析火药的热解过程及热解产物。以氮气为载体，加热温度为100～400℃，升温速度10℃·min^{-1}。用FTIR光谱仪对由TGA逸出气体进行连续检测。整个分析过程由Bio-Rad 3200数据站控制。图2-41为火药的热失重曲线。主要失重出现在200℃左右，是由于硝化纤维素与其他热解引起的。另一次缓慢失重在约380℃附近，为火药中纸浆的分解引起。图2-42(a)为202℃时逸出气的在线红外光谱图,表明硝化纤维素的主要热解产物为NO(1800～2000cm^{-1})以及CO_2(2350和667cm^{-1})、CO(2250～2050cm^{-1})。此外,尚出现弱的醛类吸收(ν_{C-H},2750cm^{-1})。图2-42(b)为火药在356℃时逸出气的在线红外光谱图,图中醛类的ν_{C-H}带(2750cm^{-1},1710cm^{-1})已变得很明显。

2.6.4　傅里叶变换红外光谱显微技术

随着红外光谱技术的不断发展，分子光谱工作者测试样品的种类和范围

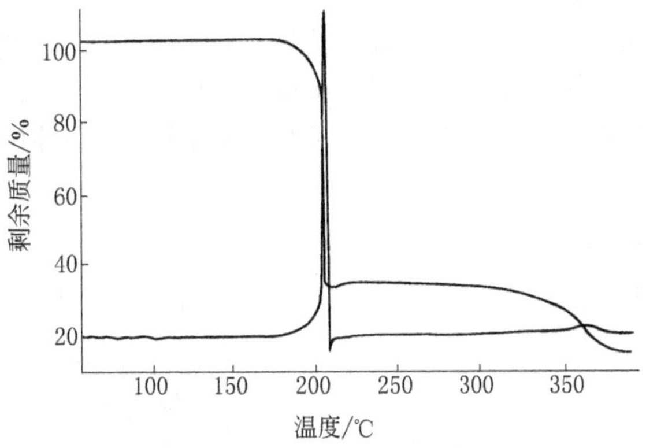

图 2-41 火药的热失重曲线

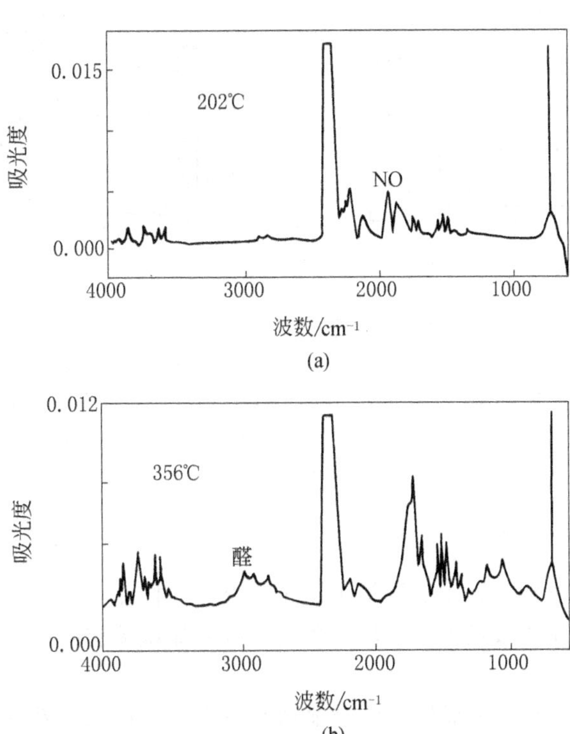

图 2-42 火药逸出气的在线红外光谱图

(a) 火药在 202℃；(b) 火药在 356℃

在不断扩大。例如对微量固体样品的测试技术提出了更高的要求，希望在通过显微镜观察被测样品的外观形态或物理微观结构的基础上直接测试样品某特定部位的化学结构，得到该微区物质的高质量红外谱图。

2.6.4.1 红外显微镜原理和仪器结构

傅里叶变换红外显微镜（简称红外显微镜）按其光路系统的差异，一般分为同轴光路显微镜和非同轴光路显微镜。它们具有透射式和反射式两种操作功能。下面简单介绍非同轴光路系统红外显微镜。其结构和光路见图2-43和图 2-44。

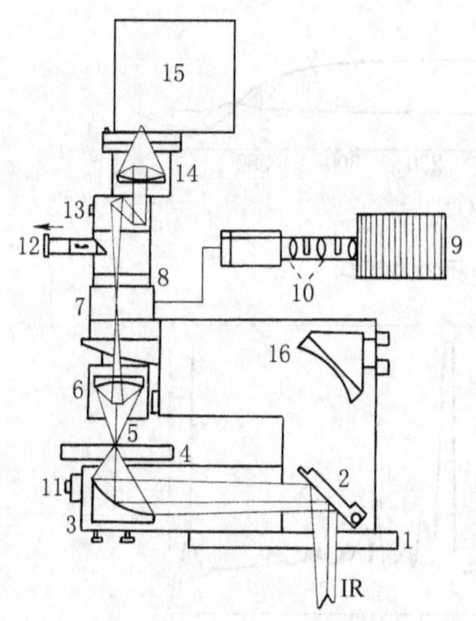

图 2-43　透射式红外显微镜光路图

1—固定台；2—反射镜；3—椭圆镜；4—载物台；5—样品；6—物镜；7—转换器；8—可变光阑；9—照明光源；10—光调焦旋钮；11—调节旋钮；12—目镜；13—转换镜；14—检测器物镜；15—MCT 检测器；16—反射镜

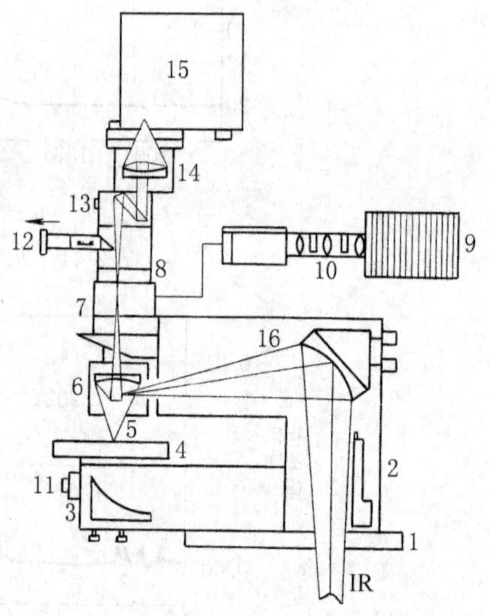

图 2-44　反射式红外显微镜光路图

1—固定台；2—反射镜；3—椭圆镜；4—载物台；5—样品；6—物镜；7—转换器；8—可变光阑；9—照明光源；10—光调焦旋钮；11—调节旋钮；12—目镜；13—转换镜；14—检测器物镜；15—MCT 检测器；16—反射镜

透射式红外显微镜用于测量可透过红外光的样品，如厚度小于 20μm 的薄膜、固体切片和微量液态物质；反射式红外显微镜主要用于测量样品的表面或污染物。

(1) 透射式红外显微镜　红外显微镜是由显微镜观测系统、光学系统和汞镉碲检测器（简称 MCT）所组成，如图 2-43 所示。来自 FTIR 光学台的干涉红外光进入红外显微镜系统后，首先通过反射镜偏转 90°，经短焦距的抛物镜将干涉红外光 IR 聚焦到载物台的样品上，形成一个直径约 800μm 的光斑。被测样品通常被置于直径约 6～10mm 的溴化钾晶体窗片上，而窗片则放在金属载物台中心部位的一个金属片凹槽内，其凹槽中心开有一个微孔，操作者可以利用调节旋钮，在上下或左右各方向灵活方便地操纵载物台并进行透过 IR 光束的聚焦，对准微孔透光通过样品，选择样品的分析区域；为了能准确地选取被测样品的 IR 光分析区域，就必须使用可变光阑，它位于样品的上方和目镜的下方，当光阑大小狭缝的调节是样品 IR 光分析区域面积的 15 倍时，便能有效地减少微孔造成的光衍射效应，提高整个系统的光学效率，从而保证透过红外光谱能准确反映区域的结构信息；透过光阑的 IR 光经转换镜被偏转 90°照射到检测器物镜上，再聚焦到 MCT 检测器上，便可进行检测。

在进行样品的红外光谱测试之前，首先要利用显微镜的观测系统，选择好被测样品的分析区域。方法是转换器旋至显微镜观测档，利用目镜观测样品。通过调旋钮，使可见光聚焦在被测试样品上，同时转动旋钮进行光的聚焦，选准分析区域。由于观测用光束的聚焦处就是分析红外光聚焦的同一区域，因此将转换器旋至红外光测试档，便可完成 FTIR 对样品分析区域的测试工作。

(2) 反射式红外显微镜　反射式红外显微镜的结构（见图 2-44）与透射式相同，只需通过透射/反射转换旋钮改变光路即可。具体测试过程不再赘述。

2.6.4.2 应用举例

红外显微镜在法庭科学中的应用极为广泛，如分析遗留在犯罪现场及其有关场所客体上各种有机物证。如油漆、树脂、塑料、纤维、粘合剂、可燃物、爆炸物、药物、毒物、橡胶及其制品等。也可用于分析部分无机物证，如矿物、无机填料、颜料等。在刑事案件中，物证的检验结果往往能为侦破案件提供物证依据。除了法庭科学中的应用外，在材料研究领域中的应用也是极为广泛的。例如在某精密的电子设备中一个微小的接触点的镀层上发现一颗约 1～2ng 重的微粒，经红外显微镜测定，微粒是一种尼龙材料，经分析推断，可能是用尼龙刷清扫接触点时遗留在镀层上的尼龙微粒。

2.6.5 傅里叶变换红外发射光谱技术

FTIR 发射光谱技术主要是用于对一些不宜做透射光谱体系的材料表面、腐蚀性极强及不透明物体、高温样品等的定性或定量分析及其他特性的研究。

2.6.5.1 FTIR 发射光谱测试原理

样品受热后，便要产生热辐射，辐射特征与样品的组分、温度、频率或波长和波数有关。这样就可根据样品的发射率与波数的关系，对样品进行定性或定量的分析。

对于固体或气体样品来说，直接测量它们的发射率 $\varepsilon(\sigma)$是比较困难的。这主要是由于在温度 T 时，仪器测得的一个样品的单光束光谱 $S(\sigma,T)$包含着来自各种光源发出的红外辐射对它的贡献。所测得的单光束光谱由下式给出：

$$S(\sigma,T)=R(\sigma)[\varepsilon(\sigma)H(\sigma,T)+\gamma(\sigma)I(\sigma)+B(\sigma)] \tag{2-31}$$

式中 $R(\sigma)$——仪器响应函数；

$H(\sigma,T)$——Plank 函数；

$\varepsilon(\sigma)$——样品发射率；

$\gamma(\sigma)$——样品反射率；

$I(\sigma)$——射到样品上的背景辐射；

$B(\sigma)$——直接射到检测器上的仪器之背景辐射。

对于黑体而言，发射率 $\varepsilon(\sigma)=1$，反射率 $\gamma(\sigma)=0$，则有：

$$S_1(\sigma,T_1)=R(\sigma)[H(\sigma,T_1)+B(\sigma)] \tag{2-32}$$

$$S_3(\sigma,T_2)=R(\sigma)[H(\sigma,T_2)+B(\sigma)] \tag{2-33}$$

对于样品而言：

$$S_2(\sigma,T_1)=R(\sigma)[\varepsilon(\sigma)H(\sigma,T_1)+B(\sigma)+I(\sigma)\gamma(\sigma)] \tag{2-34}$$

$$S_4(\sigma,T_2)=R(\sigma)[\varepsilon(\sigma)H(\sigma,T_2)+B(\sigma)+I(\sigma)\gamma(\sigma)] \tag{2-35}$$

式中 S_1，S_3——黑体的单光束光谱；

S_2，S_4——样品的单光束光谱；

T_1，T_2——样品和黑体的两个测量温度。

假设 $\varepsilon(\sigma)$ 和 $\gamma(\sigma)$ 与温度无关，则有

$$\varepsilon(\sigma)=\frac{S_4-S_2}{S_3-S_1} \tag{2-36}$$

根据能量守恒定律，辐射到任一表面上的能量，存在着 $t+\gamma+a=l$ 的关系，其中 t，γ 和 a 分别为透射率、反射率和吸收率。

根据红外辐射的基本定律 Stefan-Boltgmann 定律和 Kirchhoff 定律可得到：在给定温度下，任何材料的发射率在数值上等于该温度的吸收率，即：

$$\varepsilon=a$$

对于气体、金属支持体，或其他固体样品而言，它们的反射率是很小的，$\gamma\approx0$。所以，存在着近似关系：

$$\varepsilon(\sigma)+t(\sigma)=1 \text{ 或 } \varepsilon(\sigma)=1-t(\sigma) \tag{2-37}$$

样品的吸光度 $A(\sigma)$ 与吸收系数 K_σ、光程长 l 和浓度 c 之间的关系，遵从朗伯-比尔定律：

$$A(\sigma)=-\lg t(\sigma)=K_\sigma lc \tag{2-38}$$

所以，样品发射率 $\varepsilon(\sigma)$ 与它的浓度 c 之间关系为：

$$c=-\frac{\lg[1-\varepsilon(\sigma)]}{K_\sigma l} \tag{2-39}$$

该关系式对于气体和附着于低发射率基片上的很多凝聚相样品都是一个很好的近似关系。目前，测量红外发射光谱的诸多研究工作基本上都是按上述方式进行的。若干涉仪和检测器都处于室温时，就不必作温度 T_2 的测量，而直接用单光束光谱 S_2 和 S_1 的比给出发射率 ε（σ）。有时为了方便起见，考虑辐射体不用黑体，而直接用样品的支持体作参考辐射体，给出所谓的“相对发射率”。

2.6.5.2 应用举例

图 2-45 为亚磷酸三甲苯酯涂在钢表面的实验的发射光谱图。图 2-45 中光谱 1 为 40℃时，用钢丝棉抛光的钢片表面的 FTIR 发射光谱的实验。光谱 2 是钢片表面上涂一薄层亚磷酸三甲苯酯[$(CH_3C_6H_4O)_3P$]，再擦拭后测得的发射光谱图。然后将钢片在空气中加热到 400℃，5min 后，再将它冷却到 40℃，测得光谱 3。在此表面上再涂一层亚磷酸三甲苯酯，擦拭干净后，在 40℃下测得发射光谱 4。光谱 5 是覆盖在硫化锌板上的亚磷酸三甲苯酯薄膜的发射光谱图。光谱 6 是在室温下，夹在二片硫化锌片之间的亚磷酸三甲苯酯的吸收光谱图。光谱 6 中，接近 $1300cm^{-1}$ 光谱带归属于 P═O 的伸缩振动带，接近 $1190cm^{-1}$ 和 $1242cm^{-1}$ 和接近 $1030cm^{-1}$、$1040cm^{-1}$ 和 $1220cm^{-1}$ 比较弱的光谱带都归属于 P—O—C 键。接近 $975cm^{-1}$ 的强吸收光谱带和与之相对应的最强的发射光谱带，虽然在很多的有机磷化合物中都有发现，但尚不能最终确定。有人把 $980cm^{-1}$ 带暂定为五价磷化合物的 P—O 强伸缩振动谱带。

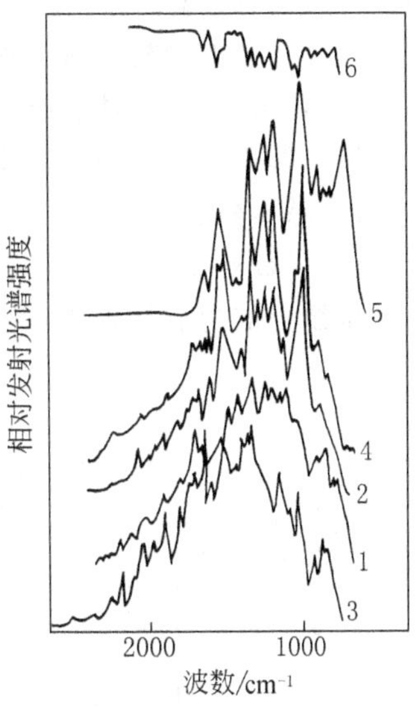

图 2-45 涂在钢表面的亚磷酸三甲苯酯的 FTIR 发射光谱图

1—抛光的钢表面；2—加了亚磷酸三甲苯酯；3—400℃；4—加了亚磷酸三甲苯酯；5—亚磷酸三甲苯酯在 Irtran-2 上；6—亚磷酸三甲苯酯吸收光谱

比较图 2-45 的光谱 1～6，可以看出：当亚磷酸三甲苯酯涂到钢表面时，亚磷酸三甲苯酯的发射光谱带叠加在钢的发射光谱上，结构与光谱 6 相类似。光谱 2 中没有新的光谱带，表明亚磷酸三甲苯酯与 40℃的钢表面不发生反应。然而当钢表面经 400℃加热处理后，就出现了某些变化，如光谱 3 所示，1190 和 $1242cm^{-1}$ 附近处和 $975cm^{-1}$ 的 P—O—C 谱带消失。余下的

$1300cm^{-1}$谱带，$1500cm^{-1}$和$1600cm^{-1}$芳香谱带被认为是由于留在钢表面上的未蒸发的亚磷酸三甲苯酯中的 P—O—C 键的裂解所致，$1300cm^{-1}$谱带的存在说明也有 P—O 基团残留在钢的表面上。

2.7 激光拉曼光谱

拉曼光谱是一种散射光谱。在 20 世纪 30 年代末，拉曼散射光谱是研究分子结构的主要手段。但当时由于拉曼效应太弱，所以随着红外光谱的迅速发展，拉曼光谱的地位随之下降。

自 1960 年激光问世，并将这种新型光源引入拉曼光谱后，拉曼光谱出现了新的局面，已广泛应用于有机、无机、高分子、生物、环保等各个领域，成为重要的分析工具。而且由于它的一些特点，如水和玻璃散射光谱极弱，因而在水溶液、气体、同位素、单晶等方面的应用具有突出的特长。近几年又发展了傅里叶变换拉曼光谱仪，使它在材料结构研究中的作用与日俱增。

2.7.1 基本概念

2.7.1.1 拉曼散射及拉曼位移

拉曼光谱为散射光谱。当一束频率为 ν_0 的入射光照射到气体、液体或透明晶体样品上时，绝大部分可以透过，大约有 0.1%的入射光光子与样品分子发生碰撞后向各个方向散射。如果这一碰撞不发生能量交换，即称为弹性碰撞，这种光散射称为瑞利散射。反之，若入射光光子与样品分子之间发生碰撞有能量交换，即称为非弹性碰撞，这种光散射称为拉曼散射。在拉曼散射中，若光子把一部分能量给样品分子，得到的散射光能量减少，在垂直方向测量到的散射光中，可以检测频率为 $(\nu_0-\dfrac{\Delta E}{h})$ 的线，称为斯托克斯线，如图 2-46 所示。相反，若光子从样品分子中获得能量，在大于入射光频率处接收到散射光线，则称为反斯托克斯线。

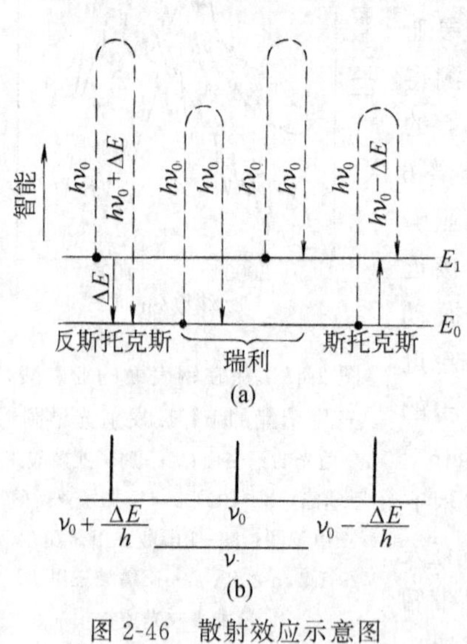

图 2-46 散射效应示意图
(a) 瑞利和拉曼散射的能级图；
(b) 散射谱线

处于基态的分子与光子发生非弹性碰撞，获得能量到激发态可得到斯托克斯线，反之，如果分子处于激发态，与光子发生非弹性碰撞就会释放能量而回到基态，得到反斯托克斯线。

斯托克斯线或反斯托克斯线与入射光频率之差称为拉曼位移。拉曼位移的大小和分子的跃迁能级差一样。因此，对应于同一分子能级，斯托克斯线与反斯托克斯线的拉曼位移应该是相等的。但在正常情况下，由于分子大多数是处于基态，测量得到的斯托克斯线强度比反斯托克斯线强得多，所以在一般拉曼光谱分析中，都采用斯托克斯线研究拉曼位移。

瑞利散射和拉曼散射相对地讲是低效率过程。瑞利散射强度大约只有入射激发光源强度的 10^{-3}，而拉曼散射更弱，大约只有 10^{-6}。因而在这类实验中需要很强的光源。激光束可提供所需的强度（$10^2 \sim 10^3$mW），即使用很少样品，也能得到满意的结果。

在红外光谱中，某种振动类型是否具有红外活性，取决于分子振动时偶极矩是否发生变化，而拉曼活性则取决于分子振动时极化度是否发生变化。所谓极化度，就是分子在电场的作用下，分子中电子云变形的难易程度，极化度 α，电场 E，诱导偶极矩 μ_i 三者之间的关系为

$$\mu_i = \alpha E \tag{2-40}$$

也就是说，拉曼散射是与入射光电场 E 所引起的分子极化的诱导偶极矩有关。拉曼谱线的强度正比于诱导跃迁偶极矩的变化。

在多数吸收光谱中，只具有两个基本参数（频率和强度），但在激光拉曼光谱中还有一个重要参数即退偏振比（也可称为去偏振度）。

由于激光是线偏振光，而大多数的有机分子是各向异性的，在不同方向上的分子被入射光电场极化程度是不同的。在红外中只有单晶和取向的高聚物才能测量出偏振，而在激光拉曼光谱中，完全自由取向的分子所散射的光也可能是偏振的，因此，一般在拉曼光谱中用退偏振比（或称去偏振度）ρ 表征分子对称性振动模式的高低。

$$\rho = \frac{I_{\perp}}{I_{\parallel}} \tag{2-41}$$

式中 $I_{\perp}$——与激光电矢量相垂直的谱线强度；

$I_{\parallel}$——与激光电矢量相平行的谱线强度。

ρ 小于 3/4 的谱线称为偏振谱带，表示分子有较高的对称振动模式；ρ=3/4 的谱带称为退偏振谱带，表示分子的对称振动模式低。

2.7.1.2 激光拉曼光谱与红外光谱比较

拉曼光谱与红外光谱一样，都能提供分子振动频率的信息，但它们的物理过程不同。拉曼效应为散射过程，拉曼光谱为散射光谱。而红外光谱对应的是与某一吸收频率能量相等的（红外）光子被分子吸收，因而红外光谱是吸收光谱。

从分子结构性质变化角度看，拉曼散射过程来源于分子的诱导偶极矩，

与分子极化率的变化相关；通常非极性分子及基团的振动导致分子变形，引起极化率变化，是拉曼活性的。红外吸收过程与分子永久偶极矩的变化相关，一般极性分子及基团的振动引起永久偶极矩的变化，故通常是红外活性的。

对于一般红外及拉曼光谱，可用以下几个经验规则判断。

① 互相排斥规则

凡有对称中心的分子，若有拉曼活性，则红外是非活性的；若有红外活性，则拉曼是非活性的。

② 互相允许规则

凡无对称中心的分子，除属于点群 D_{5h}，D_{2h} 和 O 的分子外，都有一些既能在拉曼散射中出现，又能在红外吸收中出现的跃迁。若分子无任何对称性，则它的红外和拉曼光谱就非常相似。

③ 互相禁止规则

少数分子的振动模式，既非拉曼活性，也非红外活性。如乙烯分子的扭曲振动，在红外和拉曼光谱中均观察不到该振动的谱带。

由上可知，一般分子极性基团的振动，导致分子永久偶极矩的变化，故这类分子通常是红外活性的。非极性基团的振动易发生分子变形，导致极化率的改变，通常是拉曼活性，因而对于相同原子的非极性键振动如 C—C，N—N 及对称分子骨架振动，均能获得有用的拉曼光谱信息。但分子对称骨架振动的红外信息很少见到。故拉曼光谱和红外光谱虽产生的机理不同，但它们能相互补充，较完整地获得分子振动能级跃迁的信息。

红外与拉曼光谱在研究材料时互为补充可以以下列聚合物为例加以说明。图 2-47 为线型聚乙烯的红外及拉曼光谱。聚乙烯分子中具有对称中心，红外与拉曼光谱应当呈现完全不同的振动模式，事实上确实如此。在红外光谱中，CH_2 振动为最显著的谱带，而在拉曼光谱中，C—C 振动有明显的散射峰。图 2-48 为聚对苯二甲酸乙二酯（PET）的红外及拉曼光谱。拉曼光谱中呈现了明显的芳环的 C—C 伸缩振动模式，而红外光谱中最强谱带为 C═O 及 C—O 振动模式。图 2-49 为聚甲基丙烯酸甲酯（PMMA）的红外及拉曼光谱。在 PMMA 拉曼光谱的低频率区出现了较为丰富的谱带信号，而其红外光谱的同一区域中的谱带信息都很弱。此外，与 PET 光谱类似，PMMA 的 C═O 及 C—O 振动模式在红外光谱中有强烈的吸收，而 C—C 振动模式在拉曼谱中较为明显。

与红外光谱相比，拉曼散射光谱具有下述优点。

① 拉曼光谱是一个散射过程，因而任何尺寸、形状、透明度的样品，只要能被激光照射到，就可直接用来测量。由于激光束的直径较小，且可进一步聚焦，因而极微量样品都可测量。

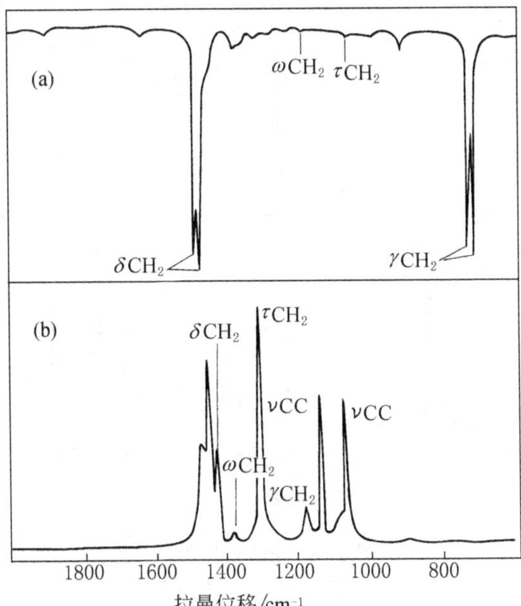

图 2-47　线型聚乙烯光谱

（a）红外光谱；（b）拉曼光谱

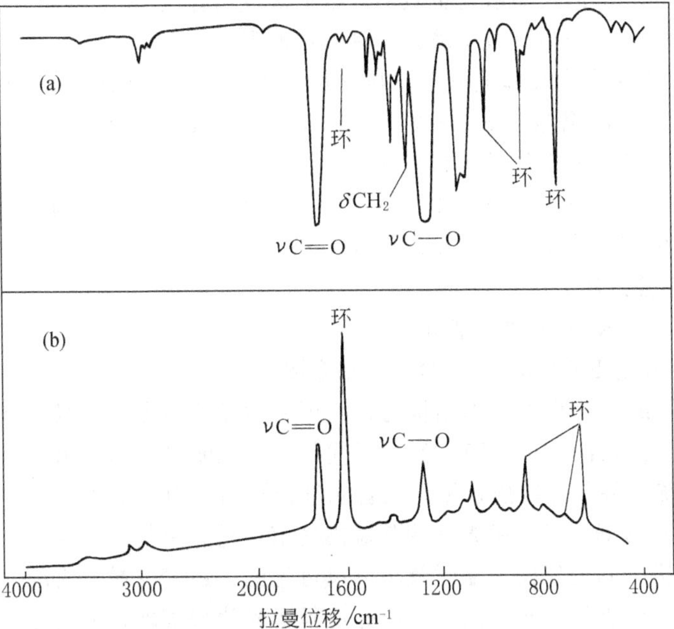

图 2-48　PET 光谱

（a）红外光谱；（b）拉曼光谱

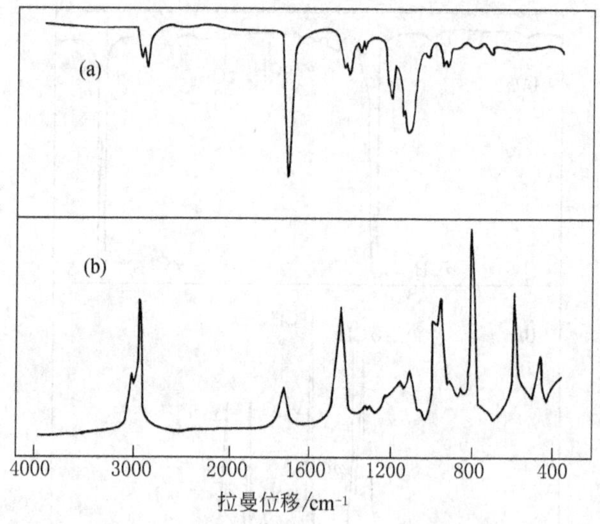

图 2-49 PMMA 光谱

(a) 红外光谱；(b) 拉曼光谱

② 水是极性很强的分子，因而其红外吸收非常强烈。但水的拉曼散射却极微弱，因而水溶液样品可直接进行测量，这对生物大分子的研究非常有利。此外，玻璃的拉曼散射也较弱，因而玻璃可作为理想的窗口材料，例如液体或固体粉末样品可放于玻璃毛细管中测量。

③ 对于聚合物及其他分子，拉曼散射的选择定则的限制较小，因而可得到更为丰富的谱带。S—S，C—C，C═C，N═N 等红外较弱的官能团，在拉曼光谱中信号较为强烈。

拉曼光谱仪研究高分子样品的最大缺点是荧光散射，它与样品的杂质有关。但采用傅里叶变换拉曼光谱仪（FT-Raman），可克服这一缺点。

2.7.2 实验方法

2.7.2.1 FT-Raman 实验装置

图 2-50 是 FT-Raman 实验装置示意图。

FT-Raman 光谱的基本结构与普通可见激光拉曼光谱相似，所不同的是以 1.06μm 波长的 Nd—YAG 激光器代替了可见激光器作光源，以及由干涉仪 FT 系统代替分光散描系统对散射光进行探测。为了调整仪器时的安全方便，另加一具 He—Ne 激光器使其输出光束通过光束复合器与 1.06μm 激光共线，这样，调校仪器光路时就可以以可见的 He—Ne 激光为准。降低干涉仪内瑞利散射光相对水平的任务由介质膜滤光片来实现，可放在样品光路和干涉仪之间，也可放在干涉仪与探测器之间。探测器采用高灵敏度的铟镓砷探头，并在液氮冷却下工作，从而大大降低了探测器的噪声。

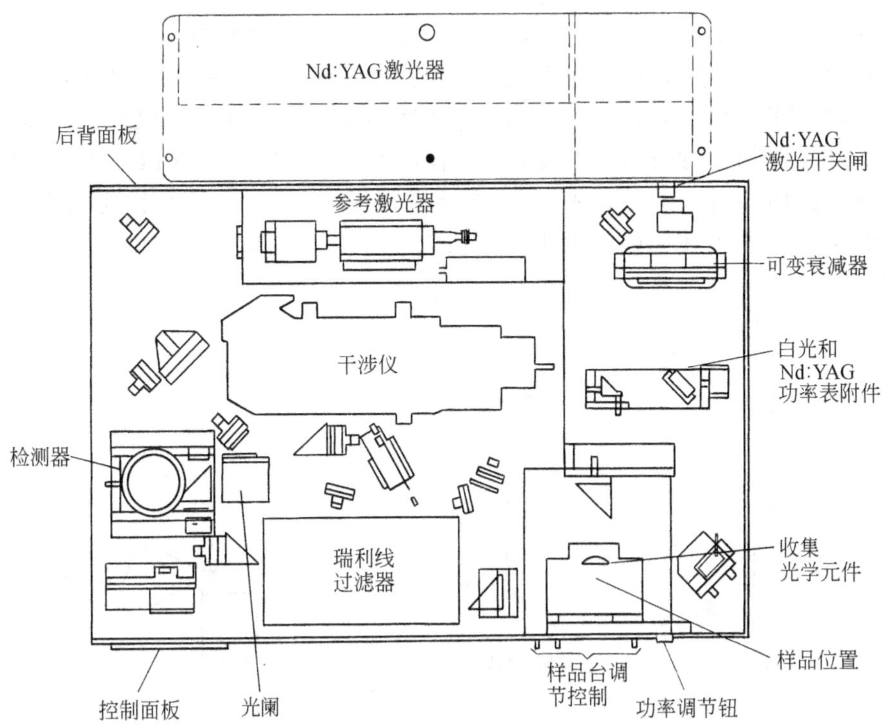

图 2-50 Bio-Rad FT-Raman I 光谱仪示意图

2.7.2.2 样品的放置方法

为了提高散射强度，样品的放置方式非常重要。气体的样品可采用内腔方式，即把样品放在激光器的共振腔内。液体和固体样品是放在激光器的外面，如图 2-51 所示。

在一般情况下，气体样品采用多路反射气槽。液体样品可用毛细管、多重反射槽。粉末样品可装在玻璃管内，也可压片测量。

2.7.3 在材料结构研究中的应用

2.7.3.1 拉曼光谱在高分子材料结构研究中的应用

A. 在高分子构象研究中的应用

根据互相排斥规则，凡具有对称中心的分子，它们的红外吸收光谱与拉曼散射光谱没有频率相同的谱带。

上述原理可帮助推测聚合物的构象。例如聚硫化乙烯（PES）分子链的重复单元为 $+CH_2—CH_2—S+$ ，与 $CH_2—CH_2$ ，$CH_2—S$ ，$S—CH_2$ ，$CH_2—CH_2$ ，$CH_2—S$ 及 $S—CH_2$ 有关的构象分别为反式，右旁式，右旁式，反式，左旁式和左旁式。倘若PES的这一结构模式是正确的，那它就具有对称中心，从理论上可以预测 PES 的红外及拉曼光谱中没有频率相同的谱带。假如 PES 采取像聚氧化乙烯（PEO）那样的螺旋结构，那就不存在对称中心，它们的红外及拉曼光谱中就有频率相同的谱带。实验测量结果发现，PEO 的红外及拉曼光谱有 20 条频率相同的谱带。而 PES 的两种光谱仅有二条谱带的频率比较接近。因而可以推论 PES 具有与 PEO 不同的构象：在 PEO 中 —CH_2—CH_2— 链是旁式构象，CH_2—O 为反式构象；而在 PES 中 CH_2—CH_2 链是反式构象，CH_2—S 为旁式构象。

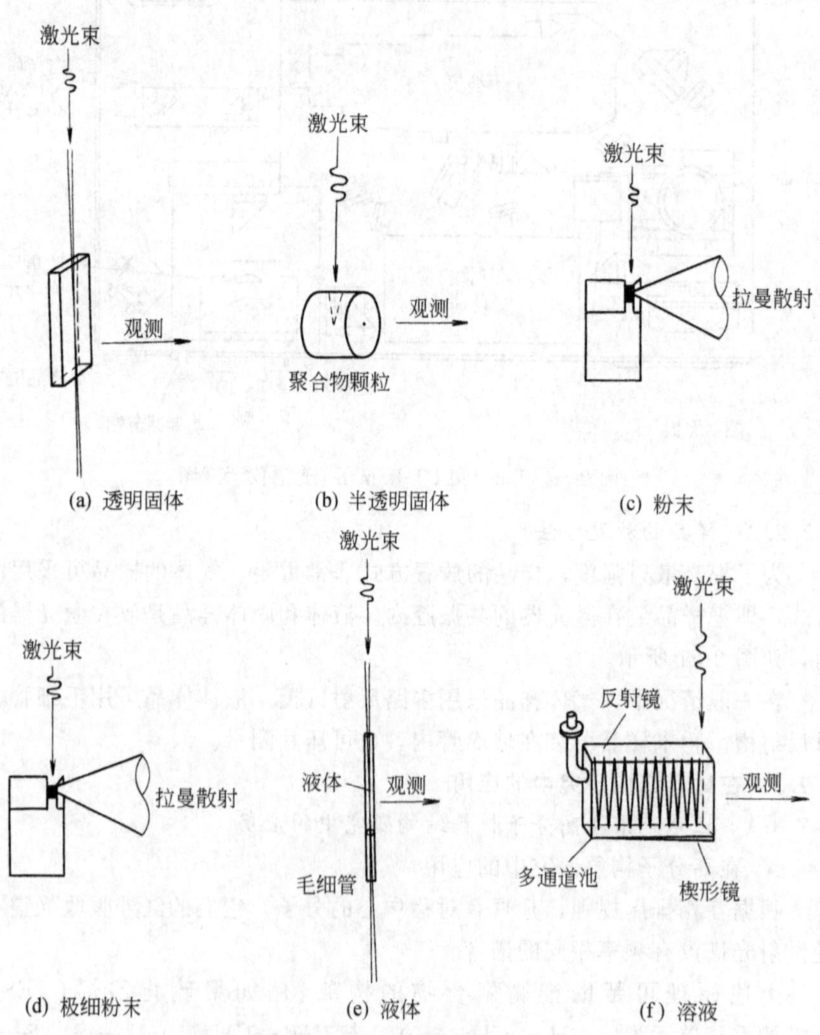

图 2-51　各种形态样品在拉曼光谱仪中放置方法

(a) 透明固体；(b) 半透明固体；(c) 粉末；
(d) 极细粉末；(e) 液体；(f) 溶液

分子结构模型的对称因素决定了选择原则。比较理论结果与实际测量的光谱，可以判断所提出的结构模型是否准确。这种方法在研究小分子的结构及大分子的构象方面起着很重要的作用。

B. 高分子的红外二向色性及拉曼去偏振度

图 2-52 为拉伸 250%的聚酰胺-6 薄膜的红外偏振光谱。图 2-53 为拉伸 400%的聚酰胺-6 薄膜的偏振拉曼散射光谱。在聚酰胺-6 的红外光谱中，某些谱带显示了明显的二向色性特性。它们是 NH 伸缩振动（$3300cm^{-1}$）、CH_2 伸缩振动（$3000 \sim 2800cm^{-1}$）、酰胺Ⅰ（$1640cm^{-1}$）及酰胺Ⅱ（$1550cm^{-1}$）和酰胺Ⅲ（$1260cm^{-1}$和 $1201cm^{-1}$）吸收谱带。其中 NH 伸缩振动、CH_2 伸缩振动及酰胺Ⅰ谱带的二向色性比清楚的反映了这些振动的跃迁距在样品被拉伸后向垂直于拉伸方向取向。酰胺Ⅱ及Ⅲ谱带的二向色性显示了 C—N 伸缩振动向拉伸方向取向。聚酰胺-6 的拉曼光谱（图 2-53）的去偏振度研究结果与红外二向色性完全一致。拉曼光谱中 $1081cm^{-1}$谱带（C—N 伸缩振动）及 $1126cm^{-1}$谱带（C—C 伸缩振动）的偏振度显示了聚合物骨架经拉伸后的取向。

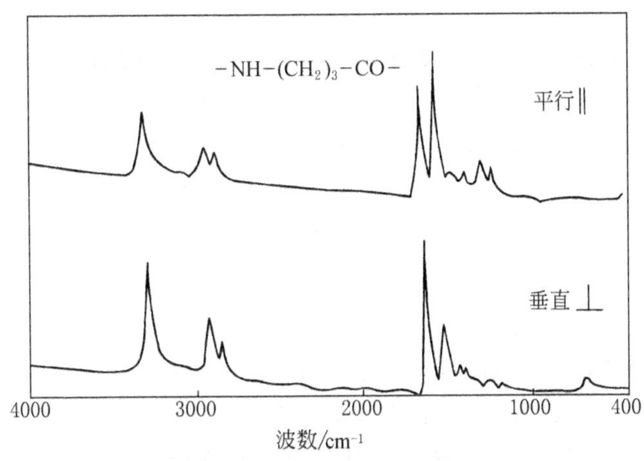

图 2-52　聚酰胺-6 薄膜被拉伸 250%后的红外偏振光谱

C. 聚合物形变的拉曼光谱研究

纤维状聚合物在拉伸形变过程中，链段与链段之间的相对位置发生了移动，从而使拉曼线发生了变化。下面举例说明。

近年来发展一种所谓的“分子复合材料”，它是由纳米级直径的棒状分子增强树脂基体构成的。“分子复合材料”可以制成各种形状的一维、二维或三维增强体系，并从分子水平上进行增强。在这类材料中较为成功的例子是聚对亚苯基苯并二噻唑（PBTZ）棒状聚合物分散在半柔顺性的聚 2,5(6)-

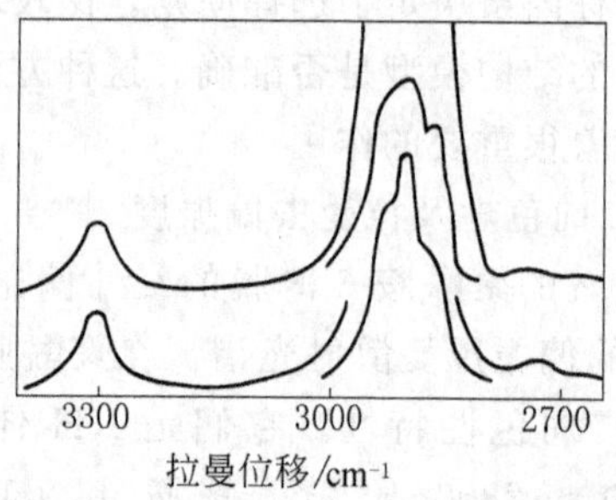

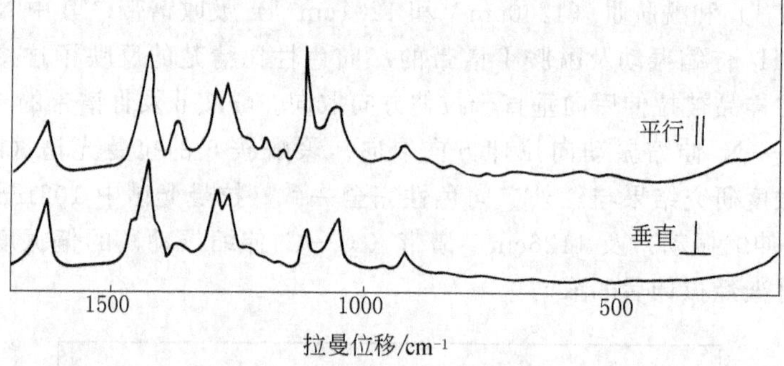

图 2-53 聚酰胺-6 薄膜被拉伸 400%后的激光拉曼散射光谱

‖表示偏振激光电场矢量与拉伸方向平行；⊥表示偏振激光电场矢量与拉伸方向垂直

苯并咪唑（ABPBI）基体中，它们的分子式为：

PBTZ　　　　ABPBI

纯 PBTZ 杨氏模量为 270GPa。质量含量为 30%的 PBTZ 及 70%的 ABPBI 树脂制成薄膜，杨氏模量可达 88GPa，将 10mm 宽的膜横向拉宽至 11mm，用激光拉曼测定其中的 PBTZ 的形变状态，如图 2-54。图 2-54 中的拉曼线呈现了明显的荧光效应，但 PBTZ 的特征谱带依然十分清晰，如 $1175cm^{-1}$，$1480cm^{-1}$ 和 $1600cm^{-1}$ 拉曼线等。其中以 $1480cm^{-1}$ 谱带最为强烈，这是由于 PBTZ 分子中共轭结构引起的共振散射效应。$1550cm^{-1}$ 谱带及 $1440cm^{-1}$ 肩峰则是 ABPBI 分子的拉曼线。图 2-55 则为 PBTZ 纤维及 PBTZ/ABPBI 分子复合材料发生 2%形变前后的谱带变化。$1480cm^{-1}$ 拉曼线是 PBTZ 分子中杂环的伸缩振动引起的。棒状 PBTZ 受拉伸时分子发生畸变，分子力场发生非谐效应，导致这一拉曼线向低波数区移动，且变得更宽。

D. 医用高分子材料

高分子材料常用于药物传递系统。在许多情况下，药物可通过体液对高

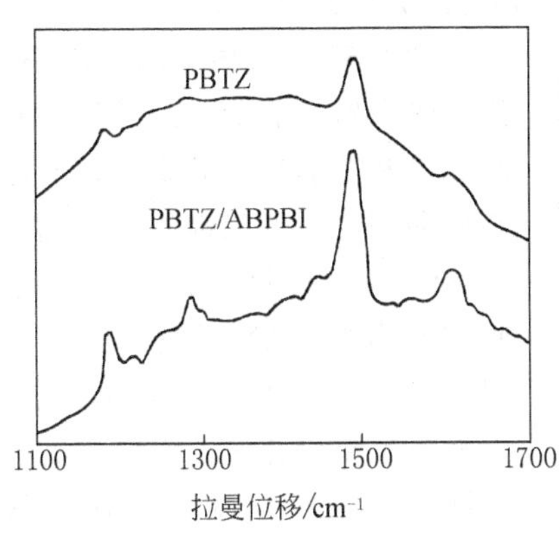

图 2-54　PBTZ 纤维及 PBTZ/ABPBI 分子复合薄膜的拉曼光谱图

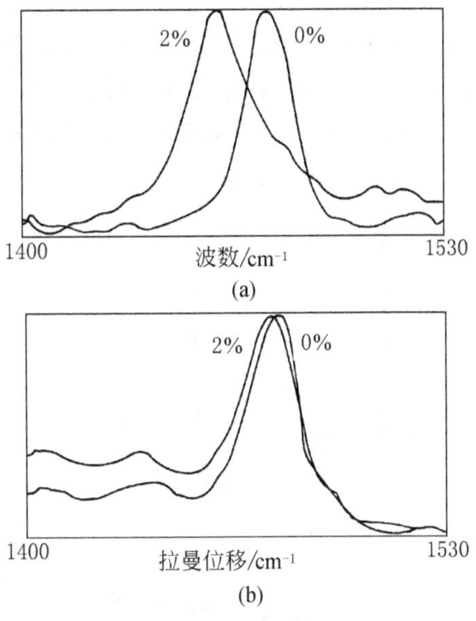

图 2-55　谱带变化

(a) PBTZ 纤维；(b) PBTZ/ABPBI 分子复合材料形变前后的 $1480cm^{-1}$ 谱带

分子膜内药物的浸取及药物自身的扩散逐渐被人体吸收，药物分子的大小及高分子膜的交联程度影响药物释放的速度。另一种药物被吸收的方法是高分子生物材料受体液的溶解及水解而逐渐磨耗并放出药物，一系列合成高分子材料具有生物降解的化学键存在，它通过生物体液水解而断裂，即所谓生物降解。FT-Raman 光谱是研究此类体系的较好技术，因为水的干扰小。如图 2-56 为高聚脂肪酸酐水解过程的 FT-Raman 光谱图，图中 $1808cm^{-1}$ 和 $1739cm^{-1}$ 处的二条谱带为酸酐的特征峰。随着不断水解，这两条谱带的强度不断减弱，这说明随着高聚脂肪酸酐的水解，其酸酐含量在逐渐降低。

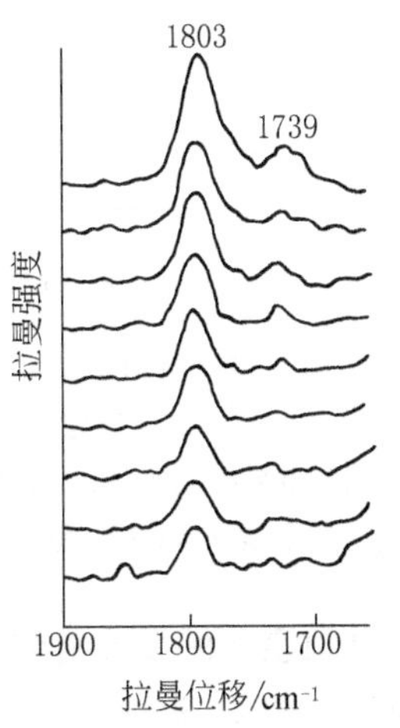

图 2-56　高聚脂肪酸酐水解过程 FT-Raman 光谱

2.7.3.2　拉曼光谱在材料表面化学研究中的应用

高分子材料表、界面的结构变化或化学反应常常影响材料的性能。聚合物的表面结构及复合物的界面结构研究，对于工程材料、粘合剂及涂料工业都有重要意义。近来出现的“表面增强拉曼散射”（Surface Enhanced Raman Scattering，简称 SERS）技术可以使与金属直接相连的分子层的散射信号增强 10^5～10^6 倍。这一惊人的发现使激光拉曼成为研究表面化学、表面催化等领域的重要检测手段。下面简要概述复合材料界面相的结构研究。

A. 用 SERS 技术研究聚丙烯腈与银片相连的界面区的反应

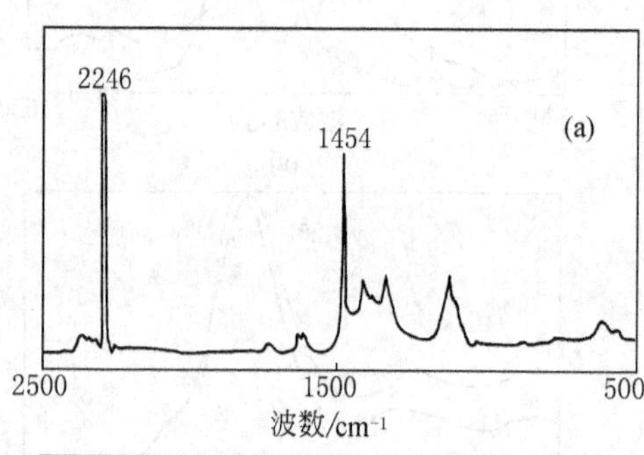

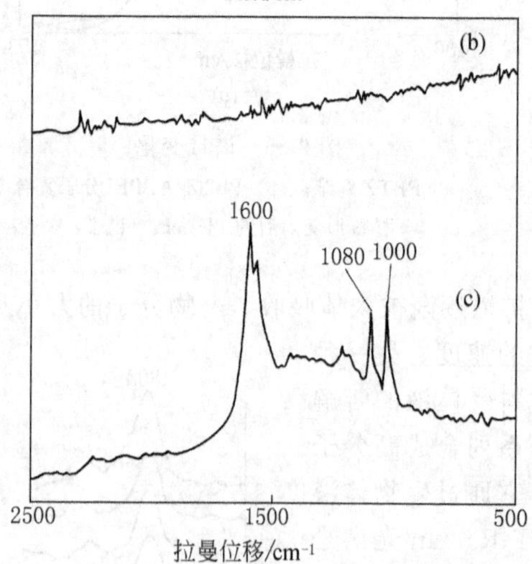

图 2-57　聚丙烯腈在金属银表面的光谱（厚度为 30nm）

(a) 红外-反射吸收光谱；(b) 光滑银表面的普通拉曼光谱；(c) 粗糙银表面的 SERS 谱

图 2-57 为聚丙烯腈（PAN）涂在光滑银片表面的红外反射吸收光谱和普通拉曼光谱，以及涂在硝酸刻蚀后的粗糙的银表面的 SERS 谱。由图可见，红外反射吸收光谱与 PAN 的普通透射谱（见图 2-58）没有明显的区别，但普通拉曼谱并未给出明显的拉曼线，这是由于样品太薄的缘故。SERS 具有强烈的增强效应，图 2-57（c）呈现了清晰的拉曼谱带，但与 PAN 的拉曼光谱完全不同，拉曼线 $1600cm^{-1}$，$1080cm^{-1}$，$1000cm^{-1}$ 是典型的芳环的振动。因此可以推测，PAN 在银表面已经被催化环化了。而红外光谱显示的聚合膜本体仍然是 PAN，因而可以推测，只有与银直接相连的界面相是环化了的产物。

图 2-59 为涂在银表面的、厚度约为 300nm 的 PAN 的光谱。样品在测试光谱之前，曾在 80℃分别加热 24h 和 6h。

图 2-59（a）和（c）分别为粗糙银表面的漫反射红外及 SERS 谱，图 2-59（b）为光滑银表面的普通拉曼谱。图 2-57（a）和图 2-57（b）基本上是 PAN 的本体光谱，而图 2-57（c）则完全是石墨光谱，表示 PAN 在粗糙银表面的界面区域中已完全转化为石墨，而本体区域依然是 PAN。这一结果是非常奇特的，因为工业上用 PAN 纤维制造碳纤维至少要在 1000℃加热 24h，而 SERS 观察到粗糙的银表面只需在 80℃加热 6h 即可实行 PAN 向石墨的转化。图 2-60 为 PAN 向

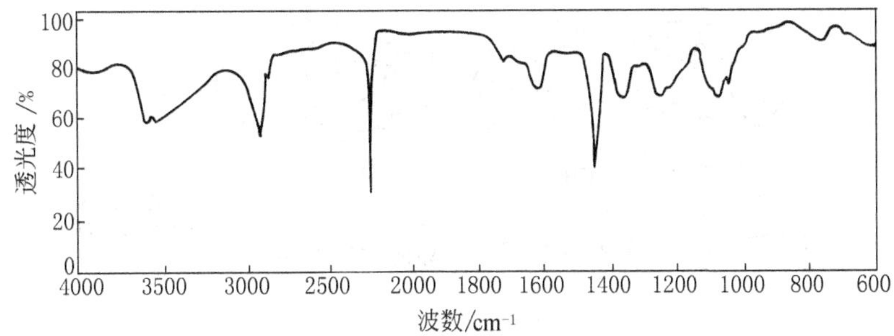

图 2-58 聚丙烯腈的红外光谱

石墨低温转化的示意图。当 PAN 从稀溶液中沉积到金属表面，C≡N 侧基与金属配位。薛奇等人用 SERS 跟踪了这一过程，观察到在吸附初期 C≡N 拉曼线由 $2245cm^{-1}$ 向 $2160cm^{-1}$ 移动，表示 C≡N 是通过 π 键与银表面配位的。图 2-57 中的 SERS 谱呈现了典型的芳杂环的拉曼线，表示 PAN 在界面区域已经环化，由于银的催化效应，通常需在 200～300℃ 才能实现的 PAN 环化，只需在室温下即能完成。图 2-57 中的 SERS 谱呈现了典型的石墨化的拉曼线，这说明稍加热后，实现了石墨化的过程。

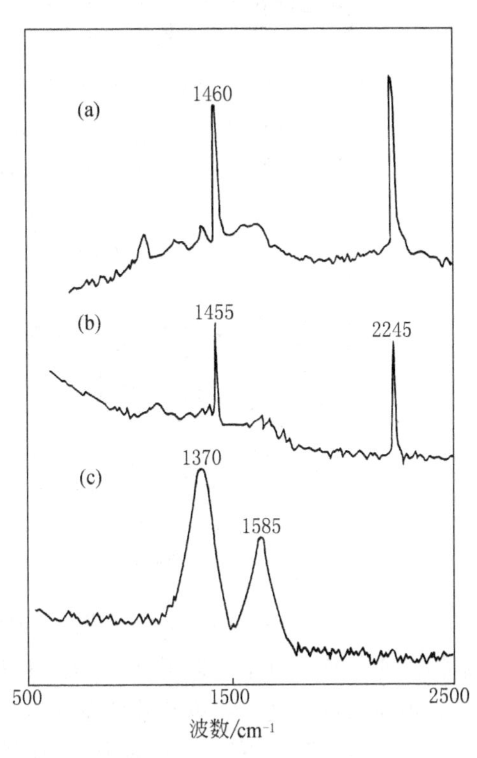

图 2-59 涂在银表面的 PAN 的光谱
(a) PAN 在粗糙银表面加热 80℃，24h 后的漫反射红外光谱；
(b) PAN 在光滑银表面加热 80℃，24h 后普通拉曼光谱；
(c) PAN 在粗糙银表面加热 80℃，6h 后的 SERS 谱上述样品厚度均为 300nm

由上述例子可以看出，红外反射吸收光谱及漫反射光谱都只能观察 PAN 的结构；而 SERS 技术由于具有对第一层分子最强烈的增强效应（可达 10^6 倍），离金属表面越远，增强效应逐次降低，所以实验中即使银表面的 PAN 涂层有几十到几百纳米厚，但得到的 SERS 光谱仍然只反映了银表面接触的 1 至数纳米的结构，可观察银表面的芳环、石墨

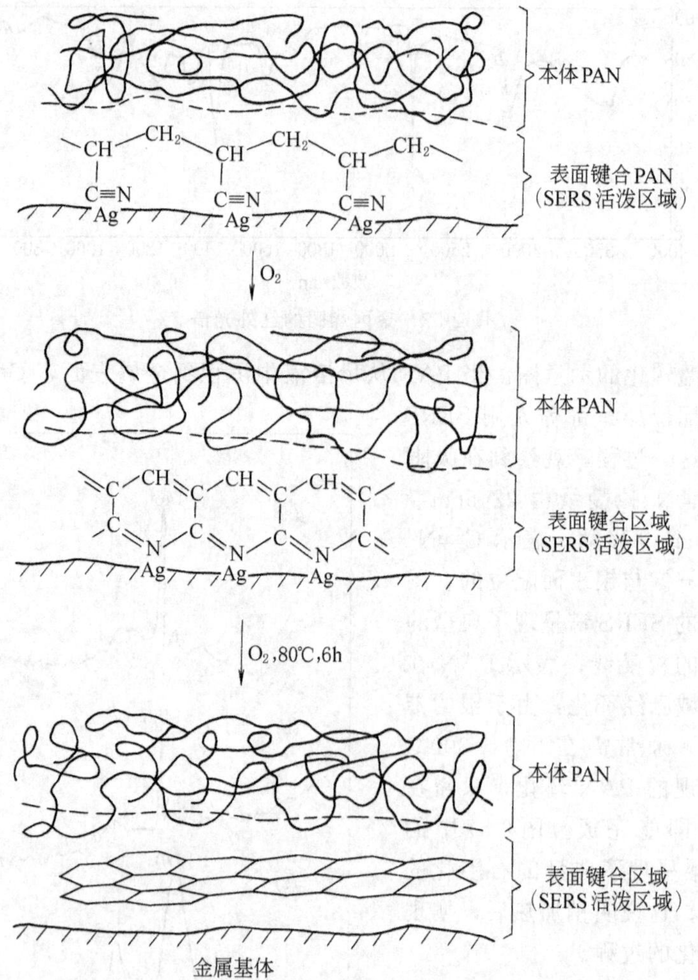

图 2-60　PAN 在界面相的环化、石墨化示意图

结构。通过这一例子可以看到 SERS 在研究复合材料界面的微观结构方面，具有很高的灵敏度，可以有效地避开本体信息的干扰。

B. 用 SERS 研究聚合物对金属表面的防蚀性能

氮杂环化合物在铜及其合金的防腐蚀方面有着广泛的用途。这是因为在共吸附氧的作用下，咪唑类化合物在铜或银等表面形成了致密的抗腐蚀膜。由于 SERS 可以对靠近基底的单分子层进行高灵敏度的检测，因此可用来观测覆盖在聚合物膜下面的氧化物的生成过程。因而 SERS 可作为一种原位判断表面膜耐蚀性能的手段。图 2-61 为苯并三氮唑及聚苯并咪唑在铜表面加热下的原位 SERS 谱。虽然这两种化合物在常温下具有优良的防蚀性能，但

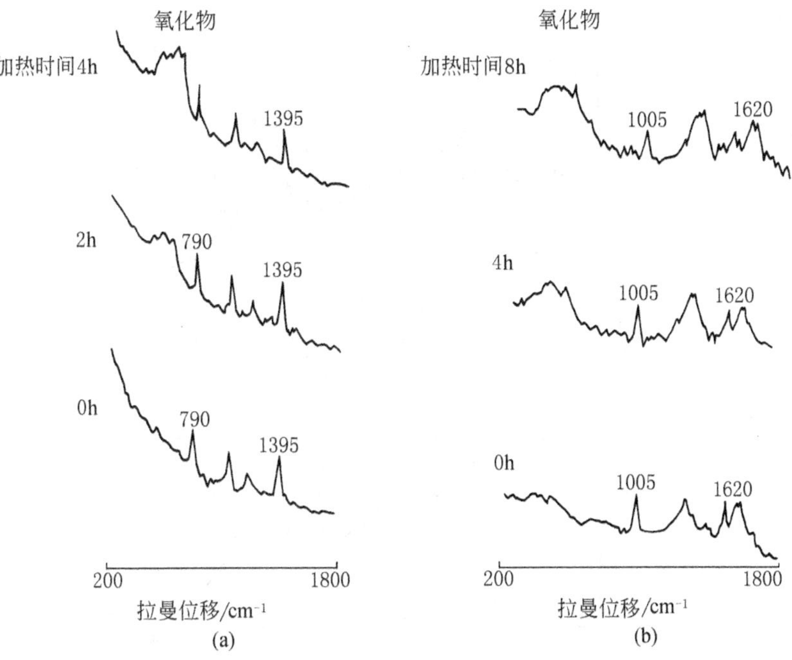

图 2-61　铜在 200℃下氧化的现场 SERS 谱

(a) 用苯并三氮唑预先处理过的铜片；(b) 用聚苯并咪唑预先处理过的铜片

在高温下可以清楚地观察到在 480～630cm^{-1}之间出现的氧化铜及氧化亚铜的拉曼谱线。SERS 谱中出现的氧化物拉曼谱线，表示在覆盖膜下金属的高温氧化过程。但是用 SERS 研究发现，当用聚苯并三氮唑及聚苯并咪唑混合溶液处理铜片之后，金属表面呈现优良的耐高温氧化性能，如图 2-62 所示。

图 2-62 中的原位 SERS 光谱表明，铜片经苯并三氮唑和聚苯并咪唑混合溶液处理后，比用单一化合物处理，具有优良得多的耐高温腐蚀性。

2.7.3.3　拉曼光谱在生物大分子研究中的应用

激光拉曼光谱是研究生物大分子结构的有力工具之一。例如要研究像酶、蛋白质、核酸等这些具有生物活性的物质的结构，必须研究它在与生物体环境（水溶液、温度、酸碱度等）相似情况下的分子的结构变化信息及各相中的结构差异。显然用红外光谱研究是比较困难的。而用激光拉曼光谱研究生物大分子则在近 20 年来获得很大进展。已有数十种以上的酶、蛋白质、肽抗体、毒素等用拉曼光谱进行了研究。图 2-63 是人体碳酸酐酶-B 的拉曼光谱。由图可以观察到构成人体碳酸酐酶-B 的各种氨基酸，以及特征化学键基团的拉曼谱带。如果进一步能对谱带进行详细的解析则可在构象、氢键和氨基酸残基周围环境等方面提供大量的结构信息。

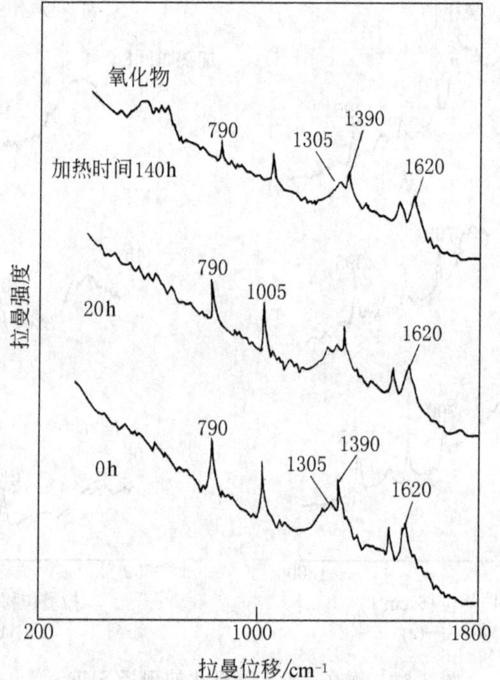

图 2-62　用苯并三氮唑与聚苯并咪唑混合液预处理的铜片在 200℃原位 SERS 光谱

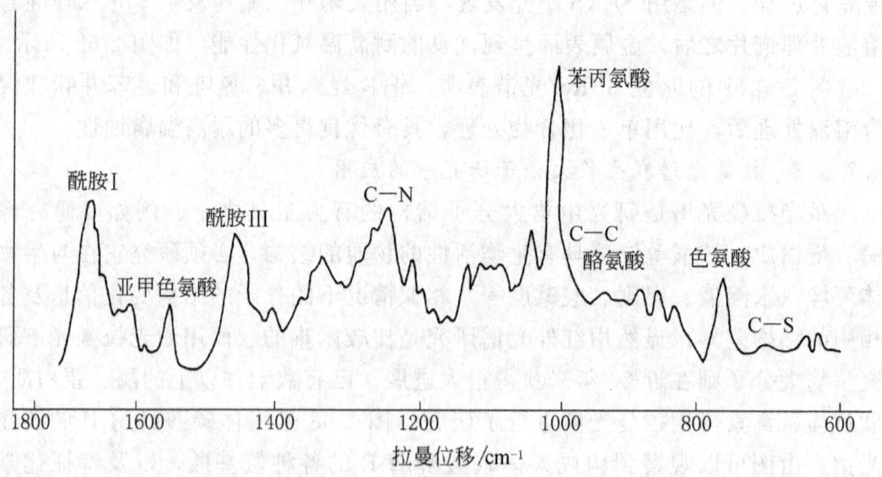

图 2-63　人体碳酸酐酶-B 的拉曼光谱

在生物领域中共振拉曼光谱具有显著的优越性。所谓共振拉曼光谱是当激光频率和生色团的电子运动的特征频率相等时，就会发生共振拉曼散射。共振拉曼散射的强度比正常的拉曼散射大好几个数量级。由于共振拉曼散射技术有很高的灵敏度，因而对研究在很稀的溶液中的生物生色基团提供了一个很灵敏的方法。

2.7.3.4 拉曼光谱在无机体系研究中的应用

对于无机体系，拉曼光谱比红外光谱要优越得多，因为在振动过程中，水的极化度变化很小，因此其拉曼散射很弱，干扰很小。此外，络合物中金属-配位体键的振动频率一般都在 100～700cm^{-1}范围内，用红外光谱研究比较困难。然而这些键的振动常具有拉曼活性，且在上述范围内的拉曼谱带易于观测，因此适合于对络合物的组成、结构和稳定性等方面进行研究。

Tudor 测定了无机生物陶瓷材料羟基磷化石粉末及其在金属表面涂层的 FT-Raman 光谱以及植入人体后表面涂层的光谱变化。还研究了不同温度下羟基磷灰石的 FT-Raman 光谱，以及它在热喷涂于金属表面过程中结构变化的情况。

FT-Raman 光谱是陶瓷工业中快速而有效的测量技术。陶瓷工业中常用原料如高岭土、多水高岭土、地开石和珍珠陶土的 FT-Raman 光谱如图 2-64（a）所示。由图可知，它们都有各自的特征谱带，而且比红外光谱（图 2-64（b））更具特征性。

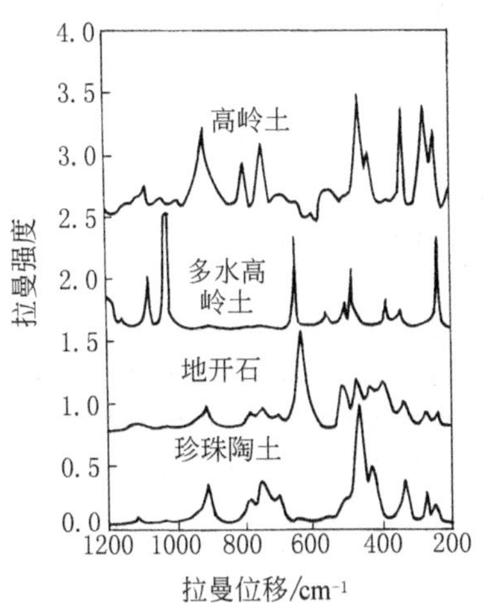

图 2-64(a) 高岭土组 FT-Raman 光谱

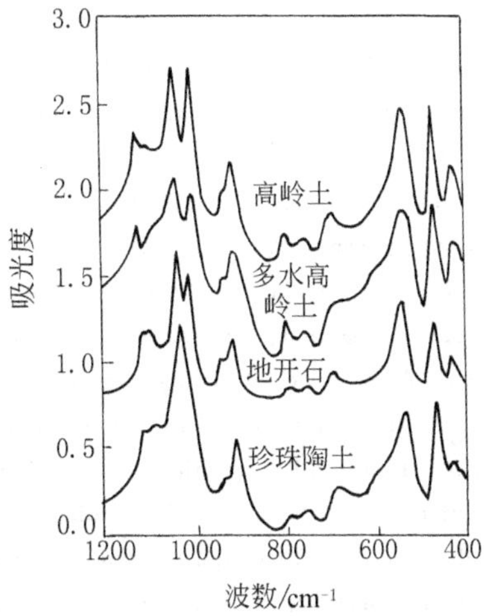

图 2-64(b) 高岭土组傅里叶变换红外光谱

参 考 文 献

1 Siesler H. W. and Holland-Moritz K.，Infrared and Raman Spectroscopy of Polymer. New York：Marcel Dekker，INC.，1980

2 清华大学分析化学教研室编．现代仪器分析，清华大学出版社，1983. 164～273.

3 Koji Nakanishi，Philippa H. Solomon. Infrared Absorption Spectroscopy. Second Edition，1977

4 Urban M. W. and Koenig J. L. Vibrational Spectra and Structure，Durig J. R. ed.，Vol. 18，Chap. 3，New York：Elsevier，Sci. Publ.，1990

5 薛奇．高分子结构研究中的光谱方法. 北京：高等教育出版社，1995，170～195

6 林水水，吴平平，周文敏．实用傅里叶变换红外光谱学. 中国环境科学出版社，1991

7 吴人洁，现代分析技术—在高聚物中的应用. 上海：上海科学技术出版社，1979，139～157

8 吴瑾光．近代傅里叶变换红外光谱技术及应用．上、下卷，北京：科学技术文献出版社，1994

9 汪昆华，罗传秋，周啸．聚合物近代仪器分析．清华大学出版社，1989，20～45

10 徐端夫，沈德言等．高分子通讯．1981（5），350

11 Joss B. L，Bretzlaff R. S. and Wool R. P.，Polym. Eng. Sci.，1984，**24**(14)：1130

12 Coleman M. M. and Varnell D. F，J. Polym. Sci.，Polym. Phys. ed.，1980，**18**(6)：1403

13 沈德言. 红外光谱在高分子研究中的应用．科学出版社，1982

14 刘会洲，许振华等．科学通报．1988，17，1313

15 李光平，何秀坤等．稀有金属. 1988，4，275

16 郭立鹤，张维睿. 中国地质科学院“七五”对外科技合作成果选编，地质出版社，1993，166～178

17 Fateley W. G. and Koening J. L.，J. Polym. Sci.，Polym. Lett. ed. 1982，20，445

18 刘品，刘淮宾，李琼瑶．分析化学．**9**，1988

19 Johnson J. and Compton D. A. C.，Am. Lab.，Jan，1991，**37**

20 Batchelder d. N. and Bloor. d. Advances in Infrared and Raman Spectroscopy（eds. Clark R. J. and Hester R. E.），London：Wiley-Heyden，1984，Vol. 2

21 Davies M. C，Binns J. S. Melia C. D. and Bourgeois D，Spectrochimica Acta，1990，**46**A（2）：277

22 G. Xue and J. Zhang，Macromolecules，1991，**24**(14)：4195

23 G. Xue，J. Ding，P. Lu and J. Dong，J. Phys. Chem. 1991，**95**，7381

24 G. Xue，Proy. Polym. Sci. 1994，**17**，319

25 G. Xue，Y. Lu and J. Zhang，Macromolecules，1994，**27**，809

26 Tudor A. M.，Melia C. D. and Davies M. C.，Spectrochimica Acta. 1993，**49**A(5/6)：675

27 Frost R. L.，Fredericks P. M. and Barlett J. R.，Spectrochimica Acta，1993，**49**A(5/6)：667

28 Sadtler Research Laboratories，INC.，Monomers and Polymers，Vol. 1～24

29 Sadtler Commercial Specta，IR Grating Inorganics，Vol. 1～5

30 Sadtler Research Laboratories，INC.，Polymer Additives Grating Spectra，Vol. 1～2

31 Sadtler Standard Infrared Grating Spectra，Vol. 1～57

32 Sadtler Research Laboratories，INC.，Adhesives and Sealants Grating Spectra，Vol. 1～4

第 3 章　核磁共振波谱

核磁共振波谱学是利用原子核的物理性质，采用现代电子学和计算机技术，研究各种分子物理和化学结构的一门学科。

20 世纪 60 年代末，超导核磁共振波谱仪和脉冲傅里叶变换核磁共振（简称 PFT—NMR）仪的迅速发展以及电子计算机和波谱技术的有机结合，使 NMR 技术取得了重要的突破，功能越来越完善。近年，NMR 波谱在研究溶液及固体状态的材料结构中获得了进一步的发展。超导高分辨率 NMR 谱仪的发展以及二维及多维脉冲技术的应用，为生物大分子和高分子结构的研究开辟了广阔的道路，为研究材料微观结构的组成与生物功能的关系提供了更丰富、更可靠的科学依据。而高分辨固体 NMR 技术，特别是魔角旋转、交叉极化以及偶极去偶等手段和脉冲技术的应用则为 NMR 谱直接研究固体材料的化学组成、形态、构型、构象以及化学动力学过程提供了有效的实验方法。NMR 成像技术可以直接观察材料的空间立体构象和内部缺陷，指导材料的加工过程，为揭示固体大分子的结构与性能的关系起了重要作用。

NMR 法具有精密、准确、深入物质内部而不破坏被测样品的特点。因而极大地弥补了其他结构测定方法的不足。目前，NMR 波谱是现代分子科学、材料科学和生物医学领域中研究不同物质结构、动态结构和物理性质最有效的工具之一，而攀登这些领域的最好阶梯也是 NMR。

NMR 波谱按照测定技术分类，可分为：高分辨溶液 NMR 谱、固体高分辨 NMR 谱以及宽谱线 NMR 谱。若按照测定对象分类，则可分为：^{1}H—NMR 谱（测定对象为氢原子核），^{13}C—NMR 谱（测定对象为碳原子核）以及氟谱、磷谱、氮谱等。但到目前为止，有使用价值的仅限于^{1}H、^{13}C、^{19}F、^{31}P以及^{15}N 等少数原子核，其中又以氢谱和碳谱的应用最为广泛。

3.1　核磁共振的基本原理和谱线的精细结构

3.1.1　核磁共振的基本原理

许多原子核都具有磁矩 $\boldsymbol{\mu}$ 和自旋量子数 I。他们之间的关系是：

$$\boldsymbol{\mu}=\gamma \cdot \hbar \cdot I \tag{3-1}$$

式中　γ——磁旋比；　　　$\hbar=h/2\pi$

　　h——普朗克（planck）常数。

按照量子力学原理，原子核的自旋所产生的自旋角动量的大小不能等于任意数值。它是由核的自旋量子数 I 所决定的。自旋核在外磁场 H_0 中所产生的自旋角动量（P）在 z 轴上的投影不能为任意值。必须符合空间量子化规律，其大小为：

$$P_Z = m \cdot \hbar \tag{3-2}$$

m 为磁量子数，它所能取的数值是从 $+I$ 到 $-I$，即 $m=I$，$I-1$，$I-2$，…，$-I+2$，$-I+1$，$-I$，对于自旋量子数为 I 的原子核，P_Z 共有（$2I+1$）个数值。与此相应，原子核的核磁矩（$\boldsymbol{\mu}$）在 z 轴上的投影为：

$$\boldsymbol{\mu} = \gamma \cdot P_Z = \gamma \cdot m \cdot \hbar \tag{3-3}$$

按照经典力学的观点，当把原子核放到磁场 H_0 中后，磁场与磁矩之间形成一个 $\boldsymbol{\theta}$ 角。原子核的磁矩 $\boldsymbol{\mu}$ 同外加磁场 H_0 之间相互作用产生一个力矩，力矩要使磁矩向 H_0 方向倾斜，但由于核具有自旋，自旋所产生的角动量并没有使 $\boldsymbol{\theta}$ 角改变，而使磁矩绕磁场 H_0 旋进。所以原子核由于外加磁场 H_0 的作用，一方面自旋，另一方绕磁场进动，如图 3-1 所示。这种现象好像重力场中的陀螺，它一方面自旋，另一方面围绕重力场做回转。

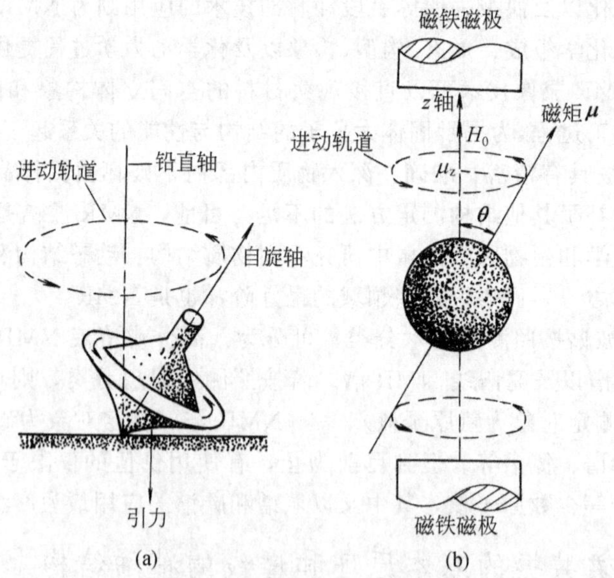

图 3-1 原子核在磁场中

（a）自旋陀螺在重力场中的进动；（b）自旋的原子核在外磁场中的进动

原子核在外磁场的作用下进动时的频率，自旋质点的角速度与外加磁场的关系可由 Larmor 方程式表示：

$$\boldsymbol{\omega}_0 = 2\pi \boldsymbol{\nu}_0 = \gamma H_0 \tag{3-4}$$

式中 $\boldsymbol{\omega}_0$——角速度；

$\boldsymbol{\nu}_0$——进动频率；

γ——旋磁比。

由式（3-4）可知 进动频率 $\boldsymbol{\nu}_0$ 与外加磁场 H_0 成正比，与核的磁旋比 γ 相关，而与质子原子核轴在磁场方向的倾斜角度 $\boldsymbol{\theta}$ 无关。

如果在上述磁场的垂直方向再加上一个比 H_0 小得多的交变射频场 H_1 时，当交变射频场的频率与磁场中某一种原子核的进动频率相同时（$\boldsymbol{\nu}=\boldsymbol{\nu}_0$），原子核就能吸收电磁波的能量，从低能级状态跃迁到高能级状态，产生核磁共振现象。

$$\boldsymbol{\omega}=\boldsymbol{\omega}_0 \quad \boldsymbol{\nu}_0=\gamma/2\pi \cdot H_0 \tag{3-5}$$

由于 ν_0 和 H_0 存在拉摩关系，所以产生核磁共振信号可以用固定磁场而扫描频率或固定频率扫描磁场两种方式。

按照量子力学观点，自旋量子数为 I 的核在外磁场中有 $2I+1$ 个不同的取向，分别对应于 $2I+1$ 个能级，也就是说核磁矩在外磁场当中能量也是量子化的，这些能级的能量为：

$$E=-\boldsymbol{\mu}_Z \cdot H_0 \cdot \cos\boldsymbol{\theta}=-\gamma \cdot \hbar \cdot m \cdot H_0 \tag{3-6}$$

根据选择定则，能级之间的跃迁只能发生在 $\Delta m=\pm 1$ 的能级之间，即在相邻两能级之间进行跃迁，此时跃迁的能量变化为：

$$\Delta E=\gamma \cdot \hbar \cdot H_0 \tag{3-7}$$

如果此时在外磁场 H_0 中外加一个能量为 $h\nu_0$，并能满足上述条件的电磁波照射以后：

$$\Delta E=h \cdot \nu_0=\gamma \cdot \hbar \cdot H_0 \tag{3-8}$$

这个电磁波就会引起原子核在两个能级之间的跃迁，从而产生核磁共振现象。见图 3-2 所示。

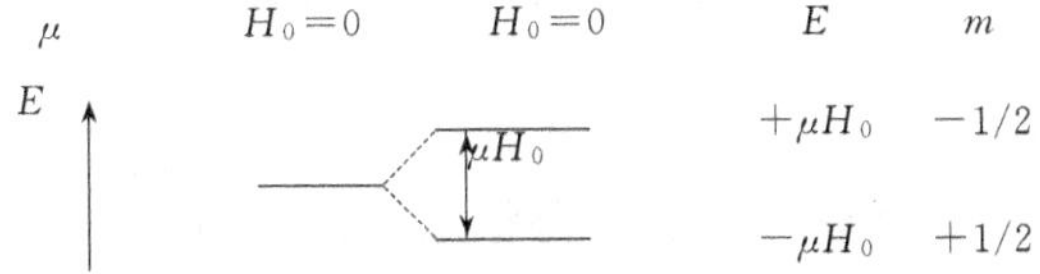

图 3-2 $I=1/2$ 的核磁能级

所以从以上可知：发生核磁共振的条件是：

$$\nu_0=\gamma/2\pi \cdot H_0 \tag{3-9}$$

某种核的具体共振条件（H_0，ν_0）是由核的本性（γ）决定的。而在一定的强度的外磁场中，只有一种跃迁频率，每种核的共振频率 ν_0 与 H_0 有关。

应该指出，只有 $I\neq 0$ 的原子核才会产生出核磁共振吸收。其中自旋量子数等于 1/2 的核，可以看作核电荷均匀分布在球表面的自旋体，因为它具有循环电荷所具有的磁矩，且电四极矩 Q 为零。这类核特别适用于做高分辨率核磁共振实验。对于自旋量子数大于 1/2 的核，其行为类似于非球体电荷分布的自旋体。其中$_1D^2$，$_7N^{14}$……等核其核电四极矩 $Q>0$，为长椭球体。对于$_8O^{17}$，$_{16}S^{33}$，$_{17}Cl^{35}$……等核其核电四极矩 $Q<0$，为扁椭球体。电四极矩不为 0 的核，可影响弛豫时间，因而会影响到和相邻核的偶合，而使谱线变宽。

某些核的性质见表 3-1。

表 3-1 主要原子核的核磁共振参数

同位素	1T(特拉)共振频率 MHz	天然丰度 %	相对灵敏度（以相同数目的核计算）		磁矩(乘以核磁子 $eh/4\pi m_c$)	自旋量子数 I
			固定磁场	固定频率		
^1H	42.577	99.9844	1.000	1.000	2.79270	1/2
^2H	6.536	0.0156	0.0964	0.409	0.85738	1
^6Li	6.265	7.43	0.00851	0.392	0.82191	1
^7Li	16.547	92.57	0.294	1.94	3.2560	3/2
^9Be	5.983	100.0	0.0139	0.703	−1.1774	3/2
^{10}B	4.575	18.83	0.0199	1.72	0.8006	3
^{11}B	13.660	81.17	0.165	1.60	2.6880	3/2
^{13}C	10.705	1.108	0.0159	0.251	0.70216	1/2
^{14}N	3.706	99.635	0.0101	0.193	0.40357	1
^{15}N	4.315	0.365	0.00104	0.101	−0.28304	1/2
^{17}O	5.772	0.037	0.0291	1.58	−1.8930	5/2
^{19}F	40.055	100.0	0.834	0.941	2.6273	1/2
^{27}Al	11.094	100.0	0.207	4.03	3.6385	5/2
^{29}Si	8.460	4.70	0.0785	0.199	−0.55477	1/2
^{31}P	17.235	100.0	0.0664	0.405	1.1305	1/2
^{35}Cl	4.172	75.4	0.00471	0.490	0.82089	3/2
^{37}Cl	3.472	24.6	0.00272	0.408	0.68329	3/2

3.1.2 原子核的弛豫

原子核的自旋系统平时处于平衡状态，在外加磁场后，平衡状态被破坏，但有向平衡状态恢复的趋势，这需要一定的时间间隔，这一过程叫做弛豫过程。在通常外磁场的作用下，两种能态的核子数的分布大致相等，但低能态的核子数（N_1）比高能态的核子数（N_2）稍多一些。根据波尔兹曼分布（Boltzmann）：

$$N_2=N_1e^{-\Delta E/kT}\approx N_1(1-\Delta E/kT) \quad (3\text{-}10)$$

$$(N_1-N_2)/N_1=\Delta E/kT=2\mu H/kT \quad (3\text{-}11)$$

例如，对质子而言，在室温 300°K，磁场强度 1.4T 条件下：

$$(N_1-N_2)/N_1\approx 1\times 10^{-5} \quad (3\text{-}12)$$

也就是说，低能态的核子数大约比高能态多十万分之一。正是由于这一差额，才能观察到 NMR 信号。由式（3-12）可知，提高磁场强度或降低工作温度可以增加两个能态核子数的差额，从而提高观察 NMR 信号的灵敏度。

在做核磁共振实验时，随着 NMR 吸收过程的进行，低能态的核子数越来越少，经过一定时间后，上下能级所对应能态的核子数相等，即 $N_2=N_1$，这时吸收与辐射几率相等，便观察不到核磁共振吸收了。如果射频场太强，从低能态跃迁到高能态的核子数增加太快，而高能态的核子来不及回到低能态，也同样导致核磁共振吸收的停止，这种现象称为“饱和”。

实际上，在兆周射频范围内，由高能态回到低能态的自发辐射的几率近似为零，尚好还有一些非辐射的途径，这种途径称为弛豫过程。

弛豫过程有两种，一种是高能态的碳核电子本身拉摩进动与周围带电微粒热运动产生的波动场之间有相互作用。把能量传递给周围环境，自己回到低能态的过程，称为自旋-晶格弛豫（Spin-Lattice Relaxation），也称为纵向弛豫。这种弛豫在碳-13 核磁共振谱中具有特殊的重要性。碳核从激发态通过弛豫，恢复到平衡态有一定的速度，速度的大小表示弛豫效率的高低。在 NMR 中，弛豫效率通常用弛豫过程的半衰期来衡量。半衰期愈短，弛豫效率愈高。在纵向弛豫中，半衰期用 T_1 表示，称为纵向弛豫时间。

另一种弛豫过程称为自旋-自旋弛豫（Spin-Spin Relaxation），或称为横向弛豫。这是高能态磁核将能量传递给邻近低能态同类磁核的过程，这种过程只是同类磁核间自旋状态的交换，并不引起磁核总能量的改变，也不改变高、低能态碳核的数目。其半衰期用 T_2 表示，称为横向弛豫时间。

T_1 的数值与核的种类、核的化学环境及样品状态和温度有关。对液体来说，一般为 10^{-2}～100s 之间（少数可短至 10^{-4}s）。样品若为固体时，分子的回旋自由度很小，分子的振动和转动就受到很大的限制，T_1 就很大，T_1 有时可长达几小时。T_1 越长，表示该核纵向弛豫过程效率越低，因而容易饱和。一般气体和液体样品，T_2 约为 1s，而对固体样品由于核的位置比较固定，有利于自旋-自旋之间的能量交换，所以 T_2 特别小，一般为10^{-5}～10^{-4}s。同样，粘稠液体的 T_2 值也小。对于大多数溶液中的小分子来说，一般 T_2 与 T_1 数值比较接近。

弛豫时间对谱线宽度影响很大。谱线宽度与弛豫时间 T_2 成反比。固体样品 T_2 很小，所以谱线很宽。而有电四极矩或受电四极矩影响的磁核，因有很高的弛豫效率而使吸收峰很宽，有时甚至检测不到 NMR 的信号。

3.1.3 化学位移

3.1.3.1 化学位移（Chemical Shift）的来源

根据NMR条件：$\nu_0=\gamma/2\pi \cdot H_0$ 可以知道：同种核的共振频率仅由外磁场 H_0 及核的旋磁比 γ 决定，似乎核磁共振与化学结构没有关系。实验证明：在恒定的射频场中，同种核的共振位置不是一个定值，而是随核的化学环境的不同而有细微差别。因为分子中的磁性核都不是裸核，核外都有电子，每个质子实际上受到的磁场强度并不完全与外部磁场强度相同。质子被电子云包围，而电子在与外部磁场垂直的平面上循环，会产生与外部磁场方向相反的感应磁场（参看图 3-3）。核周围的电子对核的这种作用叫做屏蔽作用。质子实际上所受到的磁场强度为：

$$H_{核}=H_0(1-\sigma_i) \tag{3-13}$$

式中 $H_{核}$——氢原子核的实际感应磁场；

σ_i——核 i 的屏蔽常数。

因此核的拉摩进动频率 ω_i 为：

$$\omega_i=\gamma \cdot H_{核}=\gamma \cdot (1-\sigma_i) \cdot H_0 \tag{3-14}$$

或

$$\boldsymbol{\nu}_i=\gamma \cdot (1-\sigma_i) \cdot H_0/2\pi$$

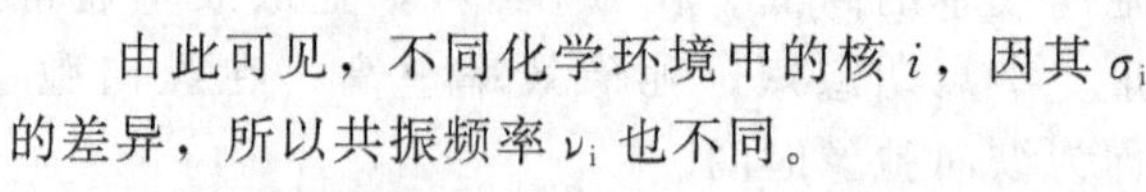

图 3-3 核外 S-电子所产生的抗磁屏蔽

由此可见，不同化学环境中的核 i，因其 σ_i 的差异，所以共振频率 ν_i 也不同。

以上这种现象在谱中，显示不同的共振吸收峰。如果选定一种磁核的共振位置为参比，那其他磁核的共振位置与此参比磁核的差值称为该磁核的化学位移。所以磁核的化学位移就是该磁核在分子中化学环境的反映，是说明分子结构最主要的参数之一。

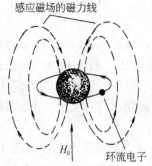

3.1.3.2 化学位移的度量

由于核外电子所产生的感应磁场与外磁场强度成正比，因此处于不同化学环境中的核的共振频率随外磁场的改变而改变。

因所用外磁场不同，则同一化合物的共振频率也不同，为此用频率或磁场强度为化学位移做单位时，必须说明所使用的频率或磁场强度，否则毫无意义。为了使不同磁场强度或射频场仪器所测得的化学位移数值有共同的标准，现均采用相对值，用无因次参数 δ 表示共振谱线的化学位移。

$$\delta=\Delta H/H_{照射}\times 10^6=(H_{参比物}-H_{样品})/H_{照射}\times 10^6 \tag{3-15}$$

或

$$\delta=\Delta \nu/\nu_{照射}\times 10^6=(\nu_{样品}-\nu_{参比物})/\nu_{照射}\times 10^6 \tag{3-16}$$

式中　$H_{照射}$——指外加射频场的磁场强度；

$H_{样品}$——指实验样品的共振场强；

$H_{参比物}$——指参比物的共振场强。

乘以 10^6 是因为 ΔH 与 $H_{照射}$ 相比较（$\Delta\nu$ 与 $\nu_{照射}$ 相比较），仅为其百万分之几。为了使所得的数值较易读写，乘 10^6 即可。百万分之一称做化学位移的单位。

由于 ^1H 的化学位移的差别范围很小（20×10^6），所以要精确测出其绝对值比较困难。一般采用相对数值表示。而测定时所采用的参比化合物有许多种，在 ^1H 的 NMR 和 ^{13}C 的 NMR 谱中使用最多的是 TMS（四甲基硅烷）。四甲基硅烷在化学上是很惰性的。它的 12 个质子是球形分布，因此是磁各项同性的。在 NMR 谱图中，信号峰只有 1 个，所以灵敏度高。而且它的吸收峰比起一般的有机化合物的质子吸收峰处于高场位置，容易识别。它的沸点是 27℃，易于挥发，能与许多有机溶剂相溶，是 NMR 谱中最通用的标准物质。

3.1.3.3　影响化学位移的因素

每种碳核的“化学位移”就是该磁核在分子中化学环境的反映。化学位移的大小与核的磁屏蔽影响直接关联。1954 年 Saika 和 Slichter 提出把影响磁屏蔽的因素分为三部分：

$$\sigma=\sigma_A+\sigma_M+\sigma' \tag{3-17}$$

式中　σ_A——原子的屏蔽；

σ_M——分子内部的屏蔽；

σ'——分子间的屏蔽。

各种屏蔽因素可归纳如下。

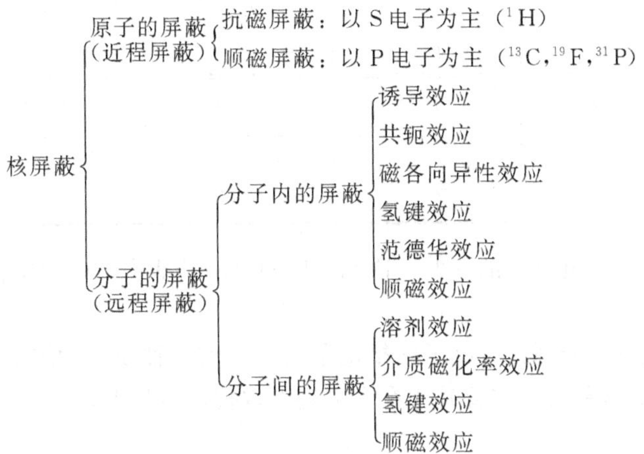

下面对屏蔽因素分别作简要介绍。

A. 原子的屏蔽

1950 年，Ramsey 提出分子中原子的屏蔽主要包括两项：

$$\sigma_A = \sigma_A^D + \sigma_A^P \tag{3-18}$$

式中 σ_A^D——抗磁项；

σ_A^P——顺磁项。

不同轨道的电子对这两项的贡献也不一样。从 Lamb 公式与分子抗磁项可知，对^{1}H 而言，核外电子所产生的抗磁屏蔽在各种屏蔽因素中起主导作用。其抗磁屏蔽可近似写为：

$$\sigma_{HH}^D = 20 \times 10^{-6} \lambda$$

式中 λ——氢的 1s 轨道上的有效电子数。

对于完全屏蔽的氢原子 λ 接近于 1。所以氢的局部抗磁屏蔽常数会在 20×10^{-6} 的范围内。但对其他核，如^{13}C，^{19}F，^{31}P 等，顺磁项则是主要的。与原子序数的关系如下：

$$\sigma_A = 3.19 \times 10^{-5} Z^{4/3}$$

从上式可知，原子序数越大，σ_A 也越大，化学位移范围也越宽。例如：^{13}C，^{19}F 和^{31}P 的化学位移比^{1}H 大 1～2 个数量级。

B. 电子密度的效应

一个强的电负性原子或者基团键合于邻近的磁核上，由于吸电子效应，使氢上的有效电荷值 λ 下降，从而产生去屏蔽效应，使核的共振移向低场。δ_H 值就越大，反之越小。

例如：

化合物	CH_3F	CH_3Cl	CH_3Br	CH_3I
δ	4.16	3.05	2.68	2.16
电负性	4.0	3.0	2.8	2.5

化合物	CH_3X	CH_3O	CH_3N	CH_3C
δ	2.2～4.3	3.3～4.1	2.2～3.0	0.85～1.2
电负性	2.5～4.0	3.5	3.0	2.5

随着甲基取代基的电负性的降低（F→I，F→C），甲基质子的化学位移也逐渐降低。

取代基的共轭效应分别为拉电子和推电子两种，前一种使 δ_H 增加，后一种使 δ_H 值减小。这种现象主要发生在含 π 键的取代衍生物中。

例如：

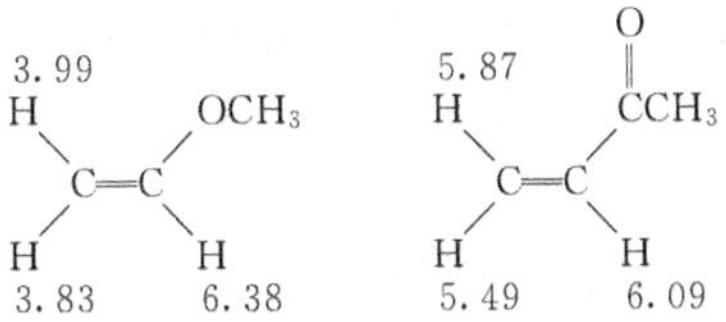

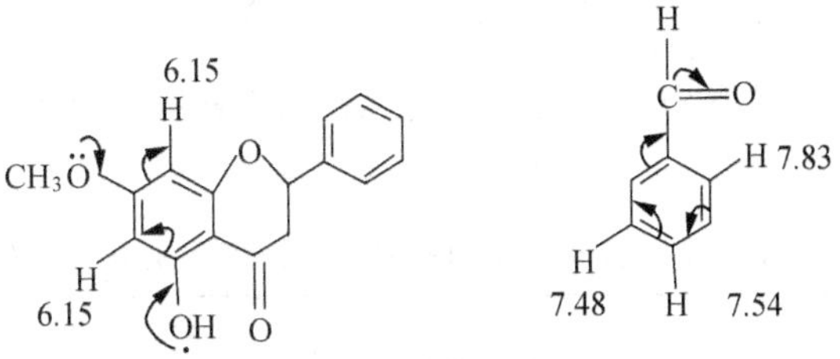

3.99
H
OCH3
C=C
H
H
3.83
6.38
5.87
O
H
CCH3
C=C
H
H
5.49
6.09

6.15
H
CH3O
O
H
6.15
OH
O
H
C=O
H 7.83
H
7.48
H
7.54

由于键入的—OH 和—OCH_3 为供电子基团，氧原子可通过共轭向外推 p 电子，使得邻位碳上的电子云密度增加，屏蔽效应增加，化学位移向高场移动，δ 值较小。而对于—CHO，CH_3CO，为拉电子基团，使得邻位碳上的氢表现为顺磁去屏蔽，化学位移向低场移动，δ 值增大。

电子密度对抗磁项 σ_A^P 的贡献，同样也表现在^{13}C—NMR 谱图上。图 3-4 表示了芳香环上 π 电子的多少与环上碳化学位移的关系。

$$\delta_C = -160\rho + 287.5\times10^{-6}$$

这里的 ρ 是每个碳上的 π 电子数。显然环上的每个碳的 π 电子愈多，碳的屏蔽愈大。

1.2
1.0
0.8
ρ定域的π电子密度
δC=-160·ρ+287.5
160
140
120
100
δC

图 3-4　芳香化合物 π 电子密度对^{13}C 化学位移的效应

C. 局部顺磁屏蔽项的影响

除^1H 以外的各种核都是以 σ_D^P 项为主，^{13}C 核的屏蔽以 $\sigma_D^P\Delta E$ 为主。这一项是各向异性的，非球形对称的电子环流的贡献。

根据 Karplus 与 Pople 的推导，此项可写为：

$$\sigma_D^P = [e^2 \cdot \hbar^2/2m^2 \cdot c^2](\Delta E)^{-1}\langle r^{-3}\rangle_{2PD}[Q_{DN}+\sum Q_{MN}] \qquad (3\text{-}19)$$

式中　ΔE——平均电子激发能；

Q_{DN}——核 N 上的电子密度；

Q_{MN}——原子 N 及 M 的键序，它是多重键的贡献，在 M 与 N 之间只有 σ 键与 π 键均存在时，这项才不等于零。

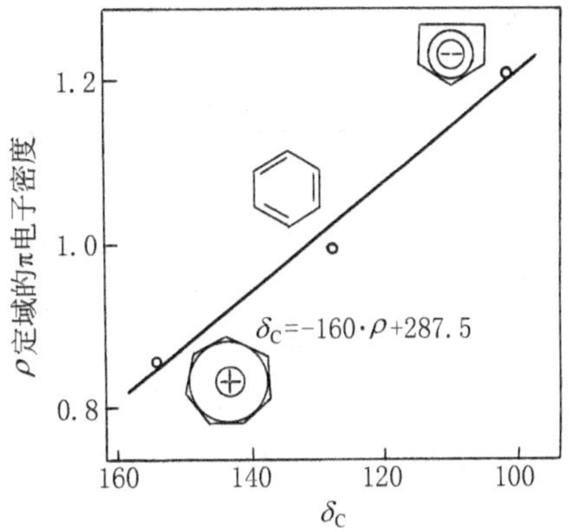

ΔE、$\langle r^{-3}\rangle_{2PD}$与$Q_{MN}$三者并不是彼此独立的，即核局部电子结构的任何改变都会影响到此项的各个分项。实际应用时往往定性的估价这些项对σ_{DN}^{P}造成的影响。

表 3-2 给出了平均激发能 ΔE 与键序$\sum Q_{MN}$对不同结构化合物^{13}C 化学位移的影响。例如对于 >C═O 化合物，由于从 n→π* 激发时，平均电子激发能减少，则 σ_{N}^{P} 负值增加，导致去屏蔽效应增强，核的共振移向低场。其^{13}C 的化学位移大约在 160～200 左右。

表 3-2　键序（$\sum Q_{MN}$）与平均激发能 ΔE 对^{13}C 化学位移的效应

化合物类型	杂　化	$\sum Q_{MN}$	ΔE(跃迁)/eV	σ_C
链烷烃	sp^3	0	约 10(σ→σ*)	0～50
炔烃	sp	0	约 8(π→π*)	50～80
丙二烯(端部碳)	sp^2	0.4	约 8(π→π*)	70～100
链烯,芳香烃	sp^2	0.4～0.6	约 8(π→π*)	100～150
丙二烯(中部碳)	sp	0.8	约 8(π→π*)	200
酮	sp^2	0.4	约 7(π→π*)	200

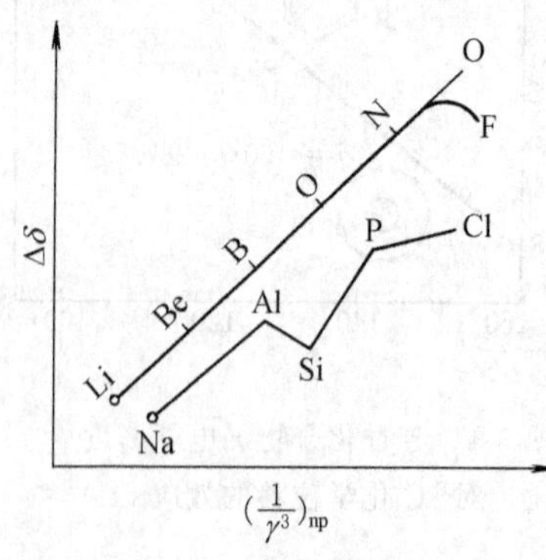

图 3-5　核间的距离对^{13}C 化学位移的效应

$\langle r^{-3}\rangle_{2PD}$项对解释^{13}C 化学位移最为重要，这项主要取决于核 N 的有效电荷。从图 3-5 中可以看出，当 $n=2$ 时，对原子序数较小的 Li 核来说，其 2p 电子与核间的距离较大，则使 $\langle r^{-3}\rangle_{2PD}$贡献较小，则$\sigma_{Dn}^{P}$负值减少，导致去屏蔽效应减弱，核的共振移向高场。

d. 磁各向异性项 σ_{MN}^{P} (M≠N) 的贡献

在分子中，质子与某一基团的空间关系，有时会影响质子的化学位移。这种效应称为各向异性效应。它是通过空间而起作用的，其特征是有方向性。在含有芳环、双键、叁键、醛基等基团的化合物中，常由于各向异性效应的影响而产生不同的屏蔽效应。其他烃类、酮类、酯类、羧酸和肟类化合物也会出现不同程度的各向异性效应的影响。

a. 乙炔

炔类氢比较特殊（乙炔的化学位移 $\delta=1.8$），它的化学位移介于烷烃氢和烯烃氢之间。乙炔是直线型构型，叁键上 π 电子云绕轴线对称。如果此轴的方向与外加磁场以相同的方向排列，则键上的 π 电子垂直于外加磁场循环，因而感应磁场的方向与外加磁场相反。而乙炔质子是沿着磁场的轴方向排列的，所以由循环的 π 电子感应出的磁力线起着抗磁屏蔽的作用。见图 3-6。因此乙炔氢的吸收峰出现在高场。

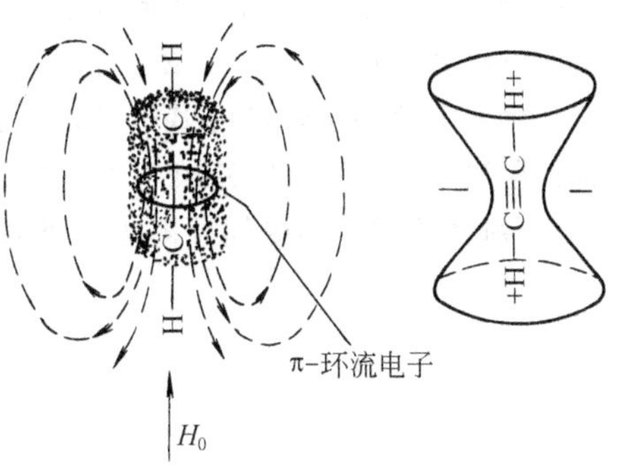

图 3-6 炔键的屏蔽效应

含有 —C≡N 基的化合物在外加磁场的作用下，也产生同样的效应。

b. 双键

烯烃的氢的化学位移出现在低场，一般 $\delta=4.5\sim8.0$ 之间。双键的 π 电子云垂直双键平面。在外磁场的作用下，π 电子云产生各向异性的感应磁场。所以处在双键平面上、下的氢受到抗磁屏蔽效应的影响，在较高的磁场发生共振。而处于双键平面上的氢受到顺磁去屏蔽的影响，而在较低的磁场发生共振。如图 3-7 所示。

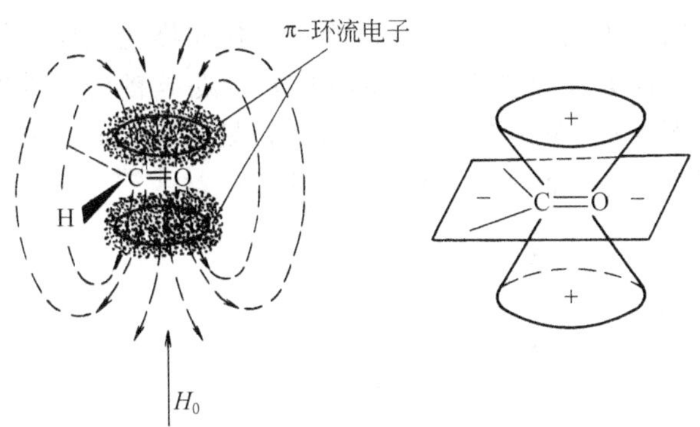

图 3-7 羰基（C═O）的屏蔽效应

例如：

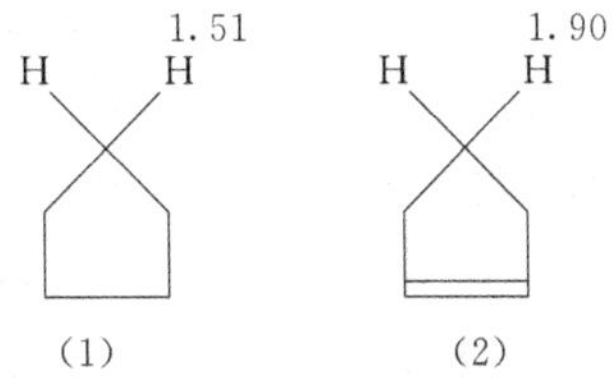

化合物（2）中的 CH_2 刚好坐落在双键平面上，处于顺磁去屏蔽区，所以 CH_2 比化合物（1）在较低的磁场共振，δ 值较大。

羰基 C═O 键所引起的各向异性效应情况和双键类似。电子在分子平面两侧环流，造成平面上下两个屏蔽增强的圆锥区域。圆锥区域以外，都是去屏蔽区，圆锥角以内的区域处于抗磁屏蔽区。醛基质子在去屏蔽区，所以化学位移处于低场（$\delta=7.8\sim10.5$）。

除了上述的链烯和醛基以外，酮、酯、羧基和肟等都会产生各向异性效应。在图 3-7 中（+）领域的质子受到抗磁屏蔽效应，因此值 δ 较小，而在（－）领域的质子却受到顺磁去屏蔽效应，因此 δ 值较大。

例如：

胡薄荷酮(pulegone)

O

(a) CH_3 CH_3 (b)

1.77 1.95

在胡薄荷酮（pulegone）［1］的光谱中，甲基（a）的化学位移为 $\delta=1.77$，而甲基（b）的化学位移为 $\delta=1.95$。没有羰基时，这些甲基的化学位移相同。因此这个差别是羰基的各向异性效应引起的，结果（b）受到去屏蔽作用。其他含有 C═N，N═N，N═O 键的化合物，也具有同样的效应。

c. 单键

碳-碳单键的价电子是 σ 电子，也能产生各向异性效应，但与 π 电子云环流所产生的各向异性效应相比，要弱的多，碳-碳键的键轴就是去屏蔽圆锥体的轴。见图 3-8。因此当碳上的氢逐个被烷基取代时，剩下的氢受到越来越强的去屏蔽效应，而使共振信号移向低场。

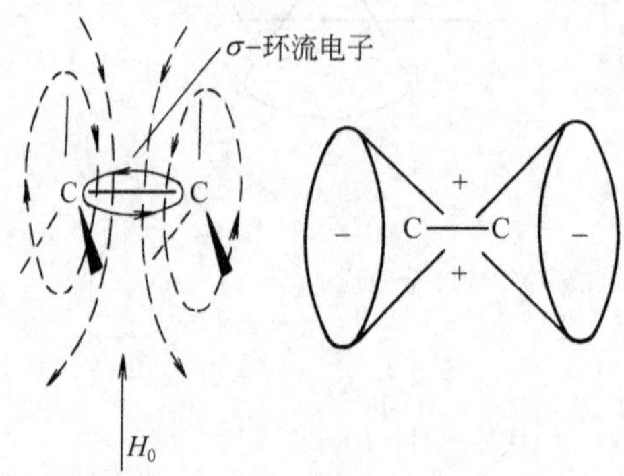

图 3-8 碳—碳单键的屏蔽效应

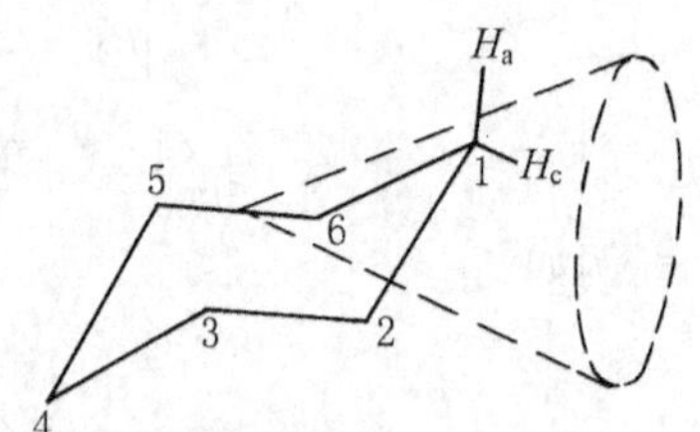

图 3-9 碳—碳单键的屏蔽效应对直立氢和平展氢的影响

例如：R_3CH　　　R_2CH_2　　　RCH_3

$\delta H=1.4\sim1.6$　　　$1.2\sim1.48$　　　$0.85\sim0.95$

环己烷的平展氢和直立氢受环上的碳-碳单键各向异性的影响并不完全相同。如图 3-9 所示，C_1 上的平展氢和直立氢，受 C_1—C_6 和 C_1—C_2 键的影响是相同的但受 C_2—C_3 和 C_5—C_6 键的影响却是不同的。平展氢处在去屏蔽区，化学位移在低场，$\delta=1.6$。而直立氢处在屏蔽区，化学位移移向高场，$\delta=1.15$。环上每个碳都有这两种氢，情况完全一样，所以按理应该出现两组质子的共振信号。但在室温下，由于构象的快速互变，使每个氢在平展位置和直立位置两种状态之间快速变更，实际上得到的是平均值 $\delta=1.37$ 的单峰。当温度降的很低时（例如－89℃）时，使两种构象互变的速度远低于两峰应有的间距（∽1Hz）时，谱图上才出现两个单峰。平展氢 $\delta=1.6$，直立氢 $\delta=1.15$。随着温度的逐渐上升，两个峰逐渐接近，最后在－66.3℃合并成单峰。因此，在一般情况下，非固定架环己烷上质子的共振信号是两个信号平均的结果。固定架环己烷中（互变受阻），同碳上的平展氢与直立氢之间一般相差 0.1～0.7。例如十氢萘的 NMR 谱，就能分别出现平展氢和直立氢的信号。

E. 环电流的屏蔽作用

在芳香分子上的 π 电子可以在碳环平面内的回路上自由运动。当外磁场与芳香平面垂直时，π 电子便绕磁场方向以拉摩进动频率旋进，而每个电子形成的电流是 $i=e\omega/2\pi$。芳环上有六个 π 电子，所以原子间的总电流 $I=3e^2H/2\pi me$。假定电流是在一个圆形电路中流动，圆形电路的半径等于 C—C 键长 a，则这电流的磁效应等同于圆中心的一个磁矩，磁矩的大小是：

$$\mu=(3e\cdot H\cdot a^2)/(2m\cdot c^2) \qquad (3\text{-}20)$$

图 3-10 可定性地表示这种环形电流的屏蔽作用。磁矩的方向与外磁场方向相反，所以环中心处的感应磁场与外磁场相反，在环的上下方为屏蔽区（以正号表示），在其他方向为去屏蔽区（以负号表示），二者交界处屏蔽作用为零。这一点可以说明为什么苯环氢的 δ 值（7.25）比乙烯氢 δ 的值（4.60）大。

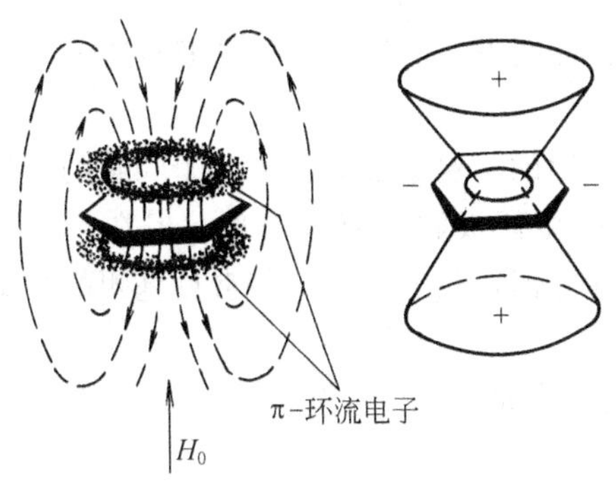

图 3-10 苯环的屏蔽效应

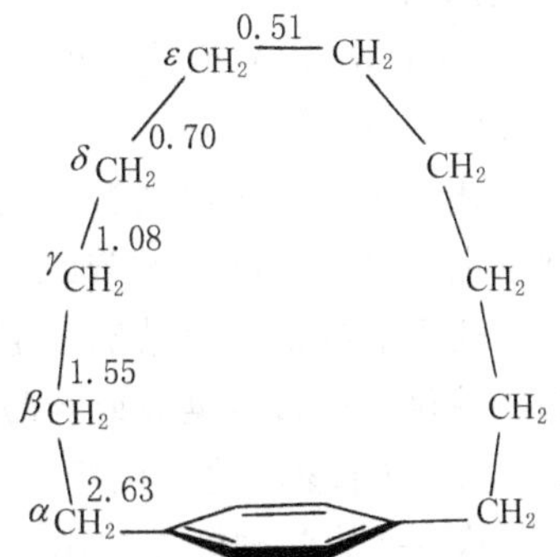

图 3-11 苯环的磁各向异性效应对 1,4-十亚甲基苯中各亚甲基质子

例如图 3-11 中 1,4-十亚甲基苯中各亚甲基质子由于处于苯环周围不同屏蔽区而显示出不同的化学位移。

同样 18-环多烯（annulene）的环外面的质子，由于受到环电流的抗磁性效应处于去屏蔽区，所以 δ 值很大（9.28）。相反，环里面的质子由于受到屏蔽效应，因此 δ 值较小，为 -2.99。这表明 18-环多烯也是芳香族化合物。化合物 15，16-二氢-15，16-二甲基芘的两个甲基的化学位移为 $\delta=-4.23$。这意味着两个甲基受到很大的屏蔽效应。在此化合物中尽管没有经典的芳环，但从这一点就知道有较大的环电流存在。

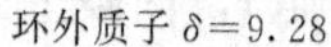

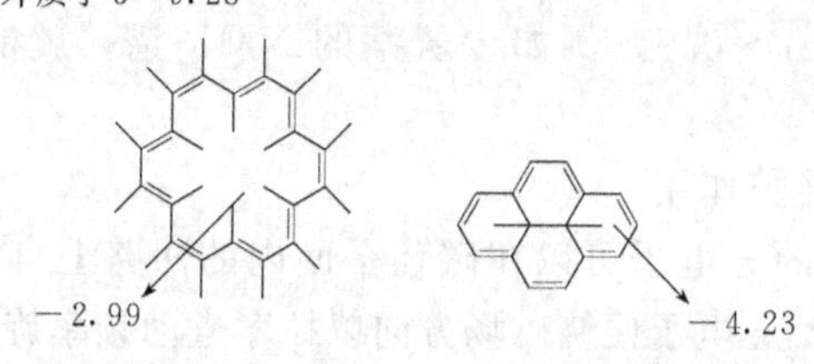

18-环多烯　　15，16-二氢-15，16-二甲基芘

F. 氢键和溶剂效应

氢键能使质子在较低场发生共振，例如：酚和酸类的质子 δ 值在 10 以上。由于分子间氢键的形成与试样的浓度，溶剂的性质有关，所以形成氢键质子的化学位移可在一个相当大的范围内变动。关于氢键的理论研究目前仍在发展之中，但现有实验结果证明，无论是分子内还是分子间形成氢键都是使氢核受到去屏蔽作用而向低场移动。

不同的溶剂有不同的容积导磁率，使样品分子受到的磁场强度不同。不同溶剂分子对溶质分子有不同的作用，因此介质将影响 δ 值。由于化学位移是原子以及原子间电子屏蔽造成的，各种化合物分子结构的复杂性，使屏蔽影响的因素较为复杂，除了上述谈到的以外，影响的因素还有：范德瓦尔（Van der Waals）效应、顺磁效应、温度等。这里就不再详细叙述了。

3.1.3.4　化学位移

化学位移是核磁共振在化学上应用的主要参数。各种质子和碳的化学位移都在一定的范围，这与红外光谱的特征吸收带有些类似。但在一般情况下，还不能提供一个精确而定量的计算值，只能给出一些常见基团的质子氢和碳的化学位移数据表或经验公式。

A. 质子氢的化学位移和一些经验公式。

表 3-3 为各种烃类的化学位移。

亚甲基的化学位移可用 Shoolery 经验公式进行计算：

$$\delta=0.23+\sum\sigma_i \tag{3-21}$$

表 3-3　各种烃类的化学位移范围

基　团	化　学　位　移（9　7　5　3　1）
CH_3—	
CH═	
CH_2<	
CH<	
CH_2═	
—CH═	

表 3-4 给出各种取代基屏蔽常数 σ_i 的值。

表 3-4　各种取代基的屏蔽常数值

取　代　基	σ_i	取　代　基	σ_i	取　代　基	σ_i
—Cl	2.63	—NR_2	1.57	—Ar	1.85
—Br	2.33	—NHCOR	2.27	—CN	1.70
—I	1.82	—N_3	1.97	—CF_2	1.21
—OH	2.56	—SR	1.64	—CF_3	1.14
—OR	2.36	—SCN	2.30	—NCS	2.86
—O	3.23	—CH_3	0.47	—NO_2	2.4①
—OCOR	3.13	—C═C	1.32		
—COR	1.70	—C≡C	1.44		
—COOR	1.55	—C≡C—Ar	1.65		
—$CONR_2$	1.59	—C≡C—C≡C—R	1.65		

① 为粗略值

表 3-5 列出了一些取代基对于烯氢化学位移的影响，其化学位移计算式为：

$$\delta_{C═C—H}=5.25+Z_{同}+Z_{顺}+Z_{反} \tag{3-22}$$

Z 为同碳取代基及顺式与反式取代基对于烯氢化学位移的影响。

表 3-5　取代基对于烯氢化学位移的影响

取　代　基	$Z_{同}$	$Z_{顺}$	$Z_{反}$	取　代　基	$Z_{同}$	$Z_{顺}$	$Z_{反}$
—H	0	0	0	—CH_2—C═O	0.69	−0.08	−0.06
—R	0.45	−0.22	−0.28	—CH_2—CN			
—R(环)	0.69	−0.25	−0.28	—CH_2—Ar	1.05	−0.29	−0.32
—CH_2—O,I	0.64	−0.01	−0.02	—C═C	1.00	−0.09	−0.23
—CH_2—S—	0.71	−0.13	−0.22	—OR(饱和)	1.22	−1.07	−1.21
—CH_2—F,Cl,Br	0.70	0.11	−0.04	—OR(共轭)	1.21	−0.60	−1.00
—CH_2—N	0.53	−0.10	−0.08	—OCOR	2.11	−0.35	−0.64

续表

取代基	$Z_{同}$	$Z_{顺}$	$Z_{反}$	取代基	$Z_{同}$	$Z_{顺}$	$Z_{反}$
—Cl	1.08	0.18	0.13	—CO_2H(共轭)	0.80	0.98	0.32
—Br	1.07	0.45	0.55	—CO_2R	0.80	1.18	0.55
—I	1.14	0.81	0.88	—CO_2R(共轭)	0.78	1.01	0.46
—NR (│)	0.80	−1.26	−1.21	—CHO	1.02	0.95	1.17
				—CO—N	1.37	0.98	0.46
—NR(共轭) (│)	1.17	0.58	−0.99	—Ar(邻位取代)	1.65	0.19	0.09
				—SR	1.11	−0.29	−0.13
—N—C═O (│)	2.08	−0.57	−0.72	—SO_2	1.55	1.16	0.93
—Ar	1.38	0.36	−0.07	—SF_5	1.68	0.61	0.49
—Ar(邻位取代)	1.65	0.19	0.09	—SCN	0.80	1.17	1.11
—C═C(共轭)	1.24	0.02	−0.05	—CF_3	0.66	0.61	0.31
—CN	0.27	0.75	0.55	—$SCOCH_3$	1.41	0.06	0.02
—C═C	0.47	0.38	0.12	—PO(Et)2	0.66	0.88	0.67
—C═O	1.10	1.12	0.87	—F	1.54	−0.40	−1.02
—C═O(共轭)	1.06	0.91	0.74	—CHF	0.66	0.32	0.21
—CO_2H	0.97	1.41	0.71	—COCl	1.11	1.46	1.01

表 3-6 和表 3-7 分别列出了一些取代基对于苯环氢化学位移的影响，使用时采用了下列经验公式：

$$\delta=7.30-\sum S \tag{3-23}$$

7.30 是苯本身的芳氢化学位移 δ 值（$CCDCl_3$ 10%溶液），$\sum S$ 为不同邻，间，对位取代基对于苯环芳氢的影响的数值。

表 3-6　取代基对于苯环芳氢的影响

取代基	$S_{邻}$	$S_{间}$	$S_{对}$	取代基	$S_{邻}$	$S_{间}$	$S_{对}$
—OH	0.45	0.10	0.40	—COR	−0.70	−0.25	−0.10
—OR	0.45	0.10	0.40	—CO_2H(R)	−0.80	−0.25	−0.20
—OCOR	0.20	−0.10	0.20	—Cl	−0.10	0.00	0.00
—NH_2	0.55	0.15	0.55	—Br	−0.10	0.00	0.00
—CH_3	0.10	0.10	0.10	—NO_2	−0.85	−0.10	−0.55
—CH<	0.00	0.00	0.00	—$NHCOCH_3$	−0.28	−0.03	
—CH_2—	0.15	0.10	0.10	—NCO	0.10	0.07	
—CN	−0.24	−0.08	−0.27	—NO	−0.48	0.11	
—C_6H_5	−0.15	0.03	0.11	—N═NC_6H_5	−0.75	−0.12	
—CCl_3	−0.80	−0.17	−0.17	—$NHNH_2$	0.48	0.35	
—$CHCl_2$	−0.07	−0.03	−0.07	—OTs	0.26	0.05	
—CH_2Cl	0.03	0.02	0.03	—OC_2H_5	0.26	0.03	
—$C(CH_3)_3$	0.22	0.13	0.27	—SH	−0.01	0.10	
—CH_2OH	0.13	0.13	0.13	—SCH_3	0.03	0.00	
—CH_2NH_2	0.03	0.03	0.03	—SO_3H	−0.55	−0.21	
—F	0.33	0.05	0.25	—SO_3Na	−0.45	0.11	
—I	−0.37	0.29	0.06	—SO_2Cl	−0.83	−0.26	
—CH═CHR	−0.10	0.00	−0.10	—SO_2NH_2	−0.60	−0.22	
—CHO	−0.65	−0.25	−0.10	—COC_6H_5	−0.57	−0.15	

注：氯仿为溶剂。

表 3-7 取代基对苯环芳氢的影响

取代基	$S_{邻}$	$S_{间}$	$S_{对}$	取代基	$S_{邻}$	$S_{间}$	$S_{对}$
—H	0.00	0.00	0.00	—OR	0.41	0.04	0.37
—CH_3	0.17	0.07	0.18	—OCOR	0.17	−0.07	0.11
—CH_2R	0.13	0.07	0.15	—NH_2	0.72	0.27	0.84
—CHRR	0.06	0.02	0.19	—NHR	0.81	0.15	0.81
—CR_3	−0.03	0.05	0.15	—NR_2	0.67	0.17	0.80
—CH═CHR	−0.08	0.03	0.14	—NR_2	0.36	0.21	0.42
—CH═CHR	−0.31	−0.10	−0.03	(有位阻)			
(共轭)				—NH<	−0.08	−0.14	0.09
—C_6H_5	−0.29	−0.12	0.03	—NHCOR	−0.26	0.00	0.21
—CHO	−0.52	−0.20	−0.31	—N═N—Ar	−0.53	−0.19	−0.06
—COR	−0.54	−0.11	−0.23	—NO_2	−0.78	−0.27	−0.34
—COR	−0.42	−0.21	−0.19	—Cl	−0.10	−0.07	0.03
(共轭)				—Br	−0.24	−0.02	−0.01
—CO_2H(R)	−0.33	−0.12	−0.19	—I	−0.38	0.20	−0.05
—CO—NHR	−0.60	−0.07	−0.16	—SO_3H(Na)	−0.34	0.00	0.04
—CN	−0.49	−0.24	−0.32	—SO_2NHR	−0.45	−0.21	−0.22
—OH	0.53	0.14	0.58				

B. 二甲亚砜为溶剂

不同环烯质子的化学位移

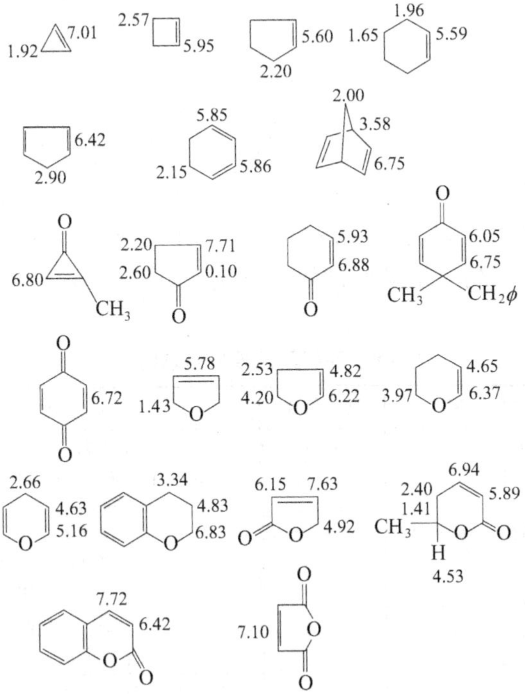

含O，N，S和羰基脂肪环的氢的化学位移

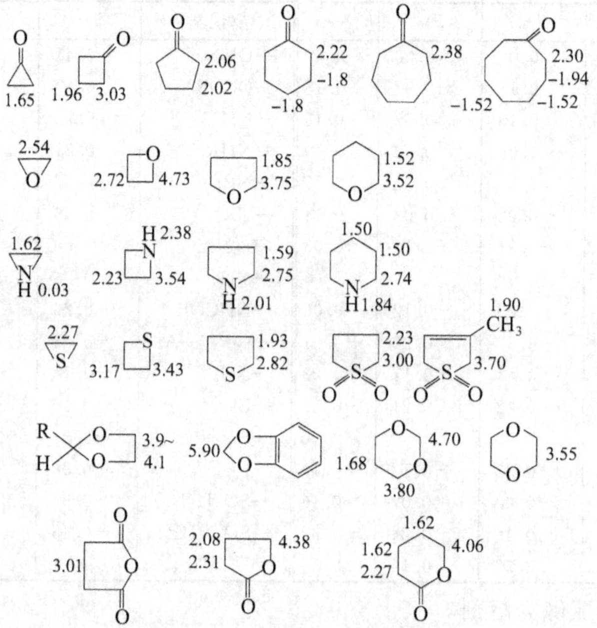

氢键对化学位移的影响与氢键的强弱（溶液的浓度、温度的高低）和给予体的本质有关。

$$\overset{\delta+}{X \rightarrow H} \cdots \overset{\delta-}{Y}$$

接受体　给予体

一般来说，具有氢键的质子，比没有氢键的质子，在较低的磁场发生共振。例如，酚类和羧酸类的质子，δ 值会达到 10 以上。在带有羟基基团的天然产物中，有时可以看到 δ 值在 15～18 的吸收峰，这都是由于生成氢键的缘故。表 3-8 列出了受氢键效应影响的不同类型化合物质子的化学位移范围。

表 3-8　受到氢键效应影响的质子

质　子	类　型	化学位移	质　子	类　型	化学位移
羟基	羧酸类	1.0～13.2		肟类	9～12
	磺酸类	10～12	NH_2 和 NHR	烷基和环胺类	0.5～3
	酚类	4～7.5		芳胺类	3～6
	酚类(分子内氢键)	5.5～12.5		酰胺类	6～9.5
	醇类	0.6～6.3		氨基甲酸乙酯类	4.5～7.5
				三氟乙酸中的胺类	6～8.5
烯醇类	环状α-的二酮	6～7			
	烯醇(β-二酮)	14.5～16.6	SH	脂肪族硫醇类	1.2～1.7
	烯醇(β-酮酯)	9.5～10.5		硫酚类	2.7～3.3
	水	2.7～5	胺的盐酸盐和苯胺的盐酸盐		8.3～9.8

3.1.4 偶合常数

在核磁共振实验中，除了外磁场引起的核的 Zeeman 能级分裂外，还存在由于核自旋彼此相互作用引起的能级进一步分裂，与此相应的是 NMR 谱线进一步分裂。这种现象称为自旋偶合（Spin Coupling）或自旋裂分(Spin-Spin Splitting)。谱线分裂的裂矩 J 称为偶合常数，其单位为赫兹(Hz)。偶合常数一般用 $^{n}J_{A-B}$ 表示，A 和 B 为彼此相互偶合的核，n 为 A 与 B 之间相隔化学键的数目。例如，$^{3}J_{H-H}$ 表示相隔三个化学键的两个质子之间的偶合常数。

3.1.4.1 自旋-自旋偶合的理论

自旋-自旋之间的相互作用是通过化学键中的成键电子传递的。如图 3-12 所示，假定核 A 的自旋取向为朝上，那么靠近核 A 的价电子自旋应该朝下，这是由于磁矩之间的排列倾向于反平行。根据鲍利（Pauli）原理，另一成键电子自旋应该朝上，基于同样原因，核 X 自旋应该朝下。如果核 A 的自旋取向改变了，核 X 的自旋取向也随之改变，这样一来，核 A 的信息(磁性大小和空间量子化状态）便通过成键电子传递到 X。同样核 X 的信息也能通过成键电子传递到 A。互相作用的结果使彼此能级发生分裂。

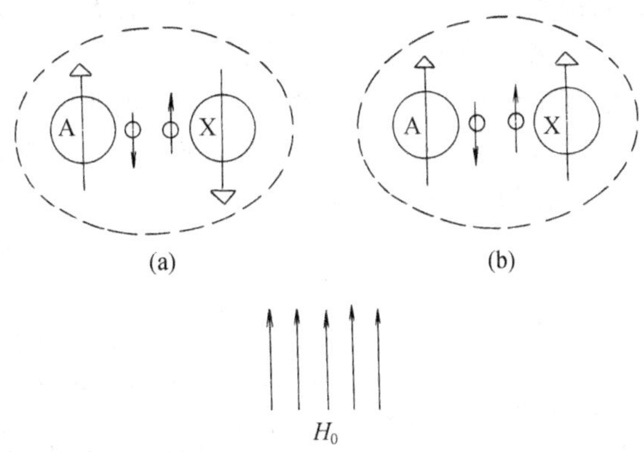

图 3-12 相邻二质子 AX 的自旋偶合机制

(a) 核自旋是反平行的（能量较低）；(b) 核自旋是平行的（能量较高）

质子在外磁场中有两种取向，顺磁场者能量低，逆磁场者能量高。表 3-9 说明乙醇中甲基质子和亚甲基质子相互偶合引起分裂的情况。

对于甲基氢来说，如果没有偶合，它应该出现一个单峰。但由于邻近亚甲基的二个质子在外磁场中有两个不同的取向，可有四种组合。这四种组合的结果是，分别产生三种不同的局部磁场。$\sum I$ 为正的组合态与甲基偶合，使信号向低频（高磁场）移动；$\sum I$ 为负的组合态与甲基偶合，使信号向高频（低磁场）移动；$\sum I$ 等于零的组合态不产生信号的移动。所以四种组合

表 3-9　乙醇中 CH_3 和 CH_2 互相偶合分裂情况

基　团	可能的取向	$\sum I$	状　态　数
CH_2	→ →	1	1
	←　→ →　←	0	2
	← ←	−1	1
CH_3	→ → →	$+\frac{3}{2}$	1
	→　→　← →　←　→ ←　→　→	$+\frac{1}{2}$	3
	→　←　← ←　→　← ←　←　→	$-\frac{1}{2}$	3
	← ← ←	$-\frac{3}{2}$	1

态对甲基的偶合只得到分裂的三重峰。另外，各组合态与甲基的偶合的几率是相等的，$\sum I=0$ 的组合态有两种，其余的各占一种，所以在分裂的三重峰中，共振峰的强度之比是 1∶2∶1。图 3-13 表示出亚甲基氢核对甲基氢的影响。用相似的方法可以推论甲基三个质子对亚甲基质子的偶合结果；分裂峰为四重峰，强度之比为 1∶3∶3∶1。

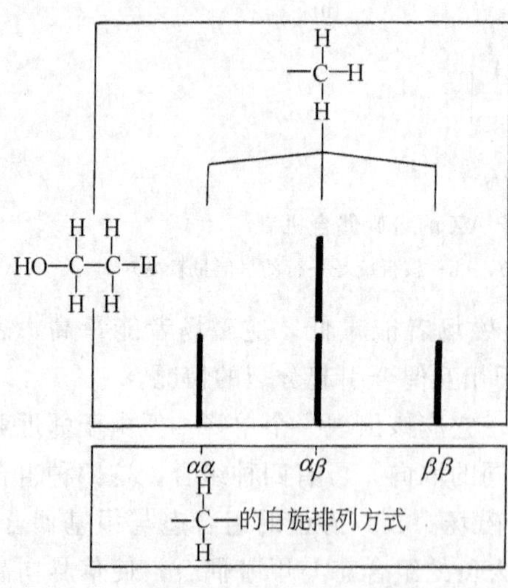

图 3-13　甲基峰的图解

从以上可知，自旋-自旋偶合的发生是通过成键电子传递的。除非在小环体系和桥式体系中由于存在环张力或在芳香族及不饱和体系中存在有键的离域作用，而有远程偶合存在。否则，超过三个键的偶合通常是不重要的。

通过乙醇的谱线分裂可知，由于邻近核的偶合作用，使谱线发生分裂，谱线分裂的数目 N 与邻近核的自旋量子数 I 及核的数目 n 有下述的关系：

$$N=2n\cdot I+1 \qquad (3\text{-}24)$$

当 $I=1/2$ 时，$N=n+1$，称

为“$n+1$”规律。这仅适用于一级自旋系统的光谱谱形的分裂。这是解释氢谱分裂的重要规则，同时也适用于某些核。谱线的强度之比遵循二项式$(a+b)^n$的系数规则，n为体系中核的数目。

3.1.4.2 影响偶合常数的因素

偶合常数与外磁场的大小无关。这与化学位移不同，化学位移的频率与外磁场强度成正比。影响偶合常数的因素主要可分为两部分：原子核的磁性和分子结构。一般说来，核旋磁比实际上是核的磁性大小的度量，偶合常数与磁的旋磁比直接有关。分子结构的影响主要包括键长、键角；电子结构包括取代基的电负性、轨道杂化等因素。下面对各种因素分别加以讨论。

（1）核的旋磁比　偶合常数J_{ij}与两偶合核i，j的旋磁比γ_i，γ_j成正比。理论上可用下式表示：

$$J_{ij}=(\hbar/2\pi)\gamma_i\gamma_j K_{ij} \tag{3-25}$$

式中　K_{ij}——理论上简化的偶合常数。

在同位素的情况下，由于同位素的K_{ij}几乎相等，所以：

$$J_{ij}/J_{i'j'}=\gamma_i/\gamma_{j''} \tag{3-26}$$

（2）原子序　随着原子序的增加，核周围电子密度也增加，因而传递偶合的能力增强，偶合常数也增大。

（3）相隔化学键的数目　质子-质子通过单键而偶合的，通常衰弱很快，一般$^4J<0.5$Hz，并且往往观察不到（偶合与几何排列有关，在某些特殊的排列下^4J甚至^5J也能观察到）。这是由于随着相隔化学键数的增加，核间距也相应增大，彼此偶合的核在其对方产生的局部磁场也逐渐减弱。

例如：在饱和链烃中，$^2J_{HH}>{}^3J_{HH}>{}^4J_{HH}$。在$^{13}C—^{13}C$偶合中，随着键长的缩短，偶合常数$^1J_{C-C}$明显增加。

芳香族化合物邻位偶合常数$^3J_{HH}$一般是5～8Hz，间位的偶合常数$^4J_{HH}$大约为1～3Hz，而对位偶合常数$^5J_{HH}$非常小，常常小于0.5Hz。

（4）轨道的杂化　由经验得到的单键偶合常数$^1J_{CH}$，可近似地用下列简单关系表示：

$$^1J_{CH}=5\times(s\%) \tag{3-27}$$

$s\%$代表C—H键中碳杂化轨道所占的百分s特性。此量对于sp^3，sp^2和sp杂化碳分别为25，33和50。按照理论计算，对乙烷，乙烯和乙炔的C—H偶合常数分别为125，165和250Hz，这与实际测量相符合。随着$s\%$的增加，成键电子的活动区域比较局限于核和化学键的周围，这种电子云分布状态有利于传递隔一个化学键的偶合（$^1J_{C-H}$，$^1J_{C-C}$），而对其他类型的偶合（$^2J_{H-H}$，$^3J_{H-H}$）则是不利的。因此随着碳原子杂化轨道$s\%$的增加，$^1J_{C-H}$和$^1J_{C-C}$亦显著增加。

(5) 键角 1959年，Karplus提出了乙烷的$^3J_{H-H}$与键角的关系，如下式所示：

$$^3J_{H-H}=A+B\cos\phi+C\cos2\phi \tag{3-28}$$

其中$A=4.22$Hz，$B=-0.5$Hz，$C=4.5$Hz。ϕ为Ha—Ca与C_b—H_b键之间的两面角。当构型取顺式(0°)与反式(180°)时，偶合常数有最大值。在一定条件下且$^3J_{反}$大于$^3J_{顺}$。折式（60°与120°）有较小的值，而$\phi=90°$时偶合常数为最小。烯烃上的$^3J_{H-H}$由于双键的关系，夹角只有0°(顺)或180°(反)两种。例如乙烯$^3J_{顺}=11.6$Hz，而$^3J_{反}=19.1$Hz，$^3J_{反}>^3J_{顺}$。六元环中的$^3J_{H-H}$也有同样的情况。

(6) 取代基的电负性 影响$^1J_{C-H}$和$^3J_{H-H}$大小的重要因素是取代基的电负性。因为键合一个电负性的取代基于碳原子上，会迁移电子密度，增加碳的有效核电荷，增加s价电子对核的接触几率。因此会增加$^1J_{C-H}$的值。

但对$^3J_{H-H}$来说，随着取代基拉电子能力的逐渐增强，邻近碳质子的电子密度减小，$^3J_{H-H}$应逐渐减小，表3-10中的数据能够很好地说明这一点。

表3-10 单取代乙烷$^3J_{H-H}$与电负性E_x的关系

X	E_x	$^3J_{H-H}$/Hz	X	E_x	$^3J_{H-H}$/Hz
OH	3.52	6.90	I	2.94	7.45
Cl	3.32	7.23	H	2.09	8.0
Br	3.15	7.33	Li	0.98	8.9

取代基对芳环的影响可分为三个基本类型：推电子基团（p-π共轭），拉电子基团（π-π共轭）和金属取代基。

当含氧，卤素以及含氮取代基取代芳环上氢后，取代基的孤对p电子与苯环构成p—π共轭体系，电子转移的结果使邻芳环上碳的电子云密度增加，因而$^3J_{H-H}$增大。例如：氟代苯的$^3J_{H-H}=8.36$Hz大于苯的$^3J_{H-H}=7.54$Hz。

当有吸电子基团取代时，例如：—CHO，C≡N，—COOH等，取代基的双键与苯环构成π—π共轭体系，电子转移方向与共轭情况相反，因而$^3J_{H-H}$值亦较小。例如苯甲醛的$^3J_{H-H}=7.74$Hz，比氟代苯的$^3J_{H-H}$值较小。

3.1.4.3 观测的偶合常数

偶合常数反映有机结构的信息，特别是反映立体化学的信息。在理论上不能预测精确的偶合常数值，不同体系偶合常数的知识，主要依赖于观测和经验关系。确定其绝对值符号比较困难，其绝对值的大小可以从图谱中得到。

表3-11列出了不同分子类型的一些典型的质子-质子偶合常数值。

表 3-11　典型的质子-质子自旋偶合常数

类　　型	J_{HH}/Hz	类　　型	J_{HH}/Hz
H—H	280	H—C(—)—C=C—C(—)—H	1～2
CH_2（H、H—C—H、H）	−12～−15	C=C—C—H，H	7
H—C—C—H（自由旋转）	7	C=C—C—H，H；H，C—H，H—C=C	−1.5 −2
H—C—C—C—H	～0*	H—C=C—C=C—H	±1
H—C—O—H	+3	环己烷 H，H　轴-轴 轴-赤道 赤道-赤道	8～10 2～3 2～3
H—C—C(=O)—H	8	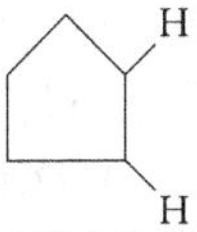 环戊烷 H，H（顺或反式）	4～5
H—C=C—H（顺式）	7～11	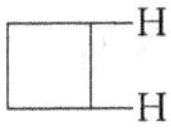 环丁烷 —H，—H（顺或反）	8
H—C=C—H（反式）	12～19	 环丙烷 H，H　顺 反	10～8 4～6
C=C(H)H	−3～+2	I C_6H_6　J_o J_m J_p	8 2 −0.5
—N—C(H)H	7～17	呋喃（O，2，3，4，5）　$J_{2\cdot3}$ $J_{3\cdot4}$ $J_{2\cdot4}$ $J_{2\cdot5}$	2 4 1 ±1.5
O=C(H)H	42	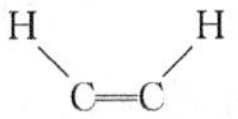 H—C=C—H（环）　5 元环 6 元环 7 元环	6 10 12
C=C(H)—C(H)=C	10		
H—C—C=C—H	−2		
H—C—C=C—C—H	2		

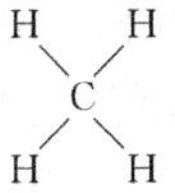

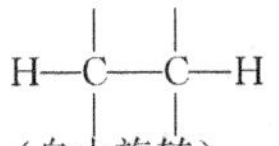

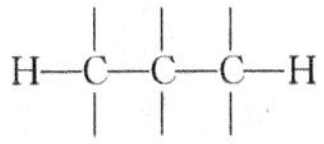

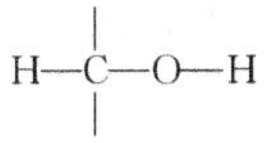

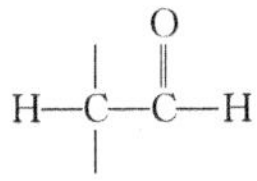

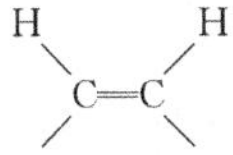

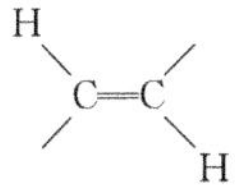

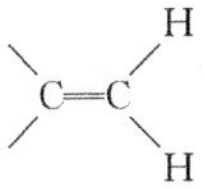

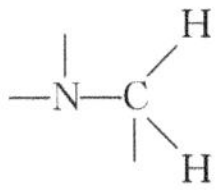

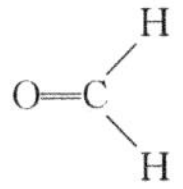

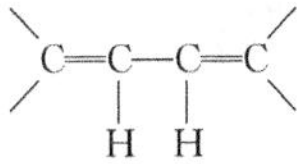

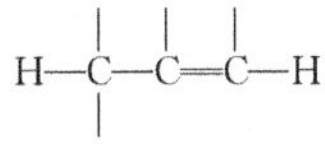

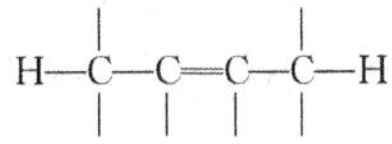

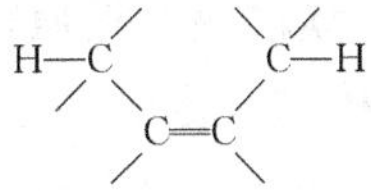

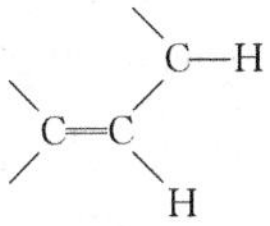

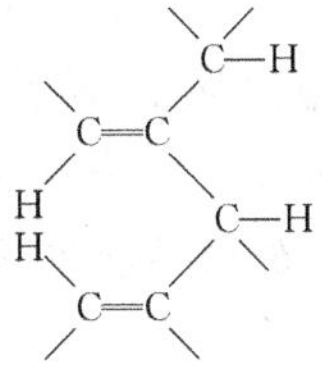

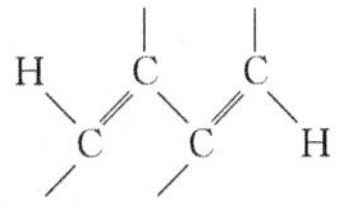

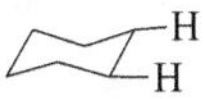

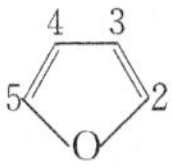

3.2 脉冲傅里叶变换核磁共振实验

3.2.1 脉冲傅里叶变换核磁共振原理

脉冲傅里叶变换核磁共振法是应用强的射频脉冲以很短时间辐照样品，结果得到自由感应衰减信号（FID）。强烈的射频脉冲同时激发了所选定原子核的全部旋进频率，使核的宏观磁化矢量 M 偏离外磁场 H_0，绕 x 轴在 yz 平面内转动一个角度，从而在接受线圈内感应出一个射频信号。

当样品溶液中的^{13}C 核处在恒定的外磁场 H_0 中（H_0 在 z'方向），在波尔茨曼平衡时，^{13}C 的磁化强度 M 是顺着 H_0 方向的，$M_Z=M_0$，当在 x'方向外加一个射频场 H_1 时，^{13}C 发生共振而跃迁到高能态，宏观磁化强度就要向 y'倾斜 $\boldsymbol{\theta}$ 角，这个 $\boldsymbol{\theta}$ 角随脉冲宽度 t_p 及 H_1 强度而定，并称为倾倒角。即：

$$\boldsymbol{\omega}_1=\gamma \cdot H_1=\boldsymbol{\theta}/t_p \tag{3-29}$$

$$\boldsymbol{\theta}=\gamma \cdot H_1 \cdot t_p \tag{3-30}$$

式中 t_p——脉冲宽度，即 H_1 的作用时间；

$\boldsymbol{\omega}_1$——射频场的角速度。

这就是脉冲核磁共振实验时，最常用的基本公式。由公式可见，M 所转过的角度，取决于射频场强度 H_1 和射频场的作用时间 t_p。

接收线圈在 y'方向，故 y'上接收到的 M 信号为：

$$M_y=M_0 \cdot \sin\boldsymbol{\theta} \tag{3-31}$$

如果 $\theta=90°$，使 M 刚好倒向 y'轴，这时的感应信号最强，这一脉冲称为 90°脉冲，见图 3-14。

$$t_p(90°)=(\pi/2)/(\gamma \cdot H_1) \tag{3-32}$$

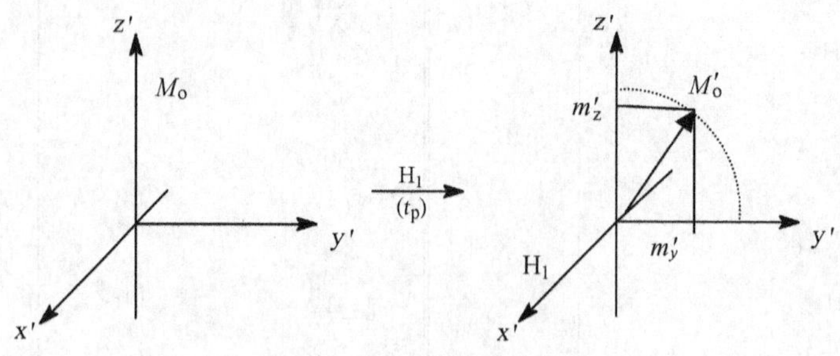

图 3-14 倾倒角及接收信号

实验时要求射频振荡器开关时间（D_2）很短，以便射频脉冲包络线成为直角形状，同时还要求脉冲宽度 t_p 很小（即 t_p 比 T_1，T_2 小得多），只有几微秒，以便在这段时间内不发生明显的弛豫效应。

在脉冲停止后，M 仍然绕 H_0 进动，由于弛豫作用，感应讯号以指数方式逐渐衰减，由接收机接收的这一衰减讯号称为自由感应衰减信号（FID）。而 FID 是时间函数 $f(t)$，NMR 谱是共振吸收幅度与共振频率 ω 的函数 $F(\omega)$。

$$F(\omega)=\int_{-\infty}^{\infty} e^{2\pi i\omega t} f(t)\,dt \tag{3-33}$$

当然也可以从频率谱转换成时间谱：

$$FID=f(t)=\int_{-\infty}^{\infty} F(\omega)e^{-2\pi i\omega t}\,d\omega \tag{3-34}$$

二者构成傅里叶变换对，相互变换，在 90°脉冲停止后，就接收到 FID 信号。计算机将 $f(t)$ 讯号经模/数转换后，就变成分立的数据点，由计算机进行傅里叶变换成 $F(\omega)$，再经过数/模转换，就出现通常的 NMR 谱。如图 3-15 所示。

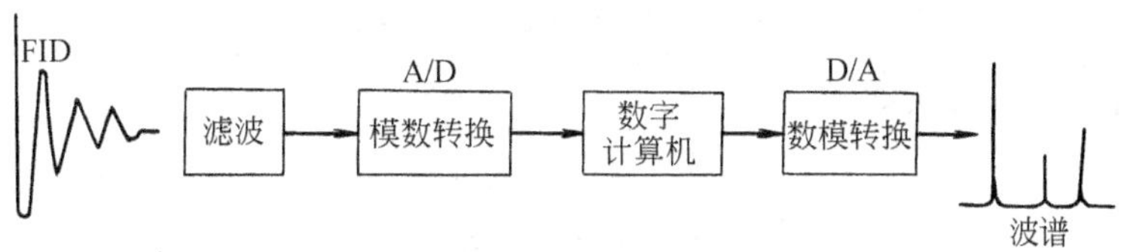

图 3-15 FID 信号的计算过程

3.2.2 ^{13}C 核磁共振谱

3.2.2.1 ^{13}C—NMR 的特点

① 碳原子是构成有机化合物和聚合物的骨架，^{13}C—NMR 谱是材料结构分析中最常用的工具之一。尤其是检测无氢官能团，例如：羰基、氰基、季碳等基团时，碳谱更具有氢谱无法比拟的优点。相对氢核而言，虽然 ^{13}C 的自旋量子数也等于 1/2，但 ^{13}C 在自然界中的丰度仅为 1.1%，磁旋比也只有氢核磁旋比的 1/4，因此其 NMR 的信号灵敏度约是氢谱的 1/5700。由于傅里叶变换 NMR 技术的出现，才使得 ^{13}C—NMR 的测定获得很大发展。

② 由于 ^{13}C 的核外有 p 电子，它的核外电子以顺磁屏蔽为主。常规 ^{13}C 谱的化学位移范围约为 200 左右，比 ^{1}H—NMR 谱的化学位移 δ 值大 20 倍，由于分辨率高，结构上的微小变化就能引起 δ 值的明显差别。所以 ^{13}C—NMR 谱对于分子结构特征较为敏感，鉴定微观结构更为有利。

③ ^{13}C 的自旋-晶格弛豫和自旋-自旋弛豫时间比氢核慢得多。一般碳核的纵向弛豫时间 T_1 最长可达百秒数量级，能被准确地测定。因而，

T_1 对碳原子（特别是季碳原子）和分子运动过程的研究可提供重要的信息。

④ 碳谱具有多种不同的双共振和二维及多维脉冲技术（例如：APT，DEPT，INEPT，COSY 等），对识别碳的各种类型，测定其偶合常数以及 C—C 关联的确认，提供了重要依据，为碳谱的解析创造了条件。

3.2.2.2　^{13}C 的化学位移

^{13}C 谱化学位移的决定因素是顺磁屏蔽，而顺磁屏蔽的强度取决于最低电子激发态与电子基态的能量差（例如：键级、2p 轨道电子密度、取代基的诱导效应和共轭效应、构型以及取代烷基的密集性和空间效应、重原子效应、中介效应、电场效应等）。氢键、介质和温度也不同程度地影响不同化学环境中^{13}C 的化学位移。

① 开链烷烃^{13}C 化学位移的经验公式。线性与分支的开链烷烃^{13}C 的化学位移可用 Lindoman Adams 经验公式来计算：

$$\delta c(k) = A_n + \sum_{m=0}^{2} N_m^{\alpha} \alpha_{nm} + N^{\gamma} \gamma_{nm} + N^{\delta} \delta_{nm} \tag{3-35}$$

式中各符号的意义如下：

$$\begin{array}{ccccc} k & \alpha & \beta & \gamma & \delta \\ \text{-CH}_n\text{—} & \text{CH}_m\text{—} & \text{C—} & \text{C—} & \text{C—} \end{array}$$

式中　n——碳 k 上氢的个数；

m——α 碳上氢的个数；

N_m^{α}——α 位置上 CH_m 基团的数目（m=0，1，2；α-CH_3 不计算）；

N^{γ}——γ 碳的个数；

N^{δ}——δ 碳的个数；

A_n——经验参数。

例如：若计算

$$\begin{array}{ccccccc} 1 & 2 & 3 & 4 & 5 & 6 & 7 \\ CH_3— & CH_2— & CH— & CH_2— & CH_2— & CH_2— & CH_3 \\ & & | & & & & \\ & & CH_3 & & & & \\ & & 8 & & & & \end{array}$$

中 C—3，C—4，C—5 的化学位移 δ_C。将表 3-12 中的有关数据代入。

$$\delta_{C-3} = A_1 + 2\times 2\times N_2^{\alpha}\alpha_{12} + N^{\gamma}\gamma_1 + N^{\delta}\delta_1$$
$$= 23.46 + 2\times 6.6 - 2.07 = 34.59$$

$$\delta_{C-4} = 15.34 + 16.7 + 9.57 + 2\times (-2.69) + 0 = 36.41$$

其余可依次类推。

表 3-12 计算烷烃 ^{13}C 化学位移的经验参数

n	A_n	m	d_{nm}	γ_n	δ_n
3	6.80	2	9.56	−2.99	0.49
		1	17.83		
		0	25.48		
2	15.34	2	9.75	−2.69	0.25
		1	16.70		
		0	21.43		
1	23.46	2	6.60	−2.07	0
		1	11.14		
		0	14.70		
0	27.77	2	2.26	0.86	0
		1	3.96		
		0	7.35		

当烷基中的 H 被基团 X 所取代后，碳原子的化学位移的变化可参看表 3-13，并近似地计算不同碳原子的化学位移。例如：戊醇-[3]

$$\overset{\gamma}{CH_3}-\overset{\beta}{CH_2}-\underset{OH}{\overset{\alpha}{CH}}-\overset{\beta}{CH_2}-\overset{\gamma}{CH_3}$$

计算时从表 3-12 得到不同碳的化学位移再加上表 3-13 当中 H 被 OH 取代后的不同增加位移变化。得到的数值如下：

计算值	实测值
$C_\alpha=34.7+41=75.7$	73.8
$C_\beta=22.8+8=30.8$	29.7
$C_\gamma=13.9-6=7.9$	9.8

表 3-13 线性及支链烃中 H 为 OH 取代后的取代效应（对 ^{13}C 而言）

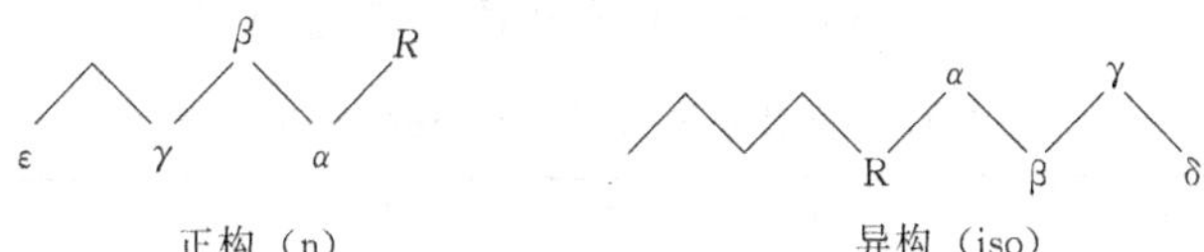

正构（n）　　　　异构（iso）

$-R_i$	Z_α		Z_β		Z_γ	Z_δ	Z_ε
	n	iso	n	iso			
—F	70	63	8	6	−7	0	0
—Cl	31	32	10	10	−5	−0.5	0
—Br	20	26	10	10	−4	−0.5	0
—I	−7	4	11	12	−1.5	−1	0
—O—	57	51	7	5	−5	−0.5	0
$—OCOCH_3$	52	45	6.5	5	−4	0	0
—OH	49	41	10	8	−6	0	0

续表

$-R_i$	Z_α n	Z_α iso	Z_β n	Z_β iso	Z_γ	Z_δ	Z_ε
—SCH_3	20.5		6.5		−2.5	0	0
—S—	10.5		11.5		−3.5	−0.5	0
—NH_2	28.5	24	11.5	10	−5	0	0
—NHR	36.5	30	8	7	−4.5	−0.5	−0.5
—NR_2	40.5		5		−4.5	−0.5	0
—$\overset{+}{N}H_3$	26	24	7.5	6	−4.5	0	0
—$\overset{+}{N}R_3$	30.5		5.5		−7	−0.5	−0.5
—NO_2	61.5	57	3	4	−4.5	−1	−0.5
—NC	27.5		6.5		−4.5	0	0
—CN	3	1	2.5	3	−3	−0.5	0
>C═NOH 顺	11.5		0.5		−2	0	0
>C═NOH 反	16		4.5		−1.5	0	0
—CHO	30		−0.5		−2.5	0	0
>C═O	23		3		−3	0	0
—$COCH_3$	29	23	3	1	−3.5	0	0
—COCl	33	28	2	2	−3.5	0	0
—COO^-	24.5	20	3.5	3	−2.5	0	0
—$COOCH_3$(或 C_2H_5)	22.5	17	2.5	2	−3	0	0
—$CONH_2$	22		2.5		−3	−0.5	0
—COOH	20	16	2	2	−3	0	0
—苯基	23	17	9	7	−2	0	0
—CH═CH_2	20		6		−0.5	0	0
—C≡CH	4.5		5.5		−3.5	0.5	0

② 计算烯烃^{13}C 化学位移的经验公式：

$$\delta_C\ (\kappa)\ =123.3+\sum_i A_{\kappa i}\ (R_i)\ +\sum_{i'} A_{A\kappa'}\ (R_{i'})\ +\text{修正值} \qquad (3\text{-}36)$$

$A_{\kappa i}(R_i)$为取代基 R_i 在位置 i 取代后对 κ 碳的位移增量，i'说明是在双键的另一侧的位置；$A_{\kappa i}$、$A_{A\kappa'}$ 两者的值和适当修正项列于表 3-14。

表 3-14 计算烯烃^{13}C 化学位移的经验参量

参量 $A_{\kappa i'}$ ($R_{i'}$) $A_{\kappa i}$ (R_i)

R_i C—C—C—C═C—C—C—C

R_i		γ'	β'	α'	γ	
C	+1.5	−1.8	−7.9	+10.5	+7.2	−1.5
OH		−1			+6	
OR		−1	−39	+29	+2	
OAc			−27	+18		
$COCH_3$			+6	+15		
CHO			+13	+13		
COOH			+9	+4		

续表

参量 $A_{\kappa i'}$（$R_{i'}$）$A_{\kappa i}$（R_i）					
R_i	C—C—C—C═C—C—C—C				
	γ'	β'	α'	γ	
COOR		+7	+6		
CN		+15	−16		
Cl	+2	−6	+3	−1	
Br	+2	−1	−8	约 0	
I		+7	−38		
C_6H_3		−11	+12		

修正项			
α，α'（反式）	0	α'，α'	+2.5
α'，α'（顺式）	−1.1	β，β	+2.3
α，α	−4.8	其他相互作用	约 0

③ 取代苯的经验公式：

计算取代苯的经验公式见下式：

$$\delta_C\ (k) = 128.5 + \sum_i A_i\ (R) \qquad (3\text{-}37)$$

A_i（R）代表取代基在第 R 位置上所引起的化学位移增量。一般取代基的参量 A_i 见表 3-15 所示。

表 3-15　计算取代苯[13]C 化学位移的经验参量

R	A_i	A_i	A_i	A_i	R	A_i	A_i	A_i	A_i
	C—1	邻	间	对		C—1	邻	间	对
H	0	0	0	0	—COC_6H_5	+9.4	+1.7	−0.2	+3.6
—CH_3	+9.3	+0.8	0	−2.9	—CN	−15.4	+3.6	+0.6	+3.9
—CH_2CH_3	+15.6	−0.4	0	−2.6	—OH	+26.9	−12.7	+1.4	−7.3
—$CH(CH_3)_2$	+20.2	−2.5	+0.1	−2.4	—OCH_3	+31.4	−14.4	+1.0	−7.7
—$C(CH_3)_3$	+22.4	−3.1	−0.1	−2.9	—$OCOCH_3$	+23	−6	+1	−2
—CF_3	−9.0	−2.2	+0.3	+3.2	—OC_6H_5	+29	−9	+2	−5
—C_6H_5	+13	−1	+0.4	−1	—NH_2	+18	−13.3	+0.9	−9.8
—CH═CH_2	+9.5	−2.0	+0.2	−0.5	—$N(CH_3)_2$	+23	−16	+1	−12
—C≡CH	−6.1	+3.8	+0.4	−0.2	—$N(C_6H_5)_2$	+19	−4	+1	−6
—CH_2OH	+12	−1	0	−1	—$NHCOCH_3$	+11	−10	0	−6
—COOH	+2.1	+1.5	0	5.1	—NO_2	+20	−4.8	+0.9	+5.8
—COO	+8	+1	0	+3	—NCO	+5.7	−3.6	+1.2	−2.8
—$COOCH_3$	+2.1	+1.1	+0.1	+4.5	—F	+34.8	−12.9	+1.4	−4.5
—COCl	+5	+3	+1	+7	—Cl	+6.2	+0.4	+1.3	−1.9
—CHO	+8.6	+1.3	+0.6	+5.5	—Br	−5.5	+3.4	+1.7	−1.6
—$COCH_3$	+9.1	+0.1	0	+4.2	—I	−32	+10	+3	+1
—$COCF_3$	−5.6	+1.8	+0.7	+6.7					

④ 羰基化合物。羰基化合物的 δ_C 在很低场，因此很容易识别。用中介效应可以解释：

$$\rangle C{=}O \rightleftharpoons \rangle \overset{+}{C}{-}\overset{-}{O}$$

由于羰基中的碳原子缺少电子，故共振在低场出现。一般饱和醛和酮的羰基 δ_C 在 200 左右。表 3-16 为各类含碳官能团中 ^{13}C 信号可能出现的范围。如羰基与杂原子（具有孤对电子对的原子）或不饱和基团相连。羰基碳原子的电子短缺得以缓和，因此共振移向高场方向。

一般酮和醛共振在最低场，$\delta_C>195$，α-，β-不饱和酮、醛与饱和酮、醛相比较，由于羰基和烯键共轭及中介效应，其 δ_C 向高场移动 5～10。酰氯、酰胺、酯、酸酐、酸因中介效应，羰基共振向高场移动，一般 $\delta_C<185$。

表 3-16 有机化合物 BC 化学位移

官能团		化学位移	官能团		化学位移
$\rangle C{=}O$	酮	225～175	$—N{=}C{=}O$	异氰酸盐（酯）	135～115
	α,β-不饱和酮	210～180	$—O—C{\equiv}N$	异氰酸盐（酯）	120～105
	α-卤代酮	200～160			
	醛	205～175			
	α,β-不饱和醛	195～175	$—X—C\leqslant$	杂芳环 α-C	155～135
	α-卤代醛	190～170			
$H—C{=}O$		185～160	$\rangle C{=}C\langle$	杂芳环	140～115
—COOH	羧酸	182～165	$\rangle C{=}C\langle$	芳环 C（取代）	145～125
—COCl	酰氯	180～160			
—CONHR	酰胺	180～165	$\rangle C{=}C\langle$	芳环	135～110
$(—CO)_2NR$	酰亚胺	175～155			
—COOR	羧酸酯	175～150	$\rangle C{=}C\langle$	烯烃	150～110
$(—CO)_2O$	酸酐	185～165	$—C{\equiv}C—$	炔烃	100～70
$—(R_2N)_2CS$	硫脲	170～150	$\rangle C—C\langle$	烷烃	55～5
$(R_2N)_2CO$	脲	165～155			
$\rangle C{=}NOH$	肟		Δ	环丙烷	5～5
$(RO)_2CO$	碳酸酯	160～150	$\rangle C—C\langle$	C（季碳）	70～35
$\rangle C{=}N—$	甲亚胺	165～145			
$—^{+}N{\equiv}Cl^{-}$	异氰化物	150～130	$\rangle C—O$		85～70
$—C{\equiv}N$	氰化物	130～110			
$—N{=}C{=}S$	异硫氰化物	140～120			
$—S—C{\equiv}N$	硫氰化物	120～110	$\rangle C—N\langle$		75～65

续表

官能团		化学位移	官能团		化学位移
$\diagdown$C—S— (C—S)		75～55	—CH_2—O—		70～40
$\diagdown$C—X	（卤素）	75～35	—CH_2—N$\diagdown$		60～40
$\diagdown$CH—C$\diagup$	（叔碳）	60～30	—CH_2—S—		45～25
$\diagdown$CH—O—		75～60	—CH_2—X	（卤素）	45～10
$\diagdown$CH—N$\diagup$		70～50	H_3C—C$\diagup$	（伯碳）	30～20
$\diagdown$CH—S		55～40	H_3C—O—		60～40
$\diagdown$CH—X	（卤素）	65～30	H_3C—N$\diagup$		45～20
—CH_2—C$\diagup$	（仲碳）	45～25	H_3C—S—		30～10
			H_3C—X	（卤素）	35～35(Cl-I)

3.2.2.3 ^{13}C 偶合常数

^{13}C—NMR 中最重要的偶合是碳氢间的直接偶合，但由于采用了宽带去偶技术，实验中得不到$^1J_{C-H}$值，而对^{13}C—^{13}C 之间的偶合，由于^{13}C 的天然丰度低，在一个分子中遇到两个^{13}C 的几率极低，因此也观察不到^{13}C—^{13}C 的偶合，在碳谱中一般能看到的偶合分裂是$^2J_{CC-H}$和$^3J_{CCC-H}$。$^1J_{C-H}$的偶合在不去偶时也能看到。

一般，$^1J_{C-H}$的偶合常数在 0～200Hz 之间，$^2J_{CC-H}$的偶合常数在－5～60Hz 之间，相对来说$^3J_{CCC-H}$较$^2J_{CC-H}$小。然而对苯来说$^2J_{CC-H}$＝1.0Hz，而$^3J_{CCC-H}$=7.4Hz。偶合常数的大小与杂化类型，取代基电负性的大小、位置等多种因素有关。表 3-17 和表 3-18 列举了一般化合物的$^1J_{C-H}$和$^2J_{CC-H}$的数据。表 3-19 列举了不包含氢的典型偶合常数。表 3-20 列举了典型的 H—X 的偶合常数。

表 3-17 某些 $^1J_{C-H}$数值

化合物	J_{Hz}	化合物	J_{Hz}
sp^3		CH_2Cl_2	178.0
CH_3CH_3	124.9	$CHCl_3$	200.0
$CH_3CH_2CH_3$	119.2	环己烷—H	123.0
$(CH_3)_2CH$	114.2		
CH_3NH_2	133.0	环丁烷—H	134.0
CH_3OH	141.0		
CH_3Cl	150.0		

续表

化合物	J_{Hz}	化合物	J_{Hz}
▷—H	161.0	$C_2H_5OC\underline{H}=O$	225.6
		$CH_3C\underline{H}=O$	172.4
H (bicyclic structure)	205.0	$NH_2C\underline{H}=O$	188.3
		C_6H_6	159.0
sp^2		sp	
$CH_2=CH_2$	156.2	$CH\equiv CH$	249.0
$CH_3CH=C(CH_3)_2$	14.4	$C_6H_5C\equiv CH$	251.0
		$HC\equiv N$	269.0

表 3-18　某些 $^2J_{CC-H}$ 数值

杂化类型	化合物	J/Hz
sp^3	$\underline{CH_3}\underline{C}H_3$	−4.5
	$\underline{CH_3}\underline{C}Cl_3$	5.9
	$\underline{CH_3}\underline{C}H=O$	26.7
sp^2	$\underline{CH_2}=\underline{C}H_2$	−2.4
	$(C_2H_5)_2\underline{C}=O$	5.5
	$CH_2=\underline{C}H\underline{C}H=O$	26.9
	C_6H_6	1.0
sp	$\underline{C}H\equiv\underline{C}H$	49.3
	$C_6H_5O\underline{C}\equiv C\underline{H}$	61.0

表 3-19　不包含氢的典型偶合常数

1. $^{13}C—^{13}C$ 偶合

类型	J/Hz	类型	J/Hz
$-^{13}C-{}^{13}C-$ (single bond)	35	$>^{13}C={}^{13}C<$	70
$-^{13}C-{}^{13}C\equiv N$	50～55	$^{13}C\equiv{}^{13}C-$	170

2. $^{13}C—^{15}N$ 和 $^{15}N—^{15}N$ 偶合

类型	J/Hz	类型	J/Hz
$-^{13}C-{}^{15}N<$	−4～−10	$^{15}N={}^{15}N-$	5～15
$^{13}C\equiv{}^{15}N$	−17		

续表

3. ^{13}C—^{19}F 偶合

类型	$^1J_{CF}$	$^2J_{CCF}$	$^3J_{CCCF}$	$^4J_{CCCCF}$
F_3C—C(sp^3)	−270～−285	+38～+45		
F_3C—X	−260～−350			
F_3C—C(sp^2)	约−270	+32～+40	约 4	约 1
F_3C—C(=O)<	−280～−290	～+45		
F_3C—C(sp)	−250～−260	～+58		
F_2C<(C)(C) (sp^3)	−235～−260	+19～+25	0～14	
F_2C<(X)(X)	−280～−360			
FCH_2—X	−158～−180	+19～+25	0～14	
F_2C=C<	约−28			
F—C(sp^2 芳环)	−230～−262	+16～21	6～8	约 3

4. ^{19}F—^{19}F 偶合

类型	J/Hz	类型	J/Hz
>C<(F)(F)	160	F(>C=C<)F (反式)	−120
F—C—C—F	−3～−20	F(>C=C<)F (顺式)	30～40
$C_6H_4F_2$（邻）	−17～−22		
（间）	11～−10		
（对）	14～−14		

5. ^{31}P—^{13}C 偶合

类型		$^1J_{CP}$	$^2J_{CCP}$	$^3J_{CCCP}$
PⅢ				
PR_3	特基	−15～−20	+12～+20	11
	芳族	−12～−18	+17～+20	−7
磷盐	脂族	+50	−5	15
PR_4^+	芳族	85～90	10	13
λ^3-phosphorins	(苯环) P	50～57	12	14
PⅤ	脂族	50～60	2～12	0～47
O=PR_8	芳族	105	10	12
膦酸酯	(RO)(RO)P(=O)R	130～160		

续表

5. $^{31}P—^{13}C$ 偶合				
类型		$^{1}J_{CP}$	$^{2}J_{CCP}$	$^{3}J_{CCCP}$
正膦 Phosphoranes(ylides)	P═C—C	110～130	10～20	
ϕ_3P═C—C	芳族	85～90	10	12
λ^5-phosphoranls	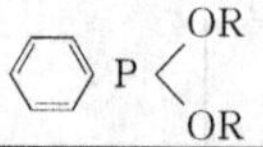 (苯环)P<(OR)(OR)	135	10	17

表 3-20 典型 H—X 的偶合常数

类型	|J|/Hz	类型	|J|/Hz
^{13}C—H(sp^3)	125	$(CH_3)_3$P═O	13.4
(sp^2)	160	^{17}O—H	80
(sp)	240	>C(H)(H)—F	45
^{13}C—C—H	−5～+5		
^{13}C—C—C—H	0～5		
$^{15}NH_3$	61	H—C—C—F	5～20
C═^{15}N—CH_3	3	H—C—C—C—F	1～5
>^{15}N—CH_3	1～3	ArF (J_o) (J_m) (J_p)	8 4～7 2
(Ph)(Ph)>C═^{15}NH	51		
吡啶鎓 N—H ⊕	91	$ArCH_2F$ (J_o) (J_m) (J_p)	2.5 1.5 0
>C═C<(F)(H)	80	(H)>C═C<(F)	45
F—CH═CH—CH_3	J_{CH_3} 2.4～3.3	(H)>C═C<(F)	13
H—C═C—CF_3	0～1	ε_{13}P	$J_{CH_3,P}$=13.7 $J_{CH_2,P}$=0.5
ϕ—CH_2—C(═O)CH_2F	3.2	ε_{13}P=0	$J_{CH_3,P}$=16.3 $J_{CH_2,P}$=11.9
H—P(O)(O)═O	500～700	CH_3—C(═O)—CH_2P(═O)$(OR)_2$	$J_{CH_2,P}$=23
H—P<	200	ϕ_2P═C<($CONH_2$)(CH_2Br)	$J_{CH_2,P}$=8.0
H—C—P═O	10	CH_3—O—P	11.4～13
CH_3—C—P═O	10～18	R—CH_2—O—P	6.5～10
H—C—C—P═O	<5	(R)(R)>CH—O—P	5～7
(CH_3)P	2.7	CH_3—N—P	8.5～25

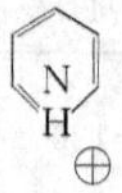

3.2.2.4 ^{13}C 的弛豫和分子结构

对 ^{1}H 核来说，其弛豫时间较短，且差别很小，实际意义不大。而 ^{13}C 的自旋-晶格弛豫时间短至几毫秒，长至几百秒，差别非常大，而采用 FT-NMR 技术，T_1 的测定方法，弛豫行为不会由于相同核间的相互作用而复杂化。每一碳核的弛豫都可用各自的指数时间常数来表征。

在化合物中，某种分子所产生的波动的局部的磁场和电场是磁核纵向弛豫的主要原因，所以纵向弛豫时间 T_1 应是分子无规则运动的函数 [$T_1=f(\tau_c)$]。而横向弛豫时间 T_2 是磁核间能量的交换，其交换作用所需时间取决于磁核相对位移的速度，所以横向弛豫时间 T_2 也是分子运动速度的函数 [$T_2=f(\tau_c)$]。其中 τ_c 为分子重新取向的相关时间。可用相关时间 τ_c 来描述分子运动速度的快慢。τ_c 与弛豫时间的关系可用图 3-16 来表示。

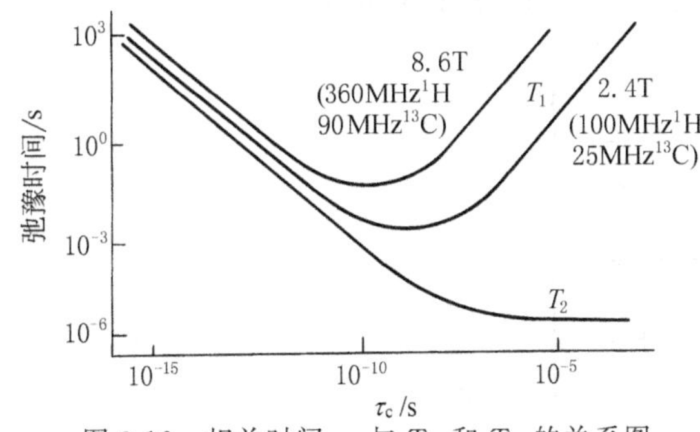

图 3-16 相关时间 τ_c 与 T_1 和 T_2 的关系图

从图 3-16 中可以看出如下规律。

① 磁核在不同的磁场强度中有不同的 T_1 曲线。

② 每一根 T_1 曲线都有极小值，相当于分子的转动频率与拉摩进动频率相等时弛豫效率最高时的情况（当 $\tau_c=1/2\pi\upsilon_0$ 时，T_1 最小）。并且磁场强度愈大，T_1 曲线的极小值愈向左移（τ_c 愈小）。

③ 当分子无规则运动的平均速度大于拉摩进动频率时（极小值的左边），T_1 和 T_2 随 τ_c 的增加而减小，且 T_1 和 T_2 值接近相等。对质量不大的有机化合物，运动速度快，τ_c 不会超过 T_1 的极小值，因而符合极小值左边那段曲线变化的规律。此时的 ^{13}C 核的偶极-偶极弛豫时间 T_1 与连接的原子数和相关时间成反比。

④ 当分子无规则运动的平均速度小于拉摩进动频率时，T_1 随 τ_c 值的增加而增加，T_2 随 τ_c 的增加而继续减小。这种情况常见于生物大分子或粘度大的聚合物样品的测定。得到的信号峰比较宽，分辨率差（$\Delta\upsilon_{1/2}\backsim 1/T_2$）。

在 ^{13}C 核的弛豫过程中，最重要的是偶极弛豫。一方面因为大多数化合物中碳与质子直接相连，使达到这种弛豫成为控制“FID”信号的主要因素；另一方面偶极弛豫又是产生碳谱 NOE 效应（核的 Over-houser 效应的简称）的重要和惟一原因。偶极-偶极弛豫受温度的影响，当温度升高时，偶极弛豫的效率降低。

横向弛豫是样品中同种磁核间自旋状态交换的过程，若从磁核总体考虑，则是磁核进动相位分散的过程。这种弛豫在结构测定中不占重要地位。

纵向弛豫时间 T_1 在碳谱测定中是除 δ、J 和信号强度以外的重要测定常数。它可以帮助鉴别复杂碳谱中各种峰的归属，可以研究分子内部基团旋转以及分子链节运动的过程。

3.2.2.5 *弛豫时间 T_1 的测量-反转恢复法*

在高分辨率的 ^{13}C-NMR 的 T_1 测量中，常用的方法有：反转恢复法，连续饱和法。这里仅介绍常用的反转恢复法。

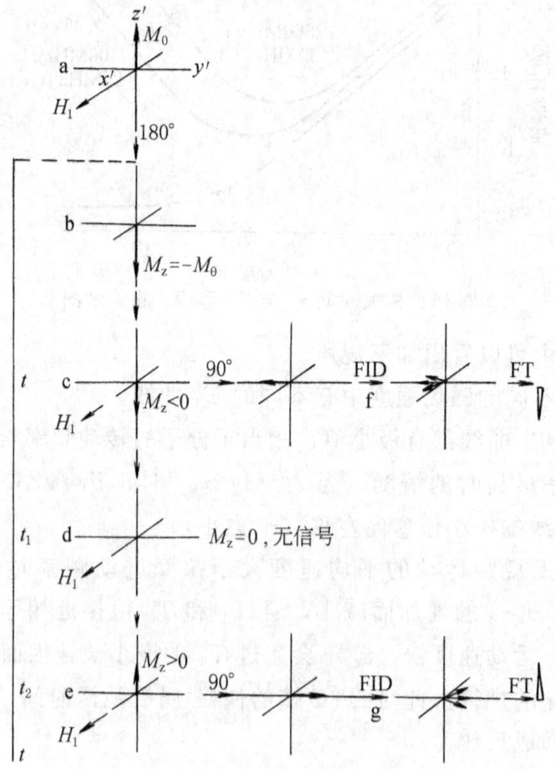

图 3-17　反转恢复法测定 T_1 的示意图

反转恢复法测定 T_1 实验的脉冲序列为：180°脉冲-间隙时间（t）-90°脉冲-接收信号。从图 3-17 可知：当间隙时间是 $t<t_0$ 时，$M_z'<0$，经 90°脉

冲作用后，M_z'（$=M_{t1}$）转到$-y'$轴上，观测到 FI_D 信号，傅里叶变换后获得负的 NMR 信号（倒峰）[见图 3-18]；当 $t>t_0$ 时，$M_z'>0$，经 90°脉冲作用时间后，其 NMR 信号为正；当 $t=t_0$ 时，经 90°脉冲后，$M_z'=0$,观察不到信号。因此，只要适当地选择一系列从小到大的间隙时间 t，就可以找到 $M_z'=0$ 时的间隙时间 t_0，然后根据式（3-28）计算出 T_1 值。

当 $M_z'=0$ 时，

$$0=M_0[1-2\exp(-t_0/T_1)] \tag{3-38}$$

则：$T_1=t_0/2.303\lg2=t_0/0.693$

t_0 为脉冲停止到 $M_z'=0$ 时，所经历的时间。

在样品中，处于不同环境的^{13}C可能有不同的 T_1 值，所以在选定一种间隙时间 t 测定时，它们的弛豫过程各不相同。从而通过找出不同环境时^{13}C的 t_0。可计算出各自的 T_1 值。

图 3-18 为二苯醚的 T_1 系列图。图中依次排列出采用不同的间隙时间 t 测得的图谱。当 t 值小时，所有信号为倒峰。由于各^{13}C核的不同，各信号随 t 增加，由负到零，由零返正的时间也不同，取出各个信号的 t_0，就可以计算出每种^{13}C的 T_1 值。例如：二苯醚的 C—2,6、C—3,5 的 T_1 为 4.6s。同样 C—1 和 C—4 的 T_1 值分别为 40.5s 和 2.9s。

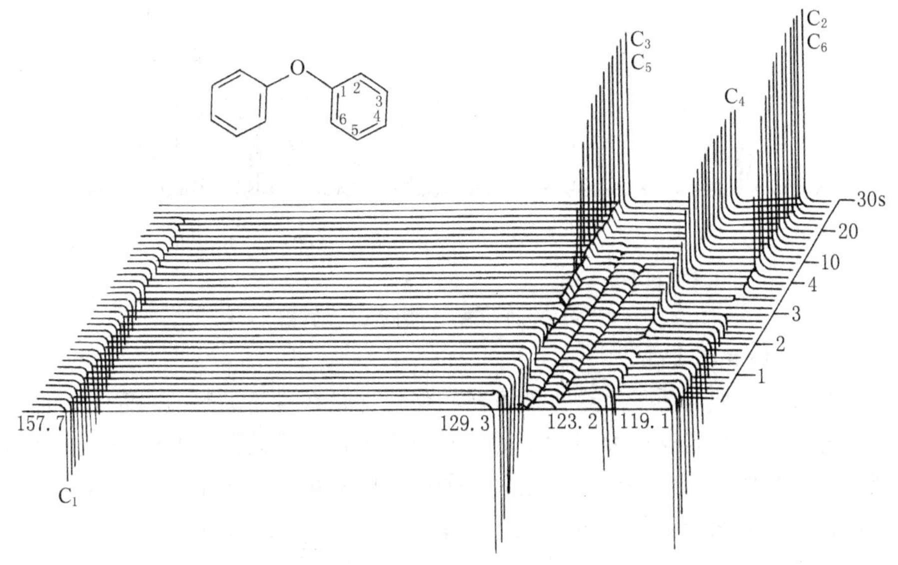

图 3-18 二苯醚的 T_1 系列图

3.2.3 脉冲傅里叶变换核磁共振实验方法

在一般化合物中，^{13}C的天然丰度很低，所以在同分子中同时存在

$^{13}C—^{13}C$的偶合几率很小。在观察^{1}H—NMR谱时，可不必考虑^{1}H和^{13}C的自旋偶合。相反在^{13}C—NMR做谱时，^{13}C核却会被直接相邻的^{1}H核以及邻碳的以至更远碳原子上的^{1}H核的偶合，偶合常数又比较大，致使每个碳的信号峰都发生严重的分裂，使谱图异常复杂而无法辨别。为了简化谱图，常规的^{13}C—NMR谱通常采用宽带去偶，偏共振，门控去偶等双共振的方法。

3.2.3.1 宽带去偶

在观察^{13}C谱时，外加一个照射射频，其功率为2～10W，这射频的中心频率在质子共振区的中间，并用噪音进行调制，使成为频率宽度有1000Hz的宽带射频。在它的照射下，全部^{1}H核去偶，不再与^{13}C发生偶合。因而使样品中每个碳都成为单峰，信号也加强，例如：图3-19为维生素B_{12}的宽带去偶谱。由于每个碳有不同的NOE增强因子，所以这种谱的信号幅度没有定量的意义。这一方法写为$^{13}C\{^{1}H\}$。使用这种方法的缺陷是得不到许多有关$^{13}C—^{1}H$之间偶合的信息。

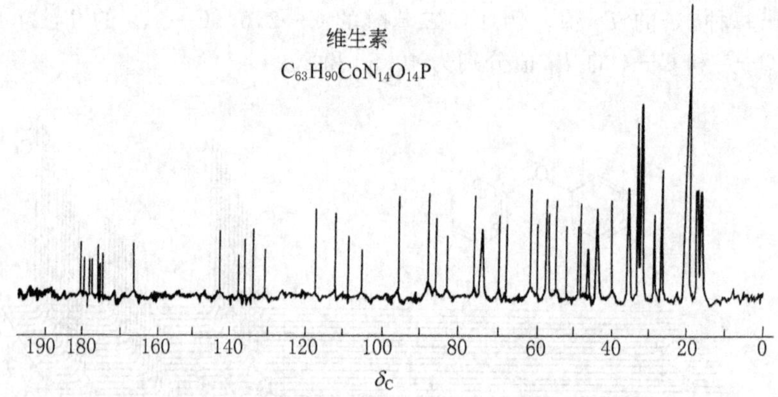

图3-19 维生素B_{12}的宽带去偶谱

3.2.3.2 偏共振去偶

偏共振去偶与质子宽带去偶方法相似，也是在样品测定的同时另外加一个照射频率，只是这个照射频率的中心频率不在质子共振区的中心，而是移到比TMS质子共振频率高或低的（质子共振区以外）位置上。在这种情况下，碳与氢的偶合会从原来J变为J'；而J与J'的关系为：

$$J' = \Delta\upsilon/(\gamma \cdot H_2 \cdot /2\pi) \quad (3\text{-}39)$$

式中 $\Delta\upsilon$——氢核共振频率与所用去偶照射频率之差；

γ——氢核的旋磁比；

H_2——所用去偶照射频率的强度。

在分子中，直接与^{13}C相连的^{1}H核与该^{13}C的偶合最强（$^{1}J_{CH}=100\sim320Hz$）；^{13}C与^{1}H之间相隔原子数目越多，偶合越弱。用偏共振去偶的方法，就消除了弱的偶合，而只保留了直接与^{13}C相连的^{1}H的偶合。一般在偏共振去偶时，^{13}C裂分为n重峰，就表明它与（$n-1$）个氢核相连。这种偏共振的^{13}C—NMR谱，对分析结构有一定的用途。

3.2.3.3 选择性去偶

当测量一个化合物的^{13}C谱时，只要准确知道此化合物的^{1}H—NMR谱和氢核的化学位移时，就可以做选择性去偶。选择性去偶可以有同核双照射去偶和异核双照射去偶。此种方法可以用来标识碳的化学位移和研究小的偶合常数。

例如：要区分糠醛的^{13}C—NMR谱中碳—3和碳—4原子时，可采用选择性去偶方法，分别照射氢—3和氢—4，就可以区分碳—3和碳—4了。如图3-20所示。

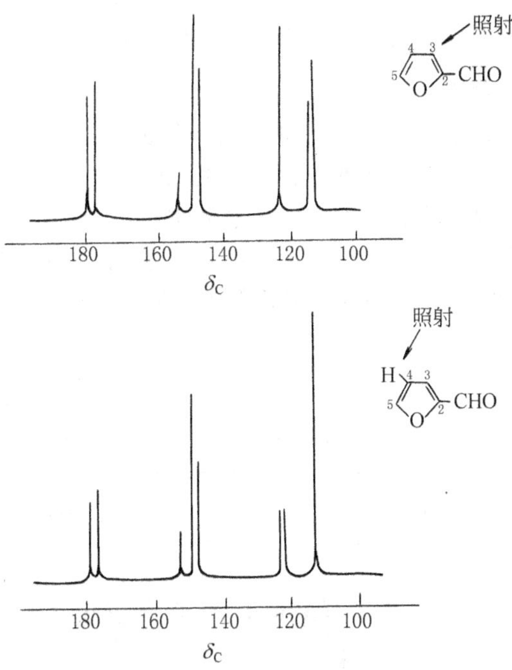

图3-20 糠醛的选择性去偶的^{13}C—NMR谱图

3.2.3.4 门控去偶

当要求观测全部偶合常数而保留NOE增强信噪比时，就采用门控去偶方法。

图 3-21 所示的门控去偶方法即在 90°观测脉冲到来之前进行^{1}H去偶，而在发出^{13}C脉冲时接受 FID 信号，去偶器关闭，去偶随之消失。因 NOE 是与弛豫有关的效应，在去偶射频场关闭后的很长时间内，NOE 仍然保持。所以检测到的是有 NOE 增强的偶合谱。

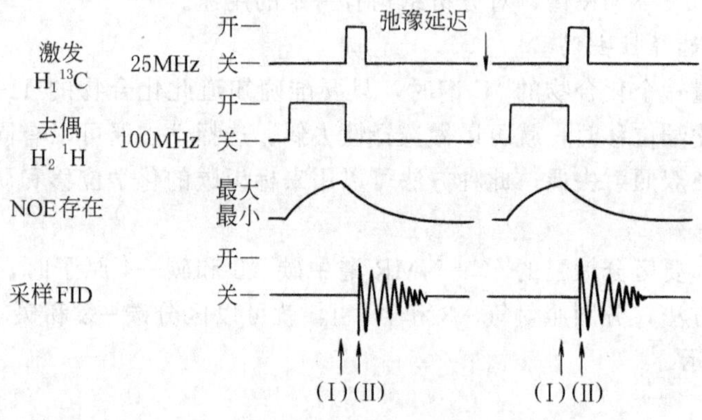

图 3-21　门控去偶脉冲序列

3.2.3.5　反转门控去偶

一般^{13}C—NMR 谱所测得的峰的强度不与贡献各峰的^{13}C核的数目成正比，这主要是由于每个碳原子的自旋-晶格弛豫时间不同，核的 NOE 效应不同所致。但除采用加顺磁弛豫试剂和加大脉冲间隔外，技术上还可采用反转门控去偶实验即可消除 NOE 效应，又消除全部质子的偶合，从而进行定量分析。其工作原理如图 3-22 所示。去偶实验中通常使用的照射功率范围见表 3-21。

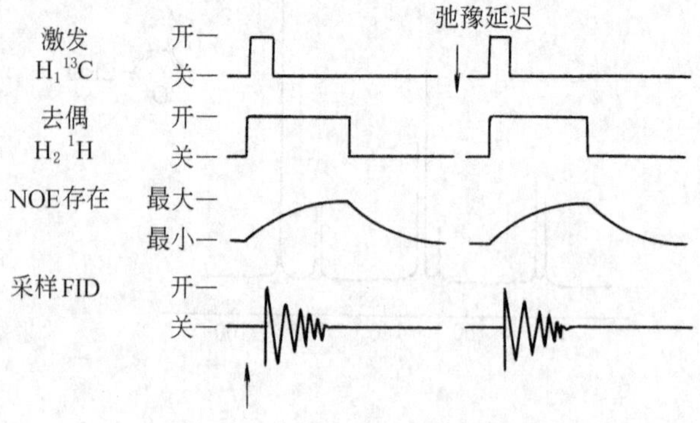

图 3-22　反转门控脉冲序列

这种方法根据的原理是宽带去偶的即时性和 NOE 效应的延时性。在^{13}C—NMR 信号的接收打开的同时，通过将频率为 υ_2 的具有一定宽度的去偶射频场打开一较短的时间，以达到去偶的效果，但由于去偶脉冲前磁核未经扰动，测定脉冲和信号接收的时间又不长，去偶信号在此期间还来不及建立NOE所需要的粒子数平衡。所以测得的^{13}C—NMR谱就是NOE效应可以忽略不计的去偶谱。如同^{1}H—NMR谱一样，可以用来做定量分析。但一次测定结束后，为了不使去偶照射慢慢建立起来的NOE效应影响下一次测定，两次测定之间必须延长脉冲的时间间隔。

表 3-21 去偶实验中通常使用的照射功率范围

实 验	照射功率/W	照射场强		照射频率/Hz
		T	G	
同核去偶$^{1}H\{^{1}H\}$	$5\times10^{-3}\sim2\times10^{-3}$	$10^{-7}\sim4\times10^{-7}$	$10^{-8}\sim4\times10^{-3}$	5～20
异核相子去偶 $x\{^{1}H\}$	0.1～1	$2\times10^{-6}\sim2\times10^{-5}$	0.02～0.2	$10^{-2}\sim10^{-3}$
异核噪声调制去偶 $x\{^{1}H\}$	1～10	$2\times10^{-5}\sim2\times10^{-4}$	0.2～2	$10^{3}\sim10^{4}$

3.2.3.6 自旋回波

FT—NMR实验，主要是单脉冲实验，脉冲作用产生的横向磁化矢量可以直接观测。假若信号产生后，不立即观察，而是在观察前根据不同要求进行各种改进处理，则可以产生各种各样的脉冲序列，不同脉冲序列的组合促进了新技术的开发和应用。

自旋回波是讨论多脉冲实验和二维谱的基础。它可以消除磁场非均匀性引起的谱线加宽，利用自旋回波幅度衰减公式可以求出理想均匀磁场中横向弛豫时间T_2，并可以大大缩短测定T_2时的扩散效应和测定时间。自旋回波双共振可应用于二维分解谱。

目前常用的双自旋回波脉冲序列如图3-23所示。

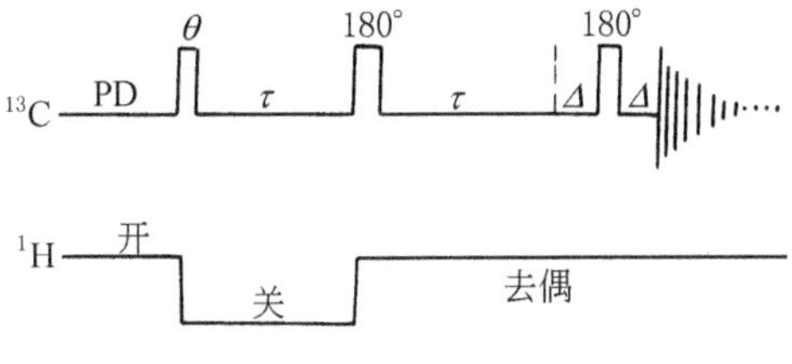

图 3-23 双自旋回波脉冲序列

在^{13}C观察到90°脉冲以后，在第一个延迟时间内把去偶器关掉，当第一个τ已经结束时，去偶通道重新打开，（此时的第二个180°脉冲是为了把z轴上的磁化矢量再翻转到普通单脉冲实验时的位置，这样就可以采用小于90°的倾斜角，以提高信噪比。）各向量开始集合，经过第二个时间τ后，电磁场不均匀引起的分散得到聚集，自旋回波强度受到调制。由于^{1}H与^{13}C核的偶合导致对碳回波信号的J-调制，结果使得CH、CH_2、CH_3谱峰强度产生了周期性的变化。图3-24为樟脑的J-调制的^{13}C的自旋回波谱，季碳没有相邻质子偶合存在，故其幅度没有周期性的变化。

J-调制法（或称 APT 法-Attached Proton Test）是利用异核间的偶合对^{13}C信号进行调制的一种自旋回波技术。它可成功地取代偏共振，以方向不同的单峰取代偏共振的多重峰，从而确定碳原子的类型。由于 NOE 效应，除季碳外，谱峰强度均增加。图 3-25 为橙花醇的^{13}C 的 APT 谱，其 CH_3 和 CH 峰朝下，CH_2 和季碳峰朝上。

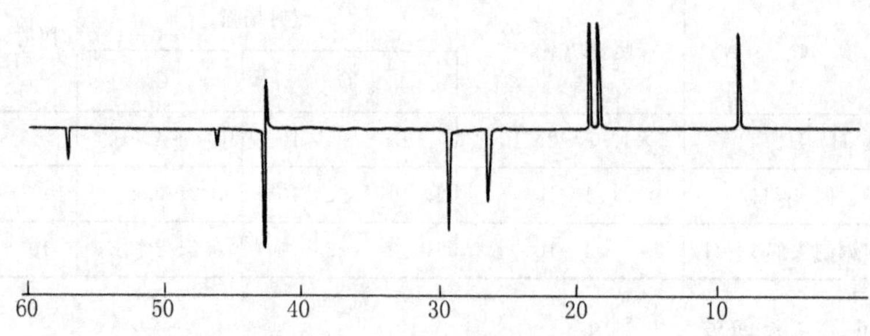

图 3-24 樟脑的 J-调制的^{13}C的自旋回波谱，$\tau = 7.5ms$

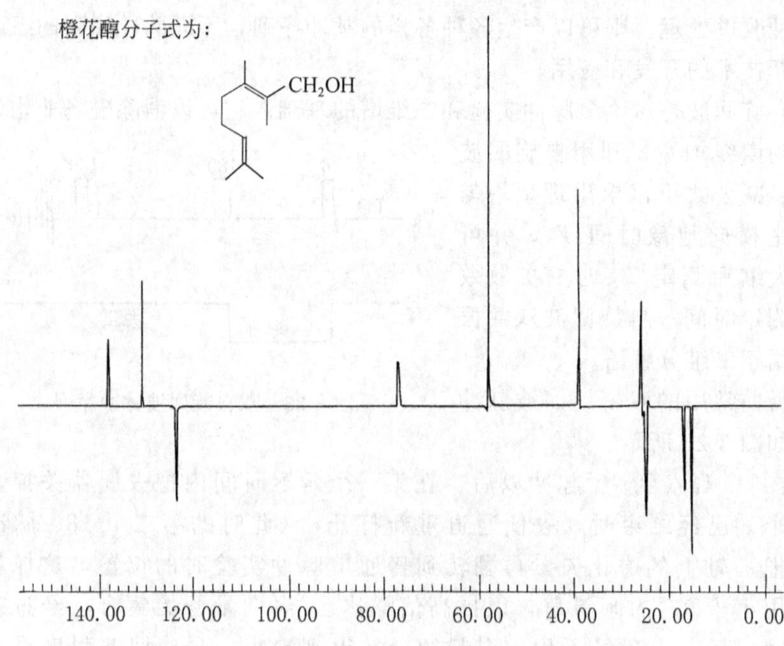

图 3-25 橙花醇的^{13}C—APT 谱

3.2.3.7 极化转移

极化转移（Polarization Transfer）是一种多脉冲技术。它采用两种特殊的脉冲序列分别作用于非灵敏核（如：^{13}C、^{15}N 和^{33}S 等核）和灵敏核（如：^{1}H 核）两种不同的自旋体系时，通过两体系自旋间能级跃迁的极化转移，从而使低灵敏核的信号强度增强数倍，并可以有效地区分伯碳、仲碳、叔碳和季碳信号。改善了宽带去偶不能给出 C—H 偶合信息以及偏共振谱线变形和重叠等缺点。本节将介绍两种常规测试^{13}C 谱线的分类方法。

A. INEPT 实验

INEPT（Insensitive Nuclei Enhanced by Polarization Transfer）——不灵敏核的极化转移增强，顾名思义就是把高灵敏度核（^{1}H）的自旋极化转移到低灵敏度核（^{13}C、^{15}N 等核）上，从而可使低灵敏核的信号增强若干倍，并能方便可靠的对 CH_3、CH_2、CH 三种不同类型的碳进行归属。

INEPT 的基本脉冲序列如图 3-26 所示：

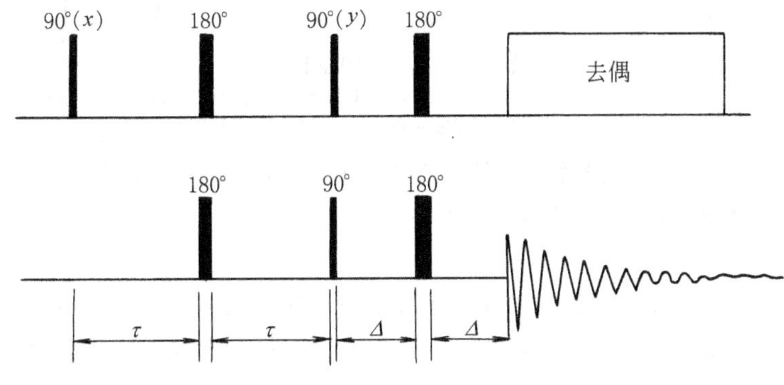

图 3-26　INEPT 的脉冲序列

为了获得^{13}C 的去偶谱，可在^{13}C 观察脉冲后，等待一定时间 Δ 秒后，在进行宽带去偶及 FID 信号采样。其中 Δ 值的大小由 J 值及峰的多重性决定的。各类碳的 INEPT 谱线特征为：

CH：　1∶−1

CH_2：　1∶0∶−1

CH_3：　1∶1∶−1∶−1

图 3-27 为混合的 $CHCl_3$、CH_2Cl_2 和 CH_3OH 氢的偶合 INEPT 谱。

利用重聚 INEPT 序列得到的三种基团（CH_3、CH_2 和 CH）的信号强度 I 和 Δ 的关系，可将三种基团加以分类。

当$\Delta=1/8J$ 时，CH_3、CH_2 和 CH 的峰均为正峰

$\Delta=1/4J$ 时，仅出现 CH 峰

$\Delta=3/8J$ 时，CH_3 和 CH_2 正峰，而 CH 为负峰

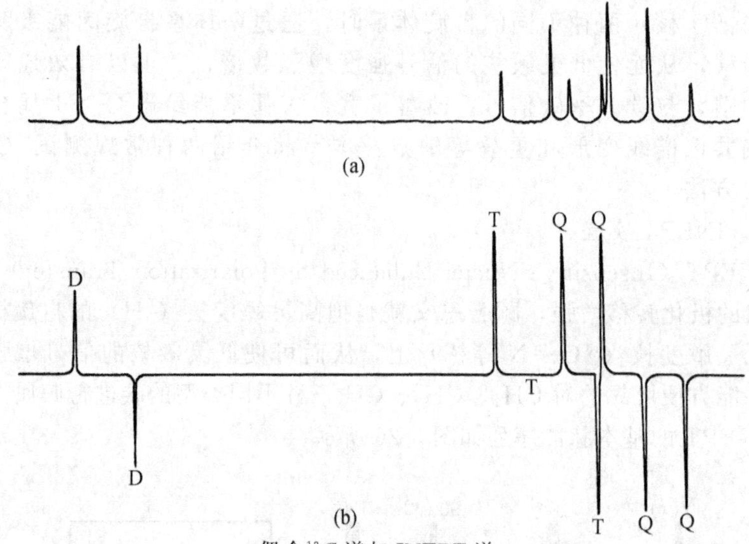

偶合^{13}C谱与 INEPT 谱

图 3-27 (a) 为混合的 $CHCl_3$、CH_2Cl_2 和 CH_3OH 的偶合^{13}C谱；(b) 为 $\Delta=1/4J$ 时混合样品的 INEPT 谱 $J=175Hz$

而季碳没有极化转移的条件，在 INEPT 谱中不出现信号。图 3-28 为 β-紫罗兰酮的^{13}C宽带去偶和 INEPT 谱图。

B. DEPT 实验

DEPT (Distortionless Enhancement by Polarization Transfer) 实验称为无畸变极化转移增强实验。是对 INEPT 方法的改进，即克服了 INEPT 方法引起强度比和相位畸变的缺点，使碳氢多重峰具有正常的强度比和理想的相位，同时用 θ 角脉冲代替 Δ 的作用，降低了多重峰信号对 J 值的依赖性。其信号强度仅与 θ 脉冲的倾倒角有关，使谱图更直接明了。

DEPT 的脉冲序列如图 3-29 所示：

在做 DEPT 实验时，只要分别设置 θ 倾倒角为 45°、90°和 135°，做三次实验，就可以区分不同连氢碳原子的类型。与 INEPT 实验相似，季碳信号不出现。

DEPT 和 INEPT 不同之处在于 DEPT 中不同类型的连氢碳原子信号幅度并不随自由旋进的时间和 J 周期地变化，而随 θ 角而变化，但 θ 角与 J 之间不存在函数关系，故编辑出的各种子图不受分子中 J 的影响。

图 3-30 表示了随着 θ 角的不同，甲基、亚甲基、次甲基信号强度变化的关系。

图 3-31 分别为松萜醇的^{1}H 宽带去偶^{13}C 谱和 θ 为 90°及 135°时的 DEPT 谱。

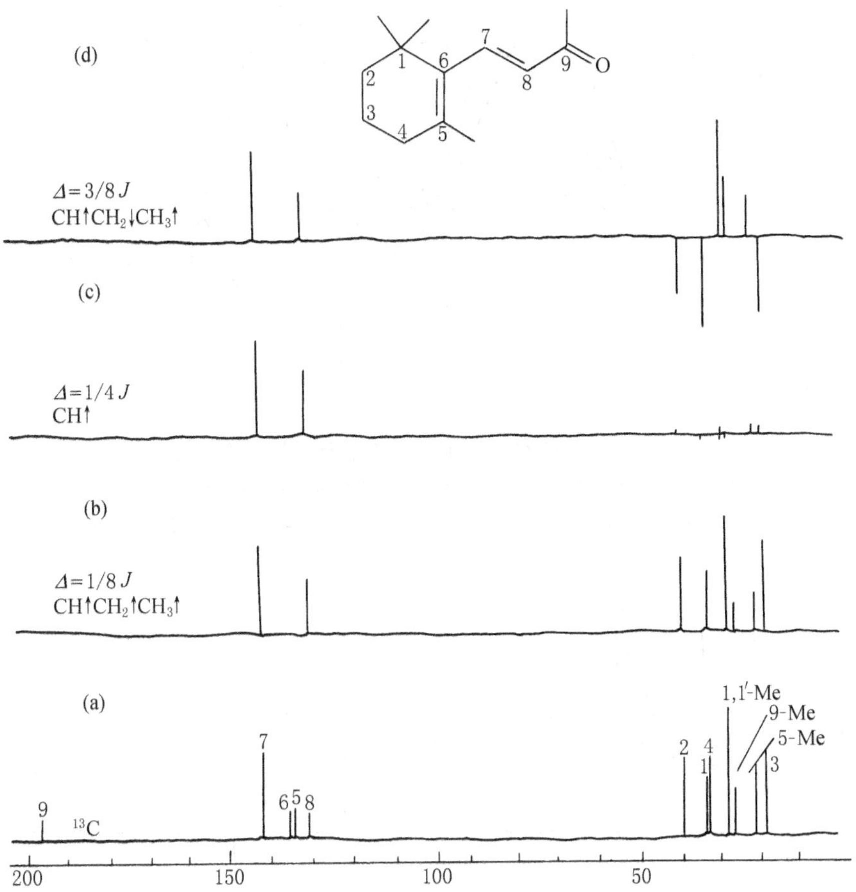

图 3-28　β-紫罗兰酮的 ^{13}C 宽带去偶谱（a）和 INEPT 谱图（b）、（c）、（d）

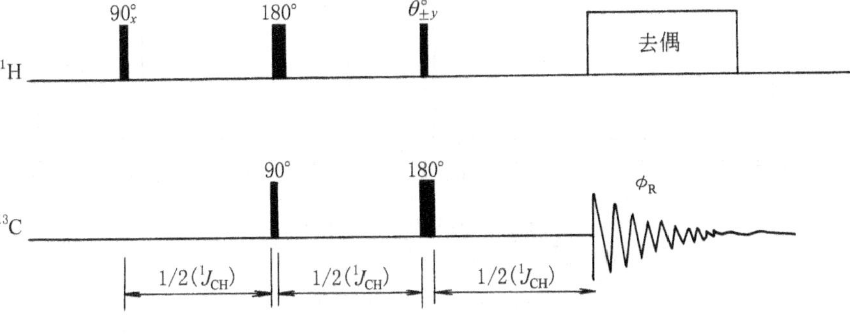

图 3-29　DEPT 脉冲序列

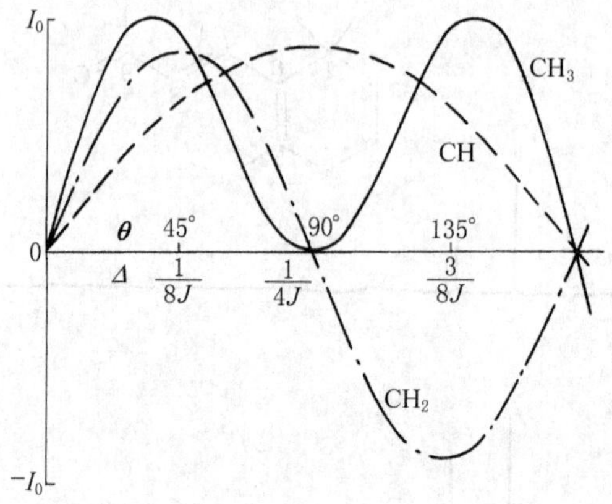

图 3-30　DEPT 信号强度与发射脉冲角 $\boldsymbol{\theta}$ 的关系

$\boldsymbol{\theta}$ 为 45°时，CH、CH_2、CH_3 均显示正峰，$\boldsymbol{\theta}$ 为 90°时，仅得到 CH 的正峰；
$\boldsymbol{\theta}$ 为 135°时，为 CH_2 负峰，CH 和 CH_3 为正峰，季碳在 DEPT 谱中不出现峰

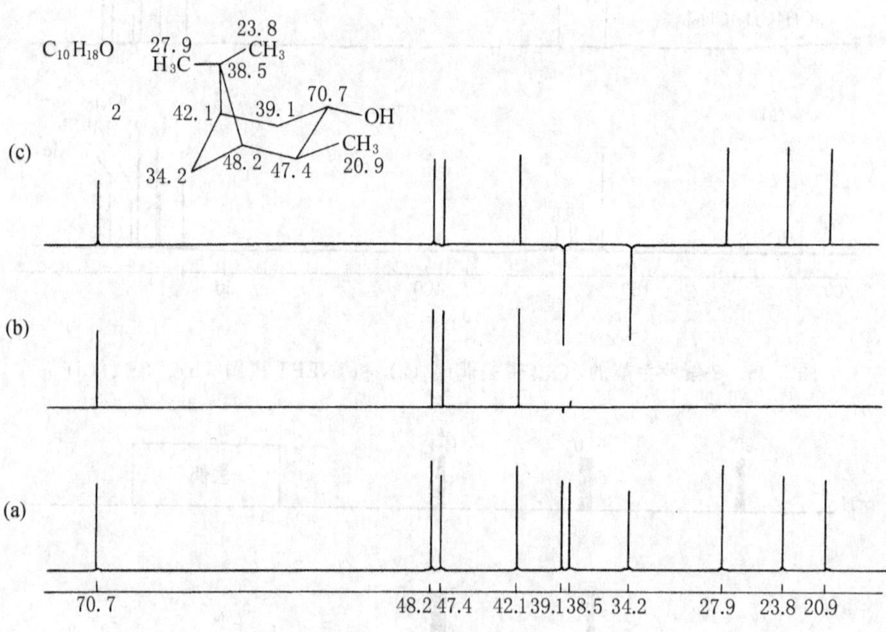

图 3-31　松萜醇（$C_{10}H_{18}O$）

(a) ^{1}H 的宽带去偶^{13}C 谱；(b) DEPT（$\boldsymbol{\theta}_2=90°$）谱；
(c) DEPT（$\boldsymbol{\theta}_3=135°$）谱

由图 3-30 可知：

$\theta_2=\pi/2$ 时，CH_3、CH_2 均为零，只检出 CH 且信号最强

$\theta_1-\theta_3=(\pi/4-3\pi/4)$时，只检出 CH_2 谱且信号最强

$\theta_1+\theta_3-0.703\theta_2=(\pi/4+3\pi/4-0.703\times\pi/2)$时，可以得到 CH_3 的谱

图 3-32 为类胡萝卜素的宽带去偶 ^{13}C 谱（上图）和 DEPT 谱图编辑谱（下图）。下图中的三张编辑谱，每种碳仅有一张谱，不再出现倒峰，便于谱图的解析。对照上图，在 DEPT 谱中消失了的峰就是季碳峰。

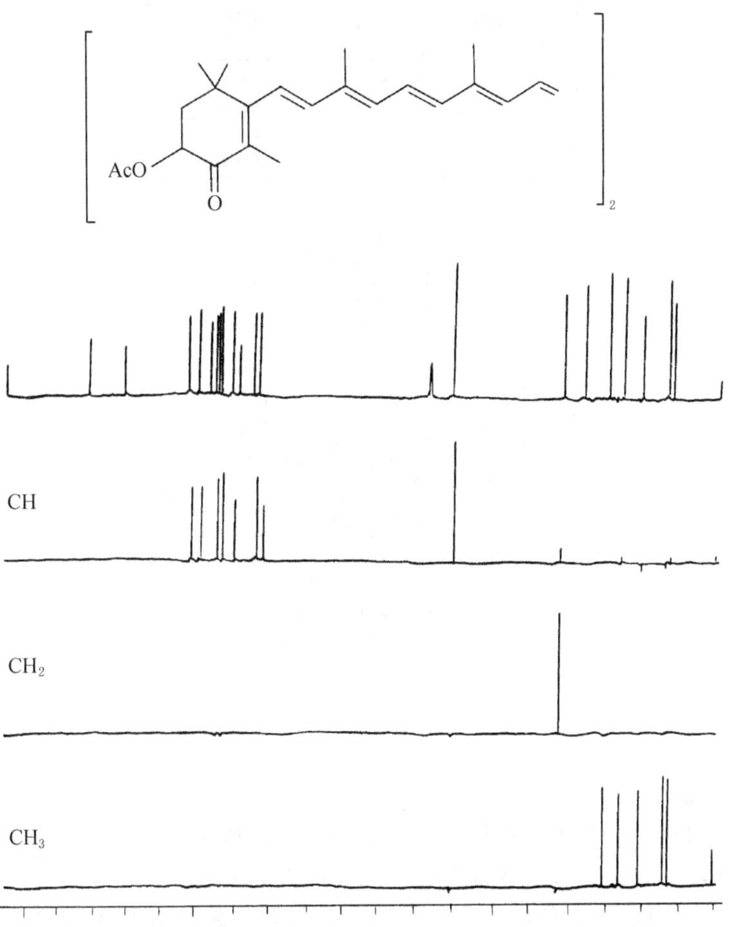

图 3-32　为类胡萝卜素的宽带去偶 ^{13}C 谱和 DEPT 谱图编辑谱

3.2.4　解析核磁共振时的注意事项

3.2.4.1　核磁共振波谱仪

目前高分辨 NMR 谱仪的类型很多，经常采用的磁体有三类：永久磁铁、电磁铁和超导磁铁。其基本结构如图 3-33 所示。仪器主要由以下部件组成：磁铁，射频发生器，探头，射频检测器，积分器，扫描单元，场频联

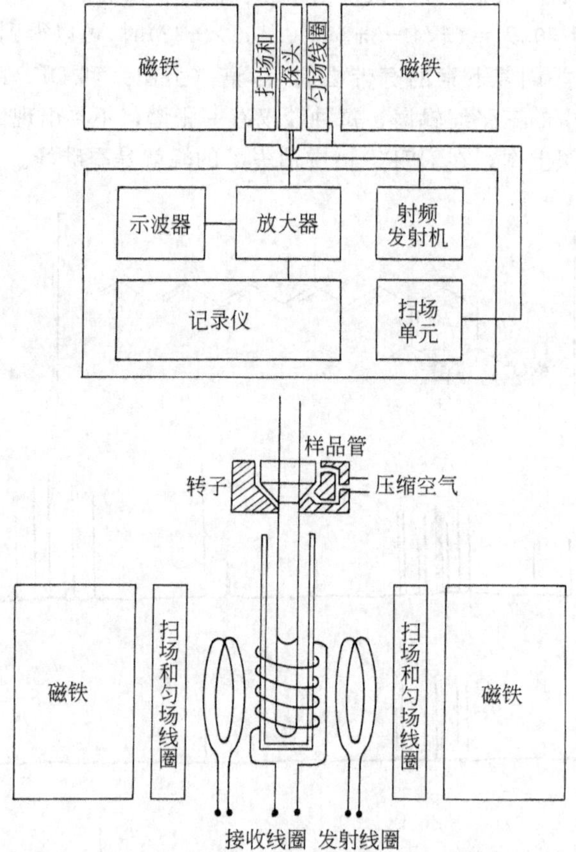

图 3-33　高分辨核磁共振波谱仪的框图和样品在探头中的排布（交叉线圈型）

锁，仪器接收与记录系统。

实验时样品管放置在磁极中心，不管采用那种磁铁都要求它能产生非常均匀的磁场。为进一步改善均匀性，探头或极面上装有匀场线圈。一般，永久磁铁（90MHz 以下的磁场）的优点是：不需要磁铁电源和冷却系统，运转费用较低，而且具有优良的长期稳定性，但磁场固定，不能在宽范围内改变磁场。另外受温度影响较大。而电磁铁（一般 100MHz 以下）的优点是通过改变励磁电流可以在较广范围内改变磁场，但为了保证电磁铁的稳定度和均匀度，室温变化需要控制在±1℃。

近年来采用超导磁铁，磁场强度可大幅度提高，最强可达到 18.784T (800MHz)。由于超导磁铁的磁场强，所以灵敏度和分辨率都非常好，由于采用闭合低温杜瓦，液氦的用期也超长。今后超导磁铁将逐渐成为 NMR 的主体磁场。其磁场漂移已小于 0.1Hz・h^{-1}。

当前由于数字电子技术引入核磁领域，在谱仪的主要控制部分，例如：锁场，匀场，滤波，过量采样和接受各个系统都已数字化，最近又推出了数字化的正交检波。使谱仪图谱质量大大提高。

3.2.4.2 溶剂与样品

在制备 NMR 样品时，最主要的是选择适当的溶剂。氘代氯仿 $CDCl_3$ 是最常用的溶剂，它价格便宜，残留的氯仿峰容易辨认，除极性强的样品均可适用。极性大样品可采用氘代丙酮、重水、氘代乙腈、氘代二甲基亚砜等。不同溶剂中测得的 δ 有一定差异。配制的溶液应有较低的粘度，否则会降低分辨率。表 3-22 和表 3-23 分别为各种溶剂的 δ_C 和 δ_H 值。

为了求得样品的化学位移值，必须使用一个参考物质。实验时将参考物质放在样品中称为内标准。参考物与样品分别在两个同心管中称为外标准。现在经常用的是内标准。常用的参考物质是 TMS（四甲基硅烷）。由于 TMS 是易挥发物质（沸点 24℃），使用不便，常配成四氯化碳溶液或加到氘代试剂中使用。有时也采用不易挥发的 HMDS（六甲基二硅醚）。水溶液一般采用水溶性的 DSS 作为参考物质。常见的参考物质见表 3-24。

表 3-22 各种溶剂的 δ_C 值（$\delta_{TMS}=0$）

溶　剂	δ_C/ppm		溶　剂	δ_C/ppm	
	H化合物	d化合物		H化合物	d化合物
二氯甲烷	53.8	53.1	丙　酮	30.7	29.8
氯　仿	78.0±0.5	77.0±0.5		206.7	206.5
溴　仿	10.3	10.2	二甲基亚砜	40.9	39.7
硝基甲烷	61.1	60.5	乙　酸	20.9	20.0
乙　腈	1.7	1.3		178.8	178.4
	118.2	118.2	二甲基甲酰胺	30.9	30.1
甲　醇	49.9	49.0		36.0	35.1
乙　醇	16.9	15.8		167.9	167.0
	56.3	55.4	六甲磷胺	36.9	35.8
乙　醚	14.5	13.4	环己烷	27.8	26.4
	65.3	64.3	苯	128.5±0.5	128.0±0.5
二氧六环	67.6	66.5	吡　啶	124.2	123.5
四氢呋喃	26.2	25.2		136.2	135.5
	68.2	67.4		149.7	149.2
二硫化碳	192.8				
四氯化碳	96.0				

表 3-23　一些溶剂的 δ_H 值

溶　剂	化学位移	溶　剂	化学位移
$(CH_3CH_2)_2O$	1.16;3.26	$(CH_3)_2NCHO$	2.76;2.94;8.05
CH_3CH_2OH	1.17;3.59	CH_3OH	3.35
硅胶杂质	1.27	二氧六环	3.55
环己烷	1.40	$ClCH_2CH_2Cl$	3.69
四氢呋喃	1.75(β);3.60(α)	H_2O	4.80
CH_3CN	1.95	CH_2Cl_2	5.35
$(CH_3)_2CO$	2.05	吡啶	6.98(β);7.35(γ)8.50(α)
CH_3COOH	2.05;3.50	呋喃	6.37(β);7.42(α)
吡啶杂质（3-甲基吡啶）	2.30	苯	7.20
吡啶杂质（2-甲基吡啶）	2.60	$CHCl_3$	7.27
$(CH_3)_2SO$	2.50	CF_2HCOOH	6.0
CF_3COOH	11.34		

表 3-24　1H—NMR 谱常用的参考物质

化　合　物	简　称	δ	化　合　物	简　称	δ
$Si(CH_3)_4$	TMS	0.000	$(CH_3)_2Si(CH_2)_3SO_3Na$	dSS	0.015
$(CH_3)_3SiOSi(CH_3)_3$	HMdS	0.055	$(CH_3)_3Si(Cd_2)_2COONa$	TSP	0.000

3.2.4.3　在图谱解析中应注意的问题

在解释 NMR 谱时，往往会碰到异常现象，如果考虑不周到，就会得出错误的结论。一般来说，有以下几点需注意。

① 杂质的引入。杂质大体上有三个来源：溶剂中的杂质、重结晶的溶剂以及未分离的类似化合物。

② 单键带有双键性质时，也会产生不等的质子。例如下面几种化合物较为多见。

O=C(—)—N(R)(R′)　　　　O=N—C(=C)(R′)

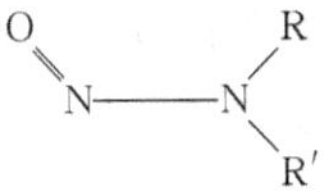

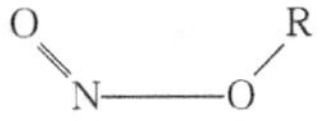

③ 互变异构现象的存在，例如：乙酰丙酮中酮式与烯醇式的互变异构信号的同时存在。

④ 手性碳原子的存在，导致不等价质子的产生。例如：

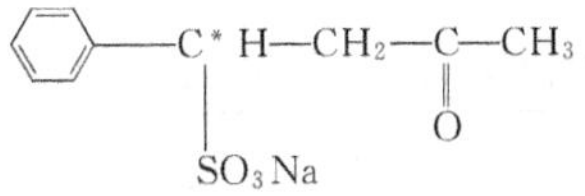

上述化合物中，手性碳原子邻近基团—CH_2—上的两个氢是不等价质子。

⑤ 受阻旋转，单键不能自由旋转时，也会产生不等价质子。例如：$BrCH_2CH(CH_3)_2$中的—CH_2—基团中两个氢原子不等价。此外，在联苯化合物中由于取代基的影响也比较常见。

⑥ 加重水在测定共振谱时，由于各种活泼氢交换速度不同，也有异常现象。

⑦ 各向异性效应的影响

磁各向异性的基团对核屏蔽的影响，可引起一定的差异。例如：

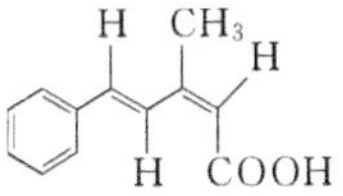

（Ⅰ） 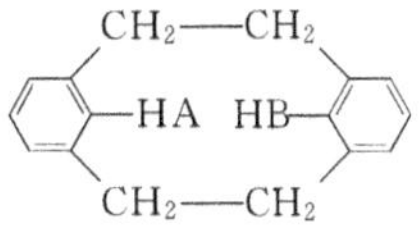　　　　（Ⅱ）

在异构体（Ⅰ）中，甲基质子没有受到羰基的屏蔽效应，所以信号在$\delta 2.00$。而（Ⅱ）中的H_A和H_B质子信号在$\delta=4.25$，比一般苯环质子在较高的磁场发生共振。这是因为H_A和H_B在苯环的上方，因此受到苯环较强烈的屏蔽作用，结果信号往高场移动。

在^{13}C—NMR谱中，一般大环环烷$(CH_2)_{16}$的δ_c为26.7。而环烷中如有苯环存在时，可影响环烷的各碳δ_c受到不同的屏蔽或去屏蔽，在苯环面上屏蔽区的碳的δ_c可高达27.9，比16碳环烷还要高出1.2。

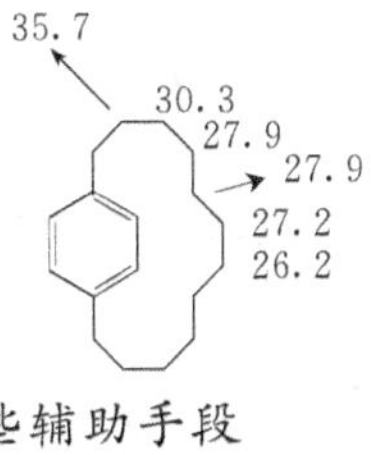

3.2.4.4　关于谱图分析的一些辅助手段

对于结构比较复杂的化合物，其核磁共振图谱也往往比较复杂，再加上各种因素的影响，使得图谱难以解析。为了简化谱图，便于分析，可采用一些辅助手段帮助谱图解析。例如：去偶技术，"自旋微伏法"，核的 NOE 效应，化学位移试剂，溶剂效应，重氢交换，化学处理和同位素标记技术以及计算机模拟等特殊技术和方法。表 3-25 列出了几种双共振的类型和应用范围。

表 3-25　双共振的各种类型

$\gamma.H_2/2\pi$(周/秒)	名　称	一般现象
$\gamma.H_2 \leqslant J$	核间双共振(INDOR)或一般的 NOE 效应	谱线强度的变化
$\gamma.H_2 \approx \Delta I/2$	自旋微状(ST)	谱线形状的变化
$\gamma.H_2/2\pi < \Delta I/2$	核的欧沃豪斯效应(NOE)	谱线强度的增加
$\gamma.H_2 \approx J$	选择性自旋去偶(SSD)	个别峰的重叠
$\gamma.H_2 \geqslant J$	自旋去偶(SD)	复峰的叠合

3.2.4.5　溶剂峰压制实验

水溶性的有机化合物和天然产物大分子在^1H—NMR 谱测定时，常用 D_2O 为溶剂。重水中残留的 HDO 信号依然很强，有时可能将样品的一些信号埋没或由于过饱和而使样品信号太弱，严重影响其分析效果。常用的压制和消除水峰或溶剂峰的实验方法有两种：预饱和法和 WEFT 法。

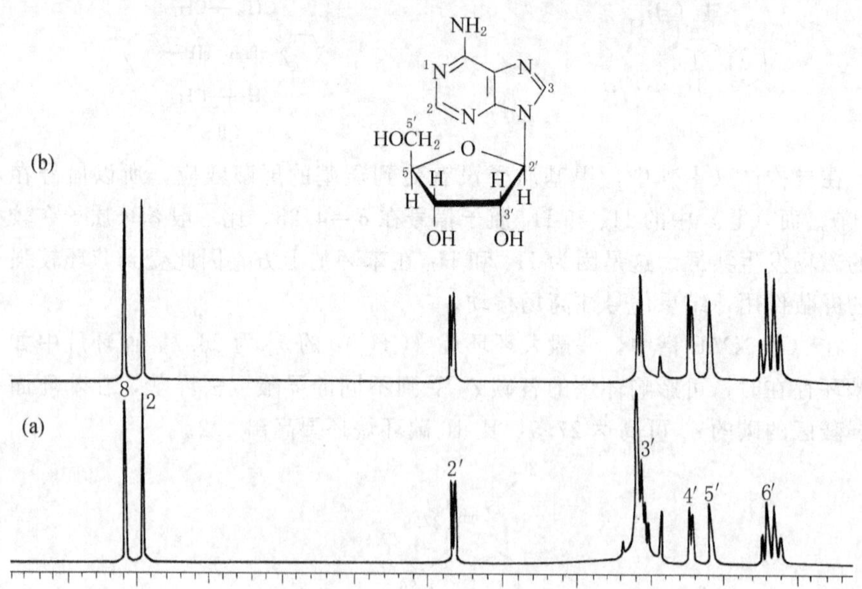

图 3-34　腺苷的实验

(a) 常规谱，在 $\delta=4.6$ 处有一强的 HDO 信号；

(b) 用 WEFT 法 HDO 被压制掉，HDO 峰中被掩盖的 H—3′信号峰可清楚显现由于水的分子小，分子运动快，T_1 值较大，利用反转恢复法的脉冲序列，选择使水的 $\tau=\tau_0$ 时的脉冲进行测定，可将溶剂中的水信号消除，并提高样品的信噪比（S/N）。

预饱和的原理是用一个弱射频场，以足够长的时间照射溶剂强峰（通常为 2～3s），消除其跃迁的粒子差，使其达到饱和。本实验的关键是选择尽可能小的照射功率和照射时间，以避免引起水峰附近样品峰的畸变，并节省时间。

图 3-34 为腺苷（aderosine）用 D_2O 为溶剂测定时的 ^1H—NMR 谱，在 $\delta=4.6$ 处有极强的 HDO 信号。上图为用 WEFT 法（$\tau=3.6s$）测定的谱图，水（HDO）信号消失，在图 3-34 中无法观察到的 H—3′信号可清楚地显示出来。

3.3 二维核磁共振波谱

3.3.1 二维核磁共振的概述

二维核磁共振波谱是 20 世纪 70 年代以来 NMR 技术所发生的一次革命性的变化。将通常挤在一维 NMR 谱中的一个频率轴上的 NMR 在二维空间展开，从而较清晰地提供更多的信息，有利于复杂谱图的解析。使核磁共振技术成为研究药物分子、天然产物和生物大分子在溶液中结构和动力学性质的有效而重要的工具。

普通的 NMR 谱是以吸收强度为纵坐标，以频率或场强为横坐标。而二维 NMR 谱则给出两个频率轴上的吸收强度，两个频率轴可以改变，有时它们分别为化学位移和偶合常数，也可表示为不同核的共振频率。

二维 NMR 实验一般包含有预备期、演化期、混合期和检测期。预备期的信号并非直接检测，可以通过多个不同的演化期的实验构成第二维时域函数，得到两组完全分离的谱学特征。即演化期磁矩变化的谱学特征和采样期磁矩变化的谱学特征。通过第二次的傅里叶变换把不同演化期产生的时域函数转换成第二域频率。从而非常方便、清晰地显示和解释核磁共振核常数之间的关系，如下所示：

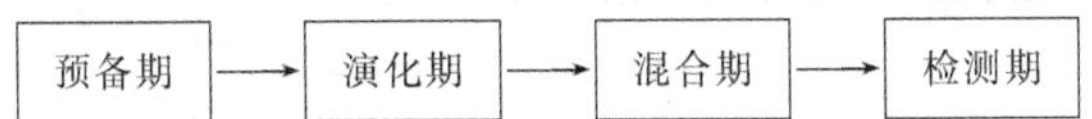

图 3-35 表示了几种典型的脉冲频率，用以解释二维 NMR 谱的七种重要的种类：相关谱（COSY）、自旋回波相关谱（SECSSY）、二维 J 分解谱（2DJ）、多量子滤波相关谱（MQT—Filter）、接力相关谱（RELAY COSY）、NOESY（NOE 交换谱和 NOE 谱）和多量子相干相关谱（MQT—Coherence）。如果将这些脉冲序列和激发，检测和去偶等不同选择

性技术联合起来，则很容易扩展到异核的二维核磁共振技术中。全相干脉冲序列（TOCSY，又称 HOHAHA—COSY）与 COSY 相似，不同的是仅将 COSY中用的第二个 90°脉冲被第一个混合期所取代，提供自旋系统中偶合关联的信息，特别适合于具有若干独立自旋体系的生物大分子的结构解析。另一种称为 ROESY 是旋转坐标系的 NOESY 谱，提供空间距离相近核的相关信息。

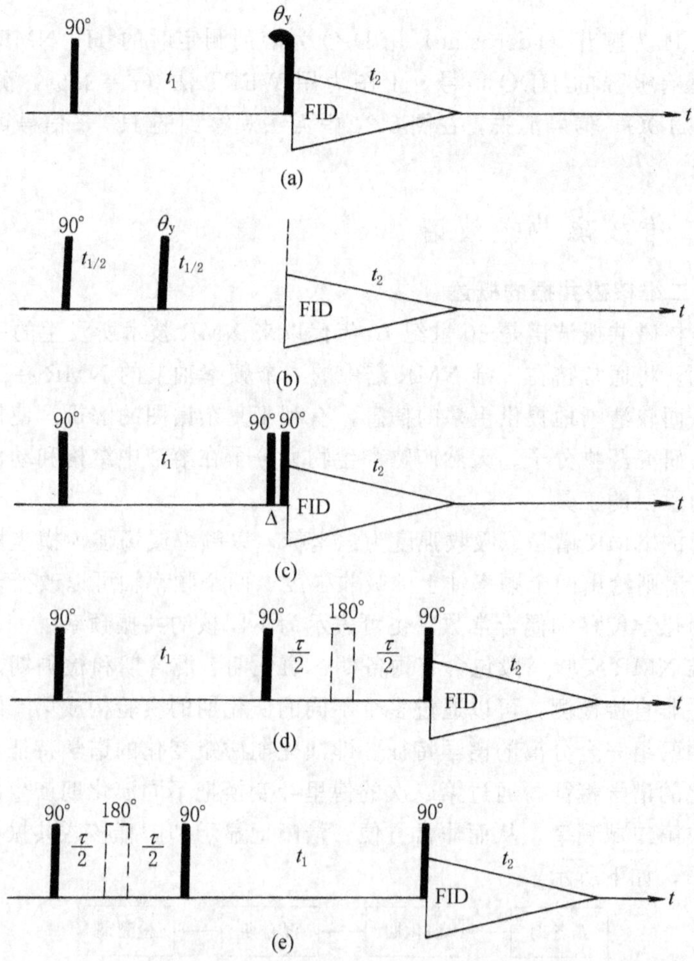

图 3-35 在同核情况下几种典型的 2DNMR 技术的脉冲序列

(a) COSY ($\theta_y=90°$)；(b) SECSY ($\theta_y=90°$)，2DJ ($\theta_y=180°$)；

(c) MQT—滤波 COSY；(d) NOESY；延迟 COSY；(e) MQT 相干

3.3.2 二维谱的实验过程

二维 NMR 实验的脉冲序列一般包括四个不同时间即：预备期（d_1）、

演化期（t_1）、混合期（t_m）和检测期（t_2）。

预备期一般由一个或多个脉冲及延迟所构成，它为下一步的演化期创造了初始条件。理想的状态是在弛豫延迟（D_1）结束时保持最大的 z 分量而 XY 平面上的磁化矢量 M_{xy} 恢复到零。理论上 90°脉冲建立时的最大 M_{xy} 需要 $D_1 \geqslant 5T_1$。实验上一般取 $D_1 = (1-3)T_1$。根据需要设计出不同的预备期脉冲序列可产生各种各样的相干系。

演化期（t_1）和混合期（t_m）是完成 $2D$ 的关键，正是演化期和混合期的变化而产生了各种不同的 $2D$ 实验。实验时演化期是通过 t_1 延迟逐步增量而得到 $2D$ 实验中的 FIDS，即 F_1 域的时间域函数。$t_1 = t_1^0 + n(DW_1)$。其中：n 为实验次数，t_1^0 为 t_1 的初始值，通常设置为 3～6μs，t_1 的均匀增量为（DW_1）。混合期通常由一个固定的时间间隔和脉冲组成，其延迟时间与 t_1 无关，是一个固定值。混合期发生的自旋间的进动或相互作用（即标量 J 偶合、偶极弛豫、化学交换、多量子相干等）影响在 t_1 期间存在的信息（δ 和 J）的检测信号的相位和幅值。由于二维实验所提供的信息各异，有些实验也可以不设混合期。

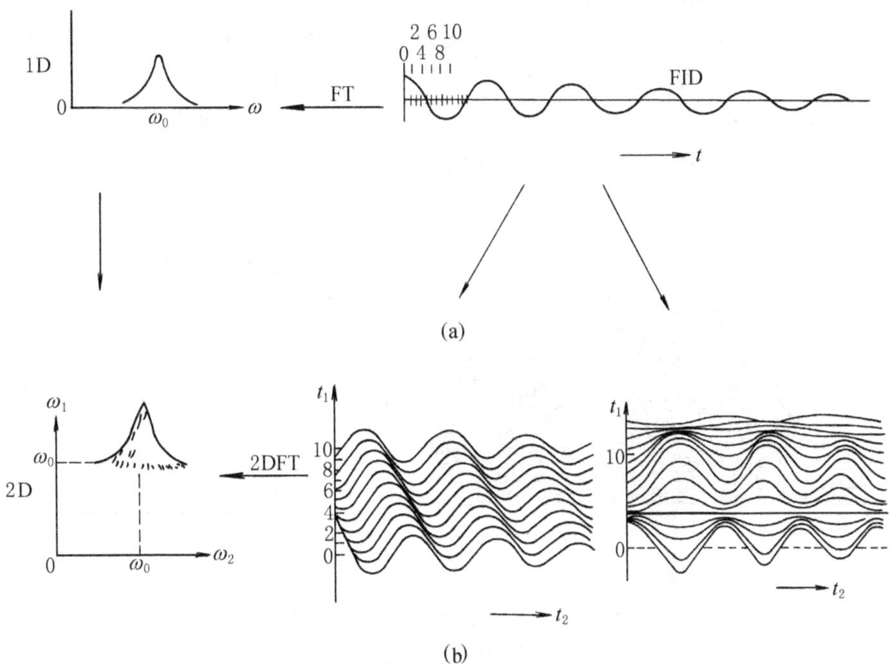

图 3-36 以频率域表示的一维谱图向二维谱图变换的示意图

在最后一步检测期中，其累加、贮存的每个 FIDS 都与每个 t_1 值关联，检测信号的强度和相位取决于发展期、混合期发生的一切变化。以常规的

FT—NMR 方法进行测量可得到含有两个时间变量的矩阵 $S(t_1, t_2)$，经二次 FT 变换后即得到二维 NMR 频率域谱 $S(w_1, w_2)$。见图 3-36 所示。

3.3.3 二维核磁共振的分类

二维 NMR 谱基本上可分为两大类：一类是 J 分解谱，它可以将一维谱中重叠在一起的谱学常数（δ 和 J）分解在两个不同的轴上。其中 F_1 轴表示同核偶合常数 J_{HH}（或异核偶合常数 J_{CH}），F_2 轴表示化学位移 δ_H（或 δ_C）。因而可以提高分辨率，简化谱的分析，提供比一维 NMR 更多的信息。

二维相关谱是二维 NMR 实验中最可靠，最常用的实验技术。相关谱的产生依赖于核磁矩间的相互作用，如果相干转移是由标量偶合作用传递的，则称为位移相干谱。因而通过这种相干转移过程的研究可了解自旋体系的偶合网络，直接了解某个跃迁与哪个跃迁有偶合作用。

二维位移相关谱又可分为同核位移相关谱。如果相干转移是由化学交换传递的，称为二维交换谱。如果相干转移是由交叉弛豫和非各向同性的样品偶合传递的，则称为二维 NOE 相关谱。通过对 NOE 的研究可获得生物大分子中转移和空间结构方面的信息。

3.3.4 二维 NMR 谱的类型

① 堆积图，它是由很多条“一维”谱线紧密堆积而成的，这种图能直观显示谱峰的强度信息，有立体感，对复杂分子由于信号的堆积而很难找出吸收峰的频率以及被大峰遮盖的小峰，同时，作图耗时较多。图 3-37 为氯仿的 H—H COSY 堆积图和等高线图。

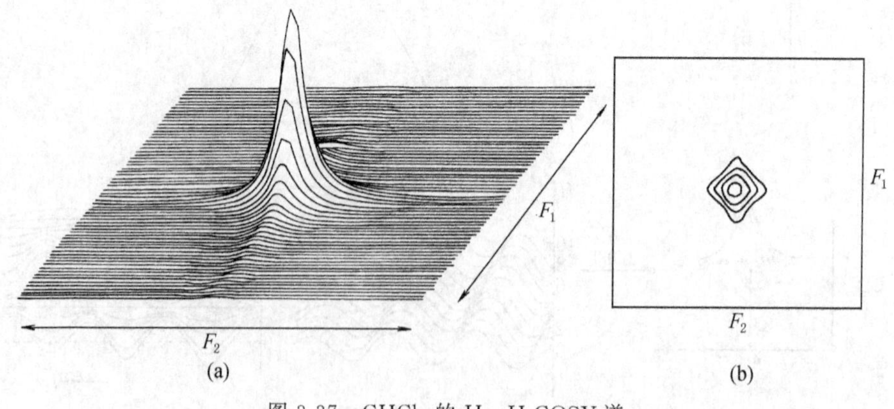

图 3-37 $CHCl_3$ 的 H—H COSY 谱

(a) 堆积图；(b) 等高线图

② 等高线图，它是把堆积图用平行于 F_1 和 F_2 域的平面进行平切后所得到的。如图 3-37（b）所示。图中心的圆圈表示峰的位置，圆圈的数目表示峰的强度。等高线所保留的信息量取决于平切平面最低位置的选择，如果

选的太低，噪音信号被选入会干扰真实信号；如果选的太高，低强度的信号被漏掉，不利于谱图的解析。等高线图虽然有缺点但其信号便于指认，绘图时间短，较常采用。

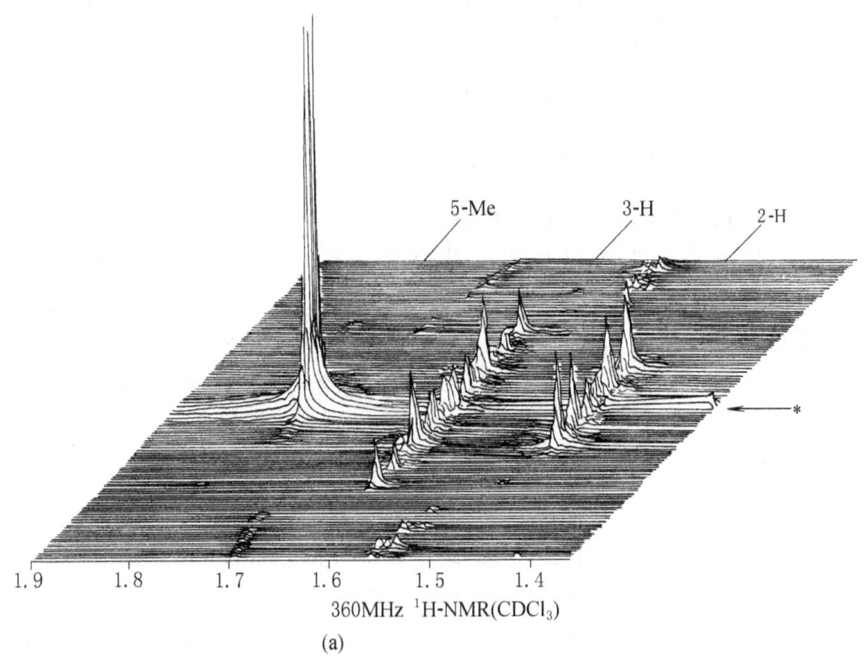

(a)

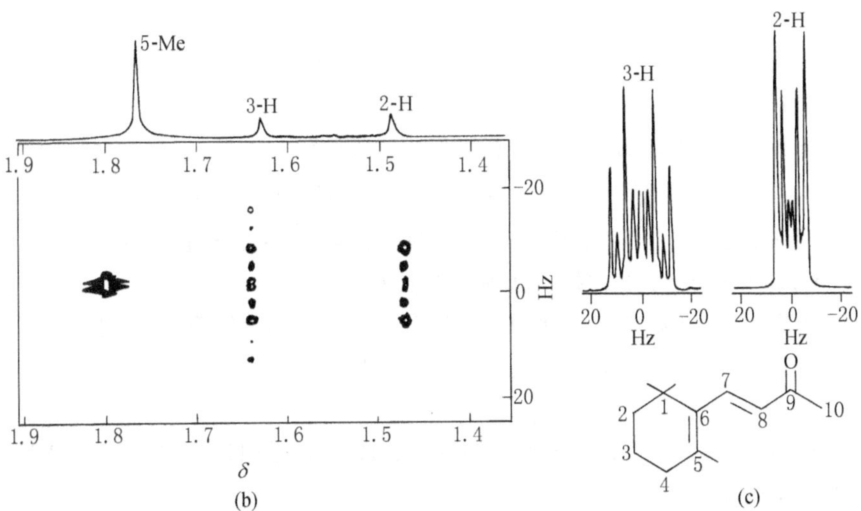

(b) (c)

图 3-38 *β*-紫罗兰酮的部分同核 H—H *J* 分解谱

(a) 立体堆积图；(b) 平面等高线图；(c) 偶合常数投影图

③ 单一的一行或一列图，它是从二维矩阵中取出的一个谱峰（F_2 域或 F_1 域）所对应的相关峰以一维形式显示，对检测一些较弱小的相关峰（在二维等高线水准以下的峰）十分有利。

④ 投影图，是一维谱形式，相当于宽带质子去偶氢谱，可以准确地确定 F_2 域各谱峰的化学位移值。

图 3-38 为 β-紫罗兰酮的部分同核 H—H J 分解谱的三种形式。

3.4 高分辨固体核磁共振

3.4.1 高分辨固体的 NMR 基本原理

溶液核磁共振之所以获得如此高的分辨率，是因为其自旋算符 $\mathscr{H}$（Hamil tonian算符）中的各向异性相互作用（特别是化学位移各向异性，偶极-偶极相互作用等），由于溶液分子的快速各向同性的分子运动而被平均掉的缘故。但是在固体 NMR 谱中，几乎所有的各向异性的相互作用均被保留而导致谱线加宽。

固体物质中原子核所受到的各种相互作用主要有下列五项：

$$\mathscr{H}_{总}=\mathscr{H}_Z+\mathscr{H}_{CS}+\mathscr{H}_Q+\mathscr{H}_D+\mathscr{H}_J \tag{3-40}$$

第一项 $\mathscr{H}_Z$ 为核自旋体系与外磁场（Z）间的 Zeaman 相互作用。（一般为 10^8 Hz 数量级，是所有作用中最大的一项）。

第二项 $\mathscr{H}_{CS}$为在外磁场的作用下，核外电子云对核的屏蔽作用。（也就是化学位移的各向异性项，一般为 10^3 Hz）。

$$\mathscr{H}_{CS}=\sum\gamma_i\cdot\hbar\cdot I_i\cdot\sigma_i\cdot H \tag{3-41}$$

σ_i 为二阶张量，$\sigma_i\cdot H$ 为核外电子在第 i 个核上产生的诱导局部磁场，γ_i 为 i 核的旋磁比，I_i 为 i 核的自旋量子数。

第三项 $\mathscr{H}_Q$ 为核的四极矩的相互作用，其数值为：

$$\mathscr{H}_Q=\sum[e\cdot Q_i/2\cdot I_i(2\cdot I_i-1)]\cdot I_i\cdot V_i\cdot I_i \tag{3-42}$$

$e\cdot Q_i$ 为核的电四极矩项，V_i 为核 i 的电场梯度张量（通常为 10^5～10^7 Hz）。但对 $I=1/2$ 的核，此项基本上无影响。

第四项 $\mathscr{H}_D$ 为核与核之间的直接偶合作用（又称为偶极-偶极相互作用）。

$$\mathscr{H}_D=\sum_{i<k}(\gamma_i\cdot\gamma_k/r^3)\cdot I_i\cdot D_{ik}\cdot I_\kappa \tag{3-43}$$

D_{ik}为对称二阶张量，其数量级为 10^4 Hz。它是引起固体 NMR 谱线增宽的主要因素。

最后一项 $\mathscr{H}_J$ 是核自旋间的间接偶合作用，即 J 偶合作用，其数量级为 10^1～10^2 Hz，在固体 NMR 谱中不重要。

从以上分析可知：固体 NMR 谱线增宽的主要原因是质子所引起的异核偶极的相互作用以及化学位移各向异性相互作用引起的。为了获得高分辨率的固体 NMR 谱，目前通常采用以下几种方法来实现。

① 偶极去偶技术（Dipolar Decoupling-DD），用于消除质子引起的异核偶极的相互作用。

② 魔角旋转（Magic Angle Spinning-MAS）方法来消除化学位移各向异性引起的谱线加宽。

③ 用交叉极化的方法（Cross Polarization-CP）。将^{1}H 核较大的自旋状态的极化转移给较弱的^{13}C 核，从而提高测试的灵敏度。

3.4.2 高分辨固体 NMR 的基本实验

3.4.2.1 化学位移的各向异性（CSA）

处于外磁场 H_0 中的原子或分子，由于受核外屏蔽效应的影响，实际上原子核所受到的磁场为：H_0（1－σ）。由于 σ 因子取决于轨道电子的屏蔽效应，化学位移各向异性值（CSA 值）不但取决于核外电子云的局部对称性，还受邻近化学键的范德瓦耳作用引起的电子云极化的影响。其化学位移张量取决于 σ_{11}、σ_{22} 和 σ_{33} 以及三个主轴与外磁场的夹角 cos（$\boldsymbol{\theta}_{ij}$）值的大小。要想解决 CSA 引起的谱线加宽问题，可通过魔角旋转（$\boldsymbol{\theta}$＝57.4°）来解决。魔角旋转能够消除任何相应于（$\cos^2\boldsymbol{\theta}-1$）几何因素的相互作用，包括偶极作用，CSA 和四极作用。因此固体 NMR 谱的各向异性加宽作用可以通过 MAS 方法加以消除。

3.4.2.2 偶极去偶实验（DD）

对于固体 NMR 的谱线的加宽往往要区分是均匀增宽还是非均匀增宽。偶极-偶极相互作用是均匀增宽，而非均匀增宽是由于许多窄线叠加而引起的增宽。例如：化学位移增宽和四极矩的作用引起的是非均匀增宽。

对于^{13}C，^{15}N 核来说，由于自旋丰度低，偶极-偶极相互作用起主导作用，例如：^{13}C—^{1}H 核的偶极-偶极相互作用。对固体 NMR 来说，消除偶极-偶极相互作用的方法是用高功率去偶的方法，其频率宽达 40～50kHz 辐射，以激发所有的质子，从而达到去偶的目的。偶极-偶极去偶（DD）可以采取连续法或反转门控法。

3.4.2.3 交叉极化（CP）

由于^{13}C 核的自然丰度低，旋磁比小，又由于自旋-晶格弛豫时间等因素，使^{13}C 的检测灵敏度较低。采用交叉极化的方法可以把^{1}H 的较大的自旋状态的极化转移到较弱的碳核，从而可以大大地提高^{13}C 信号的强度。交叉极化是一种异核的双共振实验。一般，将 MAS/DD/CP 三种技术结合使用可以实现固体高分辨率 NMR 的测定。图 3-39 为聚苯醚这一聚合物采用不同方法实验的固体^{13}C—NMR 谱。

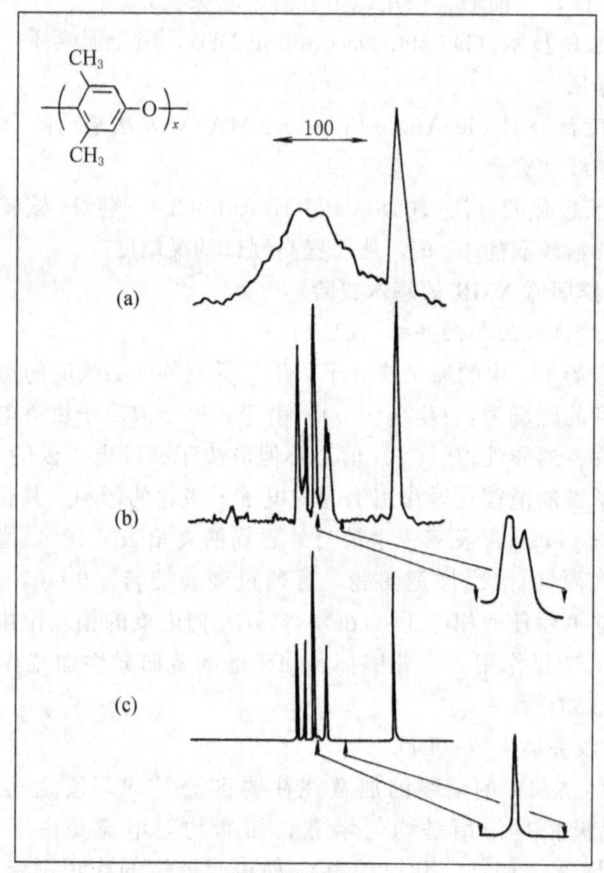

图 3-39 为聚苯醚的^{13}C—NMR 谱

(a) 静止样品，采用 DD/CP 技术；

(b) MAS/DD/CP 技术；

(c) 液体高分辨的 NMR 谱

3.5 核磁共振在材料科学研究中的应用

3.5.1 宽谱线核磁共振

在液体和溶液中，核与分子一同进行剧烈的布朗运动，不断地平移和翻转。在这种情况下，核磁共振实验中所观测到的是核的磁能级相互作用的完全平均化的结果。它们呈现各向同性的标量性质，因而能测得高分辨率的 NMR 谱。而在固体与粘稠液体中，分子位置基本上是固定的，引起磁能级变化的相互作用是各向异性的，自旋哈密顿呈现张量形式，且数值很大。致使观测到的核磁共振谱线很宽，例如线宽通常为几千赫，甚至可宽达几兆赫。这就是所谓的宽谱线 NMR。在固体高分辨 NMR 技术出现以前，固体宽谱线主要应用在研究聚合物的机械强度和物理化学性质的关系、相转变、结晶度、分子取向以及玻璃态的转变和其他交联过程的化学变化等方面。

3.5.1.1　结晶度

高聚物在固体和粘稠状态下的 NMR 谱是相当宽的，甚至可由几个峰叠加而成。线宽和谱形的形状与高聚物运动的状态有关。故可用线宽来研究高聚物的结晶度和本体高聚物的分子运动。

图 3-40 为一般高聚物的色散型 NMR 谱。其 NMR 信号是由两部分组成的，其中宽线部分对应于具有有限自由度的晶区部分的分子，而窄线部分则对应于无定形部分具有较大活动性的分子。从宽线和窄线两部分的面积比，可推算出例如聚乙烯、聚四氟乙烯和聚氯乙烯等聚合物的结晶度。

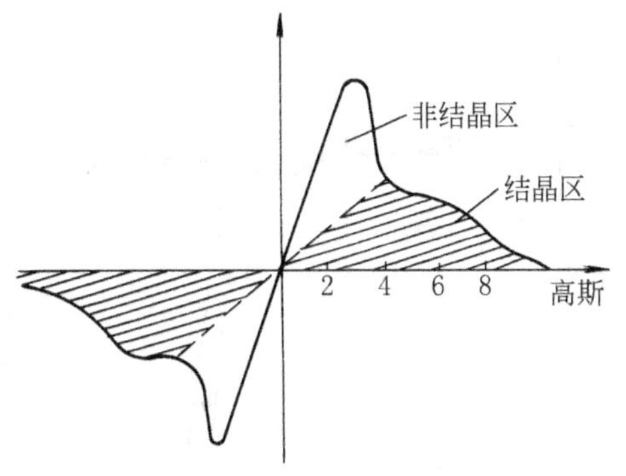

图 3-40　高聚物的宽谱线 NMR 谱

3.5.1.2　玻璃态的转变

在宽谱线 NMR 谱中，共振谱线的二级矩 ΔH_z^2 是一个极有价值的特殊参数。ΔH_z^2 是 NMR 共振信号的形状和宽度的函数。与刚性固态聚合物中分子链的联向有关。图 3-41 为两种不同晶型聚丙烯的测试结果。图 3-41 (a) 中无规聚丙烯在 300K（27℃）附近出现峰变窄，定为 T_g；而全同聚丙烯相应的 T_g 则较高，这是由于晶区对无定形区的玻璃化交变的影响。全同聚丙烯的线图有一峰宽保持不变的范围，这是晶区的谱图，表明其中的质子在实验的温度范围内没有运动产生。此外，通过自旋一晶格弛豫时间 T_1 对温度的依赖关系可测定 T_g。如图 3-41（b）所示。约在 70℃，见图中右方的 T_1 最低点。

对于聚甲基丙烯酸甲酯、聚苯乙烯、聚氯乙烯及丁苯共聚物和苯乙烯-异戊二烯共聚物等用 NMR 法测得的 T_g 与常规方法测得的数值非常吻合。

3.5.1.3　聚合物的取向

通过对聚对苯二甲酸乙二酯和其他酯的 NMR 谱线的二级矩随取向度的

增加而变化的特征可研究聚合物的取向。例如：尼龙-66伴随着拉伸倍率加大引起NMR宽度部分和窄线部分强度的突然减弱。可以解释如下：随着纤维拉伸的加大，其结晶度下降，但聚合物的晶格却比未取向的聚合物的晶格僵硬。而聚甲基丙烯酸甲酯在拉伸过程中，从一开始二级矩就增加，一直到伸长达135％为止，这可能是由于拉伸致使分子运动减小的原因。当拉伸超过300％时，由于结构破裂致使二级矩突然下降。宽谱线NMR法还曾用于聚乙烯醇、聚四氟乙烯、聚氯乙烯纤维和聚甲醛等聚合物的取向的研究。

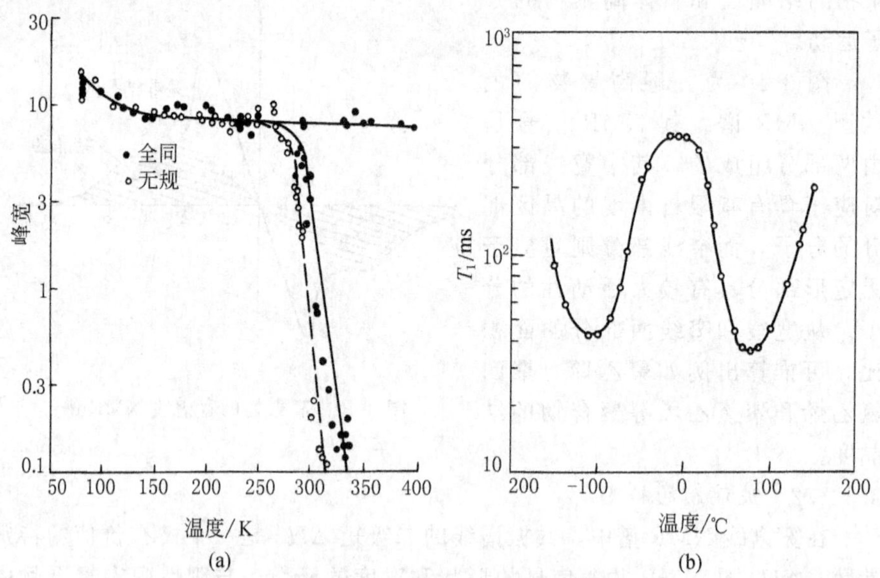

图 3-41　NMR法测定 T_g

(a) 质子共振吸收峰宽度随温度的变化（无规和全同聚丙烯）；
(b) 时间 T_1 随温度的变化（无规聚丙烯）

3.5.1.4　用宽谱线研究化学反应

通过研究聚合反应过程NMR谱线宽度的变化可以获取聚合反应过程中正在生长的聚合物键的活动度的变化及化学反应动力学方面的信息。用宽谱线对温度作图来研究高聚物分子运动的各种转变温度。例如：橡胶硫化或树脂固化交联反应的过程，含氟化合物的硫化反应过程以及温度，空气中的氧和紫外线对高聚物的降解和其他反应的研究。

3.5.1.5　大分子的化学结构

从宽谱线的NMR谱线的二级矩之间的差值有时可以确定不对称单体单元在分子中的连接情况（头-头相连或头-尾相连）。可通过高聚物链的构型和构象对谱线形状，宽度和二级矩以及弛豫时间的影响来研究聚合物的立体化学结构。例如：文献报道用宽谱线 NMR 法研究聚异丁二烯和聚丁二烯异构体的顺、反构型。通过测定二级矩和取向纤维或薄膜样品的取向轴与磁场方向夹角间的关系研究聚丙烯腈纤维链的平面全同立构的排列，以及聚氯乙烯具有非平面全同立构的链段。

3.5.1.6 弛豫时间与大分子运动的关系

利用宽谱线碳谱可分别不同原子基团碳原子的弛豫时间，从而将此参数与聚合物的宏观性质相联系。时间 T_1 主要反映频率从几十到几百兆赫频率的分子运动，$T_{1\rho}$则是反映频率为几十千赫的分子运动，而 T_2 则与低频分子运动有关。

图 3-42 是聚乙烯基甲醚（PVME）与聚苯乙烯（PS）的 T_1 随温度变化的 NMR 谱。在 140℃以前，所有混合物都仅测出一个 T_1，故确定为相容体系。但超过 140℃以后，则两个不同配比成分（75∶25和 50∶50）的混合物在同一温度下都观察到两个 T_1。此时表示发生了相分离。PVME和PS的共聚物成为一个下临界溶解（LCST）体系。利用 T_1 及 $T_{1\rho}$弛豫时间的测定还可对共混物或嵌段高聚物的相态结构进行研究。

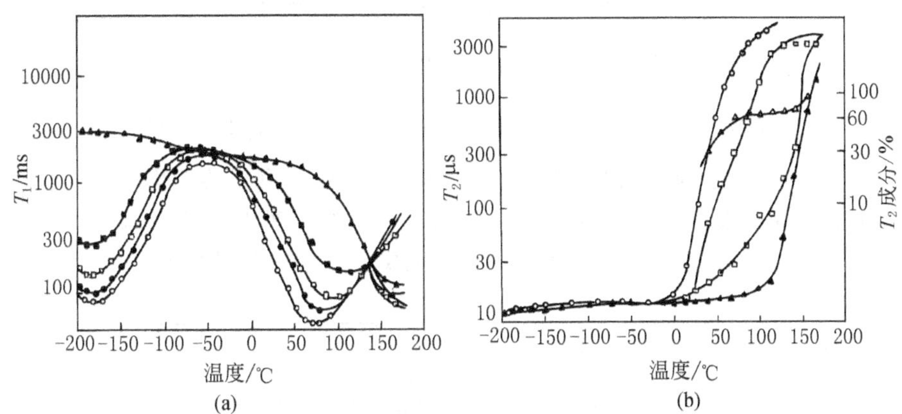

图 3-42 （PVME/PS 混合物：）T_1（a）和 T_2（b）对温度的依赖关系

○纯 PVME；●PVME/PS=75/25；

□PVME=50/50；■PVME=25/75；▲PVME=纯 PS

3.5.2 溶液高分辨 NMR 波谱的应用

自 20 世纪 60 年代以来，溶液高分辨 NMR 谱已经广泛应用于聚合物的分析。高分辨 NMR 技术已经成为分析聚合物的微观化学结构，构象和弛豫现象非常有效的手段。用 NMR 技术可测定聚合物的类型，大分子结构的不规整性，键单元的序列分布、支化度、等规度和几何构型以及聚合过程和动力学参数方面的研究。此外还可用于共聚物组成、单体比、分子量大小等方面的测定。NMR谱在聚合物研究方面的应用在许多专著中有较详尽的论述。下面以实例加以说明。

3.5.2.1 聚合物的类型的鉴定

图3-43为聚异丁烯，聚(3-甲基-1-丁烯)的[1]H—NMR谱，虽然同为碳氢化合物，但不同聚合单体所生成的聚合物的共振谱有一定的差异。这在鉴别高分子聚合物的工作中是非常有利的。

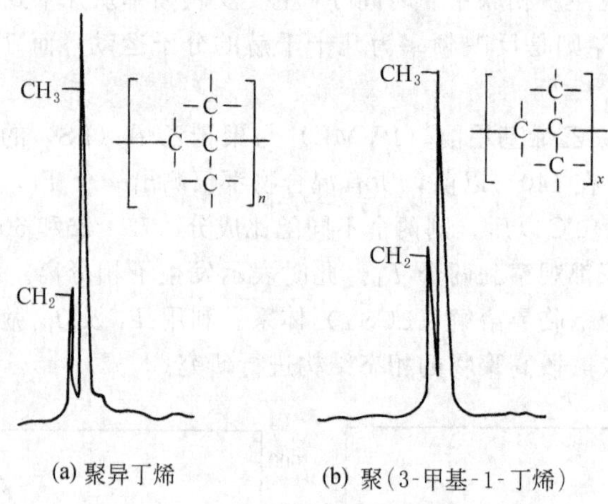

图3-43 聚异丁烯（a）和聚（3-甲基-1-丁烯）（b）的[1]H—NMR谱

图3-44为三种不同共聚物的[13]C—NMR谱图，由于共聚物中的聚合单体的差异而出现不同碳的吸收峰。从而可以区分三种共聚物分别为：聚乙烯-1-丙烯共聚物，聚乙烯-1-丁烯共聚物和聚乙烯-1-己烯共聚物。

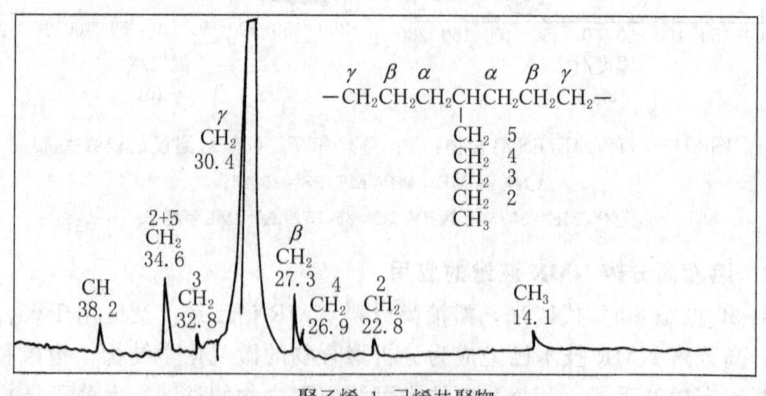

聚乙烯-1-己烯共聚物

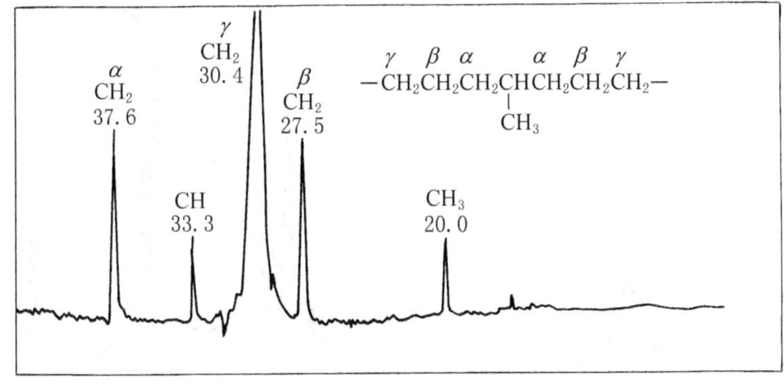

聚乙烯-1-丙烯共聚物

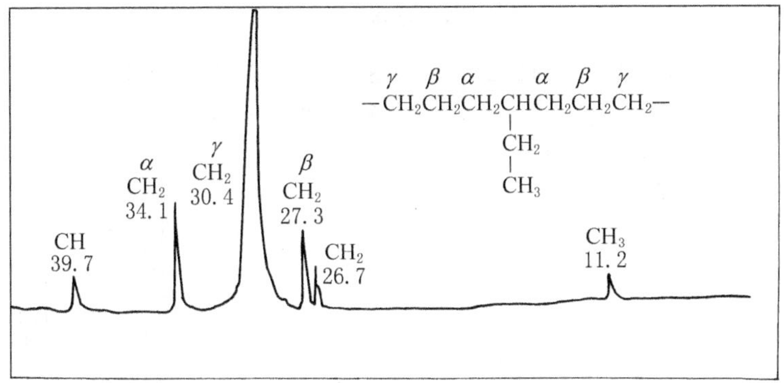

聚乙烯-1-丁烯共聚物

图 3-44　三种不同共聚物的[13]C—NMR 谱

图 3-45 和图 3-46 分别为聚丙酸乙烯酯和聚丙烯酸乙酯的[1]H—NMR 谱。

其重复单元的化学组成相同，IR 谱也非常相似，但[1]H—NMR 谱却有一定的差异。由于聚丙烯酸乙酯中的乙基是和氧相连，其 $\delta(\mathrm{Ha})=4.12$，$\delta(\mathrm{Hb})=1.21$。而聚丙酸乙烯酯中的乙基是和羰基相连，其 $\delta(\mathrm{Ha'})=2.25$，$\delta(\mathrm{Hb'})=1.11$。且积分值从低场到高场的比例，两化合物也不相同，从而由 NMR 谱可区分上述两种化合物。

聚丙酸乙烯酯	聚丙烯酸乙酯
1.89　5.05	1.78　2.28
$\leftarrow CH_2—CH \rightarrow_n$	$\leftarrow CH_2—CH \rightarrow_n$
O—C(=O)—CH₂(a′)CH₃(b′)	C(=O)—O—CH₂(a)CH₃(b)
2.25　1.11	4.12　1.21
聚丙酸乙烯酯	聚丙烯酸乙酯

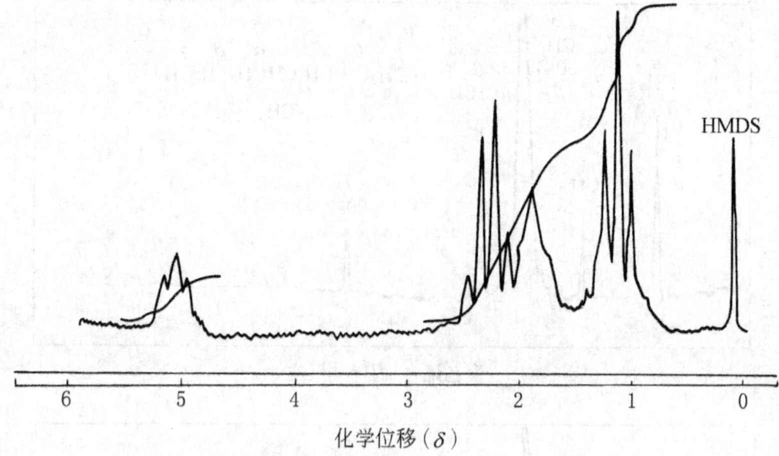

图 3-45　聚丙酸乙烯酯（树脂 A）的[1]H—NMR 谱图

（溶于邻二氯苯，140℃级谱，60MHz 仪器）

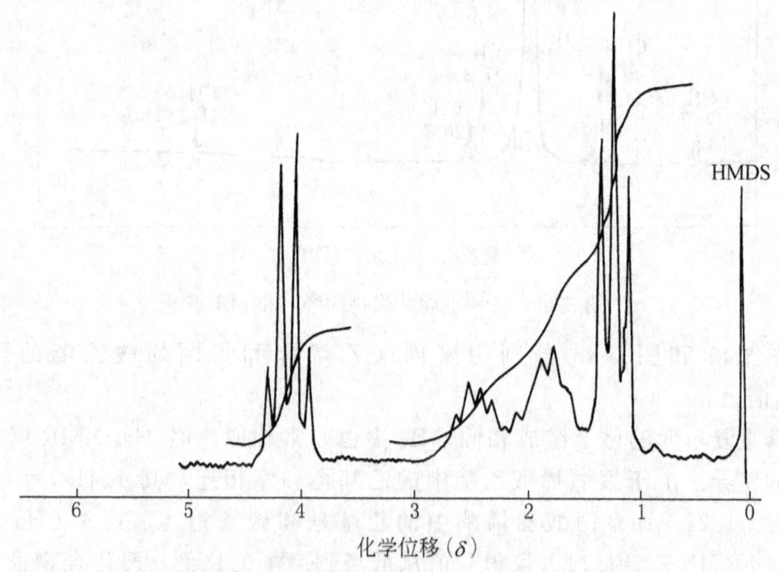

图 3-46　聚丙烯酸乙酯（树脂 B）的[1]H—NMR 谱

（溶于邻二氯苯，140℃级谱，60MHz 仪器）

3.5.2.2　聚合物链的异构化问题

A. 单体链节的取向

聚合单体在聚合物链中的排列一般是头-尾-头-尾结构，偶而也有个别的头-尾-尾单元。当插上这样一个单元变化时，就会改变左右几个单元中磁核的环境，在谱图上就会出现不同于正常头-尾结构的共振峰。从峰的位置及面积可以计算这种单元的含量。

例如：聚偏氟乙烯的^{19}F—NMR 谱如图 3-47 所示。

其结构为：

$$\underset{A}{—CH_2CF_2}\underset{A}{—CH_2CF_2}\underset{C}{—CH_2CF_2}\underset{d}{—CF_2CH_2}—$$

$$\underset{B}{—CH_2CF_2}\underset{A}{—CH_2CF_2}\underset{A}{—CH_2CF_2}—$$

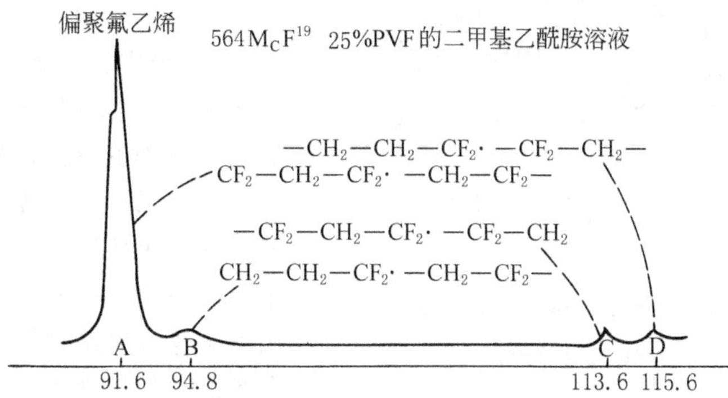

图 3-47　56.4MHz 聚偏氟乙烯的^{19}F—NMR 谱（$CFCl_3$ 为内标）

由于引入一个尾-头单元，使左右两个单元的 CF_2 的化学位移发生改变，在氟谱上就出现了 B、C、D 三组峰。三组峰面积相等说明尾-头单元没有延续。A 峰与 D 峰的面积比即为两种序列单元的含量比。

图 3-48 为反式 1,4-聚氯丁二烯及顺式 1,4-聚氯丁二烯的^1H—NMR 谱。其中 δ 为 2.37 和 2.33 处的强峰是规则的头-尾加成的两个—CH_2—基团产生的。

$$\leftarrow CCl{=}CH\underline{CH_2}—\underline{CH_2}CCl{=}CH \rightarrow$$

而 δ 为 2.50 和 2.18 的峰是属于头-头连接及尾-尾结构产生的。

$$\leftarrow CH{=}CClCH_2—CH_2CCl{=}CH \rightarrow$$

$$\leftarrow CCl{=}CHCH_2—CH_2CH{=}CCl \rightarrow$$

由此可推断；自由基引发的聚合产物当中具有 90%左右的 1，4 结构的聚氯丁二烯，其中含有 75%的头-尾结构和 15%左右的头-头及尾-尾结构。而在顺式聚氯丁二

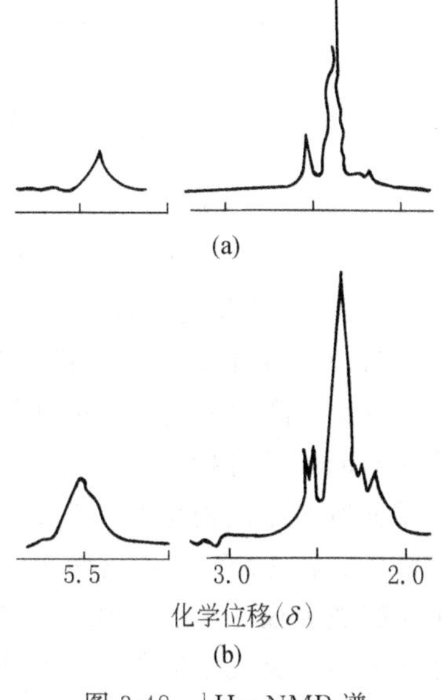

图 3-48　^1H—NMR 谱
(a) 反式 1,4-聚氯丁二烯；
(b) 顺式 1,4-聚氯丁二烯 100MHz

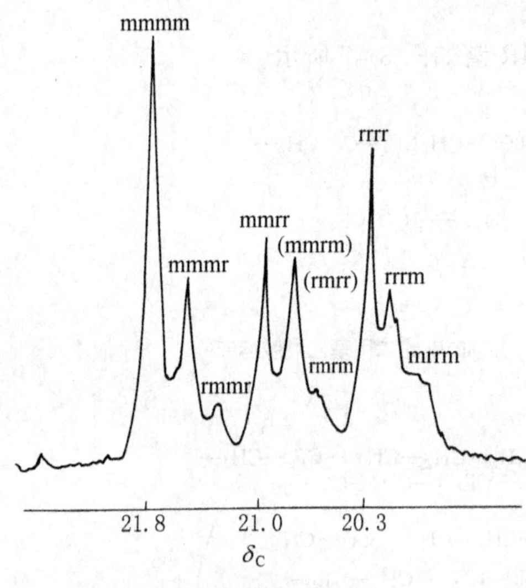

图 3-49　无规聚丙烯的^{13}C—NMR 谱（CH_3 部分）

烯中则含有 55%左右的头-尾结构和 25%～20%左右的头-头及尾-尾结构。

聚丙烯分子链上有三种处于不同化学环境的碳核，即甲基，亚甲基和次甲基，其化学位移差值为 10～30。无规，全同和间同的聚丙烯可以从^{13}C—NMR 谱的 δ_C 来识别。图 3-49 为无规聚丙烯的^{13}C 的 CH_3 部分。表3-26为不同立构的聚丙烯的 δ_C 值。

聚丙烯中各碳原子谱峰的裂分反映了单体链节四单元组和五单元组或更长单元组的影响。利用模型化合物来规属谱线，从而自各谱线的强度比计算出不同类型链节的比例，进一步求出不同立构二单元组的存在概率。

表 3-26　聚丙烯不同立构的 δ_C 值

聚丙烯	$\delta(CH_3)$	$\delta(CH)$	$\delta(CH_2)$
全同	21.8	28.5	40.5
间同	21.8	28.0	47.0
无规	20～22	26～29	44～47
计算值(用 Gran 法)	20.74	27.68	45.41

B. 链节的序列分布

聚氯乙烯在 1,2,4-三氯苯中 120℃时的 25.2MHz 的^{13}C—NMR 谱见图 3-50所示。谱中左边为次甲基的（—CH—）共振信号，分别归属于全同、无规和间同三种构型。而右边为亚甲基（—CH_2—）的信号，分别归属于四单元链节不同构型的序列分布。而图 3-51 则为聚氯乙烯在 1,4-二氧六环溶液中，在 150℃，磁场为 125.8MHz，浓度为 10%时的—CHCl 部分的次甲基碳放大谱。由这些峰的归属和峰的面积可求出不同五单元和七单元组的序列分布。其实验值与计算值相比较，非常一致。如果把这些参数与 PVC 的性能联系起来，便可作为质量鉴定的指标或为改进 PVC 的性能提供理论依据。

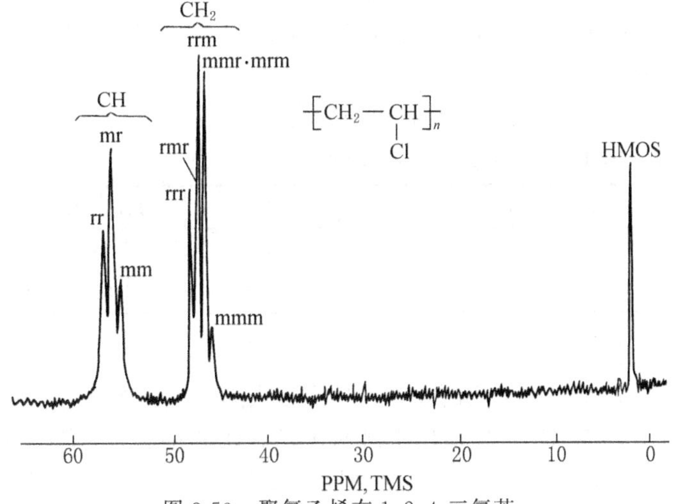

图 3-50 聚氯乙烯在 1,2,4-三氯苯，120℃时的 25.2MHz 的[13]C—NMR 谱

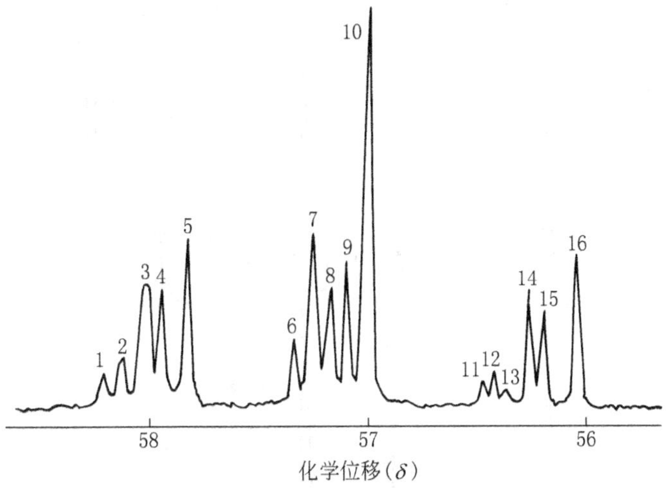

图 3-51 聚氯乙烯在 1,4-二氧六环溶液中，150℃，磁场为 125.8MHz，浓度为 10%时的—CHCl 部分的放大谱

在研究全氟丙烯(HFP)-偏氟乙烯(VF)共聚物单体链节序列分布时，证明其中并无 HFP—HFP 二单元链节存在，只有少量（5%～7%）的 VF 与 HFP 链节的头-头排列。用 ^{19}F—NMR 共振可测定 CF_2 基团在 —$CH_2CF_2^*CH_2CF_2$— 与 —$CH_2CF_2^*CF_2CH_2$— 中之分数比 n，其值近似地等于共聚物中 VF-VF 链的数目被 VF 链节数目所除，即：

$$n=(VF-VF)\text{链数}\%/VF\%=[VF-(R/2)]\%/VF\% \qquad (3\text{-}44)$$

其中 R 为 VF 中 CH_2 的链的数目。

因 HFP 链节在共聚物中是孤立的，故 $R^*=2\%$HFP，所以 n 可以用共聚物的组成来表示：

$$n=1-\text{HFP}\%/VF\% \tag{3-45}$$

测得值与由上式计算之值基本相符。

$VF\%$	测定的 n 值	计算的 n 值	$VF\%$	测定的 n 值	计算的 n 值
85	0.81	0.82	70	0.56	0.57
78	0.63	0.72	61	0.38	0.36

C. 等规度

聚合物的构型对聚合物的物理性质有很大影响，是聚合物研究的一个重要课题。高分辨 NMR 特别适用于研究含有不对称中心的高聚物的相对化学构型。图 3-52 的（a）和（b）分别为以等规为主和以间规为主的 PMMA 的 ^{1}H—NMR 谱。

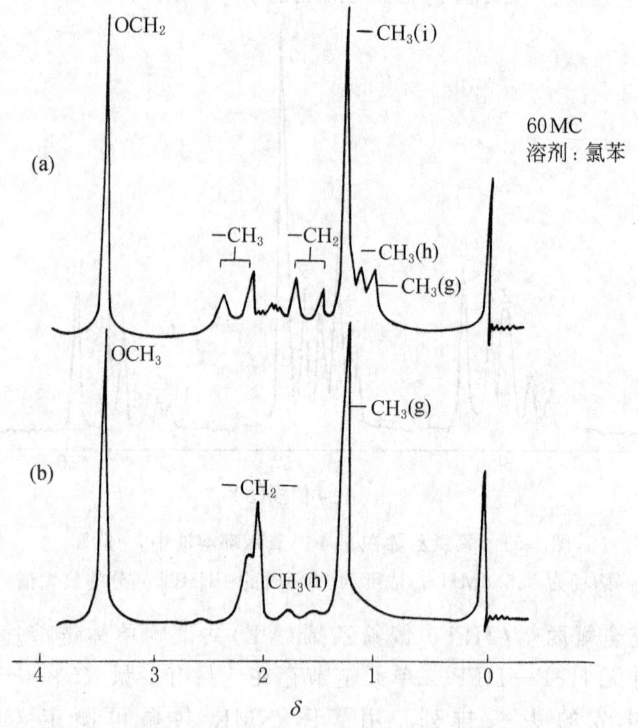

图 3-52　聚甲基丙烯酸甲酯（浓度为 15%）的 ^{1}H—NMR 谱

（a）等规为主（160℃观测）；（b）间规为主（160℃观测）

从图 3-52 上可以清楚地看出空间构型的不同在上 ^{1}H 的反应。全同，间同和无规 PMMA 的 2-取代甲基的化学位移从（a）图和（b）图比较，分别确立为：$\delta=1.33$，$\delta=1.10$，$\delta=1.21$。根据 2-取代甲基的积分值大小可以确定三种构型的比例。对于 β-次甲基而言，全同构型中的两个 H 不等价（没有对称面），因此在（a）图中表现为 AB 系统四重峰，而间同构型中的两个 H 是等价的，因此在 b 图中表现为单峰。而对于无规构型来说，情况较复杂，需高场仪器才能观察清楚。表 3-27 列出了 PMMA 的各种 δ_C 值。表 3-28 列出了 PMMA 的三单元和五单元组单体链节的分布。实验结果与理论上预测的伯努利规律相一致。

表 3-27　PMMA 的 δ_C

构　型	$\rangle C=O$	$—CH_2$	OCH_3	$—\overset{\vert}{\underset{\vert}{C}}—$	CH_3
全同	174.63	52.36	49.36	43.92	16.50
		51.05		44.71	18.24
间同	175.61	52.62			20.86
	174.93	51.26	49.36	43.93	16.5
	175.80	53.30		44.17	18.15
	175.06	52.61		43.93	16.5
无规	174.93	50.61	49.31	44.17	18.06
	175.80	53.34			

表 3-28　PMMA 的三单元和五单元单体链节分布

五单元	三单元	羰基	（羰基）	2-甲基	季碳	五单元①	三单元①
mmmm		0.010				0.003	
mmmr	mm	0.018	0.051	0.051	0.060	0.020	0.005
rmmr		0.023				0.032	
mmrm	mr	0.106				0.020	
rmrm						0.064	
			0.367	0.374	0.361		
mmrr						0.064	0.359
rmrr	mr	0.261				0.210	
mrrm		0.037				0.032	
mrrr	rr	0.191	0.582	0.575	0.576	0.210	0.586
rrrr		0.355				0.343	

① 当伯努利($\rho_m=0.235$)时的积分分布值。

图 3-53 和图 3-54 分别为聚苯乙烯中 CH_2 碳和苯环上 C—H 碳谱裂分的情况，反映了立体规整性对 ^{13}C—NMR 谱的影响。如只依赖与谱峰强度比的关系来归属谱线，往往与实际情况不一致。CH_2 碳谱峰严重重叠，表明除四单元组外还存在六单元组谱线。其谱图的解析可采用差向异构化反应和模型低聚物与计算归属相对照的方法，往往有良好的对应关系。

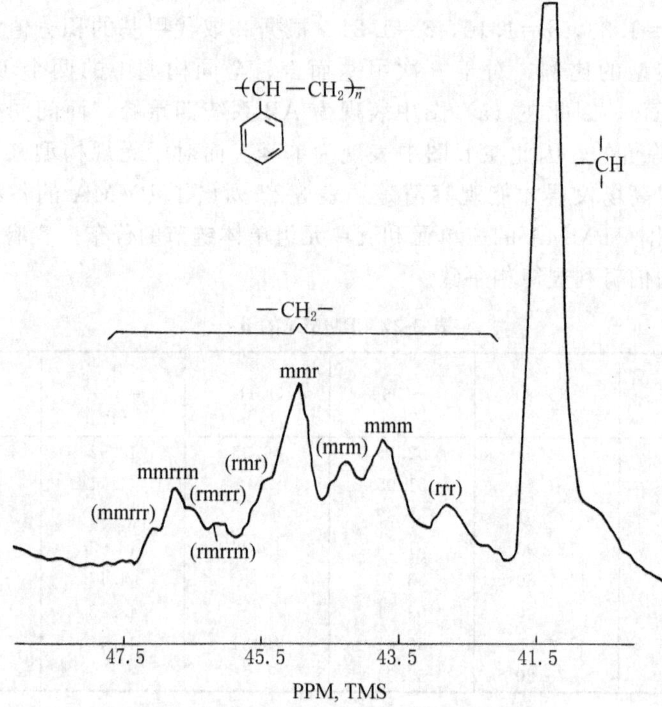

图 3-53 聚苯乙烯中 CH_2 和 CH 共振的扩展谱

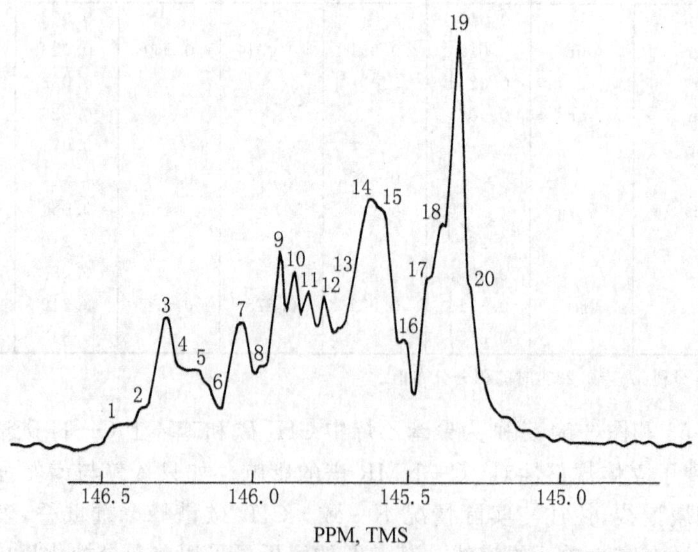

图 3-54 聚苯乙烯中苯环上 C—1 碳的扩展谱

D. 几何异构

二烯类聚合物的几何异构可以在核磁共振谱上分辨出来。以聚丁二烯为例，顺式聚丁二烯中 CH_2 之 δ_c 值比反式聚丁二烯的 δ_c 向高场移 5.4，其烯碳区的 ^{13}C—NMR 谱有 4 个彼此分开的峰，如图 3-55 所示。

$$\left[\begin{array}{c} H \quad\quad H \\ C{=}C \\ CH_3 \quad\quad CH_3 \end{array}\right]_n$$

顺式

$$\left[\begin{array}{c} CH_3 \quad\quad H \\ C{=}C \\ H \quad\quad CH_3 \end{array}\right]_m$$

反式

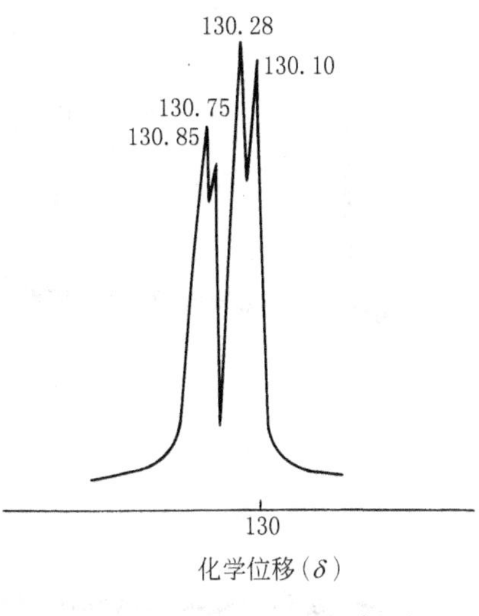

图 3-55　55%顺式及 49%反式 1,4-聚丁二烯在正庚烷中，22.5MHz 的烯碳区的 ^{13}C—NMR

对比它们的强度可以发现 130.85 及 130.75 的低场双峰属反式中的双键碳；而 130.28 及 130.10 的双峰属顺式的双键碳，它们之所以有这种较小的分裂，表明这是受相邻单元中不同构型的影响所致。从峰的强度可以计算出顺式与反式的含量之比。

顺反聚丁二烯中的四个峰属如下一些系列：

编号	类　型	符号	化学位移	编号	类　型	符号	化学位移
Ⅰ	C*=C	ccc	δ_a	Ⅴ	C*=C	ttt	δ_c
Ⅱ	C*=C	cct	$\delta_{a'}$	Ⅵ	C*=C	ttc	$\delta_{c'}$
Ⅲ	C*=C	tcc	δ_b	Ⅶ	C*=C	ctt	δ_d
Ⅳ	C*=C	tct	$\delta_{b'}$	Ⅷ	C*=C	ctc	$\delta_{d'}$

c 代表顺式，t 代表反式。

由于 δ_a 与 $\delta_{a'}$，δ_b 与 $\delta_{b'}$，δ_c 与 $\delta_{c'}$ 及 δ_d 与 $\delta_{d'}$ 间的化学位移差别比 δ_a 与 δ_b 或 $\delta_{a'}$ 与 $\delta_{b'}$ 间的差别要小得多，所以只观察到实测的四个烯碳共振峰，而它们的归属可参考顺式或反式 1,4-聚丁二烯为主的样品之 ^{13}C—NMR 谱来对照确定。

图 3-56(a)和(b)分别为顺式和反式异戊二烯的 ^{13}C—NMR 谱。这些不同立构的各单元组其链节分布在高分辨率的 ^{13}C—NMR 谱上是可以分辨的。

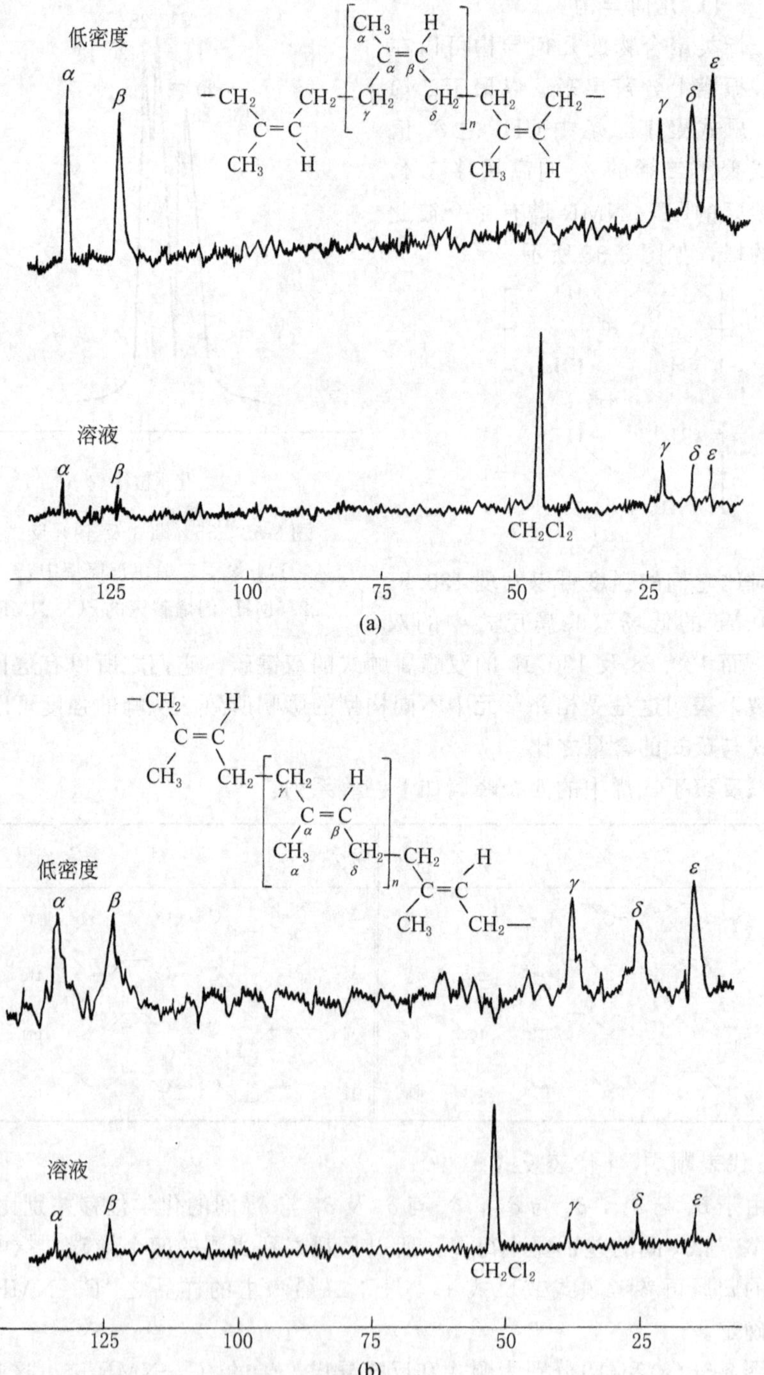

图 3-56 顺式异戊二烯（a）和反式的 ^{13}C—NMR（b）谱

E. 支化度

高分子的支化度明显影响聚合物的形态和性质。例如聚乙烯分子链上的短支链明显地降低其熔点和结晶度。聚乙烯若完全不含支化，其^{13}C谱只有一个峰，化学位移为30.0。一旦出现支化，支链上的α及β碳原子受屏蔽效应影响较大，而其余的支链^{13}C屏蔽效应影响则不明显。此外，在^{13}C谱上还将出现CH_3和CH基团的吸收峰。

$$
\begin{array}{c}
\quad\gamma\qquad\quad\beta\qquad\quad\alpha\qquad\qquad\qquad\quad\alpha\qquad\quad\beta\qquad\quad\gamma \\
-CH_2-CH_2-CH_2-\underset{\displaystyle\begin{array}{c}|\\CH_2\\|\\CH_2\\|\\CH_2\\|\\CH_3\end{array}}{CH}-CH_2-CH_2-CH_2-
\end{array}
$$

分析有关峰的相对强度，便可得到各种支链的分布情况。图3-57为低密度的聚乙烯的^{13}C—NMR谱。从图中可知：支链为丁基或戊基或更长的支链较多，而支链为乙基的相对较少。一般来说：由自由基聚合得到的低密度的聚

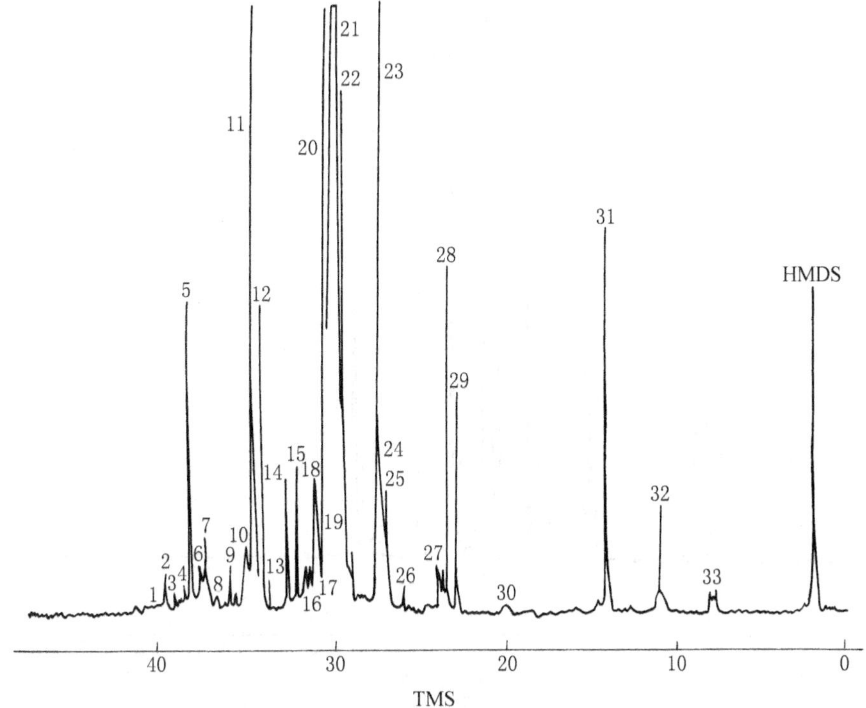

图3-57　支化聚乙烯的^{13}C—NMR谱

乙烯，每 1000 个碳原子中大约有 10～40 个分支。而由 Ti 或 Cr 催化聚合得到的高密度聚乙烯支化度只有低密度的 1/10。从^{13}C谱不但归属了每个聚乙烯^{13}C原子的归属，而且也可分析支化度的类型并进行支化度的定量计算。

聚乙烯的支化度可由下列公式求出：

$$碳数=C_{tot}(N+2)/(\overline{s}+\alpha) \tag{3-46}$$

$$M_n=14\times 碳数$$

$$N=2a\alpha/(\overline{3}s+\alpha)-\alpha \tag{3-47}$$

$$每 10000 碳原子中的长支链数=(1/3\alpha)/(C_{tot}\times 10^4) \tag{3-48}$$

式中 $\overline{s}$——饱和端基的平均谱峰强度；

α——33.9 处的烯丙基端基的谱峰强度；

C_{tot}——α，β 碳谱峰强度的平均值$[(\alpha+\beta)/2]$；

N——每个分子的平均支链数；

$N+2$——每个分子的平均端基数。

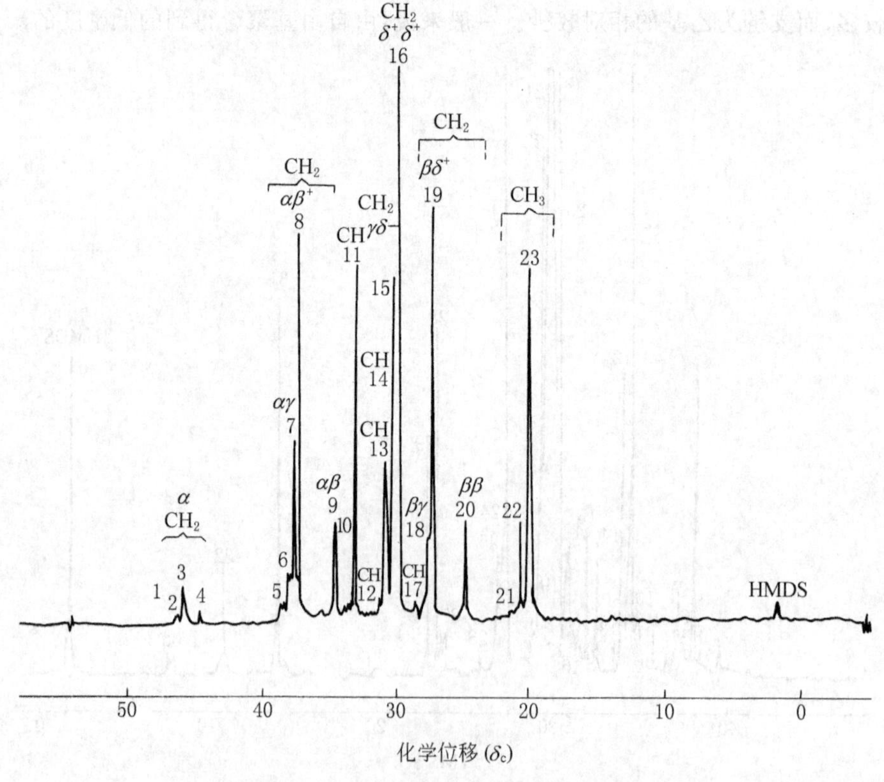

图 3-58 乙-丙共聚物的^{13}C-NMR 谱

3.5.2.3　共聚物的组成和序列分布

共聚物的组成和序列分布与其物理化学性质密切相关，通过[13]C—NMR谱可以分别研究其不同单元组的序列分布、交替度、嵌段长短以及共聚物的微观结构。

图 3-58 表示乙烯-丙烯共聚物的[13]C—NMR 谱。

[13]C—NMR 对乙-丙橡胶的单体序列结构较敏感，能对各种类型的 C 原子的化学位移进行标识，并能用 Bernon Llian 和一级 Markovian 统计模型计算样品的三单元组分的分布并推测其聚合反应的机理。由于交替、嵌段以及不同的排列分布，可得出几十条谱线。分别代表不同序列中的碳的共振信号。如图 3-59 所示。

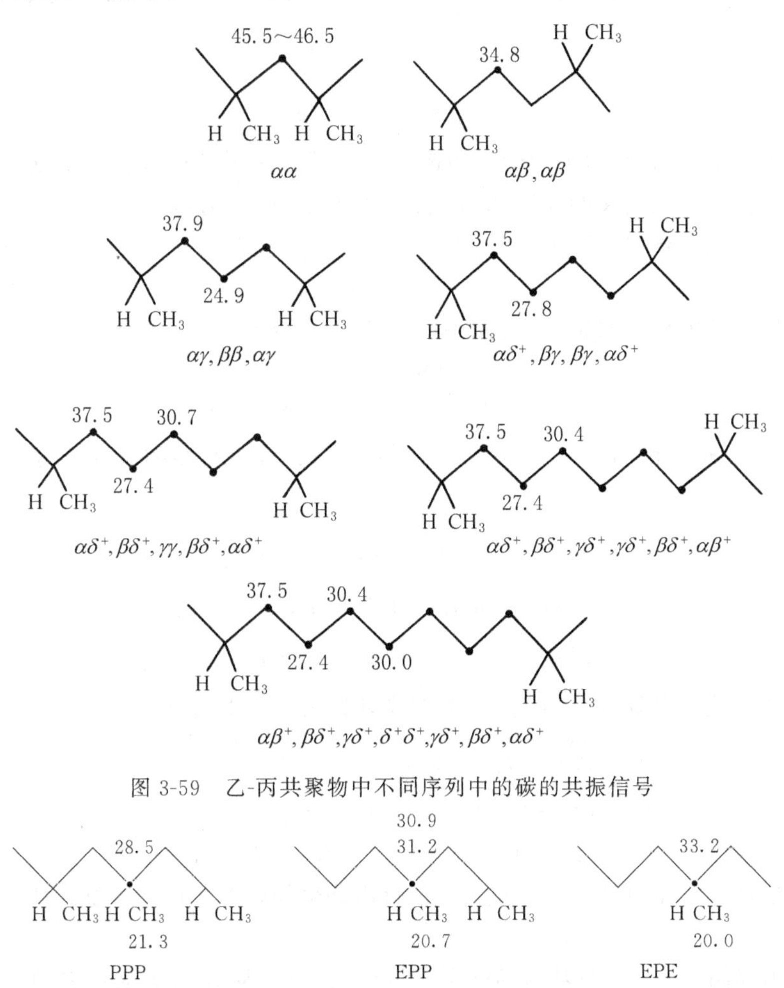

图 3-59　乙-丙共聚物中不同序列中的碳的共振信号

用“0”代表—CH_2—结构，“1”代表—CH—结构，这样任何乙-丙共聚单体序列能够用“0”和“1”来表示。根据上图提供的碳原子序列，从而能定义以下亚甲基的^{13}C的强度：

$$I_{\alpha\alpha}=2K\cdot N_{101}\qquad I_{\alpha\beta}=2K\cdot N_{1001}\qquad I_{\beta\beta}=K\cdot N_{10001}$$

$$I_{\beta\gamma}=2K\cdot N_{100001}$$

$$I_{\gamma\gamma}=K\cdot N_{1000001}\qquad I_{\gamma\delta}=2K\sum_{i=0}^{i=n}N_{1000(0)i0001}$$

$$I_{\delta\delta}=K\sum_{i=0}^{i=n}iN_{1000(0)i0001}$$

“K”为NMR信号的比例常数,“$N_{100\cdots}$”代表平均聚合链100…1的序列数目。

要确定乙烯、丙烯的含量,仅需要亚甲基和次甲基碳原子相对数目,即

$$N_0=\sum_{i=o}^{i=n}N_1(0)i_1 \tag{3-49}$$

$$N_1=\sum_{i=o}^{i=n}j\cdot N_0(1)j_0 \tag{3-50}$$

N_0和N_1分别为平均聚合物链中亚甲基和次甲基的数目。根据上图提供的碳原子序列定义的亚甲基^{13}C强度，上式可改写为：

$$N_0=(1/K)\cdot[I_{\alpha\alpha}+I_{\alpha\beta}+3I_{\beta\beta}+2I_{\beta\gamma}+5I_{\gamma\gamma}+3I_{\gamma\delta}+I_{\delta\delta}] \tag{3-51}$$

$$N_1=(1/K)\cdot I_{(CH_2)} \tag{3-52}$$

因此乙丙橡胶共聚物的乙烯和丙烯的摩尔分数为：

$$(P)=2N_1/(N_0+N_1) \tag{3-53}$$

$$(E)=(N_0-N_1)/(N_0+N_1) \tag{3-54}$$

若将SD_{En}和SD_{Pn}分别定义为乙烯和丙烯的序列分布的长度，则：

$$SD_{E1}=I_{\beta\beta}/[1/2\cdot(I_{\alpha\beta}+I_{\alpha\gamma}+I_{\alpha\delta})] \tag{3-55}$$

$$SD_{E2}=I_{\gamma\gamma}/[1/2\cdot(I_{\alpha\beta}+I_{\alpha\gamma}+I_{\alpha\delta})] \tag{3-56}$$

$$SD_{P1}=I_{CH3\text{-}EPE}/[1/2\cdot(I_{\alpha\beta}+I_{\alpha\gamma}+I_{\alpha\delta})] \tag{3-57}$$

$$SD_{P2}=I_{\alpha\alpha\text{-}EPPE}/[1/2\cdot(I_{\alpha\beta}+I_{\alpha\gamma}+I_{\alpha\delta})] \tag{3-58}$$

而连续亚甲基（—CH_2—）数均序列长度可由下式给出：

$$\begin{aligned}n_0&=\sum_{i=0}^{i=n}i\cdot N_{1(0)i1}\sum_{i=1}^{i=n}N_{1(0)i1}\\&=(I_{\alpha\alpha}+I_{\alpha\beta}+3I_{\beta\beta}+2I_{\beta\gamma}+5I_{\gamma\gamma}+3I_{\gamma\delta}+I_{\delta\delta})/\\&\quad(I_{\alpha\alpha}+1/2I_{\alpha\beta}+I_{\beta\beta}+1/2I_{\beta\gamma}+I_{\gamma\gamma}+1/2I_{\gamma\delta})\end{aligned} \tag{3-59}$$

根据连续亚甲基序列分布可以估价出共聚物丙烯反接的含量，计算其竞聚率。

丙烯腈（A）与甲基丙烯酸甲酯（B）的共聚物在重氢吡啶中的氢谱相对简单，如图3-60所示。其甲基丙烯酸甲酯中的CH_3O—峰共有三种不同

的类型，相对应为：

类　型	AAA	ABB(BBA)	BBB
δCH_3O—	3.88	3.82	3.74

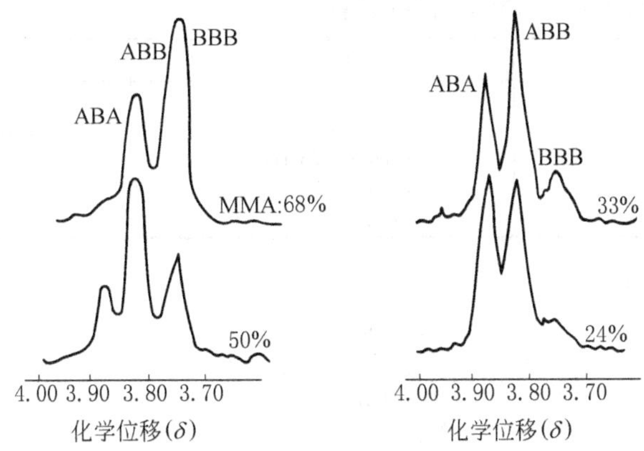

图 3-60　丙烯腈(A)-甲基丙烯酸甲酯(B)共聚物在四氢呋喃中 40℃时 60MHz [1]H—NMR 谱的 CH_3O—的峰

而其低场的两个 CH_3O—峰随 B 组分的减少而强度加大，但高场的 $\delta=3.74$ 峰却相应地降低。

3.5.2.4　聚合物的定量测定

A. 共聚物组成的定量测定

对[1]H—NMR 谱而言，对共聚物的核磁共振谱进行定性分析以后，根据谱峰面积与共振核数目成比例的原则，也可以计算共聚物的组成。

例如：乙二醇-丙二醇-甲基硅氧烷共聚物的谱峰见图 3-61。

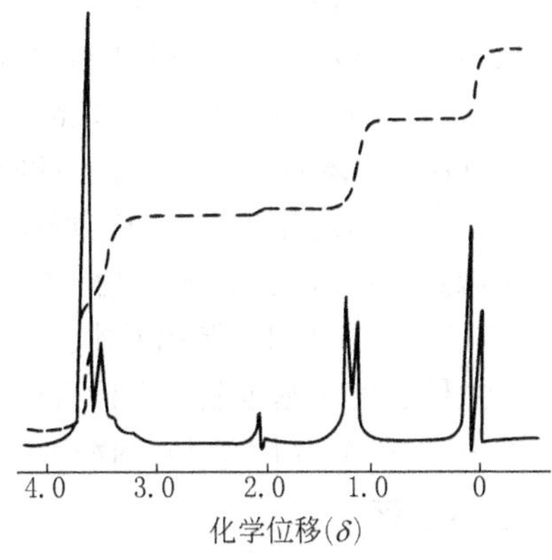

图 3-61　乙二醇-丙二醇-甲基硅氧烷共聚物的氢谱（$CDCl_3$ 溶液）

$$-\!\!(OCH_2CH_2)_L\!\!-\!\!(OCH_2\underset{\displaystyle CH_3}{\underset{|}{C}}H)_m\!\!-\!\!(O-\overset{\displaystyle CH_3}{\overset{|}{\underset{\underset{\displaystyle CH_3}{|}}{Si}}})_n$$

其三元共聚物的^{1}H—NMR 谱峰归属如下：

δ	归　属	峰积分值写为
0.1	Si-CH_3	$S_{0.1}$
1.17	$OCH_2CH_2-CH_3^*$	$S_{1.17}$
3.2～3.8	$OCH_2^*CH_2^*CH_3$	$S_{3.2\sim3.8}$
3.68	$OCH_2^*CH_2^*O$	$S_{3.68}$
1.3,2.07	添加剂或杂质	

定量计算如下：

$$\begin{cases}\dfrac{\dfrac{1}{2}\times S_{0.1}}{S_{1.17}}=\dfrac{n}{m}\\[2ex]\dfrac{S_{3.2\sim3.8}-S_{1.17}}{S_{3.68}\times4/3}=\dfrac{L}{m}\\[2ex]L+m+n=1\end{cases}$$

解上面方程式求出三者的含量是：

乙二醇：丙二醇：甲基硅氧烷＝45％：43％：12％

B. 高聚物分子量的测定

图 3-62（a）为化合物聚丙二醇的^{1}H—NMR 谱，而（b）为加弛豫试剂 Eu（DPM）$_3$ 后作的图。可在谱图上标出各峰的归属，并求出此聚合物的相对分子质量。

$$HO-\underset{\displaystyle CH_3}{\underset{|}{CH}}-CH_2-O\!\!-\!\!(\underset{\displaystyle CH_3}{\underset{|}{CH}}-CH_2-O)_n\underset{\displaystyle CH_3}{\underset{|}{CH}}-CH_2-OH$$

各峰的归属图中均已标出，(a) 图中，基本上可以分为两组峰，在较低场的一组峰归属为：—CH_2—、—CH—和—OH 基团的吸收，在较高场一组峰归属为—CH_3。由于结构中有异构体的存在，实际上的图谱是比较复杂的。

在（b）图中，由于位移试剂的加入，—OH 峰向低场位移到 $\delta=7.0$，端基上的—CH_2—峰位移到 $\delta=5.17$，端基上的—CH_2—峰向低场位移到 $\delta=4.17$，而链节上的—CH_2—，—CH—基团基本上没有位移。而端基甲基向低场位移到 $\delta=1.83$。主链上的甲基也基本上没有位移。

把端基甲基的积分面积 E 和主链上的甲基面积 I 进行比较，很容易得到化合物聚丙二醇的数均分子量$\overline{M}_n$。

$$\overline{M}_n=I/E\times2\times58+134$$

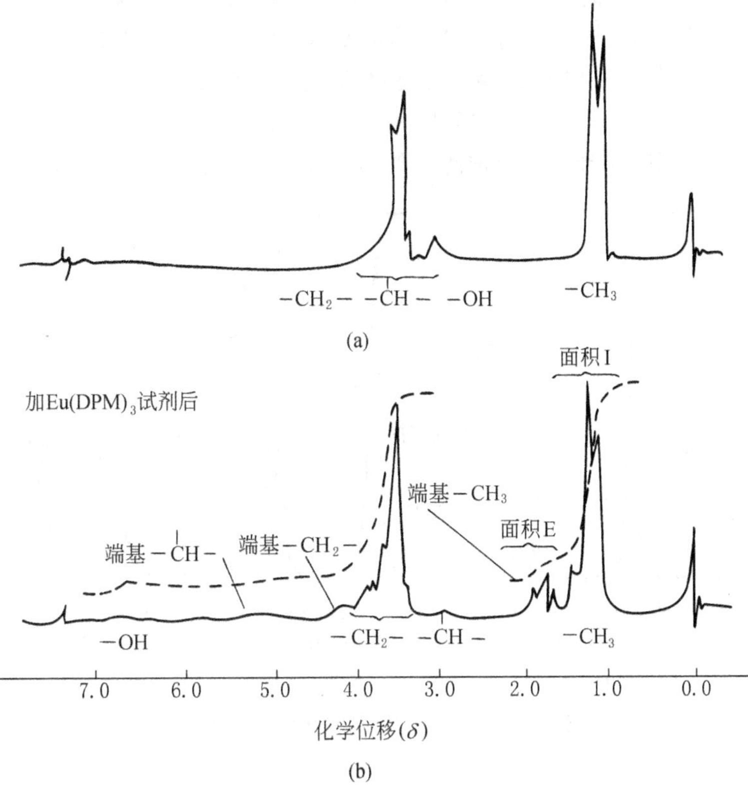

图 3-62 H^1-NMR 谱及氢谱

(a) 聚丙二醇在 $CDCl_3$ 中，60MHz 的 ^1H—NMR 谱；

(b) 聚丙二醇加了 Eu（DPM）$_3$ 试剂后的氢谱

C. 共聚物端基分布的测定

在聚氧乙烯与氧化丙烯共聚物的 ^1H—NMR 谱中，其端基的共振峰与主链共振峰往往重叠在一起，无法区分计算其端基的含量。但是采用三氟乙酐酯化生成三氟乙酯的方法可以很方便地利用 ^{19}F—NMR 谱区分两种三氟乙酸酯（伯酯或仲酯）。

$$\sim O\sim\sim OH \xrightarrow{CF_3\overset{O}{\overset{\|}{C}}O\overset{O}{\overset{\|}{C}}CF_3} \sim O\sim\sim O\overset{O}{\overset{\|}{C}}CF_3 + CF_3COOH$$

$$\sim O\sim CH(CH_3)OH \xrightarrow{CF_3\overset{O}{\overset{\|}{C}}O\overset{O}{\overset{\|}{C}}CF_3} \sim O\sim CH(CH_3)O\overset{O}{\overset{\|}{C}}CF_3 + CF_3COOH$$

由图 3-63 可知：与伯醇和仲醇反应后三氟乙酐酯的三氟甲基的^{19}F共振峰其δ相差 0.5。根据它们的积分强度比值，可以求出原来共聚物中聚氧乙烯与氧化丙烯共聚物中伯醇端基占整个端基的百分比。

$$伯醇\% = I_1/(I_1 + I_2) \tag{3-60}$$

其中I_1和I_2分别为与伯醇及仲醇反应的三氟乙酸酯的^{19}F的积分强度。

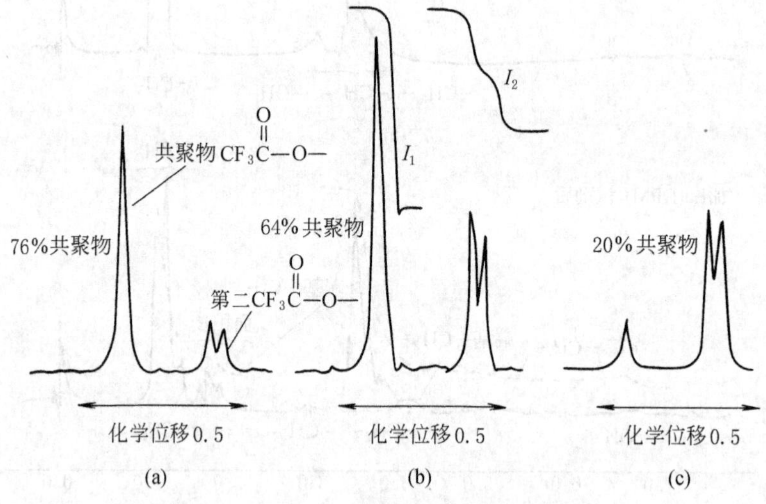

图 3-63 ^{19}F—NMR 研究共聚物端基含量

3.5.2.5 聚合物微观结构的研究

高分辨率 NMR 技术还应用于阐明聚合物的微观结构，跟踪聚合物在不同化学反应条件下聚合过度中链节的变化的信息。

图 3-64 是尼龙 6-尼龙 66-尼龙 12 三元共缩聚聚酰胺的^{13}C—NMR 谱图。两种不同配比的三元共聚物可分别得到九种不同的C=O的吸收，根据 C=O 的吸收位置和积分高度可推断出各单元组分的分布和三种单元的链节，并定量计算出尼龙 6，尼龙 66 和尼龙 12 的百分含量。

其中：X 代表尼龙 6-尼龙 6 连接时的 C=O 共振吸收

X'代表尼龙 6-尼龙 66 连接时的 C=O 共振吸收

X''代表尼龙 6-尼龙 12 连接时的 C=O 共振吸收

Y 代表已二酮-尼龙 66 连接时的 C=O 共振吸收

Y'代表已二酮-尼龙 6 连接时的 C=O 共振吸收

Y''代表已二酮-尼龙 12 连接时的 C=O 共振吸收

Z 代表尼龙 12-尼龙 12 连接时的 C=O 共振吸收

Z'代表尼龙 12-尼龙 6 连接时的 C=O 共振吸收

Z''代表尼龙 12-尼龙 66 连接时的 C=O 共振吸收

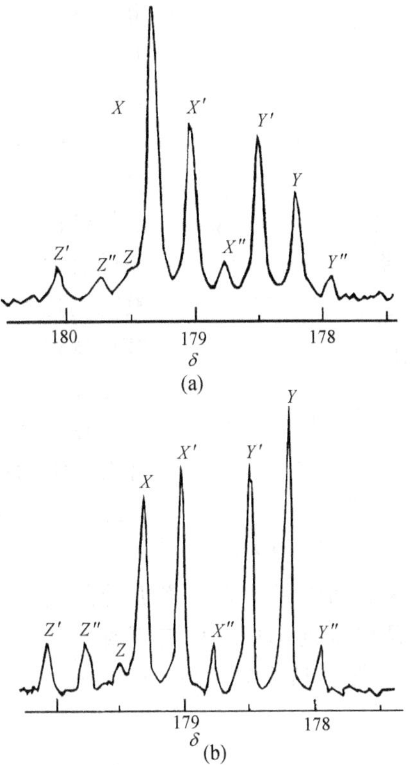

图 3-64 尼龙 6-尼龙-66-尼龙-12 的 ^{13}C—NMR 谱中（90.5MHz。溶剂为 FSO_3H）的羰基 C=O 峰

（a）已内酰胺，AH 盐和 ω-月桂精内酰胺以 2∶1∶1 混合制备；

（b）已内酰胺，AH 盐和 ω-月桂精内酰胺以 1∶1∶1 混合制备

图 3-65和图 3-66分别为晶形和无定形的聚丙烯在1,2,4-三氯苯在

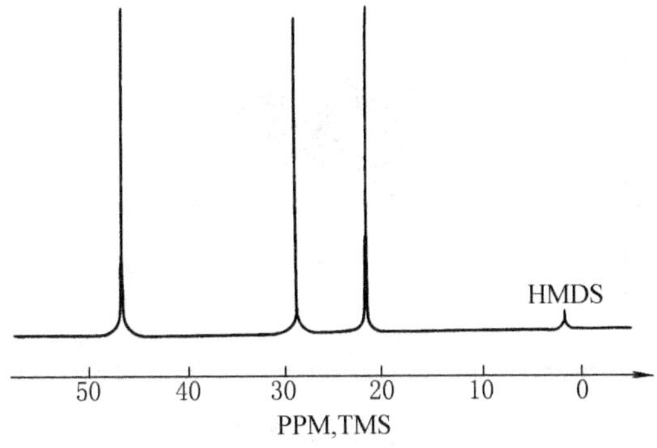

图 3-65 晶形结构的聚丙烯在 1,2,4-三氯苯，在 120℃时 25.2MHz 的 ^{13}C—NMR 谱

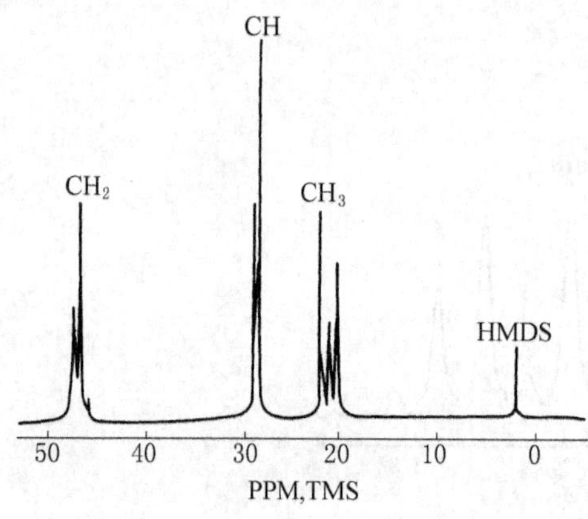

图 3-66 无定形结构的聚丙烯在 1,2,4-三氯苯，在 120℃时 25.2MHz 的 ^{13}C—NMR 谱

120℃时的 ^{13}C—NMR 谱。由于聚合物的晶形不同而表现在谱图上有很大的差异。

3.5.2.6 二维 NMR 波谱的应用

二维 NMR 可以提供和容纳比一维谱更丰富的信息，对高分子材料科学的研究和发展具有较深远的意义。但由于二维谱的灵敏度比通常的宽带去偶谱要低，对于高分子样品，由于分子量和粘度较大，其谱图峰形较宽且互相重叠，给二维谱的测定和解析带来一定的困难。下面举例说明二维 NMR 谱在高聚物微观结构、构象、组成和序列分布测定中的应用。

图 3-67 为无规聚氧丙烯中甲基的同核 J-分解谱。从图中可看出聚氧丙烯中的甲基由于空间异构排列不同，而有五种不同的化学位移吸收（$\delta=1.12\sim1.14$）。但其偶合常数都为6.5Hz。这与一维谱和模拟谱是完全一致

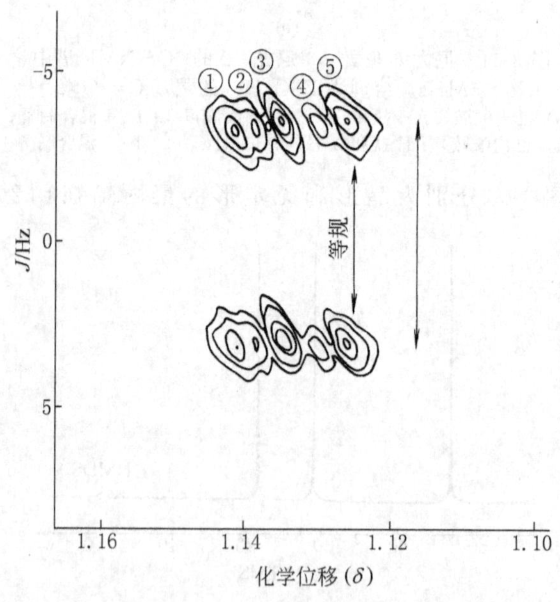

图 3-67 无规聚氧化丙烯中甲基官能团的同核 2DJ-分解谱

图中阿拉伯数字号码对应于 5 个主要的二重峰

的。从其二维 J-分解谱可以看出同一聚合单元内质子间的偶合情况。同时同核 J-分解谱还可用来研究共聚物的序列分布和标识环氧树脂的结构。

图 3-68 为硫化后的含碳黑填充的天然橡胶的二维异核 J-分解谱。聚（顺式 1,4-异戊二烯）的结构如下：

```
      5
     CH3       H
        \     /
         C==C
        /1   2\
 —CH2          CH2—
   3             4
```

从其二维碳氢 J-分解谱中可获悉：烯烃 C_2 的 $J_{C2—H}\approx150Hz$，而烷基 CH_2 和 CH_3 的 $J_{C3—H}\approx J_{C4—H}\approx J_{C5—H}\approx127Hz$。

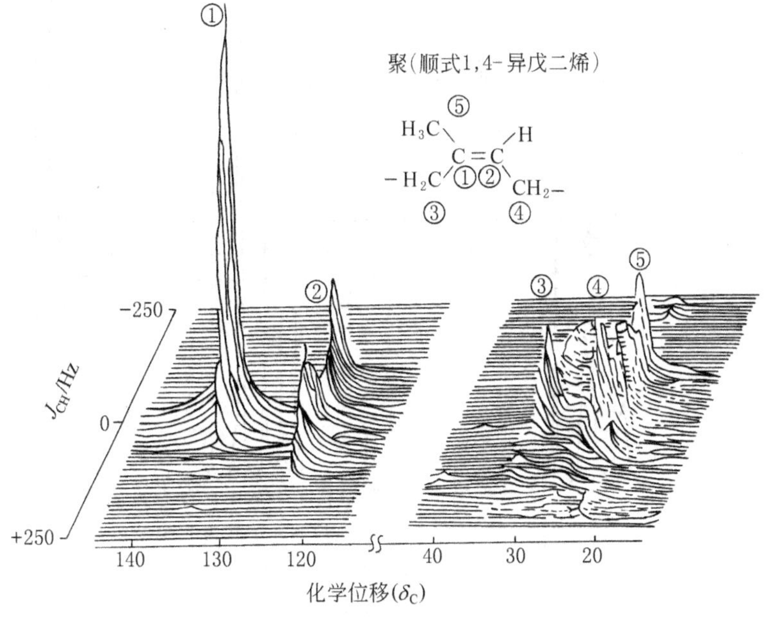

图 3-68 硫化后的含碳黑填充的天然橡胶的 2D-J 分解谱

峰的编号相应于分子式中各种碳的编号

异核相关谱可给出不同 C—H 化学位移的相关性，可对 ^1H—NMR 进行构象系列分析，从而可研究高分子链的立体规整度和立构序列。

图 3-69 给出了聚氯乙烯（PVC）的二维异核相关 NMR 谱。在一维谱中，由于亚甲基范围的谱峰互相重叠，无法对应 PVC 分子链中的各个峰的序列结构。但是在 ^1H—^{13}C 的 2D 相关谱中，由于亚甲基的每个 ^1H 与 ^{13}C 的化学位移相关，从而相对应的序列结构也可加以分辨。通过与 ^{13}C 的相关性可以判别出 ^1H 峰对应的立体规整度的序列结构。同样，图 3-70 为无规立构

的聚丙烯（PP）的二维位移相关谱。图 3-71 为等规聚丙烯^{1}H—^{13}C 异核位移相关谱的甲基、次甲基部分的等高线图。虽然 2D 谱也不能完全分辨清楚^{1}H 的所有共振峰，但是五单元链节中甲基的^{13}C 和^{1}H 却具有完全相同的位移排列顺序。其五单元链节聚丙烯中甲基的相关性和归属如表 3-29 所示。

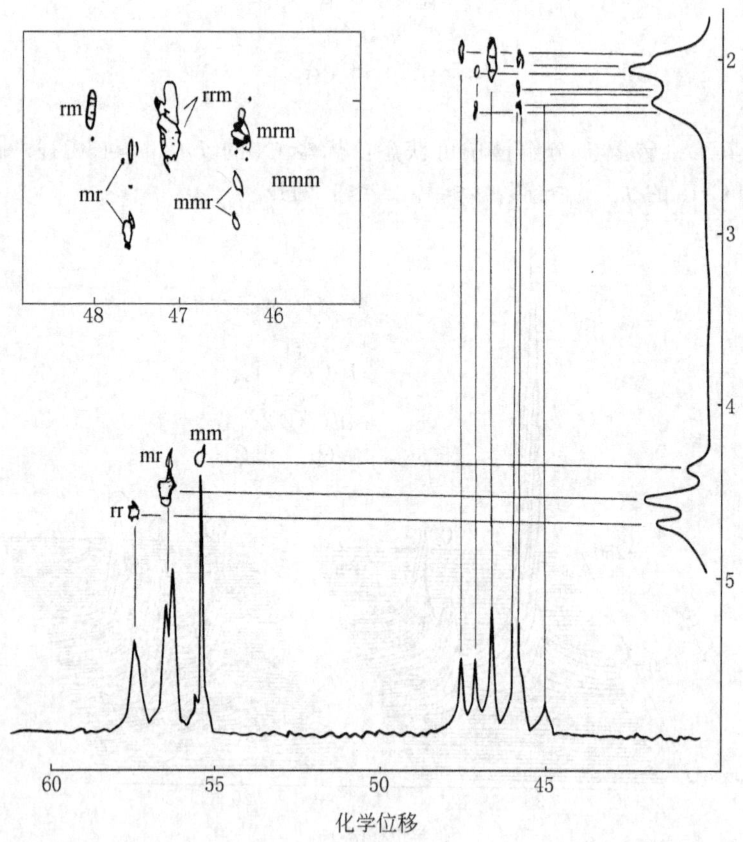

图 3-69 PVC 的 2D 异核位移相关谱左上角插入的为亚甲基区域的放大图

表 3-29 无规 PP 的甲基 NMR 谱的归属

五单元序列	^{13}C 化学位移	^{1}H 化学位移	五单元序列	^{13}C 化学位移	^{1}H 化学位移
m m m m	21.8	0.871	r m r r	20.8	0.852
m m m r	21.6	0.867	m r m r	20.6	0.846
r m m r	21.4	0.859	r r r r	20.3	0.845
m m r r	21.0	0.856	r r r m	20.2	0.837
m r m m	20.8	0.852	m r r m	19.9	0.837

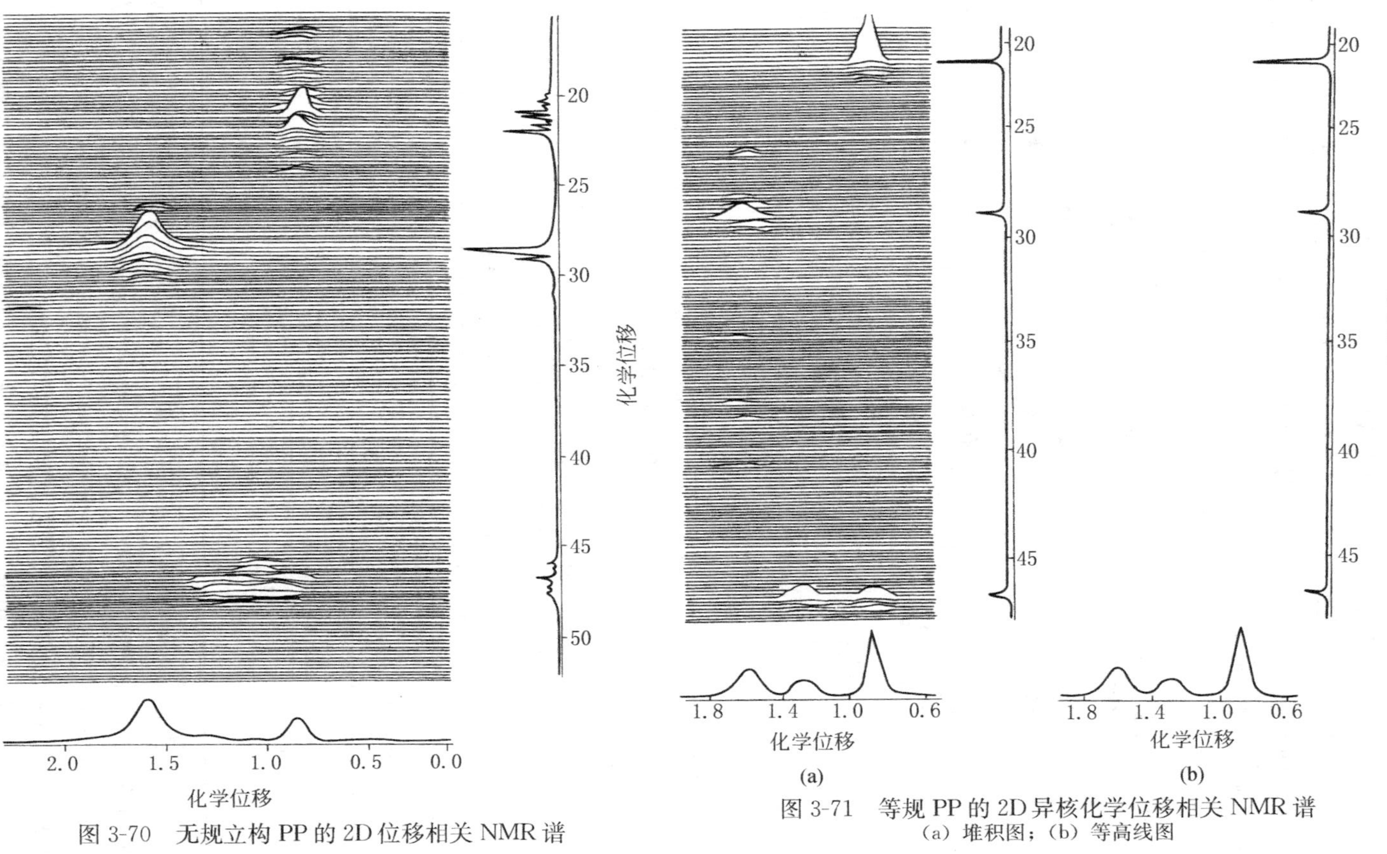

图 3-70 无规立构 PP 的 2D 位移相关 NMR 谱

图 3-71 等规 PP 的 2D 异核化学位移相关 NMR 谱
(a) 堆积图；(b) 等高线图

同核位移相关谱由于氢核质子之间相互耦合的复杂性，而使谱图分析更为困难。图 3-72 为聚乙烯醇（PVA）的二维同核相关谱中的 H* COH—CH_2 交叉峰的等高线谱和三单元序列和四单元序列组成的关系图。通过 12 个不同的多重交叉峰，不同组成序列之间的相关性，可以对每个质子峰进行标识见表 3-30 所示。

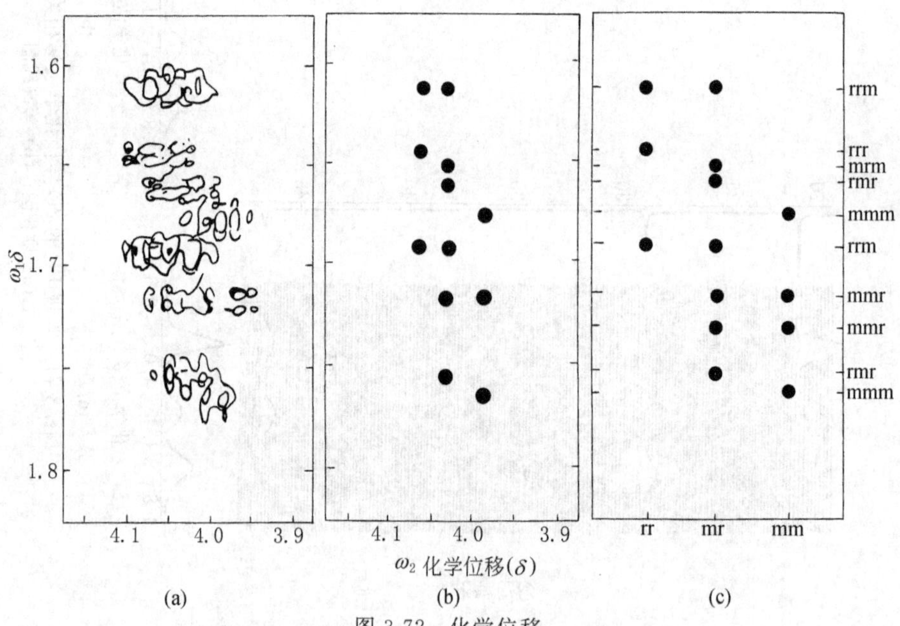

图 3-72　化学位移

(a) PVA 的 COSY 的 H* COH—CH_2 交叉峰的等高线谱；(b) ω_1 和 ω_2 轴多重峰 δ 值的数据图案；(c) 三元组序列与四元组序列的组成关系图

表 3-30　PVA 的 COSY 谱中共振频率的归属

组　分	构　型	^1H 的化学位移
H* COH	Rr	4.062
	Mr	4.037
	mm	3.985
CH_2	mmm	1.769，1.675
	mmr	1.719
	rmr	1.754，1.670
	rrr	1.647
	mrr	1.696，1.610
	mrm	1.663

其他乙烯、丙烯酸甲酯、一氧化碳三元共聚物的序列分布也可以通过二维同核相关图来测定。此外，二维谱和化学交换谱也可用来研究高分子链之间的分子相互作用，例如质子间的偶极-偶极相互作用，质子间的距离等。

3.5.3　固体高分辨 NMR 谱在材料结构研究中的应用

20 世纪 70 年代中期，由于交叉极化，魔角旋转和高功率去偶技术的结合，使难溶或交联的高分子材料的 ^{1}H 和 ^{13}C 核磁共振信号的高分辨的测定成为可能。固体高分辨 NMR 可以研究高聚物在固体状态下的结构信息。例如：高聚物构象及螺旋结构的分析、交联体系网络结构的研究、分子运动与结构取向的关联、多相聚合物体系的界面与其性能的关系以及含 F,Si,P 等多核高聚物材料性能与结构关系的表征。固体成像技术也开始应用于高聚物材料在溶剂中的行为、溶胀过程、应力开裂以及溶剂中扩散等过程的研究。这为直接观察高聚物的不均匀性和缺陷行为提供了极好的方法。

3.5.3.1 不溶高分子结构的鉴定

固体高分辨 NMR 谱可用于鉴定不溶性树脂硬化产物的结构。糠醛树脂交联以后其最终产物结构可为Ⅰ，Ⅱ，Ⅲ及Ⅳ四种。通过图 3-73 可获悉，图中并未出现化学位移为 70 的共振信号，说明不存在—CH_2OCH_2—的连接方式（Ⅱ），同样在化学位移约为 120 附近出现的峰并不是季碳峰（Ⅰ，Ⅱ）。从而说明这种树脂的结构可能是Ⅲ和Ⅳ的连接方式。

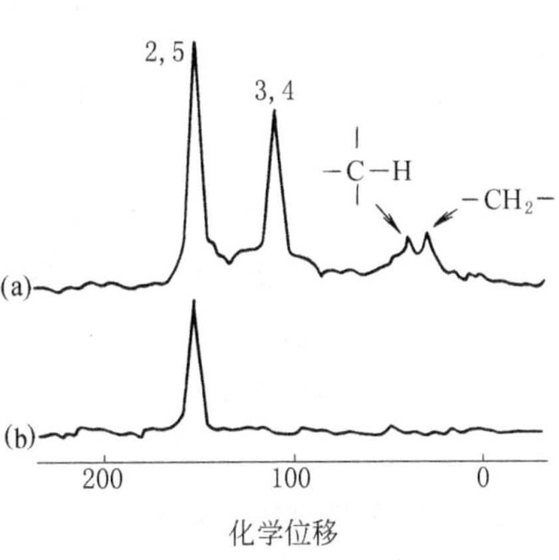

图 3-73 硬化的糠醛树脂的 ^{13}C—CPMAS 谱

(a) 普通的 CP—MAS 谱；

(b) 用 OPELLA 等的方法得到的只剩季碳的谱

CH_2 Ⅰ

催化剂 CH_2OH $CHOCH_2$ Ⅱ

CH CH_2 Ⅲ

CH CH_2 CH Ⅳ

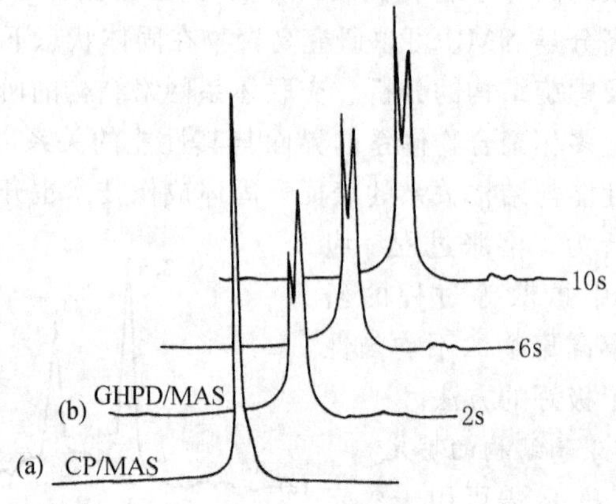

图 3-74 PE 的固体[13]C—NMR 谱（37.7MHz）
（a）CP/MAS 谱；（b）（b—d）门控高功率去偶 GHPD/MAS 谱
循环时间分别为 2s（b），6s（c）和 10s（d）

3.5.3.2 高分子构象的分析

由于固态高分子的运动受到空间位阻的限制，结晶和半结晶聚乙烯引起构象上的差异可由图 3-74 表示出来。采用不同延迟时间的门控高功率去偶脉冲技术，在[13]C—NMR 谱上可得到两重峰。位移在高场的峰归属为无定形聚乙烯的共振吸收，显示顺式和旁式的构象。位移在低场的峰归属于结晶聚乙烯的共振吸收，显示晶区的全反式构象，两峰的化学位移差别为 2.36。可以通过 γ-顺磁吸收来解释。

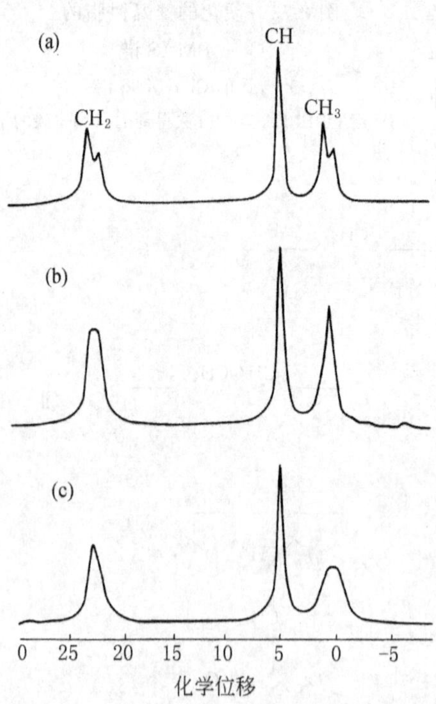

图 3-75 IPP 的 CP/MAS 的[13]C—NMR 谱
（a）α 型；（b）β 型；（c）近晶型

在间规立构（SPP）的聚丙烯与全同结构（IPP）的聚丙烯中，由于构象的不同出现不同的晶形结构。例如：在 IPP 中有三种晶体结构，稳定的 α 型和亚稳定的 β 型和接近 β 晶型的近晶型结构。在 α 晶型中，甲基和亚甲基都分裂成间隔为 1 的双重峰，但次甲基仅包含一肩峰。在 β 晶型中，每种碳都呈单峰，其 δ 接近 α 型中的第二峰的位置。而在 SPP 中，都出现 Z_1 螺旋的（gg）（tt）（gg）（tt）结构。此结构包含有处于螺旋体外和螺旋体内的两种亚甲基，由于 γ-gauche 屏蔽效应的不同，而产生不同的共振峰。如图 3-75 和图 3-76所示。

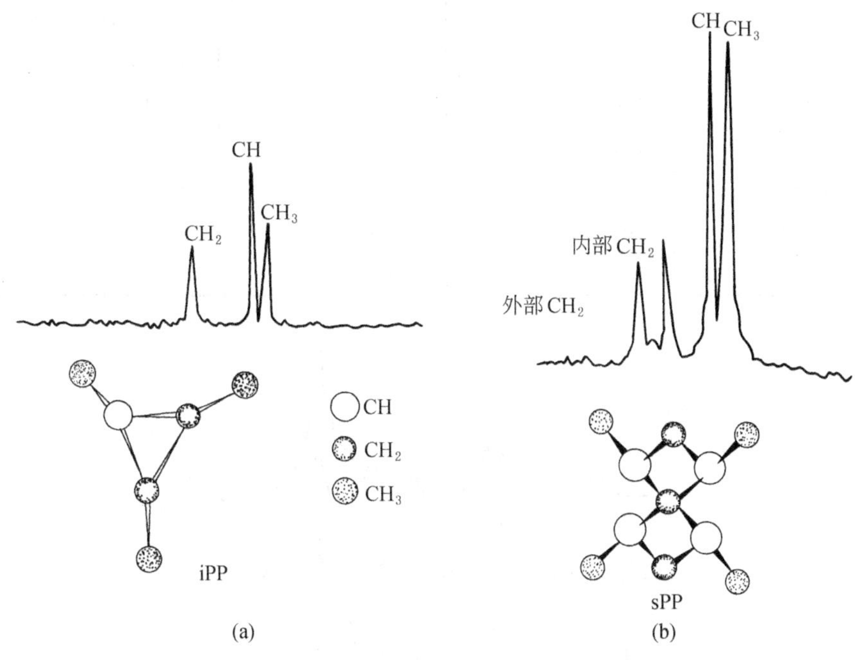

图 3-76　CP/MAS 的 ^{13}C—NMR 谱

（a）IPP；（b）SPP

3.5.3.3　交联体系

通过高分辨固体 NMR 谱可以分析高聚物弹性材料的网络结构以及交联体系高聚物不同相态的晶形结构。

硫化橡胶由于硫化交联过程不同，可以产生各种各样的网络结构，从而得到具有各种不同物理及力学性质的弹性材料。用固体 NMR 谱进行研究，可以得到很多有用的信息。

图 3-77 为硫化橡胶的 CP/MAS/DD 的 ^{13}C—NMR 谱。在 50～90 之间存在有四种不同化学位移的共振峰：82.7，76.3，67.8 和 57.9。这些峰归属于硫化橡胶交联后产生的 S_x—C 形成的新峰。

图 3-78 为硫化天然橡胶的 GHPD—MAS 的 ^{13}C—NMR 谱测定的交联结构的不同类型。通过计算机对模型化合物的模拟实验和计算可对交联的硫化橡胶链节结构进行共振峰的归属，其结果如表 3-31 所示。

表 3-31 天然橡胶模型化合物的化学位移计算值及测定值

模型化合物	C—S键	观察到的化学位移	计算值
A1SA1	HC—S—	36.8	21.5+17.9=39.4
ASA2	HC—S—	36.8	21.5+17.9=39.4
	H_3C—C—S—	47.1	26.4+17.9=44.3
A1SSA1	HC—S—S—	43.6 44.0	21.5+25.2=46.7
A1SSSA1	HC—S—S—S—	44.1	21.5+25.2=46.7
B1SB1	H_2C—S—	40.0	25.7+17.9=43.6
B1SSB1	H_2C—S—S—	48.9	25.7+25.2=50.9
B1SB2	H_2C—S—	40.0 40.4	25.7+17.9=43.6
	HC—S—	53.2 54.7	40.3+17.9=58.2

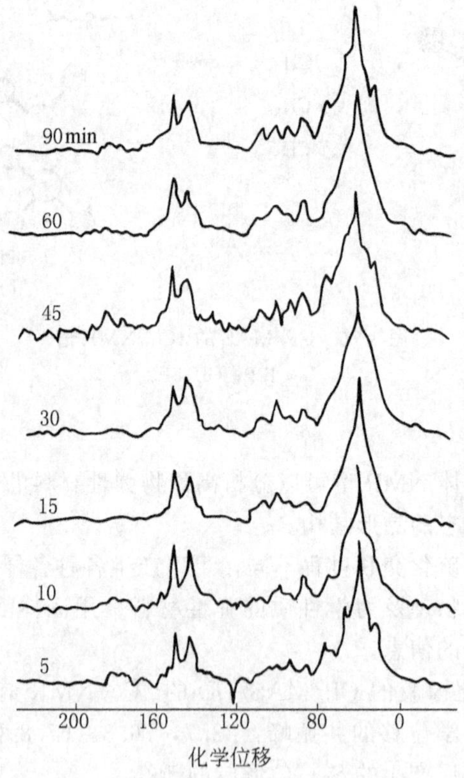

图 3-77 10% S交联天然橡胶 CP/MAS/DD 的 ^{13}C—NMR 谱在室温及 38MHz 测定，不同的硫化时间（min）分别标明在各谱带上

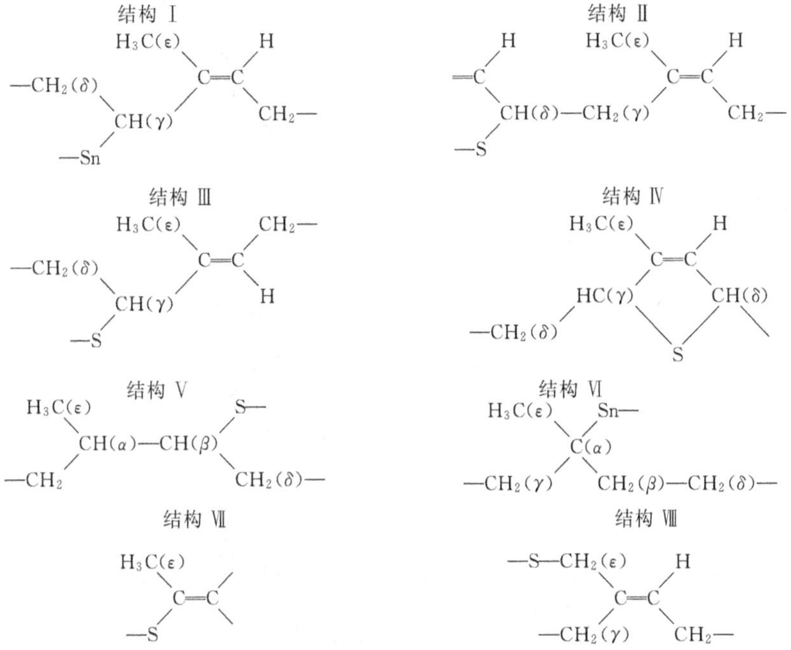

结构 Ⅰ

$H_3C(\varepsilon)$　H
$-CH_2(\delta)$　C=C
$CH(\gamma)$　CH_2-
—Sn

结构 Ⅱ

H　$H_3C(\varepsilon)$　H
=C　C=C
$CH(\delta)-CH_2(\gamma)$　CH_2-
—S

结构 Ⅲ

$H_3C(\varepsilon)$　CH_2-
$-CH_2(\delta)$　C=C
$CH(\gamma)$　H
—S

结构 Ⅳ

$H_3C(\varepsilon)$　H
C=C
$HC(\gamma)$　$CH(\delta)$
$-CH_2(\delta)$
S

结构 Ⅴ

$H_3C(\varepsilon)$　S—
$CH(\alpha)-CH(\beta)$
$-CH_2$　$CH_2(\delta)-$

结构 Ⅵ

$H_3C(\varepsilon)$　Sn—
$C(\alpha)$
$-CH_2(\gamma)$　$CH_2(\beta)-CH_2(\delta)-$

结构 Ⅶ

$H_3C(\varepsilon)$
C=C
—S

结构 Ⅷ

$-S-CH_2(\varepsilon)$　H
C=C
$-CH_2(\gamma)$　CH_2-

图 3-78　由硫化橡胶 GHPD/MAS ^{13}C—NMR 谱测定的交联结构

3.5.3.4　表面分析

用固体 NMR 可研究复合材料表面界面的尺寸，界面与本体在形态和分子运动上的差异以及界面与性能的关系。例如：采用高分辨 CP/MAS NMR 谱可用来表征吸附在玻璃表面上硅氧烷偶联剂的结构，用^{29}Si—NMR 来研究玻璃微球填充的聚酰胺-6 复合材料表面硅氧部分结合的情况。图 3-79 为纯玻璃微球，以 KH—550 为偶联剂，吸附后的 CP/MAS ^{29}Si—NMR 谱。

因为玻璃表面存在羟基，故表面的硅信号可以检测出来。可有六种不同的硅氧结合方式。位于中间的－99.6 峰相应于 Q^3 的结果。两侧的两个边峰－89.9 及－109.6 分别归属于 Q^2 和 Q^4 的结构。当玻璃微球用 KH—550 处理以后，新出现的两峰－66.7 和－59.5 分别属于 S_3 和 S_4 两种结构。其中 S_3 峰的强度较大，表示吸附在玻璃表面的偶联剂是高度交联的。

3.5.3.5　多相及共混体系的研究

热塑性聚脲弹性体是由软段和硬段交替排列组成的嵌段共聚物，硬链段在室温时是处于玻璃态或结晶态，软链段呈橡胶态。研究硬相和软相之间的相互作用对改变材料的力学性能具有明显的应用价值。

利用固体回波技术测定其自旋-自旋弛豫时间 T_2，分别研究硬、软段的相分离程度，互溶性等。例如：聚脲不同批号的样品，随着软链段长度

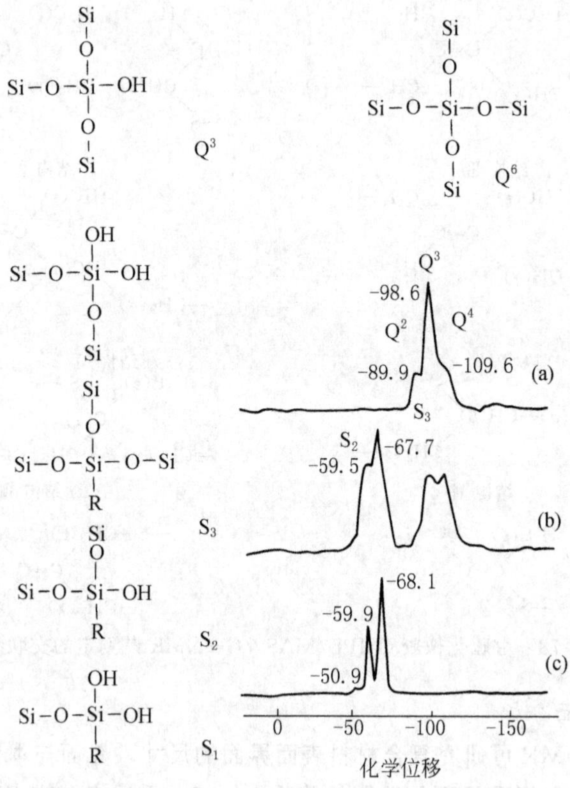

图 3-79 CP/MAS ^{29}Si—NMR 谱（59.6MHz）

(a) 纯玻璃微球；(b) 玻璃微球表面吸附了 8.4%KH—550 水解体；

(c) KH—550 水解体

的增加，硬链端中质子的相对含量减少，溶解在软链段中的硬链段逐渐地回到了硬链段中，相分离程度增加，硬链段中的 T_2 变短，而软链段中的 T_2 则更长。同样软链段中分子量增加，使相分离程度增加，T_2 变长。表 3-32 列出了不同聚脲样品的自旋-自旋弛豫时间（T_2）与相应质子含量的关系。

表 3-32 聚脲样品的自旋-自旋弛豫时间（T_2）以及相应的质子含量

样 品	T_2(μs)		^1H 含量/%		样 品	T_2(μs)		^1H 含量/%	
	硬	软	软	软		硬	软	软	软
PS—PU—2—12	15.8	273	11.9	88.1	PCS—PS—3—7	5.4	417	3.0	97.0
PS—PU—3—7	13.4	356	0.4	99.6	PCS—PS—3—15	7.9	311	3.8	96.2

图 3-80 为聚酯和聚氨酯的固体^{13}C—NMR 谱。其硬链段的 T_2 为 10μs 左右，软链段的 T_2 为 100μs 左右。硬链段中的—CH_2—官能团的吸收在 40.8。当延迟时间为 30μs 时，此峰消失了。显示的图 3-80（b）完全是聚酯聚氨酯的软链段的吸收峰。

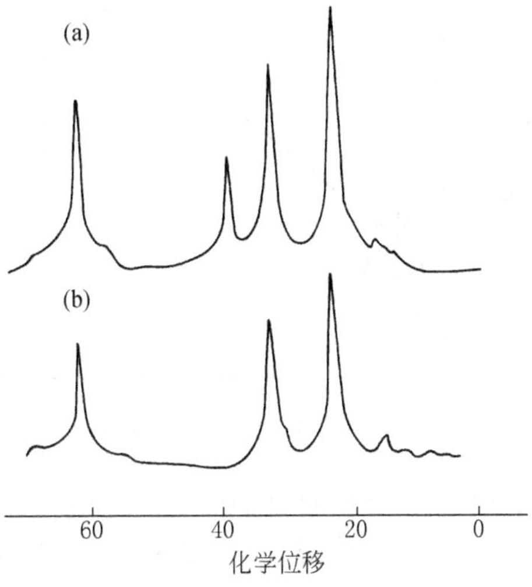

图 3-80　聚酯聚氨酯固体^{13}C—NMR 谱
（a）普通 CP/MAS/DD NMR 谱；
（b）延迟 CP/MAS/DD NMR 谱，延迟时间为 30μs

3.5.3.6　分子运动与弛豫时间

利用^{13}C 的固体高分辨 NMR 技术结合各种弛豫时间的测量，可以对处于使用状态下的高分子材料的分子运动，相态结构进行研究，从而有可能与样品的宏观性能联系起来。

例如：玻璃状态的聚合物的弛豫时间与其耐冲击强度之间的关系如图 3-81 所示。此时耐冲击程度和聚合物主链碳的弛豫参数有 $T_{CH+}/T_{1\rho}$ 着良好的对应关系。此处 T_{CH+} 是决定 C—H 间极化转移速度的时间（+表示对不同种类高分子所做的修正）。T_{CH+} 与 C—H 间的偶极相互作用强度有关。$T_{1\rho}$ 反映分子运动的性质，对于聚甲醛来说，所测得的 T_1 和 $T_{1\rho}$ 值有两组，分别对应于结晶部分和非晶部分（$T_{1\rho}$ 值随着旋转速度的增加而减小）。

	非晶部分	结晶部分
T_1（45MHz）	75ms	15s
$T_{1\rho}$（$H_{1\rho}$=25kHz）	17.5ms	0.3～3ms

3.5.3.7　聚合物材料的 NMR 成像

NMR 成像技术是一种能记录被激发核在样品中的位置，使之成像，给出核在空间分布的技术。近年来已经开始应用在高分子核磁的研究中。此方法主要被用于研究高聚物本体材料在溶剂中的行为，如橡胶或塑料在溶剂中的溶胀程度，应力开裂，溶剂扩散等。利用 NMR 成像可以观察到有机溶剂在玻璃态高聚物中的扩散过程、材料内部的不均匀性、缺陷等，测定材料内部的梯度、结构变化的空间分布以及材料内部的流动程度。NMR 成像技术有可能用于检测加工产物质量，为改进加工条件提高制品质量提供科学的依据。

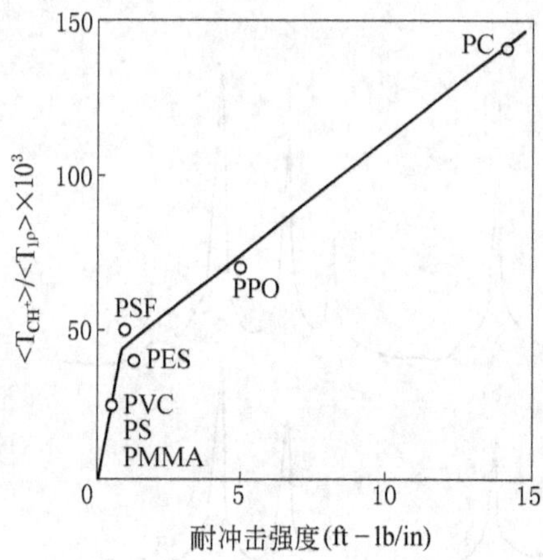

图 3-81 各种玻璃状高分子的耐冲击强度和弛豫时间的关系

3.5.4 核磁共振波谱在无机和金属化合物方面的应用

3.5.4.1 NMR在固体化石能源中的应用

CP—MAS ^{13}C 固体高分辨NMR是研究固体化石能源结构的有力手段。它不仅直接从试样给出实验结果，而且能够提供煤炭和油页岩中碳、氢、氧等官能团的定量或半定量结构信息。从谱图中明显出现的0～90脂肪碳和大于90的芳香碳两大吸收峰可以获得煤炭和油页岩的芳香度。芳香度是表征煤结构的关键参数之一，不同类型的化石能源的芳香度不同。来源于陆相高等植物的腐植煤的芳香度较高，而来源于藻类或植物中脂质部分的化石芳香度较低；各种化石能源的芳香度又与母质的类型与自然演化的成熟度有关。表3-33列出了几种固体化石能源的固体 ^{13}C—NMR谱分析得出的含碳官能团的分布与结构的关系。通过固体 ^{1}H—NMR谱，利用 ^{1}H 的FID的最大振幅与样品中的总氢含量成正比的关系，可以推测样品的有机氢含量，而有机氢含量又与产油量呈正相关，从而测出油页岩与煤的产油潜力。

3.5.4.2 表面化学

核磁共振技术在各种界面化学体系中的应用已日趋广泛，如：胶束、膜过程、生物体系、高聚物复合材料、黏土和液晶等。通过 ^{13}C—NMR高分辨谱可以研究吸附剂与表面物质的作用，通过 ^{13}C 的弛豫时间的测量还可得到被吸附分子几何构型和动态行为等参数。利用 ^{1}H 和 ^{13}C 的NMR还可以研究负载型催化剂表面上被吸附分子的状态和反应机制。许多 ^{1}H—NMR研究表明，贵金属表面上被吸附的氢有不同状态，它们相互之间有明显的相互作用。丙烯在HY分子筛上反应的CP—MAS ^{13}C—NMR研究表明，催化剂骨架氧与初始碳阳离子相互作用产生长寿命的中间体 ROS_i。^{129}Xe—NMR测出被吸附在NaY分子筛中六甲基苯在颗粒间的分布是均匀的。用NMR研究吸附催化体系是一个非常有用的技术。图3-82为吸附在γ-氧化铝表面上的正丁胺的 ^{13}C—CP/MAS谱。

表 3-33　用^{13}C—NMR 表征固体化石能源的化学结构

含碳官能团与结构参数	化学位移	碳 含 量/%			
		绿河页岩	Kimmeridge 泥岩	抚顺页岩	黄县褐煤
脂甲基碳	16	6.2	2.3	4	3
芳甲基碳	20	2.9	4.4	2	3
亚甲基碳	30	44.4	41.9		
次甲基碳	39	14.5	14.1	>63	>22
季碳	40	<2	0.5	—	—
氢接脂碳	50～70	10.8	9.9	3	9
氢接芳碳	128	4.7	10.0	11	21
桥接芳碳	132		8.1	6	13
侧支芳碳	130～140	>11.0	5.8	7	13
氧接芳碳	154	2.8	1.9	3	12
羰基碳	178	1.4	0.9	1	3
茂基碳	210	0.6	0.4	—	1
芳碳率	100～170	0.19	0.26	0.27	0.59
芳氢率	—	0.03	0.06	0.07	0.21
平均脂链碳数	—	6.8	8.4	10.5	3.6
芳族未取代 H/C①	—	—	0.69	0.78	0.78

① 表征芳族缩合度的结构参数。

从谱图 3-82(a)谱为氧化铝和酸及路易斯碱的反应产物的谱图比较，吸附的正丁胺有 6 条明显的共振峰，这说明存在两种化学结构不同的分子(α,β,γ 和 α',β',γ')。这二组峰证实表面上有两种吸附表面，而且它们之间交换缓慢。通过谱图（a)，(b) 和（c) 的比较，可知吸附分子中的碳 α 和 β 吸附在路易斯碱部位，碳 α' 和 β' 吸附在 Bronsted 部位（与 HCl 加成物相吻合)。

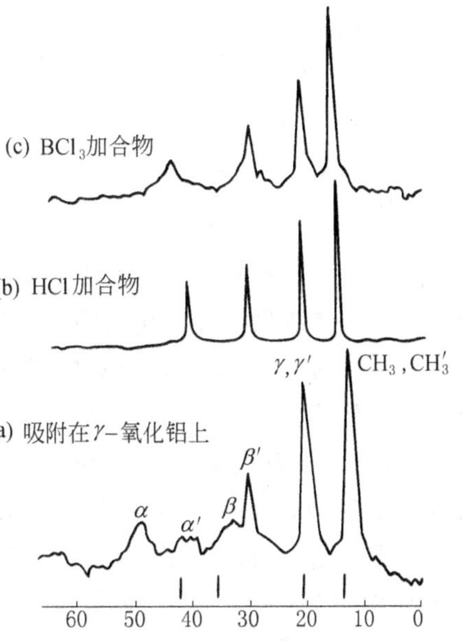

图 3-82　吸附在 γ-氧化铝表面上的正丁胺的^{13}C CP/MAS 谱

3.5.4.3　^{13}C 核以外的其他核的固体核磁共振

固体高分辨核磁共振已成为研究多孔固体如活性炭、硅胶、三氧化二铝、分子筛和沸石的重要实验手段。^{29}SiCP—MAS 核磁共振提供硅第一配位层上的铝分布的信息，成为目前获取骨架硅铝比的最直接可靠的实验方法，也是研究有机硅聚合物热解制备陶瓷材料过程中产物结构状态及物相转变过程最直接的方法。

沸石骨架 Al 是四氧配位的，化学位移在 60，非骨架六氧配位 Al 的化学位移在 0 附近。根据这两个 NMR 信号的强度，大致可以提供脱铝改性过程的定量描述。而沸石中的 Si 有 5 种不同的化学环境，处在 5 种结构单元中的 Si 的化学位移分别为－106，－101，－96，－90 和－85。表 3-34 列出了不同批号脱铝样品的^{29}Si 的 MAS—NMR 谱的拟谱数据。

表 3-34 系列脱铝样品的^{29}Si 的 MAS—NMR 谱的拟谱数据

样品号	样品处理条件	Si(0Al)/SiTOTAL % −106	Si(1Al)/SiTOTAL % −101	Si(2Al)/SiTOTAL % −96	Si(3Al)/SiTOTAL % −90	Comp. Si/Al	Al num./Unit cell	Al^{NF}/SiTOTAL %
NY	NHY 原粉化学分析 Si/Al=2.55	15.0	40.5	35.0	8.7	2.9	49	12
USY	工业超稳 Y 化学分析 Si/Al=2.55	36.2	44.9	15.7	3.3	4.6	3.4	47
ReUSY	稀土超稳 Y 化学分析 Si/Al=2.55	55.1	27.1	11.9	5.9	5.8	28	56
YF01	$(NH_4)_2SiF_6$ 脱铝补硅 处理化学分析 Si/Al=4.86	39.3	40.8	17.9	2.0	4.8	33	0
YF02	$(NH_4)_2SiF_6$ 脱铝补硅处理 饱和水蒸气(550℃)处理 2h	58.0	30.0	11.4	0.5	7.4	23	34
YF03	$(NH_4)_2SiF_6$ 脱铝补硅处理 饱和水蒸气(550℃)处理 6h	69.9	22.8	7.3	0.0	10.7	16	55
YF04	$(NH_4)_2SiF_6$ 脱铝补硅处理 饱和水蒸气(550℃)处理 6h 650℃焙烧脱羟 2h	69.7	24.4	6.0	0.0	11.0	16	56

图 3-83 是固化后的聚硅氧烷经 800℃，1350℃ 热解后，产物的^{29}SiMAS—NMR谱。在固化后的有机硅聚合物 P67 谱图中，有两组共振峰，一组在－55 和－61 处，它们对应于 $SiCO_{3/2}$ 结构单元，即在 Si—Si 主链的硅原子连有甲基—CH_3 基团，另一组共振出现在－100 和－108 处，对应于 $SiO_{4/2}$ 单元，即固化交联后的 Si—O—Si 的骨架结构。当在 800℃ 热解后，化学位移为－65 处的 $SiCO_{3/2}$ 共振峰减弱。而－104 处的 $SiO_{4/2}$ 共振峰增强，这表明部分 Si—CH_3 键被支解，而 Si—O—Si 骨架更加高度交联，这时的热解产物可以看成为非晶态的氧碳化硅（SiO_xC_y）。在 1350℃热解后，化学位移为－65 的峰完全消失，而 $SiO_{4/2}$ 结构对应的－110 共振峰增强，同时在－17处出现一个小的共振峰，这是 β-SiC 的特征共振峰。这表明聚硅氧烷结构中的 Si—CH_3 键在最终的热解产物结构中已基本不存在，而热解产物的

主要结构是 Si—O—Si 构成的骨架，同时夹杂少量的 β-SiC 结构。

3.5.4.4　过渡金属的核磁共振

核自旋 $I=1/2$ 的核，共振频率较高，在化学研究中较为常用，例如：^{1}H、^{13}C、^{19}F、^{31}P 和 ^{15}N 等。但对过渡金属来说，大多数情况下，天然丰度低，核自旋 $I>1/2$，又由于核的四极矩弛豫等原因，往往灵敏度较低，谱线会加宽。从化学位移数据中只能得到较少的信息，但通过过渡金属的 NMR 测定，仍能获取有关自旋-晶格弛豫速度以及谱线宽度变化相关的信息。例如：溶液中离子配位状态的表征、金属络合物间不同反应的探讨、过渡金属的化学位移与邻近基团电负性、位阻、对称性、极化性、杂化及 Lewis 酸碱度的关联。

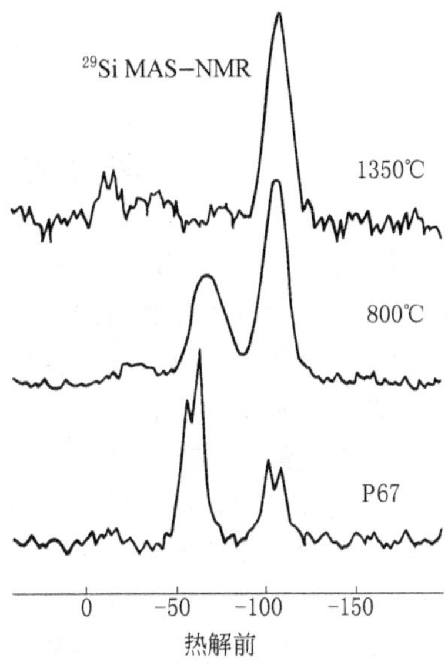

图 3-83　P67 前驱体及热解产物的 ^{29}Si—MAS—NMR 谱

第 4 章　质　谱

最近 30 年来，随着质谱技术及仪器的不断发展，质谱学在不同化学领域的研究方面得到了蓬勃发展。对于高分子材料本身来说，大多数分子量较大，而且不易挥发，所以无法直接用质谱进行鉴定。但通过软电离方法却可有效地测定各种塑料、橡胶、纤维的主体结构单元以及聚合物材料的添加剂。应用热裂解-质谱或热裂解-气相色谱-质谱，可分别获得不同聚合物结构特征的热裂解产物，从而进一步揭示聚合物的链节以及序列分布。这在研究聚合物的结构与性质关系方面可发挥很大的作用。

辉光放电质谱（GDMS）和火花源质谱（SSMS）是进行高纯固体材料直接和全面分析的两种主要分析技术。而二次离子质谱（SIMS）适合于痕量杂质的定性和定量分析，以及材料的深度和成分分析。同位素质谱用于同位素的组成和同位素中微量杂质的分析。表 4-1 列出质谱研究中的几种离子源及应用对象。

表 4-1　质谱研究中的几种离子源

名　称	简称	类型	离子化试剂	对　象
电子轰击离子源	EI	气相	高能电子	适合大多数有机化合物分析，不易获得分子离子峰
化学电离	CI	气相	试剂离子	适合大多数有机化合物分析
场电离	FI	气相	高电势电极	混合物的定性定量
场解析	FD	解吸	高电势电极	适合于难汽化和热稳定性差的固体样品分析
快轰击	FAB	解吸	高能电子	适合生物样品、多肽、磺酸类染料分析
二次离子质谱	SI	解吸	高能电子	非挥发性及热不稳定性样品表面分析
激光解析	LD	解吸	激光束	无机材料分析（粉尘中钙分布及高分子表面研究）
离子喷雾	EH	解吸附	高场	高分子、生物大分子样品的分析
辉光放电质谱	GD	解吸	高能电子	冶金工业中贵金属分析以及金属定量分析
火花源质谱	SS	解吸	高能电子	无机痕量杂质定性定量以及杂质元素分析
同位素质谱	IT			同位素的组成和微量杂质的分析

由于质谱法的独特的电离过程及分离方式，从中所获得的信息直接与样品的结构本质相关，不仅给出各种同位素比的测定，而且能给出固体表面的结构和组成。因此，质谱学已成为适用于多种有机、无机、高分子材料结构分析的非常有力的工具。

质谱法常简称为质谱（MS）。所谓质谱是指样品分子（或原子）离子化后形成具有各种质荷比（质量与电荷比）的离子，进而在电磁场的作用下被分离，并将收集到的离子按质荷比的大小排列成的谱。质谱的纵坐标为具有一定质荷比的离子数目，也称强度。横坐标即为质荷比，以 m/e 表示，对于单电荷离子（$e=1$）也就是离子的质量值。

图 4-1 为商品牌号的聚甲基丙烯酸乙酯的热裂解质谱图。

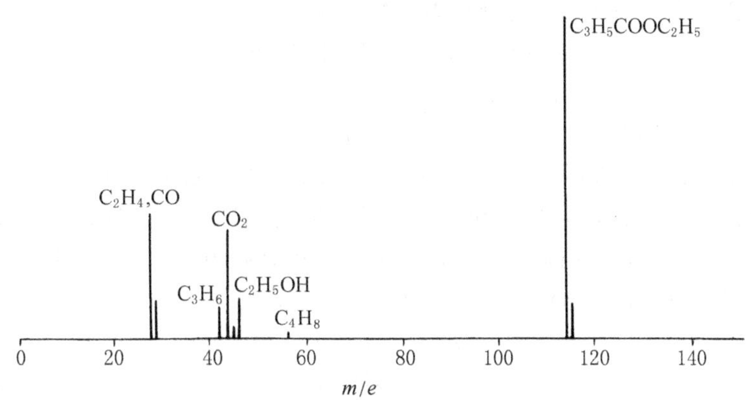

图 4-1　聚甲基丙烯酸乙酯的热裂解质谱图（FI 离子源）

4.1　质谱的基本知识

4.1.1　质谱仪的基本原理

质谱仪的基本原理如图 4-2 所示：

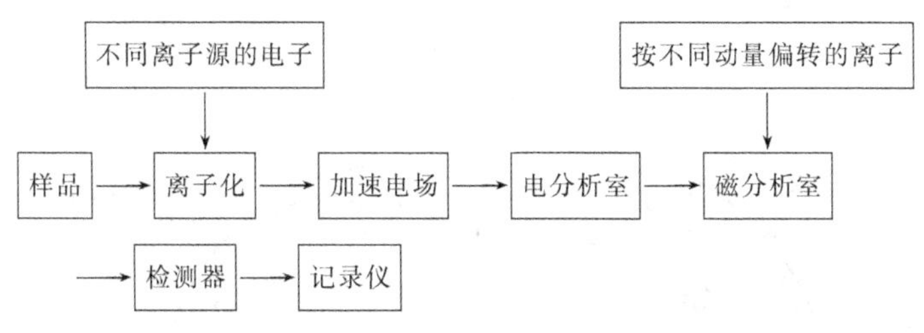

图 4-2　质谱仪的方块图

如图 4-2 所示，在离子源中用高能电子（若是 EI 离子源，其能量大约为 88.1～112.14J）轰击处于气态的分子，由于分子和电子轰击的结果，形成一个带正电荷的分子离子 M^+。

$$M+e^- \longrightarrow M^+ + 2e$$

这些分子离子在极短的时间内（10^{-10}～10^{-3} s），又能继续发生反应，形成不同质量的碎片正离子，中性分子或游离基。所有带正电荷的离子所获得的动能是一样的。

$$eV=1/2\times mv^2 \tag{4-1}$$

式中 V——加速电位；

v——离子速度；

m——离子质量。

这些带正电荷的离子束，经过质谱仪的正电场 E 的加速聚焦而发生偏转，偏转时产生的离心力与静电力平衡，即：

$$eE=mv^2/R=2/R\times 1/2\times m\times v^2 \tag{4-2}$$

式中 R——偏转半径；

E——正电场。

图 4-2 中电分析器的动能是滤除由于初始条件有微小差别而引起的动能的差异，选择一组不同的 m 和 v 组成几乎完全相同的动能的离子。被加速的离子进入磁场后，在强磁场（H）中受到洛仑兹力（f）的作用而发生偏转，稳态时的离心力与洛仑兹力平衡。

$$Hev=mv^2/R \tag{4-3}$$

$$v=HeR/m \tag{4-4}$$

将式（4-4）代入式（4-1）中，就可以得到以下关系式：

$$m/e=H^2R^2/2V \tag{4-5}$$

在一定外加磁场 H 和加速电位 V 的作用下，不同质荷比的离子（m/e）经质量分析器分开，而后被检测。质谱就是以离子峰的强度对 m/e 值做图而形成的图谱。图 4-3 为双聚焦质谱仪的示意图。

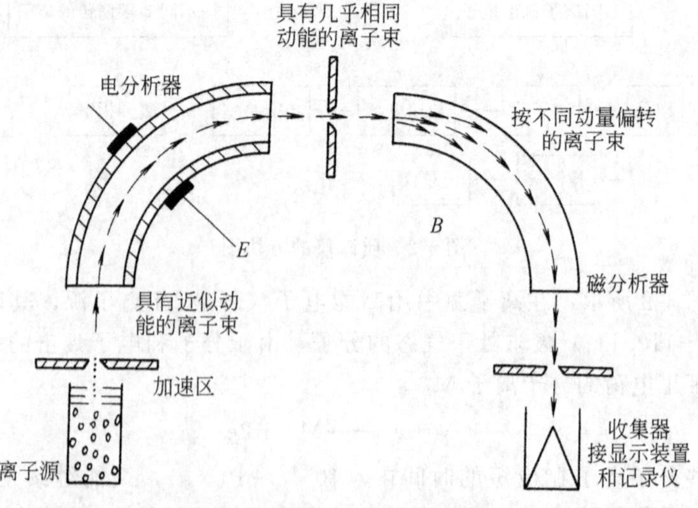

图 4-3 双聚焦质谱仪示意图

4.1.2 质谱的表示法

根据方程式（4-5）可知：当质谱仪的加速电位 V 和 R 为一定值时，被离子捕获器测量到的离子质荷比 m/e 也就随磁场强度 H 的改变而变化。记录这些信号的强弱就表明每个 m/e 值离子数目的多少，也可用峰的相对丰度来表示。图 4-4 是乙酰水杨酸的质谱图。图中横坐标为离子的质荷比（m/e）。当 $e=1$ 时，此值即为此化合物的质量数。纵坐标表示离子峰的丰度。人们常取质谱图中丰度最大的那个峰为 100，其他各峰的丰度按比例推算，求出其相对强度。

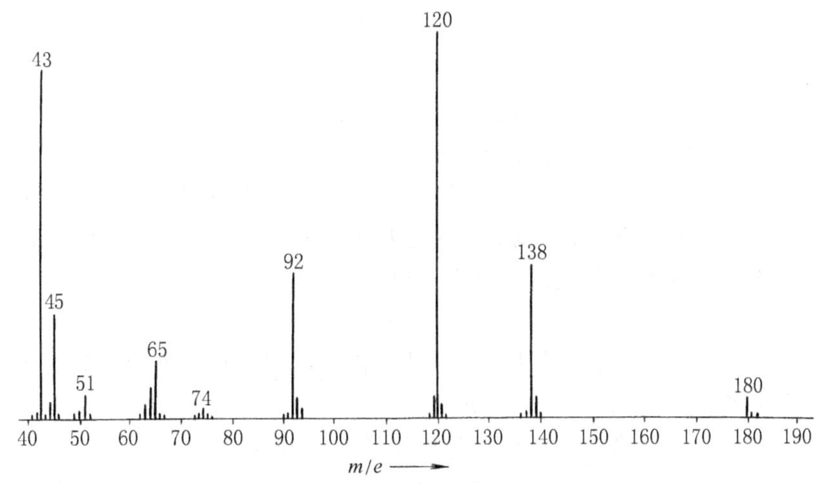

图 4-4　乙酰水杨酸的质谱图

另一种表示方法是将质荷比和相对强度用表格形式表示。如表 4-2 所示。

表 4-2　乙酰水杨酸的质谱数据表

m/e	相对强度	m/e	相对强度	m/e	相对强度
182	0.08	122	0.66	]74	]0.82
181	0.69	121	1.28	65	17.2
180	6.7	120	100	51	1.5
140	0.38	119	1.4	15	31.5
139	3.4	93	0.85		
138	44	92	43		

4.2 离子的主要类型

一张质谱图是由不同丰度的分子离子、同位素离子、碎片离子、亚稳离子和多电荷离子等组成。识别这些离子，了解它们的形成和碎裂演变过程以及峰与峰之间的关系是解析谱图的基础。下面将分别讨论这些离子。

4.2.1 分子离子

因为分子离子 M^+ 在质量上等于分子量（当 $e=1$ 时），因此它给人们提供了关于分子种类最基本的结构信息。它是表征一个化合物重要的数量依据。在分子离子中，用“+·”表示电离的键或原子上正电荷的部位。例如烷、烯、醇等的分子离子峰可分别表示为：

$$R—CH_2+\cdot CH_2—R\ ,\quad R—\overset{+}{C}H—\overset{\cdot}{C}H—R\ ,\quad R—\overset{+}{\underset{\cdot\cdot}{O}}—H$$

当电离的部位不确定时，可用 $[\,]^{+\cdot}$ 或 $\urcorner^{+\cdot}$ 表示。例如酮类的分子离子可写成：

$$\left[\begin{array}{c}O\\ \|\\ R—C—R'\end{array}\right]^{+\cdot}\qquad \begin{array}{c}O\\ \|\\ R—C—R'\end{array}\urcorner^{+\cdot}$$

识别分子离子峰主要根据以下三点。

① 在谱图中必须是最高质量的离子（除了它的同位素离子）。比分子离子峰大 1、2、3 质量的离子，通常是分子中同位素引起的，强度一般较弱。

② 分子离子峰必须是一个奇电子离子

$$M+e\longrightarrow M^{+\cdot}+2e$$

对于大多数饱和化合物来说，在质谱图中出现的碎片离子大多数是带偶数电子的离子。(例如 m/e 15，m/e 29，m/e 43……)。

③ 碎片离子所含有的任何一种原子数目不能超过分子离子所含有的该原子的数目，在纯样品的质谱图上不出现分子量小于 3～14 质量数的碎片峰。

但满足上述三个条件的也有可能不是分子离子峰，一些多羟基糖类、醇类、醛及脂肪胺化合物常缺乏分子离子峰。为解决这些难题，可采用制备相应的衍生物的方法或采用其他软电离的方法来帮助判断分子离子峰。

4.2.2 同位素离子

自然界存在的元素 70%具有天然同位素。这就意味着含有某种元素的碎片离子在质谱图上不呈现单峰，而是一组峰。由天然同位素组成的化合物在质谱图上常出现比分子量大 1、2、3 或更多质量单位的峰，这就是由重同位素引起的同位素峰。其强度取决于分子中所含元素的原子数目和该元素天然同位素的丰度。常见元素及天然同位素丰度见表 4-3。

一般，常以该分子中各元素中最轻的元素也就是丰度最大的同位素组成的峰定义为分子离子峰，重同位素组成的峰为分子离子峰的同位素峰（M+1)、(M+2）……。可利用低分辨质谱图的同位素丰度进行元素的定性分析及推测化合物的元素组成。

表 4-3　常见元素及其天然同位素的质量及丰度

元　素	质　量　数	天然丰度/%	元　素	质　量　数	天然丰度/%
^{1}H	1.00782522	99.99	^{28}Si	27.976929	92.18
^{2}H	2.014122	0.01	^{29}Si	28.976492	4.71
^{10}B	10.01294	24.6	^{30}Si	29.973761	3.12
^{11}B	11.009305	75.4	^{31}P	30.973768	100
^{12}C	12.000000	99.89	^{32}S	31.972077	95.02
^{13}C	13.003355	1.11	^{33}S	32.971460	0.75
^{14}N	14.003074	99.63	^{34}S	33.967864	4.32
^{15}N	15.000108	0.37	^{35}Cl	34.968853	75.53
^{16}O	15.9949147	99.76	^{37}Cl	36.965903	24.47
^{17}O	16.999132	0.04	^{79}Br	78.91833	50.52
^{18}O	17.999162	0.20	^{81}Br	80.91692	49.48
^{19}F	18.9984046	100	^{127}I	126.90447	100

分子中所含同位素的相对丰度可按二项式展开来计算。

$$(a+b)^m = a^m + ma^{m-1}b + m(m-1)a^{m-2}b^2/2! + m(m-1)(m-2)a^{m-3}b^3/3! + \cdots + b^m \quad (4\text{-}6)$$

式中　a——轻同位素的天然丰度；

b——重同位素的天然丰度；

m 该元素在分子中的原子数目。

例如：$C_{14}H_{28}$分子离子峰中，$M/(M+1)/(M+2)$各峰的相对强度按下式计算：

$^{12}C_{14}H_{28}$　　(M)　　1^{14}

$^{12}C_{13}^{13}C_{1}H_{28}$　　$(M+1)$　　$14!/(13!\times1!)\times0.011$

$^{12}C_{12}^{13}C_{2}H_{28}$　　$(M+2)$　　$14!/(12!\times2!)\times0.011$

计算结果：$M:(M+1):(M+2)=100:15.4:1.1$

含氯、溴、硫化合物的同位素峰都有高于 2 的质量单位的同位素，且它们的丰度较大，因此在 M、$M+2$、$M+4$ 处有显著的同位素峰。图 4-5 是一卤代甲烷的质谱。

例如：对 CH_2Cl_2来说，含有两个氯原子，因此 $m=2$，氯的同位素丰度比：$^{35}Cl:^{37}Cl=75.53:24.47\approx3:1$ 即在二项式中，$a=3$，$b=1$，代入展开式：

$$(a+b)^2 = a^2+2ab+b^2 = 3^2+2\times3\times1+1^2 = 9+6+1$$

则在 CH_2Cl_2中，氯的同位素的丰度比为 $M:(M+2):(M+4)=9:6:1$

$CH_2^{35}Cl_2$　　M　　9

$CH_2^{35}Cl^{37}Cl$　　$M+2$　　6

$CH_2^{37}Cl_2$　　$M+4$　　1

从上述分析可知：根据$(M+2)/M$的数值大致可估算出分子中含溴、氯、硫的数目，从$(M+1)/M$可估算出分子中含碳原子的数目。这是从分子离子同位素峰簇计算化合物元素组成的关键。一般来说，分子中碳原子的数目≈$(M+1)/M/1.1\%$。但需要注意在进行上述估算时，由于各种因素的干扰，会产生一些误差。

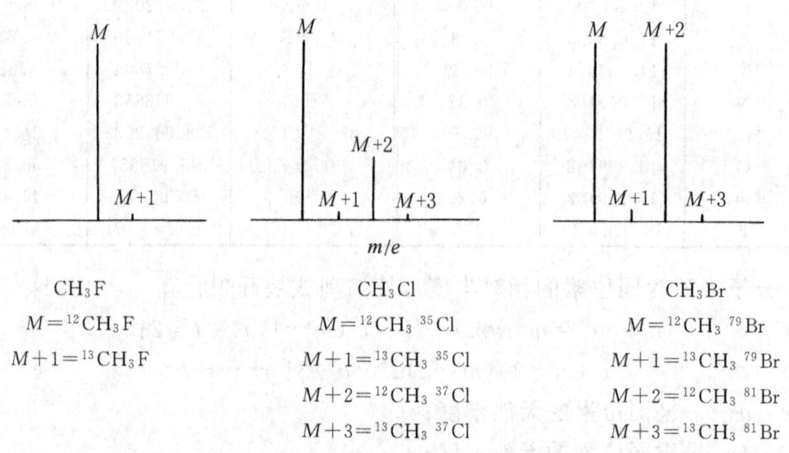

图 4-5　三种一卤甲烷的质谱图

4.2.3　碎片离子

含有较高能量的分子离子进一步裂分而生成的离子被称为碎片离子。质谱图中低于分子离子质量的离子都称为碎片离子。每个化合物都有自己特定的碎片离子，犹如红外特征指纹图谱一样。因此碎片离子对于阐明分子结构具有重要的意义。

在离子源中，样品分子被电离时获得过剩能量，最后转变为分子的振动内能，它是分子离子进一步碎裂成碎片离子的动力。一般来讲，分子离子有多种方式和途径进行碎裂。而各种裂解反应处于竞争之中，这就导致了一系列的碎片离子。

碎裂的反应是通过分子离子 M^{+} 发生的，可表示为：

$$M \xrightarrow{-e} M^{+\cdot} \rightarrow \begin{cases} A^{+} \\ B^{+} \\ C^{+} \end{cases}$$

分子离子的裂解遵循一定的规律。在所有裂解反应中，丢失的σ电子将按照σ电子＞非共轭π电子＞共轭π电子＞非键孤对电子的难易程度来进行，并不是任意的，例如羰基的电离可表示为：

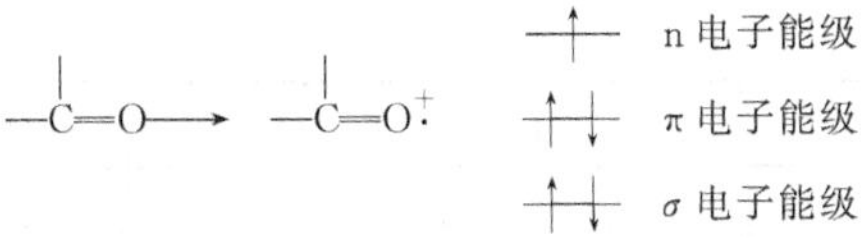

$$-\overset{|}{C}=O \longrightarrow -\overset{|}{C}=O^{+\cdot}$$

n 电子能级

π 电子能级

σ 电子能级

n 电子能级电离电位最低，最先丢失 n 电子；其次是 π 电子，它的电离电位比 n 电子高；σ 键上的 σ 电子的电离电位最高，所以最后失去。$M^{+\cdot}$ 的碎裂过程既可以是游离基形式，也可以由正电荷引发，哪一条途径的反应所需能量越少则该反应就占优势。但优势反应不一定在谱图上获得强峰，这是因为有次级反应存在的缘故。

碎片离子大多数由下述四种断裂类型形成，即简单断裂、复杂断裂、重排断裂、双重排断裂。

原则上，每一类化合物或官能团都具有特征的质谱和碎裂行为。但由于实际上化合物的复杂性，往往一些官能团的特征碎裂行为被另一些官能团的碎裂行为所掩盖而看不出来，或者几种碎裂行为同时发生和重排，而使碎裂过程较为复杂。

表 4-4 为常见的低质量端的碎片峰。

表 4-4　常见低质量端的碎片峰

m/e	常见离子	*m/e*	常见离子	*m/e*	常见离子
15	CH_3	42	C_3H_6	59	$C_2H_5OCH_2$
16	O	43	C_3H_7		CO_2CH_3
17	OH		CH_3CO	61	CH_2CH_2SH
18	H_2O	44	CH_2CHO+H		CH_2SCH_3
	CHO		CO_2	65	C_5H_5
26	CN		CH_3CHNH_2	66	C_5H_6
27	C_2H_3	45	CH_3CHOH	70	C_5H_{10}
28	C_2H_4		CH_3OCH_2	71	C_5H_{11}
29	CO		COOH		C_3H_7CO
	CH_2N		CH_2CH_2OH	73	$CO_2C_2H_5$
	N_2	46	NO_2		$C_3H_7OCH_2$
	C_2H_5	47	CH_3S	77	C_6H_5
30	CH_2NH_2	51	C_4H_3	78	C_6H_6
	NO	55	C_4H_7	79	Br
31	CH_2OH		NH_4		
	OCH_3	56	C_4H_8	80	 N（吡啶环）
32	O_2	57	C_4H_9		
33	HS		C_2H_5CO		
34	H_2S	58	CH_3COCH_2+H		
35	^{35}Cl		$(CH_3)_2NCH_2$		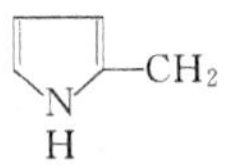 N(H)（吡咯环）$-CH_2$
39	C_3H_3		$C_2H_5NHCH_2$		
41	C_3H_5		$CONHCH_3$		

续表

m/e	常见离子	m/e	常见离子	m/e	常见离子
82	C_6H_{10}	91	C_7H_7	105	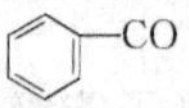 C_6H_5—CO
83	C_6H_{11}				
	$CH^{35}Cl_2$	92	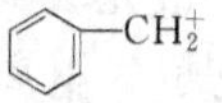 C_6H_5—CH_2^+ +H		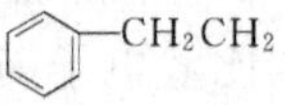 C_6H_5—CH_2CH_2
84	C_6H_{12}	93	C_6H_5—O		
85	C_6H_{13}		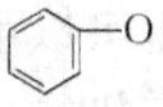	107	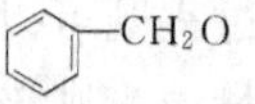 C_6H_5—CH_2O
	C_4H_9CO	94	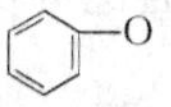 C_6H_5—O +H		
87	$C_3H_7CO_2$			120	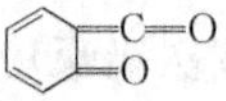 C_6H_4(—C═O)(═O)
	$CH_2CO_2CH_3$				

4.2.4 亚稳离子

亚稳离子是指离开离子源后到达收集器之前飞行过程中发生进一步裂解而形成的离子。这是由于该离子具有特定范围内的动能而造成的，在质谱图上记录下来的峰叫做亚稳峰（m^*）。

$$m^* = m_2^2/m_1 \tag{4-7}$$

其中，m_1 为离子室产生的离子，飞行到达收集器之前未分解，而能完整地到达检测器时的离子。

m_2 为在离子室里分裂生成的新离子。

m^* 是在离子室中的离子在被加速离开离子室后，在到达检测器之前（10μs 左右）的飞行过程中分解而产生的离子。虽然质量与 m_2 离子相等，但它的动能比 m_2 小得多，在检测器上记录到的是低强度的宽峰。如图 4-6 所示。

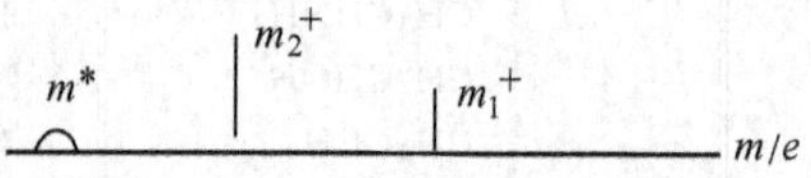

m^*　　m_2^+　　m_1^+　　m/e

图 4-6　母离子 m_1、子离子 m_2 与亚稳离子 m^*

亚稳离子在谱图解析上很有用，它可用于判断离子在裂解过程中的相互关系。

例如：　　m/e 137　　　　m/e 120

m_1　　　　m_2

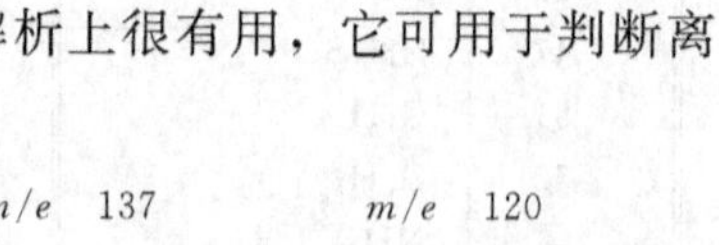

邻羟基苯甲酰胺（C(═O)—NH_2，OH）$\xrightarrow{m^*\ 105.1}$ （CO^+，═O）

m/e 137　　　　m/e 120

$$m^* = m_2^2/m_1 = 120^2/137 = 105.1$$

4.2.5 多电荷离子

在质谱中绝大部分的离子都是带有一个正电荷的离子。但在某些化合物的质谱图中，也会出现带二个或更多个正电荷的离子，即多电荷离子。双电荷离子在稠环、有机金属化合物、含 Br、Cl 的化合物中均可发现，强度一般为基峰的百分之一左右。如果两价离子的质量为奇数，它的 m/e 就是非整数，比较易于识别。若两价离子的质量是偶数，它的质荷比是整数，相对较难辨认，但此时它的同位素峰（M+1)/2e 都是非整数，可用来识别两价离子。

4.3 质谱碎裂的一般机制

4.3.1 α 与 σ 碎裂

碎裂是指由游离基引发的，由游离基重新组成的键而在 α 位导致碎裂的过程，例如：

$$R_1R_2C{=}O^{+\cdot} \xrightarrow{\alpha} R_1C{\equiv}O^+ + R_2^\cdot \qquad ; \qquad \xrightarrow{\alpha} R_2C{\equiv}O^+ + R_1^\cdot$$

α 碎裂经常发生在醇、醚、胺、烯、酮和酯类化合物中，但 α 碎裂时往往以失去较大基团的碎裂过程占优势。

σ 碎裂过程是当 σ 键形成的阳离子的自由基时发生的碎裂过程。例如：

$$\xrightarrow{-e} (\;)^{+\cdot} \xrightarrow{\sigma} \quad {}^{+} + H^\cdot;\quad {}^{+} + CH_3^\cdot;\quad {}^{+} + C_2H_5^\cdot;\quad {}^{+} + C_3H_7^\cdot;\ \vdots$$

σ 碎裂过程常发生在饱和烃类中。当存在支链时，σ 碎裂将优先发生在支链处。这一规律也适用于环烷烃，当它带有烷基取代基时，往往取代基所在位置优先断裂。

4.3.2 i 碎裂

i 碎裂是由正电荷引发的碎裂过程，它将涉及两个电子转移，例如：

$$R_2R_1C{=}O^{+\cdot} \xrightarrow{i} R_1^+ + R_2C{\equiv}O^\cdot$$

在含有醇、醚、酮和醛类化合物中，往往 i 过程和 α 过程同时发生，具体哪一个过程占优势主要由反应物和产物的结构决定。对于没有游离基的偶电子离子，只能发生 i 过程。

4.3.3 γH 重排

最常见的 γH 重排是由游离基引发，通过六元环过渡态的 McLafferty 重排，它一般可以表示为：

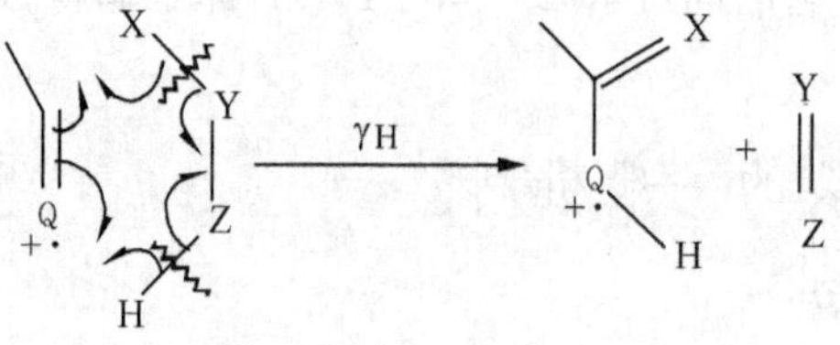

式中 Q，X，Y，Z 均为常见的元素 C，O，S 等。γH 重排要求分子中存在 π 系，例如：苯环，双键等。这种重排既可发生在偶电子系列（EE^+），也可发生在奇电子（OE^+）中。失去的是中性分子。

4.3.4 γd 过程

γd 过程也是重排，但重排不是氢原子，而是一个基团，一般是烷基 R，例如：

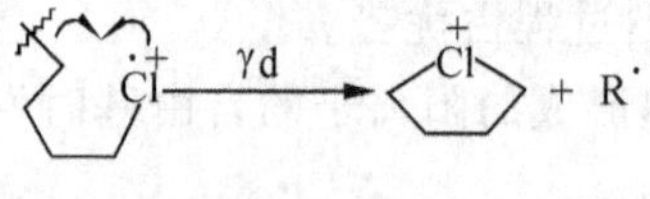

γd 过程在有机质谱中是较为少见的机制。实际上碎裂过程的机制往往由上述基本碎裂过程的不同组合来描述的，下面举一实例来加以描述。

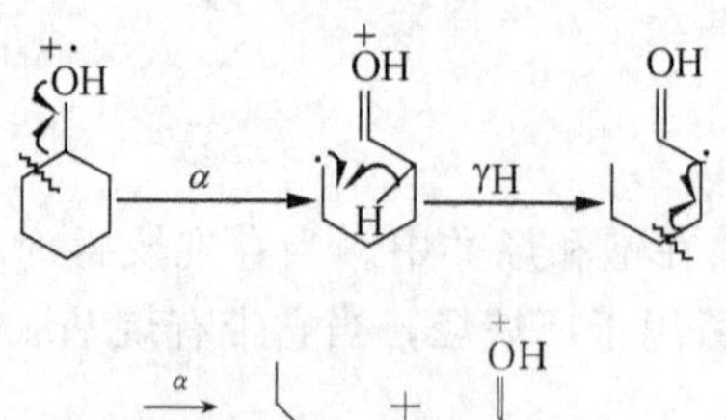

4.4 质谱的辅助技术

离子源是质谱仪的心脏，是将样品分子电离成离子的关键部分。质谱分析中常用的离子源是电子轰击源（简称 EI 源）。从样品分子的成键轨道或非键轨道上“拉走”一个电子所需要的最小能量称为电离电位。一般来说，在 88.1～112.14J 范围内电离效率不随轰击电子能量的改变而改变，质谱图的重复性最好。因此，当今标准质谱图的绘制都采用这个范围的电子能量。但EI轰击的质谱虽给出较多的碎片离子，便于推测结构，可是EI谱对很多化合物不能给出强的分子离子峰，甚至不出现分子离子峰。图4-7为D-葡萄糖的不同离子源的质谱。其中（a）图中EI离子源未出现D-葡萄糖的分子离子峰，而（b）和（c）的场电离（FI）和场解析（FD）离子源却显示出 m/e 181，D-葡萄糖的M+1的分子离子峰。

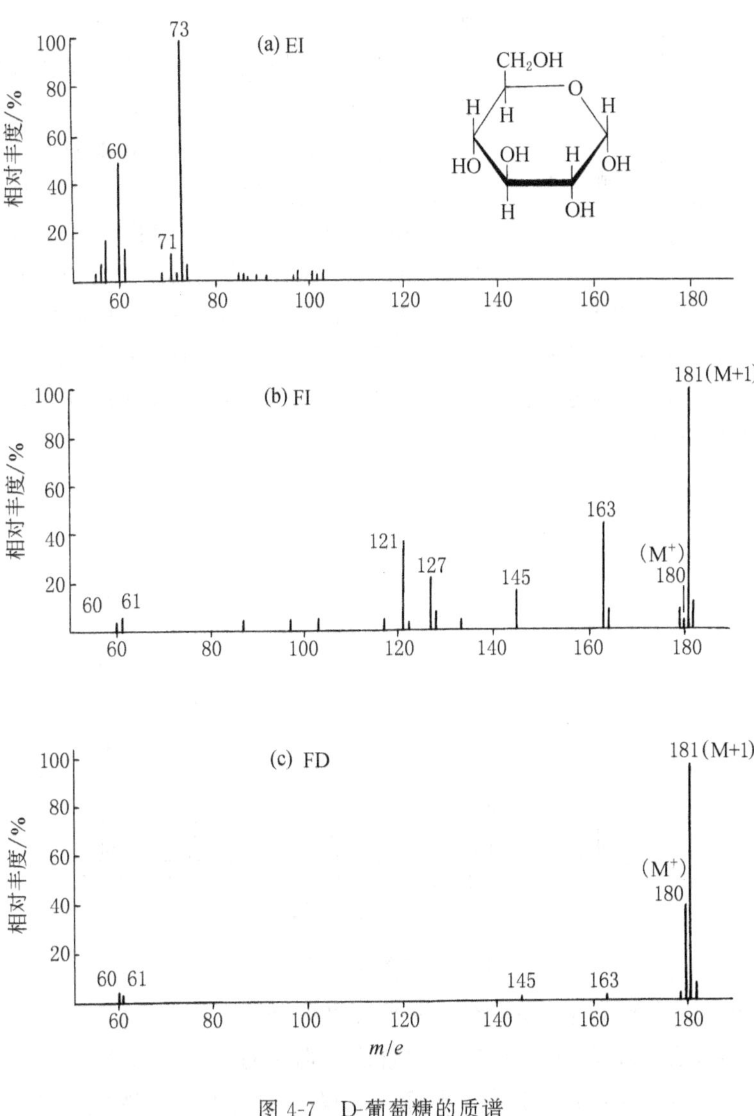

图 4-7　D-葡萄糖的质谱

(a) EI;(b) FI;(c) FD

4.4.1 常见的几种“软电离的方法”

4.4.1.1 化学离子源（简称 CI）

化学离子源是利用离子-分子碰撞反应的方式给予样品分子能量，所以是一种软电离的方式。CI 具有如下两个特点。

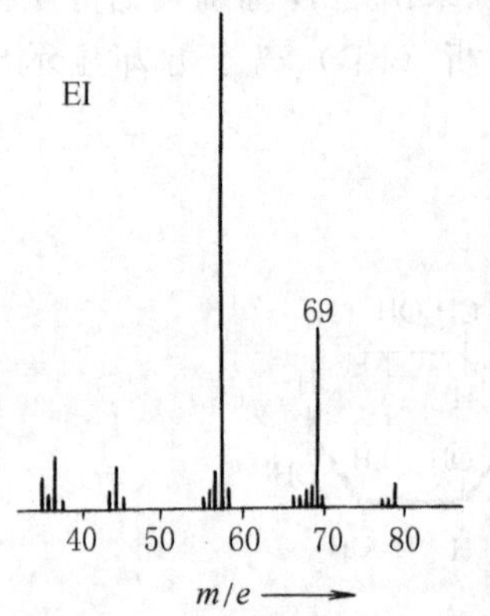

图 4-8 麻黄碱的 EI 质谱

① 通过选择不同的反应离子（气体如甲烷、异丁烷、二氧化氮等），可以改变离子-分子反应的放热量，从而控制反应产物离子的内能。

② CI 产生的样品离子大多数是比较稳定的偶电子离子。

以上两点克服了 EI 不能获得分子离子峰的缺点。选择不同的反应气体可有不同的裂解程度。一般来说，CI 谱总能够提供分子离子峰或 M+1 或 M−1 的峰的信息，而且碎片峰也比 EI 少得多。图 4-8 和图 4-9 分别为麻黄碱的 EI 和 CI 谱，从图中看出 EI 谱完全看不到分子离子峰，而 CI 谱中却可以看到麻黄碱的 M+1“准分子离子峰”（m/e 为 166）。从其 CI 谱的碎片离子峰可以推测其裂解形成的机制。

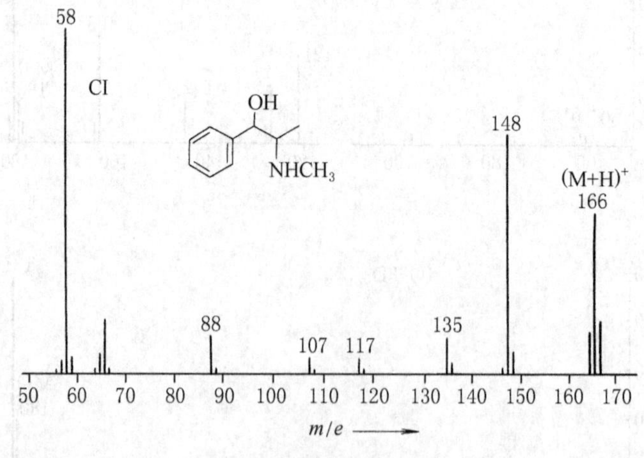

图 4-9 麻黄碱的 CI 质谱

4.4.1.2 场电离（FI）和场解吸电离（FD）源

大多数有机物分子可用 EI 源来解决，但是对热稳定性差、难于气化的有机物，EI 源将不出现分子离子峰，而仅有一些小质量数的碎片离子峰。1966 年 Baekey 发展起来的场电离和场解吸电离源却为上述样品的分析提供了解决的途径。并使有机质谱的应用得到了迅速的发展。

当样品蒸汽邻近或接触带高压的正电荷的金属针时，由于带高压的正电荷、高曲率的针端处产生的很强的电位梯度而使样品被电离。这个过程很快，仅为 10^{-12}s 数量级，因此场电离是一个快速的软电离技术。场电离条件比较温和，可给出 M^+ 或 $(M+1)^+$ 的离子，故适合于混合物的定性、定量分析，但其灵敏度比 EI 低二个数量级。如图 4-7（b）所示的 D-葡萄糖的场电离质谱图。

FD 是一种温和的离子化和温和的样品导入方法。其原理与场电离相同，所不同的是样品被沉积在电极上。溶剂挥发后，样品分子以范德华力吸附在发射体上，只要在细丝上通过微弱电流，就可使样品“解析”并电离。由于样品在电离之前不被加热，避免了热分解。FD 的过程使吸附在场发射体上的分子或原子进行电离，其 M^+ 峰比 FI 还强，谱图更简单。FD 离子源的出现扩大了质谱分析的领域。图 4-10 为 Delnav 的 FD 质谱。

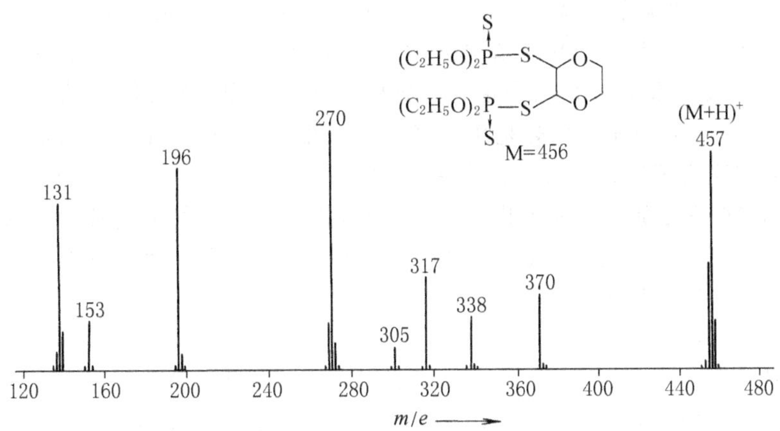

图 4-10　Delnav 的 FD 质谱

4.4.1.3　快原子轰击源（FAB）

FAB 技术适合于挥发性极低、强极性或离子型的化合物或对热敏感、分子量较大的极性化合物。该技术操作简单，获得的结构信息兼容 EI 和 FD 优点。首先将试样分子溶解于所选择的底物中（常用的底物有甘油、二乙醇胺等），再将试样“溶液”涂布在一个金属靶上，直接接入 FAB 源中，此时，高能量的惰性气体离子束经过碰撞室的电荷交换，形成了高速中性原子来轰击样品，从而使样品离子化，得到准分子离子峰 $(M+H)^+$ 以及少数碎片离子。FAB 也适合于测定溶液中的各种无机离子，其不足之处是低质量区域的样品有时受底物峰的干扰。图 4-11 为某种磺酸钠盐染料的 FAB 质谱。

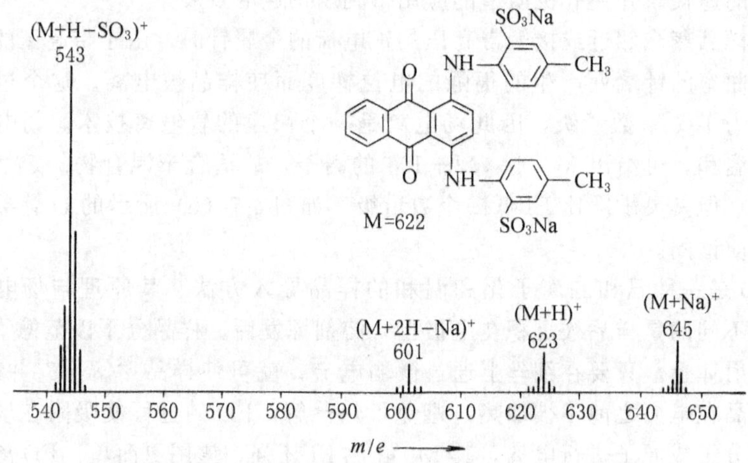

图 4-11 为某种磺酸钠盐染料的 FAB 质谱

4.4.1.4 二次离子电离源（Secondary Ion Mass Spectrometry）

二次离子质谱 SIMS 的基本原理和 FAB 几乎一样，不同之处是用 Ar^+ 代替 Ar（氩）枪，其余结构相同，分析对象也一样。但 SIMS 的离子化能力要比 FD 强。其不足之处是离子轰击在有机样品上会产生电荷效应，最终将抑制二次离子流，故离子流的持续时间短。

SIMS 是表面分析的有用的工具，可以用于材料固相表面及一定浓度内几乎所有同位素的定性和定量分析（10^{-15}g），在冶金、地质及半导体材料等相应领域应用较多。

4.4.1.5 其他离子源

随着质谱技术的发展，各种质谱技术可用于获得高分子材料和无机材料的质谱。例如：采用静态二次离子质谱可克服电荷积累和离子诱导碎片等缺点。激光解析质谱（LDMS）可获得高质量数的分子离子或准分子离子和碎片。离子喷雾、辉光放电、火花源质谱也分别适用于生物大分子和高纯固体材料的定性和定量分析。

4.4.2 气相色谱-质谱及液相色谱-质谱联用（GC/MS，LC/MS）

色谱-质谱联用的优点不仅表现在混合物中每一组分可以直接导入质谱离子器，而且质谱需要的样品量非常少，避免了收集样品和转移样品时的丢失和其他一些问题。其分离效率高，检出极限低。质谱仪检测出的各组分的总离子流也可作为半定量分析的依据。它适用于纯化微量有机化合物快速分离和鉴定结构非常相似的化合物。

表 4-5 为芦笋中甾醇类乙酸酯的 GC/MS 中的不同甾醇类化合物的含量。从表 4-5 中可知：芦笋中含有多种甾醇类乙酸酯，如胆甾醇乙酸酯、菜

油甾醇乙酸酯、豆甾醇乙酸酯、豆甾烯酸乙酸酯以及燕麦甾醇乙酸酯。

表 4-5　芦笋中甾醇类化合物的分析结果

	名　称	分子式相对分子质量	结　构　式	相对含量	在风干样品中含量
芦笋嫩茎部	Cholesterol 胆固醇	$C_{27}H_{45}O$ 386	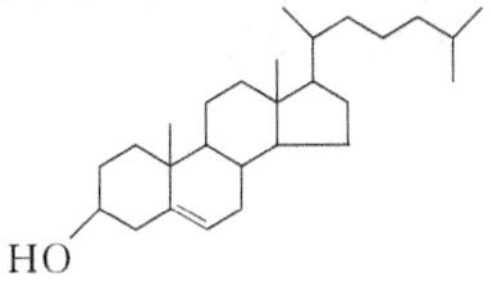	9.67	0.06%
	Campesterol 菜油甾醇	$C_{28}H_{48}O$ 400	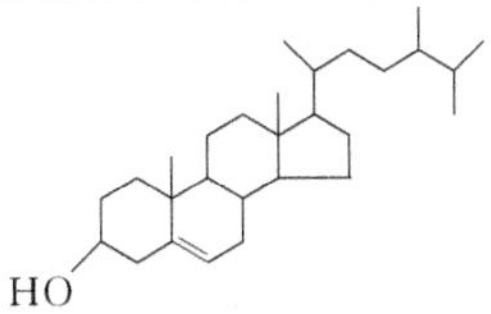	22.91	
	Stigmasterol 豆甾醇	$C_{29}H_{48}O$ 412	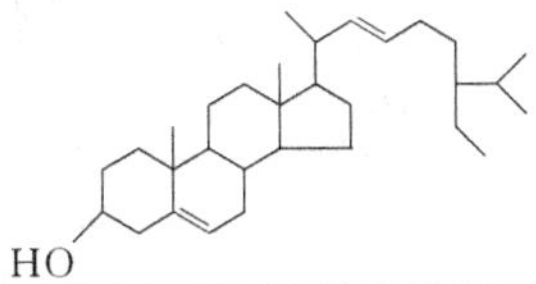	19.57	
	Stigmastenol 豆甾烯醇	$C_{29}H_{50}O$ 414	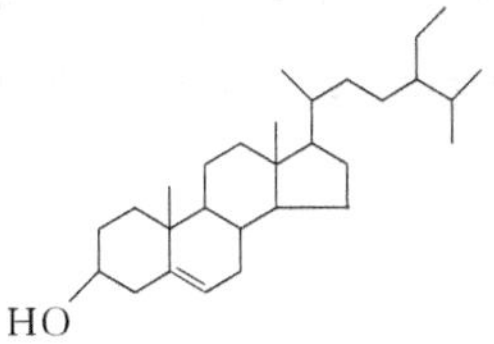	33.21	
	$\triangle^5$-Avenesterol $\triangle^5$-燕麦甾醇	$C_{29}H_{48}O$ 412	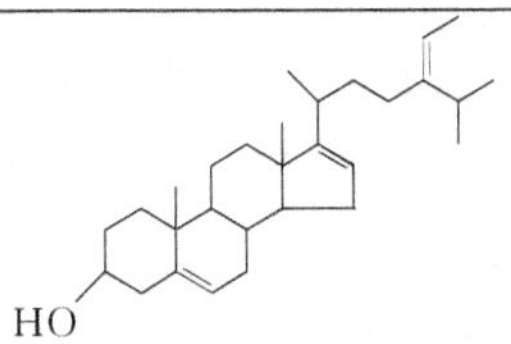	13.87	
芦笋根部	Spirostan-3-ol 3β，5α，25R 5α，25R-螺旋甾-3β-醇	$C_{27}H_{44}O_3$ 416	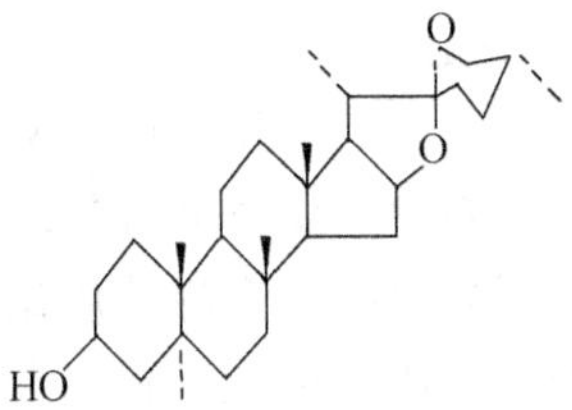		0.1%
	豆甾醇	$C_{29}H_{48}O$ 412		32.8	
	豆甾烯醇	$C_{29}H_{50}O$ 414		42.7	

对于热稳定性差或不气化的混合样，液相色谱-质谱是非常有效的分析工具。

图 4-12 为工业级商品邻苯二甲酸二月桂酸酯的微型高效液相色谱（MHPLC）与 CI-MS 仪联用所得到的谱图。此谱显示出邻苯二甲酸二月桂酸酯的“准分子离子峰” M+1 的峰（m/e 503）。其他一些丰度较小，差值为 28 的峰很可能为邻苯二甲酸二月桂酸-十一酯、邻苯二甲酸二月桂酸-十三酯、邻苯二甲酸二月桂酸-十四酯。

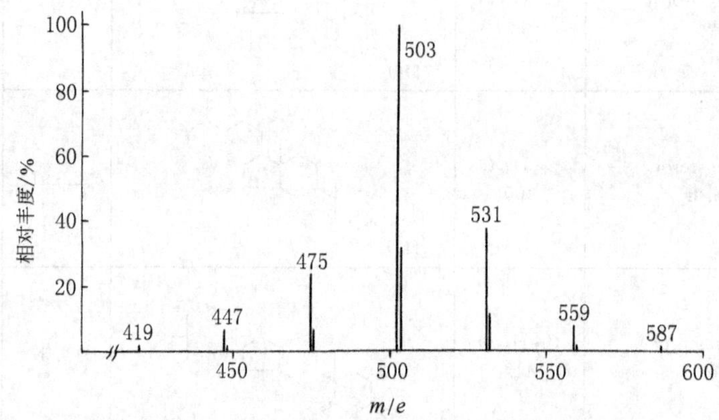

图 4-12　工业级商品邻苯二甲酸二月桂酸酯的 MHPLC 与 CI-MS 联用后所得的 CI-MS 谱

4.5　质谱的应用

4.5.1　分子式的确定

一个化合物的分子式与分子量是表征该化合物的基本数据。对于鉴定一个未知物的结构来说，判断其 MS 谱图上的分子离子峰 $M^{+\cdot}$ 极其重要。一般采用以下几种方法来帮助确定分子离子峰。

4.5.1.1　采用高分辨质谱仪

质谱仪的分辨率 R 定义为：

$$R = M/\Delta M \tag{4-8}$$

式中　M——所测两个峰中质量较大者的质量数；

ΔM——检测时可分辨的两个峰的质量差。

一般来说，双聚焦质谱仪可达到的分辨率是 $R > 50000$。通过分子量的精确测量，从而可以找出相应的分子式。例如：

N_2	CO	C_2H_4
28.0062	27.9949	28.0313

4.5.1.2　利用分子离子峰区域同位素强度的统计分布来确定分子式

当无法得到分子离子峰的高分辨数据时，就可用分子离子区域中同位素的强度统计分布来确定分子式。表 4-6 为自然界中常见元素的天然同位素丰度表。

表 4-6 常见元素的天然同位素丰度表

元　素	M 相对含量	M+1 相对含量	M+2 相对含量	元素分类
^{1}H	100	0.016		M
^{12}C	100	1.1		M+1
^{14}N	100	0.37		M+1
^{16}O	100	0.04	0.20	M+2
^{19}F	100			M
^{28}Si	100	5.1	3.4	M+2
^{31}P	100			M
^{32}S	100	0.80	4.4	M+2
^{35}Cl	100		32.5	M+2
^{79}Br	100		98.0	M+2
^{127}I	100			M

每个化合物中的元素是各种同位素的混合物。同位素峰的强度取决于分子中所含有关元素的数目以及它们的天然丰度。从分子离子区域同位素峰强度的彼此数目关系，反过来求出化合物的分子式，可参照 4.2.2 节“同位素离子”所叙述的方法来计算。

例如：	m/e		%（强度）	换算　%
	206	M	25.90	100
	207	M+1	3.24	12.55
	208	M+2	2.48	9.58

其中，$(M+2)/M = 9.58\%$，它是两个同位素 ^{34}S 的贡献（$2\times4.4 = 8.8$）。

M+1 峰扣除 ^{33}S 的贡献为：

$12.55-2\times0.78 = 10.99$

M+2 峰扣除 ^{34}S 的贡献为：

$9.58-2\times4.4 = 0.78$（可能含有一个氧）

则分子中碳原子的数目为：

$(M+1)/1.1 = 10.99/1.1 \approx 10$

则分子中含有氢的数目为：

$206-10\times12-32\times2-16 = 6$

所以其分子式为：$C_{10}H_6S_2O$。

4.5.1.3 利用“氮规律”来判断分子离子峰，选定最可能的分子式

以共价键组成的有机化合物（氮除外），它们的主要同位素如果是偶数价键，则该元素的质量数为偶数；如果是奇数价键，则质量数为奇数。但是含氮的化合物与上述情况相反，若含有奇数的氮原子，它的分子量必为奇

数；凡不含有氮或含有偶数氮原子的化合物，它的分子量必为偶数。此规则有利于判断此峰是否为 M^+。这个规律适用于含有 C、H、O、N、S、X 和许多其他杂原子（如 P、B、Si 和碱土金属）的共价化合物。

4.5.2 质谱技术在高聚物分析中的应用

近年来，质谱技术应用于高分子材料的分析引起人们广泛的重视。直接 EI 质谱法不仅能鉴定聚合物的结构、人工合成聚合物中微量单体的组成、低分子量的齐聚物以及各种添加剂，而且也可以作为聚合物初级热解机理研究的有力工具。此外，对于一些难熔、难溶的高分子的结构表征，裂解质谱（DYMS）提供其结构信息惟一而有效的方法。随着质谱技术的发展，各种解吸技术也用于获得高分子的质谱。例如：场解吸质谱（FDMS）、场吸附化学电离质谱（DCIMS）以及激光解析质谱（LDMS）。这些技术可获得高质量数的分子离子或准分子离子碎片，并且谱图简单，特别适用于聚合物和生物大分子的结构分析。而静态二次离子质谱（SSIMS）和 20 世纪 80 年代发展起来的快原子质谱（FABMS）对高分子的表面分析特别有用。

下面将分别举例说明各种质谱技术在聚合物分析中的应用。

4.5.2.1 高分子材料中间体及添加剂的分析

利用高分子材料中间体和助剂在高真空和加温的质谱电离室中会有部分程度的挥发的性质，可将高聚物和添加剂、中间体分开，直接得到不同低分子量化合物的质谱图。

图 4-13 为三种橡胶用的硫化促进剂的 FD-MS 谱图，用 EI-MS 分析通常得不到它们的 $M^{\cdot+}$。现用 FD-MS 可以得到非常明显的分子离子峰。它们的结构式与分子量均表示在图上。

图 4-14 为热塑性聚氨基甲酸乙酯中挥发性物质在 20～200℃时的 CI-MS 扫描谱。其中抗氧稳定剂双(2,6-二异丙基苯酚）碳化二亚胺的分子离子峰 $C_{25}H_{34}N_2$ 的质量单位为 362，而在图上显示的 MH^+ 的 m/e 为 363 的峰。m/e 419 为（$M+C_4H_9$）所产生的离子峰。m/e 188 是（N-ϕ-iPr_2＋H）$^+$ 所产生的碎片离子峰。此外图 4-14 还显示了生产氨基甲酸乙酯时的多羟基化合物的残留低聚物的碎片峰。CI 质谱图表明这是一个由脂肪酸（AA），1,4-丁二醇（BDO）和 1,6-己二醇（HDO）形成的聚酯。残余的环酯低聚物出现的离子峰，判断如下：

MH^+	201	—BDO—AA—
MH^+	229	—HDO—AA—
MH^+	401	—BDO—AA—BDO—AA—
MH^+	429	—BDO—AA—HDO—AA—
MH^+	457	—HDO—AA—HDO—AA—

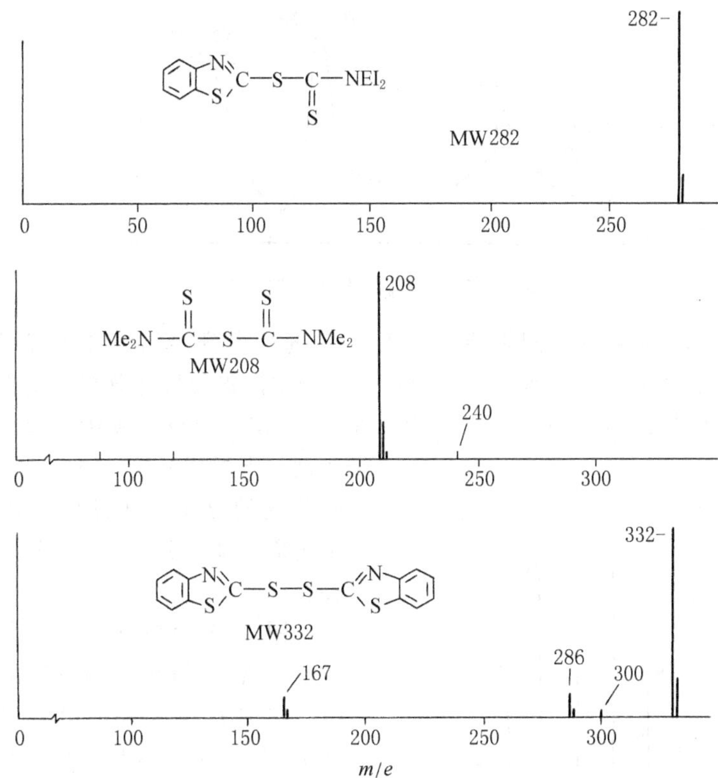

图 4-13　三种橡胶用硫化促进剂的 FD-MS 谱图

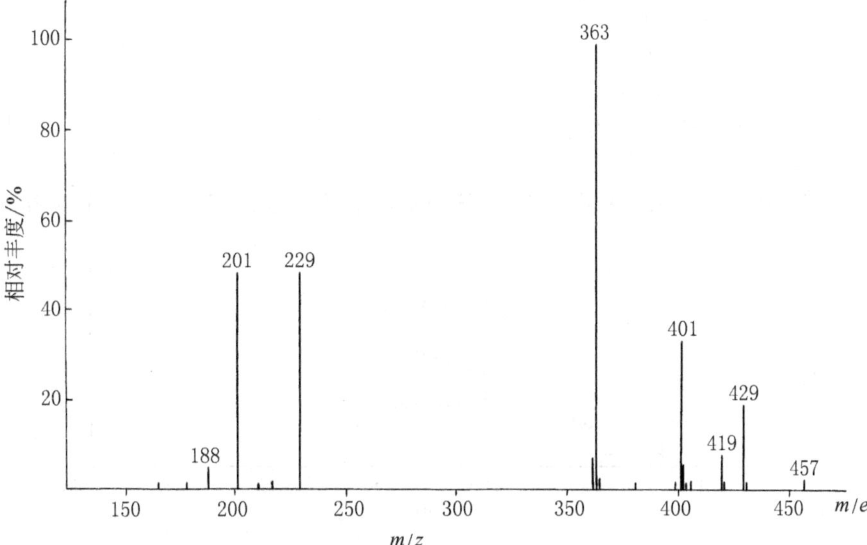

图 4-14　热塑性聚氨基甲酸乙酯的 CI-MS 谱（20～200℃）

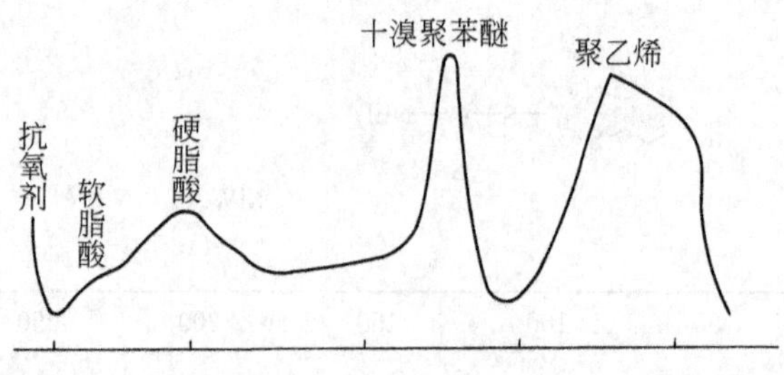

图 4-15　程序升温控制坩埚温度总离子流

图 4-15 为某进口阻燃原料的 EI-MS 的程序升温的总离子流图，从图 4-15中获悉有四种不同组分。由谱库检索和质谱碎裂机理分析鉴定它们分别是：抗氧剂（2,6-二叔丁基-4-甲基苯酚），润滑剂（软、硬脂肪酸）以及阻燃剂（十溴联苯醚）。图 4-16 为十溴联苯醚的分子离子簇峰，其同位素丰度恰好证明其含有 10 个溴原子的存在。

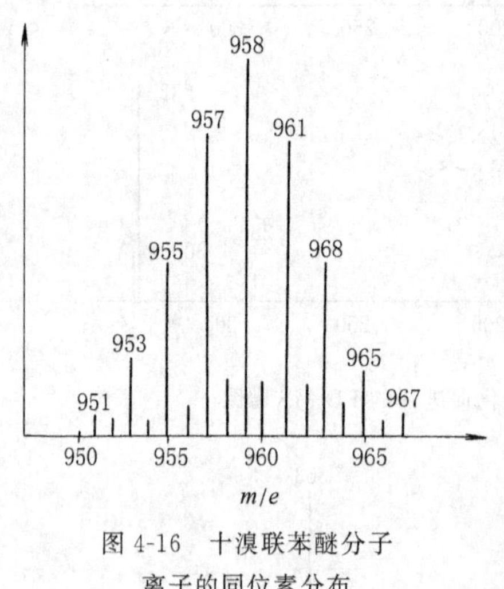

图 4-16　十溴联苯醚分子离子的同位素分布

图 4-17 为高分子材料中邻苯二甲酸二辛酯增塑剂的 FD-MS 质谱图。图中 m/e 390 为第一强峰，而 m/e 261 与其 148 碎片峰可归结为以下两种离子：

m/e 148　　　　m/e 261 （$-OC_8H_{19}$）

谱图中 m/e 112 峰可能是 C_8H_{16} 的碎片峰。通过 FD-MS 谱不仅显示

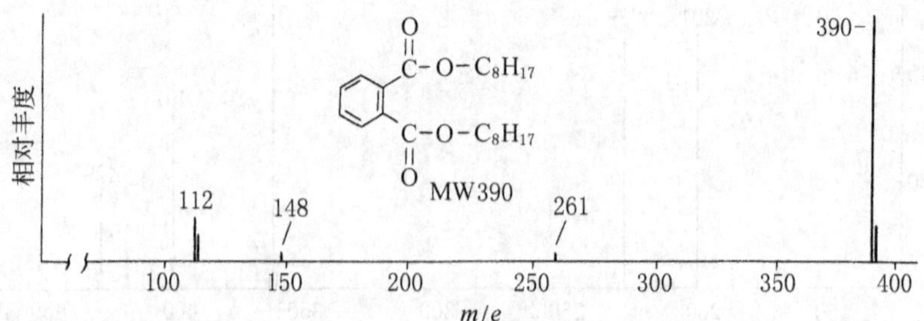

图 4-17　邻苯二甲酸二辛酯的 FD-MS 谱图

出添加剂主体的峰，而且又显示出材料中的杂质。

4.5.2.2 聚合物结构的表征

A. 低聚物的分析

高分子材料中常含有少量低聚物，低聚物的分子量较低，通常采用 FD-MS 或 EI-MS 方法来分析，同时还可以推测其合成路线。

图 4-18（a）和（b）分别为商品绦纶（聚对苯二甲酸乙二酯-PET）中低聚物的 EI-MS 和 FD-MS 谱图。通过比较发现在 FD-MS 谱图上，出现 m/e 576 的峰，而在 EI-MS 谱图上却仅显示 m/e 532、445 以及 219 等峰。m/e 576 与 m/e 532 相差 44，相应为（—CH_2CH_2O—）基团。说明 FD-MS 谱图上主要的低聚物为聚对苯二甲酸乙二酯的三聚体。

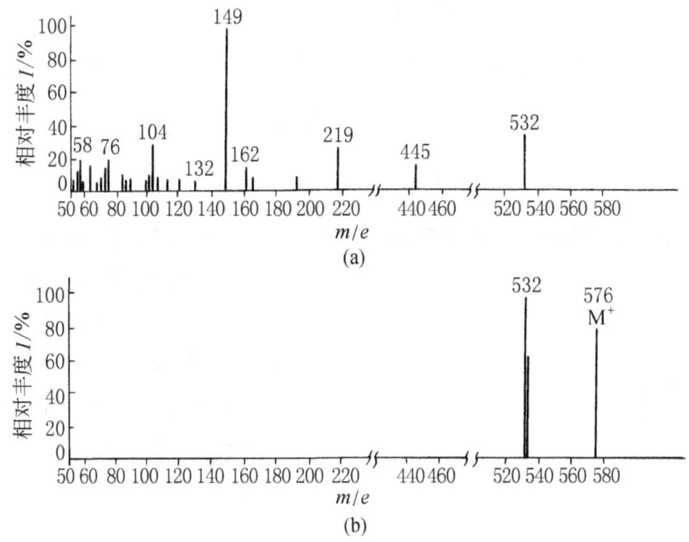

图 4-18　聚对苯二甲酸乙二酯中低聚体的 MS 图

(a) EI-MS 图（70eV，100℃）；(b) FD-MS 图（12mA）

B. 聚合物结构的鉴定

直接 EI-MS 是实验中常见的质谱方法。在聚合物的最终热解产物 EI-MS 图中，热解形成的分子离子峰往往与碎片离子峰混在一起，不易解释，但若采用 70eV 的 EI 谱与降低能量的 13～18eV 时的 EI 谱结合起来，对于聚合物的结构分析特别有利。

表 4-7 是聚苯乙烯 600 的 EI-MS 谱中的主要离子峰的数据。

从表 4-7 的两个主要系列数据中可以看出系列 A 和系列 B 相邻二离子质量相差 104，即为苯乙烯的结构式。重复单元的质量数为 104，而 A 系列与 B 系列每对相关峰之间相差 70 质量单位，表明一个戊烯基的丢失。

表 4-7　聚苯乙烯 600 的 EI-MS 谱中的主要离子峰的 *m/e*

系列 A	162，266，370，474，578，682，786，890，994
系列 B	92，196，300，404，508，612

系列 A 的各峰可以认为是一个含有 n 个苯乙烯与一个丁烷的加成系列，即（$n\times104$）＋58。而 B 系列的峰的形成是麦式重排的结果。见下图所示：

$$CH_3—CH_2—CH_2—CH_2 \left[CH_2—\underset{C_6H_5}{CH}—CH_2—\underset{C_6H_5}{CH} \right]_n^{+}$$

↓ 麦式重排

$$CH_3CH_2CH_2CH═CH_2 + \left[CH \text{(H, H 环己二烯亚基)}\right] \left[CH_2—\underset{C_6H_5}{CH} \right]_n^{+} H$$

B 系列峰形成机理示意图

图 4-19 为聚氯乙烯和聚醋酸乙烯酯的 EI-MS 谱。其中 *m/e* 36、78、128 碎片峰是聚氯乙烯热解的结果，而 *m/e* 60 刚好是醋酸乙烯甲酯的特征峰。这说明侧链含有杂原子的聚氯乙烯和聚醋酸乙烯酯，在热解过程中首先发生了消去反应，然后共轭分子链环化成烃，出现 *m/e* 78 和 128 的碎片峰。

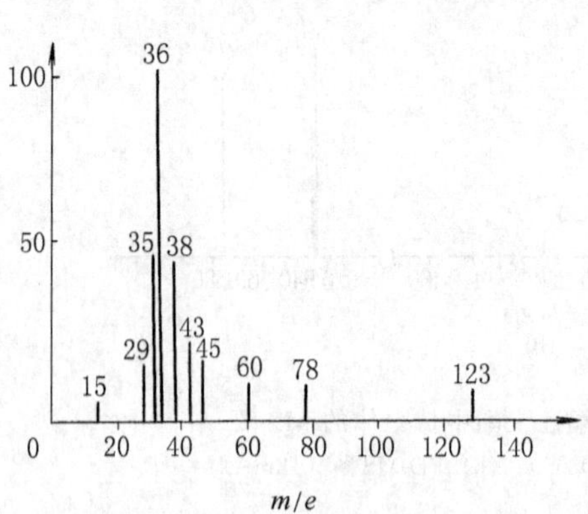

图 4-19　聚氯乙烯和聚醋酸乙烯酯的 EI-MS 谱

4.5.2.3　热解机理的研究

直接热介质谱可应用于聚合物的初级热解机理的研究。例如可以对许多聚合物，如聚苯乙烯、聚酰胺、聚乙烯、聚氨酯、聚醚等进行直接热解质谱的研究。它一般能准确无误的给出聚合物初级热解产物的信息，从而得到聚合物初级热解反应的机理。研究结果表明：热分解不是随机的，而是有选择性的特征反应。

例如：某聚氨酯的热解 EI 质谱如图 4-20 所示。从图中可知：该质谱为亚甲基二苯基二异氰酸酯（MID）和 1,4-丁二醇的质谱之和。基峰 *m/e* 250

为 MID 的分子离子峰，而 m/e 221 及 206 则是它的碎片峰。丁二醇的分子离子峰未出现，但有典型的碎片峰 m/e 42，71。由质谱可推断出，解聚是该聚合物惟一的热解反应。反应结果生成了丁二醇和二异氰酸酯，如下式所示：

$$\sim\sim Y—NH—CO—O—Y\sim\sim \xrightarrow{\triangle} \sim\sim Y—NCO + HO—Y\sim\sim$$

（Y=Ar，R）

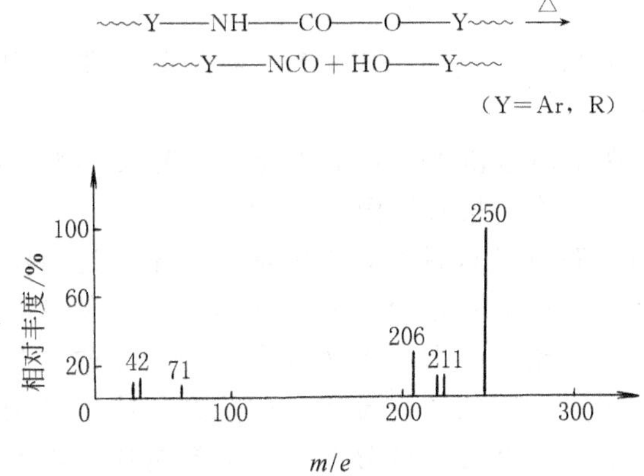

图 4-20　某聚氨酯的 EI 质谱

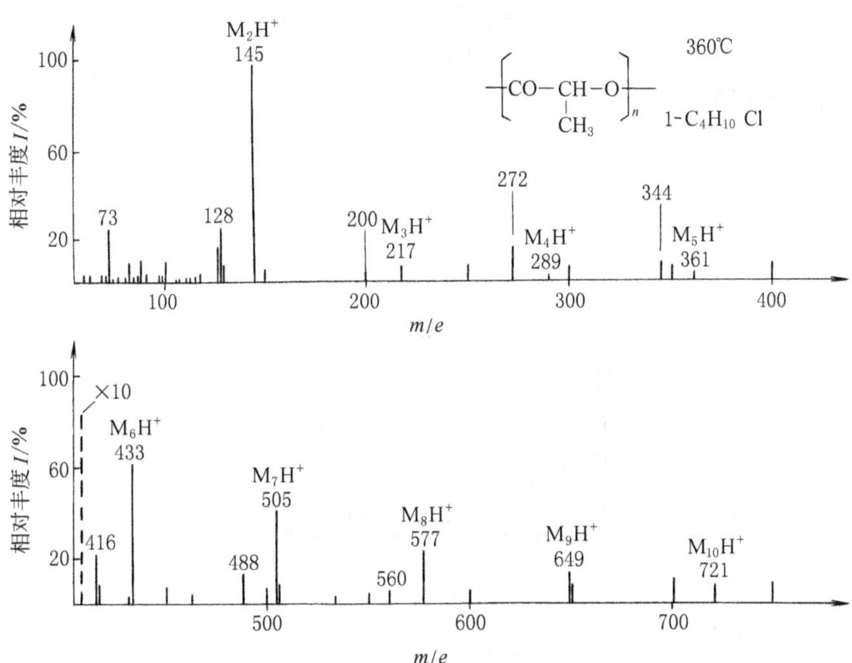

图 4-21　聚乳酸在 360℃时的直接裂解质谱

（CI 源，反应气为异丁烷）

聚乳酸在 360℃下的直接裂解质谱如图 4-21 所示。聚乳酸在 CI 条件出现一系列强的准分子离子峰 $(M+H)^+$ 其 m/e 分别为：145，217，289，366，433，505，577，649 和 721。这一系列的准分子离子峰表明乳酸分子内进行交换反应形成了环状齐聚物。此齐聚物在初级热解过程中占优势。

4.5.2.4 聚合物的热裂解-质谱（PY-MS）和裂解-色谱-质谱（PY-GC/MS）的应用

聚合物的热裂解-质谱和裂解-色谱-质谱是研究聚合物结构和性能关系的有效方法之一。大多数交联的热固性树脂和橡胶以及一些耐高温又具有高强度和高模量的高分子材料都难以溶解或熔融，这给结构鉴定带来一定的困难。但运用 PY-MS 或 PY-GC/MS 可以很方便地将试样裂解再进行试样分析。它不仅给出不同高聚物各自结构特征的热裂解产物，而且还可以揭示不同单体链节的序列排布、确认共聚物的结构、辨别低聚物的分子量和分子量分布情况，区分高分子的异构体、以及探讨复杂大分子热分解的机理。

图 4-22 和图 4-23 分别为两种齐聚物和共聚物的热裂解产物的场致电离谱。裂解温度为 600℃，氮气保护下进行的。为避免二次反应，生成的裂解产物立即被流动的氮气流带出高温区，并被冷凝收集于样品管中，直接进入质谱仪中分析。

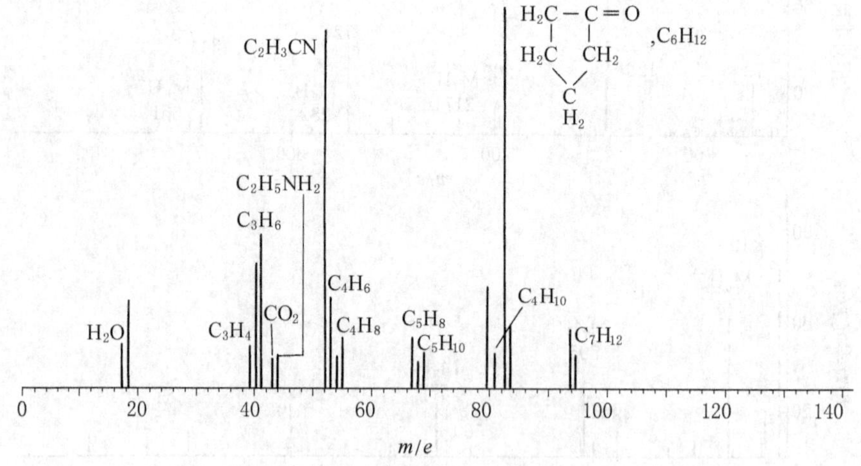

图 4-22　尼龙-66 裂解质谱图（图中质荷比 53 为 C_2H_3CN）

图 4-24～图 4-26 分别为丁基橡胶，天然橡胶和顺丁橡胶的 PY-GC/MS 谱。从图可知：丁基橡胶是由异丁烯及少量异戊二烯（0.5%～3%）聚合而

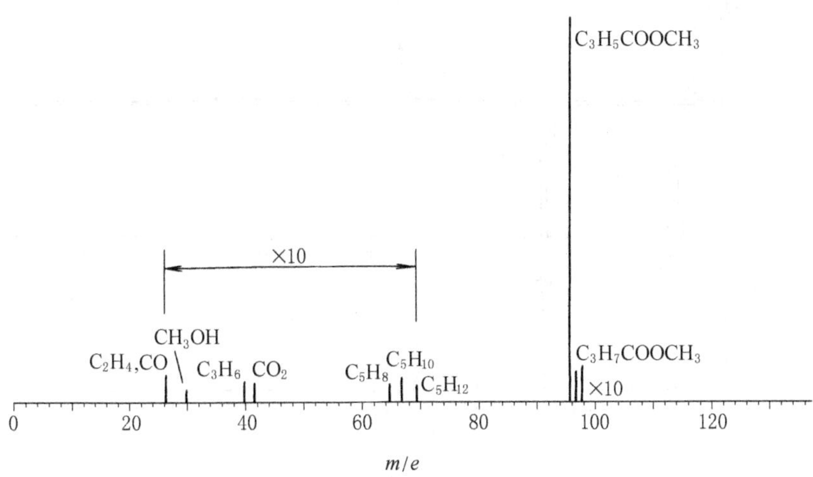

图 4-23 聚甲基丙烯酸甲酯裂解质谱图

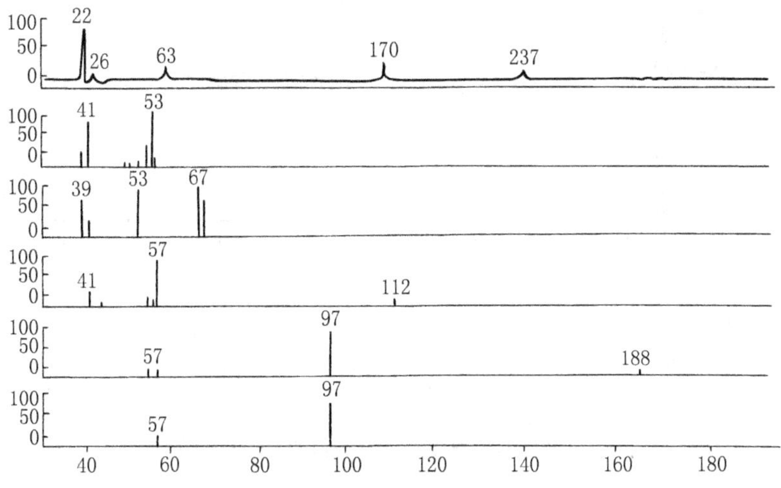

图 4-24 丁基橡胶热裂解产物的 GC/MS 图

成。裂解产物主要是异丁烯以及少量的异丁烯的二聚和三聚体。天然橡胶主要特征裂解产物为异戊二烯和 1,4-二甲基-4-二烯基环己烯。而顺丁橡胶主要裂解产物为丁二烯和 4-己烯基环己烯。

图 4-27 和图 4-28 分别为甲基丙烯酸甲酯/苯乙烯共聚物和丙烯酸甲酯/甲基丙烯酸乙酯共聚物的裂解产物的场致电离谱。这里必须注意的是，在测定其共聚物的组成时，只有与共聚物的组成呈线性关系的质谱图才可用来作为测定未知聚合物的特征离子。也就是说，共聚物的相对含量与它的特征离

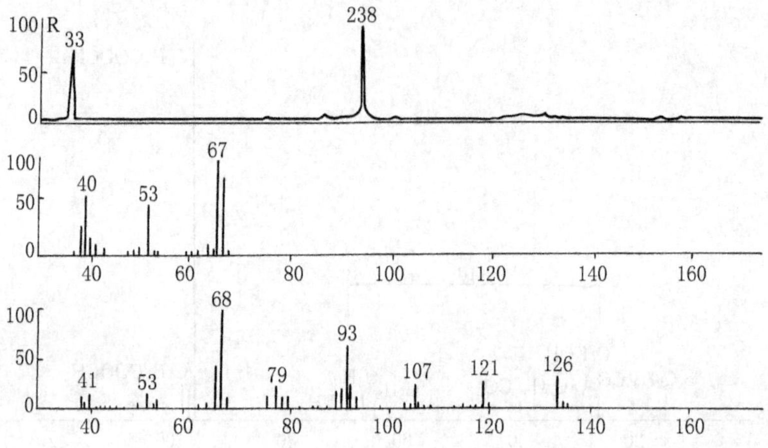

图 4-25 天然橡胶热裂解产物的 GC/MS 图

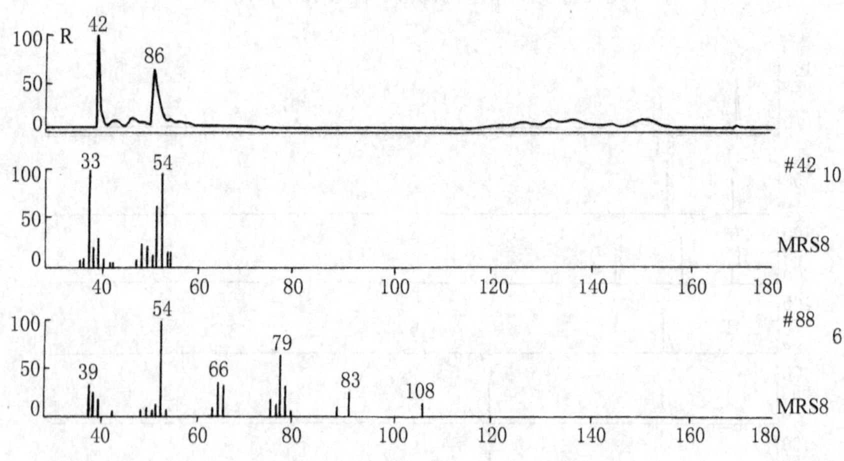

图 4-26 顺丁橡胶热裂解产物的 GC/MS 图

子强度具有一定的线性关系。

图 4-29 为氯乙烯（PVC）与偏氯乙烯（PVDC）共聚物的 PY-GC/MS 谱。

$$\text{当 PVC 裂解时} \xrightarrow[-HCl]{\triangle} \xrightarrow{\text{进一步裂解}} \text{苯}$$

$$\text{当 PVDC 裂解时} \xrightarrow[-HCl]{\triangle} \xrightarrow{\text{进一步裂解}} \text{1,3,5-三氯苯（Cl, Cl, Cl）}$$

如用 A 表示 PVC 一个单体单元，用 B 表示的 PVDC 一个单体单元，则：

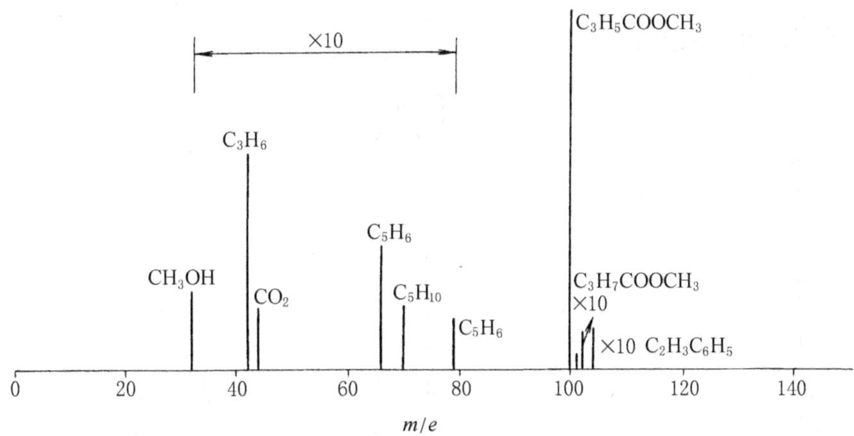

图 4-27　甲基丙烯酸甲酯/苯乙烯共聚物裂解质谱图

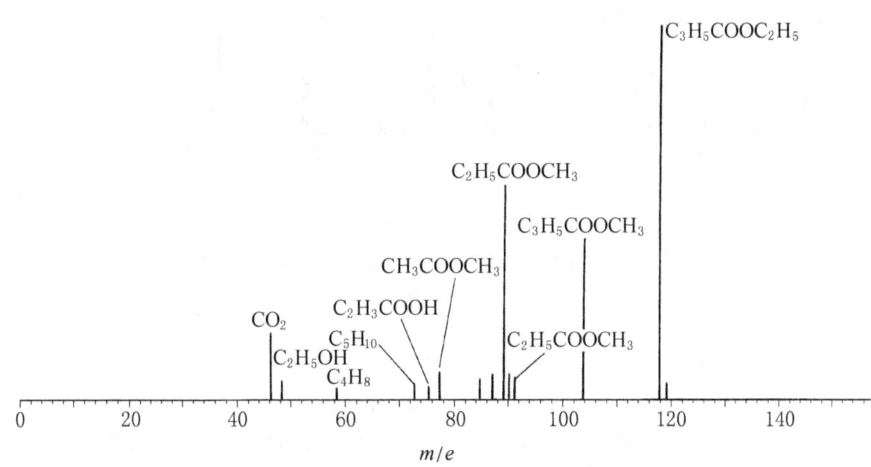

图 4-28　丙烯酸甲酯/甲基丙烯酸乙酯共聚物裂解质谱图

当 VC 与 VDC 共聚时可得以下碎片峰：

BAA　+　BBA　+　BBB

由图 4-29 可直接观察到 BAA，BBA 以及 BBB 共聚离子的碎片峰。

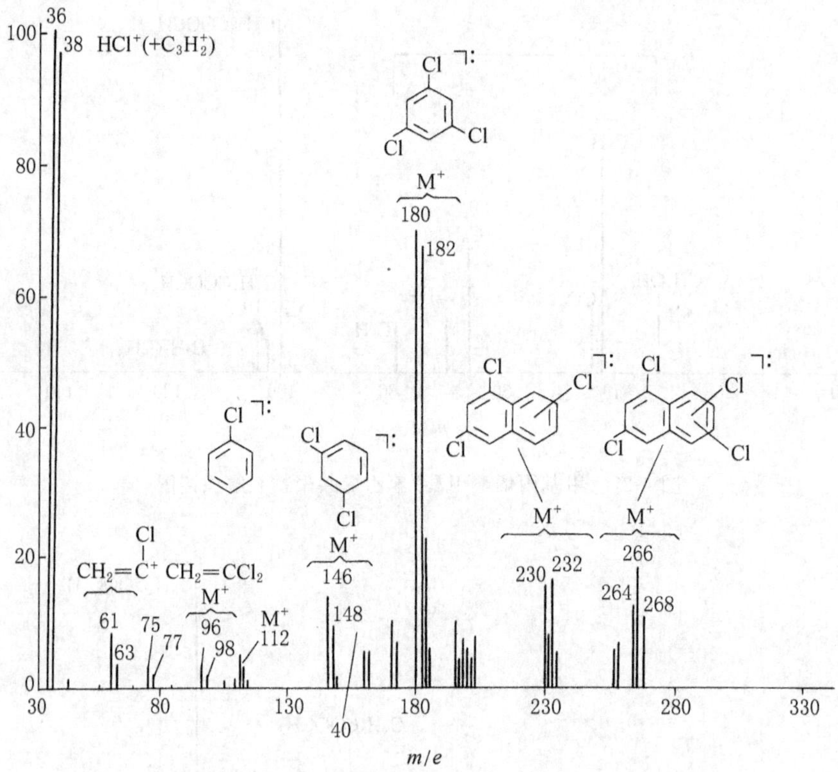

图 4-29　氯乙烯与偏氯乙烯热裂解的 EI-MS 谱图

（用质谱仪的电子冲击源，试样加热到 245℃，进入热裂解）

4.5.2.5　飞行时间二级离子质谱（简称 TOF-SIMS）

飞行时间二级离子质谱是一种静态表面分析手段，具有灵敏度高、质量分析范围大、质量分辨率高、表面损伤小等特点，特别适用于有机大分子和聚合物的分析。

以某集成电路封装用环氧模塑料中邻甲酚环氧树脂的 TOF-SIMS 二次正离子的分析，能够研究聚合物的组成和结构。从图 4-30 获悉，m/e 值为 447/449，623/625，799/801，975/977 等，分别对应于 $n=0$，1，2，3 等的邻甲酚环氧树脂分子，间隔 m/e 值为 176 是重复单元的质量数。一直测到了对应于 $n=4$ 的邻甲酚环氧树脂分子的银离子化 $(M+Ag)^+$ 的正离子。而 m/e 值为 465/467，641/643，817/819 等分别对应于环氧端基水解的邻甲酚环氧树脂分子的银离子化 $(M+Ag)^+$ 的峰。碎片离子中除了芳香化合物通常具有的碎片外，还有反映树脂结构的碎片。通过对碎片离子的分析，推断中间苯环上的侧链是最可能断裂的。

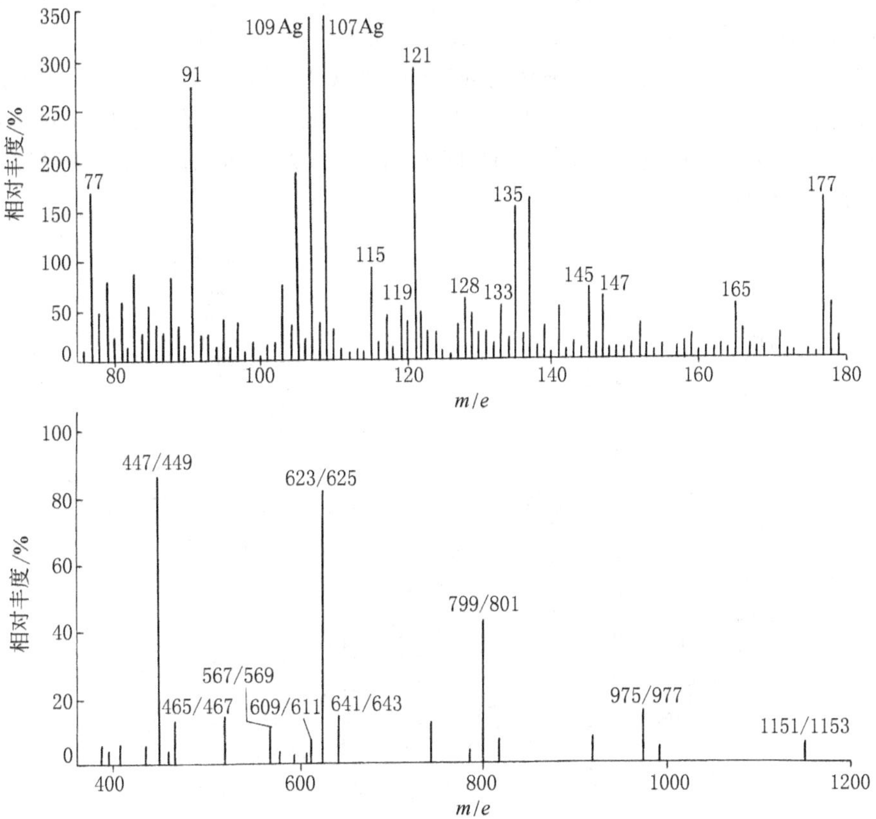

图 4-30 邻甲酚环氧树脂 TOF-SIMS 正离子谱

（实验采用银离子化的制样方法）

邻甲酚环氧树脂的结构式如下所示：

4.5.2.6 激光质谱

激光质谱是 20 世纪 80 年代发展起来的一种软电离技术（简称 LD-MS）。它被成功地应用于树枝状聚酯、聚醚等合成高分子的结构表征中。对于聚合物表征，要完成激光质谱的关键是样品与添加基质完全相容，大分子链要以分子水平分散于基质中，从而避免大分子链之间的缠结。

从图 4-31 中可观测到聚合度 n 为 2～10 的低聚物的 m/e，每个聚合度组分的质谱峰都是由两个谱峰组成。例如：当 $n=5$ 时，其谱峰 m/e 为 2772.4 和 2857.9。其中峰强较高的谱峰正好对应于环状低聚物与银离子的加合物 $[M_n+Ag]^+$，而较弱的一组峰是由环状低聚物与钠离子形成的加合物的分子离子所引起的。从其 LD-TOF-MS 谱以及 GPC 分析结果可以确认反应产物的组成。

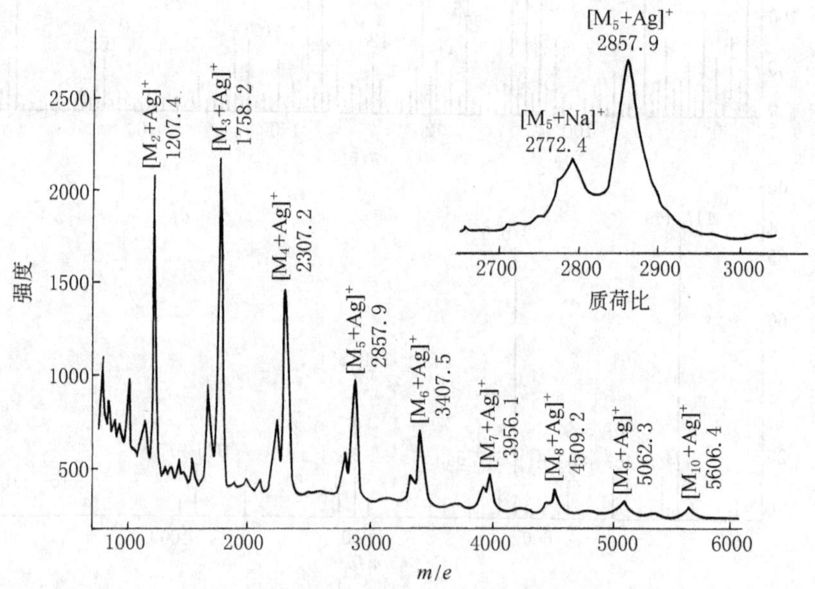

图 4-31 环状聚醚低聚物的激光质谱图

4.5.3 质谱学在无机材料分析中的应用

辉光放电质谱（GDMS）和火花源质谱（SSMS）是进行高纯固体材料直接和全面分析的主要分析技术。

辉光放电质谱具有分析时间短、分析精确度和准确度高、检测系统动态范围广等特点，在均匀样品的分析中具有明显的优势。

火花源质谱是利用高频电压真空放电而使样品离子化的技术。由于瞬间电流大，许多难熔化合物都可以离子化，所以这种离子源适用于无机材料的分析。在金属、半导体、绝缘体、超纯试剂、环境科学的定性和半定量分析方面广泛应用，可获得有关所有杂质元素分布的信息。

从微区分析的分辨能力看，二次离子质谱法（SIMS）与电子探针相似；从整体分析的灵敏度看，它与火花源质谱法接近；从能够分析极薄表面或表面吸附物的能力看，可与俄歇电子能谱法媲美。它是利用离子束作激发源轰击固体样品表面，使表面一定深度内的样品原子产生溅射而生成离子。可获得几乎所有同位素（从 H 到 U）的定性和定量信息（10^{-15}g）。在冶金、地质及半导体材料等领域应用较多，尤其对非挥发性及热不稳定性样品的表面分析有其独到之处。

下面举例简述以上各质谱法的应用。

4.5.3.1 固态样品的整体分析和痕量分析

火花源质谱法在粉末样品分析中占有重要的地位。表 4-8 为 Y_2O_3 粉末样品中杂质的测定结果。将 Y_2O_3 粉末样品与辅助导电石墨粉经过 30～40min 研磨，充分均匀混合，其质量比为 3∶1。可准确测量出 Y_2O_3 粉末中各种稀有元素的质量分布。

表 4-8 粉末样品 Y_2O_3 中杂质的测定结果

杂质	La_2O_3	CeO_2	Pr_6O_{11}	Na_2O_3	Sn_2O_3	Eu_2O_3	Gd_2O_3
含量/10^{-6}	1.28	0.62	0.12	0.92	0.29	0.05	0.68
杂质	Tb_4O_7	Dy_2O_3	Ho_2O_3	Tm_2O_5	Yb_2O_3	Lu_2O_3	
含量/10^{-6}	0.22	0.41	0.72	0.13	0.32	0.48	

表 4-9 为火花源质谱测定不同石英粉末中微量杂质的元素分析结果。此外，也可利用火花源质谱法测定金属锆和半导体材料锆中的 O、N、C 的分布。测定光纤维玻璃中数量级为 10^{-6}～10^{-9}的过渡元素的含量 。

表 4-9 石英粉末中微量杂质的元素分析

元　　素	样　　品			
	氧化铅	石墨粉	氧化铝	氧化钇
Fe	0.7	0.5	0.4	0.05
Cr	0.06	0.05	0.4	0.2
Mo		0.05		
Ni	<0.01	0.05	0.5	0.02

4.5.3.2 质谱的定量分析

① 采用辉光质谱（GDMS）测定铜基样品中的贵金属元素（Ag 、Ru 、Rh 、Pd 、Ir 、Pt、Au）的含量如表 4-10 所示。

表 4-10 铜标准样品的辉光放电质谱分析结果

加入量/(μg/g)	GDMS 分析结果/(μg/g)						
	Ru	Rh	Ag	Rd	Ir	Pt	Au
10 (Ru：12；Ag：17)	10	11	20	12	11	11	10
25 (Ru：31；Ag：32)	30	25	37	33	28	27	23
50 (Ru：61；Ag：57)	46	51	59	63	56	57	49
100 (Ru：123；Ag：107)	106	98	112	129	103	109	98
200 (Ru：245；Ag：207)	213	185	208	245	217	224	185

表 4-11 为含不同元素的铂粉末样品的辉光放电质谱 GDMS 分析结果。

表 4-11 铂粉样品辉光放电质谱分析

（未经 RSF 校正）

元素	确定值	相对离子强度	元素	确定值	相对离子强度
As	75	29	Ni	110	152
Au	101	42	Sb	99	49
Co	101	223			

② 在不断剥离的情况下进行二次离子质谱分析（SIMS），通过溅射速率的变化，将分析时间转变为分析深度，通过标准曲线将检测到的离子信号强度转化为元素含量，就可以得到各种成分沿深度方向的分布。

例如：Al 在 Ga/Al/As 夹层中的 SIMS 深度分析如图 4-32 所示。

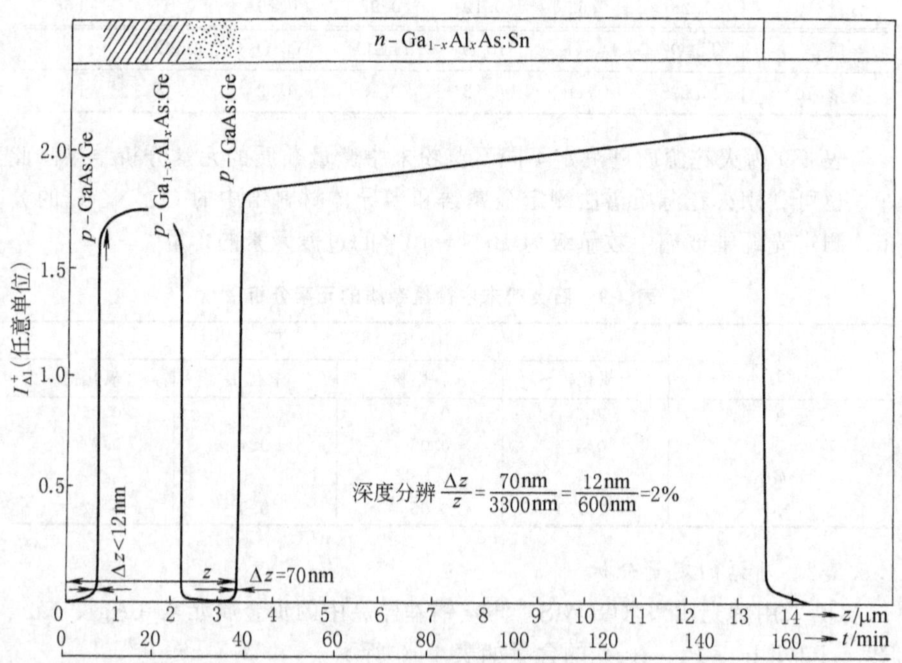

图 4-32 Al 在 Ga/Al/As 夹层中的 SIMS 深度剖面分析结果

用 SIMS 分析集成电路（IC）器件中不同元素结果如图 4-33 所示。质量好的器件和失效器件在其主要元素 Si 和杂质元素的含量方面差别很大。

4.5.3.3 表面分析

A. 火花探针质谱（SSMS）的表面分析

采用 SSMS 分析合金钢的金属与非金属表面的杂质微区，其结果如表

4-12 所示。

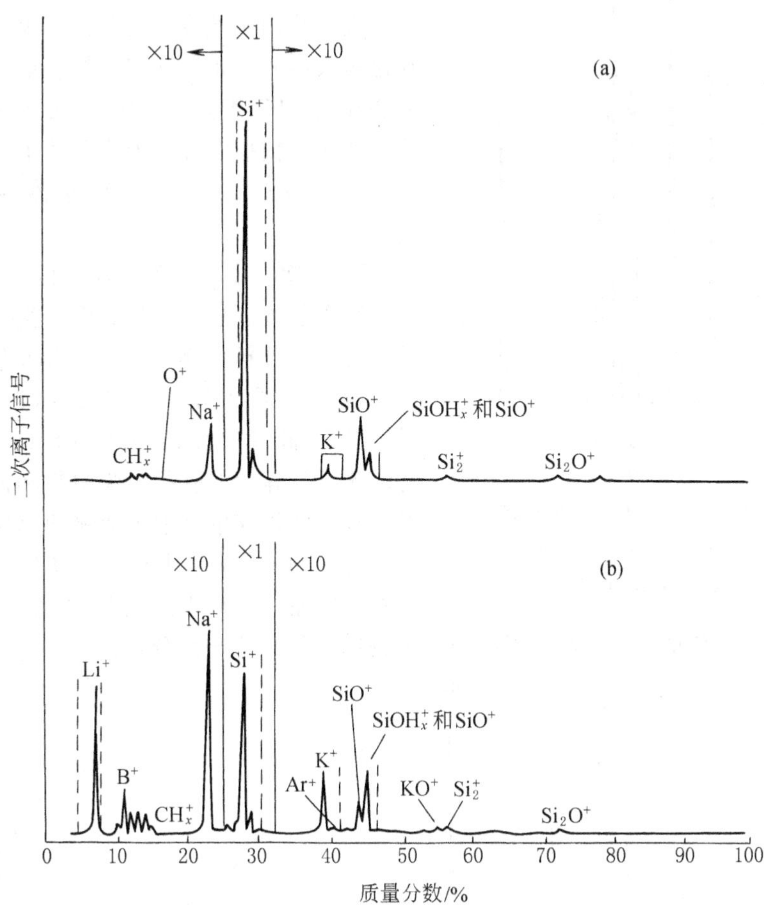

图 4-33　IC 器件的 SIMS 谱

(a) 质量好的器件；(b) 失效器件

表 4-12　BS—SS1/1 低合金钢的微区分析结果

元素	标准值/%	分析平均值/%	相对标准偏差/%
V	0.65	0.63	8.7
Cr	0.51	0.45	10.1
Mn	1.54	0.89	11.5
Ni	1.24	1.53	8.8
Cu	0.55	0.41	8.5
As		0.027	16.7
Mo	1.51	1.81	4.5

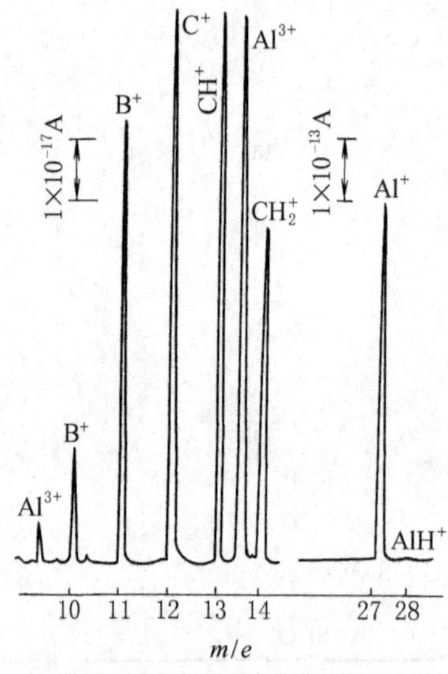

图 4-34 铝蒸发膜的质谱
（一次离子：1.26×10^{-20}J 的 Ar^{+}；真空度：2.66×10^{-9}Pa）

火花探针也可用于表层与薄膜分析，分析的表面薄层很薄（仅有0.01～10μm）。

例如采用铂丝或钨丝为探针电极分析砷化镓及硅的外延层和镀锌层，取样面积为 2cm^2，灵敏度达 1×10^{-6}。也可采用火花脉冲人工扫描法分析绝缘基片上厚度为 0.01～0.5μm 的金属或半导体薄膜的成分。

B. 二次离子质谱的表面分析

用电子轰击法使样品表面产生二次离子进行质谱分析，例如：用 SIMS 分析铝蒸发膜中杂质的分布，如图 4-34 所示。图 4-35 为硅基表面污染层的 SIMS 的质谱。此外，硅片上氧化铝膜中铝和硅的纵深分析，砷化镓单晶中扩散铜的纵深分布都可用 SIMS 方法来进行离子图像的立体分析。例如：集成电路元件中 Al 的立体分析。石英玻璃中元素的深度分布和花岗岩的微区定量分析。

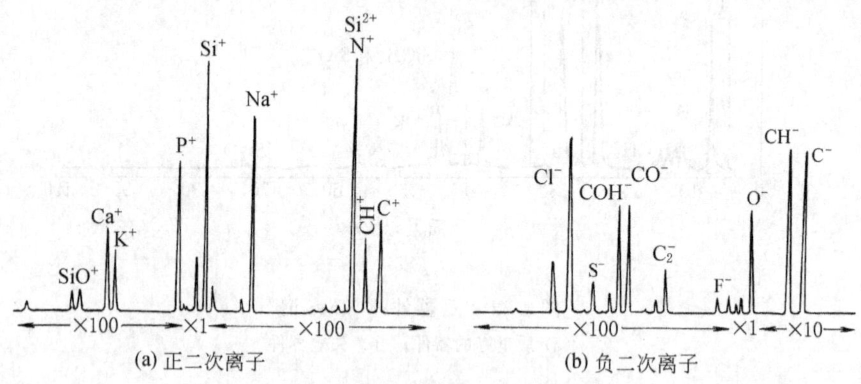

图 4-35 硅基片表面污染层的质谱（真空度：2.66×10^{-9}Pa）

4.5.4 质谱的新进展

4.5.4.1 大气压电离质谱（API-MS）

大气压电离质谱是一种快速而灵敏的技术。样品在常压下电离，不需要真空，减少了许多设备，方便使用。它可以在常压下操作、易于与液相色谱和毛细管电泳联用，因而近年来获得了迅速发展。大气压电离又可分为电喷雾电离（ESI）和常压化学电离（APCI）两种。电喷雾电离有利于分析生物大分子及其他分子量大的化合物，而常压式电离更适用于分析极性小的化合物。

ESI-MS 是一种“软”电离技术，通常很少或没有碎片，谱图只有准分子离子，易于解释，适用于高分子、生物分子的结构研究。

4.5.4.2 串联质谱（MS-MS）

串联质谱由于由多个磁或静电分析器或三组四极滤质器构成，所以可以将两台质谱仪串联起来代替 GC-MS 或 LC-MS。第一台质谱仪类似于 GC 或 LC 的作用，用于分离复杂样品中各组分的分子离子，而第二台 MS 主要产生这些分子离子的碎片质谱。所以 MS-MS 又称为母离子串联质谱。第一台质谱仪用于扫描，而第二台质谱仪设立在指定的子离子处进行监测。一般来说，MS-MS、GC-MS 和 LC-MS 主要应用于生物大分子的结构测定、复杂有机混合物的分析以及对环境污染和农药监测。

图 4-36 为用 ESI 离子源，MS-MS 串联质谱分析红霉素的子离子谱。

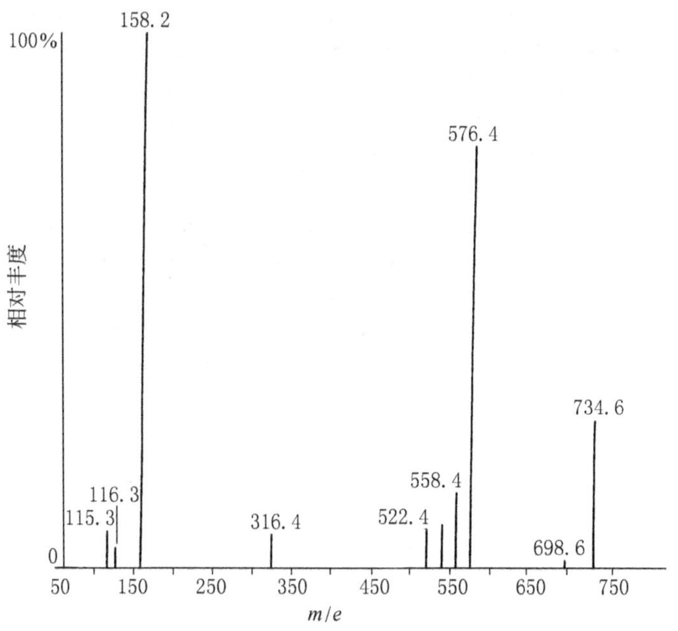

图 4-36 红霉素 mw733.9 的 ESI/MS /MS 子离子谱

参 考 文 献

1 J. F. 拉贝克. 高分子科学实验方法物理原理与应用. 北京：科学出版社，1987

2 朱善农等箸. 高分子材料的剖析. 北京：科学出版社，1985

3 北京大学化学系仪器分析教研室编. 仪器分析技术. 北京：北京大学出版社，1997

4 清华大学分析教研室编. 现代仪器分析. 北京：清华大学出版社，1983

5 薛齐编著. 高分子结构研究中的光谱方法. 北京：高等教育出版社，1995

6 沈其丰，徐广智编著. ^{13}C—NMR 核磁共振及其应用. 北京：化学工业出版社，1986

7 杨立编著. 二维核磁共振原理及谱图解析. 兰州：兰州大学出版社，1996

8 施跃增，孙祥祯，赵焘南，朱整祥编著. 有机化合物光谱和化学鉴定. 南京：江苏科学技术出版社，1988

9 William, Kemp, NMR in Chemistry, Macmillan Education LTD. London, 1986

10 Jeremy, K. M. Sanders and Brian, K. Hunter, Modern NMR Spectroscopy, A Guide for Chemists, Oxford, New York: Torouto, 1987

11 Koenig, J. L. Spectroscopy of Polymers, American Chemical Society, Washington D. C., 1992

12 卢永成编著. 有机化合物结构鉴定与有机波谱学，北京：清华大学出版社，1989

13 Koeing, J. L. Chemical Microstructure of Polymer Chains, John-Wiley and Sons, New York, 1980

14 Borey, F. A. Nuclear Magnetic Resonance Spectroscopy, 2nd. ed. Academic, San Diego, C. A., 1988

15 唐恢同编著. 有机化合物光谱测定. 北京：北京大学出版社，1994

16 赵瑶兴，孙祥玉编著. 光谱解析与有机结构鉴定. 合肥：中国科学技术大学出版社，1992

17 裘绍文，裴奉奎编著. 核磁共振波谱. 北京：科学出版社，1992

18 严宝珍编著. 核磁共振在分析化学中的应用. 北京：化学工业出版社，1995

19 Mathias, L. Ed. Solid State NMR of Polymers, Plenum Publishers, New York: 1989

20 Garroway, A. N. Moniz, W. B. Resing. H. A. In Carbon-13 NMR in Polymer Science; M. P. Wallad, Ed., Acs, Symposinm Series 103; Acs, Washington D. C.; 1979

21 Budzikiewicz, H. Progress in mass spectrometry, Vol. 2, Chroman and related Copds, 1974

22 Gudzinowicz B. J. et al. Analysis of Drugs and Metabolites by Gas Chroomatographyy-Mass Spectrometry, Vol. 1～7. Marcel Dekker, Inc. New York, U. S. A. 1978

23 H. Budzikiewicz, et al. Mass Spectrometry of Org. Compds., 9, 1976

24 F. W. 麦克拉弗蒂著. 王光辉，姜龙飞，汪聪慧译. 质谱解析. 北京：科学出版社，1987

第5章　X射线衍射分析

5.1　X射线的产生及其性质

5.1.1　X射线的发现和X射线学的发展过程

1895年，德国物理学家伦琴（W. C. Röntgen，1845～1923年）在实验中偶然发现，放在阴极射线管附近密封好的照相底片被感光。伦琴当时就断言，这种现象必定是一种不可见的未知射线作用的结果。由于当时没有找到更适当的名称来称呼这种射线，伦琴就以数学上惯用的未知数X作为它的代名词，给这种射线取名为X射线。

伦琴对X射线的性质进行了多方面的观察和实验后，在他的论文（《自然》杂志，Nature，1896年）中指出，X射线穿过物质时会被吸收；原子量及密度不同的物质，对X射线的吸收情况不一样；轻元素物质对X射线几乎是透明的，而X射线通过重元素物质时，透明程度明显地被减弱。X射线的突出特点就是它能穿过不透明物质。伦琴在他的论文中还指出，X射线能使亚铂氰酸钡等荧光物质发出荧光，能使照相底片被感光以及气体发生电离等。X射线的这些性质很快就首先在医学和工程探伤上得到应用，且至今不衰。

1908～1911年，巴克拉（C. G. Barkla）发现物质被X射线照射时，会产生次级X射线。次级X射线由两部分组成，一部分与初级X射线相同，另一部分与被照射物质组成的元素有关，即每种元素都能发射出各自的X射线。巴克拉称这种与物质元素有关的射线的谱线为标识谱，并对这些谱线分别以K，L，M，N，O，……等命名，以便区分。巴克拉同时还发现不同元素的X射线吸收谱具有不同的吸收限。经巴克拉严格测定的X射线谱为后来的德国物理学家劳厄的实验研究提供了方便条件。

在X射线发现后的17年里，人们对X射线的本质一直没有深入全面的了解。当时有人认为X射线是快速运动的微小粒子束，与电子束相似；也有人认为X射线是一种电磁波，同光波、无线电波一样，只不过波长很短而已。这个问题经过多年的研究都未得出肯定的结果。1912年，劳厄（M. V. Laue）等人，在前人研究的基础上，提出了X射线是电磁波的假设。劳厄假定这种电磁波的波长仅是原子线度的十分之一。当时晶体点阵理论已经成熟，劳厄对比了晶体点阵与平面光栅空间周期性的共同特点，推测波长与晶面间距（晶体中相邻两原子间的距离）相近的X射线通过晶体时，必定会发生衍射现象。这个假设由当时著名物理学家索末菲（A. Sommerfeld）的助手弗里德利希（W. Friedrich）进行了实验，得到了肯定的结果（注：后面讲到的厄瓦尔德，P. P. Ewald，当时是索末菲的博士生）。X射线衍射实验的成功，证实了X射线的电磁波本质，同时也证明了晶体中原子排列的规则性，揭露了晶体结构的秘密，并导出了衍射方程，开创了X射线衍射分析这个新的领域。自此，在探索X射线的性质、衍射理论和结构分析技术等方面都有了飞跃的发展，使X射线成为一门重要的学科。

差不多在劳厄的假定得到验证的同时，英国物理学家布拉格（Bragg）父子从反射的观点出发，提出了X射线照射在晶体中一系列相互平行的原子面上将会发生反射的设想。他们认为，只有当相邻两晶面的反射线因叠加而加强时才有反射；如果叠加相消，便不能发生反射，即反射是有选择性的。布拉格父子根据这一想法进行了数学演算，导出了著名公式：

$$2d\sin\theta = n\lambda \tag{5-1}$$

后人把该公式称之为布拉格定律。从公式中可以看出，对于一定波长为λ的X射线，发生反射时的角度θ决定于晶体的原子面间距d。如果知道了晶体的原子面间距d，连续改变X射线的入射角θ，就可以直接测出X射线的波长。1913年布拉格根据这一原理，制作出了X射线分光计，并使用该装置确定了巴克拉提出的某些标识谱的波长，首次利用X射线衍射方法测定了NaCl的晶体结构，从此开始了X射线晶体结构分析的历史。

伦琴、劳厄和布拉格的工作，为人们以后从事X射线衍射和X射线光谱研究奠定了理论和实验基础，他们的工作对X射线学发展的整个进程都具有重要的指导意义。

当今，用电子计算机控制的全自动X射线衍射仪及各类附件的出现，为提高X射线衍射分析的速度、精度，以及扩大其研究领域上起了极大的作用。X射线衍射分析是确定物质的晶体结构、物相的定性和定量分析、精确测定点阵常数、研究晶体取向等的最有效、最准确的方法。还可通过线形分析研究多晶体中的缺陷，应用动力学理论研究近完整晶体中的缺陷、由漫散射强度研究非晶态物质的结构，利用小角度散射强度分布测定大分子结构及微粒尺寸等。X射线衍射分析的特点为：它所反映出的信息是大量原子散射行为的统计结果，此结果与材料的宏观性能有良好的对应关系。它的不足之处是它不可能给出材料内实际存在的微观成分和结构的不均匀性的资料，且不能分析微区的形貌、化学成分以及元素离子的存在状态。

5.1.2 X射线与电磁波谱

劳厄的实验已经指出，X射线是一种波长很短的电磁波，波长范围约0.01～10nm。在电磁波谱上它处于紫外线和γ射线之间（见图5-1）。测量其波长通常应用的单位是，国际单位制中的nm（纳米）。用于衍射分析的X射线波长为0.05～0.25nm。作为电磁波的X射线，它与可见光和所有的其他基本粒子一样，同时具有波动及微粒双重特性，简称为波粒二象性。它的波动性主要表现为以一定的频率和波长在空间传播；它的微粒性主要表现为以光子形式辐射和吸收时，具有一定的质量、能量和动量。X射线的频率ν、波长λ以及其光子的能量E、动量P之间存在如下的关系：

$$E=h\nu=hc/\lambda \tag{5-2}$$

$$P=h/\lambda=h\nu/c \tag{5-3}$$

式中 h——普朗克常数，等于6.626×10^{-34}J·s；

c——光在真空中的传播速度，等于2.998×10^{-10}cm/s。

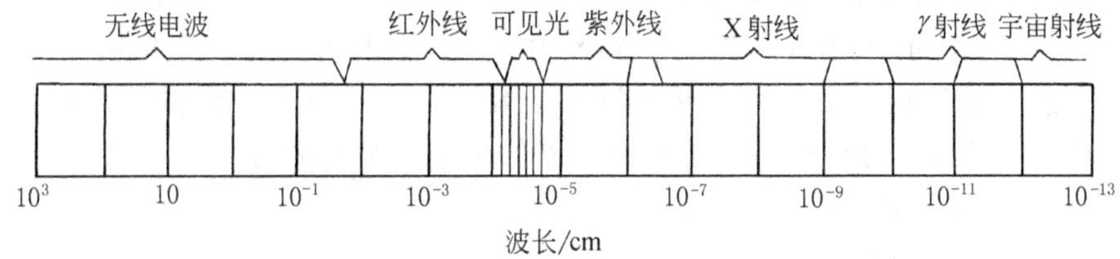

图5-1 电磁波谱

波粒二象性是X射线的客观属性。但是，在一定条件下，可能只有某一方面的属性表现得比较明显，而当条件改变时，可能使另一方面的属性表现得比较明显。例如，X射线在传播过程中发生的干涉、衍射现象就突出地表现出它的波动特性，而在和物质相互作用交换能量时，就突出地表现出它的微粒特性。从原则上讲，对同一个辐射过程所具有的特性，既可以用时间和空间展开的数学形式来描述，也可以用在统计上确定的时间和位置出现的粒子来描述。因此，必须同时接受波动和微粒两种模型。强调其中的那一种模型来描述所发生的现象要视具体的情况而定。但是，由于X射线的波长较短，它的粒子性往往表现得比较突出。

5.1.3 X射线的产生及X射线谱

通常是利用一种类似热阴极二极管的装置（X射线管）获得X射线，产生X射线的基本电气线路见图5-2。把用一定材料制作的板状阳极（A，称为靶）和阴极（C，灯丝）密封在一个玻璃-金属管壳内，给阴极通电加热至炽热，使它放射出热辐射电子。在阳极和阴极间加直流高压V（约数千伏～数十千伏)，则阴极产生的大量热电子 e 将在高压电场作用下奔向阳极，在它们与阳极碰撞的瞬间产生 X 射线。

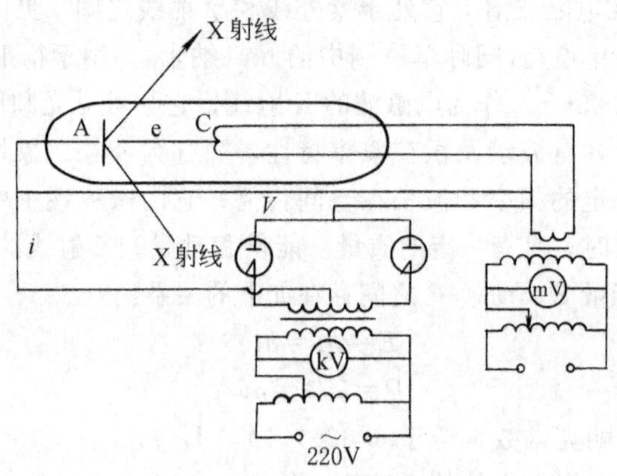

图 5-2 产生 X 射线的基本电气线路

用仪器检测此 X 射线的波长，发现其中包含两种类型的波谱。一种是具有连续波长的 X 射线，构成连续 X 射线谱，它和可见光的白光相似，又称白色 X 射线谱；另一种是在连续谱上叠加若干条具有一定波长的谱线，该谱线与靶极的材料有关，是某种元素的标志，被称做标识谱（或特征 X 射线)，也被称做单色 X 射线。

A. 连续 X 射线谱

在 X 射线管两极间加高压 V，并维持一定的管电流 i，所得到的 X 射线强度与波长的关系见图 5-3。其特点是 X 射线波长从一最小值 λ_0 向长波方向伸展，强度在 λ_m 处有一最大值。这种强度随波长连续变化的谱线称连续 X 射线谱。λ_0 称为该管电压下的短波限。连续谱与管电压 V、管电流 i 和阳极靶材料的原子序数 z 有关，其相互关系的实验规律如下：

① 对同一阳极靶材料，保持 X 射线管电压 V 不变，提高 X 射线管电流 i，各波长射线的强度一致提高，但 λ_0 和 λ_m 不变［见图 5-3（a）］。

② 提高 X 射线管电压 V（i，z 不变)，各种波长射线的强度都增高，短波限 λ_0 和强度最大值对应的 λ_m 减小［见图 5-3（b）］。

③ 在相同的 X 射线管压和管流条件下，阳极靶的原子序数 z 越高，连续谱的强度越大，但 λ_0 和 λ_m 不变［见图 5-3（c）］。

用量子力学的观点可以解释连续谱的形成以及为什么存在短波限 λ_0。在管电压 V 的作用下，当能量为 1.602189×10^{-19}J≈1.602×10^{-19}J 的电子与阳极靶的原子碰撞时，电子失去自己的能量，其中一部分以光子的形式辐射。每碰撞一次产生一个能量为 $h\nu$ 的光子，这样的光子流即为 X 射线。单位时间内到达阳极靶面的电子数目是极大量的，在这些电子中，有的可能只经过一次碰撞就耗尽全部能量，而绝大多数电子要经历多次碰撞，逐渐地损耗自己的能量。每个电子每经历一次碰撞便产生一个光子，多次碰撞产生多次辐射。由于多次辐射中各个光子的能量各不相同，因此出现一个连续 X 射线谱。但是，在这些光子中，光子能量的最大极限值不可能大于电子的能量，而只能小于或等于电子的能量。它的极限情况为：当动能为 1.602×10^{-19}J 的电子在与阳极靶碰撞时，把全部能量给予一个光子，这就是一个 X 光量子可能获得的最大能量，即 $h\nu_{max}=1.602\times10^{-19}$J，此光量子的波长即为短波限 λ_0。

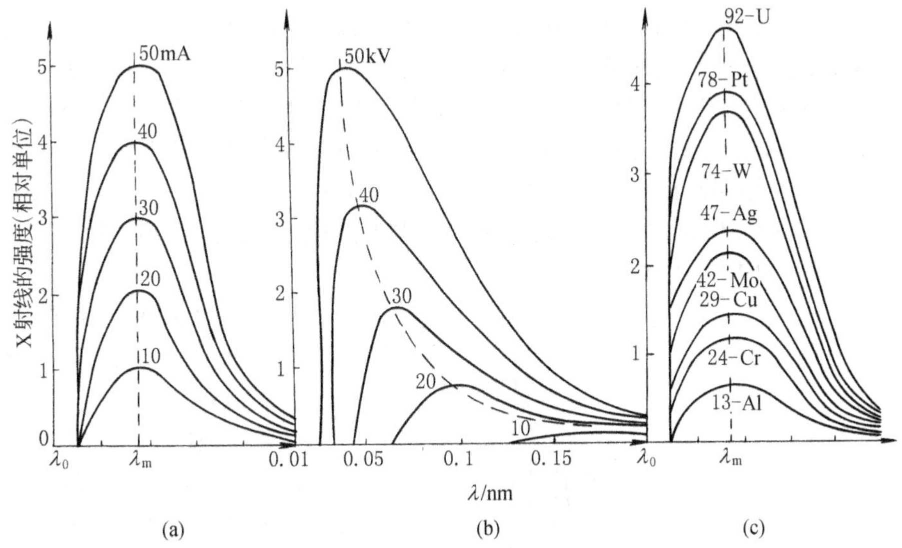

图 5-3 管电流 i、管电压 V 和阳极靶的原子序数 z 对连续谱的影响

(a) 连续谱与管电流的关系；(b) 连续谱与管电压的关系；

(c) 连续谱与阳极靶原子序数的关系

由于 $$\nu_{max}=1.602\times10^{-19}/h=c/\lambda_0$$

所以

$$\lambda_0=hc/(1.602\times10^{-19})$$
$$=(6.626\times10^{-34}\text{J}\cdot\text{s}\times2.998\times10^{8}\text{m/s})/(1.602\times10^{-19}\text{J})$$
$$=12.40(V) \quad (5\text{-}4)$$

λ_0 的单位是 nm，h、c、ν 同前所述。

X 射线的强度是一个物理量，它是指垂直于 X 射线传播方向的单位面积上在单位时间内所通过的光子数目的能量总和。这个定义表明，X 射线的强度 I 是由光子的能量 $h\nu$ 和它的数目 n 两个因素决定的，即 $I=nh\nu$。因为当动能为 1.602×10^{-19}J 的电子在与阳极靶碰撞时，把全部能量给予一个光子的几率很小，所以连续 X 射线谱中的强度最大值并不在光子能量最大的 λ_0 处，而是大约在 $1.5\lambda_0$ 的地方。

连续 X 射线谱中每条曲线下的面积表示连续 X 射线的总强度（$I_{连}$），也就是阳极靶发射出的 X 射线的总能量。实验证明，它与管电流 i、管电压 V、阳极靶的原子序数 z 存在如下关系：

$$I_{连}=\int I(\lambda)\mathrm{d}\lambda=K_1 izV^2 \tag{5-5}$$

积分范围从 $\lambda_0\sim\lambda_\infty$，$K_1$ 为常数。当 X 射线管仅产生连续谱时，其效率 η 为：

$$\eta=I_{连}/(iV)=K_1 zV \tag{5-6}$$

从式（5-6）可见，管压越高，阳极靶材的原子序数越大，X 射线管的效率越高；但是，由于常数 K_1 是个很小的数，约为 $(1.1\sim1.4)\times10^{-9}$ V（伏），故即使采用钨阳极（$z=74$），管电压为 100kV 时，其效率 η 也仅为 1%左右，碰撞阳极靶的电子束的大部分能量都耗费在使阳极靶发热上。所以，阳极靶多用高熔点金属，如 W^{74}、Mo^{42}、Cu^{29}、Ni^{28}、Co^{27}、Fe^{26}、Cr^{24} 等（注：上标为原子序数），且 X 射线管在工作时要一直通水使靶冷却。

B. 标识 X 射线谱

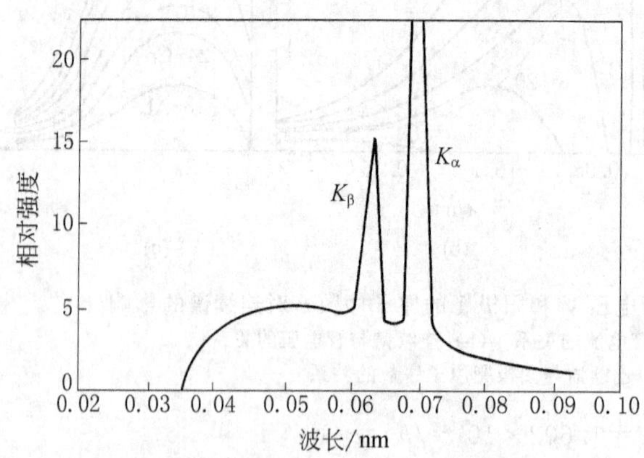

图 5-4 钼靶 K 系标识 X 射线谱

当加在 X 射线管两端的电压增高到与阳极靶材相应的某一特定值 V_k 时，在连续谱的某些特定的波长位置上，会出现一系列强度很高、波长范围很窄的线状光谱，它们的波长对一定材料的阳极靶有严格恒定的数值，此波长可作为阳极靶材的标识或特征，故称为标识谱或特征谱（见图 5-4）。特征谱的波长不受管压、管流的影响，只取决于阳极靶材元素的原子序数。H. G.莫塞莱（Moseley，H.G.J.）对特征谱进行了系统研究，并于 1913～1914 年得出特征谱的波长 λ 和阳极靶的原子序数 z 之间的关系—莫塞莱定律：

$$(1/\lambda)^{1/2}=K_2(z-\sigma) \tag{5-7}$$

式中　K_2 和 σ 均为常数。

该定律表明：阳极靶原子序数越大，相应于同一系的特征谱波长越短。

按照经典的原子模型，原子内的电子分布在一系列量子化的壳层上，在稳定状态下，每个壳层都有一定数量的电子，它们具有一定的能量，最内层（K层）的能量最低，然后按L，M，N……递增。若令自由电子的能量为零，则各层上电子能量的表达式为：

$$E_n = 2\pi^2 me^4 (z-\sigma)^2/(h^2 n^2) \tag{5-8}$$

式中　E_n——主量子数为 n 的壳层上电子的能量；

n——主量子数；

m——电子质量，其他符号同前所述。

当冲向阳极靶的电子具有足够能量将阳极靶原子的内层电子击出成为自由电子（二次电子）时，原子就处于高能的不稳定的激发态，必然自发地向稳态过渡。当K层电子被击出后，则在K层出现空位，原子处于K激发态，若较外层的L层电子跃迁到K层，原子转变到L激发态，其能量差以X射线光量子的形式辐射出来，这就是特征X射线。L→K的跃迁发射 K_α 谱线，由于L层内尚有能量差别很小的亚能级，同亚能级上电子的跃迁所辐射的能量稍有差别而形成波长稍短的 $K_{\alpha1}$ 谱线和波长稍长的 $K_{\alpha2}$ 谱线。若M层电子向K层空位补充，则辐射波长更短的 K_β 谱线。原子的能级及特征谱的发射过程见示意图5-5，所辐射的特征谱频率由下式计算：

$$h\nu = E_{n2} - E_{n1} \tag{5-9}$$

将式（5-8）代入式（5-9）则有：

$$h\nu = 2\pi^2 me^4 (z-\sigma)^2/(h^2) \cdot (1/n_1^2 - 1/n_2^2) \tag{5-10}$$

若 $n_1=1$（即K层），$n_2=2$（即L层），则：发射的 K_α 谱波长 $\lambda_{K\alpha}$ 为：

$$1/\lambda_{K\alpha} = 2\pi^2 me^4 (z-\sigma)^2/(h^3 c) \cdot 3/4$$

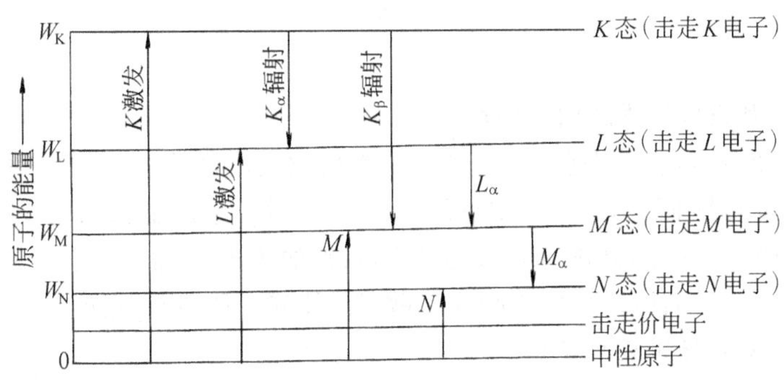

图5-5　原子能级及标识（特征）X射线产生示意图

根据式（5-10）可以得出：$h\nu_{K\alpha} < h\nu_{K\beta}$，亦即 $\lambda_{K\alpha} > \lambda_{K\beta}$，但由于在K激发态下，L层电子向K层跃迁的几率远大于M层向K层跃迁的几率。因此，尽管 K_β 光子本身的能量比 K_α 的高，但是产生的 K_β 光子的数量却很少。

所以，K_α 谱线的强度大于 K_β 谱线的强度，约为 K_β 谱线强度的五倍左右。L层内不同亚能级电子向K层跃迁所发射的 $K_{\alpha1}$ 和 $K_{\alpha2}$ 的关系是：

$$\lambda_{K\alpha1}<\lambda_{K\alpha2}, \quad I_{K\alpha1}\approx 2I_{K\alpha2} \qquad (I\ \text{表示强度})$$

标识谱的强度（$I_特$）随管电压（U）和管电流（i）的提高而增大，其关系的实验公式如下：

$$I_特=K_2 i(U_{工作}-U_n)^m \tag{5-11}$$

式中　K_2——常数；

U_n——标识谱的激发电压，对 K 系 $U_n=U_k$；

$U_{工作}$——工作电压；

m——常数（K 系 $m=1.5$，L 系 $m=2$）。

在多晶材料的衍射分析中，总是希望应用以特征谱为主的单色光源，即尽可能高的 $I_特/I_连$。为了使 K 系谱线突出，X射线管适宜的工作电压一般比 K 系激发电压高3～5倍，即：$U_{工作}\approx(3\sim5)U_k$。表5-1列出常用X射线管的适宜工作电压及特征谱波长等数据。

表 5-1　常用阳极靶材料的特征谱参数

靶元素	原子序数	K 系谱线波长/nm				U_k/kV	$U_{工作}$/kV
		$K_{\alpha1}$	$K_{\alpha2}$	K_α	K_β		
Cr	24	2.28962	2.29351	2.2909	2.08480	5.98	20～25
Fe	26	1.93597	1.93991	1.9373	1.75653	7.10	25～30
Co	27	1.78892	1.79278	1.7902	1.62075	7.71	30
Ni	28	1.65784	1.66169	1.6591	1.50010	8.29	30～35
Cu	29	1.54051	1.54433	1.5418	1.39217	8.86	35～40
Mo	42	0.70926	0.71354	0.7107	0.63225	20.0	50～55
Ag	47	0.55941	0.56381	0.5609	0.49701	25.5	50～60

注：$K_\alpha=2K_{\alpha1}/3+K_{\alpha2}/3$。

5.1.4　X射线与物质的相互作用

当X射线与物质相遇时，会产生一系列效应，这是X射线应用的基础。但就其能量转换而言，一束X射线通过物质时，它的能量可分为三部分：一部分被吸收；一部分透过物质继续沿原来的方向传播；还有一部分被散射。透过物质后的射线束由于吸收和散射的影响，强度被衰减。

5.1.4.1　X射线的衰减规律

如图5-6所示，强度为 I_0 的入射线照射到厚度为 t 的均匀物质上，实验证明，当X射线通过深度为 x 处的 dx 厚度物质时，其强度的相对衰减 dI_x/I_x 与 dx 成正比，即：

$$dI_x/I_L=-\mu_L dx \quad (\text{负号表示 } dI_x \text{ 与 } dx \text{ 符号相反})$$

μ_L 为常数，称线吸收系数。上式经积分得：

$$I/I_0=\exp(-\mu_L t) \text{或} I=I_0\exp(-\mu_L t) \tag{5-12}$$

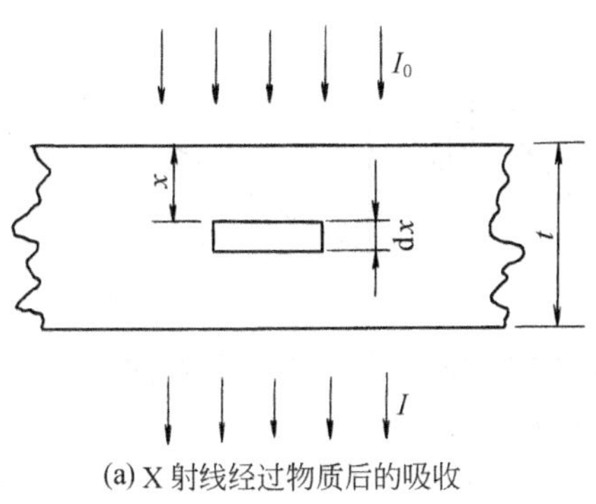

(a) X射线经过物质后的吸收

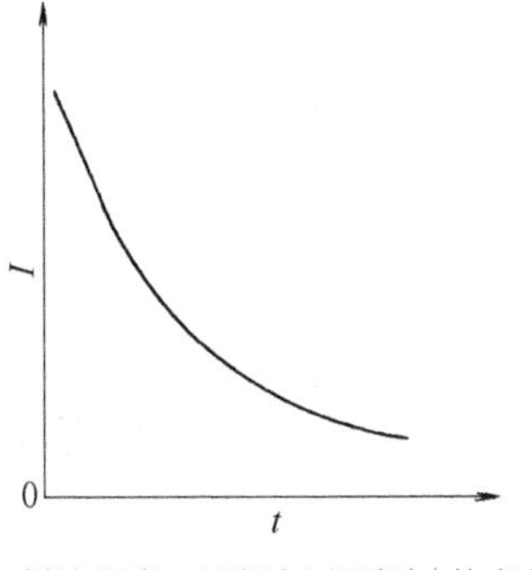

(b) X射线强度(I)随透入深度(t)的变化

图 5-6　X 射线通过物质后的衰减

线吸收系数 μ_L 表明物质对 X 射线的吸收特性，由式（5-12）可得：$\mu_L=-dI_x/I_x\cdot 1/dx(1/cm)$，即：X 射线通过单位厚度（即单位体积）物质的相对衰减量。单位体积内的物质量随其密度而异，因而 μ_L 对一确定的物质也不是一个常量。为表达物质本质的吸收特性，提出了质量吸收系数 μ_m，即：

$$\mu_m=\mu_L/\rho \tag{5-13}$$

式中　ρ——吸收体的密度，$g\cdot cm^{-3}$。

将式（5-13）代入式（5-12）得：

$$I=I_0\exp(-\mu_m\rho t)=I_0\exp(-\mu_m m) \tag{5-14}$$

式中　m——单位面积、厚度为 t 的体积中的物质量，$m=\rho t$。

由此可知 μ_m 的物理意义：X 射线通过单位面积、单位质量物质后强度的相对衰减量。这样就摆脱了密度的影响，成为反映物质本身对 X 射线吸收性质的物理量。若吸收体是多元素的化合物、固溶体或混合物时，其质量吸收系数 μ_m 仅取决于各组元的 μ_m 及各组元的质量分数 x_i，即：

$$\mu_m=\sum(\mu_{mi}\cdot x_i) \tag{5-15}$$

质量吸收系数决定于吸收物质的原子序数 z 和 X 射线的波长 λ，其关系的经验式为：

$$\mu_m\approx K_4\lambda^3 z^3 \tag{5-16}$$

K_4 是常数。式（5-16）表明，对一定的吸收体，X 射线的波长越短，穿透能力越强，表现为吸收系数的下降。但随着波长的降低，μ_m 并非呈连续的变化，而是在某些波长位置上突然升高，出现了吸收限。每种物质都有它本身确定的一系列吸收限，这种带有特征吸收限的吸收系数曲线称为该物质的吸收谱（见图 5-7），吸收限的存在显示了吸收的本质。

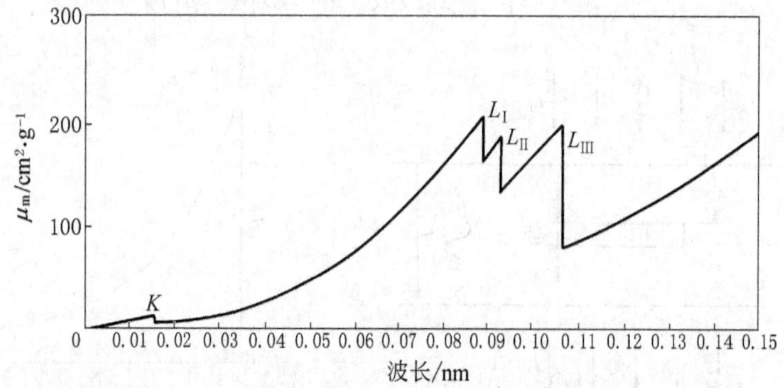

图 5-7　质量吸收系数随入射波长的变化（z 一定）

5.1.4.2　X 射线的真吸收

质量吸收系数突变的现象可用 X 射线的光电效应来解释。当入射光量子的能量等于或略大于吸收体原子某壳层电子的结合能（即该层电子激发态能量）时，此光量子就很容易被电子吸收，获得能量的电子从内层逸出，成为自由电子，称光电子，原子则处于相应的激发态。这种以光子激发原子所发生的激发和辐射过程称为光电效应。此效应消耗大量能量，吸收系数突增，对应吸收限。由光电效应所造成的入射能量消耗称为真吸收，真吸收中还包含 X 射线穿过物质时所引起的热效应。使 K 层电子变成自由电子的能量，亦即可引起 K 激发态的入射光量子的能量必须达到：

$$h\nu_k = hc/\lambda_k \tag{5-17}$$

式中　ν_k 和 λ_k——分别为 K 吸收限的频率和波长。

L 壳层包括三个能量差很小的亚能级（$L_Ⅰ$，$L_Ⅱ$，$L_Ⅲ$），它们对应三个 L 吸收限 $\lambda_Ⅰ$，$\lambda_Ⅱ$，$\lambda_Ⅲ$（见图 5-7）。X 射线通过光电效应使被照物质处于激发态，这一激发态与由入射电子所引起的激发态完全相同，也要通过电子跃迁向较低能态转化，同时辐射被照物质的特征 X 射线谱。由入射 X 射线所激发出来的特征 X 射线称荧光辐射（荧光 X 射线，二次 X 射线），它是光谱分析的依据。但是在晶体衍射分析中，荧光辐射起妨碍作用，它增加衍射图背底，选靶时要注意避免。

由于光电效应而处于激发态的原子还有一种释放能量的方式，即俄歇（Auger）效应。原子中一个 K 层电子被入射光量子击出后，L 层一个电子跃入 K 层填补空位，此时多余的能量不以辐射 X 光量子的方式放出，而是另一个 L 层电子获得能量跃出吸收体，这样的一个 K 层空位被两个 L 层空位代替的过程称俄歇效应，跃出的 L 层电子称俄歇电子，其能量 E_{KLL} 是吸收体的特征。所以荧光 X 射线、光电子和俄歇电子都是被照物质化学成分的讯号。荧光效应用于重元素成分分析，俄歇和光电效应用于表层元素的分析。

5.1.4.3　关于吸收的几点应用

（1）利用吸收限作原子内层能级图　如果入射 X 射线刚好能击出原子内的 K 层电子，则 X 射线光子能量为 W_K，则：

$$W_K = h\nu_k = hc/\lambda_K \tag{5-18}$$

用仪器测出 X 射线的波长 λ_k，即可得到物质的吸收限，从而确定出 K 系的能级图。同样，L，M，N……的能级也可根据 L，M，N……的吸收限定出对应各壳层的能级图。

（2）激发电压的计算　利用加速电子束轰击某元素作成的靶极，若使其产生 K 标识谱线，电子束能量至少等于 W_K：

$$W_K = eV_k = h\nu_k = hc/\lambda_K$$

由此得出所需的 K 层激发电压为：

$$V_k = hc/e\lambda_k = 12.40/\lambda_k$$

λ_k 的单位为 10^{-8}cm，V_k 的单位为 kV。

（3）X 射线探伤（透视）　X 射线探伤（透视）是 X 射线穿透性的应用。是对吸收体（材料或生物体）进行无损检验的一种方法。这种方法主要是根据 X 射线经过衰减系数不同的吸收体时，所穿过的射线强度不同而实现的。若被检验的物质中存在着气泡、裂纹、夹杂物或生物体中的病变等，这些部位对 X 射线的吸收各不相同。因此，在透射方向的感光底片上便出现深浅各异的阴影。根据阴影可判断出物质内部缺陷的部位和性质。一般缺陷的厚度仅为吸收体厚度的 1％时，即可被检验出来。

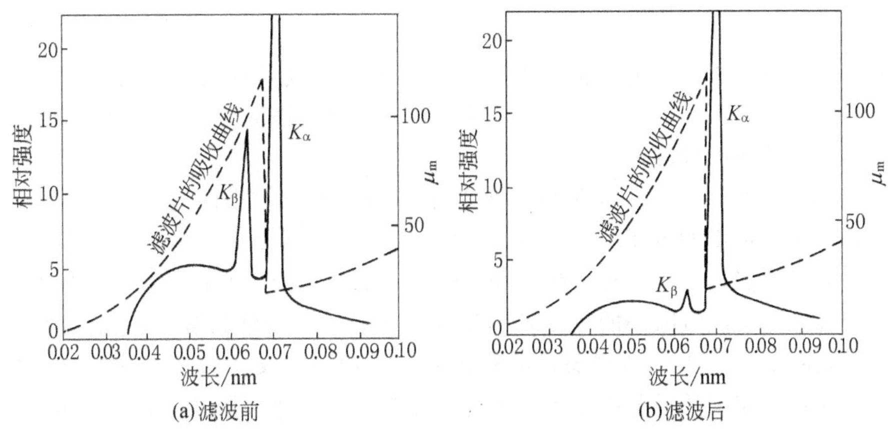

图 5-8　滤波片原理示意图

(4) 滤光（波）片　可以利用吸收限两侧吸收系数差别很大的现象制成滤光片，用以吸收不需要的辐射而得到基本单色的光源。如前所述，K 系辐射包含 K_{α} 和 K_{β} 谱线，在多晶衍射分析中，必须除去强度较低的 K_{β} 谱线。为此可以选取一种材料制成滤波片，放置在光路上，这种材料的 K 吸收限 λ_{k} 处于光源的 $\lambda_{K\alpha}$ 和 $\lambda_{K\beta}$ 辐射线之间，即：$\lambda_{k\beta}$（光源）$<\lambda_{k}$（滤片）$<\lambda_{k\alpha}$（光源），它对光源的 K_{β} 辐射吸收很强烈，而对 K_{α} 吸收很少，经过滤波片后的发射光谱变成如图 5-8(b)的形态。通常均调整滤波片的厚度（按吸收公式计算）使滤波后的 $I_{k\beta}/I_{k\alpha}\approx 1/600$（在未滤波时 $I_{k\beta}/I_{k\alpha}\approx 1/5$）。实验表明，滤波片元素的原子序数均比靶元素的原子序数小 1～2。

元素的吸收谱还可作为选择 X 射线管靶材的重要依据。在进行衍射分析时，总是希望试样对 X 射线的吸收尽可能地少，获得高的衍射强度和低的背底。最合理的选择方法是，阳极靶的 K_{α} 谱线波长稍大于试样元素的 K 吸收限，而且又要尽量靠近 λ_{k}；这样既不产生 K 系荧光辐射，试样对 X 射线的吸收也最小。一般的选靶原则是：$Z_{靶}=Z_{试样}+1$（Z 为靶和试样的原子序数）。

5.1.4.4　X 射线的散射

X 射线在穿过物质后强度衰减，除主要部分是由于真吸收消耗于光电效应和热效应外，还有一部分是偏离了原来的方向，即发生了散射。在散射波中有与原波长相同的相干散射和与原波长不同的非相干散射。

(1) 相干散射（亦称经典散射）　经典电动力学理论指出，X 射线是一种电磁波，当它通过物质时，在入射束电场的作用下，物质原子中的电子将被迫围绕其平衡位置振动，同时向四周辐射出与入射 X 射线波长相同的散射 X 射线，称之为经典散射。由于散射波与入射波的频率或波长相同，位相差恒定，在同一方向上各散射波符合相干条件，故又称为相干散射。经过相互干涉后，这些很弱的能量并不散射在各个方向，而是集中在某些方向上，于是可以得到一定的花样，从这些花样中可以推测原子的位置，这就是晶体衍射效应的根源。

(2) 非相干散射　当 X 射线光量子冲击束缚力较小的电子或自由电子时，产生一种反冲电子，而入射 X 射线光子自身则偏离入射方向。散射 X 射线光子的能量因部分转化为反冲电子的动能而降低，波长增大。这种散射由于各个光子能量减小的程度各不相等，即散射线的波长各不相同，因此，相互之间不会发生干涉现象，故称为非相干散射，又称康普顿—吴有训散射。这种非相干散射分布在各个方向，强度一般很低，但无法避免，在衍射图上成为连续的背底，对衍射工作带来不利影响。

图 5-9 归纳了上述 X 射线与物质的相互作用。

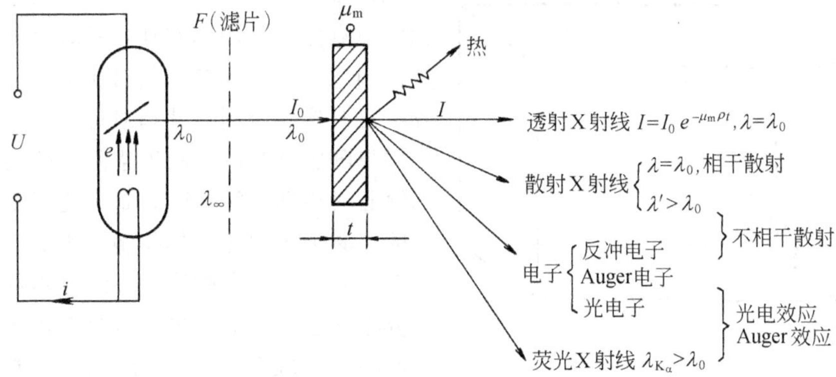

图 5-9　X 射线的产生及与物质的相互作用

5.2　X 射线衍射原理

利用 X 射线研究晶体结构中的各类问题，主要是通过 X 射线在晶体中所产生的衍射现象进行的。当一束 X 射线照射到晶体上时，首先被电子所散射，每个电子都是一个新的辐射波源，向空间辐射出与入射波相同频率的电磁波。在一个原子系统中所有电子的散射波都可以近似地看作是由原子中心发出的。因此，可以把晶体中每个原子都看成是一个新的散射波源，它们各自向空间辐射与入射波相同频率的电磁波。由于这些散射波之间的干涉作用使得空间某些方向上的波始终保持互相叠加，于是在这个方向上可以观测到衍射线；而在另一些方向上的波则始终是互相抵消的，于是就没有衍射线产生。所以，X 射线在晶体中的衍射现象，实质上是大量的原子散射波互相干涉的结果。每种晶体所产生的衍射花样都反映出晶体内部的原子分布规律。概括地讲，一个衍射花样的特征可以认为由两个方面组成，一方面是衍射线在空间的分布规律（称之为衍射几何），另一方面是衍射线束的强度。衍射线的分布规律是由晶胞的大小、形状和位向决定的，而衍射线的强度则取决于原子在晶胞中的位置、数量和种类。为了通过衍射现象来分析晶体内部结构的各种问题，必须掌握一定的晶体学知识；并在衍射现象与晶体结构之间建立起定性和定量的关系，这是 X 射线衍射理论所要解决的中心问题。

5.2.1　晶体学基础

5.2.1.1　布拉菲点阵（Bravais，A.）

晶体的基本特点是它具有规则排列的内部结构。构成晶体的质点通常指的是原子、离子、分子及其他原子集团，这些质点在晶体内部按一定的几何规律排列起来，即形成晶体结构。为了表达空间点阵的周期性，一般选取体积最小的平行六面体作为单位阵胞。这种阵胞只在顶点上有结点，称为简单

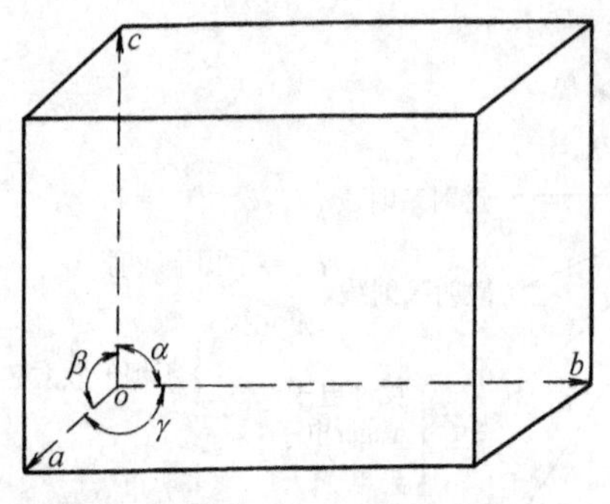

图 5-10　晶胞常数

阵胞，如图 5-10 所示。然而，晶体结构中质点分布除周期性外，还具有对称性。因此，与晶体结构相对应的空间点阵，也同样具有周期性和对称性。为了使单位阵胞能同时反映出空间点阵的周期性和对称性，简单阵胞是不能满足要求的，必须选取比简单阵胞体积更大的复杂阵胞。在复杂阵胞中，结点不仅可以分布在顶点，而且也可以分布在体心或面心。选取阵胞的条件是：① 能同时反映出空间点阵的周期性和对称性；② 在满足①的条件下，有尽可能多的直角；③ 在满足①和②的条件下，体积最小。法国晶体学家布拉菲经长期的研究表明，按上述三条原则选取的阵胞只能有 14 种，称为 14 种布拉菲点阵。根据结点在阵胞中位置的不同，可将 14 种布拉菲点阵分为 4 种点阵类型（P、C、I、F）。阵胞的形状和大小用相交于某一顶点的三条棱边上的点阵周期 a、b、c 以及它们之间的夹角 α、β、γ 来描述。习惯上以 b、c 之间的夹角为 α，a、c 之间的夹角为 β，a、b 之间的夹角为 γ。a、b、c 和 α、β、γ 称为点阵常数或晶格常数。根据点阵常数的不同，将晶体点阵分为 7 个晶系，每个晶系中包括几种点阵类型，见表 5-2。

表 5-2　7 个晶系及其所属的布拉菲点阵

晶　系	点阵常数	布拉菲点阵	点阵符号	阵胞内结点数	结点坐标
立方晶系	$a=b=c$	简单立方	P	1	000
	$\alpha=\beta=\gamma=90^\circ$	体心立方	I	2	000，1/2 1/2 1/2
		面心立方	F	4	000,1/2 1/2 0,1/2 0 1/2,0 1/2 1/2
正方晶系	$a=b\neq c$	简单正方	P	1	000
（四方晶系）	$\alpha=\beta=\gamma=90^\circ$	体心正方	I	2	000,1/2 1/2 1/2
斜方晶系	$a\neq b\neq c$	简单斜方	P	1	000
（正交晶系）	$\alpha=\beta=\gamma=90^\circ$	体心斜方	I	2	000，1/2 1/2 1/2
		底心斜方	C	2	000，1/2 1/2 0
		面心斜方	F	4	000；1/2 1/2 0，1/2 0 1/2，0 1/2 1/2
菱方晶系	$a=b=c$	简单菱方	R	1	000
（三方晶系）	$\alpha=\beta=\gamma\neq 90^\circ$				
六方晶系	$a=b\neq c$ $\alpha=\beta=90^\circ$， $\gamma=120^\circ$	简单六方	P	1	000
单斜晶系	$a\neq b\neq c$	简单单斜	P	1	000
	$\alpha=\gamma=90^\circ\neq\beta$	底心单斜	C	2	000，1/2 1/2 0
三斜晶系	$a\neq b\neq c$ $\alpha\neq\beta\neq\gamma\neq 90^\circ$	简单三斜	P	1	000

5.2.1.2　晶面指数

在晶体学中，确定晶面在空间的位置一般采用解析几何的方法，它是英国学者米勒尔（W. H. Miller）在 1839 年创立的，常称为米氏符号或米勒指数。具体确定晶面指数的方法如下：

① 在以基矢 **a**、**b**、**c** 构成的晶胞内，量出一个晶面在三个基矢上的截距，并用基矢长度 a、b、c 为单位来度量；

② 写出三个分数截距的倒数；

③ 将三个倒数化为三个互质整数，并用小括号括起，即为该组平行晶面的晶面指数（米氏符号或米勒指数）。

下面以图 5-11 来说明如何确定晶面指数。基矢 **a**、**b**、**c** 的长度（轴长）分别是：2A、4A 和 3A，晶面 xyz 在三个基矢上的截距分别是 A、2A 和 2A，分数截距的倒数分别是 2，2 和 3/2，晶面指数就是（443）。该组平行晶面中最靠近原点的晶面的截距分别是 1/4，1/4，1/3。

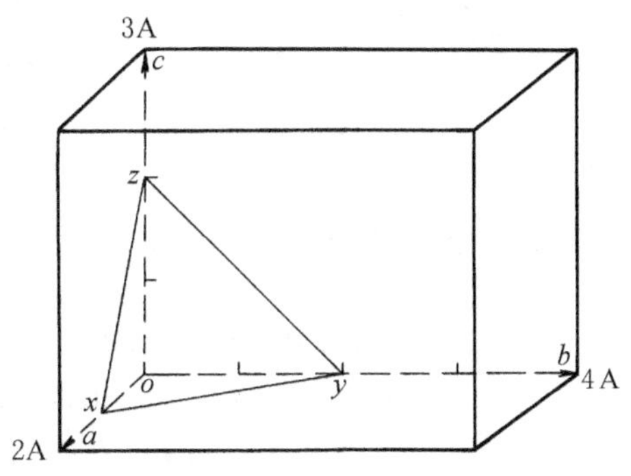

图 5-11　晶面指数标定示意图

当泛指某一晶面指数时，一般用（hkl）作代表；如果晶面与坐标轴的负方向相交时，则在相应的指数上加一负号来表示，例如$(h\bar{k}l)$表示晶面与 y 轴的负方向相交；当晶面与某坐标轴平行时，则认为晶面与该轴的截距为∞（无穷大），其倒数为 0，即相应的指数为零。

在任何晶系中，都有若干组借对称联系起来的等效点阵面，这些面称共组面，用 {hkl} 表示。它们的面间距和晶面上的结点分布完全相同。例如在立方晶系中 {100} 晶面族包括：(100)、(010)、(001)、$(\bar{1}00)$、$(0\bar{1}0)$、$(00\bar{1})$ 六个晶面，{111} 晶面族包括：(111)、$(1\bar{1}\bar{1})$、$(\bar{1}\bar{1}\bar{1})$、$(\bar{1}11)$、$(1\bar{1}1)$、$(11\bar{1})$、$(\bar{1}\bar{1}1)$、$(\bar{1}1\bar{1})$ 八个晶面。但是，在其他晶系中，晶面指数的数字绝对值相同的晶面就不一定都属于同一族晶面。例如对正方晶系，由于 $a=b\neq c$，因此 {100} 被分成两组，其中 (100)、$(0\bar{1}0)$、$(\bar{1}00)$、(010) 四个晶面属于同族晶面，而 (001)、$(00\bar{1})$ 属于另外同族晶面。

在晶体结构和空间点阵中，平行于某一轴向的所有晶面都属于同一个晶带，同一晶带中晶面的交线互相平行，其中通过坐标原点的那条平行直线称为晶带轴，晶带轴的晶向指数就是该晶带的指数。晶向指数的确定方法如下：①在一组互相平行的结点直线中引出过原点的结点直线；②在该直线上任选一个结点，量出它的坐标值，并用点阵周期 a、b、c 度量；③把坐标值化为互质数，用方括号括起，即为该结点直线的晶向指数。当泛指某晶向指数时，用［uvw］表示。

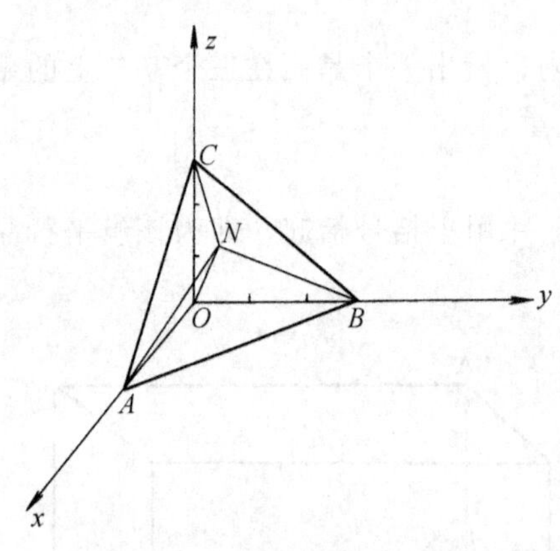

图 5-12　计算晶面间距示意图

5.2.1.3　晶面间距

晶面间距是指两个相邻的平行晶面间的垂直距离，通常用 d_{hkl} 或简写为 d 来表示。下面以立方晶系为例来推导晶面间距的计算公式，见图 5-12。晶面 ABC 为某平行晶面组中最靠近坐标原点的一个晶面（hkl），坐标原点取在最邻近晶面 ABC 的一个晶面上。由坐标原点向晶面 ABC 所引的垂直距离 ON 就是这个晶面组的面间距 d。用 $\boldsymbol{\theta}_1$、$\boldsymbol{\theta}_2$、$\boldsymbol{\theta}_3$ 分别表示 ON 与三个坐标轴的夹角。从直角三角形 ONA、ONB、ONC 可以得到下列关系式：

$$\cos\boldsymbol{\theta}_1 = ON/OA = d/OA \quad \cos\boldsymbol{\theta}_2 = ON/OB = d/OB$$

$$\cos\boldsymbol{\theta}_3 = ON/OC = d/OC \tag{A}$$

OA、OB、OC 为晶面在三个坐标轴上的截距，它们分别等于：

$$OA = a/h \quad OB = a/k \quad OC = a/l \tag{B}$$

将(B)式代入(A)式，并将(A)式中的三个方程式各自平方后再相加即得：

$$\cos^2\boldsymbol{\theta}_1 + \cos^2\boldsymbol{\theta}_2 + \cos^2\boldsymbol{\theta}_3 = d^2/(a/h)^2 + d^2/(a/k)^2 + d^2/(a/l)^2 = 1$$

所以，立方晶系的面间距公式为：$d_{hkl} = a/(h^2 + k^2 + l^2)^{1/2}$

其他各晶系的面间距公式见表 5-3。

表 5-3　各晶系的面间距公式

晶系	d_{hkl}
立方	$a/(h^2+k^2+l^2)^{1/2}$
正方	$(h^2/a^2+k^2/a^2+l^2/c^2)^{-1/2}$
斜方	$(h^2/a^2+k^2/b^2+l^2/c^2)^{-1/2}$
菱方	$a\{[(h^2+k^2+l^2)\sin^2\alpha+2(hk+hl+kl)(\cos^2\alpha-\cos\alpha)]/(1+2\cos^3\alpha-3\cos^2\alpha)\}^{-1/2}$
六方	$[4(h^2+k^2+hk)/(3a^2)+l^2/c^2]^{-1/2}$
单斜	$\{[h^2/a^2+l^2/c^2-2hl\cos\beta/(ac)+k^2\sin^2\beta/b^2]/\sin^2\beta\}^{-1/2}$
三斜	$\left[\dfrac{\dfrac{h}{a}\begin{vmatrix} h/a & \cos\gamma & \cos\beta \\ k/b & 1 & \cos\alpha \\ l/c & \cos\alpha & 1 \end{vmatrix} + \dfrac{k}{b}\begin{vmatrix} 1 & h/a & \cos\beta \\ \cos\gamma & k/b & \cos\alpha \\ \cos\beta & l/c & 1 \end{vmatrix} + \dfrac{l}{c}\begin{vmatrix} 1 & \cos\gamma & h/a \\ \cos\gamma & 1 & k/b \\ \cos\beta & \cos\alpha & l/c \end{vmatrix}}{\begin{vmatrix} 1 & \cos\gamma & \cos\beta \\ \cos\gamma & 1 & \cos\alpha \\ \cos\beta & \cos\alpha & 1 \end{vmatrix}}\right]^{-1/2}$

5.2.1.4　倒点阵

倒点阵又称为倒格子，它由空间点阵导出，对于解释 X 射线及电子衍射图像的成因极为有用，并能简化晶体学中一些重要参数的计算公式。

$\boldsymbol{a}$、$\boldsymbol{b}$、$\boldsymbol{c}$ 表示正点阵的基矢，则与之对应的倒格子基矢 $\boldsymbol{a}^*$、$\boldsymbol{b}^*$、$\boldsymbol{c}^*$ 可以用下面的方式来定义：

$$\boldsymbol{a}^* \cdot \boldsymbol{a}=\boldsymbol{b}^* \cdot \boldsymbol{b}=\boldsymbol{c}^* \cdot \boldsymbol{c}=1$$

$$\boldsymbol{a}^* \cdot \boldsymbol{b}=\boldsymbol{a}^* \cdot \boldsymbol{c}=\boldsymbol{b}^* \cdot \boldsymbol{a}=\boldsymbol{b}^* \cdot \boldsymbol{c}=\boldsymbol{c}^* \cdot \boldsymbol{a}=\boldsymbol{c}^* \cdot \boldsymbol{b}=0$$

由该定义可以从 $\boldsymbol{a}$、$\boldsymbol{b}$、$\boldsymbol{c}$ 惟一地求出 $\boldsymbol{a}^*$、$\boldsymbol{b}^*$、$\boldsymbol{c}^*$（包括长度和方向），即从正点阵得到惟一的倒点阵。从矢量的“点积”关系可知，$\boldsymbol{a}^*$ 同时垂直 $\boldsymbol{b}$、$\boldsymbol{c}$，因此 $\boldsymbol{a}^*$ 垂直 $\boldsymbol{b}$、$\boldsymbol{c}$ 所在的平面，即垂直（100）晶面。同理，$\boldsymbol{b}^*$ 垂直（010）晶面，$\boldsymbol{c}^*$ 垂直（001）晶面。从倒点阵的定义还可看出，正点阵和倒点阵是互为倒易的。另外，还可通过矢量运算证明，正点阵的阵胞体积 V 和倒点阵的阵胞体积 V^* 具有互为倒数的关系，即：$V=1/V^*$。从倒点阵的定义经运算还可以得到倒点阵的点阵常数 a^*、b^*、c^*、α^*、β^*、γ^* 和正点阵的点阵常数的关系如下：$a^*=bc\sin\alpha/V$，$b^*=ca\sin\beta/V$，$c^*=ab\sin\gamma/V$，$\cos\alpha^*=(\cos\beta\cos\gamma-\cos\alpha)/(\sin\beta\sin\gamma)$，$\cos\beta^*=(\cos\alpha\cos\gamma-\cos\beta)/(\sin\alpha\sin\gamma)$，$\cos\gamma^*=(\cos\alpha\cos\beta-\cos\gamma)/(\sin\alpha\sin\beta)$。

图 5-13 画出了 c^* 与正点阵的关系，从图中可以看出，c 在 c^* 方向的投影 OP 为（001）晶面的面间距，即：$OP=d_{001}$。同理可得 a 在 a^* 方向的投影为（100）晶面的面间距 d_{100} 及 b 在 b^* 方向的投影为（010）晶面的面间距 d_{010}。根据倒格子基矢 $\boldsymbol{a}^*$、$\boldsymbol{b}^*$、$\boldsymbol{c}^*$ 作出倒易阵胞后，将倒易阵胞在空间平移便可绘制出倒易空间点阵。倒易空间中的点阵称为倒易结点。从倒易点阵原点向任一倒易结点所连接的矢量称为倒易矢量，用符号 $\boldsymbol{r}^*$ 表示。$\boldsymbol{r}^*=h\boldsymbol{a}^*+k\boldsymbol{b}^*+l\boldsymbol{c}^*$，$h$、$k$、$l$ 为正整数。倒易矢量是倒易点阵中的重要参量，也是在 X 射线衍射中经常引用的参量，它有两个基本性质：①倒易矢量 $\boldsymbol{r}^*$ 垂直于正点阵的（hkl）晶面；②倒易矢量的长度 r 等于

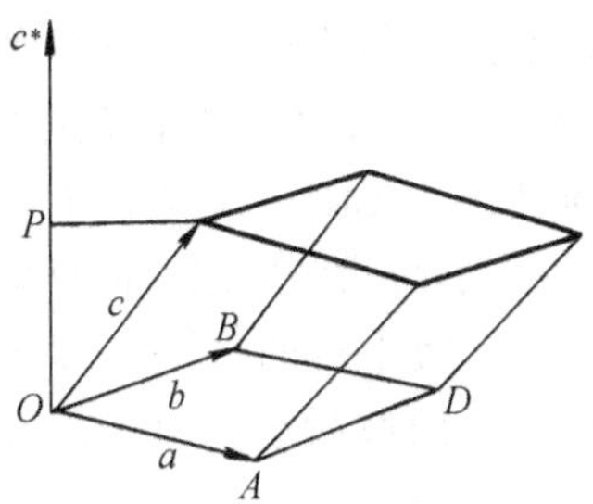

图 5-13　c^* 与正点阵的关系

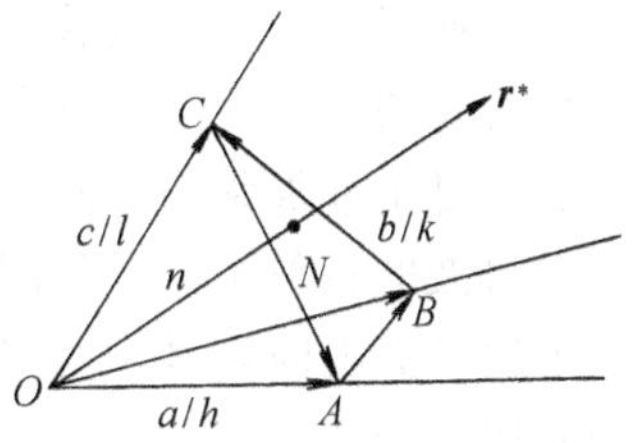

图 5-14　倒易矢量与晶面的关系

(hkl) 晶面的面间距 d_{hkl} 的倒数。下面根据图 5-14 对这两个基本性质进行证明。

ABC 为（hkl）晶面组中最靠近原点的晶面，它在坐标轴上的截距分别为：$\boldsymbol{OA}=\boldsymbol{a}/h$；$\boldsymbol{OB}=\boldsymbol{b}/k$；$\boldsymbol{OC}=\boldsymbol{c}/l$。$\boldsymbol{AB}=\boldsymbol{OB}-\boldsymbol{OA}=\boldsymbol{b}/k-\boldsymbol{a}/h$，$\boldsymbol{BC}=\boldsymbol{OC}-\boldsymbol{OB}=\boldsymbol{c}/l-\boldsymbol{b}/k$。所以，$\boldsymbol{r}^*\cdot\boldsymbol{AB}=(h\boldsymbol{a}^*+k\boldsymbol{b}^*+l\boldsymbol{c}^*)(\boldsymbol{b}/k-\boldsymbol{a}/h)=1-1=0$；

$\boldsymbol{r}^*\cdot\boldsymbol{BC}=(h\boldsymbol{a}^*+k\boldsymbol{b}^*+l\boldsymbol{c}^*)\cdot(\boldsymbol{c}/l-\boldsymbol{b}/k)=1-1=0$。两个矢量的“点积”等于零说明，$\boldsymbol{r}^*$ 同时垂直 $\boldsymbol{AB}$ 和 $\boldsymbol{BC}$，即 $\boldsymbol{r}^*$ 垂直(hkl)晶面。

在图 5-14 中，用 $\boldsymbol{n}$ 代表 $\boldsymbol{r}^*$ 方向的单位矢量，$\boldsymbol{n}=\boldsymbol{r}^*/r$。$ON$ 为(hkl)晶面的面间距 d_{hkl}。由于 ON 为 OA(或 OB、OC)在 $\boldsymbol{r}^*$ 上的投影，所以：$ON=d_{hkl}=\boldsymbol{OA}\cdot\boldsymbol{n}=\boldsymbol{a}/h\cdot\boldsymbol{r}^*/r=\boldsymbol{a}/h\cdot(h\boldsymbol{a}^*+k\boldsymbol{b}^*+l\boldsymbol{c}^*)/r=1/r$，即：$r=1/d_{hkl}$。

从以上证明的倒易矢量的基本性质可以看出，如果正点阵与倒易点阵具有共同的坐标原点，则正点阵中的晶面在倒易点阵中可用一个倒易结点来表示，倒易结点的指数用它所代表的晶面的面指数标定。利用这种对应关系可以由任何一个正点阵建立起一个相应的倒易点阵，反过来由一个已知的倒易点阵运用同样的对应关系又可以重新得到原来的晶体点阵。图 5-15 给出了(100)、(200)晶面与倒易结点的关系。因为(200)的晶面间距 d_{200} 是 d_{100} 的一半，所以(200)晶面的倒易矢量长度比(100)的倒易矢量长度大一倍。如果作出各种取向晶面族的倒易结点，便可得到相应的倒易结点平面和倒易结点空间。

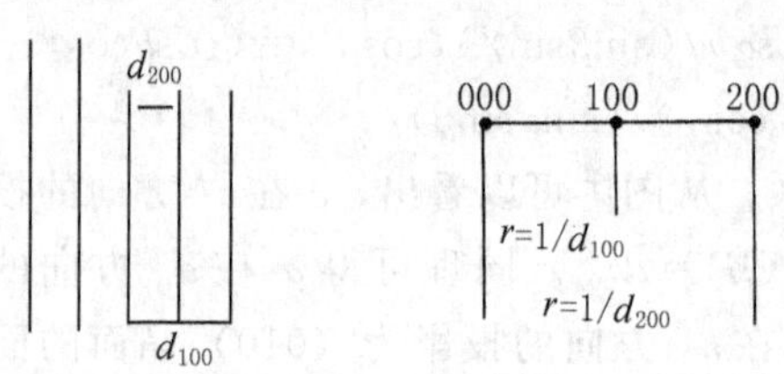

图 5-15　晶面与倒易点阵的对应关系

5.2.2　布拉格定律

5.2.2.1　布拉格方程的导出

布拉格定律是应用起来很方便的一种衍射几何规律的表达形式。用布拉格定律描述 X 射线在晶体中的衍射几何时，是把晶体看作是由许多平行的原子面堆积而成，把衍射线看作是原子面对入射线的反射。这也就是说，在 X 射线照射到的原子面中，所有原子的散射波在原子面的反射方向上的相位是相同的，是干涉加强的方向。下面分析单一原子面和多层原子面反射方向上原子散射波的相位情况。如图 5-16 所示，当一束平行的 X 射线以 θ 角投射到一个原子面上时，其中任意两个原子 P、K 的散射波在原子面反射方向上的光程差为：

$$\delta=QK-PR=PK\cos\theta-PK\cos\theta=0$$

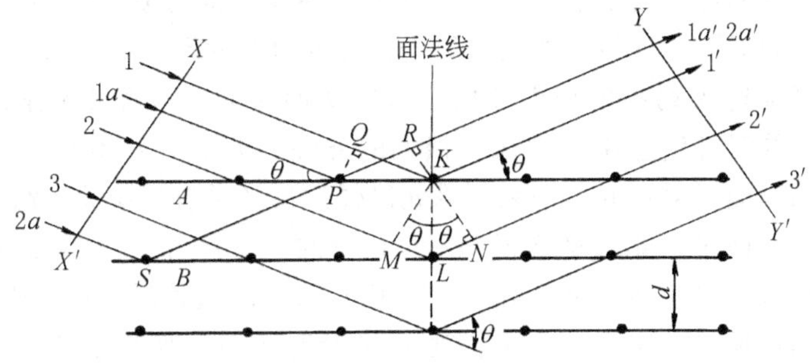

图 5-16　晶体对 X 射线的衍射

P、K 两原子的散射波在原子面反射方向上的光程差为零，说明它们的相位相同，是干涉加强的方向。由于 P、K 是任意的，所以此原子面上所有原子散射波在反射方向上的相位均相同。由此看来，一个原子面对 X 射线的衍射可以在形式上看成为原子面对入射线的反射。由于 X 射线的波长短，穿透能力强，所以它不仅能使晶体表面的原子成为散射波源，而且还能使晶体内部的原子成为散射波源。在这种情况下，衍射线应被看成是许多平行原子面反射的反射波振幅叠加的结果。干涉加强的条件是晶体中任意相邻两个原子面上的原子散射波在原子面反射方向的相位差为 2π 的整数倍，或者光程差等于波长的整数倍。如图 5-16 所示，一束波长为 λ 的 X 射线以 θ 角投射到面间距为 d 的一组平行原子面上。从中任选两个相邻原子面 A、B，作原子面的法线与两个原子面相交于 K、L；过 K、L 画出代表 A 和 B 原子面的入射线和反射线。由图 5-15 可以看出，经 A 和 B 两个原子面反射的反射波的光程差为：$\delta = ML + LN = 2d\sin\theta$，干涉加强的条件为：

$$2d\sin\theta = n\lambda \tag{5-19}$$

式中　n——整数，称为反射级数；

θ——入射线或反射线与反射面的夹角，称为掠射角，由于它等于入射线与衍射线夹角的一半，故又称为半衍射角，也称为布拉格，把 2θ 称为衍射角。

式（5-19）是 X 射线在晶体中产生衍射必须满足的基本条件，它反映了衍射线方向与晶体结构之间的关系。这个关系式首先由英国物理学家布拉格父子于 1912 年导出，故称为布拉格方程。在同时期俄国晶体学家吴里夫（ВУЛЬФ. Т. В.）也独立地推导出了这个关系式，因此也称之为吴里夫-布拉格方程。

5.2.2.2　布拉格方程的讨论

A. 选择反射

X 射线在晶体中的衍射实质上是晶体中各原子散射波之间的干涉结果。只是由于衍射线的方向恰好相当于原子面对入射线的反射，所以才借用镜面反射规律来描述 X 射线的衍射几何。这样从形式上的理解并不歪曲衍射方向的确定，同时却给应用上带来了很大的方便。但是 X 射线的原子面反射和可见光的镜面反射不同。一束可见光以任意角度投射到镜面上都可以产生反射，而原子面对 X 射线的反射并不是任意的，只有当 λ、θ 和 d 三者之间满足布拉格方程时才能发生反射。所以把 X 射线的这种反射称为选择反射。人们经常用“反射”这个术语来描述一些衍射问题，有时也把“衍射”和“反射”作为同义语混合使用，但其实质都是说明衍射问题。有两种几何学的关系必须牢记：①入射光束、反射面的法线和衍射光束一定共面；②衍射光束与透射光束之间的夹角等于 2θ，这个角称为衍射角。

B. 产生衍射的极限条件

在晶体中产生衍射的波长是有限度的。在电磁波的宽阔波长范围里，只有在 X 射线波长范围内的电磁波才适合探测晶体结构，这个结论可以从布拉格方程中得出。由于 $\sin\theta$ 不能大于 1，因此，$n\lambda/2d=\sin\theta<1$，即：$n\lambda<2d$。对衍射而言，n 的最小值为 1($n=0$ 相当于透射方向上的衍射线束,无法观测)，所以在任何可观测的衍射角下，产生衍射的条件为：$\lambda<2d$。这就是说，能够被晶体衍射的电磁波的波长，必须小于参加反射的晶面的最小面间距的 2 倍，否则不会产生衍射现象。但是波长过短会导致衍射角过小，使衍射现象难以观测，也不宜使用。因此，常用于 X 射线衍射的波长范围为：0.25～5nm。当 X 射线波长一定时，晶体中有可能参加反射的晶面族也是有限的，它们必须满足 $d>\lambda/2$，即：只有那些晶面间距大于入射 X 射线波长一半的晶面才能发生衍射。

C. 衍射面和衍射指数

为了应用上的方便，经常把布拉格方程中的 n 隐函在 d 中，得到简化的布拉格方程。为此，需要引入衍射面和衍射指数的概念。布拉格方程可以改写为 $2d_{hkl}/n\cdot\sin\theta=\lambda$，令 $d_{hkl}=d_{\rm hkl}/n$，则：

$$2d_{\rm HKL}\sin\theta=\lambda \tag{5-20}$$

这样，就把 n 隐函在 d_{hkl} 之中，布拉格方程变成为永远是一级反射的形式。这也就是说，把（hkl）晶面的 n 级反射看成为与（hkl）晶面平行、面间距为 $d_{hkl}=d_{hkl}/n$ 晶面的一级反射。面间距为 d_{hkl} 的晶面并不一定是晶体中的原子面，而是为了简化布拉格方程所引入的假想的反射面，把这样的反射面称为衍射面。把衍射面的面指数称为衍射指数，通常用 HKL 来表示。根据晶面指数的定义可以得出衍射指数与晶面指数之间的关系为：$H=nh$；$K=nk$；$L=nl$。衍射指数与晶面指数之间的明显差别是衍射指数中有公约数，而晶面指数只能是互质的整数。当衍射指数也互为质数时，它就代表一族真实的晶面。所以说，衍射指数是晶面指数的推广，是广义的晶面指数。

D. 衍射花样和晶体结构的关系

从布拉格方程中可以看出，在波长一定的情况下，衍射线的方向是晶体面间距 d 的函数。如果将各晶系的面间距 d 值代入布拉格方程（5-20）式，则得：

立方晶系：$\sin^2\theta=\lambda^2/(4a^2)\cdot(h^2+k^2+l^2)$ （5-21）

正方晶系：$\sin^2\theta=\lambda^2/4\cdot[(h^2+k^2)/a^2+(l^2/c^2)]$ （5-22）

斜方晶系：$\sin^2\theta=\lambda^2/4\cdot[(h^2/a^2)+(k^2/b^2)+(l^2/c^2)]$ （5-23）

六方晶系：$\sin^2\theta=\lambda^2/4\cdot[4/3\cdot(h^2+hk+k^2)/a^2+(l^2/c^2)]$ （5-24）

其余晶系从略。

从这些关系式中可明显地看出，不同晶系的晶体，或者同一晶系而晶胞大小不同的晶体，其衍射花样是不相同的。由此可见，布拉格方程可以反映出晶体结构中晶胞大小及形状的变化。但是，布拉格方程并未反映出晶胞中原子的种类、数量和位置。譬如，用一定波长的 X 射线照射图 5-17 所示的具有相同点阵常数的三种晶胞时，由布拉格方程无法区别简单晶胞［图 5-17（a）］和体心晶胞［图 5-17（b）］衍射花样的不同；以及由单一种类原子构成的体心晶胞［5-17（b）］和由 A、B 两种原子构成的体心晶胞［图 5-17（c）］衍射花样的区别，从布拉格方程中也得不到反映。因为在布拉格方程中不包含原子种类和坐标的参量。由此看来，在研究由于晶胞中原子的位置和种类的变化而带来衍射图形的变化时，除布拉格方程外，还需要有其他的判断依据，这种判据就是后面（5.2.4）要讲的结构因子和衍射线强度理论。

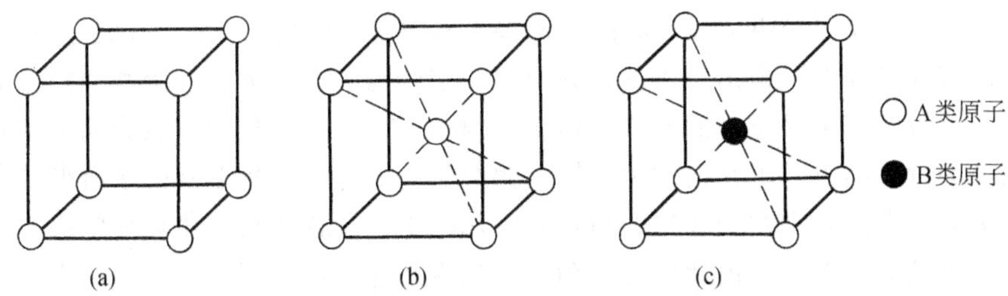

图 5-17　点阵常数相同的几个立方晶系的晶胞

5.2.3　衍射矢量方程及厄瓦尔德（P. P. Ewald）图解

X 射线在晶体中的衍射，除布拉格方程外，还可以用衍射矢量方程和厄瓦尔德图解来表达。在前面描述 X 射线的衍射时，主要解决两个问题，一是产生衍射的条件，即满足布拉格方程；二是衍射方向，即根据布拉格方程确定衍射角 2θ。现在把这两个方面的条件用一个统一的矢量形式来表达。

A. 衍射矢量方程

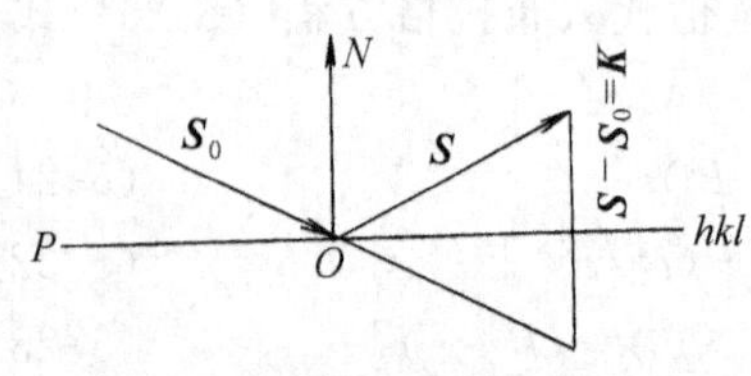

图 5-18　衍射矢量图示

应用倒易点阵可以容易地解释衍射现象。若一束波长为 λ 的单色 X 射线被晶面 P 反射时，假定 N 为晶面 P 的法线方向，入射线方向用单位矢量 $\boldsymbol{S}_0$ 表示，衍射线方向用单位矢量 $\boldsymbol{S}$ 表示，$\boldsymbol{K}=\boldsymbol{S}-\boldsymbol{S}_0$ 称为衍射矢量，见图 5-18。从图 5-18 可见，只要满足布拉格方程，衍射矢量 $\boldsymbol{K}$ 必定与反射面的法线 N 平行，它的绝对值为：$|\boldsymbol{S}-\boldsymbol{S}_0|=2\sin\theta=\lambda/d_{\mathrm{hkl}}$。因此，当满足衍射条件时，衍射矢量的方向就是反射晶面的法线方向，衍射矢量的长度与反射晶面组的面间距成比例，比例系数相当于 λ。根据前面讲述的倒易点阵不难看出，衍射矢量实际上相当于倒易矢量。因为，$r=1/d_{\mathrm{hkl}}$，$\boldsymbol{r}^*=h\boldsymbol{a}^*+k\boldsymbol{b}^*+l\boldsymbol{c}^*$，所以由 $|\boldsymbol{S}-\boldsymbol{S}_0|=2\sin\theta=\lambda/d_{\mathrm{hkl}}$ 可得：$|\boldsymbol{S}/\lambda-\boldsymbol{S}_0/\lambda|=1/d_{\mathrm{hkl}}$，即：$\boldsymbol{S}/\lambda-\boldsymbol{S}_0/\lambda=\boldsymbol{r}^*=h\boldsymbol{a}^*+k\boldsymbol{b}^*+l\boldsymbol{c}^*$，该式就是倒易点阵中的衍射矢量方程。

B. 厄瓦尔德图解

这种图解法是德国物理学家厄瓦尔德首先提出来的。衍射矢量方程的图解法表达形式是由 $\boldsymbol{S}_0/\lambda$、$\boldsymbol{S}/\lambda$ 和 $\boldsymbol{r}^*$ 三个矢量构成的等腰三角形，三者分别表示入射线方向、衍射线方向和倒易矢量之间的关系，倒易点阵原点在 O^*，晶体放在 C 处，见图 5-19。当一束 X 射线以一定的方向照射到晶体上时，可能会有很多个晶面族满足衍射条件，即在很多个方向上产生衍射线，也就是说以公共边 $\boldsymbol{S}_0/\lambda$ 构成很多个矢量三角形。其中公有矢量 $\boldsymbol{S}_0/\lambda$ 的起端为各等腰三角形顶角的公共顶点，末端为各三角形中一个底角的公共顶点，也就是倒易点阵的原点，而各三角形的另一些底角的顶点为满足衍射条件的倒易结点。由几何知识可知，腰边相等的等腰三角形其两腰所夹的角顶为公共点时，则两个底角的角顶必定都位于以两腰所夹的角顶为中心、腰长为半径的球面上。由此可见，满足布拉格条件的那些倒易点一定位于以等腰矢量所夹的公共角顶为中心、$1/\lambda$ 为半径的球面上。根据这样的原理，厄瓦尔德提出了倒易点阵中衍射条件的图解法，称为厄瓦尔德图解法，作图方法见图 5-19。沿入射线方向做长度为 $1/\lambda$（倒易点阵周期与 $1/\lambda$ 采用同一比例尺度）的矢量 $\boldsymbol{S}_0/\lambda$，使该矢量的末端落在倒易点阵的原点 O^*。以矢量 $\boldsymbol{S}_0/\lambda$ 的起端 C 为中心，以 $1/\lambda$ 为半径画一个球，该球称为反射球。凡是与反射球面相交的倒易结点（P_1 和 P_2 等）都能满足衍射条件而产生衍射。由反射球面上的倒易结点、倒易点阵原点和反射球中心连接成衍射矢量三角形 P_1O^*C、P_2O^*C 等，其中 CP_1 和 CP_2 分别为倒易结点 P_1 和 P_2 的衍射方向，倒易矢量 $\boldsymbol{r}^*$（0^*P_1 和 0^*P_2）分别表示满足衍射条件的晶面族的取向和面间距。如果我们观察位于 C 的晶体在转动，倒易结点也就随之转动，这样就会有更多的倒易点落在反射球上，从而出现更多的衍射线。利用倒易点阵的优点是，目视观察点阵上的一组点比观察一组晶面要容易得多。因此，厄瓦尔德图解法可以同时容易地表达产生衍射的条件和衍射线的方向。但是，如果需要进行具体的数学运算时，还要用布拉格方程。

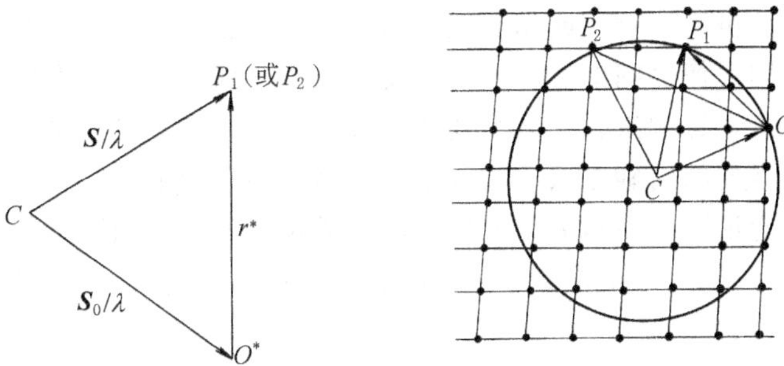

图 5-19　衍射矢量三角形和厄瓦尔德图解

从厄瓦尔德图解法中可以看出，并不是随便把一个晶体置于 X 射线的照射下都能产生衍射现象。例如，一束单色 X 射线照射一个固定不动的单晶体时，就不一定能产生衍射现象。因为在这种情况下，反射球面完全有可能不与倒易结点相交。所以，在设计实验方法时，一定要保证反射球面能有充分的机会与倒易结点相交，只有这样才能产生衍射现象。解决这个问题的办法是使反射球扫过某些倒易结点，永远有机会与倒易结点相交。要做到这一点，就必须使反射球或晶体其中之一处于运动状态或者相当于运动状态。目前常用的实验方法有：

① 用单色（标识）X 射线照射转动晶体，相当倒易点在运动，使反射球永远有机会与某些倒易结点相交。该法称为转动晶体法。

② 用多色（连续）X 射线照射固定不动的单晶体。由于连续 X 射线有一定的波长范围，因此就有一系列与之相对应的反射球连续分布在一定的区域，凡是落在这个区域内的倒易结点都满足衍射条件。这种情况也相当于反射球在一定的范围内运动，从而使反射球永远有机会与某些倒易结点相交。该法称为劳厄法。

③ 用单色（标识）X 射线照射多晶体试样。多晶体中，由于各晶粒的

取向是杂乱分布的，因此固定不动的多晶体就其晶粒的位向关系而言，相当于单晶体转动的情况。该法称为多晶体衍射法，这也是目前最常用的一种方法。

5.2.4 X射线衍射线束的强度

用X射线衍射进行结构分析时，不仅要了解X射线与晶体相互作用时产生衍射的条件和衍射线的空间方位分布，而且还要看衍射线的强度变化，才能推算出晶体中原子或其他质点在晶胞中的分布位置，确定其晶体结构。在物相定性定量分析、结构的测定、晶面择优取向及结晶度的测定、线形分析法测定点阵畸变等实验分析方法中，均涉及到衍射强度问题。因此，在X射线衍射分析中，X射线的强度测量和计算是颇为重要的。

衍射强度可用绝对值或相对值表示，通常没有必要使用绝对强度值。相对强度是指同一衍射图中各衍射线强度的比值。根据测量精度的要求，可以采用的方法有：目测法、测微光度计以及峰值强度法等。但是，积分强度法是表示衍射强度的精确方法，它表示衍射峰下的累积强度（积分面积）。

衍射理论证明，多晶体衍射环上单位弧长上的累积强度 I 为：

$$I=I_0e^4/(m^2c^4)\cdot\lambda^3/(32\pi R)\cdot V/v^2\cdot F_{\mathrm{hkl}}^2\cdot P\cdot\phi(\theta)\cdot e^{-2\mathrm{M}}\cdot A(\theta) \tag{5-25}$$

式中 I_0——入射X射线束强度；

λ——入射X射线的波长；

e,m——电子的电荷和质量；

c——光速；

R——试样到照相底片(或探测器窗口)观察点处的距离,cm；

V——试样被入射X射线照射的体积,对多晶试样,它相当于产生衍射图的体积,cm^3；

v——单位晶胞体积,cm^3；

F_{hkl}——结构因子；

P——多重性因数；

$\phi(\theta)$——角因子；

$e^{-2\mathrm{M}}$——温度因子；

$A(\theta)$——吸收因数。

当实验条件一定时，在所获得的同一衍射花样中，e、m、c、I_0、V、R、v、λ 均为常数。因此，衍射线的相对强度表达式，可由式（5-25）改写为：

$$I_{\text{相对}}=F_{hkl}^2\cdot P\cdot\phi(\theta)\cdot e^{-2\mathrm{M}}\cdot A(\theta) \tag{5-26}$$

衍射线的相对强度表达式中各项因数的物理意义简介。

(1) 结构因子 F_{hkl}　结构因子 F_{hkl} 的定义为：

[一个单胞内所有原子散射的相干散射振幅(A_b)]/[一个电子散射的相干散射振幅(A_e)]$=A_b/A_e$

若晶胞内各原子的原子散射振幅分别为：f_1、f_2、…、f_j、…、f_n，各原子的散射波与入射波的相位差分别为：ϕ_1、ϕ_2、…、ϕ_j、…、ϕ_n，则晶胞内所有原子相干散射的复合波振幅为：

$$A_b=A_e(f_1e^{i\phi 1}+f_2e^{i\phi 2}+\cdots+f_je^{i\phi j}+\cdots+f_ne^{i\phi n}=A_e\sum f_je^{i\phi j}$$

$$F_{hkl}=A_b/A_e=\sum f_je^{i\phi j} \quad (5\text{-}27)$$

为了确定相位差，首先考虑一维情况，然后再推广到三维情况。如图5-20所示。设衍射线 2′、1′之间的光程差为$\delta_{2'1'}$，如果衍射加强，则有：$\delta_{2'1'}=MC+CN=2d_{h00}\sin\theta=\lambda$。

由晶面指数的定义可知，$d_{h00}=AC=a/h$。

现在考虑另一原子 B 散射时的光程差$\delta_{3'1'}$。

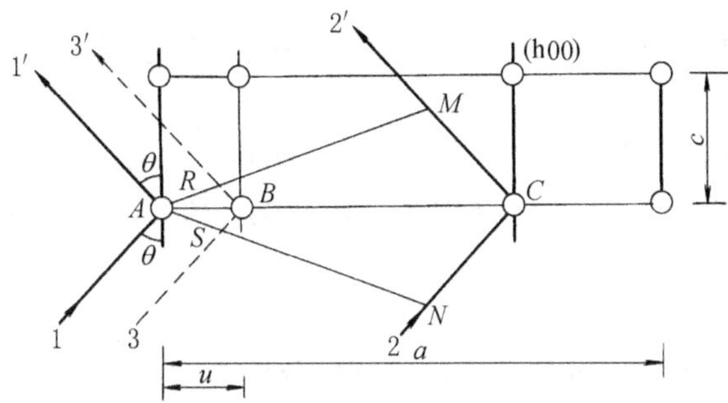

图 5-20 原子位置对衍射线相位差的影响

根据图中的比例关系得：$\delta_{3'1'}/\delta_{2'1'}=AB/AC$，所以 $\delta_{3'1'}=u\div(a/h)\cdot\lambda$

又因为光程差与相位差的关系：$\phi=2\pi\cdot\delta/\lambda$，则：

$$\phi_{3'1'}=2\pi\cdot\delta_{3'1'}/\lambda=2\pi\cdot hu/a \quad (5\text{-}28)$$

u 为 B 原子的坐标。在晶胞中，常采用点阵常数作为单位，原子的位置用轴上所占的分数坐标 $x=u/a$ 来代替，故式（5-28）可写成：

$$\phi_{3'1'}=2\pi\cdot\delta_{3'1'}/\lambda=2\pi\cdot hx \quad (5\text{-}29)$$

若推广到三维情况，则：$\phi=2\pi(hx+ky+lz)$ (5-30)

将式(5-30)代入式(5-27)得：

$$F_{hkl}=A_b/A_e=\sum f_je^{i\phi j}=\sum f_je^{2\pi i(hxj+kyj+lzj)} \quad (5\text{-}31)$$

因此，F_{hkl}表示其晶胞内所有原子散射波的振幅的矢量和。若要计算F_{hkl}，除了要知道原子的种类外，还必须知道晶胞中各原子的数目以及它们的坐标(x_j，y_j，z_j)。

根据欧拉公式：$e^{i\phi}=\cos\phi+i\sin\phi$

可将式(5-31)写成三角函数形式：

$$F_{hkl}=\sum f_j[\cos 2\pi(hx_j+ky_j+lz_j)+i\sin 2\pi(hx_j+ky_j+lz_j)] \quad (5\text{-}32)$$

将（5-32）式乘以其共扼复数再开方，即得结构因子 $|F_{hkl}|$ 的表达式：

$$\begin{aligned}|F_{hkl}|&=\{\sum f_j[\cos 2\pi(hx_j+ky_j+lz_j)+i\sin 2\pi(hx_j+ky_j+lz_j)]\}\\&\quad\cdot\sum f_j[\cos 2\pi(hx_j+ky_j+lz_j)-i\sin 2\pi(hx_j+ky_j+lz_j)]\}^{1/2}\\&=\{[\sum f_j\cos 2\pi(hx_j+ky_j+lz_j)]^2\\&\quad+[\sum f_j\sin 2\pi(hx_j+ky_j+lz_j)]\}^{1/2}\end{aligned} \quad (5\text{-}33)$$

可见，一个晶胞对某 hkl 衍射的强度决定于一个晶胞内原子的数量、各原子的散射振幅 f_j、原子的坐标及衍射面的指数。下面结合几种晶体结构实例来计算结构因子，并从中总结出各种布拉格点阵的系统消光规律。

a. 简单点阵

每个晶胞中只有 1 个原子，其坐标为 000，原子散射因子为 f_a。根据（5-33）式得：

$$F_{hkl}^2=f_a^2[\cos^2 2\pi(0)+\sin^2 2\pi(0)]=f_a^2, F_{hkl}=f_a$$

证明简单点阵的结构因子不受 hkl 的影响，即 hkl 为任意整数时，都能产生衍射。

b. 底心点阵

每个晶胞中有 2 个同类原子，其坐标分别为 000 和 1/2 1/2 0。原子散射因子为 f_a。

$$\begin{aligned}F_{hkl}^2&=f_a^2[\cos 2\pi(0)+\cos 2\pi(h/2+k/2)]^2+f_a^2[\sin 2\pi(0)\\&\quad+\sin 2\pi(h/2+k/2)]^2\\&=f_a^2[1+\cos\pi(h+k)]^2\end{aligned}$$

当 $h+k$ 为偶数时，即 h、k 全为奇数或全为偶数：

$$F_{hkl}^2=4f_a^2,\ F_{hkl}=2f_a$$

当 $h+k$ 为奇数时，即 h、k 中一个为奇数，一个为偶数：

$$F_{hkl}^2=0,\ F_{hkl}=0$$

即在底心点阵中，F_{hkl}^2 不受 l 的影响，只有当 h、k 全为奇数或全为偶数时才能产生衍射。

c. 体心点阵

每个晶胞中有 2 个同类原子，其坐标为 000 和 1/2 1/2 1/2，其原子散射因子为 f_a。

$$\begin{aligned}F_{hkl}^2&=f_a^2[\cos 2\pi(0)+\cos 2\pi(h/2+k/2+l/2)]^2\\&\quad+f_a^2[\sin 2\pi(0)+\sin 2\pi(h/2+k/2+l/2)]^2\end{aligned}$$

$$=f_a^2[1+\cos\pi(h+k+l)]^2$$

当 $h+k+l$ 为偶数时：

$$F_{hkl}^2=4f_a^2, F_{hkl}=2f_a$$

当 $h+k+l$ 为奇数时：

$$F_{hkl}^2=0, F_{hkl}=0$$

即在体心点阵中，只有当 $h+k+l$ 为偶数时才能产生衍射。

d. 面心点阵

每个晶胞中有 4 个同类原子，其坐标为：000，1/2 1/2 0，1/2 0 1/2，0 1/2 1/2，其原子散射因子为 f_a。

$$F_{hkl}^2=f_a^2[\cos 2\pi(0)+\cos 2\pi(h/2+k/2)+\cos 2\pi(h/2+l/2)+\cos 2\pi(k/2+l/2)]^2+f_a^2[\sin 2\pi(0)+\sin 2\pi(h/2+k/2)+\sin 2\pi(h/2+l/2)+\sin 2\pi(k/2+l/2)]^2$$

$$=f_a^2[1+\cos\pi(h+k)+\cos\pi(h+l)+\cos\pi(k+l)]^2$$

当 h、k、l 全为奇数或全为偶数时，则 $(h+k)$、$(h+l)$、$(k+l)$ 均为偶数，故：

$$F_{hkl}^2=16f_a^2,\ F_{hkl}=4f_a$$

当 h、k、l 中有 2 个奇数 1 个偶数或 2 个偶数 1 个奇数时，则 $(h+k)$、$(h+l)$、$(k+l)$ 中总是有两项为奇数一项为偶数，故：

$$F_{hkl}^2=0,\ F_{hkl}=0$$

即在面心点阵中，只有当 h、k、l 全为奇数或全为偶数时才能产生衍射。

从结构因子的表达式可以看出，结构因子只与原子的种类和在原子晶胞中的位置有关，而不受晶胞的形状和大小的影响。例如：体心点阵，不论是立方晶系、正方晶系还是斜方晶系的体心点阵的消光规律都是相同的。由此可见，点阵消光规律的适用性是较广泛的，它可以演示布拉菲点阵与其衍射花样之间的具体联系。

(2) 多重性因数 P　它表示多晶体中，同一 {hkl} 晶面族中等同晶面数目。此值愈大，这种晶面获得衍射的几率就愈大，对应的衍射线就愈强。多重性因数 P 的数值随晶系及晶面指数而变化，如表 5-4 所列。在计算衍射强度时，P 的数值只要查表即可。

(3) 角因子 $\phi(\theta)(1+\cos^2 2\theta)/[8\sin^2\theta\cos\theta]$　它是由偏振因子 $(1+\cos^2 2\theta)/2$ 和洛伦兹因子 $1/(4\sin^2\theta\cos\theta)$ 组成的，与衍射角 θ 有关。定性地说，衍射峰的峰高随角度增加而降低；衍射峰的宽度随衍射角增加而变宽。但是，不同衍射方式和不同样品产生的影响也不同。

(4) 吸收因子 $A(\theta)$　试样对 X 射线的吸收作用将造成衍射强度的衰减，因此要进行吸收校正。对于通常实验，最常用的试样有圆柱状和板状试样两种，前者多用于照相法，后者多用于衍射仪法。圆柱状试样的吸收因子是试样的线吸收系数 μ_1 和试样半径 R 的函数。试样的吸收作用对高角和低角区的衍射线的影响是不同的。若试样的线吸收系数较大，则 X 射线通过试样时只有试样表层参与衍射。此时，高角衍射线受到的吸收较少，而低角衍射线受到强烈的吸收。这种吸收的差异将导致高角衍射线强度衰减少，而低角衍射线强度强烈衰减。这种差异还随着试样吸收系数的增大而增加，随着它的减小而减小。可见，当影响衍射线强度的各因素相同及试样的 μ_1 值一定时，掠射角 θ 愈大，吸收作用愈小，衍射线的强度也就愈高。在实验中，为了减轻吸收作用的不良影响，提高线吸收系数较高的试样在低角衍射线的强度，常在试样中添加适量的非晶态物质，使试样稀释。

表 5-4　粉晶法多重性因数 P

<table>
<tr><th rowspan="2">晶　　系</th><th colspan="10">晶　面　指　数</th></tr>
<tr><th>$h00$</th><th>$0k0$</th><th>$00l$</th><th>hhh</th><th>$hh0$</th><th>$hk0$</th><th>$0kl$</th><th>$h0l$</th><th>hhl</th><th>hkl</th></tr>
<tr><td>立方晶系</td><td colspan="3">6</td><td>8</td><td>12</td><td colspan="4">24</td><td>48</td></tr>
<tr><td>六方和菱方晶系</td><td colspan="2">6</td><td>2</td><td colspan="2">6</td><td colspan="4">12</td><td>24</td></tr>
<tr><td>四方晶系</td><td colspan="2">4</td><td>2</td><td colspan="2">4</td><td colspan="4">8</td><td>16</td></tr>
<tr><td>斜方晶系</td><td colspan="3">2</td><td colspan="2"></td><td colspan="3">4</td><td></td><td>8</td></tr>
<tr><td>单斜晶系</td><td colspan="3">2</td><td colspan="2"></td><td colspan="2"></td><td>2</td><td></td><td>4</td></tr>
<tr><td>三斜晶系</td><td colspan="3"></td><td colspan="2"></td><td colspan="3"></td><td></td><td>2</td></tr>
</table>

实际上，X 射线衍射强度的测量工作多用 X 射线衍射仪进行，在此实验条件下，均采用平板试样。平板试样不仅能产生聚焦作用，而且吸收因子不随 θ 角而变化。因为进行衍射实验时，入射光束发散角是固定的，试样被辐射的面积随 θ 角变化。当 θ 角小时，辐射面积较大，但 X 射线穿透的有效深度较小；当 θ 角大时，辐射面积较小，但穿透深度较大，其总的效果是辐射的体积在不同 θ 角时恒定。因而，用平板试样进行衍射实验时，采用固定入射狭缝，无论 θ 角大小均保证参与衍射的试样体积恒定不变，即吸收因子与 θ 无关。可以证明，当衍射仪采用平板试样时，吸收因子 $A(\theta)=1/(2\mu_1)$ 为一常数，其中 μ_1 为试样线吸收系数。于是，多晶体衍射强度公式 (5-25) 写成如下形式：

$$I=I_0 e^4/(m^2c^4)\cdot\lambda^3/(32\pi R)\cdot V/v^2\cdot F_{hkl}^2\cdot P\cdot\phi(\theta)\cdot e^{-2M}/(2\mu_1) \tag{5-34}$$

显而易见，试样的 μ_1 增大，衍射线强度将下降。

（5）温度因子 e^{-2M}　由于温度的作用，晶体中原子并非处于理想的晶体点阵位置静止不动，而是在晶体点阵附近作热振动。温度越高，原子偏离平衡位置的振幅也愈大。这样，原子热振动导致原子散射波附加位相差，使得在某一衍射方向上衍射强度减弱。因此，在衍射强度公式（5-25）中又引入了一项小于 1 的因子，即温度因子 e^{-2M}。温度因子 e^{-2M}和吸收因子$A(\theta)$的值随 θ 角变化的趋势是相反的。对 θ 角相差较小的衍射线，这两个因子的作用大致可以相互抵消。因此，进行相对强度计算时可将它们略去不计，从而简化计算。

应当指出，当用短波长 X 射线摄取高角度衍射线时，热振动引起的衍射强度降低颇为显著。此外，原子热振动除造成衍射线强度下降外，还将引起非布拉格衍射，称之为热漫散射。它会引起衍射照相底片背底连续变黑或衍射谱图的背底基线升高。变黑或背底基线升高程度随 θ 角的增加而逐渐地加大，从而使高角区衍射线的峰与背底比减小。

5.3　X 射线衍射分析方法

获取物质衍射图样的方法按使用的设备可分为两大类，照相法和衍射仪法。衍射仪法由于与计算机相结合，具有高稳定、高分辨率、多功能和全自动等性能，并且可以自动地给出大多数衍射实验结果，因此它的应用非常普遍；相比之下，粉晶照相法的应用逐渐减少，这里只对德拜照相法作一简单介绍。

5.3.1　粉晶法成相原理

粉晶试样是由数目极多的微小晶粒组成，这些晶粒的取向完全是任意无规则的，各晶粒中指数相同的晶面取向分布于空间的任意方向。如果采用倒易空间的概念，则这些晶面的倒易矢量分布于整个倒易空间的各个方向，而它们的倒易结点布满在以倒易矢量长度($\boldsymbol{r}^* = 1/d_{hkl}$）为半径的倒易球上。由于同族晶面 $\{hkl\}$ 的面间距相等，所以同族晶面的倒易结点都分布在同一个倒易球上，各晶面族的倒易结点分别分布在以倒易点阵原点 O 为中心的同心倒易球面上。在满足衍射条件时，根据厄瓦尔德图解原理，反射球与倒易球相交，其交线为一系列垂直于入射线的圆，见图 5-21。从反射球中心（C，衍射粉晶）向这些圆周连线就组成数个以入射线为公共轴的共顶圆锥，圆锥的母线就是衍射线的方向，圆顶角等于 4θ。该圆锥称为衍射圆锥。

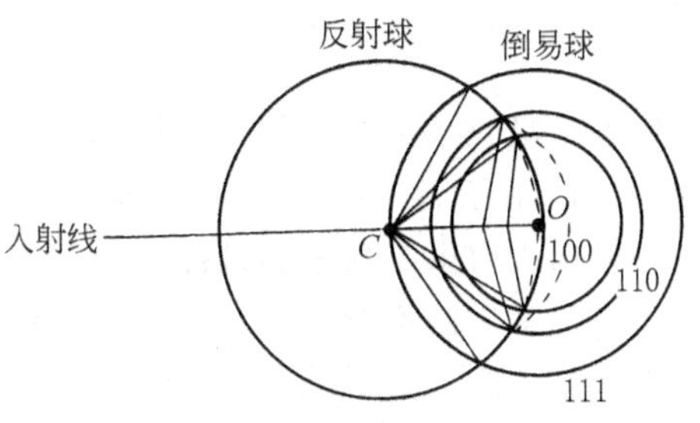

图 5-21　粉晶法成相原理

5.3.2 德拜照相法

它是用照相底片接收和记录衍射线，用于多晶体的衍射分析。此法以单色 X 射线作为光源，摄取多晶体衍射环。这是一种经典的但至今仍未失去其使用价值的衍射分析方法。图 5-22 是德拜法的示意图。所用试样为细圆柱状多晶体（丝状试样），X 射线照射其上，产生一系列衍射锥（见图 5-23），用窄条带状底片环绕试样放置，衍射锥与底片相遇，得到一系列衍射环，底片展开后的图像如图 5-24 所示。

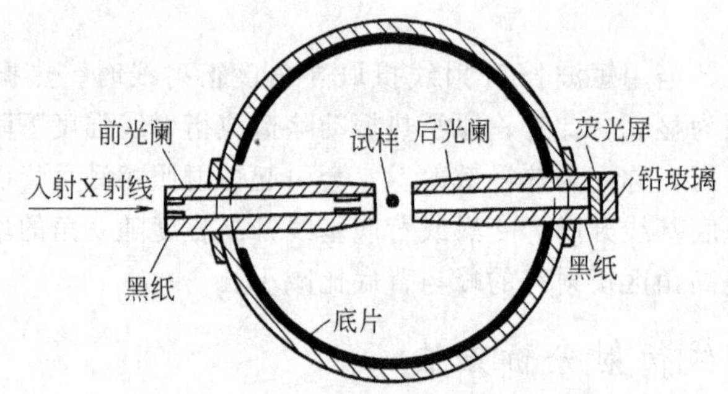

图 5-22　德拜相机示意图

(1) 德拜照相机　图 5-22 是德拜相机的示意图，相机主体是一个带盖的密封圆筒，沿筒的直径方向装有一个导入并限制入射光束的准直管（亦称前光阑）和一个阻挡透射光束的承光管（后光阑）；试样架在相机圆筒的中心轴上，试样架上有专门的调节装置，可将细小的圆柱试样调节到与圆筒轴线重合，底片围绕试样紧贴于圆筒壁。入射 X 射线通过前光阑成为基本平行的光束，经试样衍射使底片感光，透射束进入承光管经荧光屏后被其底部的铅玻璃吸收，荧光屏用于拍摄前的对光。为了计算方便起见，常用的德拜相机的直径有 57.3mm、114.6mm、190mm 几种。德拜法所需曝光时间较长，根据入射束的功率和试样的反射能力从 30min 到数小时不等。

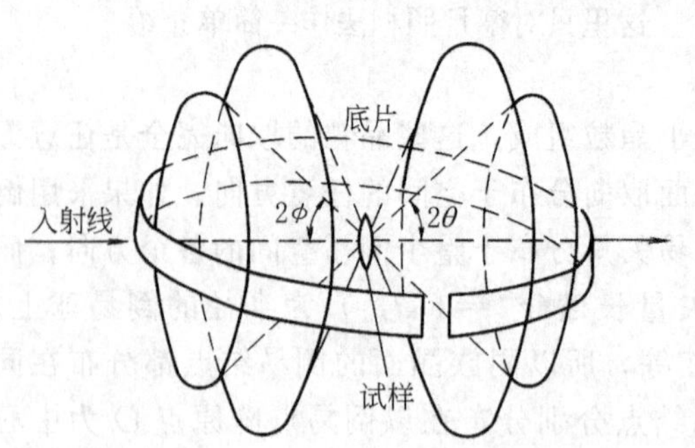

图 5-23　多晶体试样衍射花样的形成

(2) 试样制备及要求　德拜法所用试样是圆柱形的粉末物质粘合体，也可是多晶体细丝，其直径小于 0.5mm、长约 10mm。试样粉末可用胶水粘在细玻璃丝上，或填充于硼酸锂玻璃或醋酸纤维制成的细管中，粉末粒度应控制在 250～350 目（目，每平方英寸的筛孔数），过粗会使衍射环不连续，过细则使衍射线发生宽化。为避免衍射环出现不连续现象，可使试样在曝光过程中不断以相机轴为轴旋转，以增加参加衍射的粒子数。

（3）底片安装及衍射花样的计算　底片裁成长条形，按光阑位置开孔，贴相机内壁放置，并用压紧装置使底片固定不动。底片的安装方式按圆筒底片开口处所在位置的不同，有下列三种方式（见图 5-24）。

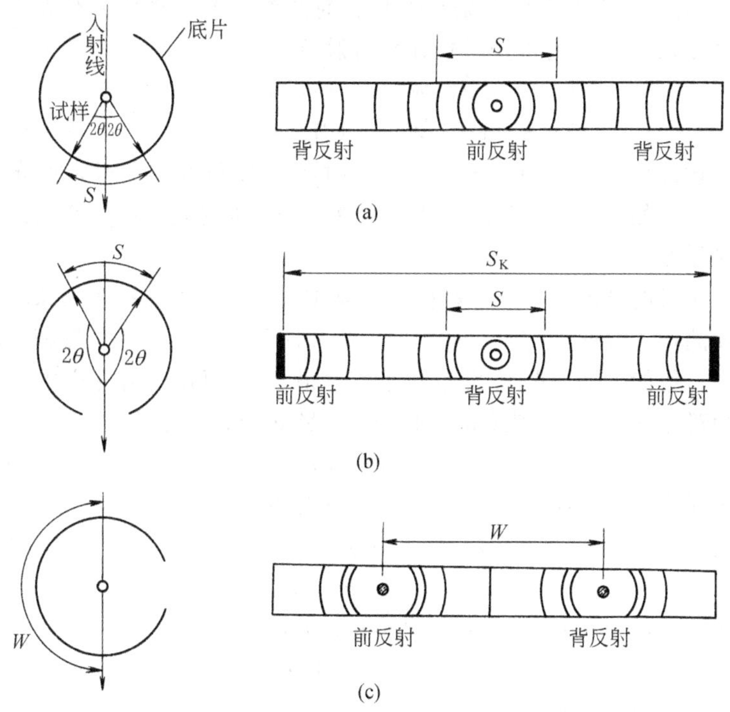

图 5-24　德拜相机底片装法

（a）正装法；（b）倒装法；（c）不对称装法

① 正装法。如图 5-24（a）所示，底片中部开孔让后光阑穿过，开口处在前光阑两侧。衍射花样由一系列弧段构成，靠近底片中部者为前反射衍射线（$2\theta<90°$），背反射（$2\theta>90°$）线条位于底片两端。测量同一个衍射环的二弧段间距离 S，就可计算其衍射角。若相机半径为 R，则：

$$\theta=S/4R \quad (\theta\text{：弧度}) \tag{5-35}$$

若 θ 以度（deg.）为单位，则：$\theta=S/4R\cdot180/\pi=S/(4R)\cdot57.3$

因此，当 $2R=57.3\text{mm}$ 时，$\theta=S/2$

当 $2R=114.6\text{mm}$ 时，$\theta=S/4$

θ：度（deg.），S：mm

② 倒装法。底片开口在后光阑两侧［见图 5-24（b）］，显然，底片中

部的衍射线为背反射，两端为前反射。衍射角按下式计算：

$$2\pi-4\theta=S/R \qquad \theta=\pi/2-S/4R(\text{弧度}) \tag{5-36}$$

$$\text{当 } 2R=57.3\text{mm} \quad \theta=90-S/2(\text{度})$$

③ 不对称装法。用不对称法安装底片可消除底片收缩和相机半径误差。底片开两孔，分别被前、后光阑穿过，底片开口置于相机一侧［见图 5-24（c）］。不难看出，由前后反射弧对中心点的位置可求出底片上对应 180°圆心角的实际弧长 W，于是可用下式计算衍射角：

$$4\theta/S=180°/W \qquad (\text{前反射})$$

$$(360°-4\theta)/S=180°/W \qquad (\text{背反射}) \tag{5-37}$$

根据上述计算出的 θ 角，再根据照相时所用 X 射线的波长，由布拉格方程就可计算出相应的晶面间距。用底片曝光的相对黑度来代表衍射线（花样）的相对强度。

（4）照相机的分辨本领　照相机的分辨本领是指衍射花样中两条相邻线条分离程度的定量表征。它表示晶面间距变化时引起衍射线条位置相对改变的灵敏程度。假如，面间距 d 发生微小改变值 δd，而在衍射花样中引起线条位置的相对变化为 δS，则照相机的分辨本领 φ 可以表示为：

$$\varphi=\delta S/(\delta d/d) \tag{5-38}$$

将布拉格方程改写为：$\sin\theta=n\lambda/(2d)$，并微分得：

$$\cos\theta\cdot\delta\theta=-n\lambda/(2d^2)\cdot\delta d=-\sin\theta\cdot\delta d/d \tag{5-39}$$

或

$$\delta d/d=-\cot\theta\cdot\delta\theta$$

由式（5-35）得：$S=4R\cdot\theta$（R 相机半径；θ 弧度）；故：$\delta S=4R\cdot\delta\theta$

所以，

$$\varphi=\delta S/(\delta d/d)=-4R\cdot\tan\theta \tag{5-40}$$

把上式与 X 射线波长相联系得：

$$\varphi=-4R\cdot\sin\theta/(1-\sin^2\theta)^{1/2}=-4R\cdot n\lambda/[4d^2-(n\lambda)^2]^{1/2} \tag{5-41}$$

从式（5-40）和式（5-41）可以看出，相机的分辨本领与以下几个因素有关（在 φ 的表达式中，负号没有实际意义）：

① 相机半径越大，分辨本领越高，这是利用大直径相机的主要优点。但是，增大相机直径会延长曝光时间，增加由空气散射而引起的衍射背影。

② θ 角越大，分辨本领越高。所以，衍射花样中高角度线条的 $K_{\alpha1}$ 和 $K_{\alpha2}$ 双线可明显地分开。

③ X 射线的波长越大，分辨本领越高。所以，为了提高相机的分辨本领，在条件允许的情况下，应尽量采用波长较长的 X 射线源。

④ 面间距越大，分辨本领越低。因此，在分析大晶胞试样时，应尽量采用波长较长的 X 射线源，以便抵偿由于晶胞过大对分辨本领的不良影响。

德拜法记录的衍射角范围大，衍射环的形貌能直观地反映晶体内部组织的一些特点（如亚晶尺寸、微观应力、择优取向等），衍射线位的误差分析简单且易于消除，可以达到相当高的测量精度；其缺点是衍射强度低，需要较长的曝光时间。

5.3.3 衍射仪法

衍射仪法是用计数管来接收衍射线的，它可省去照相法中暗室内装底片、长时间曝光、冲洗和测量底片等繁复费时的工作，又具有快速、精确、灵敏、易于自动化操作及扩展功能的优点。当然，它也有不足之处，例如：尽管用衍射仪测定晶体取向既简捷又迅速，并适合于进行大量的晶体取向测定工作，但是，衍射仪法没有底片作永久性的记录，并且不能直观地看出晶体的缺陷。因此，照相法仍然有许多可用之处。

X射线衍射仪包括X射线发生器，测角仪、自动测量与记录系统等一整套设备。最新式的还包括微型电子计算机控制，数据收集与处理，在屏幕上显示及打印结果等。早在1913年布拉格用来测定NaCl等晶体结构的简陋装置“X射线分光计”就是X射线衍射仪的前身。1952年国际结晶学协会设备委员会决定将它改名为X射线衍射仪。几十年来，人们一直不遗余力地改进设备，它已成为人们分析物质结构的主要手段之一。

目前，用于研究多晶粉末的衍射仪除通用的以外，还有微光束X射线衍射仪和高功率阳极旋转靶X射线衍射仪。它们分别以比功率大可作微区分析及功率高可提高检测灵敏度而著称。尽管各种类型的X射线衍射仪各有特点，但从应用角度出发，X射线衍射仪的一般结构、原理、调试方法、仪器实验参数的选择以及实验和测量方法等大体上是相似的。当然，由于具体仪器不同、分析对象和目的不同，很难提出一套完整的关于调试、参数选择以及实验和测试方法的标准格式；但是，根据仪器的结构、原理等可以寻找出对所有衍射仪均适用的基本原则，掌握好它有利于充分发挥仪器的性能，提高分析可靠性。X射线衍射实验分析方法很多，它们都建立在如何测得真实的衍射花样信息的基础上。尽管衍射花样可以千变万化，但是它的基本要素只有三个，即衍射线的峰位、线形和强度。例如，由峰位可以测定晶体常数；由线形可以测定晶粒大小；由强度可以测定物相含量等。问题是，人们很难选择好同时满足峰位准确、强度大而线形又不失真的实验参数。这时需要根据分析目的，采取突出一点、兼顾其他的折衷方案来选择实验参数、安排实验。衍射仪法比照相法在应用上显示出较明显的优越性。它不仅测量衍射花样效率高，精度高，易于实现自动化，而且还可以作一些照相法难以实现的工作。例如：在高温衍射工作中研究点阵参数和相结构随温度的变化、金属的织构定量测定等。衍射仪上还可安装各种附件，如高温、低温、织构测定、应力测定、试样旋转及摇摆、小角散射等。总之，有了衍射仪，衍射分析工作的质量提高了，应用范围也更为广泛了。这里只重点介绍衍射仪中的关键部分：测角仪和探测器。

A. 测角仪

用测角仪代替照相法中的相机，安置上试样和探测器，并使它们能够以一定的角速度转动。衍射仪关键部件的调整和使用正确与否，将直接影响探测到的衍射花样的质量。如果使用不当，将使衍射线的峰位、线形和强度失真。

图 5-25 是测角仪的衍射几何关系，它是根据聚焦原理设计的。在测量过程中，试样与探测器分别以 ω_s 和 ω_c 的角速度转动，测角仪以 O 为轴转动，平板状试样置于轴心部位，表面与轴 O 重合，发散的 X 射线照射到试样表面；X 光管的焦点 F 与试样中心距离 O 为 FO，试样中心到探测器处的接收狭缝 RS 处 G 的距离为 OG，$FO=OG=R$（R 为测角器半径）。$\omega_s:\omega_c=1:2$。在这样的条件下，F、O 和 G 三点始终处于半径（r）不断变化的聚焦圆上（见图 5-25 的虚线圆），所谓的聚焦圆是一个通过焦点 F、测角仪轴 O 和接收狭缝 RS（G）的假想圆，它的半径 r 的大小随衍射角变化，2θ 增大，聚焦圆半径 r 减小。同时，在这样的扫描过程中，试样表面始终平分入射线和衍射线的夹角 2θ，当 2θ 符合某（hkl）晶面相应的布拉格条件时，探测器计数管接受的衍射信号就是由那些 $\{hkl\}$ 晶面平行于试样表面的晶粒所贡献。探测器计数管在扫描过程中逐个接收不同角度（2θ）下的衍射线，从记录仪上就可得到如图 5-26 所示的衍射谱。

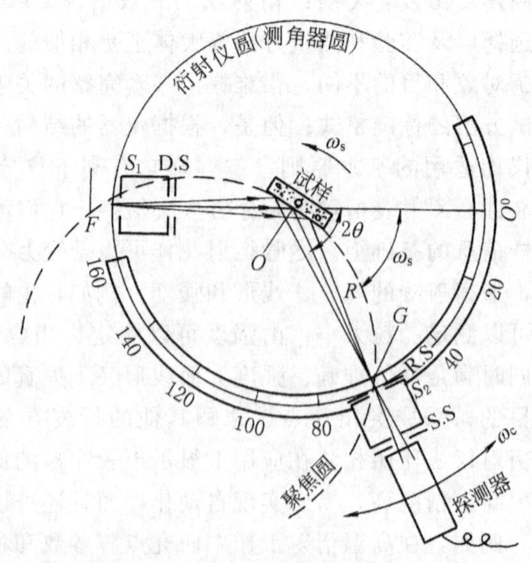

图 5-25　衍射仪的衍射几何

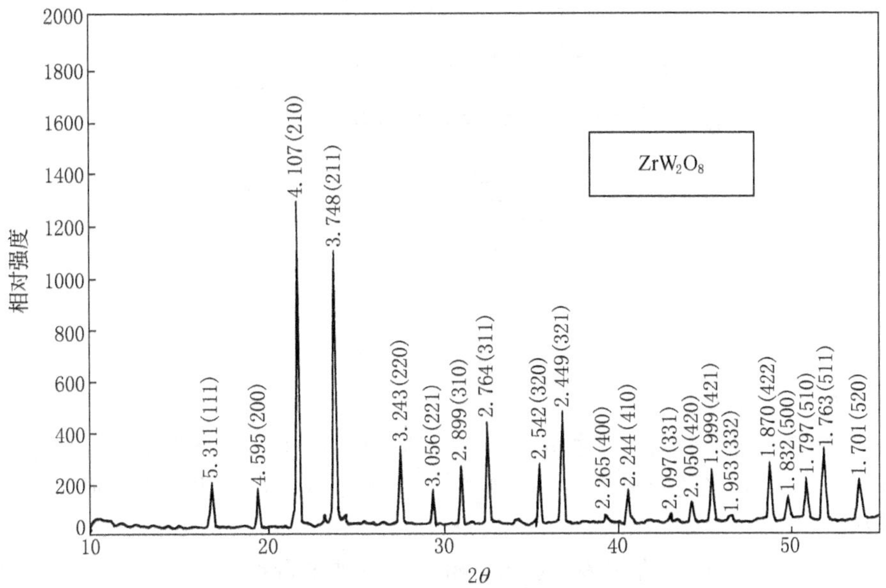

图 5-26　一种热缩材料粉末的 X 射线衍射谱图

衍射仪的光源应是在与测角器圆平行的方向上有一定的发散度而在垂直方向上是平行的 X 射线。为此需在光路上设置一系列的光阑及狭缝。S_1 和 S_2 为索拉狭缝，它由一组平行的有一定间距的金属片构成，用于限制射线在垂直方向上的发散度；发散狭缝（d. S）、接收狭缝（R. S）和散射狭缝（S. S）控制射线的水平发散度。它们分别置于 X 光管的窗口处和计数管臂上（见图5-25）。

B. 探测器

在衍射仪中以探测器代替照相法中的底片来接收衍射线。目前常用的探测器有正比计数管，闪烁计数管和固体半导体探测器。各种探测器基本上都是利用 X 射线使被照物质电离的原理工作的。

(1) 正比计数管　图 5-27 为正比计数器的结构及工作原理示意图。正比管由一金属圆筒状阴极和处于其轴线上的丝状阳极构成，圆筒一端用铍(Be) 封口，作为 X 射线入射窗口，筒内充以惰性气体，并混入约 10%的甲烷或 1%的氯气，在两极间加 600～1000V 电压。当 X 射线由窗口进入，使管内气体发生电离，产生光电子及正离子，它们在高压电场作用下分别向阳极和阴极高速运动，并且在运动中继续引起气体原子电离，如此逐级电离下去，便形成一个真实的电子雪崩，而在电阻 R_1 两端产生一毫伏级的电压脉冲。此电压脉冲的高度与入射 X 射线光量子能量成正比，从而得名正比计数器，正比计数器的另一个特点是反应速度快，弛豫时间短，其计数速率可

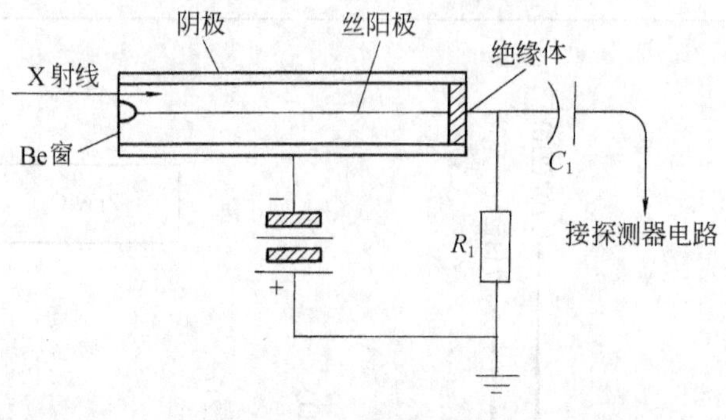

图 5-27 正比计数器

达 10^6/s（10^6 cps）。

（2）闪烁计数器 某些固体物质（磷光体），在 X 射线照射下会产生可见荧光，此荧光经光电倍增管转变为一电压脉冲，利用此效应制成闪烁计数管。

图 5-28 为闪烁管构造示意图。磷光体是被少量铊（Tl）活化的碘化钠（NaI）晶体，其后的光电倍增管包括一个光敏阴极和一系列的联极，各联极的电压逐级升高，级差约 100V。入射 X 射线使磷光体发出荧光，此荧光照射到光敏阴极上激发出光电子，光电子在联极的正电压作用下逐级倍增，从而由最后一级联极输出一电压脉冲。闪烁计数器输出脉冲较高，为伏特级，计数率达 10^5 cps，缺点是，光敏阴极在常温下，固有的电子发射会使其有较高的背底(噪声)。

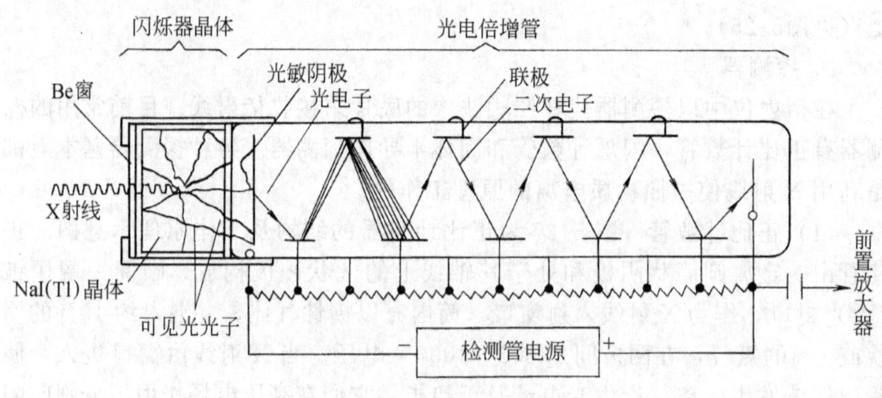

图 5-28 闪烁计数器

（3）计数率记录系统 由计数器发出的电压脉冲讯号要转换为反映辐射强度的计数率（每秒脉冲数，cps），还需一整套电子设备。图 5-29 是记录系统的方框图。计数管产生的电压脉冲经前置放大和线性放大后进入计数速率计，其中的 RC 积分线路将输入脉冲转换成与脉冲高度及单位时间内平均脉冲数成正比的电压，由电压测量线路（电位差计）记录下来，此电压的大小就代表了 X 射线的强度。

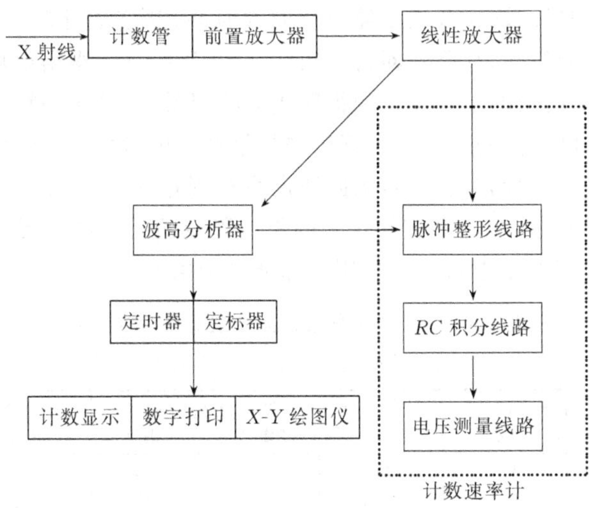

图 5-29　记录系统方框图

经线性放大的脉冲可输入波高分析器（PHA），它只允许高度在一定范围内的脉冲通过。利用计数管有正比性的特点，调整 PHA 的参数，使仅对应于光源特征谱的脉冲通过而起到单色化的作用。

定标器（scaller）逐个记录脉冲数。它与定时器（timer）联用，确定计数时间，就可计算脉冲速率。定标器的计数结果可用数码显示，也可由数字打印或 X-Y 绘图仪记录下来。

C. 衍射仪的运行方式

衍射仪在工作时，可进行 $\theta/2\theta$ 扫描(即：$\omega_s : \omega_c = 1 : 2$)，也可 θ 或 2θ 分别扫描。其运行方式有两种：连续扫描和步进扫描（或阶梯扫描）。

(1) 连续扫描　连续扫描即计数管在匀速转动的过程中记录衍射强度，其扫描速度可调，如：0.5°/min、1°/min、2°/min 等。连续扫描时使用计数速率计，其中的 RC 积分线路的参数：时间常数的选择应与扫描速度及接收狭缝宽度做适当配合。扫描速度快、时间常数大，会使衍射峰变宽，并向扫描方向位移；接收狭缝窄使衍射线形明锐，提高分辨率，但降低记录的强度。经验表明，扫描速度(°/min)$\omega-2\theta$、计数率时间常数 τ(s)和接收狭缝宽度 γ(mm)满足下面的关系：

① 物相分析时：$\omega\tau/\gamma<10$；

② 点阵参数精确测定和线形分析时：$\omega\tau/\gamma\approx2$。

(2) 步进扫描　计数管和测角器轴(试样)的转动是不连续的,它以一定的角度间隔逐步前进,在每个角度上停留一定的时间(各种衍射仪的角度步宽和停留时间都有可供选择的范围),用定标器和定时器计数和计算计数率。步进扫描可用定时计数(在各角度停留相同的时间)和定数计时(在各角度停留达到相同计数的时间,其倒数即为计数率)。步进扫描所得衍射峰没有角度的滞后,适合于衍射角的精确定位和衍射线形的记录,有利于弱峰的测定。定标器的数字输出可由微处理机或计算机进行数据处理,达到自动分析的目的。

从衍射仪的运行方式可知,用此法所得衍射谱中各衍射线不是同时测定的,因而对X射线发生器和记录仪表的长期稳定性有很高的要求。表5-5列出了常见的X射线衍射仪法所采用的标准测定条件。

表5-5　常见的X射线衍射仪法标准测定条件

摘自《X射线衍射手册,理学电机》

测定条件	未知试样的简单物相分析	铁化合物的物相分析	有机物高分子物相测定	微量物相分析	定量物相分析	点阵参数测定
靶	Cu	Cr,Fe,Co	Cu	Cu	Cu	Cu,Co
K_β 滤波片	Ni	V,Mn,Fe	Ni	Ni	Ni	Ni,Fe
管压/kV	35～45	30～40	35～45	35～45	35～45	35～45
管流/mA	30～40	20～40	30～40	30～40	30～40	30～40
量程(cps)	2000～20000	1000～10000	1000～10000	200～4000	200～20000	200～4000
时间常数/s	1,0.5	1,0.5	2,1	10～2	10～2	5～1
扫描速度/(°/min)	2,4	2,4	1,2	1/2,1	1/4,1/2	1/8～1/2
发散狭缝DS/度	1	1	1/2,1	1	1/2,1,2	1
接受狭缝RS/mm	0.3	0.3	0.15,0.3	0.3,0.6	0.15,0.3,0.6	0.15,0.3
扫描范围/度	90(70)～2(2θ)	120～10	60～2	90(70)～2	需要的衍射线	需要的衍射线(尽可能在高角区)

目前，还有一种位敏正比计数器，它是在正比计数器的基础上发展起来的，利用电子学的位置扫描方式代替图5-25所示的机械转动扫描方式；它既有照相法中各衍射方向的同时测量，以利于不同方向统计性的改善，又有衍射仪的高灵敏度特征。用它进行谱图测量所需的时间往往只有机械转动扫描的$\frac{1}{10}$～$\frac{1}{100}$。但是，由于位敏正比计数器的分辨率低和价格昂贵，目前还不普及。

5.4　粉晶X射线物相分析

材料的成分和组织结构是决定其性能的基本因素。化学分析能给出材料的成分，而X射线衍射分析可得出材料中物相的结构和含量。X射线衍射得到的结果是宏观体积内（约$1cm^2\times10\mu m$）大量原子行为的统计结果，它与材料宏观的物理、化学及力学性能有直接、密切的关系。

这里介绍利用JCPDS卡片进行物相定性分析及建立在衍射线累积强度测量基础上的定量相分析的原理和方法。物相的定性和定量分析是X射线衍射分析方法中最广泛的应用之一。

5.4.1 物相的定性分析

5.4.1.1 原理

粉晶X射线定性相分析是根据晶体对X射线的衍射特征—衍射线的方向及其强度来达到鉴定结晶物质的。这是因为每一种结晶物质都有自己独特的化学组成和晶体结构。没有任何两种结晶物质的晶胞大小、质点种类和质点在晶胞中的排列方式是完全一致的。因此，当X射线通过晶体时，每一种结晶物质都有自己独特的衍射花样，它们的特征可以用各个反射面的晶面间距值 d 和反射线的相对强度 I/I_1 来表征，这里 I 是同一结晶物质中某一晶面的反射线（衍射线）强度，I_1 是该结晶物质最强线的强度，一般把 I_1 定为100。其中面间距 d 与晶胞的形状和大小有关，相对强度 I/I_1 则与质点的种类及其在晶胞中的位置有关，任何一种结晶物质的衍射数据 d 和 I/I_1 是其晶体结构的必然反映，即使该物质存在于混合物中，它的衍射数据 d 和 I/I_1 也不会改变，因而可以根据它们来鉴定结晶物质的物相。由于粉晶法在不同实验条件下总能得到一系列基本不变的衍射数据，因此，借以进行物相分析的衍射数据都取自粉晶法，其方法就是将从未知样品中所得到的衍射数据（或图谱）与标准多晶体X射线衍射花样（或图谱）进行对比，就像根据指纹来鉴别人一样，如果二者能够吻合，就表明该样品与该标准物质是同一种物质，从而便可做出鉴定。

5.4.1.2 JCPDS粉末衍射卡片（PDF）

定性相分析的基本方法就是将未知物的衍射花样与已知物质花样的 d、I/I_1 值对照。为了使这一方法切实可行，就必须掌握大量已知结晶物质相的衍射花样。哈纳瓦尔特等人首先进行了这一工作，后来美国材料试验学会等在1942年出版了第一组衍射数据卡片（ASTM卡片），以后逐年增编。1969年建立了粉末衍射标准联合会这一国际组织（Joint Committee on Powder Diffraction Standards，JCPDS），在各国相应组织的合作下，编辑出版粉末衍射卡片，现已出版了近50组，包括有机及无机物质卡片5万余张。粉末衍射卡片的形式如图5-30所示，卡片的内容为（按图5-30的格式）：

1栏　1*a*、1*b*、1*c* 三格分别列出粉末衍射谱上最强、次强、再次强三强线的面间距；1*d* 格中是试样的最大面间距（均以nm为单位）。

2栏　列出上述各谱线的相对强度（I/I_1），以最强线的强度（I_1）为100。

3栏　本卡片数据的实验条件。Rad，所用的 X 射线特征谱；λ，波长；Filter，滤波片或单色器（mono）；cut off，所用设备能测到的最大面间距；I/I_1，测量相对强度的方法；Dia，照相机直径；coll，光阑狭缝宽度。Ref，本栏和 9 栏中数据所用的参考文献。

4栏　物质的晶体结构参数。sys，晶系；S. G.，空间群；a_0、b_0、c_0，点阵常数；$A=a_0/b_0$，$C=c_0/b_0$，α、β、γ，晶轴间夹角；Z，单位晶胞中化学式单位的数目；对单元素物质是单位晶胞的原子数，对化合物是指单位晶胞中的分子数；Dx，用 X 射线法测定的密度；V，单位晶胞的体积。

5栏　物质的物理性质。$\varepsilon\alpha$、$n\omega\beta$、$\varepsilon\gamma$，折射率；sign，光学性质的正(＋)或负(－)；2V，光轴间夹角；D，密度；mp，熔点；color，颜色。

6栏　其他有关说明，如试样来源，化学成分，测试温度，材料的热处理情况，卡片的代替情况等。

7栏　试样的化学式及英文名称，化学式后面的数字表示单位晶胞中的原子数，数字后的英文字母表示布拉菲点阵，各字母所代表的点阵是：

C—简单立方；B—体心立方；F—面心立方；T—简单四方；U—体心四方；R—简单菱形；H—简单六方；O—简单正交；Q—体心正交；P—底心正交；S—面心正交；M—简单单斜；N—底心单斜；Z—简单三斜。

8栏　试样物质的通用名称或矿物学名称，有机物则为结构式。右上角的“★”号表示本卡片的数据有高度可靠性；“O”号表示可靠性低；“C”表示衍射数据来自计算；“i”表示数据比无记号的卡片的数据质量要高，但不及有★者。

9栏　晶面间距（d）、相对强度（I/I_1：以最强线的强度 I_1 为 100）和衍射指数 hkl 值。

10栏　卡片编号，短线前为组号，后为组内编号，卡片均按此号分组排列。

图 5-31 是 Si 的标准 JCPDS 卡片的格式，对照该卡片可以加深对上述图 5-30 中内容的理解。

5.4.1.3　粉末衍射卡片索引

JCPDS 卡片的数量是极大的，要想顺利地利用卡片进行定性分析，必须查找索引，经检索后方能取到需要的卡片。目前常用的索引有如下几种。

(1) 哈纳瓦尔特（Hanawalt）索引　它是一种按 d 值编排的数字索引。当被测物质的化学成分完全不知道时，可用这种索引。此索引用 Hanawalt 组合法编排衍射数据。它以三条强线作为排列依据，按照排在第一位的最强线的 d 值分成若干大组，例如 9.99～8.00，7.99～6.00，5.99～5.00，

10

d	1a	1b	1c	1d	7	8
I/I_1	2a	2b	2c	2d		

					$d\times10^{-1}$/nm	I/I_1	hkl	dÅ	I/I_1	hkl
Rad	λ		Filter	Dia	Coll.					
Cut off		I/I_1								
Ref.	3									
Sys			$S.G$							
a_0	b_0		c_0	A	C					
α	β		γ	Z	D_s V	9				
Ref.		4								
$\varepsilon\alpha$	$n\omega\beta$		$\varepsilon\gamma$		Sign					
2V	D	mp		Color						
Ref.	5									
	6									

图 5-30　JCPDS 卡片的格式

4.99～4.60，……等(单位为 0.1nm)，各大组内按第二位的 d 值自大至小排列，每个物质的三条强线后面列出其他 5 根较强线的 d 值(按强度顺序)，d 值下的脚标是以最强线的强度为 10 时的相对强度，最强线的脚标为“x”。在 d 值数列后面给出物质的化学式及 JCPDS 卡片的编号。有时由于试样制备及实验条件的差异，可能被测结晶物质相的最强线并不一定是 JCPDS 卡片中的最强线。在这种情况下，如果每个被测结晶物质相在索引中只出现一次，就会给检索带来困难。为了减少由于强度测量值的差别所造成的困难，一种物质可以多次在索引的不同部位上出现，即当三条强线中的任何二线间的强度差小于 25% 时，均将它们的位置对调后再次列入索引。下面是 Hanawalt 索引中几个无机物相的条目。

27-1402

d	3.14	1.92	1.64	3.14	(Si)8F	★
I/I_1	100	55	30	100	Silicon	

	$d\times10^{-1}$/nm	I/I_1	hkl
Rad.CuKα1　λ=1.5405981 Filter Mono.Dia.			
Cut off　I/I_1=Diffractometer	3.13552	100	111
Ref.NBS Monograph 25, sec.13, 35(1976)	1.92011	55	220
	1.63747	30	311
Sys.Cubic	1.35772	6	400
a_0 5.43088(4)b_0　$S.G.Fd3m$(227)	1.24593	11	331
α　β　γ　c_0　A　C	1.10857	12	422
Z 8　Dx 2.329	1.04517	6	511
Ref.Ibid.	0.96005	3	440
Pattern at (25±0.1)℃, Internal standard: w, This sample is NBS	0.91799	7	531
standard reference material # 640, to replace 26-1481	0.85870	8	620
a_0 uncorrected from reference.	0.82820	3	533

图 5-31　Si 的标准 JCPDS 卡片的格式

★ 2.09$_x$ 2.55$_9$ 1.60$_8$ 3.48$_8$ 1.37$_5$ 1.74$_5$ 2.38$_4$ 1.40$_3$ Al_2O_3 10～173

3.60$_x$ 6.01$_8$ 4.36$_8$ 3.00$_6$ 4.15$_4$ 2.74$_4$ 2.00$_2$ 1.81$_2$ Fe_2O_3 21～920

i 2.08$_x$ 2.21$_8$ 1.56$_6$ 1.39$_5$ 1.37$_2$ 4.63$_2$ 1.87$_2$ 6.93$_1$ (Ti_2Cu_3)10T 18～459

★ 3.34$_x$ 4.26$_4$ 1.82$_2$ 1.54$_2$ 2.46$_1$ 2.28$_1$ 2.13$_1$ 1.38$_1$ α-SiO_2 5～490

(2) Fink 法数字索引　它也是一种按 d 值编排的数字索引，但其编排原则与哈那瓦尔特有所不同。它主要是为强度失真的衍射花样和具有择优取向的衍射花样设计的，在鉴定未知的混合物相时，它比使用哈那瓦尔特索引方便。在 Fink 法中，取四强线作为检索对象，它更重要的特点是，在同一物质中，d 值数列的排列是以 d 值大小为序的。8 根列入索引中的四条衍射强线，都有可能放在首位排列一次；改变首位线条的 d 值时，整个数列的循环顺序不变，假定 d_1、d_2、d_3 和 d_4 为 4 条强线，则：$d_1d_2d_3d_4d_5d_6d_7d_8$，$d_2d_3d_4d_5d_6d_7d_8d_1$，$d_3d_4d_5d_6d_7d_8d_1d_2$……等顺序在索引中出现 4 次。它的分组和条目的排列方式以及各条目包含的内容与 Hanawalt 索引相同。其样式如下所示（以 Fe_3O_4 为例）：

2.99～2.95

2.97$_3$ 2.53$_x$ 2.10$_2$ 1.72$_1$ 1.63$_3$ 1.49$_4$ 1.28$_1$ 1.09$_1$ (Fe_3O_4)56F19～629

2.57～2.51

2.53$_x$ 2.10$_2$ 1.72$_1$ 1.63$_3$ 1.49$_4$ 1.28$_1$ 1.09$_1$ 2.97$_3$ (Fe_3O_4)56F19～629

1.67～1.58

1.63$_3$ 1.49$_4$ 1.28$_1$ 1.09$_1$ 2.97$_3$ 2.53$_x$ 2.10$_2$ 1.72$_1$ (Fe_3O_4)56F19～629

1.57～1.48

1.49$_4$ 1.28$_1$ 1.09$_1$ 2.97$_3$ 2.53$_x$ 2.10$_2$ 1.72$_1$ 1.63$_3$ (Fe_3O_4)56F19～629

(3) 字母索引　当已知被测样品的主要化学成分时，可应用字母索引查找卡片。字母索引是按物质化学元素的英文名称第一个字母的顺序排列的，在同一元素档中又以另一元素或化合物名称的第一个字母为序编排，名称后列出化学式、三强线的 d 值和相对强度，最后给出卡片号。对多元素物质，各主元素都作为检索元素编入。其样式如下：

i Copper Molybdenum Oxide $CuMoO_4$ 3.72$_x$ 3.36$_8$ 2.71$_7$ 22～242

Copper Molybdenum Oxide Cu_2MoO_5 3.54$_x$ 3.45$_x$ 3.32$_x$ 22～607

5.4.1.4 定性相分析方法

物相分析的基本方法就是将待定试样的衍射谱线与 JCPDS 卡片中的标准谱线（数据）对照。这里着重介绍在试样的化学成分未知的情况下，利用数字索引进行定性分析的步骤（以 Hanawalt 法为例）。

A. 用照相法或衍射仪法摄得试样的衍射谱

若试样初步估计为 Fe 基（如：磁铁样品）则用 Co 靶，其他可用 Cu 靶。使用滤波片或单色器，可以消除 K_β 的干扰，降低背底。试样表面需平整、清洁，若表面曾被机械加工过，要用电解抛光或化学腐蚀的方法除去表面应变层（若做表面层分析，不可进行任何处理）。图 5-32 是用衍射仪做出的待定粉末样品的衍射谱（Cu 靶，单色器）。

B. 确定衍射线峰位

定出各衍射线的峰位（一般的定性分析，用峰顶部位定峰就够了），求出相应的面间距 d 值，并估算各衍射线的相对强度 I/I_1（最强线 I_1 为 100），按 d 值自大至小排列成表（见表 5-6，图 5-32 中的 d 值和相对强度 I/I_1）。需要说明的是，目前的先进 X 射线衍射仪，在绘出谱图的同时，自动地在峰位处标上 d 值，免去了人工计算的麻烦。

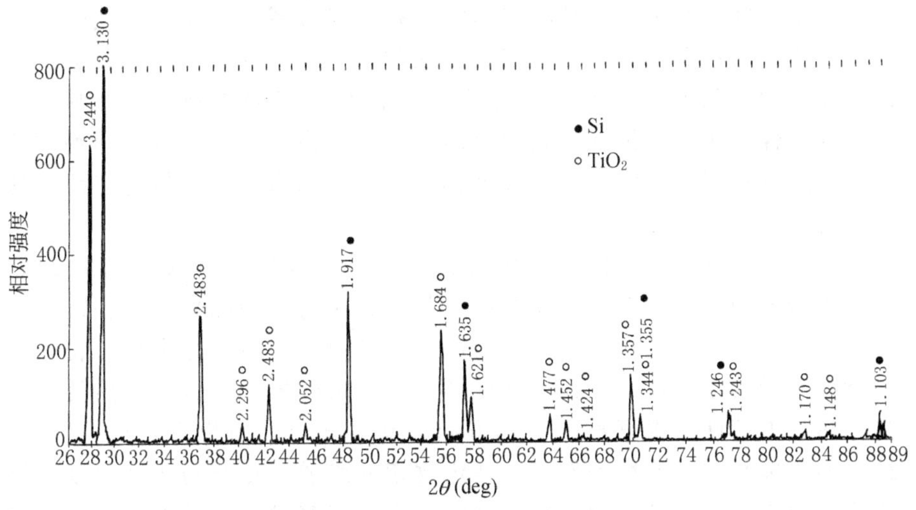

图 5-32 待测试样的衍射谱（Cu 靶，单色器）

C. 取三强线作为检索依据查找 Hanawalt 索引

在包含第一强线 0.3130nm 的大组中，按 d 值顺序找到第二强线 0.3244nm，在对照该条目的第三强线是否接近测量谱中的第三强线 0.1917nm 后发现，结果是不能对上，这时可以看索引上的第三强线是否能与测量谱中的其他线条的 d 值符合，若均不能相符，则说明测量谱中的 0.3244nm 与第一强线 0.3130nm 不属同一结晶物质相，可将第三强线 0.1917nm 换到第二位查找，按上述方法可找出 Si(8F)条目的 d 值与测量谱符合，按索引给出的编号 27-1402 取出卡片，对照全谱，其符合情况见表 5-6，得知 2、7、9、15、18、24 各线属 Si 相；再将剩余的线条中的最强线 0.3244nm 的强度作为 100，估算剩余线条的相对强度 I/I_1（如表 5-6 最后一栏括号中所记），取其中三强线按前述方法查对 Hanawalt 索引，得出其对应 TiO_2(6T)相，测量谱线与卡片完全符合，无多余线条，至此定性完成，该未知粉末由 Si 和 TiO_2（金红石）组成。

在实际的物相分析时，可能是三相或更多相物质的混合物，其分析方法均如上述。在进行物相分析时应注意：d 值是鉴定物相的主要依据，但由于试样及测试条件与标准状态的差异，所得 d 值一般有一定的偏差；因此，将测量数据与卡片对照时，要允许 d 值有差别，此偏差虽一般应小于 0.002nm，但当被测物相中含有固溶元素时，即当有掺杂离子进入被测物相的晶格时，差值可能较显著，这就有赖于测试者根据试样本身的情况加以判断。从实际工作的角度考虑，应尽可能提高 d 值的测量精度，在必要时，可用点阵常数精确测定的方法。

衍射强度是对试样物理状态和实验条件很敏感的因素，即使采用衍射仪获得较为准确的强度测量值，也往往与卡片上的数据存在差异。当测试所用辐射波长与卡片上的不同时，相对强度的差别更为明显。所以，在定性分析时，强度是较次要的指标。织构的存在以及不同物质相的衍射线条可能出现的重叠对强度都有很明显的影响，分析时应注意这些问题。

X 射线衍射分析方法来鉴定物相有它的局限性，单从 d 值和 I/I_1 数据进行鉴别，有时会发生误判或漏判。有些物质的晶体结构相同，点阵参数相近，其衍射花样在允许的误差范围内可能与几张卡片相符，这时就需分析其化学成分，并结合试样来源、试样的工艺过程及热处理和其冷热加工条件，根据材料科学方面的有关知识（如相图等），在满足结果的合理性和可能性条件下，判定物相的组成。复杂物相（如多相混合物）的定性分析是十分冗长繁琐的工作。随着材料科学的发展，新材料日新月异，对定性分析提出了更高的要求。自 20 世纪 60 年代中期以来，计算机在物相鉴别方面的应用获得很大发展。在国外有 Johnson-Vand 系统和 Frevel 系统，国内近年来也有许多单位引进此项技术，或对它进行改进和发展。计算机内可贮存全部或部分 JCPdS 卡片的内容，检索时，将测量的数据输入与之对照，它可在数分钟之内输出可能包含的物相，大大提高复杂物相的分析速度。但是，计算机检索所起的作用主要是缩小了判别的范围，最后的鉴定仍需具有材料科学知识的人来完成。

表 5-6 定性分析数据表

线号	待测试样衍射数据		Si(8F)27-1402		TiO_2(金红石)21-1276	
	$d\times10^{-1}$nm	I/I_1	$d\times10^{-1}$nm	I/I_1	$d\times10^{-1}$nm	I/I_1
1	3.244	66			3.250	100(100)
2	3.130	100	3.135	100		
3	2.483	27			2.487	50(41)
4	2.296	4			2.297	8(6)
5	2.183	13			2.188	25(20)
6	2.052	4			2.054	10(6)
7	1.917	35	1.920	55		
8	1.684	28			1.687	60(42)
9	1.635	19	1.637	30		
10	1.621	12			1.624	20(18)
11	1.477	5			1.479	10(8)
12	1.452	4			1.453	10(6)
13	1.424	2			1.424	2(3)
14	1.357	14			1.359	20(21)
15	1.355	11	1.357	6		
16	1.344	5			1.346	12(8)
17					1.304	2(0)
18	1.246	6	1.246	11		
19	1.243	5			1.244	4(8)
20					1.201	2(0)
21	1.170	3			1.170	6(5)
22	1.148	3			1.148	4(5)
23					1.114	2(0)
24	1.108	7	1.109	12		

5.4.2 物相的定量分析

1948 年，L. E. 亚历山大提出了内标定量理论，为 X 射线定量分析奠定了基础。尔后外标理论、增量理论相继问世，使 X 射线定量分析工作进一步发展。1974 年，F. H. 钟(Chung)提出了基体清洗理论，使 X 射线定量分析工作向前大大推进了一步。在这期间无标定量等理论也得到了迅猛发展。近年来已有人把各种定量方法编写成计算机程序，使 X 射线定量相分析工作进入了一个新阶段。

目前，X 射线定量相分析在地质、无机材料、冶金、石油、化工等各个领域都得到了比较广泛的应用。这是因为有些矿物、材料及成品中的各物相含量用化学、金相等进行定量分析往往是无能为力的。因此，用 X 射线方法对这些物质进行定量分析势在必行。近十几年来，这项工作得到了比较深入的发展并取得了可喜成果，发表了大量文章，总结了一些有益的测试经验，特别是在应用方面更是内容广泛而又丰富。

5.4.2.1 原理

X射线定量相分析，就是用X射线衍射方法测定混合物中各物相的质量百分含量。其原理是：在多相物质中各相的衍射线强度 I_i 随其含量 x_i 的增加而提高，这就使我们有可能根据衍射线的强度对物相含量做定量分析。起初这项工作用照相法来做，它需要用测微光度计测量底片上衍射条纹的黑度变化曲线，并以此来计算衍射线的累积强度，该方法效率低、精度差。20世纪50年代以来，随着衍射仪自动化程度的提高，衍射强度的测量变得既方便又准确，在配有单色器的情况下，其灵敏度有时可优于1%，由此使定量相分析的方法也得到很大发展。但是，由于各物相对X射线的吸收系数不同，所以，衍射线强度 I_i 并不严格地正比于各物相的含量 x_i。因而不论哪种X射线衍射定量相分析方法，均须加以修正。

在同一衍射谱中，均匀无限厚多晶体物质各衍射线的累积强度如式(5-34)所示：

$$I=I_0e^4/(m^2c^4)\cdot\lambda^3/(32\pi R)\cdot V/v^2\cdot F_{\mathrm{hkl}}^2\cdot P\cdot\phi(\theta)\cdot \mathrm{e}^{-2M}/(2\mu_l)$$

式中各项物理意义同前。该式在导出时假定了试样为均匀无织构、晶粒足够小、可忽略消光和微吸收，它本来只适用于单相物质，但稍做修改，也可用于多相物质。如果样品是由 n 种物相组成的混合物，样品的线吸收系数为 μ_l，但各相的线吸收系数均不相同，所以当其中某相i的含量改变时，混合物样品的线吸收系数 μ_l 也随着改变。令某相i的体积分数为 f_i，试样被照射的体积 V 若为单位体积，则i相被照射的体积就为：$V_i=f_i\cdot V=f_i$。当混合物中i相的含量改变时，在所选定的衍射线的强度公式中除 f_i 及 μ_l 外，其余的均为常数，用 C_i 表示。这样，第i相的某衍射线强度 I_i 可表示为：

$$I_i=C_i\cdot f_i/\mu_l \tag{5-42}$$

若用质量分数 x_i 表示含量，只要将体积分数 f_i 换算成质量分数 x_i 即可：

$$f_i=x_i\cdot\rho/\rho_i \tag{5-43}$$

式中　ρ 和 ρ_i——分别是样品和第i相的密度。

若用质量吸收系数 μ_m 来代替线吸收系数 μ_l，则它们之间的关系是：$\mu=\rho\cdot\mu_m$，而样品总的质量吸收系数与各相的质量吸收系数之间的关系是：

$$\mu_m=x_1\mu_{m1}+x_2\mu_{m2}+\cdots+x_i\mu_{mi}+\cdots+x_n\mu_{mn}=\sum_{i=1}^{n}x_i\mu_{mi}$$

将上述关系代入式（5-42），得：

$$I_i=(C_i\cdot x_i)/(\rho_i\cdot\mu_{mi}) \tag{5-44}$$

式（5-44）就是X射线定量的基本公式，它把i相的衍射强度与该相的质量百分含量 x_i 及混合物的质量吸收系数联系起来了。各种物相定量分析的方法都是从这个公式推演出来的。但应特别指出，式（5-44）中的衍射强度

I_i 是相对累积强度，非绝对强度，故即使强度因子、吸收系数和密度可以计算或测得，也不可能仅用一根衍射线求出物相的绝对含量。

5.4.2.2　定量相分析方法

所有的定量相分析方法都是利用同一衍射谱上不同衍射线的强度比或相同条件下测定的不同谱上的强度比进行的，目的是得到相对强度，且在不同的情况下可以消去包含有未知相含量因素的吸收系数或计算困难的强度因子，常用的定量相分析方法有：内标法、外标法及无标样相分析法。

A. 内标法（Alexander，1948）

亚历山大 1948 年提出了内标理论，就是在某一样品中，加入一定比例的该样品中原来所没有的纯标准物质 S（即为内标物质），并以此作出标准曲线，从而可对含量未知的样品进行定量的方法称为内标法。

待测定的 i 相与基体 M（M 可以是单相，也可以是多相）以及内标物质 S 相组成一个多相混合物。若加入内标物质 S 的质量分数为 x_s，则 S 相的衍射线强度为：

$$I_s=(C_s \cdot x_s)/(\rho_s \cdot \mu_m)$$

而被测相 i 的衍射线强度为：

$$I_i=(C_i \cdot x_i')/(\rho_i \cdot \mu_m)$$

两者之比为：

$$I_i/I_s=C_i \cdot x_i'/(\rho_i) \cdot 1/(C_s \cdot x_s)/(\rho_s)=C \cdot x_i' \cdot \rho_s/(\rho_i \cdot x_s) \tag{5-45}$$

x_i' 为加入内标物质后，i 相的质量分数，其 $x_i'=x_i$（$1-x_s$）。若在每个被测样品中加入的内标物质 x_s 保持为常数，那么（$1-x_s$）也是常数，则：

$$I_i/I_s=C \cdot x_i(1-x_s)\rho_s/(\rho_i \cdot x_s)=C'x_i \tag{5-46}$$

式（5-46）即为内标法的表达式。

要想测 i 相在任何混合物中的质量分数时，需先配制一系列含有已知的、不同质量分数（x_i）的 i 相的标准混合样品，在这些标准的混合样品中，要加入相同质量比的内标物质 S，然后测定各个样品中 i 相及 S 相的某一对特征衍射线的强度 I_i 和 I_s。以 I_i/I_s 分别对应的 x_i 作图，即标准曲线，可用最小二乘法求出斜率 C'，见图 5-33。该图是在石英加碳酸钠的原始试样中，以萤石作内标物质（$x_s=0.2$）测得的标准曲线；石英的衍射强度采用 $d=0.334$nm 的衍射线，萤石采用 $d=0.316$nm 的衍射线，每一个实验点为十个测量数据的平均值。该标准曲线可用于测多相体系中石英的含量。

内标物质的选择对试验结果有重要的影响，要求其化学性质稳定、成分和晶体结构简单，衍射线少而强，尽量不与其他衍射线重叠，而又尽量靠近待测相参加定量的衍射线。常用的内标物质有：NaCl、MgO、SiO_2、KCl、

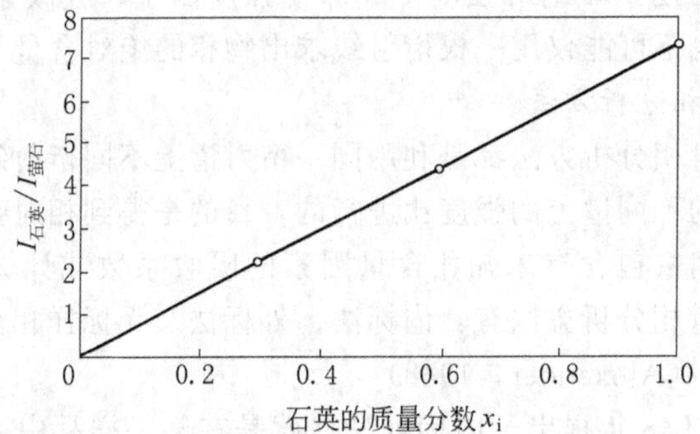

图 5-33　用萤石作为内标物质的石英标准曲线

α-Al_2O_3、KBr、CaF_2 等。

内标法适用于多相体系，不受试样中其他相的种类或性质的影响，也就是说标准曲线对成分不同的试样组成是通用的，但是，测试条件应与作标准曲线的实验条件相同。在待测样品的数量很多，样品的成分变化又很大，或者事先无法知道它们的物相组成的情况下，使用内标法最为有利。

内标法的主要缺点是：除需绘制标准曲线外，还要在样品中加入内标物质，并且该内标物质必须是纯样品物质。而要想选择合适的内标物质并不是任何情况下都容易办到的。有些物质的纯样的获得是十分困难的，从而使内标法的应用受到限制。

B. 外标法（列鲁克斯，Leroux，1953）

所谓外标法，就是在实验过程中，除混合物中各组分的纯样外，不引入其他标准物质，即将混合物中某相参加定量的衍射线的强度与该相纯物质同一衍射线的强度相比较。根据衍射线强度的基本公式（5-44），混合物中 i 相的某线强度为：

$$I_i=(C_i\cdot x_i)/(\rho_i\cdot\mu_m)$$

对纯 i 相某线的强度为：　$(I_i)_0=(C_i)/(\rho_i\cdot\mu_{mi})$

将上两式相除得：　$I_i/(I_i)_0=(\mu_{mi}/\mu_m)\cdot x_i$　(5-47)

式（5-47）说明混合试样中的 i 相与纯 i 相某衍射线的强度之比等于吸收系数分量 μ_{mi}/μ_m 乘上该相的含量 x_i。由于 μ_m 和各相含量有关，当相数较多时较难求解，现以两相混合物为例说明其方法。

若混合物由质量吸收系数分别为 μ_{m1} 和 μ_{m2} 的两相组成，并且 $\mu_{m1}\neq\mu_{m2}$。设两相的含量为 x_1 和 x_2，且 $x_2=1-x_1$。混合物的质量吸收系数 μ_m 为：

$$\mu_m=x_1\mu_{m1}+x_2\mu_{m2}=x_1\mu_{m1}+(1-x_1)\mu_{m2}=x_1(\mu_{m1}-\mu_{m2})+\mu_{m2}\tag{5-48}$$

将式（5-48）代入式（5-47）得：

$$I_1/(I_1)_0=\mu_{m1}\cdot x_1/[x_1(\mu_{m1}-\mu_{m2})+\mu_{m2}] \tag{5-49}$$

若 μ_{m1} 和 μ_{m2} 为已知，可由式（5-49）求得 x_1，从而也求得 x_2。

若 μ_{m1} 和 μ_{m2} 为未知值，欲测混合物中的含量时，需要用纯物相配制一系列不同的质量分数 x_{11}、x_{12}、x_{13}、……，以及一个纯 1 相样品 x_{10}。在完全相同的条件下，分别测定各个样品中 1 相所产生的同一 hkl 晶面的衍射线强度 I_{11}、I_{12}、I_{13}、……，以及 I_{10}，然后以 I_{11}/I_{10}、I_{12}/I_{10}、I_{13}/I_{10}、……相对应的 x_{11}、x_{12}、x_{13}、……作图，从而绘出标准曲线（图 5-34 为石英的外标法标准曲线）。

此法对于测定由同素异构物（相同物质组成，但结构不同的物质。如 α-SiO_2、β-SiO_2，二者都由 Si、O 组成，但是其结构完全不同）组成的混合物样品最为有用而且方便。如 $\mu_{m1}=\mu_{m2}$，则(5-49)式可写成：$I_1/(I_1)_0=x_1$，此时工作曲线为一条直线，见图 5-34 中 2，而 1 和 3 不是直线。

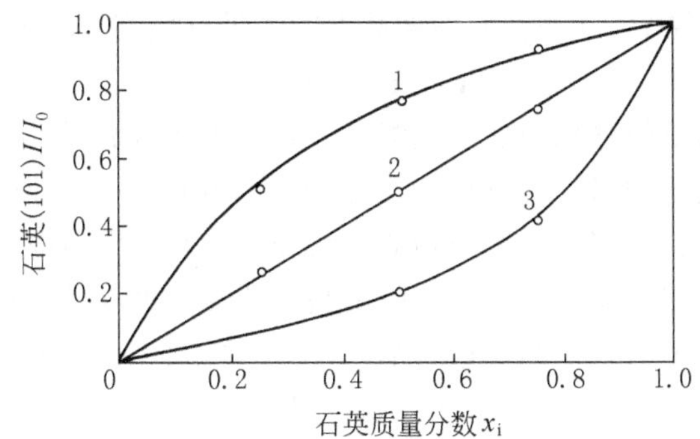

图 5-34　外标法标准曲线

1—石英-氧化铍（$\mu_{m石}>\mu_{m铍}$）；2—石英-方石英（$\mu_{m石}=\mu_{m方}$）；3—石英-氯化钾（$\mu_{m石}<\mu_{m氯}$）

外标法标准曲线，原则上讲，一条标准曲线只能适用于两相混合物，也就是说待测样品的物相组成应与标准样品一样。

C. *K* 值法（F. H. Chung，1974）

在内标法及外标法中，制备标准曲线是一件细微费时的工作，为免去此项工作，1974 年 F. H. 钟结合内标法和外标法的优点，提出了一种标准化了的内标法，称之为基体冲洗法（Matrix-flushing Method），国内称之为 *K* 值法。该方法利用预先测定好的参比强度 *K* 值，在定量分析时不需做标准曲线，利用被测相质量含量和衍射强度的线性方程，通过数学计算就可得出结果。具体方法如下：

参照式(5-45)：$I_i/I_s=[C_i\cdot x_i/(\rho_i)]\cdot[1/(C_s\cdot x_s)/(\rho_s)]$，令 $K_i=C_i\cdot$

$\rho_s/(C_s \cdot \rho_i)$，则有：

$$I_i/I_s = K_i \cdot x_i/x_s \tag{5-50}$$

为求得参数 K_i，需配制参考混合物。取被测物质中不包含的物质 S 为参考物（常取 $\alpha\text{-}Al_2O_3$），将参考物 S 与纯待测物相 i 以 1∶1 的比例混合制样，测定该参考混合物中二相的衍射线强度（一般均取各相的最强线作为特征线）I_i 和 I_s，两个强度的比值为 i 相的参比强度 K_i：

$$K_i = (I_i/I_s) \cdot (50/50) \tag{5-51}$$

在待测样品中加入一定质量分数 x_s 的参比物 S，对于样品中任意相 i 和参比物 S 而言，根据（5-50）式应有：

$$x_i = x_s \cdot (I_i/I_s) \cdot 1/K_i \tag{5-52}$$

式（5-52）就是 K 值法的基本公式，若各种物质的参比强度 K_i……等均已预先测得，则用内标法时就不需制备标准曲线，只需测出混合物中 i 相及参比物 S 的特征 X 射线衍射强度，即可利用式（5-52）计算出在混合物中 i 相的质量分数 x_i，i 相在原始样品中的质量分数 X_i 则为：

$$X_i = x_i/(1 - x_i) \tag{5-53}$$

目前许多物质的参比强度已经测出，并以 I/I_C 的标题列入 JCPDS 卡片的索引中，该数据均以 $\alpha\text{-}Al_2O_3$ 为参比物质，并取各自最强线计算强度比。基体冲洗法可用于任何多相混合物的定量分析，并与样品中是否含有其他物相（包括非晶质相）无关。因此，应用基体冲洗法可以判断样品中是否有非晶质存在，并能定出它们的含量。把式（5-52）改变一下形式得：

$$I_i/K_i = x_i \cdot I_s/x_s \tag{5-54}$$

从而可有：
$$\sum_{i=1}^{n}(I_i/K_i) = I_s/x_s \cdot \sum x_i = I_s/x_s \cdot x_0 \tag{5-55}$$

式中　x_0——原始样品物质在混合样品中的质量分数，即 $x_0 + x_s = 1$。

根据式（5-55），可以检查强度测定的可靠性及判断原始样品中是否有非晶质存在。如果式（5-55）两端相等，表明样品中所有物相均为结晶相，强度数据可靠；若左端小于右端，则表明有非晶质相存在；若左端大于右端，则表明强度数据或 K 值有误。

对于一个二元系统来说，存在一个所谓自冲洗现象，即不要加入参比物（或冲洗剂），一个组分自动作为另一组分的参比物（或冲洗剂）。

设一个二元系统的两相物质的质量分数为 x_1 和 x_2，与推导方程式(5-53)相似，则有：

$$x_1 + x_2 = 1 \tag{1}$$

$$I_1/I_2 = K_1/K_2 \cdot (x_1/x_2) \tag{2}$$

解上面方程式（1）、（2）得：$x_1 = 1/(1 + K_1/K_2 \cdot I_2/I_1)$

因此，根据两相最强衍射线的强度比，很容易计算出二元系统的相组分含量。

下面举例说明 K 值法的应用。制备六种混合试样，所用物质均为分析纯试剂，取 α-Al_2O_3 为参比物（或冲洗剂）。先将各物质研磨到 5～10μm，然后将各相与参比物按 1∶1 质量混匀，测定各物相的参比强度 K_i，现将测试结果和 JCPDS 卡片中的参比强度列于表 5-7 中。

表 5-7　五种物相参比强度

试样	衍射线强度		参比强度 $K_i=I_i/I_s$	
	I_i	I_s	测定值	JCPDS 值
$ZnO:Al_2O_3=1:1$	8178	1881	4.35	4.5
$KCl:Al_2O_3=1:1$	4740	1223	3.88	3.9
$LiF:Al_2O_3=1:1$	3283	2487	1.32	1.3
$CaCO_3:Al_2O_3=1:1$	4437	1491	2.98	2.0
$TiO_2:Al_2O_3=1:1$	2728	1040	2.62	3.4

注：cps 指在 40s 内的平均脉冲数。

表 5-8　六种物相含量测定结果

试样号	混合样品组分	质量/g	衍射线强度 I	组分含量/%		$\sum I_i/K_i$	$x_0/x_s\cdot I_s$
				理论值	实测值		
1	ZnO	1.8901	5968	41.49	41.14		
	KCl	1.0128	2845	22.23	21.99		
	LiF	0.8348	810	18.32	18.40		
	Al_2O_3	0.8181	599	17.96	—	2721	2736
2	ZnO	0.9532	2856	18.98	19.10		
	KCl	0.6601	1651	13.15	12.38		
	LiF	0.8972	765	17.87	16.86		
	Al_2O_3	2.5114	1719	50.00	—	1662	1719
3	ZnO	0.6759	2408	24.38	25.38		
	TiO_2	0.4317	931	15.57	16.30		
	$CaCO_3$	1.1309	2558	40.79	39.36		
	Al_2O_3	0.5341	420	19.26	—	1767	1761
4	ZnO	0.0335	120	1.38	1.35		
	TiO_2	0.0633	139	2.60	2.57		
	$CaCO_3$	1.9197	4756	78.96	77.36		
	Al_2O_3	0.4147	352	17.06	—	1677	1711
5	ZnO	0.9037	4661	34.43	36.41		
	$CaCO_3$	0.7351	2298	28.00	26.20		
	SiO_2（硅胶）	0.4234	0	16.13	15.95		
	Al_2O_3	0.5629	631	21.44	—	1842	2312
6	ZnO	1.4253	6259	71.22	72.07		
	TiO_2	0.5759	1461	28.78	27.93		

六种混合试样的配合比、测试结果及计算结果列于表 5-8 中。在表 5-8 中，1 号试样由 ZnO、KCl 和 LiF 组成，在试样中加入已知量（17.96%）的

冲洗剂 $\alpha\text{-}Al_2O_3$。应用方程式（5-53）对各组分进行计算：$x_{ZnO}=(17.96\div4.35)\cdot(5968\div599)=41.14\%$，其真实值为 41.49%，表明用 K 值法得到的组分含量是正确的。

1 号试样的其他组分的含量见表 5-8，还可用式（5-55）进一步对基体清洗法理论进行验证：

$$\sum_{i=1}^{n} I_i/K_i=5968\div4.35+2845\div3.87+810\div1.32=2721\text{（实验值）}$$

$$x_0/x_R\cdot I_R=82.04\div17.96\times599=2736$$

该结果表明样品中所有物相均为结晶相，并且所得强度数据可靠。

5 号试样中含有一种非晶质 SiO_2（硅胶），计算结果出现了不平衡，即：$\sum I_i/K_i<x_0/x_R\cdot I_R$，这表明有非晶质体存在。根据各组分的平衡计算有 15.95% 的非晶质体，这和实际加入的 16.13% 硅胶相吻合。从表 5-8 中六种物相含量的测定结果可见，K 值法简单可靠，所得结果令人满意。

基体冲洗法简化了分析程序，不需作复杂的标准曲线，也无繁杂的计算，从而节省了分析时间，它不仅可以求出混合物中一相的含量，也可以求出所有相的含量。因此，该法是目前国内外用得最多的一种方法，并大都取得了比较好的效果。但该法和内标法一样，必须提供纯样品物质，这就使它的应用受到一定限制。

D. 自冲洗法（F. H. Chung，1975）

自冲洗法是在 K 值法的基础上提出的。K 值法需掺入参比物质，因此会增加衍射线的叠加和误差。自冲洗法试图不掺参比物，直接从混合物衍射强度分布曲线图上求出各组分的含量。因为 X 射线是不能区别混合样品中谁是参比物，谁是被测物的。因此，可以选择混合样品中的任一物相作为参比物，这样就比 K 值法更为简便。但仍使用参比强度 K 值，而且样品中必须没有非晶质物质。

设待测样品中含有 n 个相，根据基体冲洗法数学方程式（5-53），则可写出 $n-1$ 个方程：

$$\begin{aligned}
I_1/I_2&=(K_1/K_2)\cdot(x_1/x_2)\\
I_1/I_3&=(K_1/K_3)\cdot(x_1/x_3)\\
&\cdots\cdots\\
I_1/I_i&=(K_1/K_i)\cdot(x_1/x_i)\\
&\cdots\cdots\\
I_1/I_n&=(K_1/K_n)\cdot(x_1/x_n)
\end{aligned}$$

另外，确认样品中没有非晶质相，即：$\sum_{i=1}^{n} x_i=1$

解这 n 个联立方程组，由 $x_i=(K_1/K_i)\cdot(I_i/I_1)\cdot x_1$

得： $$\sum_{i=1}^{n} x_i = \sum_{i=1}^{n} [(K_1/K_i) \cdot (I_i/I_1) \cdot x_1] = 1$$

所以 $x_1 = 1/\{\sum[(K_1/K_i) \cdot (I_i/I_1)]\} = 1/[(K_1/I_1) \cdot \sum(I_i/K_i)]$

对任意一相，将上式的 x_1 用 x_i 代替，并整理得：

$$x_i = (I_i/K_i) \cdot [\sum_{i=1}^{n}(I_i/K_i)]^{-1} \tag{5-56}$$

式（5-56）就是自冲洗法进行定量分析的方程式，在得到各组分对参比物的参比强度 K_i 后，直接利用混合物各相的 X 射线衍射线强度数据 I_i 就可计算各组分的质量分数 x_i。

自冲洗法在实用上有很多优点。首先，它省去了加参比物的操作过程；其次，避免了谱线的重叠机会；第三，由于没有参比物的稀释作用，微量相的衍射强度不受影响，防止了检测灵敏度的下降。但是，自冲洗法不能代替基体冲洗法，原因有二：①基体冲洗法能预言并测定样品中是否存在非晶质物质，而自冲洗法则不能；②基体冲洗法能用于测定包含未知组分的样品，也可以只对感兴趣的组分进行分析，而自冲洗法必须对样品中全部组分进行事先鉴定并同时对全部组分进行分析。

X 射线定量相分析方法中，K 值法简单、可靠、易掌握且应用普遍。我国已对此法制订了国家标准（GB 5225—85），选用 ZnO 为参考物质，并从试样制备，测试条件等提出了一系列要求，分析了影响定量相分析精度的因素。

E. 定量相分析应注意的问题

为使测试达到“定量”的水平，对试验的条件、方法及试样本身都有比定性相分析更严格的要求。

（1）试验设备、测试条件及方法　使用衍射仪能方便、准确、迅速地获得衍射线的强度。用于定量相分析的是衍射线的相对累积强度，常用的测定衍射线净峰强度的方法有以下 3 种：

① 面积法。测定净峰面积，可用积分仪、称重（将峰形剪下，在精密天平上称重）、数格子等方法求得面积数。

② 积分强度测定法。全自动衍射仪可计算扣除背底后的累积强度（用总计数表示）。

③ 近似法。用衍射线的半高宽度和净峰高度的乘积（十字相乘法）作为累积强度的近似值。

因各衍射线不是同时测量，所以要求衍射仪有高的稳定度（标准中要求综合稳定度优于 1%），为获得良好的峰形和足够高的强度，定量分析时最好用步进扫描法，步长 0.02°，每步计数时间 2s 或 4s。

（2）对试样的要求　试样的颗粒度、显微吸收和择优取向是影响定量相分析的主要因素。

首先试样应有足够的大小和厚度，使入射线的光斑在扫描过程中始终照在试样表面以内，且不能穿透试样。粉末试样的颗粒度应满足下式：

$$|\mu_1-\overline{\mu}|\cdot R\leqslant 100 \tag{5-57}$$

式中 μ_1——待测相的线吸收系数；

$\overline{\mu}$——试样的平均线吸收系数；

R——颗粒半径，μm。

一般情况下，颗粒的许可半径范围是0.1～5μm。控制颗粒度大小的目的，一方面是为了减小由于各相吸收系数不同而引起的误差（即颗粒显微吸收效应）；另一方面是为了获得良好、准确的衍射峰形。颗粒过细，衍射峰漫散；颗粒过粗，衍射环不连续，测得的强度误差偏大。

择优取向是影响定量分析的另一重要因素。择优取向是指多晶体中各晶粒的取向向某些方位偏聚的现象，即发生了“织构”，这种现象会使衍射强度反常，与计算强度不符。粉末试样也会存在择优取向，特别是当颗粒粗大且有特殊形状时（如：针状、片状等）更为突出。在此情况下，除应进一步磨细粉粒外，还要对测试结果进行数学修正。

5.5 一些X射线衍射分析方法的应用

X射线衍射分析方法除用于定性和定量分析之外，还有很多应用。限于篇幅有限，在此只介绍它的一些基本应用。

5.5.1 多晶体点阵常数的精确测定

多晶粉末衍射花样可用于已知材料点阵常数的精确测定。点阵常数是晶体物质的基本结构参数，它与晶体中原子间的结合能有直接的关系，点阵常数的变化反映了晶体内部成分、受力状态、空位浓度等的变化。所以点阵常数的精确测定可用于晶体缺陷及固溶体的研究、测量膨胀系数及物质的真实密度，而通过点阵常数的变化测定弹性应力已发展为一种专门的方法。

精确测定已知多晶材料点阵常数的基本步骤为：

① 获取待测试样的粉末衍射相，用照相法或衍射仪法；

② 根据衍射线的角位置计算晶面间距 d；

③ 标定各衍射线条的指数 hkl（指标化）；

④ 由 d 及相应的 hkl 计算点阵常数（a、b、c 等）；

⑤ 消除误差；

⑥ 得到精确的点阵常数值。

这里介绍的主要内容是分析用衍射仪法获取粉末衍射相数据，以此测算点阵常数时，误差产生的来源及减少和消除误差的方法。由于晶体内部各种因素引起的点阵常数的变化是非常小的，往往在 10^{-4} 数量级，这就要求点阵常数的测量精度很高。因此，误差的讨论是很重要的。

5.5.1.1　粉末衍射花样的指标化

要计算点阵常数，首先必须知道各衍射线条对应的晶面指数。当作完物相定性分析后，如果没有获悉晶面指数资料，就需要对衍射花样进行指标化。衍射线的指标化，除了在晶体结构分析工作中是必不可少的前提外，在物相鉴定方面也有重要意义，指标化的规律同时也反映了各种点阵衍射线条分布的特点。这里主要介绍常见的立方、四方和斜方晶体粉末衍射花样的指标化问题。

A. 晶胞参数已知时衍射线的指标化

根据面网间距 d 的计算公式和布拉格公式可以得出各晶系中衍射线的掠射角 θ，即半衍射角与晶胞参数及衍射指标之间有如下关系式：

立方晶系：$\sin^2\theta=[\lambda/(2a)]^2\cdot(h^2+k^2+l^2)$　(5-58)

四方晶系：$\sin^2\theta=[\lambda/(2a)]^2\cdot(h^2+k^2)+[\lambda/(2c)]^2\cdot l^2$　(5-59)

斜方晶系：$\sin^2\theta=[\lambda/(2a)]^2\cdot h^2+[\lambda/(2b)]^2\cdot k^2+[\lambda/(2c)]^2\cdot l^2$　(5-60)

等等。显然，当晶胞参数 a、b、c 及辐射波长 λ 均为确定值时，掠射角 θ 便仅仅是衍射面指标 hkl 的函数。于是，当晶胞参数及辐射波长均为已知时，根据式（5-58)、式（5-59)、式（5-60）或者其他晶系的类似关系式，可以从理论上求出与所有可能满足这些关系式的衍射面指标值 h、k、l 相对应的 $\sin^2\theta$ 值；然后，根据衍射谱图上衍射强度分布曲线测算出各衍射线的 θ 值（现代衍射仪可以自动打印出相应的 θ 值)，进而求得相应的 $\sin^2\theta$ 值。对比上述理论计算值和实测计算值的结果，凡两者的 $\sin^2\theta$ 值相符者，即表明它们应具有相同的衍射指标，从而就对所测的各衍射线作出了指标化，这就是粉晶法中，当晶胞参数已知时指标化的原理和过程。

B. 晶胞参数未知时衍射线的指标化

从式（5-58)、式（5-59)、式（5-60）等式中可知，在只知道面网间距 d（或 θ）的情况下，要进行指标化，首先应知道晶胞参数；而晶胞参数又需要根据已经指标化了的 d 值来求得。显然，衍射指标和晶胞参数两者是相互依赖的。不过，在不同晶系中，晶胞参数中未知值的个数是多寡不一的，在立方晶系中仅有一个未知数 a，在中级晶族中为 a 和 c 两个未知数，在低级晶族中未知数则有 3、4 和 6 个。因此，在粉晶法中，此时的指标化只有对立方晶系是肯定可能的，对中级晶族一般来说是有可能的，而对低级晶族则一般是较为困难的。

在立方晶系中，掠射角 θ、面网指数（hkl）和晶胞参数 a 之间的关系式推导如下：

因为在立方晶系中，某 hkl 面的 d 值与点阵常数之间的关系是：$1/d^2=(h^2+k^2+l^2)/a^2$，将此关系代入布拉格方程得式（5-58）。对于同一物质的同一个衍射花样，$[\lambda/(2a)]^2$ 为一个常数。因此有：

$$\sin^2\theta_1:\sin^2\theta_2:\sin^2\theta_3:\cdots:\sin^2\theta_K=(h_1^2+k_1^2+l_1^2):(h_2^2+k_2^2+l_2^2):(h_3^2+k_3^2+l_3^2):\cdots:(h_K^2+k_K^2+l_K^2)$$

从上式可知，只要求出衍射花样中每根衍射线的 $\sin^2\theta$ 值，就可得出这些线条指数平方和的比值，并求出这些比值的最简单整数比，从而就可以将每条衍射线指标化。根据前面讲述的结构因子与点阵消光法则的讨论，立方晶系中能产生衍射的晶面归纳成如下。

简单立方晶体，$\sin^2\theta_1:\sin^2\theta_2:\sin^2\theta_3:\cdots:\sin^2\theta_K=1:2:3:4:5:6:8:9$，…，相应衍射面的指标为 100，110，111，200，210，211…。

体心立方晶体，$\sin^2\theta_1:\sin^2\theta_2:\sin^2\theta_3:\cdots:\sin^2\theta_K=2:4:6:8:10:12:14$，…,相应衍射面的指标为 110，200，211，220，310，222，…。

面心立方晶体，$\sin^2\theta_1:\sin^2\theta_2:\sin^2\theta_3:\cdots:\sin^2\theta_K=3:4:8:11:12:16:19$，…,相应衍射面的指标为 111，200，220，311，222，400，…。

对简单物质（单质或固溶体），从衍射花样的 θ（$\sin^2\theta$）值得出（$h^2+k^2+l^2$）整数之比的数列后，再推得相应的 hkl，即完成衍射花样的指标化，并可确定其点阵类型。需要提醒注意的是，在这个整数之比的数列中，像 7、15、23、28 等所谓的禁数不能出现，因为这些数字不能写成三个整数的平方和；如果出现了禁数，当检查结果无误后，可使这个数列乘以相应的倍数，以便消除禁数；最后用消光规律验证。下面举例说明如何进行指标化。

表 5-9 是立方晶系钽（Ta）粉末的衍射花样数据，并表明了其衍射线条的指标化过程。本实验所用的 X 射线为 CuKα 射线。表 5-9 中整数比一栏中的Ⅰ项是整数比的原始数据，Ⅱ项是Ⅰ项数据乘 2 后所得。

表 5-9　立方晶系钽（Ta）粉末的衍射花样数据

线　号	$\sin^2\theta$	整　数　比		$(h^2+k^2+l^2)$	hkl
		Ⅰ	Ⅱ		
1	0.11265	1.03	2.06	2	110
2	0.22238	2.03	4.06	4	200
3	0.33155	3.02	6.04	6	211
4	0.44018	4.01	8.02	8	220
5	0.54825	(5.00)	10.00	10	310
6	0.65649	5.99	11.98	12	222
7	0.76312	6.96	13.92	14	321
8	0.87198	7.95	15.90	16	400
9	0.97988	8.94	17.88	18	411，330

立方晶系粉末衍射花样，一般很容易与非立方晶体区别，因后者往往有多而密集的线条。

粉晶衍射线的指标化工作是一种费时的工作，但随着电子计算技术的发展，可以用电子计算机自动进行处理，目前已编制出处理各种晶系衍射线指标化的多种实用程序。对于低级晶族的衍射线指标化，一般采用伊藤方法。这种方法是用倒易点阵理论进行处理，下面对该理论及计算机标定正方（四方）和六方晶系的程序作简要介绍。由于低级晶系的标定工作相当复杂，这里不做介绍，有兴趣者请参阅晶体结构方面的专著。

（1）利用正、倒点阵关系　从实验中测得面间距 d_{hkl}，根据倒易点阵理论可得：$r^2=1/d_{hkl}^2$，

所以，$r^2=|r^*|^2=\boldsymbol{r}^*\cdot\boldsymbol{r}^*=(h\boldsymbol{a}^*+k\boldsymbol{b}^*+l\boldsymbol{c}^*)\cdot(h\boldsymbol{a}^*+k\boldsymbol{b}^*+l\boldsymbol{c}^*)$

$$=h^2\boldsymbol{a}^{*2}+k^2\boldsymbol{b}^{*2}+l^2\boldsymbol{c}^{*2}+2hk\boldsymbol{a}^*\boldsymbol{b}^*\cos\gamma^*+2hl\boldsymbol{a}^*\boldsymbol{c}^*\cos\beta^*+2kl\boldsymbol{b}^*\boldsymbol{c}^*\cos\alpha^*$$

令 $A=\boldsymbol{a}^{*2}$，$B=\boldsymbol{b}^{*2}$，$C=\boldsymbol{c}^{*2}$，$d=2\boldsymbol{a}^*\boldsymbol{b}^*\cos\gamma^*$，$E=2\boldsymbol{a}^*\boldsymbol{c}^*\cos\beta^*$，$F=2\boldsymbol{b}^*\boldsymbol{c}^*\cos\alpha^*$，则上式变为：

$r^2=Ah^2+Bk^2+Cl^2+Dhk+Ehl+Fkl$，若有 n 条衍射线，则有 n 个这样的方程，它们构成多元方程组，求解这个方程组，就可得各衍射线的指数 h、k、l 以及与晶胞参数有关的常数 A、B、C、D、E 和 F。由于这个方程组的右边全是要求的未知数，直接求解是很困难的。但对中高级晶系来说，因为有其特殊的对称特点和系统消光规则，所以，分析这些关系，就有可能解出上述方程组，从而完成标定任务。可以采取由简到繁、逐级判别晶系的方法进行标定。首先用立方晶系的标定法，若能成功，则表示试样属立方晶系；若不成功，则再顺次用六方、四方晶系的标定法，若都不成功，则说明试样属对称性更低的正交、单斜和三斜晶系。三方晶系可用变换基矢的办法转换为六方晶系（请参阅晶体结构方面的专著），故可用六方晶系的方法来标定。实验数据的精确度是标定能否成功的决定性因素。

（2）六方（三方）和四方晶系的标定方法　对六方晶系，根据正、倒点阵关系式得：$\boldsymbol{a}^*=\boldsymbol{b}^*\neq\boldsymbol{c}^*$，$\beta^*=\alpha^*=90°$，$\gamma^*=60°$，所以，$A=B\neq C$，$E=F=0$，$D=\boldsymbol{a}^{*2}=A$，因此有：$r^2=A(h^2+k^2+hk)+Cl^2$

同例，对四方晶系有：$r^2=A(h^2+k^2)+Cl^2$

以 y 分别代表六方晶系中的 (h^2+k^2+hk) 和四方晶系中的 (h^2+k^2)，则 y 可取下表所列的值：

晶　系	y 值
六方晶系	1，3①，4，7①，9，12①，13，16，19①，21①，……
四方晶系	1，2①，4，5①，8①，9，10①，13，16，17①，……

① 六方晶系、四方晶系的特征值。

六方晶系中 y 的 3，7，12，19，21 等在四方晶系中不出现，而四方晶

系中的2，5，8，10，17等在六方晶系中也不出现。

六方晶系、四方晶系的粉晶衍射图中常出现衍射指数为（$00l$）或（$hk0$）型的衍射线，若能确认出两条以上这样的衍射线，就能从式：$r^2=A(h^2+k^2+hk)+Cl^2$或$r^2=A(h^2+k^2)+Cl^2$中算出A、C来，达到将衍射线指标化的目的。经验证明，出现（$hk0$）型衍射线的机会比出现（$00l$）型的多得多。因此，要从辨认（$hk0$）类型的衍射线出发来考虑。

对（$hk0$）型衍射线有：$r_{\mathrm{hk0}}^2=A(h^2+k^2+hk)=A\cdot y$　　（六方晶系）

$r_{\mathrm{hk0}}^2=A(h^2+k^2)=A\cdot y$　　（四方晶系）

即：$r_{\mathrm{hk0}}^2/y=A$为常数。若将实验测得的所有r^2值除y的各种许可值，并把得到的值按y值和衍射线序号排成二维数表，将会发现此表中有好几组的值是相等的。这些相等的值就可能是A值；如果这些相等数值所在列号Y中有3,7,12等六方晶系的特征值，就可断定该晶系属六方晶系；若y值有2,5,8等四方晶系的特征值，可断定该晶系属四方晶系。求得A后，可从（hkl）型衍射线的r^2值求出C。因为：

$$(r_{hkl}^2-A\cdot y)/L^2=C$$

所以，利用已得到的A值，算出所有的（$r^2-A\cdot y$），再除一系列整数L的平方值L^2，得到的商中必有很多是相等的，这些相等的数就可能是C值。

由于实验误差和运算时的误差，常会有多个数值被认为是A和C。但是，真正的A和C应是能把全部衍射线条都指标化的那两个可能的值。

六方晶系、四方晶系物质的粉晶衍射线条的指标化的方法是完全相似的，这里仅以六方晶系为例作具体说明指标化的方法。

第一步：以衍射线序号x为行号，y的许可值为列号，建立r_{x}^2/y值的二维数表，y的最大值可取为25左右。表5-10是金属锌（Zn）的这种数表。

第二步：求出可能的A值。先取一误差，例如取0.0002，然后将r_{x}^2/y值的二维数表中的数值进行逐个比较，这是可发现不少在误差范围内相等的数值。如果与这些值相应的y值中包含有六方晶系的特征值，则说明该晶系属六方晶系，这些相等的数值就是A的可能值，例如表5-10中的$r_2^2/1=r_6^2/3=r_9^2/4=r_{16}^2/7=0.1877$。此外还有0.0545，0.0626，0.0762，0.1171等也是。究竟哪一个是真的A值，这也待以后逐步甄别。如果某个相等数值所对应的列号Y中不包含特征值，则肯定不是A，可能是C，例如表5-10中的$r_1^2/1=r_7^2/4=r_{19}^2/9=0.1636$。

第三步：取定某个A值，作出$(r_{hkl}^2-A\cdot y)/L^2$的数表。只要取前6条衍射线做表就够了。因为一般情况下，前六条衍射线中总会包含两条以上

表 5-10 Zn 的 r_{hkl}^2/y 值二维数表

衍射线序号 x	$y=1$	3	4	7	9	12	13	16	19	21	25	27
1	1635	545	409	234	182	136	126	102	86	78	65	61
2	1877	626	469	268	209	156	144	117	99	89	75	70
3	2287	726	572	327	254	191	176	143	120	109	91	85
4	3514	1171	878	502	390	293	270	220	185	167	141	130
5	5553	1851	1388	793	617	463	427	347	292	264	222	206
6	5636	1879	1409	805	626	470	434	352	297	268	225	209
7	6535	2178	1634	934	726	545	503	408	344	311	261	242
8	7269	2423	1817	1038	808	606	559	454	383	346	291	269
9	7512	2504	1878	1073	835	626	578	469	395	358	300	278
10	7921	2640	1980	1132	880	660	609	495	417	377	317	293
11	8415	2805	2104	1202	935	701	647	526	443	401	337	312
12	8147	3049	2287	1307	1016	762	704	527	481	436	366	339
13	11188	3729	2797	1598	1243	932	861	699	589	533	448	414
14	12094	4031	3024	1728	1344	1008	930	756	637	576	484	448
15	12172	4057	3043	1739	1352	1014	936	761	641	580	487	451
16	13145	4382	3286	1878	1461	1095	1011	822	629	626	526	487
17	13555	4518	3389	1936	1506	1130	1043	847	713	645	542	502
18	14048	4683	3512	2007	1561	1171	1081	878	739	669	562	520
19	14710	4903	3678	2101	1634	1226	1132	919	774	700	588	545
20	14782	4927	3695	2112	1642	1232	1137	924	778	704	591	547

注：为比较方便，表中的值为 $r_x^2/y\times10^4$。

(hkl) 型的衍射线。作表时，L 取 1,2,3,4 等值，最大到 6 即可。因为 L 很大时，得到的$(r_x^2-A\cdot y)/L^2$ 值很小，有的已小于误差了。同样道理，y 值只要取 0,1,2,3 等较小的值就够了。

第四步：再取一定的误差，查找$(r_x^2-A\cdot y)/L^2$ 数表中的相等值，它们可能是 C 值。如果找不到 C，再更换 A 的可能值，重复第三步、第四步，直到找到可能的 C。

第五步：将找到的 A、C 值代入$[r_x^2-A(h^2+k^2+hk)+CL^2]\leqslant E$ 式中，E 表示误差值，一般为 0.0002～0.0004。采用尝试法，逐步增大 h、k、l 的值，将全部衍射线指标化。

如果 A、C 值不能把全部衍射线条指标化，则要专用其他的 C 或 A 值，并重复上述步骤。如果加大误差仍不能将全部衍射线条指标化，则说明该晶体不属于六方晶系，可以认为是四方晶系或更低级的晶系，也可能是实验数据误差过大。图 5-35 是六方晶系衍射线指标化程序框图。

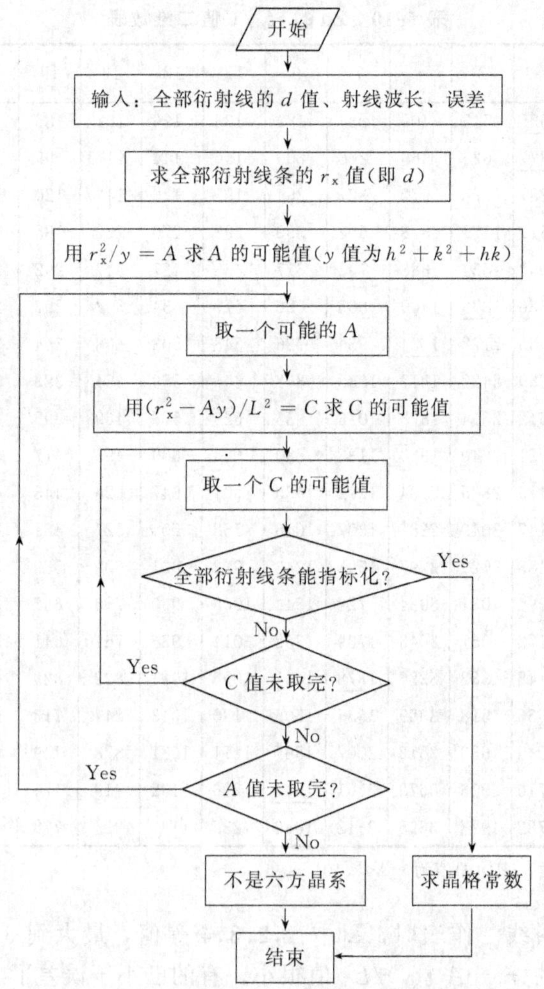

图 5-35　六方晶系衍射线指标化程序框图

5.5.1.2　精确测定多晶体点阵常数的方法

点阵常数是晶体物质的重要参数，它随物质的化学组成和外界条件（温度和压力）而变化。在许多理论和实际应用问题中，例如材料中原子键合力、密度、热膨胀、固溶体类型、固溶度及宏观应力等，都与点阵常数的变化密切相关，通过测定点阵常数的变化，可以揭示上述问题的物理本质和变化规律。但是，点阵常数的变化仅在 10^{-4} 数量级以下，如果采用一般的测试技术，这种微小变化势必被实验误差所掩盖。所以，必须对点阵常数进行精确测定。用 X 射线衍射方法测定晶体物质的点阵常数是一种间接的方法，它的实验依据是衍射谱图上各条衍射线所处位置的 θ 值，然后用布拉格方程和各个晶系的面间距公式，求出该晶体的点阵常数。根据上述衍射线指标化的内容可知，多晶体衍射谱图上的每条衍射线都可以计算出点阵常数的数值，问题是哪一条衍射线确定的点阵常数值才是最接近实际的呢？

由布拉格方程可知，点阵常数值的精确度取决于 $\sin\theta$ 这个量的精确度。对布拉格方程 $2d\sin\theta=\lambda$ 进行微分得：

$$\delta\lambda=2\sin\theta\cdot\delta d+2d\cos\theta\cdot\delta\theta$$

把布拉格方程代入得：$\delta\lambda=\delta d\cdot\lambda/d+\lambda\cdot(\cos\theta/\sin\theta)\cdot\delta\theta$

即 $$\delta d/d=(\delta\lambda/\lambda)-\cot\theta\cdot\delta\theta$$

如果不考虑波长 λ 的影响，即：$\delta\lambda=0$。则：$\delta d/d=-\cot\theta\cdot\delta\theta$ (5-61)

对于立方晶系物质，由于 $\delta d/d=\delta a/a$，因此 $\delta a/a=-\cot\theta\cdot\delta\theta$

式（5-61）表明，d 值的相对误差取决于选取衍射线的角度位置 θ 及 θ 的测量误差 $\delta\theta$。显然，在 $\delta\theta$ 一定的条件下，选取的 θ 角越大，点阵常数的误差越小。因此，为了提高测定点阵常数的精度，除选用高角度谱线测定外，就是要提高衍射角测量的精度了。

德拜照相法一般用外推法消除测量误差，外推函数 $f(\theta)$ 由纳尔逊（J. B. Nelson）和泰勒（A. Taylor）分别从实验和理论上证明为：$f(\theta)=(\cos^2\theta/\sin\theta+\cos^2\theta/\theta)/2$。因此，$a=a_0\pm bf(\theta)$，其中：$a_0$ 为点阵常数精确值，b 为包括 a_0 在内的常数。外推法消除误差的方法是：根据若干条衍射线测得的点阵常数，外推至 $\theta=90°$，即得到精确的点阵常数值。也可用外推法精确测定非立方晶系的点阵常数。例如在斜方晶系的情况下，选用 $h00$、$0k0$、$00l$ 衍射线，通过 $\sin^2\theta=\lambda^2/2\cdot(h^2/a^2+k^2/b^2+l^2/c^2)$分别计算出 a_i、b_i、c_i 系列值，然后再分别用 $h00$、$0k0$、$00l$ 衍射线对应的 a_i、b_i、c_i 系列值，用外推法求出精确的点阵常数 a_0、b_0、c_0 值。衍射仪法的外推函数有：$\cos^2\theta$、$\cot^2\theta$、$\cos\theta\cdot\cot\theta$。

5.5.1.3 引起测量误差的原因

德拜法引起测量的有：半径误差；底片误差；偏心误差；吸收误差。

衍射仪法主要有：

A. 确定峰位的方法

衍射仪使用方便、易于自动化，目前已达到相当高的测试精度，它记录的是衍射线的强度分布曲线。但是，由此曲线求出布拉格角的定峰法有多种，其中较常用的是弦中线法和弦中点法。如图 5-36 所示，弦中线法是取强度在背底以上最大强度的 1/2、2/3、3/4 处各绘一背底的平行线（弦），取各弦中点连线并外推到与线形顶部相交，以交点 P 处的角位置 $2\theta_P$ 作为峰位；当峰形中部以上较对称时，可用弦中点法，即在背底以上最大强度的 40%～80%段内，每隔 10%的最大强度取一弦中点，以各线中点角位置的算术平均值作为峰位。如果衍射线非常明锐，可直接取峰顶定峰位；若衍射峰两侧的直线部分较长时，可取直线部分的延长线的交点定峰。

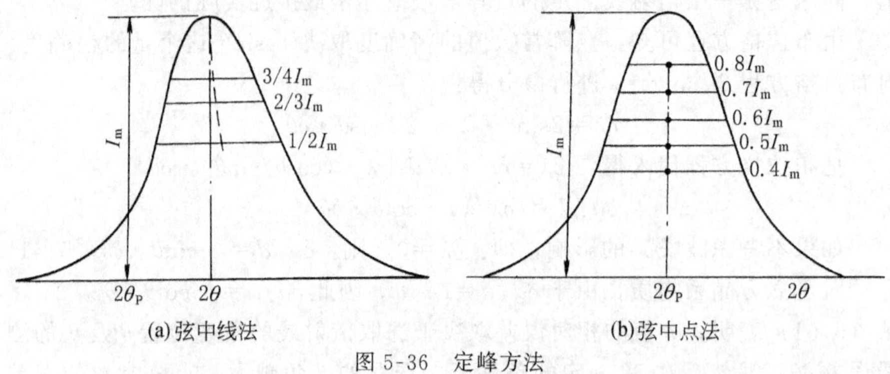

(a)弦中线法　　(b)弦中点法

图 5-36　定峰方法

B. 误差来源

(1) 仪器引起的误差　仪器未能很好地校准引起的误差，如：试样的基准面及 2θ 的 0°位置。

(2) 试样引起的误差　试样系平板状，与聚焦圆不能重合而散焦；试样表面与衍射仪轴不重合；试样对 X 射线有一定的透明度，吸收越小 X 射线穿透越深，这样就造成不仅试样表面反射 X 射线，而且靠近表面的内表面也要参与反射，相当试样偏离衍射仪轴。

(3) 入射线引起的误差　入射线的色散和角因子的作用使线形不对称；入射线发散等。

(4) 测试方法引起误差　连续扫描时，扫描速度、记录仪时间常数、记录仪角度标记能造成衍射角位移。衍射仪的误差较为复杂，目前虽有一些经验表达式，但还没有公认可靠的外推函数。

5.5.2　晶面取向度的测定

在定量分析时曾提到择优取向的问题，即在多晶试样中，如果各晶粒在空间的排列是完全无序的，则各方向分布几率相同，所得到的衍射线强度接近理论值；反之，如果某些晶面的取向有一定规律，它们的衍射线强度就会偏离理论值，这种现象叫做择优取向或织构。这对定量分析是不利的。但在某些场合下，材料中的某些晶体就是定向分布的，或者由于工艺上的需要故意使某些晶体定向分布，而且这种定向分布的程度与材料的性能有关。此时需要了解它们的定向分布程度或取向度。

是否存在择优取向的判断方法是：将某一试样的 X 射线衍射谱图中的各衍射线的强度除以 JCPDS 卡片中所刊的该物质的对应衍射线的相对强度 (I/I_1)，就得到折合的最强线强度，如果试样的折合最强线强度都相同，则说明该试样无择优取向；反之则证明有，再从它们的差异可判断某晶面择优取向程度的高低。晶面取向度的测定基本上根据此原理。现举例说明取向度的测定及应用方法。

5.5.2.1 混凝土集料界面晶体取向度测定

混凝土中集料与水泥浆体的界面区是混凝土性能的薄弱环节，主要原因是界面区疏松、多孔、并有粗大的定向排列的 $Ca(OH)_2$ 晶体。$Ca(OH)_2$ 的（001）面平行于集料表面，与集料表面的距离越远，定向排列程度（取向度）越低。取向度 F 按下式计算：

$$F=(I_{001}/0.74)/I_{101}$$

0.74 为 JCPdS 卡片中 $Ca(OH)_2$ 001 线的相对强度，101 线为 $Ca(OH)_2$ 的最强线。当 $F=1$，表示 I_{001} 的折合最强线强度就等于最强线强度 I_{101}，亦即定向排列消失。实验证明，界面区的 F 与离集料表面距离（D）的对数 $\lg D$ 成直线关系。当 $F=1$ 时，所对应的 D 就表示界面区的厚度，因为在此处，$Ca(OH)_2$ 受集料影响而产生的定向作用消失，一般界面区的厚度为 30～50μm。集料性质不同，F 与 $\lg D$ 的直线方程亦不同。界面改善后取向度亦应下降。

5.5.2.2 织构陶瓷晶面取向度测定

织构陶瓷是近年发展起来的新型陶瓷。人们发现，在传统陶瓷制品中晶粒的排列是无规则的，也就是没有择优取向。这种排列方式对陶瓷性能并无好处，例如陶瓷受热膨胀时，各晶粒的膨胀方向不同而形成内应力，对制品的强度不利。受到冶金工业中轧钢原理的启发，设想能否使陶瓷的晶粒也作有序排列。经研究发现，在成型与烧结工艺中采取一定措施后可以得到晶粒排列有序的织构陶瓷。一般晶面取向度越高，陶瓷性能也越好。能动地控制织构的形成与消除是材料工作者的重要任务之一。取向度 F 可用下式计算：

$$F=(P-P_0)/(1-P_0)$$

$$P=I_i/(\sum I_i),P_0=I_{i0}/(\sum I_{i0})$$

P_0 表示无择优取向时，某晶面衍射线强度与全部衍射线强度之比，P 为有择优取向时的同一比值。$F=0$，即 $P=P_0$，表示无择优取向；$F=1$，即 $P=1$，说明取向度为 100%，也就是在衍射图中只有该晶面的衍射线，其余的衍射线都消失。通常 F 应在 0～1 之间。例如：某些铁电陶瓷采用热压法烧成后，用 X 射线测定其（001）面的取向度，当在 1250℃ 热压 30min 时，F 为 0.45；而在 1300℃ 热压 12h 后，F 则为 0.90。

5.5.3 晶体结晶度的测定

X 射线衍射分析方法主要应用于结晶物质，但一个物质的结晶度也直接影响了衍射线的强度和形状。结晶度即结晶的完整程度，结晶完整的晶体，晶粒较大，内部质点的排列比较规则，衍射谱线强、尖锐而且对称，衍射峰的半高宽接近仪器测量宽度，即仪器本身的自然宽度。而结晶度差的晶体，往往是晶粒过于细小，晶体中有位错等缺陷，使衍射线峰形宽阔而弥散。结晶度愈差，衍射能力越弱（如图 5-37 中的（a）谱图），衍射峰越宽，直至消失在背景之中（如图 5-38 中的曲线 2）。

在 X 射线衍射测定结晶度的方法中，有一些理论基础较好的方法，例如：常用的鲁兰德（Ruland）法就是其中之一，但这些方法均须进行各种因子修正，其实验工作量和数据处理工作量均较大，所以应用并不普遍。而实际应用中更多的是采用经验方法，根据不同物质的特征衍射线的强度和形状，采用不同的处理和计算方法来评定、估计其结晶程度。

5.5.3.1　高岭石结晶度的估计

高岭石的主要衍射峰变宽并减弱，以及其他较弱的衍射峰消失或毗邻的衍射峰趋于合并等现象，都是高岭石结晶不良的表现。通常选用 2θ 在（CuKα）19°～25°范围内，用晶面 020（d＝0.446nm）到 002（d＝0.356～0.358nm）的一组衍射峰作为衡量高岭石结晶度的标准。

目前在估计高岭石结晶度的方法中，广泛应用的是欣克利（d. N. Hinckley，1963）的方法。他是根据高岭石的 110 和 111 反射晶面来测定高岭石的结晶度指数。测定的具体方法如图 5-37 所示。设 A 和 B 分别为 110 和 111 峰的高度，A_t 为 110 峰顶到背底线的距离。则结晶度指数为（A＋B）/A_t，该值越大，结晶程度越好。

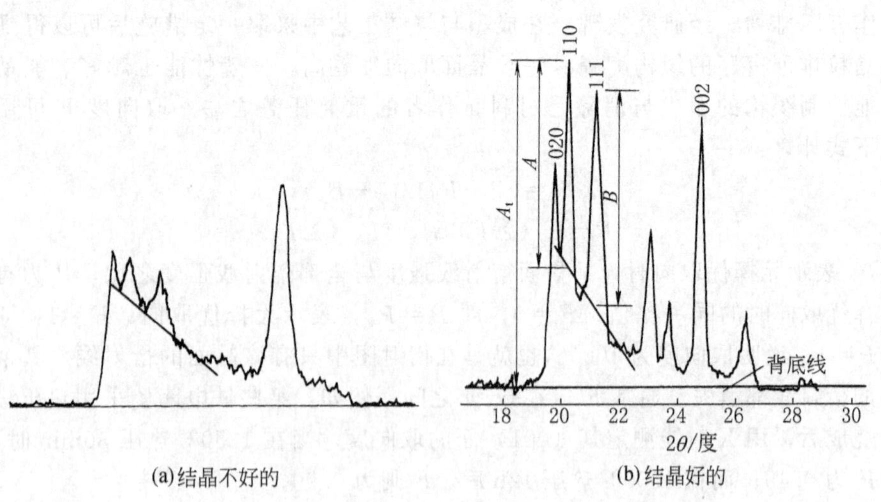

图 5-37　高岭石结晶度指数的测定

5.5.3.2　聚合物结晶度指数及其测量

对于某个聚合物品种，选一个结晶度尽可能高的样品作为标准样品，令其结晶度指数为 100%，再选一个结晶度尽可能低的样品作为标准非晶样品，令其结晶度指数为 0。在 $2\theta=2\theta_0\sim2\theta_1$ 范围内分别收集这两套标准样品的粉末衍射图：标准结晶样品的 $I'_c(2\theta)$ 与标准非结晶样品的 $I_a(2\theta)$。在所确定的 2θ 范围内应包括结晶样品的所有主要衍射峰。对 $I'_c(2\theta)$ 按下式进行归一化处理：

$$I_c(2\theta)=I'_c(2\theta)\cdot[\sum I_a(2\theta)]/[\sum I'_c(2\theta)] \tag{5-62}$$

在同样的 $2\theta=2\theta_0\sim2\theta_1$ 范围内收集待测样品的粉末衍射图 $I'_u(2\theta)$，并按下式进行归一化处理：

$$I_u(2\theta)=I'_u(2\theta)\cdot[\sum I_a(2\theta)]/[\sum I'_u(2\theta)] \tag{5-63}$$

由上述归一化的强度数据，可以得到积分结晶度指数（简称为 ICI）。它按下式计算：

$$\mathrm{ICI}=\{\sum[|I_u(2\theta)-I_a(2\theta)|]\}/\{\sum[|I_c(2\theta)-I_a(2\theta)|]\} \tag{5-64}$$

图 5-38 是两个标准样品与待测聚酯样品的 X 射线衍射谱图，在 $2\theta=12°30'\sim38°48'$ 的范围内每隔 21′取一强度数据，可得 43 组数据。由上述三式（5-62）、式（5-63）、式（5-64）得到积分结晶度指数（简称为 ICI），结果见表 5-11。

表 5-11　聚酯样品处理温度与结晶度指数的关系

样品处理温度/℃	未处理	100	140	180	200	220
结晶度指数 ICI/%	31	35	48	40	44	51

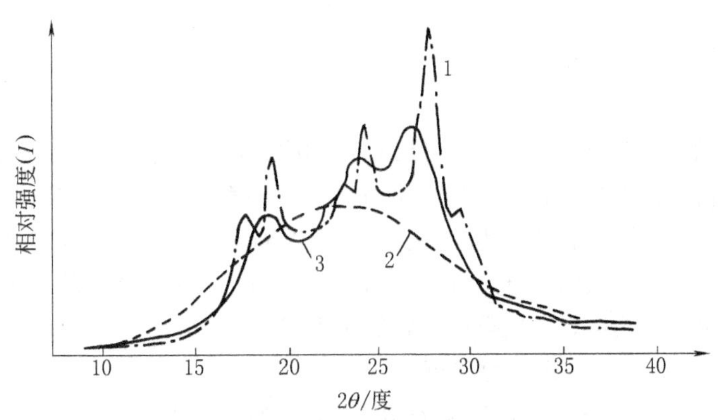

图 5-38　三种聚酯样品的 X 射线衍射谱图

1—标准结晶样品；2—标准非结晶样品；3—待测样品

结晶度指数是表征聚合物样品内部有序程度的一种相对指标，它的具体数值决定于所选择标准结晶样品和标准非结晶样品的实际有序程度。

5.5.4 转动晶体法测聚合物结构

转动晶体法是用单色 X 射线照射转动晶体的衍射方法。转晶相机的构造如图 5-39 所示，其结构与德拜相机类似，不同之处在于它的圆筒底片的高度大于德拜相机所需的底片。相机上有一长的圆筒，圆筒的竖轴上有一使晶体转动的轴，轴的头上安置小的测角样品架，可在 X、Y、Z 三个方向调节晶体试样的方位，圆筒的中部有入射光阑和出射光阑。衍射花样是用紧贴在圆筒壁上的照相底片来记录的，圆筒加盖后与可见光隔绝，使底片不曝光。在拍转晶图时，总是把晶体的某一晶轴方向调节得与圆筒的竖轴一致，否则所得的衍射图很难解释。

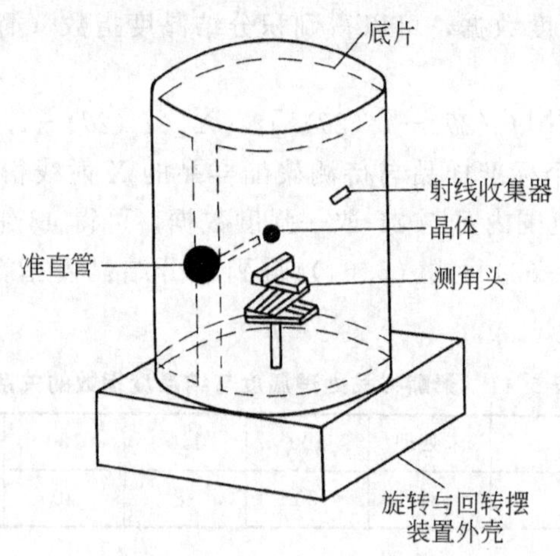

图 5-39 转晶照相机

5.5.4.1 转晶法衍射图的特征

在转晶相机中，入射 X 射线的方向与旋转轴垂直。如果将晶体的某一晶轴调节得与旋转轴一致，那么得到的衍射图有明显的特征，即：把底片展开可见到衍射斑点分布在一系列水平方向平行的直线上，如图 5-40 所示。这些由斑点排成的平行直线称为层线，与入射线同水平的层线称为零层线（$L=0$），从零层线向上或向下分别有正负第一（$L=1$，$L=-1$）、第二（$L=2$，$L=-2$）、第三层线等，依次类推，它们对于零层线而言是对称分布的。

5.5.4.2 转晶法的厄瓦尔德图解

根据正、倒点阵可知，二者是互为倒易的，同时，正点阵的一个晶面，在倒点阵中就是一个点；反之，正点阵中的一个点，在倒点阵中就是一个结点面。因此，当将晶体试样的一个晶轴调节到转动轴的方向进行旋转时，则该晶轴上的每一个结点就垂直与之对应的一组倒结点面。当晶轴转动时，这些倒易结点面也跟着转动，它们与反射球相截得到一些水平圆。也就是说，

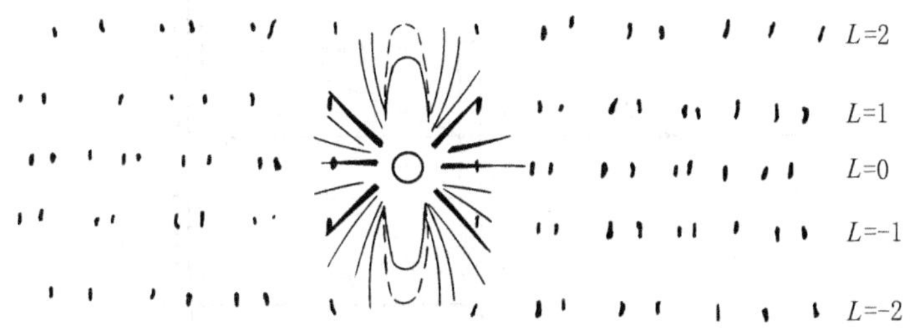

图 5-40 转晶图及层线

晶体转动时这些倒结点面上的倒结点与反射球相遇的地方必定都在这些圆上。因此，衍射线的方向必定在反射球球心与这些圆相连的一些圆锥的母线方向上，见图 5-41，它们与圆筒底片相交就得到很多斑点，将底片摊平，这些斑点就处在平行的层线上。

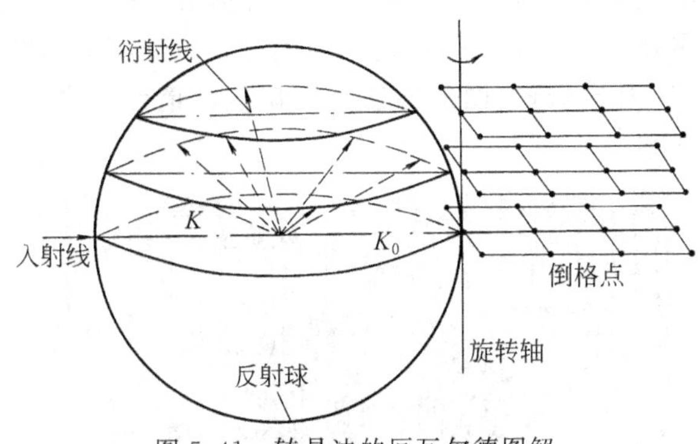

图 5-41 转晶法的厄瓦尔德图解

5.5.4.3 转晶法测聚合物晶体结构

该法主要用来测定单晶试样的晶胞常数，从上可知，转晶图的层线是由垂直于转动轴的一组倒结点面所形成。如果这组倒结点面的面间距为 d^*，则与之对应的正点阵中沿转动轴方向的结点间距 T 一定等于 $1/d^*$，通常称 T 为等同周期。当阵胞的基矢方向与转轴方向一致时，等同周期就是阵胞常数。如果第 n 层层线的衍射圆锥的半顶角为 φ_n，则它与反射球半径 $1/\lambda$（CP，见图 5-42）及 d^* 的关系如下：$\sin\varphi_n = nd^*/(1/\lambda)$，于是：$T = 1/d^* = n\lambda/\sin\varphi_n$。如果转晶图上第 n 层线与零层线的距离为 L_n（$=n \cdot d^*$），圆筒行底片的半径为 R，则：$\sin\varphi_n = L_n/(R^2+L_n^2)^{1/2}$，由此得：$T = n\lambda[1+(L_n/R)^2]^{1/2}$。

因此，如果已知 X 射线的波长 λ、照相机的半径 R 后，只要量出 L_n，就可测出晶体在转轴方向的阵胞常数，根据布拉格方程可求出图 5-40 中所有倒易点对应晶面的晶面间距 d。

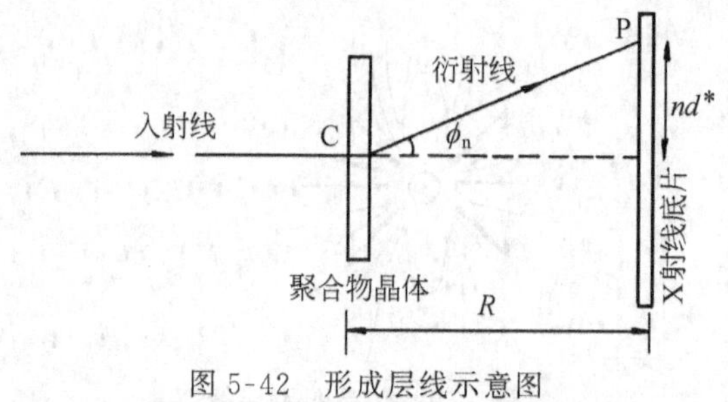

图 5-42　形成层线示意图

一般结晶聚合物的大单晶是很难得到的，通常采取的方法是拉伸或滚压制成高度取向的纤维样品，使纤维轴向与圆筒中心轴重合。如果纤维轴的方向是阵胞常数 c 的方向，则可求出阵胞常数 c；如果 0 层线上各衍射点的指标定为（$hk0$），则 1 层线上的衍射点指标就为（$hk1$）；……L 层线上的就为（hkl）。原则上在同一层线上还可以确定各衍射点的 h 和 k 值，但是，对属低级晶系的聚合物进行结点指标化相当困难，一般用贝尔纳（Bernal）卡和胡尔-岱维（Hull-davey）图的方法加以确定，请参阅文献[12]及有关书籍，这里不做介绍。

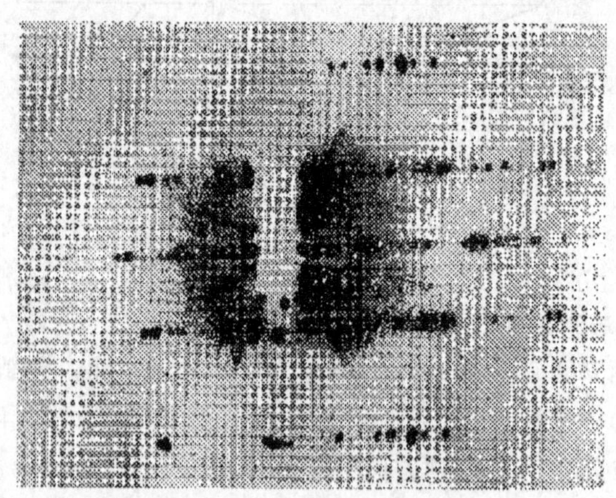

图 5-43　聚丁二炔单晶 X 射线衍射图（分子链处于垂直方向）

聚合物晶粒的尺寸一般很小，衍射图也相当弥散。图 5-43 是用一个圆筒形底片、以分子链的方向作为旋转轴摄制而成的，它显示出的衍射点沿平行层线排列，因此从层线间的距离可以直接测出晶体旋转轴方向的晶格常数。聚合物大多属低级晶系，即使所有（hkl）反映的位置和强度都能像一个完善的晶体那样被精确测出，聚合物结晶学家通常也没有足够的资料来确定聚合物晶体的结构，他还需要借助一系列相关知识才行。

现在已测定了几百种聚合物分子的晶体结构，有关数据请参考 JCPdS 卡片。

5.5.5 晶粒尺寸的测定

（1）测试原理　测定晶粒尺寸大小的方法，一般是采用著名的谢乐（Scherrer）公式，即：

$$L = K \cdot \lambda / (\beta \cdot \cos\theta)$$

式中　θ——掠射角；

λ——入射线波长；

K——谢乐常数。

当 β 用衍射峰半高宽表示时，$K=0.89$；当 β 用衍射峰的积分宽度表示时，$K=1$。所谓积分宽度指衍射峰的积分面积（积分强度）除以衍射峰高所得的值。

需要指出的是，只有当引起衍射峰宽化的其他因素可以忽略不计时，才可用谢乐公式算出晶粒尺寸。β 用弧度做单位，L 是引起该衍射的晶面的法线方向上的晶粒尺寸，它的单位与 λ 的单位相同。谢乐公式的适用范围是微晶的尺寸在 1～100nm。

（2）仪器宽化校正　仪器方面的一系列误差来源，会导致衍射峰位置的移动和峰形不对称，同时也导致了衍射峰的宽化，这种宽化称做仪器宽化。

仪器宽化的校正，一般选用一种其本身的样品宽化可以忽略的标准样品，它应满足以下几个条件：晶粒尺寸不能太小，一般可取过 300 目筛，但不过 500 目筛；晶粒内无不均匀应变，各晶粒的晶胞常数相同；最好与待测样品的吸收系数相同。还要对 $K\alpha$ 双线进行分离，求得 $K\alpha_1$ 所产生的真实宽度，才能代入谢乐公式计算晶粒尺寸。计算时要注意，谢乐公式所得到的晶粒尺寸与所测的衍射线指数有关，一般可选取同一方向的两个衍射面，如（111）和（222）、（200）和（400）等来测量计算，以做比较。在实际工作中，最常用的标准样品是 α-SiO_2，粒度为 25～44μm 的石英粉，且经 850℃退火作为标准试样，用衍射仪步进扫描测 α-SiO_2 的衍射峰，该峰的半高宽 b 即为仪器本身宽化所引起。

（3）测试方法　用步进扫描测得待测样品的衍射强度谱线，该谱线的半高宽 B 包含着样品宽化和仪器宽化两部分。如果标准样品与待测样品的强度曲线符合柯西型函数，则：$\beta = B - b$；如果标准样品与待测样品的强度曲线符合高斯型函数，则：$\beta = (B^2 - b^2)^{1/2}$。一般情况下，仪器宽化函数接近于高斯型，所以常用 $\beta = (B^2 - b^2)^{1/2}$。表 5-12 是热处理温度对某一聚合物（PET：聚对苯二甲酸已二酯）样品晶粒尺寸的影响。

表 5-12　热处理温度对聚合物 PET 晶粒尺寸的影响

样品处理温度/℃	160	180	200	220	240	250	260
晶粒尺寸 L/nm	5.99	5.99	6.47	7.08	7.34	8.07	8.5

5.5.6 膜厚的测量

用X射线法可以测定晶体基薄膜的厚度，它具有非破坏，不接触等特点。其中最简单的方法就是在已知膜的线吸收系数的条件下，以同样条件测量有膜和无膜处基体的一条衍射线的强度（I_0 无膜强度，I_f 有膜强度），利用吸收公式得到膜厚度 t，$t=(\sin\theta/2\mu_1)\cdot\ln(I_0/I_f)$，见图 5-44。

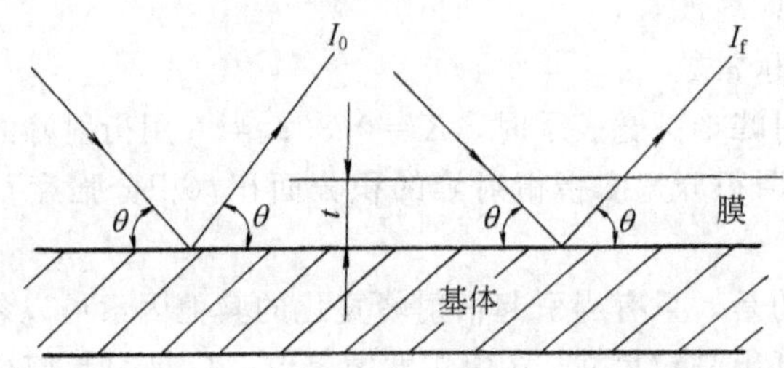

图 5-44　由基体衍射强度测量薄膜厚度

从本书的内容可以看出，X射线衍射分析的特点是它所得到的结果是大量原子散射行为的统计平均，可以代表宏观上均质的材料的特性。各种物相的类型、混合物中物相的含量、精确的点阵常数、晶粒的平均尺寸、择优取向的状态等都可由X射线衍射分析获得。如果需要研究材料的表面元素组成、含量及离子存在的状态，就要借助于表面分析手段—X射线光电子能谱仪了（见第8章）。

参 考 文 献

1　黄胜涛．固体X射线学（一）．北京：高等教育出版社，1991

2　许顺生．X射线衍射学进展．北京：科学出版社，1986

3　李树棠．金属X射线衍射与电子显微分析技术．北京：冶金工业出版社，1980

4　何崇智，郗秀荣，孟庆恩，佟玉昆，吕世琴．X射线衍射实验技术．上海：上海科学技术出版社，1988

5　王英华．X光衍射技术基础．北京：原子能出版社，1987

6　杨于兴，漆璇．X射线衍射分析．上海：上海交通大学出版社，1989

7　胡恒亮，穆祥祺．X射线衍射技术．北京：纺织工业出版社，1988

8　苗春省．X射线定量相分析方法及应用．北京：地质出版社，1988

9　武汉工业大学，东南大学，同济大学，哈尔滨建工学院．物相分析．湖北：武汉工业大学出版社，1994

10　中国物理学会，中国晶体学会，中国地质学会，中国金属学会．第七届全国X射线衍射学术会议论文集．1998

11　W. L. 布拉格著．杨润殷译．X射线分析的发展．北京：科学出版社，1988

12　L. E. Alexander，"X-Ray Diffraction Methods in Polymer Science"，Wiley-Interscience，1969

13　杨传铮，谢达材，陈葵尊，钟福民编著．物相衍射分析．北京：冶金工业出版社，1989

第 6 章　电子显微技术

6.1　透射电子显微镜

6.1.1　电子与物质的相互作用

一束电子射到试样上，电子与物质相互作用，当电子的运动方向被改变时，称为散射。但当电子只改变运动方向而电子的能量不发生变化时，称为弹性散射。如果电子的运动方向和能量同时发生变化，称为非弹性散射。

电子与试样相互作用可以得到如图 6-1 所示的各种信息。

(1) 感应电动势（感应电导）　当在试样上加一个电压时，试样中会产生电流，在电子束照射下，由于试样中电子电离和电荷积累，试样的局部电导率发生变化，于是试样中产生的电流有所变化，这就是感应电动势。这种现象对研究半导体材料很有用。

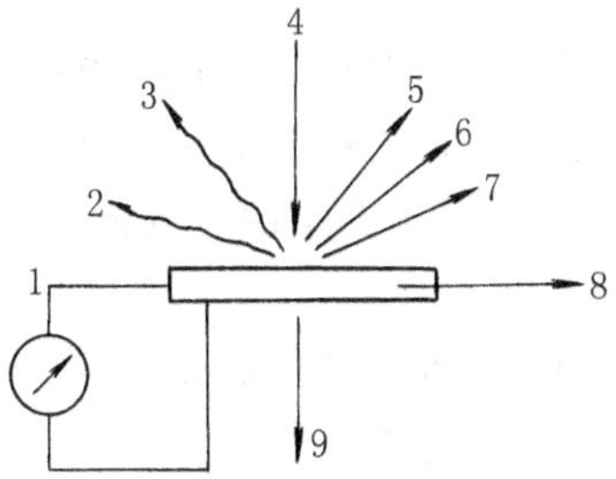

图 6-1　电子与试样作用产生的信息

1—感应电导；2—荧光（阴极发光）；3—特征 X 射线；4—二次电子；5—背散射电子；6—俄歇电子；7—吸收电子；8—试样；9—透射电子

(2) 荧光（阴极发光）　当入射电子与试样作用时，电子被电离，高能级的电子向低能级跃迁并发出可见光称为荧光（或阴极发光）各种元素具有各自特征颜色的荧光，因此可作光谱分析。

(3) 特征 X 射线　入射电子与试样作用，被入射电子激发的电子空位由高能级的电子填充时，其能量以辐射形式放出，产生特征 X 射线。各元素都具有自己的特征 X 射线，因此可用来进行微区成分分析。

(4) 二次电子　入射电子射到试样以后，使表面物质发生电离，被激发的电子离开试样表面而形成二次电子。二次电子的能量较低。在电场的作用下可呈曲线运动翻越障碍进入检测器，因而能使试样表面凹凸的各个部分都能清晰成像。二次电子的强度与试样表面的几何形状、物理和化学性质有关。

(5) 背散射电子　入射电子与试样作用，产生弹性或非弹性散射后离开试样表面的电子称为背散射电子。通常背散射电子的能量较高，基本上不受电场的作用而呈直线运动进入检测器。背散射电子的强度与试样表面形貌和组成元素有关。

(6) 俄歇电子 (Auger Electron)　在入射电子束的作用下，试样中原子某一层电子被激发，其空位由高能级的电子来填充，使高能级的另一个电子电离，这种由于从高能级跃迁到低能级而电离逸出试样表面的电子称为俄歇电子。每一种元素都有自己的特征俄歇能谱，因此可以利用俄歇电子能谱进行轻元素和超轻元素的分析（氢和氦除外）。

(7) 吸收电子　入射电子与试样作用后，由于非弹性散射失去了一部分能量而被试样吸收，称为吸收电子，吸收电子与入射电子强度之比和试样的原子序数、入射电子的入射角、试样的表面结构有关。

(8) 透射电子　当试样很薄时，入射电子与试样作用引起弹性或非弹性散射透过试样的电子称为透射电子。

利用上述信息的仪器有透射电镜 (TEM)、扫描电镜 (SEM)、扫描透射电镜 (STEM)、X射线能谱仪 (EDS)、X射线波谱仪 (WDS)、俄歇电子能谱仪 (AES)、电子探针 (EP) 和低能电子衍射仪 (LEED) 等。

下面分别介绍透射电镜、扫描电镜、能谱仪、波谱仪的原理及其在材料研究中的应用。

6.1.2 透射电镜的成像原理

6.1.2.1 电子波长

高速运动的电子具有波动和粒子双重性，引入相对论修正，电子波的波长为：

$$\lambda=\frac{1.225}{\sqrt{(1+0.979\times10^{-6}U)U}}\approx\frac{1.225}{\sqrt{(1+10^{-6}U)U}}$$

式中 λ——电子波长，nm；

U——加速电压，V。

不同加速电压下的电子波长如表6-1所示。

表6-1 电子波长

加速电压/V	电子波长/nm	电子速度$v\times10^{-10}$ cm·s^{-1}	加速电压/V	电子波长/nm	电子速度$v\times10^{-10}$ cm·s^{-1}
1	1.226	0.00593	50000	0.00536	1.237
10	0.388	0.01876	60000	0.00487	1.338
100	0.123	0.05932	70000	0.00449	1.427
1000	0.0388	0.1873	80000	0.00418	1.506
10000	0.0122	0.5846	100000	0.00370	1.644
30000	0.00698	0.9846	300000	0.00197	2.329
40000	0.00601	1.1216	1000000	0.00087	2.822

6.1.2.2 磁透镜聚焦原理

A. 短磁透镜

短磁透镜中是非均匀轴对称磁场，在柱坐标系中，场强 $H=H$（r、θ、Z）。由于是轴对称磁场，所以场强只有两个分量：纵向分量 H_z 和径向分量 H_r，$H=H_z+H_r$，略去 r 高次项其空间分布由下式决定：

$$H_z(r,z)=H_{(z)}$$

$$H_r(r,z)=-\frac{r}{2}H'_{(z)}$$

若给定沿轴磁场强度 $H_{(z)}$，则整个空间的磁场分布就已知了。

现在讨论电子在短磁透镜中的运动轨迹，假定电子是从对称轴上的 A 点射出来（如图 6-2），那么在进入线圈磁场以前，即在 P 点以前，电子沿直线运动。从 P 点起电子进入磁场，电子的速度 v 可分解为轴向分量 v_z 和径向分量 v_r。这时 v_z 受到 H_r 的作用，对电子产生一个垂直于纸面向里的力，使电子得到一个绕轴旋转的切向速度 v_t 与 H_z 作用则对电子产生一个指向轴的聚焦力 F_r。在 F_r 的作用下，电子的运动轨迹弯曲折向对称轴，使电子聚焦。在磁透镜的右半部分 H_r 和 v_r 改变了方向，这时 H_r 和 v_z、H_z 和 v_r 的作用产生一个使切向速度 v_t 减小到零的作用力，所以，电子离开透镜磁场时，又回到纸面运动。但减小绕轴旋转速度 v_t 的力，并不改变 v_t 的方向，因此，聚焦力 F_r 的方向也不改变，电子始终折向对称轴，仅在离透镜中心较远时，由于 H_z 减小，电子折向对称轴的弯曲程度逐渐减小而已。电子在离开透镜时，又重新近直线运动，与对称轴 Z 交于 B 点。B 点是 A 点的像。由于电子在透镜中运动时产生切向速度 v_t，因而使像与物的相对位置旋转了一个角度，此角度一般小于 90°。

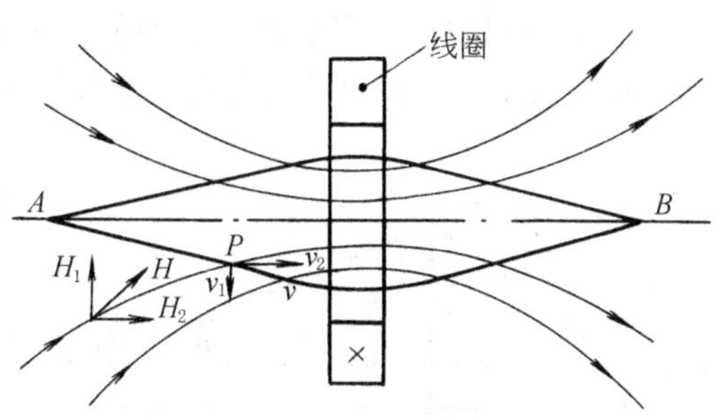

图 6-2 短磁透镜的聚焦作用

如果电子是平行于对称轴进入磁场，受到磁透镜的偏转作用并与轴相交，那么此交点称为磁透镜的焦点。

电子在轴对称磁场旁轴运动的轨迹遵循下述微分方程：

$$\frac{d^2 r}{dz^2}=-\frac{e}{8mU}rH_z^2 \tag{6-1}$$

$$\frac{d\theta}{dz}=\frac{1}{2}\sqrt{\frac{e}{2m}}\cdot\frac{1}{\sqrt{U}}H_z \tag{6-2}$$

式中　m——电子质量；

　　U——加速电压。

式（6-2）积分得：

$$\theta=\int_{-\infty}^{\infty}\frac{d\theta}{dz}dz=\frac{1}{2}\sqrt{\frac{e}{2m}}\int_{-\infty}^{\infty}\frac{H_z}{\sqrt{U}}dz$$

积分限可在场外任意点选择，故取$-\infty$和∞。将e、m值代入，H单位为A/m，U单位为V，θ单位为弧度，则：

$$\theta=\frac{0.15}{\sqrt{U}}\int_{-\infty}^{\infty}H_z dz \tag{6-3}$$

由上式可以看出，励磁越强，像的转角越大，加速电压越高，电子速度越大，θ角越小，像转角的符号决定于场强的正负，即与磁场方向有关。

在旁轴条件下，像旋转并不产生畸变。当不满足旁轴条件时，像旋转导致像差产生。在物相分析时要考虑象旋转角度。

下面讨论短磁透镜的焦距，在弱的短磁透镜中，电子受磁偏转的区域不大，可以近似地认为电子在磁场中离开轴的距离恒定不变，即$r=r_0=$常数，如图6-3。

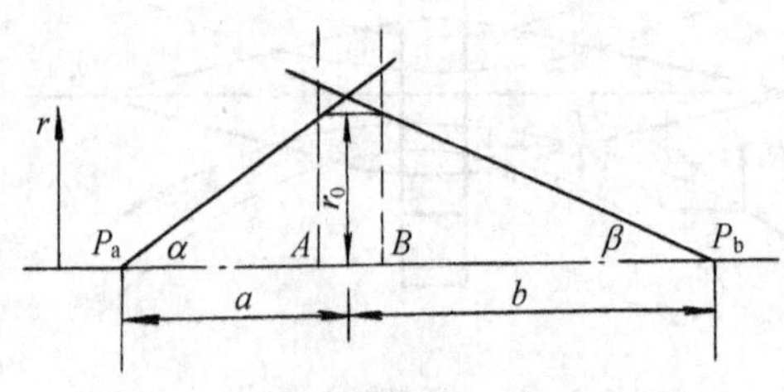

图6-3　短磁透镜中的电子轨迹

将式6-1积分得

$$\left(\frac{dr}{dz}\right)_B-\left(\frac{dr}{dz}\right)_A=-\frac{er_0}{8mU}\int_A^B H_z^2 dz \tag{6-4}$$

积分限（A到B）可以在场分布区域任意选择，由图6-3可知：

$$\left(\frac{dr}{dz}\right)_A=\frac{r_0}{a}$$

$$\left(\frac{dr}{dz}\right)_B=-\frac{r_0}{b}$$

代入式（6-4）　$$\frac{1}{a}+\frac{1}{b}=\frac{e}{8mU}\int_B^A H_z^2 dz$$

在透镜以外磁场强度迅速减弱，可以近似地认为H的数值为零，因此可将积分限推广到$-\infty$到∞，从而：

$$\frac{1}{a}+\frac{1}{b}=\frac{e}{8mU}\int_{-\infty}^{\infty}H_z^2 dz$$

设 a 为∞时，则 $b=f_b$ 是像方焦距。当 b 为∞时，$a=f_a$ 为物方焦距。

可以认为短磁透镜的主平面与其中心平面重合，这样，物和像的位置都应从中心平面算起。

$$\frac{1}{f_a}+\frac{1}{f_b}=\frac{e}{8mU}\int_{-\infty}^{\infty}H_z^2\mathrm{d}z=\frac{1}{f} \tag{6-5}$$

把 e、m 的数值代入，H 单位为 A/m，U 单位为 V，则：

$$\frac{1}{f}=\frac{0.022}{U}\int_{-\infty}^{\infty}H_z^2\mathrm{d}z \tag{6-6}$$

此时焦距 f 的单位为 cm。

式（6-3）、式（6-5）、式（6-6）是在假定焦距比磁场轴向作用范围大得多的情况下导出的，因此对弱短磁透镜是适用的，而对强磁透镜则只是定性的。

对于半径为 R，载有电流 I 的单匝环形线圈轴上磁场 H_z 由下式决定：

$$H_z=\frac{2\pi R_2 I}{(Z^2+R^2)^{3/2}} \tag{6-7}$$

代入式（6-5）得

$$\frac{1}{f}=\frac{e}{8mU}\int_{-\infty}^{\infty}H_z^2\mathrm{d}z=\frac{\pi^2R^4I^2e}{2mU}\int_{-\infty}^{\infty}\frac{\mathrm{d}z}{(Z^2+R^2)^3}=\frac{3\pi^3}{16}\cdot\frac{e}{mUR}I^2$$

如果是 N 匝则以 NI 代替 I

$$\begin{cases}\dfrac{1}{f}=\dfrac{3\pi^2}{16}\,\dfrac{e}{mUR}(IN)^2\\[2ex] IN=\sqrt{\dfrac{16m}{3\pi^3e}}\cdot\sqrt{\dfrac{UR}{f}}\end{cases} \tag{6-8}$$

由式（6-5）和式（6-8）可得出如下结论。

①不论线圈中电流方向如何，其积分值为正值，所以短磁透镜为会聚透镜。

②透镜的 $1/f$ 与 $(IN)^2$ 成正比，IN 大则 f 小，因此可调节线圈电流来改变透镜焦距，这在实际应用上很有意义。

③焦距 f 与加速电压 U（即与电子速度）有关，电子速度越大，焦距越长。因此电镜中要保证加速电压的稳定度（$\frac{\Delta U}{U}$），一般为 10^{-6}。因而保证得到恒定的电子速度，以减小焦距的波动，降低色差，从而得到高质量的电子像。

B. 极靴透镜

为了缩小磁场在轴向的宽度，在带铁壳的磁透镜内加极靴，得到强而集中的磁场，一般可集中在几个毫米内。这种磁透镜中得到了广泛的应用，图 6-4 给出了几种磁透镜中磁场强度沿透镜轴向的分布，可见极靴磁透镜的场强分布最集中。图 6-5 是极靴的剖面图。

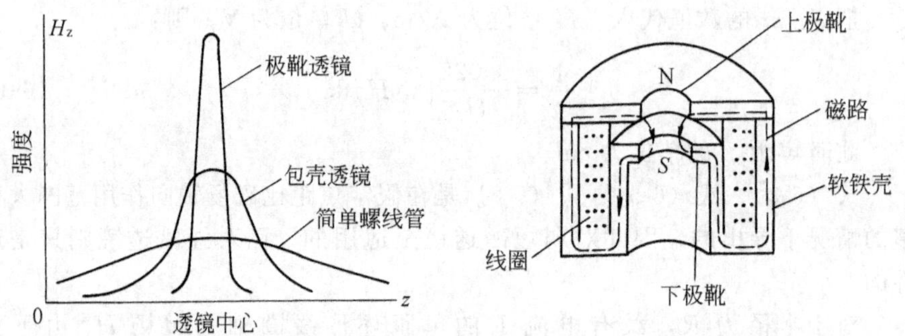

图 6-4　磁场沿磁透镜的轴向分布　　　　图 6-5　带极靴强磁透镜剖面图

决定强磁透镜场分布的主要几何参量是上下极靴间距（S）与极靴内孔径（D）之比 S/D，带极靴的强磁透镜的焦距为

$$f=\sqrt{S^2+D^2}\left(31\frac{U}{(IN)^2}+0.19\right)$$

如果上、下极靴直径不相等时，则取平均直径

$$D=\frac{D_{上}+D_{下}}{2}$$

磁透镜的铁壳一般采用软铁等磁性材料制造。极靴材料要求具有高饱和磁通密度（2.2～2.4T）、材料均匀、磁导率高、矫顽力小、化学稳定性好和加工容易等特点。一般采用铁钴合金，或铁钴钒合金作极靴材料。

6.1.2.3　理想成像（高斯成像）

理想成像是从物面上一点向不同方向发出的电子都会聚焦到像平面上一点；像与物是几何相似关系，像与物之间是一个放大倍率 M 的比例关系。理想成像的条件是：场分布严格轴对称；满足旁轴条件，即物点离轴很近，电子射线与轴之间夹角很小；电子的初速度相等。

在理想成像条件下，电镜中的物镜、中间镜、投影镜均符合光学薄透镜成像公式：

$$\frac{1}{a}+\frac{1}{b}=\frac{1}{f}$$

也可用光学中简单作图法，如图 6-6。图中 a 为物距，b 为像距，f 为焦距，F 为焦点，r 为物长，Mr 为像长。放大倍数 $M=\dfrac{b}{a}$，若 $b\gg f$ 时，则 $a\approx f$，$M=\dfrac{b}{a}\approx\dfrac{b}{f}\gg 1$。

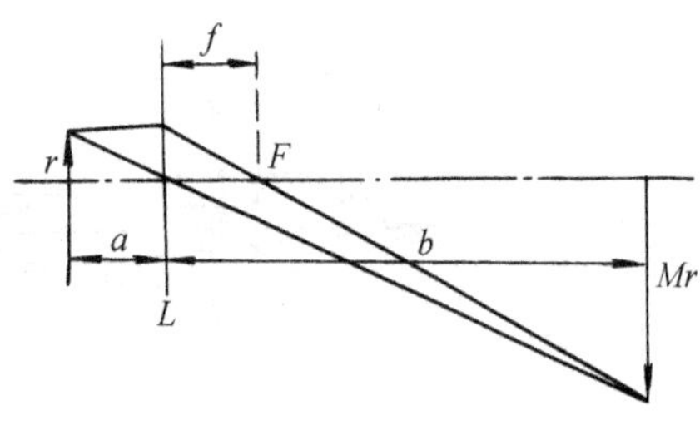

图 6-6　薄透镜成像

在电镜中改变物镜聚焦电流 I，即改变 f 时 $\left[f\propto\dfrac{U}{(NI)^2}\right]$，观察面上（荧光屏上）将出现过聚焦或欠聚焦，下面分别讨论之。

(1) 过聚焦　在正聚焦时满足 $\dfrac{1}{f}=\dfrac{1}{a}+\dfrac{1}{b}$，如图 6-7，理想成像点在 B 点，而过聚焦时，$b'>b$，试样在轴上的 A 点到观察面上形成直径 $B'B''$ 的模糊斑。

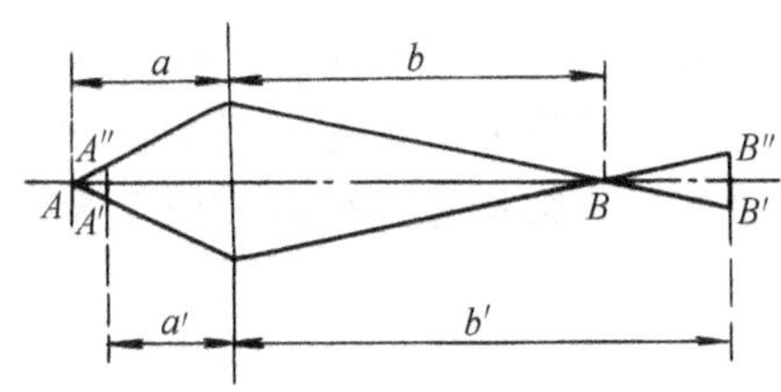

图 6-7　物镜过聚焦情况

从物方来看，焦距满足 $\dfrac{1}{f}=\dfrac{1}{a}+\dfrac{1}{b}=\dfrac{1}{a'}+\dfrac{1}{b'}$ 而 $b'>b$，从公式可知 $a'<a$，$b'>b$ 是将虚物 $A'A''$ 成像于观察面，得到图 6-7 所示的模糊像。

(2) 欠聚焦　当焦距满足 $\dfrac{1}{f}=\dfrac{1}{a}+\dfrac{1}{b}=\dfrac{1}{a'}+\dfrac{1}{b'}$，欠聚焦时，$b'<b$，则 $a'>a$，$A'A''$ 是 A 的虚物，则在观察面（像平面）得到的是 A 的虚物所成的像如图 6-8 所示。

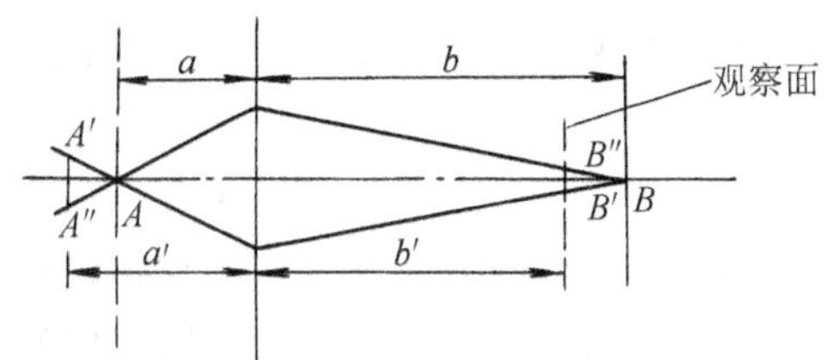

图 6-8　物镜欠聚焦情况

6.1.2.4　电镜的像差

(1) 球差　球差与 α_0^3 成正比，与 r_0 无关。所以轴上一点 a 发出的电子射线，由于孔径角的影响，它们并不聚焦到一点，磁透镜边缘区域（孔径角 α_0 大）对电子射线的折射能力比磁透镜近轴区域强，因此电子聚焦在高斯平面前方而产生球差，如图 6-9 所示。在高斯平面上不是一个清晰的点，而是一个模糊圆。无论像平面放在什么位置，都不能得到一个点的清晰图像，而只能在某个适当位置，M 平面处得到一个最小散射圆，称为最小模糊圆。

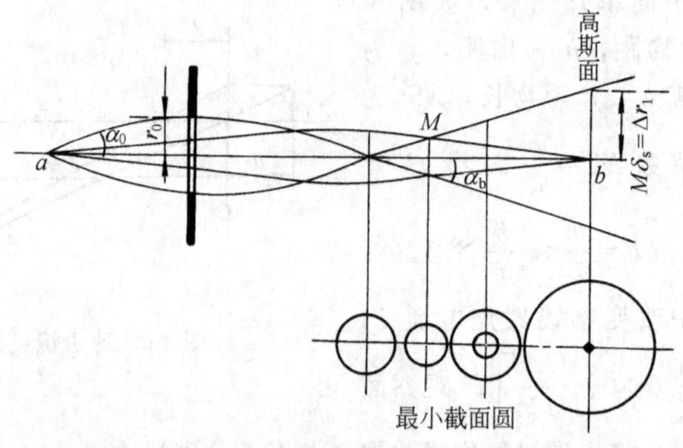

图 6-9　球差

由此可见球差恒大于零，只能通过适当减小孔径角来减小球差，但孔径角过小会影响亮度，而且会产生衍射差。在高斯平面上所引起的模糊圆半径：$\Delta r_1 = M\delta_s$。把电镜中与分辨率有关的像差参数都换算到样品平面上为 δ_s，以下式表示：

$$\delta_s = C_s \alpha_0^3$$

式中　C_s——球差系数。

在最小截面圆上

$$\delta_s = \frac{1}{4} = C_s \alpha_0^3$$

图 6-10 给出了磁透镜的球差系数 C_s 与透镜强度的关系。由图可以看出，透镜强度越大，球差系数 C_s 越小。因此短焦距磁透镜有较小的球差系数。

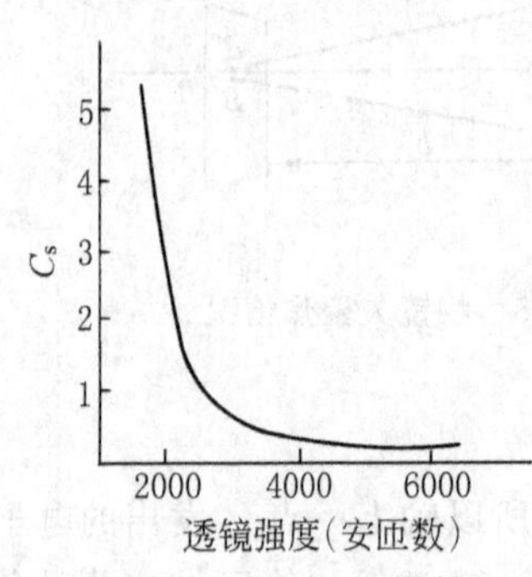

图 6-10　磁透镜中 C_s 与透镜强度的关系

(2) 畸变　当物点离轴较远，不满足旁轴条件 $|r|\approx 0$ 时，与球差一样，畸变也是由于远轴区折射率过强引起的。差别是通过透镜不同部位的电子束来源于物的不同点，所以畸变主要是发生在中间镜和投影镜。

由于透镜边缘部分聚焦能力比中心部分大，像的放大倍数将随离轴径向距离的加大而增加或减小。这时图像虽然是清晰的，但是由于离轴的径向尺寸不同，图像产生了不同程度的位移，如果原来物是正方形的，如图 6-11 (a)，经过透镜时，如果径向放大率随着离轴距离的增大而加大，位于正方形四个角的区域的点离轴距离较大，所以正方形顶角区域的放大率比中心部分大，图像出现枕形畸变，如图 6-11 (b)。反之，如果交叉点在观察面之后，一般弱透镜出现这种情况，离轴较远的正方形四个顶角放大率比中心部分低，此时图像称为桶形畸变，如图 6-11（c）。

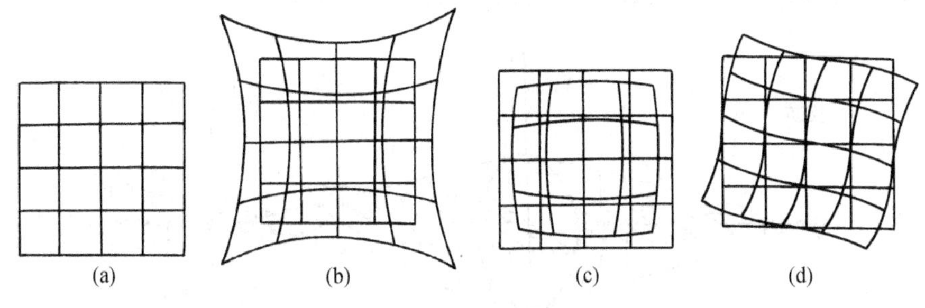

图 6-11　透镜产生的畸变

除上述径向畸变外，还有各向异性畸变，这是由于透镜的像转角误差引起的。当加大励磁时焦距变小。像转角增大，所以离轴较远的电子束经过透镜时，不仅折射强，焦距短，还有较大的旋转角。因此产生如图 6-11（d）所示的各向异性畸变或旋转畸变。畸变的表达式如下。

径向畸变：
$$\frac{\Delta r}{r}=C_{R}\left(\frac{r}{R}\right)^{2}$$

式中　r——物点的径向距离；

C_R——径向畸变系数；

R——极靴内孔半径。

各向异性畸变：
$$\frac{\Delta r_{\theta}}{\theta}=C_{d,\theta}\left(\frac{r}{R}\right)^{2}$$

式中　Δr_{θ}——物面上的切向位移；

$C_{d,\theta}$——各向异性畸变系数。

应该指出，透镜在强励磁下，球差系数减小，畸变量也降低，因此投影镜一般在强励磁下使用。另外加大透镜极靴内孔尺寸，使电子束通过的有效截面积只占极靴的一小部分$\left[\text{即减小}\left(\frac{r}{R}^{2}\right)\text{值}\right]$，使电子束更接近旁轴条件，畸变减小，但为了获得高放大倍率，又要求小的极靴内孔，这和消除畸变有矛盾。解决的办法一个是在不破坏真空的条件下，根据所需要的放大倍率选择不同孔径的极靴。低倍率时，用内孔径较大的极靴可得到畸变量小的低倍率像；另一方法是使用两个投影镜，使它们的畸变相反，达到相互抵消的目的。

当对物相进行电子衍射分析时，径向畸变影响衍射斑点和衍射环的准确位置，所以必须消除畸变。把产生桶形畸变和产生枕形畸变的透镜组合使用，可减小或消除枕形和桶形畸变。

(3) 像散　由于极靴加工精度（如内孔呈椭圆形状、端面不平等）、极靴材料内部结构和成分不均匀性影响磁饱和，导致场的非对称性，因而造成像散。像散对分辨率的影响往往超过球差和衍射差。

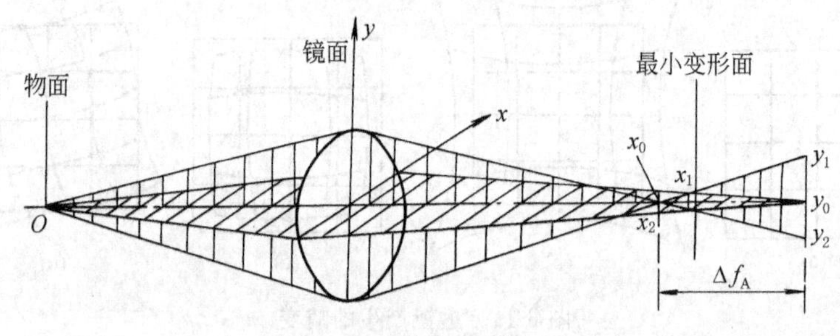

图 6-12　透镜像散示意图

由于上述原因，场的轴对称性受到破坏，造成透镜不同方向上有不同的聚焦能力。如图 6-12 在 y 方向聚焦能力强，焦距短，从 O 点发出的电子束在 y 方向上聚焦于 x_1x_2 线段上，而在与 y 正交的 x 方向上透镜聚焦能力弱，焦距长，在 x 方向上的电子束聚焦在 y_1y_2 线段上，两个像散平面可以认为是正交。这样在 y 方向正聚焦时，则 x 方向是欠聚焦。反之，在 x 方向正聚焦时，则在 y 方向是过聚焦。如果在 x_0y_0 之间成像时，在 x 方向总是欠聚焦，而在 y 方向上总是过聚焦。因为在 x_0y_0 之间总是存在像散焦距 Δf_A。但在 x_0y_0 之间有一个适当的位置可以得到图像模糊的最小变形圆，而在与轴垂直的其他方向均为椭圆。

在物镜、第二聚光镜或中间镜中加一个消像散器可以消除像散。消像散器是一个弱柱面透镜，它产生一个与要校正的像散大小相等、方向相反的像散，从而使透镜的像散得到抵消。

6.1.2.5　色差

由于电子束的能量大小不均一存在一定的分布，即电子束的电子波长不均一存在分布因而引起色差，色差分为倍率色差和旋转色差。当考虑到倍率色差和旋转色差的综合效果时，如图 6-13 所示，原来物中的每一个点在像平面上拉成一个长条，离轴越远拉得越长。

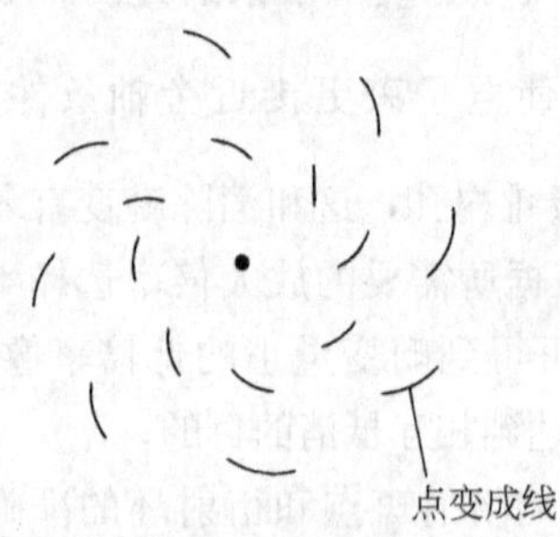

图 6-13　倍率和旋转色差同时存在

6.1.2.6　理想分辨率

点光源经过理想透镜 B（无像差）成像后，不能得到一个完好的点像，而是得到明暗相间的同心圆斑，称为 Airy 盘，如图 6-14 所示。形成 Airy 盘的原因是光通过透镜光阑 A 受到衍射造成的，如果没有光阑，光将受到透镜边缘的衍射。也可以从另一个角度理解，点光源的信息包括在它向四面八方发出的光中，如果能将所有发出的光都汇聚起来，必然能得到与点光源一致的点像，但是透镜只能汇聚其中的一部分，即在孔径角 2α 之内的光，而大部分光被丢弃了。因此得不到与点光源相一致的像。孔径角越大，收集的信息就越多，则所得到的像就越接近于物。

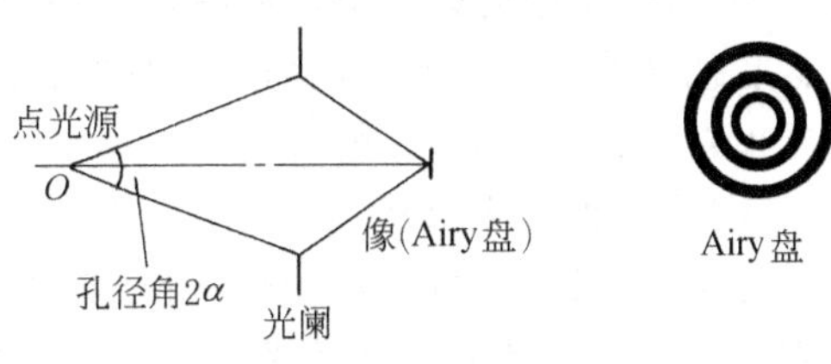

图 6-14　点源成像示意图

Airy 盘的直径通常以第一级暗环的半径 r 表示。由物理光学可以得到

$$r=\frac{0.612\lambda}{n\sin\alpha}$$

式中　λ——光在真空中的波长；

n——透镜和物体间介质折射系数；

α——半孔径角。

当物为两个并排的点源时，在像平面上得到两个相互重叠的 Airy 盘。两个盘能互相分辨的标准是：两个盘的中心距离等于第一级暗环的半径 r，即一个盘的中心正好落在另一个盘的一级暗环上，见图 6-15。如果两个盘的靠近程度比 r 还小，就认为是不可分辨的了。这个标准是人为的，最早由 Airy 提出，因此称为 Airy 准则。根据 Airy 准则，两个点光源能被分辨的距离为 δ：

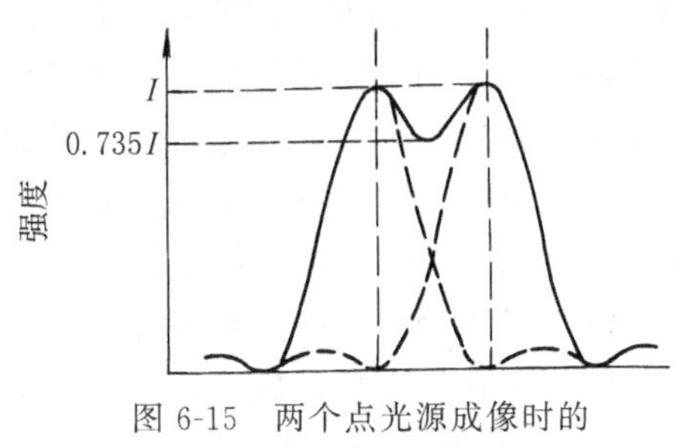

图 6-15　两个点光源成像时的分辨极限距离

$$\delta=\frac{0.612\lambda}{n\sin\alpha}$$

δ 称为分辨本领或分辨率。根据阿贝透镜数值孔径概念：

$$n\sin\alpha=NA\qquad(\text{数值孔径})$$

于是

$$\delta=\frac{0.61\lambda}{NA}$$

电镜中电子波长很短，当加速电压为 100kV 时，λ 为 0.0037nm，如果能设计大孔径角的磁透镜，则在 100kV 时，分辨率可达 0.005nm，而实际只能达到 0.1～0.2nm，这是由于透镜的固有像差造成的。

由 Airy 准则可以看出，提高电镜加速电压，可以缩短电子波长，从而可以提高分辨率。因此，高压电镜具有较高的分辨率。

6.1.2.7 放大倍率和像的衬度

A. 电镜的放大倍率

光学显微镜有效的放大倍率等于肉眼分辨率（0.2mm）除以显微镜的分辨率。光学显微镜的分辨率约为光波波长的一半（2.0×10^{-4}mm），因此光学显微镜有效放大倍率为 1000，超过这个数值并不能得到更多的信息，而仅仅是将一个模糊的斑点再放大而已。多余的放大倍率称为空放大。

电镜的分辨率比光学显微镜高 10^3，因此电镜的有效放大倍率约为 10^6 数量级。比这再高的放大倍率也是空放大。

B. 像的衬度

如果像不具有足够的衬度，即使电镜有极高的分辨率和放大倍率，人的眼睛也不能分辨。因此，高的分辨率、适宜的放大率和衬度是电镜高质量图像的三大要素。

衬度是电子与固体相互作用时，发生散射造成的。按其产生的原理可分为三类：吸收衬度、衍射衬度和位相衬度。前两者称为振幅衬度。

(1) 吸收衬度 样品对电子束的散射（包括弹性和非弹性散射）随样品原子序数增加而增加；同时样品越厚，电子受到散射的机会越多。因此，样品中任意两个相邻的区域由于组成元素不同（原子序数不同）或者由于厚度不同，均会对电子产生不同程度的散射。当散射电子被物镜光阑挡住不能参与成像时，则样品中散射强的部分在像中显得较暗，而样品中散射较弱的部分在像中显得较亮，形成像的衬度，称为吸收衬度（或称质厚衬度）。

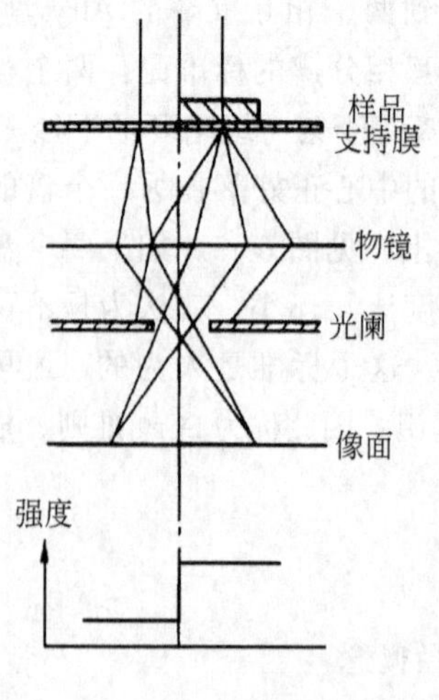

图 6-16 吸收衬度

图 6-16 和图 6-17 是吸收衬度的例子。当使用物镜光阑或缩小物镜光阑孔径时，会有更多的散射电子被光阑挡住不能参与成像，因而提高了图像的衬度。显然图 6-17 中（a）图的衬度高且图像清晰。

在表 6-2 中，列出了衬度与试样的关系。

表 6-2 衬度与试样的关系

振幅衬度	吸收衬度	复型、粉末、切片、微晶等
	衍射衬度	结晶性试样、晶粒界面、晶格缺陷等
位相衬度	非涅耳条纹、周期结构（晶格像）、高倍率支持膜等	

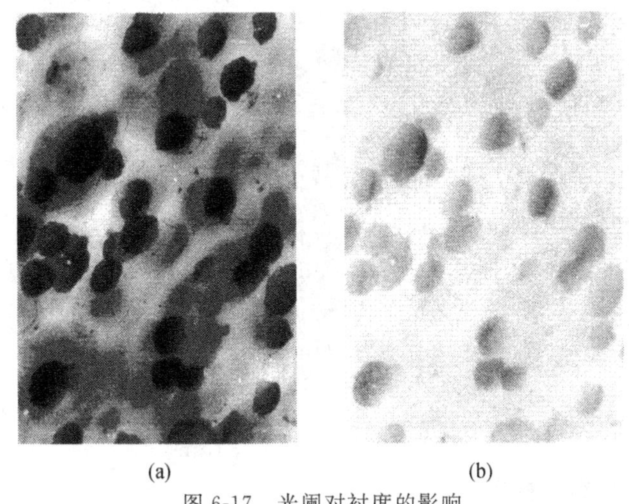

图 6-17 光阑对衬度的影响

(a) 有光阑；(b) 无光阑

（2）衍射衬度 在观察结晶性试样时（如图 6-18 所示），在结晶试样斜线部分，引起布拉格反射，衍射的电子聚焦于物镜后面的一点，被物镜光阑挡住，只有透射电子通过光阑参与成像而形成衬度称为衍射衬度。这时，试样中斜线部分在像中是暗的，所得到的像称为明场像。当移动光阑使衍射电子通过光阑成像，而透射电子被光阑挡住时，则得到暗场像。衍射衬度是高分子材料和金属材料的主要衬度形成机制。把暗场像和选区衍射像对比拍照是得到各晶面信息的有效手段。

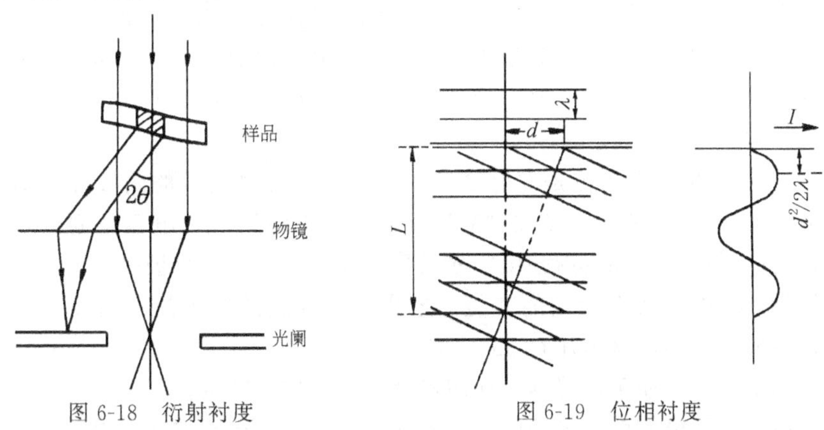

图 6-18 衍射衬度　　　图 6-19 位相衬度

（3）位相衬度 位相衬度是由于散射波和入射波在像平面上干涉而引起的衬度。当试样厚度小于 10nm 时，样品细节在 1nm 左右，这时位相衬度是主要的。图 6-19 说明了晶格是如何成像的。当波长为 λ 的电子射到具有

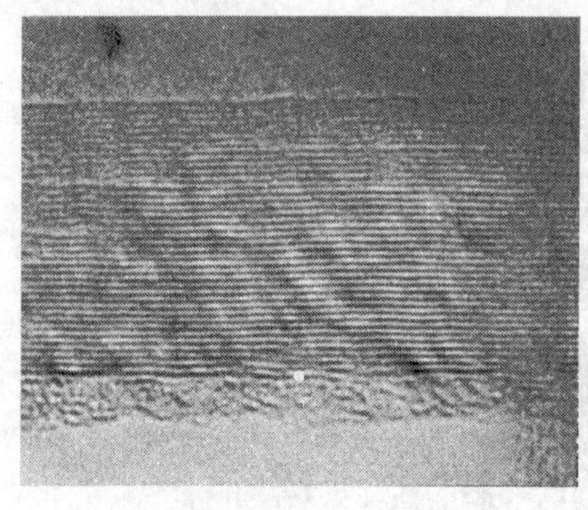

图 6-20　碳纤维的晶格条纹像

周期 d 的薄晶试样上时，在离开试样 L 处发生了透射电子和衍射电子的干涉。透射电子波和衍射电子波的光程差如果是 $n\lambda$ 时，则两个波互相加强。当 $n=1$ 时，

$$\sqrt{L^2+d^2}=L+\lambda$$

所以当 $L=\dfrac{d^2}{2\lambda}$ 时，产生强的衬度，这个强的衬度随着 L 的增加而周期性地变化。图 6-20 是碳纤维的晶格条纹像，其晶面间距为 0.34nm。

6.1.3　透射电镜的构造

6.1.3.1　电子光学部分

电子光学部分是电镜的基础部分，它从电子源起一直到观察记录系统为止。主要由几个磁透镜组成，最简单的电镜只有两个成像透镜，而复杂的则由两个聚光镜和五个成像透镜组成。电子光学部分又称为镜体（镜筒）部分。根据功能不同又可分为：

① 照明系统　由电子枪和聚光镜组成；

② 成像系统　由物镜、中间镜和投影镜组成，在物镜上面还有样品室和调节机构；

③ 观察和记录系统　由观察室、荧光屏和照相底片暗盒组成。

(1) 照明系统　照明系统由电子枪和聚光镜组成。电子枪是电镜的照明源，必须有很高的亮度，高分辨率要求电子枪的高压要高度稳定，以减小色差的影响。

① 电子枪。电子枪是发射电子的照明源。发射电子的阴极灯丝通常用 0.03～0.1mm 的钨丝，做成“V”形。电子枪的第二个电极是栅极，它可以控制电子束形状和发射强度。故又称为控制极。第三个极是阳极，它使从阴极发射的电子获得较高的动能，形成定向高速的电子流。阳极又称加速极，一般电镜的加速电压在 35～300kV 之间。

为了安全，使阳极接地，而阴极处于负的加速电位。

由于热阴极发射电子的电流密度随阴极温度变化而波动，阴极电流不稳定会影响加速电压的稳定度。为了稳定电子束电流，减小电压的波动，在电镜中采用图 6-21 所示的自偏压电子枪。把高压接到控制极上，再通过一个可变电阻（又称阴极偏压电阻）接到阴极上。这样控制极和阴极之间产生一

个负的电位降，称为自偏压，其数值一般为100～500V。自偏压是由束流本身产生的。从图6-21可以看出，自偏压 U_b 将正比于束流 I_b 即 $U_b=RI_b$。这样，如果 I_b 增加，会导致偏压 U_b 增加，从而抵消束流 I_b 的增加，这是偏压电阻引进负反馈的结果。它起着限制和稳定束流的作用。改变偏压电阻的大小可以控制电子枪的发射，当电阻 R 值增大时，控制极上的负电位增高，因此控制极排斥电子返回阴极的作用加强。在实际操作中，一般是给定一个偏压电阻后，加大灯丝电流，提高阴极温度，使束流增加。开始束流 I_b 随阴极温度升高而迅速上升，然后逐渐减慢，在阴极温度达到某一数值时，束流不再随灯丝温度或灯丝电流变化而变化。此值称为束流饱和点，它是由给定偏压电阻负反馈作用来决定的。在这以后再加大灯丝电流，束流不再增加，只能使灯丝温度升高，缩短灯丝寿命。另一种使束流饱和的方法是固定阴极发射温度，即选定一个灯丝电流值，然后加大偏压电阻，增大负偏压，使束流达到饱和点。当阴极温度比较高时，达到束流饱和所需要的偏压电阻要小些，当偏压电阻较大时，达到饱和所需要的阴极温度要低一些。两者合理匹配使灯丝达到饱和点，亮度较高，并能维持较长的灯丝寿命。

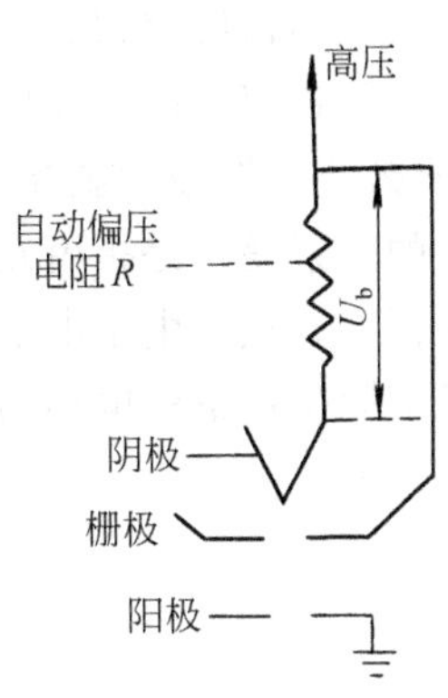

图6-21　自偏压电子枪示意图

改变控制偏压，能显著影响电子枪内静电场的分布，特别是在阴极附近影响等位面的分布和形状。零等位面的电位与阴极相同，在控制极与阳极之间靠近控制极并且平行于控制极，在控制极开口处，等位面强烈弯曲，大致沿圆弧与阴极相交，如图6-22。在零等位面的后面场是负的，无电子发射，在零电位的前面场是正的，是电子发射区。在正电场内与阴极透镜的聚焦作用一样，电子受到一个与等位面正交、并指向电位增加方向（即折向轴）的作用力。在控制极开孔处及其附近，由于等位面强烈弯曲，折射作用很强，使阴极发射区不同部位发射的电子在阳极附近交叉，然后又分别在像平面上汇聚成一点。电子束交叉处的截面称为电子束“最小截面”，或“电子枪交叉

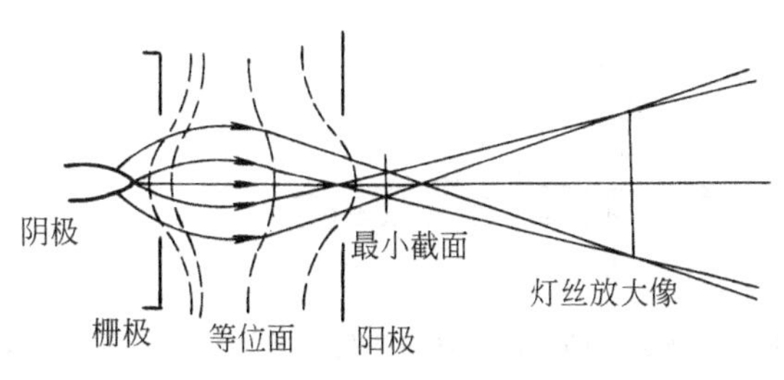

图6-22　电子枪示意图

点”。其直径约为几十微米，比阴极端部的发射区面积还要小，但单位面积的电子密度最高。照明电子束好像从这里发出去的一样，因此叫电子束的“有效光源”或“虚光源”。所谓光斑的大小是指最小截面的大小，所谓电子束的发射角，是指由此发出的电子束与主轴的夹角。电子束最小截面一般为椭圆形，这是由于电子源是一个弯曲的灯丝，而不是点光源。图 6-23 给出了不同偏压下静电场的分布，发射区的变化及电子束的轨迹。

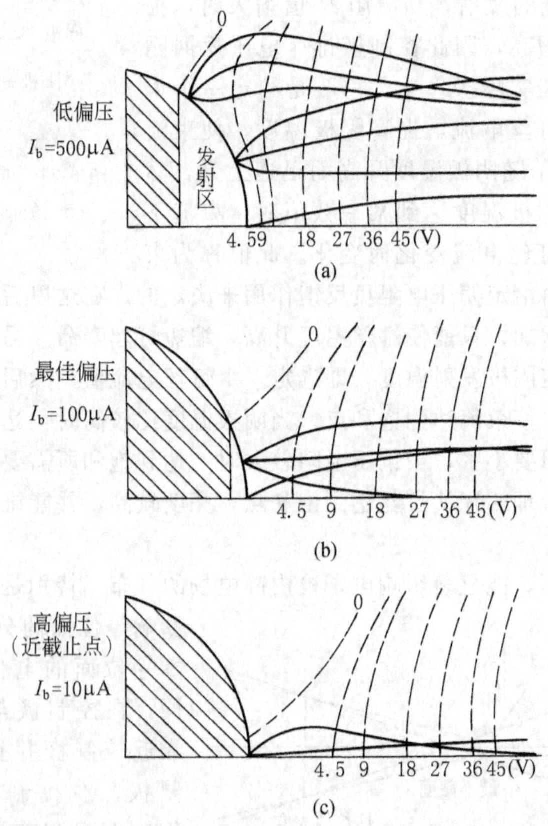

图 6-23　不同偏压下阴极尖端的电位场和电子发射轨迹

如图 6-23（c）所示，在较高的偏压时，零电位面在靠近轴的区域与阴极相交，阴极端部发射面积小，因此束流和亮度都小，偏压再进一步升高，发射电流趋近于零，此时的偏压称为截止偏压。

当偏压较低时，如图 6-23（a），零等位面与阴极边缘处相交，发射面积大，束流较强。但由于等位面的曲率较大，汇聚作用较强，灯丝的边缘和端部中心部分均有较强的发射电流，而中间部分的电子束得不到良好的汇聚，以致形成中空形式的电子束。中间为一亮斑外围是一个亮环，此时中心斑点亮度也不均匀，而且束发射角也较大。进一步减小偏压，零等位面将移到灯丝的侧旁，以致使灯丝背部暴露，电子束不能很好地汇聚，亮度不均匀，像差也大。

在最佳偏压下，如图 6-23（b）所示，可以得到束发散角小、光斑小、亮度大的电子束。

② 聚光镜。聚光镜的作用是将电子枪所发出的电子束汇聚到试样平面上；并调节试样平面处的孔径角、束流密度和照明斑点的大小。

(2) 成像系统　成像系统一般由物镜、中间镜和投影镜组成。其中物镜决定分辨率，其他两个透镜将物镜所形成的一次放大像进一步放大成像。

① 物镜。物镜是将试样形成一次放大像和衍射谱。物镜的分辨率应尽量高，而各种像差应尽量小，特别是对球差要求更严格，高分辨电镜中物镜的球差系数很小，一般为 0.7mm 左右。另外还要求物镜具备较高的放大倍率（100～200X）。强励磁短焦距的透镜具有较小的球差、色差、像散和较高的放大倍率。影响物镜的主要因素是极靴的形状和加工精度。极靴内孔及间隙越小，球差系数和色差系数就越小，在一定范围内透镜励磁电流越强，上述像差也越小。见图 6-24 和图 6-10。

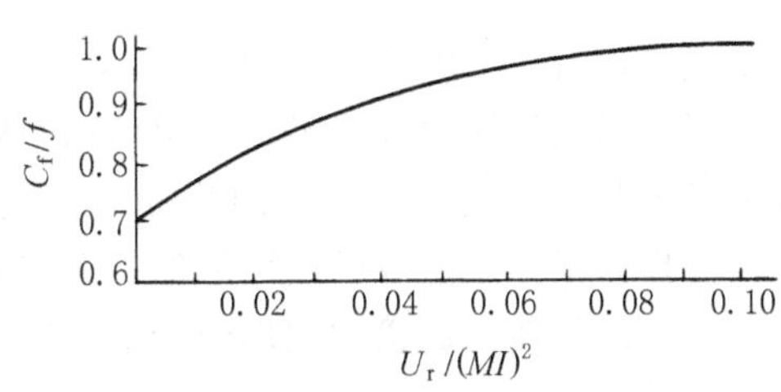

图 6-24　色差系数 C_f 与焦距之比随励磁参数 $U_r/(MI)^2$ 的变化

② 中间镜。中间镜是弱磁透镜，其极靴内孔径较大，放大倍率可在 0～20X之间变化。它的功能是把物镜形成的一次中间像或衍射谱投射到投影镜物面上，再由投影镜放大到终平面（荧光屏）。在电镜中变倍率的中间镜控制总放大倍率，用 M 表示总放大倍率，它等于成像系统各透镜放大率的乘积，即：

$$M = M_0 \times M_I \times M_p$$

如果取　$M_0 = \times 100$，$M_I = \times 20$，$M_p = \times 100$

则
$$M = 100 \times 20 \times 100 = 2 \times 10^5 \text{ 倍}$$

如果 $M_I = 1$，则 $M = 100 \times 1 \times 100 = 10^4$ 倍。因此，在一般情况下，电镜高倍率在 $10^4 \sim 2 \times 10^5$ 之间，当中间镜放大倍率 $M_I < 1$ 时，得到试样低倍率图像（几百到 1 万倍），此时中间镜成像电子束将产生桶形畸变。可以由投影镜的枕形畸变抵消一大部分，仍然可以获得畸变不大的低放大倍率像。

③ 投影镜。投影镜的功能是把中间镜形成的二次像及衍射谱放大到荧光屏上，成为试样最终放大图像及衍射谱。它和物镜一样是一个短焦距的磁

透镜。使用上下对称的小孔径极靴。由于成像电子束在进入投影镜时孔径角很小（10^{-5}弧度），所以景深和焦深都很大。投影镜是在固定强励磁状态下工作，这样，当总放大率变化时，中间镜像平面有较大的移动，投影镜无须调焦仍能得到清晰的图像。

对投影镜精度的要求不像物镜那么严格，因为它只是把物镜形成的像做第三次放大。对中间镜的精度要求较高，它的像差虽然不是影响仪器分辨率的主要因素，但它影响衍射谱的质量，因此也配有消像散器，投影镜的像差主要表现在低放大倍率时的畸变。其径向畸变表达式为：

$$\frac{\Delta r}{r}=C_{R}\left(\frac{r}{R}\right)^{2}$$

由上式可以看出，畸变值与离轴距离 r 及极靴内孔半径 R 比值的平方成正比，因此增大极靴内孔半径 R，可以减小畸变。一般是在一个可以转动和升降的盘上装有两个或多个不同孔径的极靴来满足不同放大倍率的需要。同时，把投影镜也设计成励磁可调的，在减弱投影镜励磁时，获得低倍率的大面积像，而且使投影镜的枕形畸变抵消中间镜的桶形畸变，形成低倍率而且畸变小的像。

④ 三级放大成像。电镜一般是由物镜、中间镜和投影镜组成三级放大系统。目前高质量电镜除高质量物镜外，还各设两个中间镜和投影镜以保证得到高质量的图像。图 6-25 是三级成像放大系统的光路图。

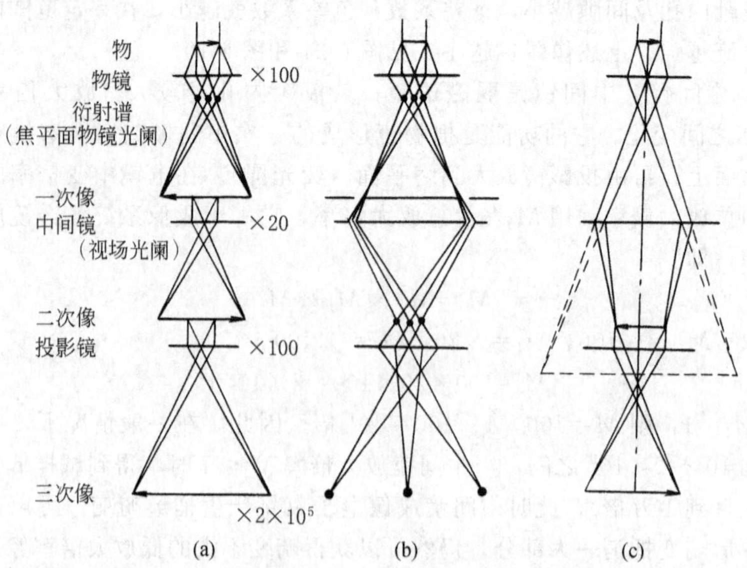

图 6-25　三级放大成像

(a) 高放大率像；(b) 衍射谱；(c) 低放大率像

高放大率时，如果投影镜和物镜放大率各为×100左右，中间镜放大率为×20，则如图6-25（a）所示三级成像最大放大率为20万倍，物镜把样品细节放大100倍成像于一次中间镜像平面，此平面与中间镜的物平面重合。一次中间像被中间镜放大20倍于投影镜的物平面上（中间镜的像平面），称为二次中间像。再由投影镜放大100倍到荧光屏上，得到20万倍的终屏像。这时放大率的下限为1万倍。当$M_I=1$时，放大率约为1万倍，像清晰度降低，因此放大率范围在10^4以上为好。改变中间透镜的放大率之后，要适当改变物镜励磁，使一次中间像平面与中间镜物平面重合。

如果是晶体试样，电子透过晶体时发生衍射现象，在物镜后焦面上形成衍射谱。如图6-25（b），此时如果将中间镜励磁减弱，使其物平面与物镜的后焦面重合，则中间镜便把衍射谱投影到投影镜的物平面，再由投影镜投至荧光屏上，得到晶体两次放大的衍射谱。因此，高性能的电镜可以作为电子衍射仪使用。

当中间镜放大率接近于$M_I=1$时，终屏像出现像差，像发生畸变，如果样品较厚，倍率色差引起像边缘的严重失焦。因此，低倍率时，首先要消除像的畸变。如前所述，用改变投影镜极靴孔径和使其励磁可调，使中间镜的桶形畸变由投影镜的枕形畸变来抵消。从而获得无畸变或畸变极小的低倍率像。

获得低倍率像的另一种方法是设计一个能在$10^3\sim2\times10^5$整个范围内变化的单旋钮控制。减弱物镜，使其成像在中间平面以下，而中间镜设计成更弱的透镜（$M_I<1$），作为缩小透镜用，它使物镜在没有中间镜时形成的像，如图6-25（c）虚线所示，在投影镜的前共轭面上缩小成一个实像，然后经投影镜放大到荧光屏上。这个系统提供的低放大率范围100～10000倍。在终屏上二级实像与三级实像相反。在这种方法中，投影镜的励磁和极靴孔径保持恒定，而其枕形畸变与中间镜的桶形畸变互补。

（3）观察和记录系统　在投影镜下面是观察和记录系统。操作者透过铅玻璃观察荧光屏上的像或聚焦。最简单的电镜只有一个荧光屏和照相暗盒。高性能的电镜除用于像观察的荧光屏外，还配有用于单独聚焦的荧光屏和5～10倍的光学放大镜。照相暗盒放在荧光屏下方，屏可以保护暗盒里的感光底片，免于受杂散辐射的影响。

在大多数电镜中照相室和观察室之间都有单独气阀，照相室可单独抽空和放气，因此在更换照相底片时仍能进行观察。

6.1.3.2　真空系统

在电镜中，凡是电子运行的区域都要求有尽可能高的真空度。没有良好的真空，电镜就不能进行正常工作。这是因为高速电子与气体分子相遇，互相作用导致随机电子散射，引起“炫光”和削弱像的衬度；电子枪会发生电离和放电，引起电子束不稳定或“闪烁”；残余气体腐蚀灯丝，缩短灯丝寿命，而且会严重污染样品，特别在高分辨率拍照时更为严重。

基于上述原因，电镜真空度越高越好，考虑到高压稳定度和防止污染，一般要求样品室真空度为 $1.33\times10^{-2}\sim1.33\times10^{-3}$Pa，这称为高真空。而低真空是 $1.33\times10^{3}\sim1.33$Pa，极高真空是指 $1.33\times10^{-4}\sim1.33\times10^{-7}$Pa，超高真空是指小于 1.33×10^{-7}Pa 的压力。目前普通电镜获得的最高真空度为 1.33×10^{-5}Pa。这时每 $1cm^3$ 的空气中还含有 3×10^{-10} 个分子，在这个压力下一个分子在碰到另一个分子前，穿过分子云的平均距离（平均自由程）在室温下不小于 50m，这也是电子的平均自由程。

获得高真空，一般采用两级串联抽真空的方法。首先由旋转机械泵从大气压获得低真空（13.3Pa），第二步是用油扩散泵，利用快速运动的油分子的动能在一个方向上带走较轻的空气分子或水蒸汽分子，从而达到高真空（1.33×10^{4}Pa）。

一般单级机械泵可达 $13.3\times10^{-3}\sim1.33\times10^{-4}$Pa。欲得更高的真空度需要特殊的吸附泵。

6.1.3.3 电源系统

电镜需要两个独立的电源：一是使电子加速的小电流高压电源；二是使电子束聚焦与成像的大电流低压磁透镜电源。在像的观察和记录时，要求电压有足够高的稳定性。无论高压或透镜电流的任何波动都会引起像的移动和像平面的变化，从而降低分辨率，所以电源要稳定，在照相底片曝光时间内最大透镜电流和高压波动引起的分辨率下降要小于物镜的极限分辨率。

对电压和电流稳定度的严格要求是为了消除像差，如前所述，加速电压变化会导致电子波长变化，色差加大。高压波动还会使图像围绕着“电压中心”呈辐状扩大或缩小，因此拍出的照片必然是边缘模糊中心清楚。

透镜励磁电流变化引起焦距的变化，使像模糊，难于聚焦清晰。由于电子通过透镜时发生旋转，因此，在成像透镜电流波动时，像必然围绕着“电流中心”旋转。这时拍照的图像也是中心清晰边缘模糊。

物镜是成像的关键，所以要求严格，达到理论分辨率 0.2～0.3nm 的高性能电镜的电流稳定度达 10^{-6}/min，而电压稳定度达 2×10^{-6}/min。因为磁透镜的焦距是电流平方根的函数，所以对电流稳定度的要求比电压更严格。中间镜和投影镜的电流稳定度要求比物镜低一些，为 5×10^{-6}/min。另外消像散器也要求有较高的稳定度。

电源系统可分为下面 6 个部分：

① 安全系统；

② 总调压变压器；
③ 真空电源系统；
④ 透镜电源系统；
⑤ 高压电源系统；
⑥ 辅助电源系统。

6.1.4 电子衍射

6.1.4.1 电子衍射技术发展概况

1926～1927 年人们在争论电子的粒子性和波动性时，发现了电子衍射现象，并用晶体对电子的衍射试验确定了电子的波动性，同时发展了电子衍射这门新兴的学科。电子衍射工作开始主要是在专门的电子衍射仪上进行，20 世纪 50 年代以后，电镜的电子光学系统日臻完善，特别是高压电源的改善，提高了电子穿透能力，电子衍射开始在电镜上进行。在电镜上进行电子衍射的突出优点，是能把对物相的形貌观察和结构分析结合起来。在这以前由于只能进行复型观察，仅仅是把电镜作为高倍光学显微镜来使用。自从在电镜上能做电子衍射以来，使电镜成为由表及里的分析仪器，这是其他仪器所没有的特点。

用电镜对一个薄试样进行照相时，无论试样是晶体或非晶体，也无论是合成材料还是天然材料，如果它在荧光屏上成像，那么在物镜后焦面上就形成衍射谱。非结晶物质的电子衍射与 X 射线衍射一样，只能得到很少数的漫散射环。而结晶试样就能得到许多锋锐的衍射环或斑点。这些衍射束可以提供试样内部结构信息。例如图 6-26 是从聚乙烯单晶得到的电子衍射谱，由衍射斑点的位置、排列、衍射斑点的大小、衍射斑点的强度等可以得到单位晶格大小、形状、结晶外形和晶格中原子的排列等有用信息。

图 6-26 聚乙烯单晶的电子衍射谱

6.1.4.2 电子衍射和 X 射线衍射的比较

电子衍射的几何学和 X 射线衍射完全一样，都遵循劳埃方程或布拉格方程所规定的衍射条件和几何关系。但是它们与物质相互作用的物理本质并不相同，X 射线是一种电磁波，在它的电磁场影响下，物质原子的外层电子开始振动，成为新的电磁波源，当 X 射线通过时，受到它的散射，而原子核及其正电荷则几乎不发生影响。因此对 X 射线进行傅里叶分析，反映出晶体电子密度分布。而电子是一种带电粒子，物质原子的核和电子都和一定库仑静电场相联系，当电子通过物质时，便受到这种库仑场的散射，可见对电子衍射结果进行傅里叶分析，反映的是晶体内部静电场的分布状况。

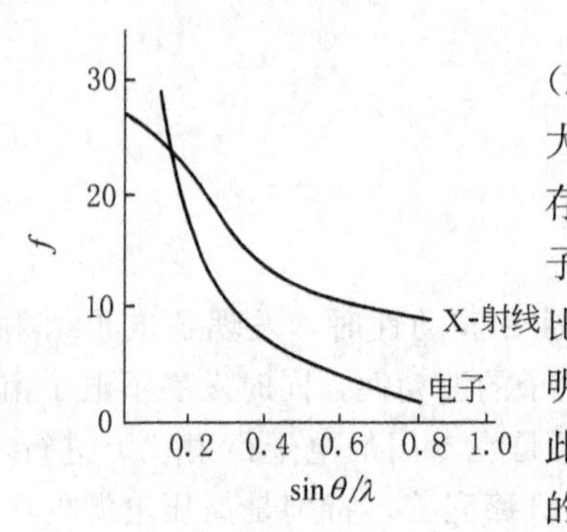

图 6-27　铜原子对 X 射线和电子射线的散射振幅

X 射线衍射强度和原子序数的平方（Z^2）成正比，重原子的散射本领比轻原子大得多。用 X 射线进行研究时，如果物质中存在重原子，就会掩盖轻原子的存在。而电子散射的强度约与 $Z^{4/3}$（原子序数）成正比，重原子与轻原子的散射本领相差不十分明显，这使得电子衍射有可能发现轻原子。此外，电子衍射因子随散射角的增大而减小的趋势要比 X 射线迅速得多。如图 6-27。

电子的波长比 X 射线的波长短得多，根据布拉格方程 $2d\sin\theta=n\lambda$，电子衍射的衍射角 2θ 也小得多。

物质对电子的散射比 X 射线的散射几乎强 1 万倍，所以电子的衍射强度要高得多。这使得二者要求试样尺寸大小不同，X 射线样品线性大小为 10^{-1} cm，电子衍射样品则为 $10^{-6}\sim10^{-5}$ cm，二者曝光时间也不同，X 射线以小时计，电子衍射以秒、分计。

此外，它们的穿透能力大不相同，电子射线的穿透能力比 X 射线弱得多。这是由于电子穿透有限，如图 6-28 所示。比较适合于用来研究微晶、表面、薄膜的晶体结构。由于物质对电子散射强，所以电子衍射束的强度有时几乎与透射束相当。所以电子衍射要考虑二次衍射和其他动力学效应。而 X 射线衍射中次级过程和动力学效应较弱，往往可以忽略。

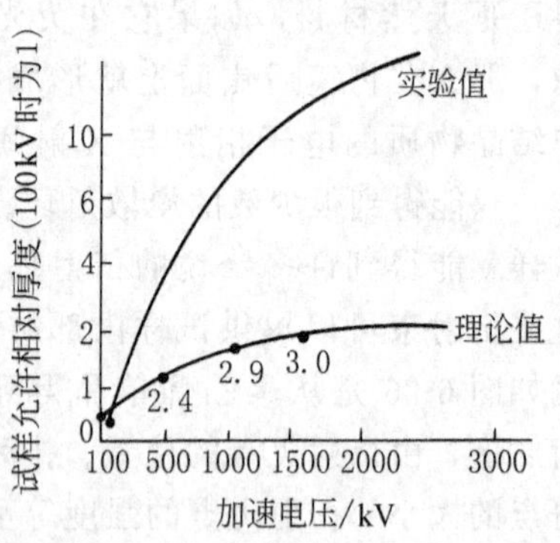

图 6-28　加速电压与试样厚度的关系

在电镜中进行电子衍射是一种有效的分析方法，灵敏度高，能方便地把几十纳米大小的微小晶体的显微像和衍射分析结合起来，这是个突出的优点，尽管电子衍射远不如 X 射线衍射精确，目前还不能像 X 射线那样根据测量衍射强度来广泛地测定“结构”，试样制备比较麻烦。但是由于电镜进行电子衍射有上述突出优点，使电子衍射技术愈来愈广泛地应用于材料研究和检验。

6.1.4.3　晶体对电子的散射

（1）晶体的衍射条件（布拉格定律）　晶体内部排列成规则的点阵，原子间距数量级为 0.1nm，而电镜中电子波长小于晶体中原子间距，因此电子射到晶体试样时将出现衍射现象，如图 6-29 中画出了晶体点阵的示意图，1，2，3 为垂直于纸面的晶面，在此晶面上原子排列成二维点阵。整个晶体可以看作是晶面按一定方式堆积而成。电子波以倾角 θ 射到晶面上，它们受到晶面上原子的散射，我们来找出散射波干涉增强的条件（指弹性散射电子波，因为它具有相同的频率和振幅，仅相位不同）。

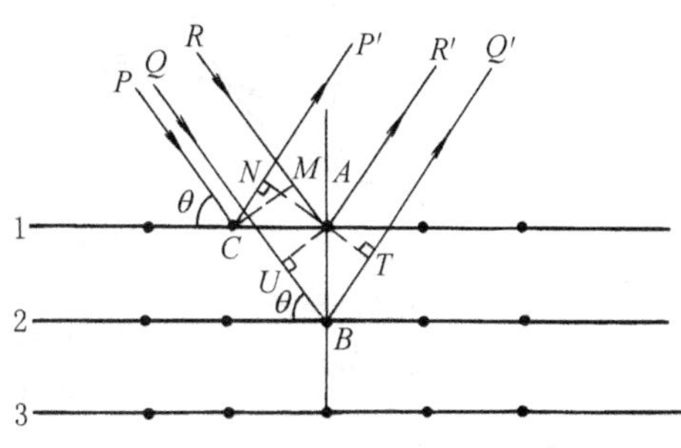

图 6-29　衍射条件（布拉格公式）的推导

先看 PC、RA 两束波，它们在 C 和 A 处受到原子散射，很容易看出，仅散射方向 CP'，AR' 的散射波具有相同的相位，因为此时 CP' 和 AR' 与晶面夹角亦为 θ，且反射束与入射束和晶面的法线处于同一平面上。故△CMA 和△CNA 全等，因此 $CN=MA$。RA 的光程比 PC 的光程大 AM，但 AR' 的光程比 CP' 的光程小 CN（$CN=AM$），所以正好抵消，故 CP' 与 AR' 有相同的相位，干涉后得到增强。

其次来考察 QB、RA 的情况，此时 QBQ' 与 RAR' 的光程差 δ 为：

$$\delta = UB + BT = 2d\sin\theta$$

当光程差为波长的整数倍时，可得到相互干涉增强的衍射束，因此得到布拉格公式：

$$2d\sin\theta = n\lambda$$

n 为 0，±1，±2……。当 $n=0$ 时，为透射束或 0 级衍射，$n=\pm1$ 时，为一级衍射束，$n=\pm2$ 时，为二级衍射束，其余类推。如果满足衍射条件的一族晶面的指数为（hkl），上式可改写成：

$$\frac{2d_{hkl}}{n}\sin\theta = \lambda$$

根据晶面指数定义，晶面间距缩小 n 倍就等于晶面指数扩大 n 倍，于是有

$$2d_{nhnknl}\sin\theta = \lambda$$

这说明一级衍射是由晶面间距 d_{hkl} 的晶面衍射造成，而二级衍射是由晶面间距 d_{2h2k2l} 的晶面衍射造成，其余类推。

在电子衍射工作中，一般不考虑晶面（hkl）的几级衍射，而都看成是（nhnknl）面的一级衍射，所以我们使用的都是不写出 n 的布拉格公式。

（2）反射球（Ewald 球）和倒易点阵

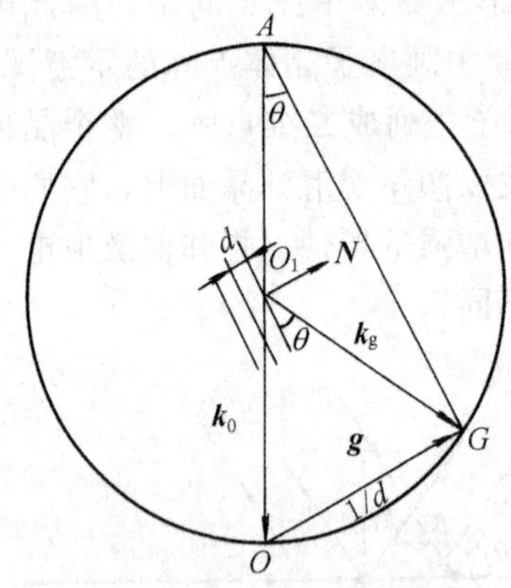

图 6-30　反射球，半径为电子波长的倒数

将布拉格公式改写成：

$$\sin\theta=\frac{\frac{1}{d}}{\frac{2}{\lambda}}$$

这样，电子束、晶体及其取向关系，即 λ，d 和 θ 就可以用一个直角三角形表示。如图 6-30 中$\triangle AOG$ 所示。$OG=\frac{1}{d}$，$AO=\frac{2}{\lambda}$，$AG\perp OG$，$\angle A=\theta$，显然，A、O、G 三点必然在以 $\frac{1}{\lambda}$ 为半径，以 O_1 为球心的球面上。此球称为反射球（爱瓦尔德球），入射电子束为 $\boldsymbol{k}_0$，衍射电子束为 $\boldsymbol{k}_g$，衍射角为 θ，$\boldsymbol{N}$ 为晶面的法线方向。由图可以看出 $\boldsymbol{g}/\!/\boldsymbol{N}$，所以 $\boldsymbol{g}$ 为晶面的倒易矢量。它的端点称为倒易结点，因此倒易矢量或倒易结点代表了一族二维晶面。一个三维的晶体点阵，其中包括无穷多族的晶面，每一族晶面对应一倒易矢量或结点，因此可得到无穷多个倒易结点组成的新点阵，此点阵称为倒易点阵。

下面把布拉格公式写成矢量表达式，$\boldsymbol{k}_0$ 为入射波矢，$\boldsymbol{k}_g$ 为衍射波矢，单位长度都为 $1/\lambda$，定义衍射矢量

$$\boldsymbol{K}=\boldsymbol{k}_g-\boldsymbol{k}_0$$

晶面（hkl）的倒易矢量用 $\boldsymbol{g}$ 表示，如果 $\boldsymbol{K}=\boldsymbol{g}$，则有：

$$\boldsymbol{k}_g-\boldsymbol{k}_0=\boldsymbol{g} \tag{6-9}$$

则 G 点与反射球相截满足布拉格衍射条件。式（6-9）是布拉格公式的矢量表达式。用它分析衍射问题很方便。图 6-30 中 O 点为倒易空间的原点，G 为某倒易结点（为清楚起见，其他结点未画出）。由图可知，当倒易结点处于反射球面上时，满足布拉格方程发生衍射；而不在球面上的倒易结点所代表的晶面族不满足布拉格方程，故不发生衍射。图 6-31 给出了电子衍射的基本几何关系，由$\triangle O_1OG\sim\triangle O_1O_2G_1$ 可得：

$$O_1O:O_1O_2=GO:O_2G_1$$

即：

$$\frac{1}{\lambda}:L=\frac{1}{d}:O_2G_1$$

因此可得 $L\lambda=d\cdot O_2G_1$。而 $O_2G_2=L\,\mathrm{tg}2\theta$ 及 $O_2G_1=2L\sin\theta$，由于电子波长很短，衍射角 θ 一般小于 3â，所以 $\mathrm{tg}2\theta=2\theta$，$\sin\theta=\theta$，因此 $O_2G_2\approx L\cdot$

2θ，$O_2G_1=2L\theta$，所以，$O_2G_2=R\approx O_2G_1$，于是有

$$L\lambda=\mathrm{d}R$$

这是电子衍射几何分析的基本关系式，$L\lambda$ 由实验仪器条件决定，称为衍射常数或仪器常数。当仪器常数已知时，测定衍射斑点到中心（透射）斑点的距离 R，就可以求出此衍射斑点对应的晶面间距 d。

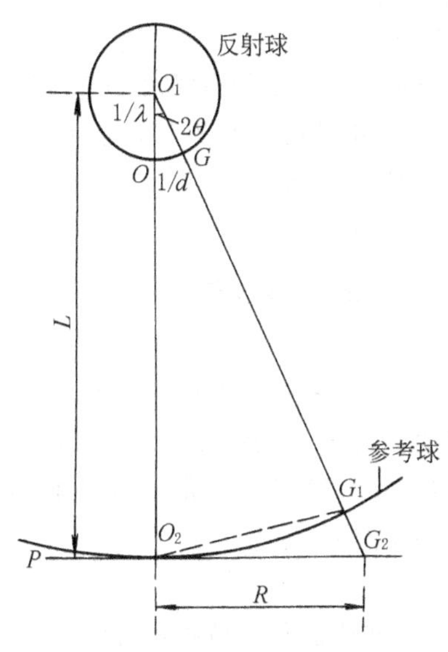

图 6-31　电子衍射的几何关系

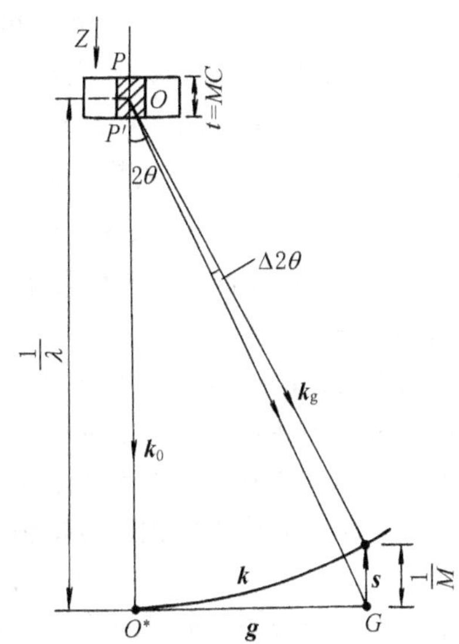

图 6-32　薄晶的倒易阵点拉长产生衍射的反射球构图

（3）振幅周相图　上述讨论指出，只有当入射电子束与晶面成 θ 角正好满足布拉格方程时，才产生衍射束，偏离这一方向，衍射束强度为零。在相应的倒易点阵反射球构图中，与反射球面相截的倒易阵点是个数学意义上的点。这些结论只是在晶体内部非常完整，而且产生衍射作用的晶体部分是十分大的理想状况才适用。而实际晶体的大小都是有限的，而且内部还会有各种缺陷，所以衍射束的强度分布有一定的角宽度，相应的倒易点也有一定的大小和几何形状。这样即使倒易阵点的中心不正好落在反射球面上，布拉格定律不严格成立，也能产生衍射，如图 6-32 中薄晶的倒易阵点沿薄晶法线方向拉长与反射球面相截，产生衍射束 $\boldsymbol{k}_g$，这时衍射矢量 $\boldsymbol{k}\neq\boldsymbol{g}$ 而有

$$\boldsymbol{k}=\boldsymbol{k}_g-\boldsymbol{k}_0=\boldsymbol{g}+\boldsymbol{s}$$

$\boldsymbol{s}$ 一般称为偏离矢量或偏离参量，它表示倒易点偏离反射球面的程度，也反映衍射束偏离布拉格衍射角 2θ 的程度。

前面从晶体中晶面反射波的周相差导出布拉格公式 $2d\sin\theta=\lambda$，这种方

法的优点是突出晶面的反射作用，缺点是没有把晶体对电子的散射和单胞对电子的散射联系起来。下面用晶体内部单胞散射波的周相差讨论晶体对电子的散射。已知两个单胞的散射波周相差是：

$$\Phi = 2\pi(\boldsymbol{k}_g - \boldsymbol{k}_0) \cdot \boldsymbol{r}$$

其中 $\boldsymbol{r}$ 是联系两个单胞的位矢，也就是正点阵的点阵矢量：

$$\boldsymbol{r} = u\boldsymbol{a} + v\boldsymbol{b} + w\boldsymbol{c}$$

u，v，w 为整数，$\boldsymbol{a}$，$\boldsymbol{b}$，$\boldsymbol{c}$ 是点阵或单胞的基矢，在严格满足布拉格定律条件下，$\boldsymbol{s}=0$，$\boldsymbol{k}=\boldsymbol{k}_g-\boldsymbol{k}_0=\boldsymbol{g}$。这时衍射矢量就是倒易矢量，$\boldsymbol{g}=h\boldsymbol{a}^*+k\boldsymbol{b}^*+l\boldsymbol{c}^*$，$h$、$k$、$l$ 为整数。Φ 由倒易矢量定义可得：

$$\Phi = 2\pi\boldsymbol{g} \cdot \boldsymbol{r} = 2\pi(hu + kv + lw) = 2n\pi$$

n 是整数，亦即这两个单胞的散射波的相角是 2π 的整数倍数，因此两波由于周相相同而加强。

现在讨论图 6-32 中晶柱 PP'的情况，取电子束入射方向为坐标轴 Z 轴方向。假设晶柱在 x、y 方向仅为一个单胞的截面大小，沿 Z 轴方向则由 M 个单胞堆砌而成。PP'晶柱厚度等于 MC（$t=MC$），C 是单胞 Z 轴方向的边长。对于晶柱 PP'内所有单胞的合成振幅是：

$$A = \sum F\exp(i\Phi)$$

其中 F 是一个单胞对电子的散射合成振幅。当严格满足布拉格条件时，$\boldsymbol{s}=0$，$\Phi=2n\pi$，所有单胞都有相同的周相，$A=MF$，它的振幅相图是由 M 个矢量构成的一条直线，这些矢量的长度是以一个单胞散射为单位，见图 6-33。

当衍射方向偏离布拉格条件时，

$$\boldsymbol{k} = \boldsymbol{k}_g - \boldsymbol{k}_0 = \boldsymbol{g} + \boldsymbol{s}$$

两个散射波的周相差是 $\boldsymbol{\Phi}=2\pi(\boldsymbol{g}+\boldsymbol{s})\cdot\boldsymbol{r}=2\pi\boldsymbol{s}\cdot\boldsymbol{r}$ 在晶柱单胞一维排列时，$\boldsymbol{s}$ 和 $\boldsymbol{r}$ 都在 Z 轴方向上，所以周相差为 $2\pi sc$，振幅周相图由一套矢量组成，这些矢量的长代表一个单胞的散射振幅，每个矢量都相当于前一个矢量作 $2\pi sc$ 的周相转动，图 6-33（b）中给出了四个单胞合成振幅 OB，虚线画出的三角形圆心角 $\Phi=2\pi sc$，三角形底边为 C，显然三角的腰即圆的半径为：

$$\frac{C}{2\sin 2\pi sc} \approx (2\pi s)^{-1} \qquad (\text{因为 } s \text{ 很小})$$

以弧 PP'的中心，O 为原点，晶柱的合成振幅 $A=PP'$，如图 6-33（c）所示，OP 和 OP'分别代表在图 6-32 中晶柱上下两半部分的散射因数。由于 s 很小，圆半径 $(2\pi s)^{-1}$ 比起代表一个单胞散射因数的矢量长度要大得多，所以 M 个矢量连接在一起的圆弧线可以近似地用弧端点

的割线 A 表示，也就是说由 M 个单胞构成的晶柱 PP' 的合成振幅，等于圆心处半张角的正弦与半径乘积的两倍。于是圆柱的合成振幅是：

$$A=\frac{2}{2\pi s}\cdot\sin\frac{2\pi sMC}{2}=\frac{\sin\pi sMC}{\pi s}$$

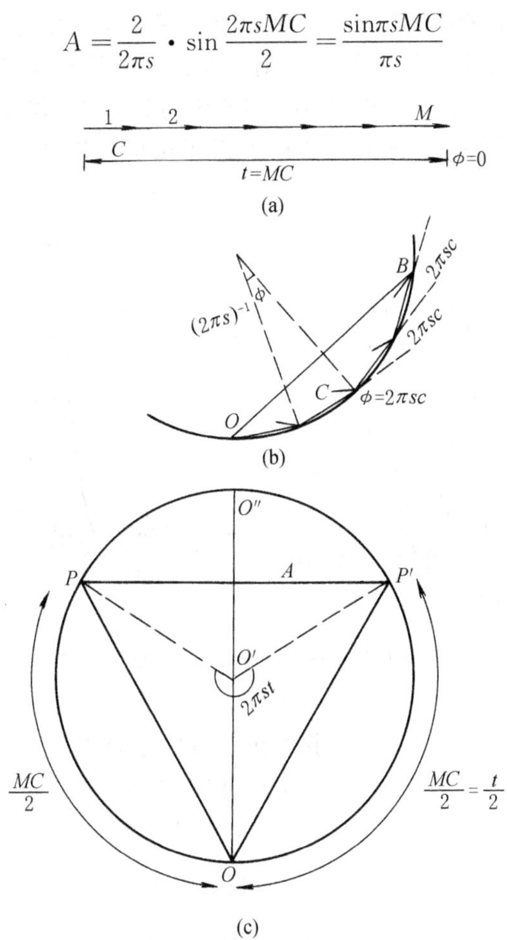

图 6-33　从图 6-32 的晶柱上相继单胞的散射波振幅的叠加

(a) $s=0$ 时，各散射振幅同周相，叠加成一直线；(b) $s\neq0$ 时，前四个散射振幅的振幅周相图；(c) M 个单胞的振幅周相图

这里的合成振幅是以单胞的散射因数 F 为单位，所以实际合成振幅为

$$A=F\frac{\sin\pi sMC}{\pi s} \tag{6-10}$$

衍射强度　$$I=A^2=F^2\frac{\sin^2\pi sMC}{(\pi s)^2}$$

其中 $\frac{\sin^2\pi sMC}{(\pi s)^2}$ 称干涉函数，它与晶体尺寸（M 的数目）及偏离参数 s

有关。

首先讨论衍射条件固定，亦即 s 不变的情况，这时，图 6-33（c）中振幅周相图的圆半径有固定值 $(2\pi s)^{-1}$，当 M 连续增加，弧 OP、OP' 在 OO' 沿圆周不断增长，割线 PP' 在 OO'' 线段上来回移动。合成振幅 A 的大小随之显示周期性地变化，在 O 及 O'' 处有极小值（等于零），在 O' 处有极大值等于圆的直径。换言之，当晶柱 MC 等于圆周 $1/s$ 的整数时，干涉函数及衍射强度为零，如图 6-34 所示。这种正弦变化也可以从式（6-10）直接导出。但用振幅周相图解释更能突出单胞散射波间的合成作用。振幅周相图在解释晶体缺陷的电镜衍衬像时很有用。$MC=n(\frac{1}{s})$ 时，衍射强度等于零，一般称为厚度消光或等厚消光。

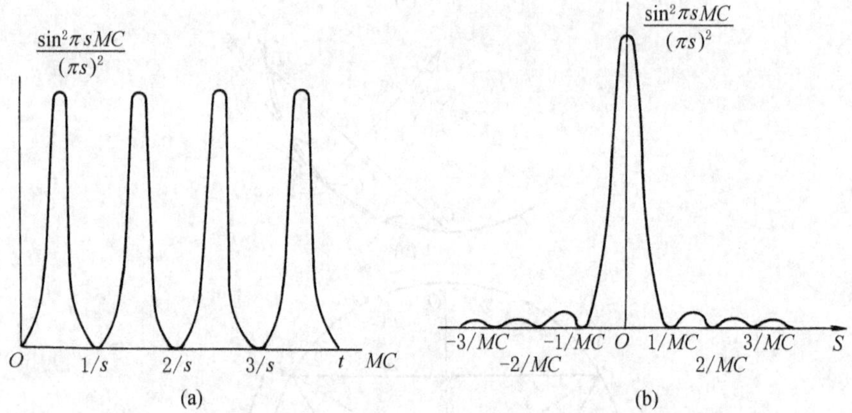

图 6-34　干涉函数及衍射强度随衍射条件及参加衍射的单胞数的变化

（a）s=常数，M 变化；（b）M=常数，s 变化

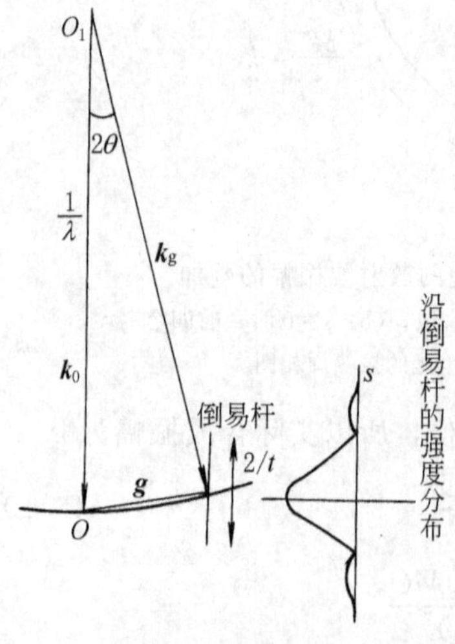

图 6-35　薄晶的倒易点拉长为倒易杆的强度分布服从干涉函数

其次讨论在晶柱高度 MC 不变时，干涉函数和衍射强度随偏离参数 s 而变化。当 $s=0$ 时，振幅周相图的圆半径无穷大，MC 在圆周上占有的一部分是一条直线，所有单胞有相同的周相，干涉函数和衍射强度有极大值。随 s 增大，振幅周相图的圆半径减小，在圆周上所占有的弧长相应增长，而 s 增大到 $\frac{1}{MC}$ 时，弧长等于圆周合成振

幅$A=PP'$有第一个极小值，在 $2/MC$ 处有第二个极小值等等，见图 6-34（b）。这个结果也可从式（6-10）导出。$s=n\left(\frac{1}{MC}\right)$时，衍射强度等于零，一般称为斜倾消光，或等倾消光。

从图 6-34（b）中干涉函数随 s 的变化可以看出主极大值两边的零点规定薄晶对电子相干散射的范围，倒易阵点不再是 $s=0$ 处的一个数学上的点，而是拉长到 $2/MC$ 的一个倒易杆。MC 是晶柱的厚度 t。见图 6-35。显然，晶体越薄，参加干涉的单胞越少，倒易阵点延伸越长，相干散射的范围越宽。这与光栅对可见光衍射一样，光栅条数越少，衍射谱线越宽。

以上讨论是单胞的一维排列对干涉函数及衍射强度分布的影响，讨论中为了突出一个方向（Z 轴方向）单胞数目的影响，假设了晶柱 PP' 在 x、y 方向是一个单胞截面大小。这个假设是为了简化讨论。实际上在 x、y 方向有很多同样的 PP' 晶柱一起参与相干散射，因此在真实晶体中，如果考虑单胞在 x、y、z 三个轴的有序排列的影响，干涉函数的表达式是：

$$\frac{\sin^2\pi s_1 M_1 a}{(\pi s_1)_2}\cdot\frac{\sin^2\pi s_2 M_2 b}{(\pi s_2)^2}\cdot\frac{\sin^2\pi s_3 M_3 c}{(\pi s_3)^2}$$

式中　M_1、M_2、M_3——x、y、z 三个轴向的单胞数目；

s_1、s_2、s_3——相应的倒易空间三个轴上的偏离参量。

倒易点在三个轴向展宽的程度分别是 $2/M_1a$，$2/M_2b$，$2/M_3c$。正空间内晶体的体积比例于 $M_1M_2M_3$，倒易空间内倒易阵点的体积比例于 $(M_1M_2M_3)^{-1}$，两者互成反比。只有晶体无穷厚时，倒易阵点才是数学上的一个点。对于有限大小的晶体其倒易点宽化的情况如图 6-36。

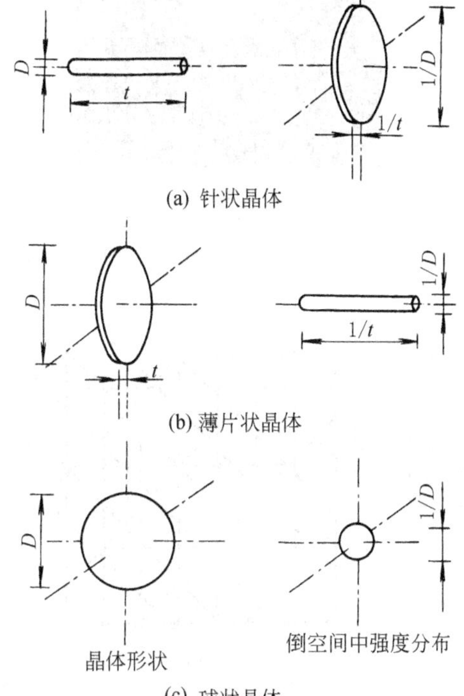

图 6-36　晶体形状对倒易阵点强度分布的影响
（a）针状晶体；（b）薄片状晶体；（c）球状晶体

如果晶体是一个一维拉长的晶须，其倒易阵点在与此晶须正交平面内延展成一个二维的倒易片。如果是二维的晶片，倒易阵点在此晶片的法线方向拉长成一个一维的倒易杆。如果晶片厚度是 t，倒易杆的长度本应为 $2/t$，见图 6-34（b），但由于衍射强度急剧下降，因此可以认为有效的倒易杆长度仅为 $1/t$（见图 6-36）。对于一个有限大小的三维晶体，其倒易阵点也有一定大小。不仅晶体的形状，而且晶体畸变和缺陷的存在，都会使原来是数学点的倒易点部分或者全部变成一个个的平面、直线或各种形状体积，有时会在强度高的倒易阵点附近出现强度较低的异常散射区，它们都可以在电子衍射谱上反映出来。

6.1.5 电子衍射谱举例

6.1.5.1 单晶电子衍射谱

单晶电子衍射谱是二维倒易点的投影，图6-37是聚1-丁烯的单晶电子

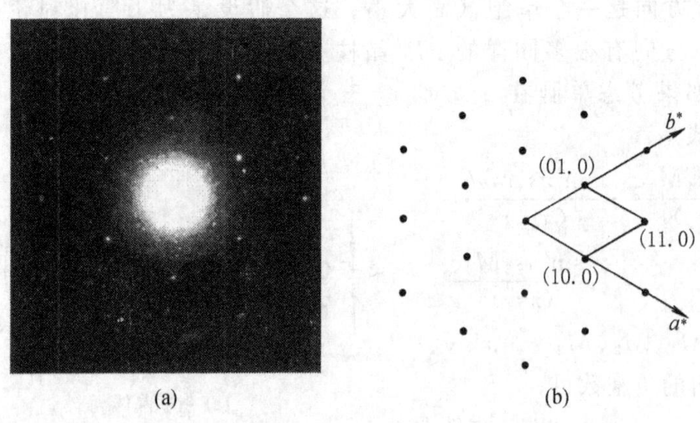

图 6-37 聚 1-丁烯电子衍射谱

衍射谱。单晶衍射的特点是同时有大量衍射斑点出现。其原因有以下几点。

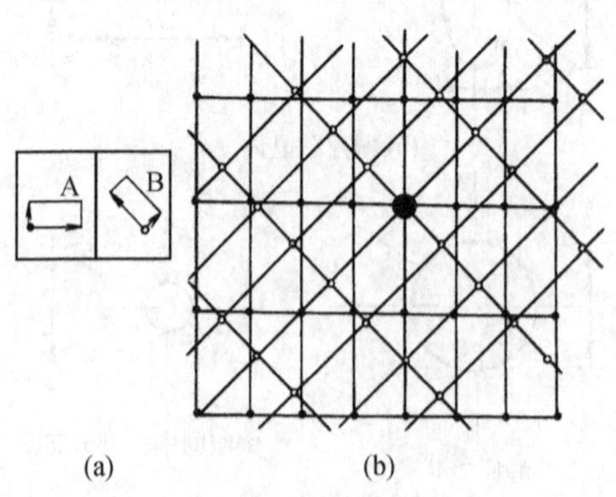

图 6-38 两个单胞和它们的电子衍射谱
（a）两个单胞；（b）电子衍射谱

① 电子波长短，反射球半径大，在倒易点附近的反射球面，可以近似地看作是一个平面，与倒易点相截于一个二维平面。这个平面上的倒易阵点都在反射球面上，相应的晶面都满足布拉格定律，从而产生衍射。

② 晶体在电子入射方向很薄，所有倒易阵点在这个方向

上拉长成倒易杆，增大了与反射球相截的可能性。

③ 电子束有一定发散度，这相当于倒易阵点不动，而入射电子束在一定范围内摆动；薄膜试样的局部弯曲，这相当于入射电子束不动而倒易点阵在一定范围内摆动。这样会增加倒易阵点与反射球相截的可能性。

6.1.5.2　多晶电子衍射谱

图 6-38（a）中表示出结晶结构相同而方位不同的两个单胞，两个单胞的方位决定了它们倒易格子的位置关系，两者原点一致，如图 6-38（b）所示。这是两个重合的倒易点阵平面的一个截面。

图 6-39、图 6-40 和图 6-41 中分别表示出镶嵌结构、弯曲结晶、纤维状结晶，多晶图 6-41（a）及它们的电子衍射谱图 6-41（b）。

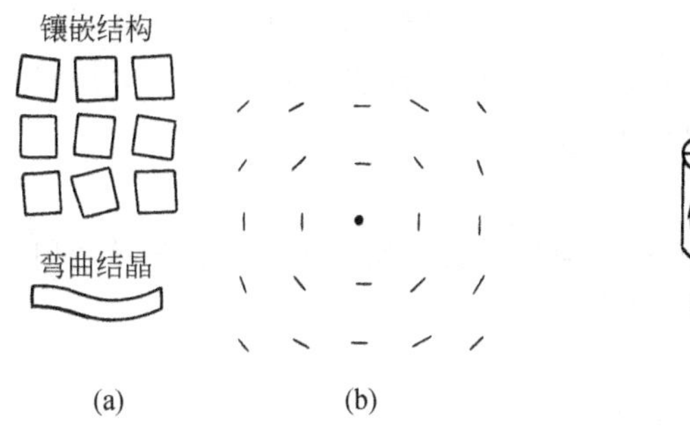

图 6-39　镶嵌结构、弯曲结晶的电子衍射谱

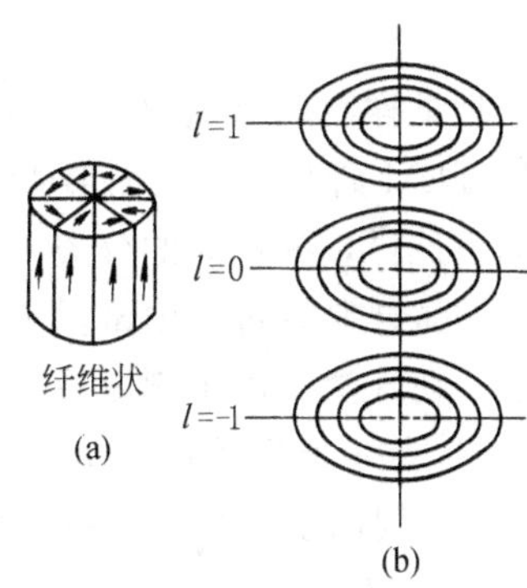

图 6-40　纤维状结晶的电子衍射谱

6.1.6　试样的制备方法

6.1.6.1　目的

试样制备的目的是使所要观察的材料结构经过电镜放大后不失真，并能得到所需要的信息。

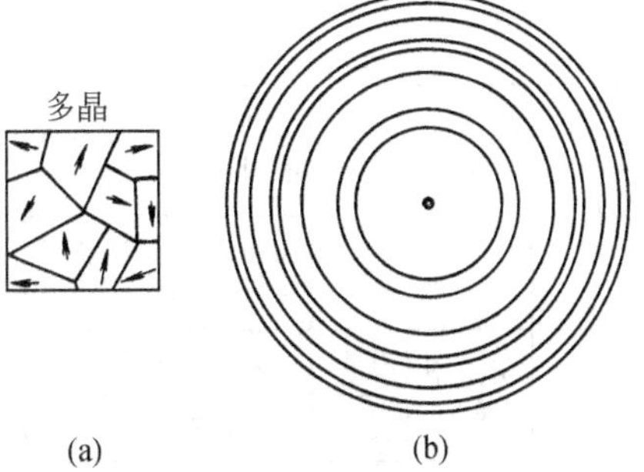

图 6-41　多晶的电子衍射谱

在电镜观察时，样品要受到下面几方面的影响。

（1）真空的影响　由于试样放大在高真空中观察，因而，不用冷冻台时，含有挥发溶剂或易升华的试样不能观察。

（2）电子损伤的影响　试样在电镜中受到 $10^{-3} \sim 1\mathrm{A/cm^2}$ 的电子束照射，电子束的能量一部分转化为热，使试样内部结构或外形发生变化或污染。因此，在观察有机物或聚合物试样时，要特别注意防止电子束对试样的

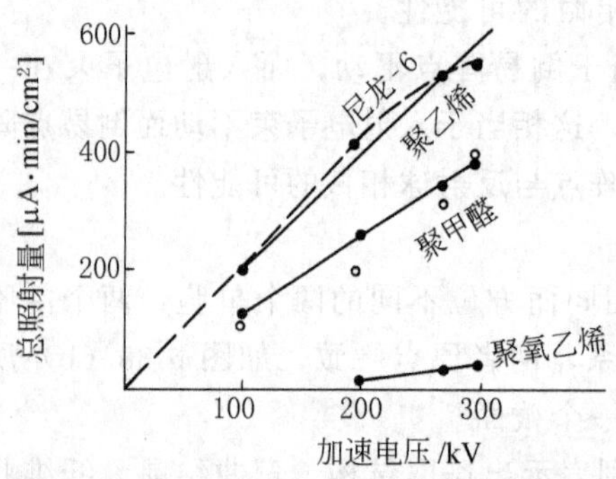

图 6-42　加速电压与照射量的关系

损伤和污染。提高加速电压，可以减小损伤，图 6-42 给出了几种结晶性高分子的结晶试样在电子束照射下变成非晶态时，加速电压与总照射量的关系。由图 6-42 可见，提高加速电压，有利于观察容易受电子损伤的试样。

（3）电子束透射能力的影响　由于电子束透射能力较弱，一般用 100kV 加速电压的电镜时，要求试样厚度必须在 20～200nm 之间。因此，要把试样制成能透射电子的薄膜、单晶或者切成超薄切片进行观察研究，用 TEM 研究试样表面形貌时要用复型法。

制备试样，有不同的分类方法。

按照试样制备过程中试样本身结构是否发生变化可分为：直接透射法和复型法；切片法；离子刻蚀减薄法。

6.1.6.2　高分子试样制样方法

表 6-3 列出了高分子材料常用的一些制样方法。

表 6-3　高分子试样制样方法一览表

形　状	结　构		预处理	方　法	注　意	试样举例
悬浊液	单晶，固-液胶体		稀释到肉眼看是白色浑浊状态	悬浊法	分散剂用水时，用碳补强火棉胶作支持膜	聚乙烯，聚甲醛等
细粉末			分散在稳定的分散剂里	悬浊法		
				直接撒上法		
			加凡士林，表面活性剂，火棉胶混合	糊状法	试样可施加机械力时	
颗粒（μ尺度）	无定型（非晶）	内部	染色、包埋	包埋切片	在 T_g 以下切片	橡胶，PMMA，HIPS
		表面	自制模	二级复型		
	结晶	内部	冷冻粉碎	粉末		
		表面	制模或简易制模 自制模	一级复型 二级复型		
超薄膜	非结晶及结晶			直接固定		SBS
薄膜	非结晶	内部		切片	在 T_g 以下	橡胶中的填料
			染色	切片		共混聚合物

续表

<table>
<tr><th>形 状</th><th colspan="2">结 构</th><th>预处理</th><th>方 法</th><th>注 意</th><th>试样举例</th></tr>
<tr><td rowspan="4">薄膜</td><td rowspan="4">结晶</td><td rowspan="3">内部</td><td>化学刻蚀</td><td>悬浊法</td><td></td><td></td></tr>
<tr><td>染色</td><td>切片</td><td>注意取向变化</td><td></td></tr>
<tr><td>包埋后断口刻蚀</td><td>复型</td><td></td><td></td></tr>
<tr><td>表面</td><td>没有自由表面时，进行表面刻蚀</td><td>一级复型
二级复型</td><td></td><td>结晶性高分子薄膜</td></tr>
<tr><td>本体聚合物</td><td colspan="2">（同薄膜）</td><td>（同薄膜）</td><td>（同薄膜）</td><td>在 T_g 以下可以劈开观察</td><td></td></tr>
<tr><td rowspan="6">纤维</td><td rowspan="6">结晶性</td><td rowspan="4">内部</td><td>化学刻蚀</td><td>悬浊法</td><td></td><td></td></tr>
<tr><td>把纤维束包埋，切断表面进行刻蚀</td><td>复型</td><td></td><td></td></tr>
<tr><td></td><td>切片</td><td>注意取向变化</td><td></td></tr>
<tr><td>除表面刻蚀外再自制模或简易制模</td><td>复型</td><td></td><td></td></tr>
<tr><td rowspan="2">表面</td><td>制模或简易制模</td><td>一级复型</td><td></td><td></td></tr>
<tr><td>自制模或把纤维绕到玻璃棒上，把表面弄平</td><td>二级复型</td><td></td><td></td></tr>
</table>

6.1.6.3 金属材料和非金属无机材料超薄膜的制备

除超高压透射电镜外，要求试样的厚度不超过 100nm，最佳试样厚度为 50nm 以内。将金属材料和耐化学刻蚀的非金属无机材料制成如此薄的超薄膜是比较困难的。常用的方法有电解抛光减薄、化学抛光减薄和离子刻蚀减薄等方法。

A. 金属超薄膜的制备

将块状金属材料制成超薄膜需要经过预先减薄和最终减薄两个步骤。

（1）预减薄　有以下两种。

① 机械法。多数金属材料都具有延展性，可以通过冷轧或锻造的方法制成 100μm 以内预制薄片。也可用机械研磨和抛光的方法得到 100μm 以内的薄片。但机械减薄会给试样带来损伤而影响观察。

② 化学和电化学法。利用化学和电化学法减薄可克服上述机械法的缺点。试样在减薄前需要用有机溶剂如乙醇、丙酮或乙醚清洗表面除去污积。然后将试样浸入抛光液中，反复进行多次抛光，当薄片可漂浮在液面上时，说明厚度已达到 100μm，取出试样经水洗即可。

（2）最终减薄　由 100μm 的薄膜减薄到 100nm，可以用电解抛光、化学抛光、超薄切片和双离子刻蚀等方法。用电解抛光装置是一种简而易行的方法。它是将预减薄的 100μm 金属片冲成直径为 3mm 的圆片，用专用夹具夹住薄片放入电解装置中用喷射电解法，最终减薄到电镜可观察的厚度。

B. 非金属无机材料薄膜的制备方法

由于非金属无机材料大多数是多相、多组分的绝缘材料，上述电解抛光等减薄方法不适用。只有双离子刻蚀法可以使用。将试样切割成薄片，再用机械抛光法预减到 30～40μm 的薄片。将薄片钻取或切取直径为三毫米的小圆片，放入双离子刻蚀仪中，经氩离子长期轰击穿孔，在穿孔边缘处的厚度很薄可用于电镜观察和照相。

6.1.7 透射电镜在材料科学研究中的应用

6.1.7.1 高分子材料

近些年来，电镜的分辨率已达到 0.1nm，电镜能够直接观察分子和一些原子。但一般来说，对于高分子试样，只能达到 1～1.5nm，只有少数高分子试样能够得到高分辨率像。这是由高分子材料的特点决定的。在高真空中，电子射线轰击高分子试样，使高分子受到电子损伤，降解、污染，因而降低了分辨率。尽管如此，电镜仍然是研究高分子材料的重要仪器。

结晶性高分子的力学性质、热学性质、制品的实用性能等都与结晶形态有关。因此，必须进行以下几个方面的研究：

① 确定晶区与非晶区量的关系；

② 研究结晶结构及形态；

③ 研究各种结构的形成、结晶速率等结晶过程；

④ 研究高分子结晶的聚集态；

⑤ 研究聚合物和共混物。

电镜对研究上述②、④、⑤项是很有效的。

A. 结晶性高分子

(1) 单晶的形成与结构　1957 年英国 Keller、德国 Fischer、美国 Till 三人几乎同时独立发表了聚乙烯单晶的电镜照片。这件事情并非偶然，有其时代背景：一方面是发明了齐格勒-纳塔催化剂，从而得到了结构规整的聚乙烯；另一方面是电镜技术得到了发展和完善。

0.01%的聚乙烯二甲苯稀溶液，约在 80℃下结晶生成片状单晶，图 6-43 和图 6-44 分别是聚乙烯单晶的电子显微像和电子衍射谱。片晶的厚度为 10nm 左右，电子衍射证明了晶片中分子链是垂直于晶面方向排列的。高分子链的长度约为几百纳米以上。这么长的分子链如何才能规整地排列成 10nm 厚的片晶呢？因此，Keller 提出了折叠链结构模型。图 6-45 是聚乙烯单晶折叠链模型及其单胞的 c 面投影，c 轴垂直于菱形表面，菱形的两个对角线分别为 a 轴

图 6-43　PE 单晶

图 6-44　PE 单晶的电子衍射谱

和 b 轴。衍射花样中，成六角形的 6 个衍射点，有两个是（200）面的衍射斑点，两个是（110）面的衍射斑点，两个是（$\bar{1}10$）面的衍射斑点。

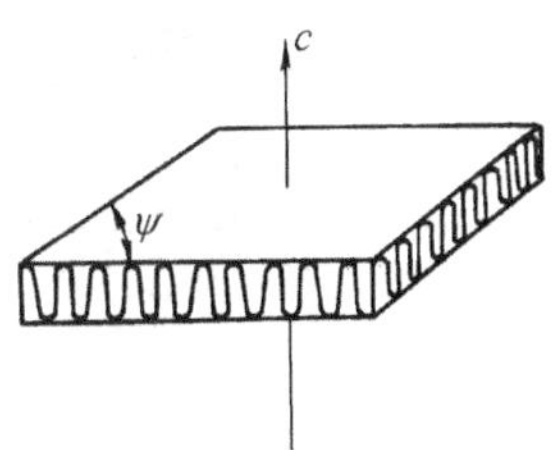

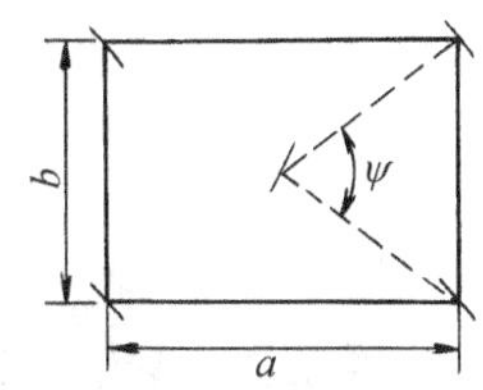

图 6-45　PE 单晶折叠链模型及其单胞的 c 面投影

（2）球晶　从浓溶液或从熔融冷却结晶时，可以得到球晶，球晶是高分子最常见的一种聚集态形式。在偏光显微镜下可以看到球晶的二维生长情况。图 6-46 是聚氧化乙烯从氯仿溶液铸膜得到的球晶偏光显微镜照片，可以清楚地看出 Maltese 十字和球晶互相排挤截顶的情况。图 6-47 为聚乙烯球晶，可以看出它有周期性的同心消光环。更进一步研究球晶的结构，要利用电镜这个有力的工具。

由电镜的复型像可以说明，消光环是由于球晶中的片晶周期性地扭曲造成的，用微束 X 光进行研究也证实了这一点。图 6-48 是聚乙烯球晶的表面复型电镜像，可以看到晶片的扭曲情况。聚乙烯球晶内部晶片和分子取

图 6-46　PEO 球晶

图 6-47　PE 球晶

图 6-48 PE 球晶表面

向模型如图 6-49 所求。从图 6-50 可清楚地看出与模型图相似的晶片形貌。

（3）串晶 串晶是许多晶片被一些直链纤维串起来的纤维状多晶体（Shish-kebabs）。搅拌聚乙烯的过饱和溶液进行结晶可以得到串晶。形成串晶的机制可能是：在应力作用下，高分子链伸直取向，形成纤维状，而后，聚合物在这些纤维状骨架上外延生长成片晶，从而形成串晶形态。

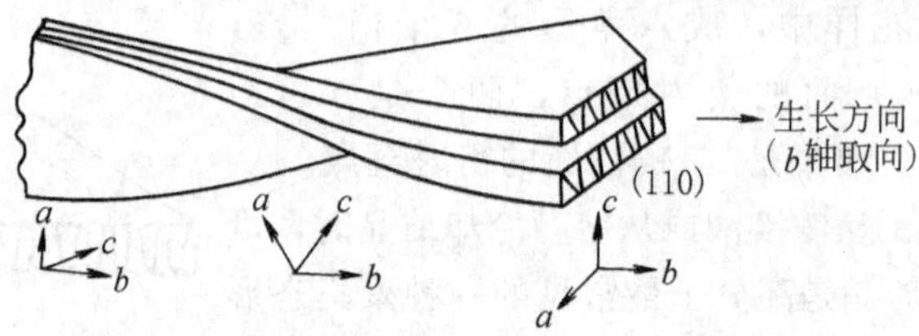

图 6-49 PE 球晶内部分子取向模型

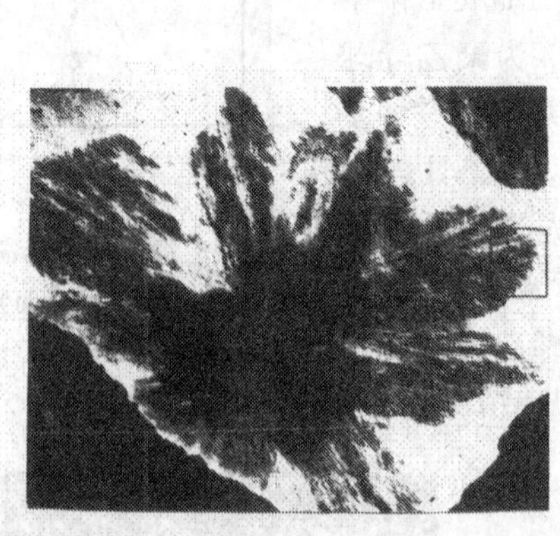

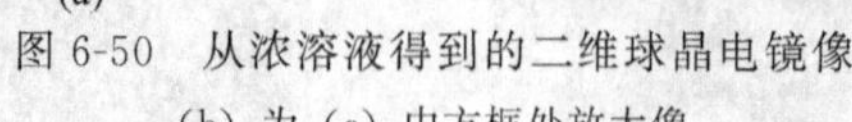

(a) (b)

图 6-50 从浓溶液得到的二维球晶电镜像

（b）为（a）中方框处放大像

图 6-51 是由 5％二甲苯溶液在 104.5℃ 搅拌速率为 510r · min^{-1} 下生成的聚乙烯串晶的电镜照片。图中，外延长的片晶是以 c 轴对着伸直链纤维的轴而排列成串的，纤维轴就是结晶 c 轴。这种串晶结构具有伸直链结构的中心线，使材料具有强度较高、耐溶剂、耐腐蚀等优点。研究串晶结构，为了解聚合物纺丝和薄膜成型过程中结构与性能的关系有

重要意义。

应该指出，某些聚合物如尼龙-4，没有应力作用时，控制适当条件也可生成串晶结构，见图 6-52 (b)。

(4) 伸直链结晶　当高分子在高压下结晶时，可以得到伸直链晶体。图 6-53 是由熔体在 21.4kN 的高压下，220℃等温结晶 20h 生成的聚乙烯伸直链片晶。晶体的厚度可达微米数量级。晶体中分子链平行于晶面方向，片晶的宽度基本上与伸直分子链相等，随聚合物分子量不同而有所差异。伸直链结构是热力学上稳定的聚集态结构。

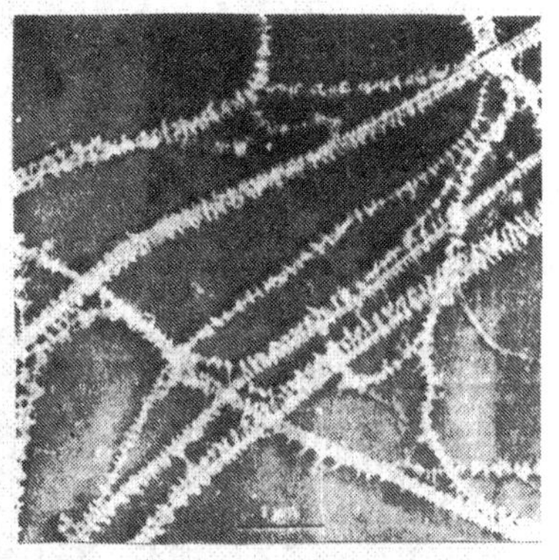

图 6-51　PE 串晶

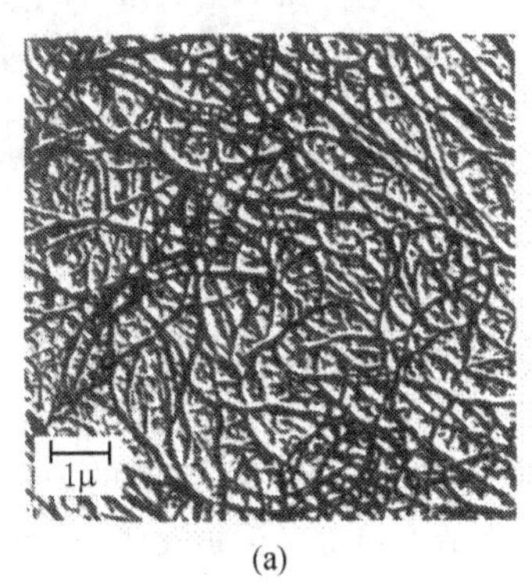

(a)

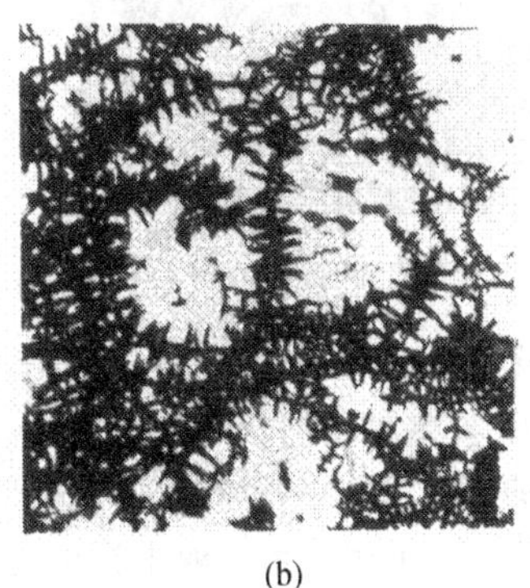

(b)

图 6-52　由甘油-水溶液中得到的尼龙-4 结晶

(a) 叶脉状；(b) “串晶”

图 6-53　PE 伸直链片晶

(5) 结晶的形变与热处理　观察结晶的形变或进行热处理观察高分子结晶的形态变化有重要的实际意义。如：拉伸由熔融结晶的聚合物可以观察到细颈效应等。

观察高分子单晶形变有如下方法。

① 把结晶悬浊液滴到聚酯薄膜上，使溶剂挥发，然后拉伸聚酯薄膜，使残留在薄膜上的单晶被拉伸变形。

② 施加一定频率的超声波使悬浊液中的单晶受到破坏变形。

图 6-54 是从 α-氯萘稀溶液中结晶的聚丙烯单晶，经超声波破坏后的形态。

由图可以看到许多纤维状的结构，这是所谓的“解折叠”现象。这些纤维状结构沿拉伸方向发生取向。这种纤维结构，由于电子损伤很难得到电子衍射像，而聚乙烯醇单晶的纤维结构则能得到电子衍射像。

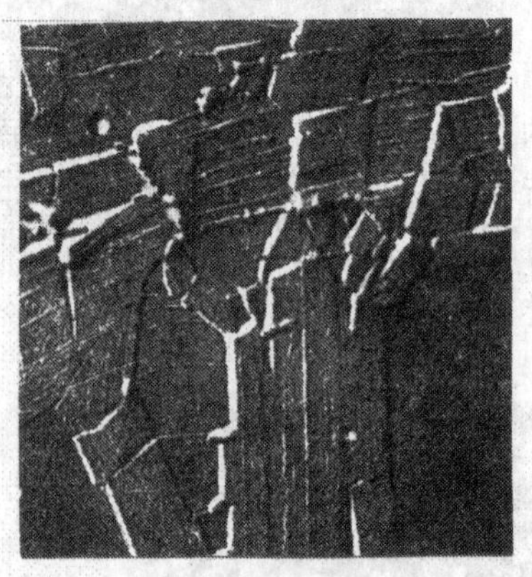

图 6-54 经超声波破坏的 PP 结晶

图 6-55 PP 单晶热处理后的形态

由稀溶液得到的单晶，在其熔点以下进行热处理，得到如图 6-55 所示的形态。热处理使晶体变厚，但不失去片晶的特点。

单晶的热处理：可将碳膜或火棉胶膜放在铜网上，在预定的温度下加热一定时间即可。也可用将悬浊液中析出的单晶放在镀碳膜的玻璃板上加热方法。

热处理使结晶厚度增加，与热处理的温度和时间有关。

B. 高分子合金

在嵌段型双组分体系中，存在五种基本的分相结构。分相结构与组分的含量有关，等组分体系分相结构为层状，其他非等组分体系时，分别为柱状或球状，见图 6-56。利用电镜可以研究上述结构。

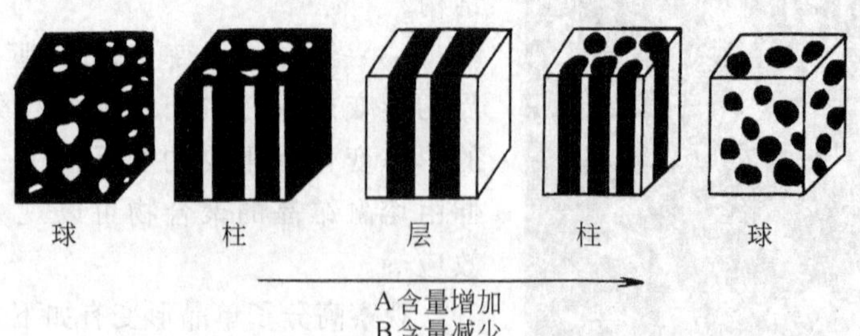

图 6-56 双组分体系五种基本结构示意图

(1) 非均相结构 为了改善橡胶或塑料的使用性能，常常把两种聚合物进行共混，共混物具有耐冲击等优良性能。可以用表面复型的方法观察两相混合或分散的状态，但单独使用这个方法得不到满意的结果。

对橡胶与橡胶的共混物，通常在低温下断裂，然后复型断裂表面进行观察。由于橡胶需要硫化，硫在聚合物之间交联成“桥”，不同聚合物和硫的反应性能不同，因此橡胶共混物中不同组分之间会产生“桥”密度差，导致弹性稍有差别。把这样的试样在室温下用刀片切断，由于连续相和非连续相之间弹性有差别，所以切面会呈现微小的凹凸，将切面进行复型可观察两相结构。但这种方法要具体判别分散相是什么聚合物就困难了，因此，这种方法在使用上受到一定限制。

塑料与橡胶共混时，可用 OsO_4 对橡胶固定染色或用 RuO_4 染色，其切片可以得到明显的衬度，是广泛使用的方法。这些方法最早应用在橡胶与橡胶的合金体系，如天然橡胶与乙丙橡胶共混（即不饱和橡胶与饱和橡胶共混），以 OsO_4 染色，用冷冻法制做切片，可获得衬度明显的电子显微像，而且容易判别两相结构。

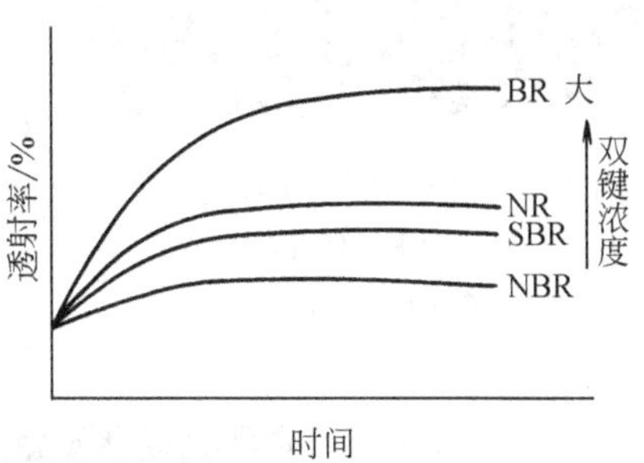

图 6-57　双键浓度与染色度的关系

BR—顺丁橡胶；NR—天然橡胶；SBR—丁苯橡胶；NBR—丁腈橡胶

在两种不饱和橡胶的共混体系中，用 OsO_4 染色，由于两种橡胶含有双键的浓度不同，染色度也不同，亦可获得明显衬度。

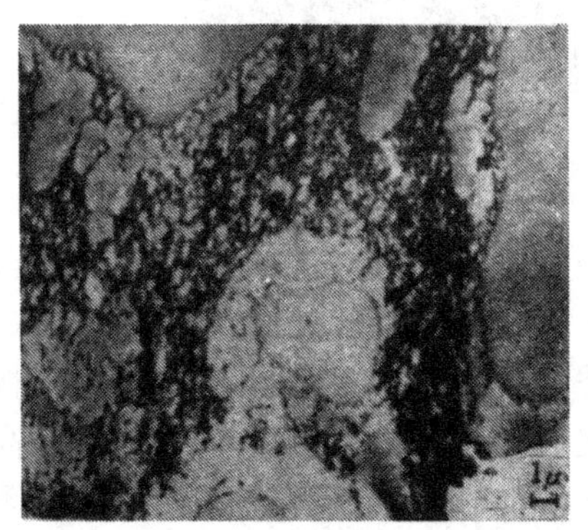

图 6-58　NR/NBR(85/15)包埋法 OsO_4 染色

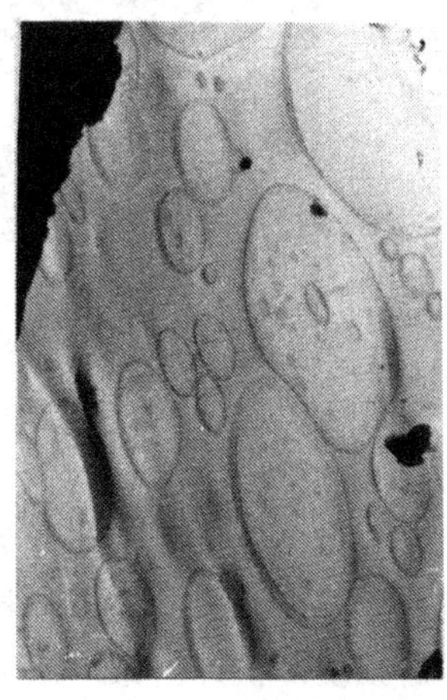

图 6-59　PPO/PA 共混物（RuO_4 染色）

利用1%的 OsO_4 水溶液对波长为250nm的紫外线的特征吸收，研究双键与染色度的关系，橡胶中双键浓度与 OsO_4 染色度的关系如图6-57所示。

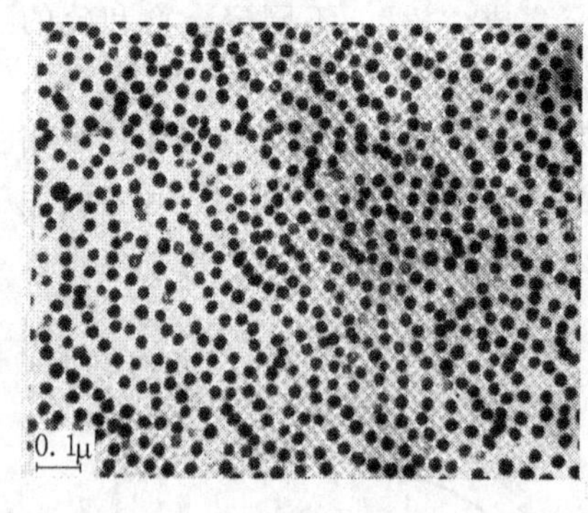

图6-60 SBS、甲苯作溶剂铸膜（垂直和平行膜面切片都是球形结构）

由图可以看出双键浓度增加，染色度也增加，因此两个不饱和橡胶共混也可用 OsO_4 染色切片判别分相结构。

利用 OsO_4 和 RuO_4 染色超薄切片，可以观察合金体系的两相结构和两相界面状态等。见图6-58和图6-59。

（2）嵌段共聚物的结构形态 苯乙烯与异戊二烯、苯乙烯与丁二烯嵌段共聚，按其组分含量不同，可形成球状、柱状、层状等各种聚集态。图6-60为球状形态，图6-61为双螺旋和年轮型层状形态。

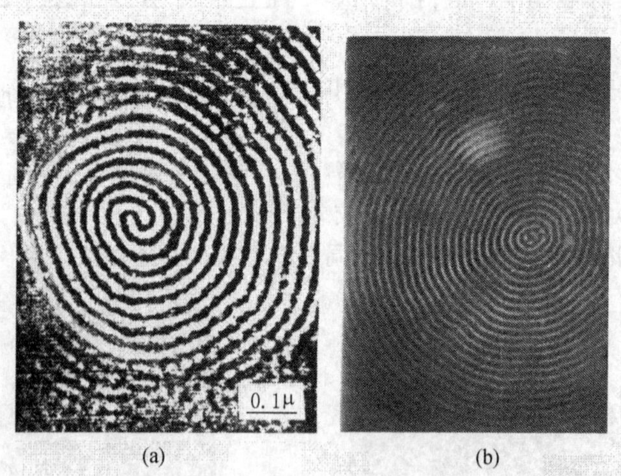

图6-61 SBS用甲苯作溶剂并使其缓慢挥发，得到超薄膜的两种形态

C. 其他应用

（1）复型观察表面形貌 关于复型法前面已经详述，本节不再赘述。橡胶与塑料共混可以大大提高材料的抗冲击性能。橡胶改性聚苯乙烯具有较高的抗冲击强度。抗冲击聚苯乙烯在应力作用下断裂时，可以看到应力白化现象，这是由于微观分子取向带对光的散射所造成的。把这个断裂表面复型照相，如图6-62所示。

从图中可以看到橡胶与橡胶之间取向带的形态。如把上述试样进行 OsO_4 染色观察，如图 6-63。

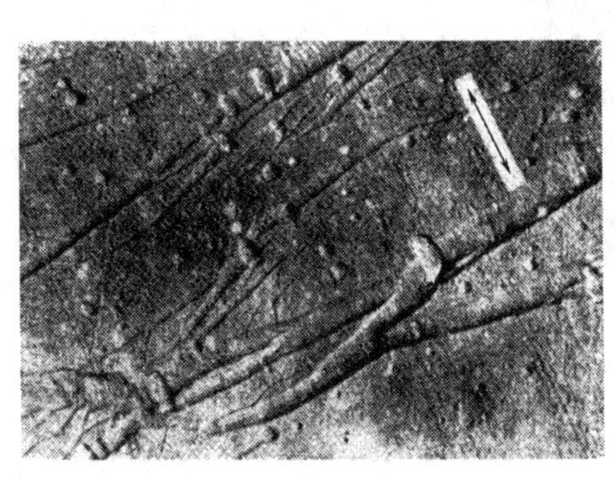

图 6-62　抗冲击苯乙烯的应力白化现象（复型）

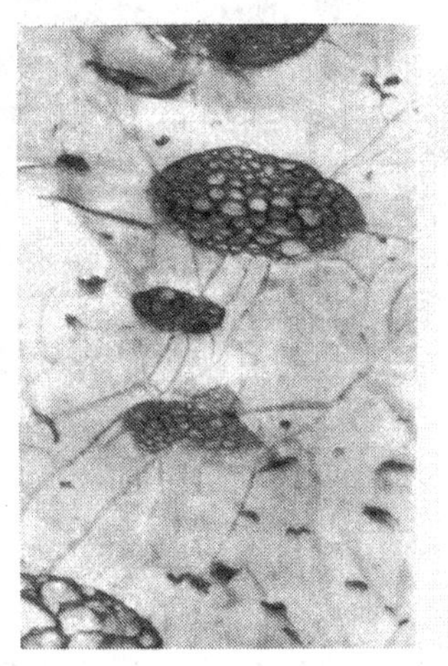

图 6-63　抗冲击聚苯乙烯的应力白化现象（OsO_4 染色）

图 6-64 是 PC/MBS/PS 共混物的应力白化处的超薄切片，经 RuO_4 染色后得到的结构形貌。在橡胶颗粒之间有许多“微裂纹”与橡胶球形成“串珠”形态。

（2）高分子“合金”中填充剂的分散状况　橡胶与橡胶共混时，炭黑的分散状况可用电镜进行观察。天然橡胶与顺丁橡胶共混体系的炭黑分散状况如图 6-65 所示。

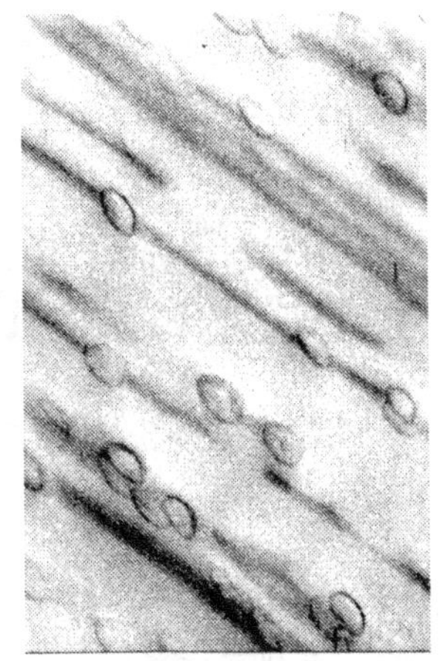

图 6-64　PC/MBS/PS 的应力白化现象

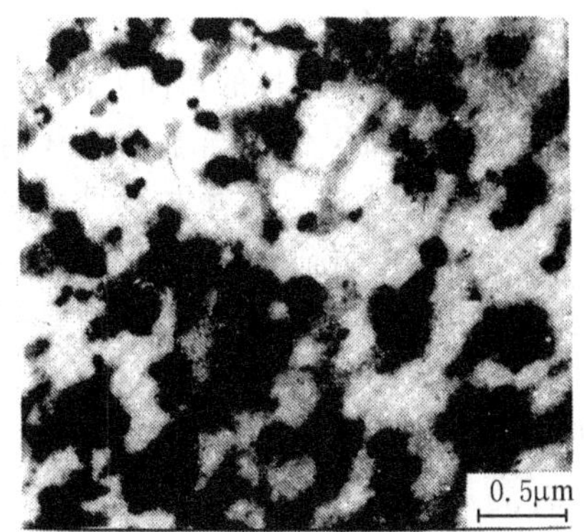

图 6-65　NR/BR（50/50）炭黑的分布

（3）高分子乳液颗粒形态　将高分子乳液滴到带有支持膜的铜网上，经

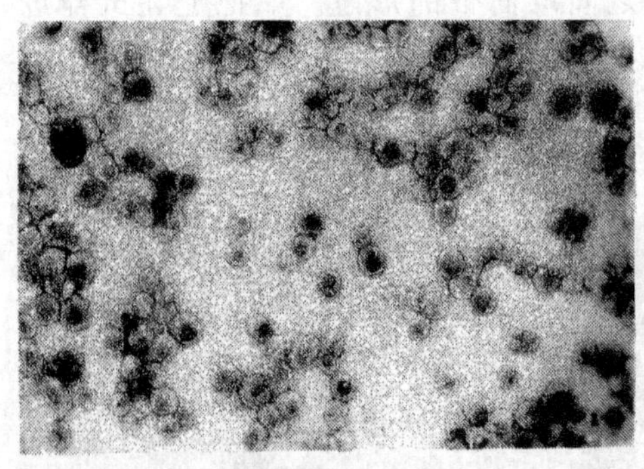

图 6-66　种子聚合乳液颗粒的核-壳结构

染色可以观察乳液的颗粒并计算粒径的大小及分布，同时还可清晰看到种子聚合得到的核-壳结构见图 6-66。

6.1.7.2　金属材料

金属材料与高分子材料有许多相似之处，如它们可以形成合金，都存在结晶结构等。因此以透射电镜来研究金属材料，除制样方法与高分子材料有所不同外，在晶面取向，晶面间距和形态学等方面与高分子材料的观察研究大同小异，这里不再赘述。下面简介金属材料常用的几个研究方面。

(1) 等厚条纹　金属 A 和 B 两个取向不同的晶粒之间存在倾斜晶界，当 B 晶粒晶面取向不满足布拉格方程，而 A 晶粒晶面取向满足布拉格方程时，A 晶粒产生衍射，它的楔形边界形成等厚条纹像。由此可判断金属晶粒边界的结构特点。

(2) 等倾条纹　如果试样平整而且晶面与试样表面垂直，即晶面与电子束入射方向平行，不会产生条纹图像。但当试样向上弯曲时，入射电子束不再与晶面平行，其夹角增大到满足布拉格方程时，则产生衍射现象在明场像中出现黑色条纹。因而可由等倾条纹判断试样的弯曲方向。

(3) 位错和层错　当金属晶体存在缺陷如位错、层错时，透射电镜可得到位错和层错图像由此可研究位错的种类和密度，在金属和合金相变与形变研究中是很重要的，例如马氏体或贝氏体相变晶体学研究中的应用。图 6-67 是位错图像。

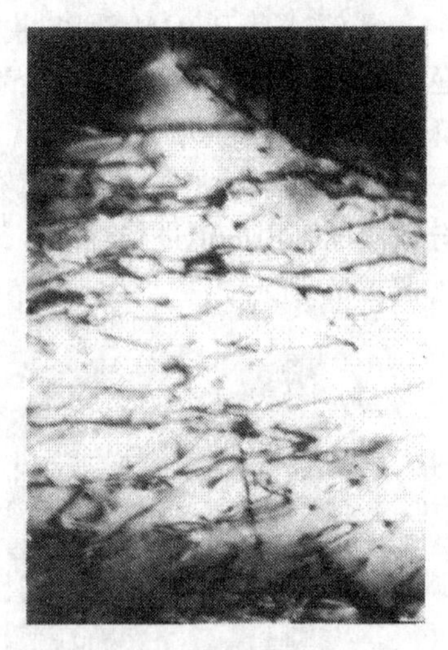

图 6-67　不锈钢位错形貌

6.1.7.3　其他材料

透射电镜在陶瓷、各种纳米材料和催化剂等也得到了广泛应用。图6-68是粘土与环氧树脂纳米复合材料，由图可清楚地看出约 5nm 厚的粘土层状物中间充满了环氧树脂。图6-69是陶瓷（SiN_4）晶界形貌及相对应的原子

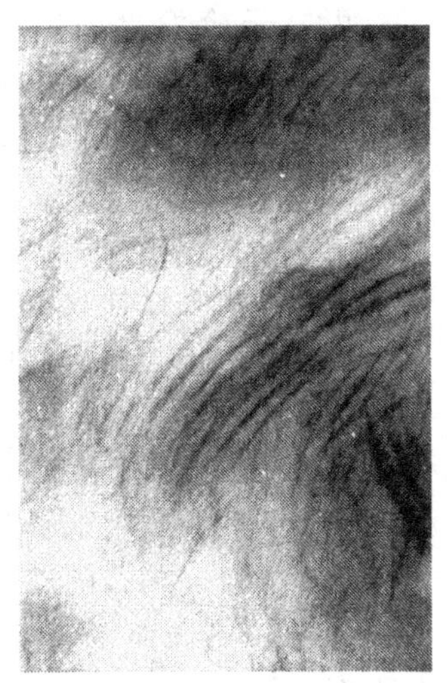

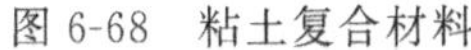

图 6-68　粘土复合材料

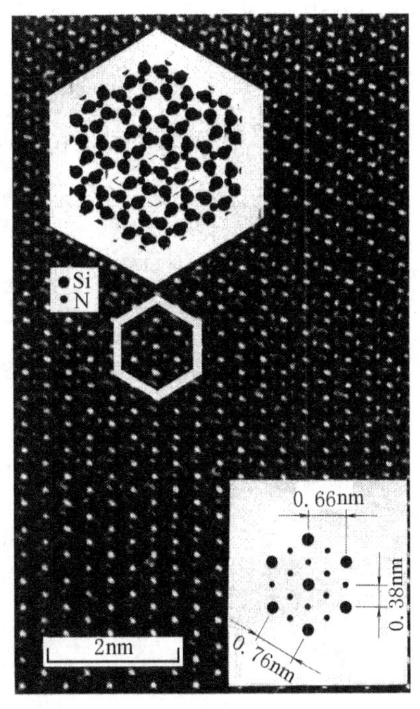

图 6-69　陶瓷晶界形貌与原子模型图

结构模型，可清晰地看到晶粒边界及原子之间的距离。

6.2　扫描电子显微镜（SEM）

扫描电镜是近几十年来发展起来的一种大型精密电子光学仪器。在冶金、地质、矿物、高分子、半导体、医学、生物学等领域得到了广泛的应用。

扫描电镜的试验工作是德国人 M. Knoll 1935 年首先开始的，他提出了利用扫描电子束从固体试样表面得到图像的原理。1938 年，M. V. Ardenne 用细电子束照射薄膜样品，用感光底片记录透过样品的电子束，同时让电子束与感光底片作同步运动来得到试样的放大像，试制了第一台扫描电镜（实际上是透射扫描电镜）。1942 年 V. K. Zworykin 和 J. Hillier，R. L. Sngder 试图把细电子束照到厚的样品上，并探测反射电子得到了试样的扫描像。由于当时检出和放大技术还很不完善，背景噪声太大，所以没有得到迅速发展。直到 1953 年以后，才得到较快的发展，并在 C. W. Oatley 等人的努力下制成了较好的扫描电镜。1965 年以后，扫描电镜以商品的形式出现，分辨率达到 25nm。目前的扫描电镜分辨率已优于 2nm。

6.2.1 工作原理

扫描电镜的成像原理和一般光学显微镜有很大的不同，扫描电镜与电视相似，是在阴极射线管（CRT）荧光屏上扫描成像，见图 6-70。

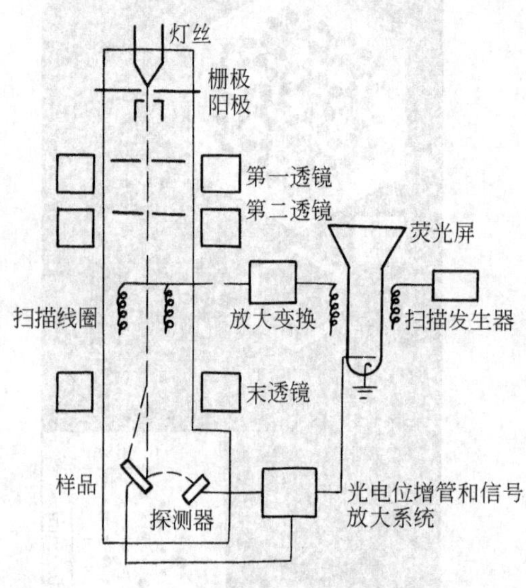

图 6-70 扫描电镜示意图

由电子枪发出的电子束（直径为 50μm 左右）在加速电压的作用下，经过三个磁透镜聚焦成直径为 5nm 或更细的电子束。在扫描线圈的控制下，使电子束在试样表面进行逐点扫描。电子与试样作用产生二次电子，背散射电子等各种信息。观察试样形貌时，检测器主要是收集二次电子和部分背散射电子，信号随着试样表面的形貌不同而发生变化，从而产生信号衬度，经放大器放大后，调制显像管的亮度。由于显像管的偏转线圈和镜筒中的扫描线圈的电流是同步的，所以检测器逐点检取的二次电子信号将一一对应地调制 CRT 上相应各点的亮度，从而获得试样的放大像。扫描电镜的放大倍率是电子束在试样上扫描幅度与显像管扫描幅度之比。如果荧光屏上的像是 100mm×100mm，调节扫描线圈的电流使电子束在试样上的扫描范围由 5mm×5mm～1μm×1μm 之间均匀变化，则荧光屏上像的放大倍率从 20 倍～10 万倍均匀地变化。扫描电镜的分辨率由照射到试样上电子束斑点的直径大小来决定，一般为几个纳米。

6.2.2 性能和特点

透射电镜对光学显微镜来说是一个飞跃，而扫描电镜对透射电镜又是一个补充和发展，其特点如下。

(1) 焦深大 扫描电镜的焦深由物镜孔径角决定（10^{-2}弧度）。当荧光屏上的像是 100mm×100mm，放大倍率为 1000 时，约有 100μm 的焦深，比透射电镜大一个数量级。因此对观察凹凸不平的试样形貌最有效，得到的图像富有立体感。如果对同一视野改变入射电子束的角度，可得到一组照片，用立体眼镜可进行立体观察和分析。

(2) 成像的放大范围广、分辨率较高 光学显微镜有效放大倍率为

1000，透射电镜为几百到 80 万倍，而扫描电镜可以从十几倍到 20 万倍，基本上包括了光学显微镜到透射电镜的放大倍率范围。而且一旦聚焦后，便可任意改变放大倍率而不必重新聚焦。图 6-71为焦深与放大率的关系。

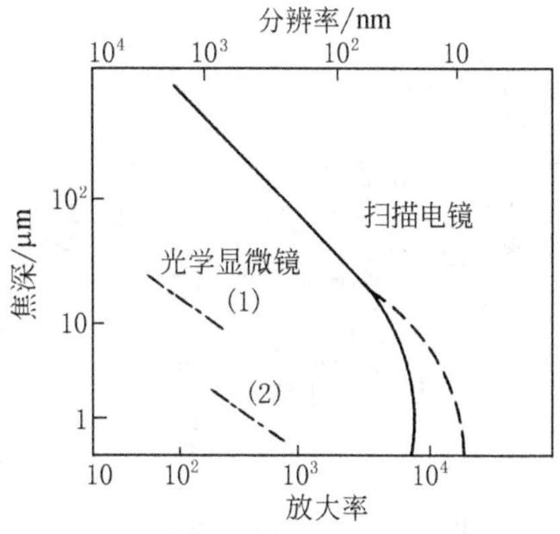

图 6-71　焦深与放大率的关系

扫描电镜的分辨率优于 6nm，介于透射电镜（0.1nm）和光学显微镜（200nm）之间。

（3）试样制备简单　透射电镜试样制备繁杂，而扫描电镜对金属等导电试样可以直接放入电镜进行观察，试样厚度和大小只要适合于样品室的大小即可。高分子材料大多数不导电，所以要在真空镀膜机中镀一层金膜再进行观察，无需复型和超薄切片等繁杂的实验过程。

（4）对试样的电子损伤小　扫描电镜照射到试样上的电子束流为 10^{-10}～10^{-12}A，比透射电镜小。电子束直径小（3 到几十纳米），电子束的能量也小（加速电压可以小到 0.5kV），而且是在试样上扫描并不固定照射某一点，因此，试样损伤小，污染也小，这对观察高分子试样很有利。

（5）保真度高　扫描电镜可以直接观察试样，把各种表面形态如实地反映出来，而透射电镜往往需要复型观察表面形态，容易产生假像。

（6）可调节　可以用电学方法来调节亮度和衬度。

（7）得到的信息多　可以在微小区域上做成分分析和晶体结构分析。

6.2.3　扫描电镜的结构

扫描电镜主要由电子光学系统、检测系统、显示系统、真空系统和电源系统组成。

6.2.3.1　电子光学系统

电子光学系统的作用是产生一个细电子束照射到试样表面，由电子枪、聚焦透镜（一般为三级磁透镜）、扫描系统和试样室组成。

6.2.3.2　检测系统

入射电子束不是每个电子都能产生二次电子。在扫描电镜的加速电压下，二次电子发射系数为 0.1 左右，一次电子流最小为 1×10^{-11}A，所以二次电子流量最小为 1×10^{-12}A，可见信号很弱，所以要用一种效率较高的方法来检测二次电子以得到有用的信号。

二次电子检测器见图 6-72。在栅网上加 +250V 电压，闪烁体上加

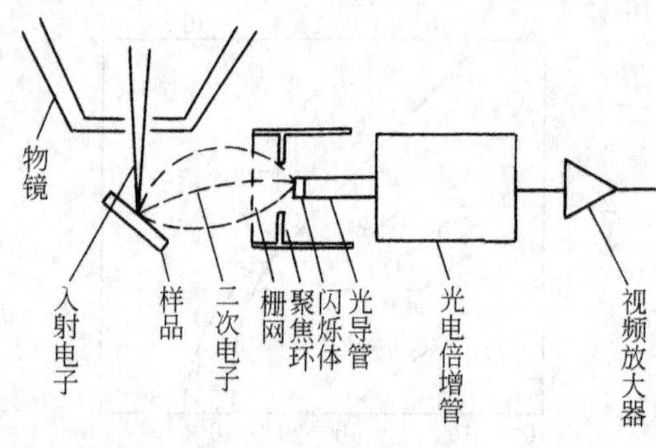

图 6-72 二次电子检测器

+10kV电压，闪烁体是由半球状塑料块蒸发上一层铝箔而制成的。二次电子受到栅网的吸引，大部分穿过栅网打到闪烁体上发光，光信号经光导管传到光电倍增管进行信号放大，再经视频放大器放大即可调制显像管亮度从而获得图像。

6.2.3.3 真空系统

电镜中为了避免电子与气体分子碰撞，要求具有 $1.33\times10^{-5}\sim1.33\times10^{-6}$Pa 的真空度，如果用场发射电子枪则要求 1.33×10^{-11}Pa 超高真空。样品室内也要求超高真空以防止样品污染。高真空可由油扩散泵和回转泵来实现。真空系统示意图见图 6-73。

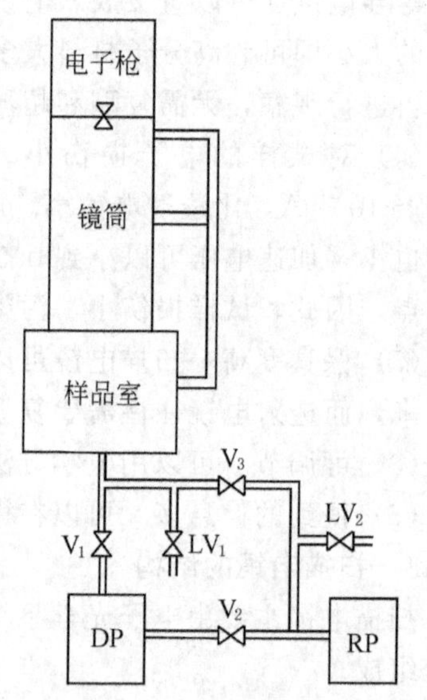

图 6-73 SEM 的真空系统示意图
DP—油扩散泵；RP—回转泵；
$V_1\sim V_3$—截止阀；
$LV_1\sim LV_2$—放空阀

6.2.3.4 显示系统

扫描电镜在显像管上显示出一个放大了的像。一般有两个显示通道：一个用来观察，另一个用来照相记录。观察用的显像管是长余辉荧光屏，可以减少闪烁。这种管子由于初始电子打到荧光屏上所产生的光（或紫外线）能在周围的磷中激发出荧光，而荧光屏上斑点的面积要比电子束斑面积大，故显像管的分辨率不会太高。一般 100mm×100mm 的荧光屏有 500 条扫描线，扫描一帧需要 1s，这对人眼的观察来说已经足够了。而照相记录用的显像管要求有 800～1000 条线，而且要用短余辉荧光屏。显像管的加速电压必须稳定，要求稳定度为千分之一。

6.2.4 衬度和分辨率

6.2.4.1 衬度

这里主要讨论不透明厚试样的二次电子和背散射电子所形成的衬度。影响扫描电镜图像衬度的因素如下：

① 影响电子束入射角的因素；

② 决定材料性质的因素；

③ 引起检测器收集到二次电子和背散射电子数之比的因素。

A. 二次电子的能量分布

一定能量的电子打到试样上所产生的二次电子的能量分布如图 6-74 所示。图中 A 区的电子能量很接近初始入射电子的能量（10keV），它们是入射电子被试样一次或两次大角度弹性散射后离开试样的电子，其能量损失极小。B 区的电子能量在 10keV 和 50eV 之间，B 区的电子是入射电子被试样多次非弹性碰撞后散射回来的电子，其电子强度很低，但比 A 区的总电子数要多。C 区的电子离开试样时的能量为 0～50eV，在分布曲线中有极大值。不同的材料使二次电子的能峰稍有变化，具有低脱出功材料的二次电子峰移向高能量方面。对样品不同部位具有不同脱出功的材料而言，可以得到的衬度很小。

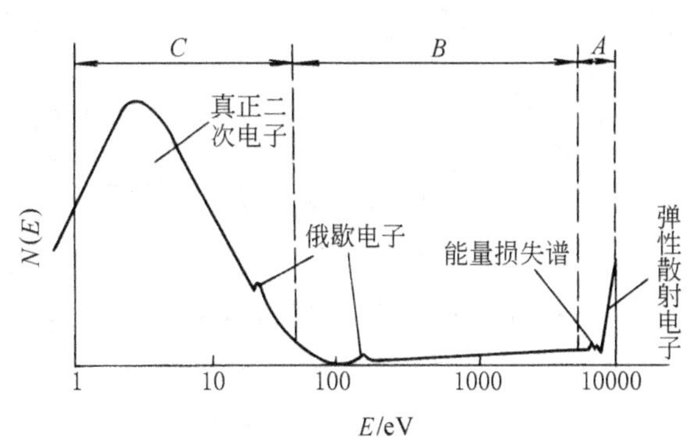

图 6-74 10keV 入射电子产生的“二次电子”能量分布示意图

在扫描电镜中收集不同区域的电子可以得到不同的信息。检测器中所加收集电压在＋250V 到－50V之间。当收集电压为＋250V 时，大部分电子（包括通常所说的二次电子和背散射电子）都被收集进来进行检测。当收集电压由零变到负值时，则一部分二次电子就会逐渐被排斥在收集系统之外。这时能量较高的背散射电子成为形成图像的主要来源。

B. 二次电子的产率

图 6-74 中，A、B、C 三个区总的“二次电子流”为：

$$i_t = i_s + \eta i_p + \gamma i_p$$

式中 i_s——真正的二次电子；

η、γ——分别为 B 区和 A 区的电流相对于初始电流的比值，它们是初始电子能量和样品原子序数的函数。

首先来讨论背散射电子流，η 表示一个初始电子能产生一个能量大于 50eV 小于初始能量的电子的几率。一般 η 小于 1，而且随初始加速能量的改变比较缓慢。在 E_0＝10keV 处，它几乎是一个平坦的极大值。影响 η 的主要因素是材料的原子序数(Z)η_{max}与 Z 的关系，如图 6-75 所示。由图可以

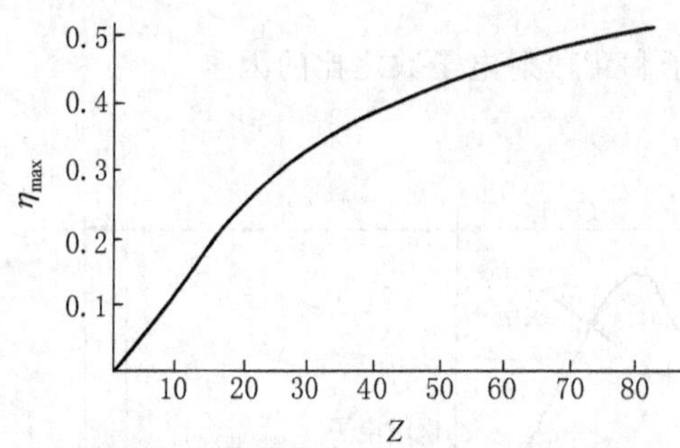

图 6-75　η_{max}与原子序数的关系

看出，Z 小于 45 时，η_{max} 随 Z 变化较大。这样，功函数相近的轻元素用加负偏压的检测器以排除二次电子，则可对试样中相近的组分得到衬度明显的图像。

其次讨论真正的二次电子。令 $\delta = i_s / i_p$（即二次电子流比入射电子流）为二次电子的产率，理论推导的近似表达式为：

$$\delta = \frac{A}{\varepsilon_e E_0} f(0) X_s \frac{1}{\cos\theta}$$

式中　A——材料的固有常数；

ε_e——激发二次电子所需平均激发能；

E_0——入射电子的初始能量；

$f(0)$——材料表面极薄层处所产生二次电子逸出表面的几率；

X_s——二次电子在样品中的平均自由程；

θ——入射电子束与样品表面法线方向所形成的夹角。

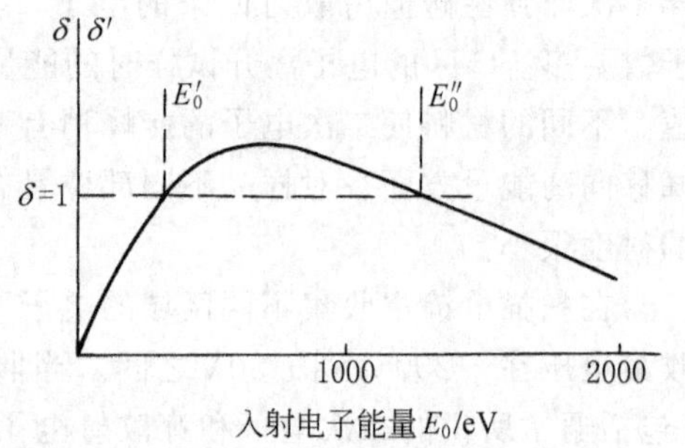

图 6-76　二次电子产率与入射电子能量的关系示意图

δ 与 E_0 的关系如图 6-76 所示。

在 E_0 为 400eV～800eV，δ 有一极大值。δ_{max}可能大于 1，也可能小于 1，它取决于材料的功函数。总之，对于相同的材料来说，表面粗糙者二次电子的发射率比表面平滑者少。δ_{max}随功函数的变化见图 6-77。

由图可以看出，功函数高的材料产生二次电子的数目比功函数低的大。所以具有不同功函数的材料在扫描电镜中将有不同亮度，这是衬度的一个重要来源。

二次电子的产率与电子束入射角的关系可以表示为：

$$\delta \propto \frac{1}{\cos\theta}$$

θ 角越大则入射电子在近表面层中有较多的散射几率，散射产生的二次电子就多。另外，二次电子发出时，在空间按角度分布近似服从余弦定律，如图 6-78。这可以理解为二次电子逸出时，沿垂直于样品表面方向所经过的路程最短，故最不容易被吸收。因此 θ 角大（不等于 0°），二次电子产率高，检测器越接近样品表面法线方向所得二次电子流越大。实际工作中电子束的入射角选 15°左右为宜。

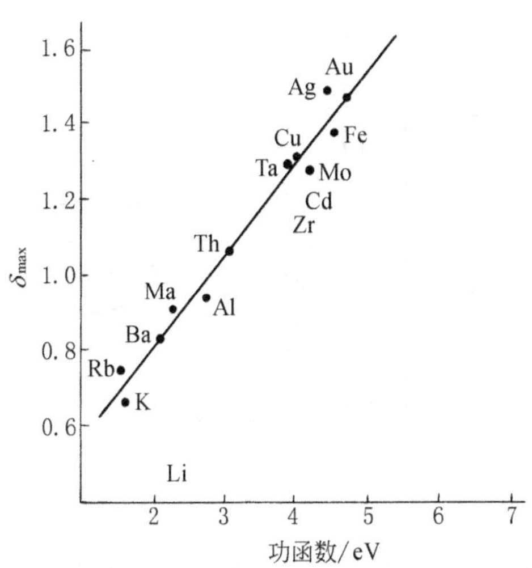

图 6-77　δ_{max}与功函数的关系

C. 二次电子像的衬度

影响二次电子像的衬度的因素很多，主要是表面形貌、原子序数、电场和磁场等。

（1）表面形貌的影响　当入射电子的方向固定时，样品表面的凹凸形貌决定了不同的入射角 θ，由前面的讨论可知，θ 角越大，二次电子的产率越高。由于检测器的位置已经固定，所以样品表面不同部位对于检测器的收集角度也不同（见图 6-79），从而使样品表面的不同区域形成不同的亮度。以最突出的 A 区和 B 区为例：A 区中由于 θ_A 角不大，所以产生的二次电子数不太多，而且检测器对于它的角度也不利于收集二次电子，所以 A 区所对应的二次电子强度 I 很小。B 区则不同，由于电子束入射角 θ_B 大，故二次电子产率高，而且绝大部分都能被检测器收集，因此 B 区对应的二次电子强度 I_B 很大。这样，A 和 B 区由于形貌不同，形成图像不同的衬度。

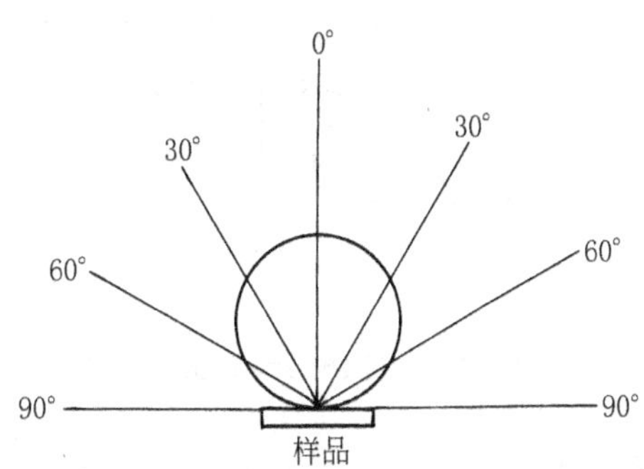

图 6-78　低能二次电子的角分布

（2）原子序数的影响　前面已经讨论过，二次电子的产率与样品所含元素的原子序数有关，但它所引起的差别不大，常常被样品表面镀层所掩盖，因此，二次电子像不像背散射电子像那样对不同元素的组分有较高的衬度。

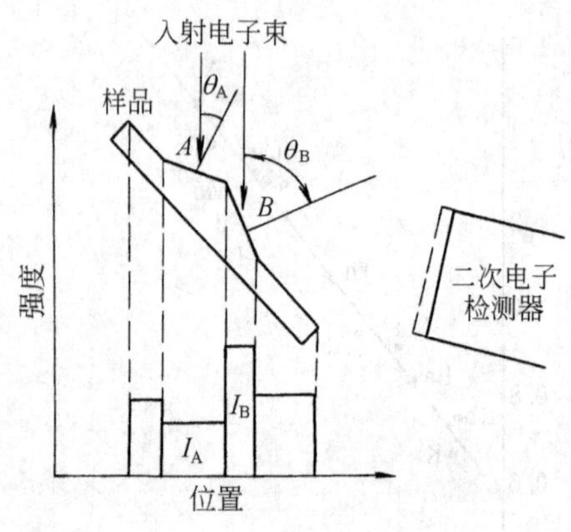

图 6-79 表面形貌对衬度的影响

样品发出的二次电子可以分为两类：一类是直接由入射电子所产生的；另一类是由背散射电子激发所产生的。背散射电子激发所产生二次电子多少，主要取决于样品的种类。图 6-80 是五类电子共同形成一幅二次电子像的示意图。它们所代表的信息见表 6-4。

尽管形式上 S_2，S_3 都是二次电子，但就反映样品的信息而言，S_3 代表的是背散射电子，S_2 则包括二次电子和背散射电子的信息。B_1 和 B_2 是与二次电子同时到达检测器的信号，一般不能从二次电子像中排除，因此，二次电子像中也包括原子序数所引起的衬度。

表 6-4 五类电子代表的信息

类别	信号种类	反映样品特征的信息
S_1	二次电子	二次电子
S_2	二次电子	二次电子加背散射电子
S_3	二次电子	背散射电子
B_1	背散射电子	背散射电子
B_2	背散射电子	背散射电子

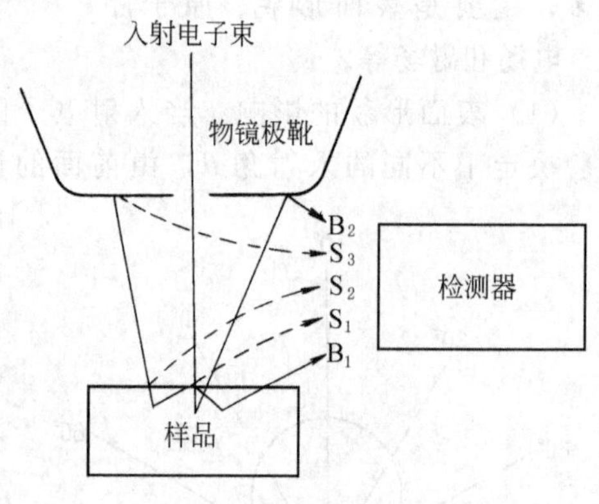

图 6-80 形成二次电子像的五类电子

(3) 电场和磁场　当观察某些样品时（如晶体管），其表面有电位分布，正电位区将阻止二次电子逸出，所以该区为图像上的黑区，而负电位区则有助于二次电子的逸出，故图像上形成亮区，这就是二次电子的电压衬度。

样品表面的磁场分布，也可以从二次电子像中反映出来。例如，样品是强磁体时，二次电子会受其磁场的影响产生弯曲的轨迹，如果在检测器前加一个光阑，提高方向性，这种磁场的存在就可作为二次电子像的衬度而出现。

(4) 样品的充电问题　在扫描电镜中，当被观察的样品是导体时，由于入射电子束感应所产生的电荷将被导线引走（通过样品接地），样品可以维持在任意所需要的电位。当样品是非导体时，多余的电荷不能排走，尤其是局部充电现象会使二次电子像发生过强的衬度。因此常常在绝缘样品表面喷涂一导电层（如金或铝等），而使薄层与样品保持电接触，防止充电现象。喷涂层的厚度可以根据不同情况取 0.01～0.1μm。

6.2.4.2 分辨率

扫描电镜的分辨率是指在图像上可以分辨的样品上两个特征物之间的最小距离，它的主要影响因素有如下几点：

① 信噪比和衬度极限；

② 电子束斑的直径；

③ 入射电子束在样品中的散射。

此外，电源的稳定度、外磁场的干扰等也对分辨率有影响。

6.2.5 扫描电镜在材料科学研究中的应用

在扫描电镜出现以前，局限于用光学显微镜和透射电镜研究材料表面形貌。由于所要了解的表面信息不是在一个平面上，光学显微镜景深小，显微照相又很难做到变化焦平面，因而对材料表面形貌的研究，特别是对纤维和织物的研究存在很大的弱点。透射电镜样品制备繁杂，景深比扫描电镜小，在使用上也受到限制。尽管如此，用光学显微镜和透射电镜还是可以得到材料外部结构的许多信息。

早在 1958 年就开始用扫描电镜研究聚合物和纤维的形貌了。由于扫描电镜景深比光学显微镜和透射电镜都大，放大倍率可以在十到几十万之间变化，几乎全部包括了光学显微镜和透射电镜的放大倍率范围。扫描电镜所提供的表面形貌尺寸的大小，对光学显微镜来说太小，无法分辨；而对透射电镜来说又嫌太大，已经超出了它的景深范围。所以，在研究块状材料中的破坏信息等方面，扫描电镜显示出了它所独有的特点。但这并不意味着扫描电镜可以完全取代光学显微镜和透射电镜，而是使三者互相补充，扩大了研究范围。近年来出现的扫描遂道显微镜（STM）和原子力显微镜（AFM）由于分辨率可达到原子的尺度，在材料研究中将得到长足发展，读者可参考有关专著。

6.2.5.1 研究有机高分子试样的操作条件

高分子材料属于低密度物质的范畴，扫描电镜用较高的加速电压，电子射线在低密度样品中穿透深度较大，导致从样品内部产生许多人们所不希望的信息，使图像对比度降低，使样品表面形貌的细节模糊。因此，在研究高分子材料时，应尽量使用较低的加速电压，一般用 5kV。当研究高分子断裂表面时，使用低加速电压更为重要，因为分析断裂机制必须记录了解所有的断裂表面的细节。从图 6-81 可以明显地看出使用低加速电压的优越性，

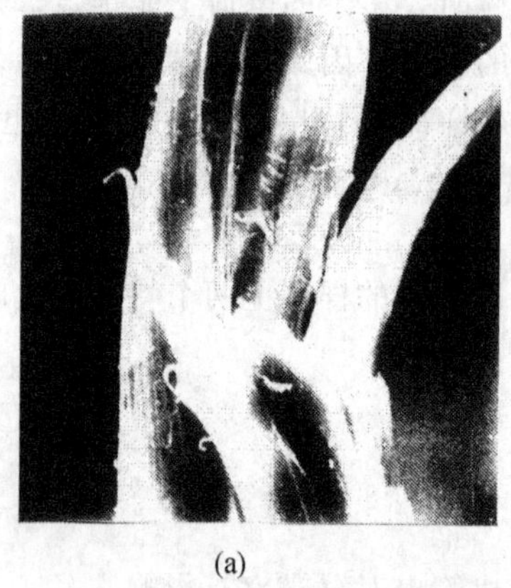

(a)

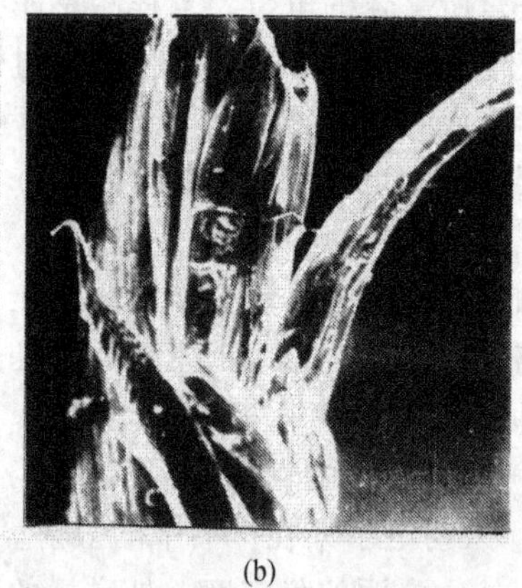

(b)

图 6-81　弯曲断裂的腈纶纤维

(a) 加速电压 20kV；(b) 加速电压 5kV

当用 20kV 加速电压时，样品表面细节损失严重。

如果电子束的加速电压从 20～25kV 降到 5～10kV 时，试样的电子损伤小，电荷积累也少，而且可以减少金属镀膜的厚度，故能得到良好的表面细节。

使用低加速电压工作，最大的缺点是分辨率低。若采用较大的透镜电流，降低信/噪比，仔细校正像散和保持仪器清洁，使照相曝光时间大于 20s 等操作步骤，可以使分辨率达到 50nm。

(1) 试样的污染和损伤

在观察中，由于游离的碳而引起污染，特别是在高放大倍率时，电子射线扫描范围小，在试样表面有一层明显的污染，导致二次电子的产率下降，图像变暗。

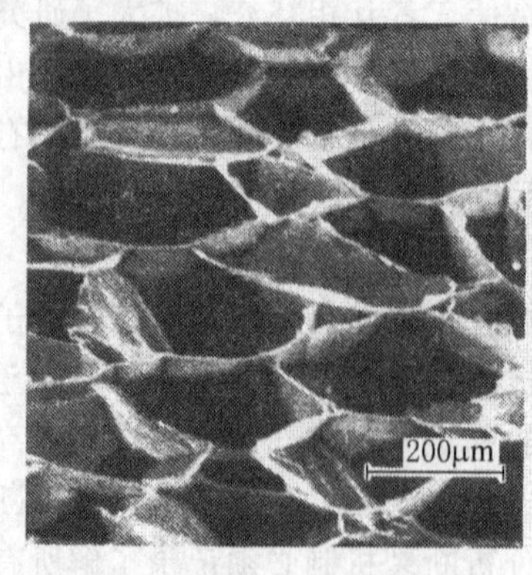

图 6-82　发泡聚乙烯

电子射线对试样的损伤，是生物和高分子材料不可避免的问题。关于透射电镜对试样的损伤，进行了许多的研究工作。如用电子射线照射聚乙烯单晶，观察单晶消失的过程，由于电子射线的照射，试样内部的热量逐渐积累，因而试样的温度不断提高，最后导致单晶熔解破坏。在扫描电镜中，用高倍率对高分子试样进行长时间观察后，再用低倍率进行观察，可以发现高倍率观察过的部分有相当的损伤和污染。这时试样变形，随着试样的变形，金属膜发生移动，收缩剥离或破坏，从而引起试样表面与金属膜之间强的衬度，容易引进对试样表面形貌观察的干扰，这在实际工作中必须给予充分重视。扫描电镜对试样的损伤要比透射电镜小，因此，在低倍率下，对聚乙烯等试样可以放心地进行观察，见图 6-82。

高倍率观察时，由于温升，聚合物发生变形，图 6-83 是高倍率观察变形的尼龙纤维。

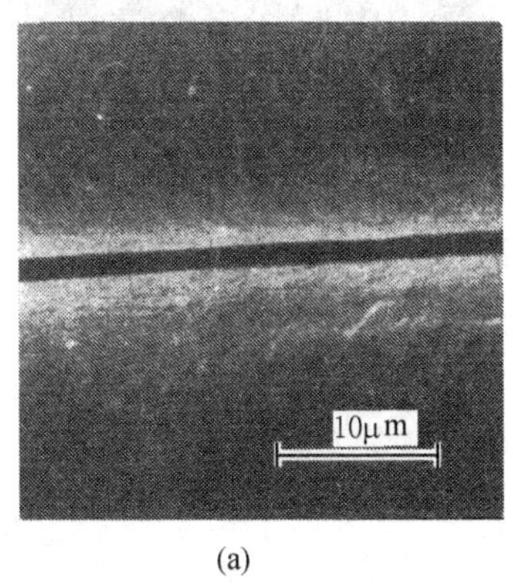

(a)

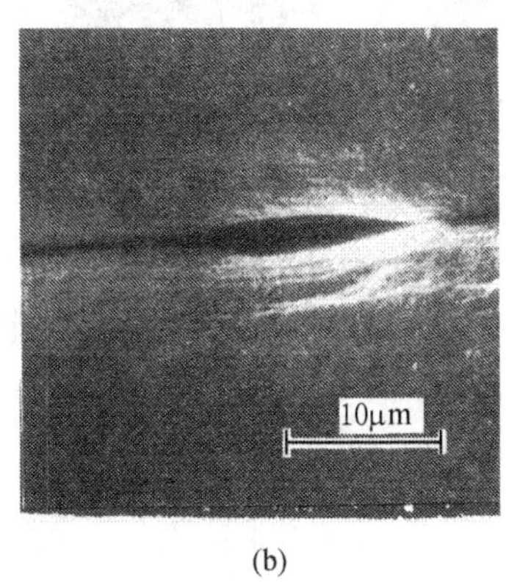

(b)

图 6-83　高倍率观察变形的尼龙纤维

用扫描电镜观察聚甲醛薄膜表面形貌，试样表面损伤 θ 可用下式表达：

$$\theta = \mathrm{f}(P, \rho, F)$$

式中　P——单位长度上电子射线剂量密度；

ρ——画面上扫描线密度；

F——与扫描时间有关的数值。

当参数 P 和 ρ 小时，观察聚甲醛容易引起龟裂，当 P 和 ρ 大时，聚甲醛熔融发泡。只有 P 和 ρ 适当时，试样表面才不发生变化。

（2）试样的电荷积累

高分子材料绝大部分是绝缘体，在作扫描电镜观察时，试样与样品台之间导电不良，会引起样品局部电荷积累。因此，在画面上发生：

① 沿扫描线方向有不规则的亮点；

② 画面移动或图像畸变；

③ 产生异常明暗的衬度，难以聚焦等。图 6-84 和图 6-85 是电荷积累的两个例子。

当电子射线照射到导电试样上时，试样对地有一电位。入射电子射线电流为 I_0，反射电子电流为 I_b，二次电子电流为 I_s，透射电子电流为 I_t，试

图 6-84 电荷积累（合成纤维）

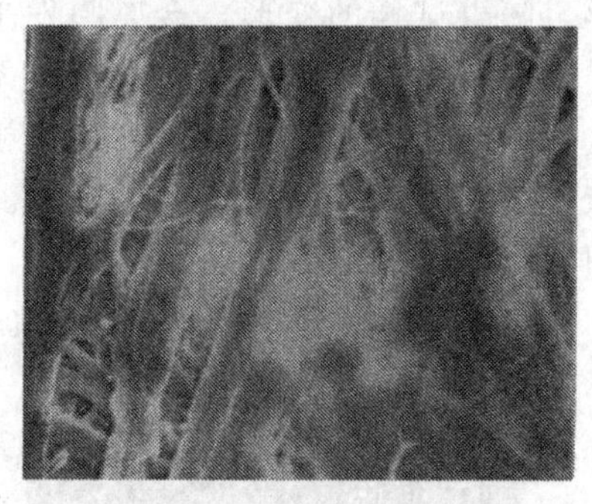

图 6-85 电荷积累（合成纸）

样对地的样品电流为 I_m，则有：

$$I_0=I_b+I_s+I_m+I_t$$

由于扫描电镜试样较厚，电子不能透过，所以 $I_t=0$，样品电流

$$I_m=I_0-I_b-I_s \tag{6-11}$$

I_m 与吸收电流 I_a 的关系为

$$I_m=I_a-I_s \tag{6-12}$$

反射散射比为 $r=\dfrac{I_b}{I_0}$，二次电子产率为 $s=\dfrac{I_s}{I_0}$代入式（6-11）得 $I_m=(1-r-s)I_0$ 一般，扫描电镜采用加速电压为 10～20kV 时，$r+s<1$，普通 I_0 的 50%～70%作为 I_m 通过入射点流向地电位，当试样是非导电性材料时，样品电流难以流动，在电子射线入射点附近产生一定的电荷积累。入射点与地之间的阻抗以 Z 表示，入射点与地之间的电位差为：

$$U=ZI_m=Z(1-r-s)I_0$$

不发生电荷积累的条件是：$I_m=0$。由式（6-12）可得 $I_a=I_s$，这说明当绝缘材料的试样二次电子流等于吸收电流时，在观察中才可能不发生电荷积累。由于电荷积累，电位提高数十到数百伏特时，将影响二次电子的产率及捕捉效率，发生异常衬度。

为了避免试样电荷积累，在试样表面镀一层金膜是有效的方法。

考虑 $I_a=I_s$，这个条件，可以用下述方法避免电荷积累。

① 降低加速电压法

当加速电压降到 5kV 时，对应于 I_0 的试样电流 I_m 变小，不用真空镀膜也可进行观察。缺点是加速电压低，分辨率低。

② 样品倾斜法

当电子入射角 θ 大时（试样表面法线与入射电子射线之间的夹角），对

应于 I_0 试样的S增加，所以 I_m 变小，可以减少电荷积累。

③ 电子射线透过法

使电子射线能够穿过不镀金属膜的试样，把试样放在二次电子产率小的基底（如铝）上，在较高的加速电压下进行观察。观察高分子和微生物试样可使用这个方法。

6.2.5.2 真空镀膜

用扫描电镜进行观察时，要求试样具有 $10^{-10}\sim10^{-4}\Omega$ 的导电能力，否则试样的局部将产生电荷积累，直接影响观察效果。在试样表面喷镀金属薄膜不但可以防止局部电荷积累，而且可以提高二次电子的产率，从而得到较强的信号。也可以减小试样的热损伤。

真空镀膜常用的金属有金和Au-Pd合金（60∶40）。也有的用Ag、Au-Pt合金或碳与金并用等进行镀膜。由于高分子耐热性较差，所以在镀膜与观察时要注意不要过热。镀膜的厚度随着试样的状态和观察的目的不同而有所差异。表面平坦、凹凸少的薄膜试样镀膜厚度为10～30nm为宜。观察纤维织物、合成革、合成纸、凝聚的粉末等材料时，其组织内部如果不能很好地进行镀膜，试样的局部处于绝缘状态，观察时容易产生电荷积累。观察织物等材料放大倍率为数百倍，所以镀膜厚度一般为50～100nm。如果用1万倍放大率进行观察镀膜厚度为100nm的试样，在图像上金属膜的厚度为1mm，这就不能忽视金属膜厚度的影响了。所以，进行高放大率、高分辨率观察时，镀膜厚度用10nm为宜。但膜镀的薄，试样产生的二次电子就少，信号就弱，图像变得粗糙，试样也容易受电子射线损伤。

除了金属镀膜以外，为了使试样导电，也可直接向试样表面喷涂抗静电剂或吸附锇酸。喷涂抗静电剂不能进行高倍率观察，而吸附锇酸法的缺点是比金属膜产生的二次电子少，图像较暗。对于具有复杂形态的试样，先把试样喷镀金属，然后吸附锇酸来弥补金属镀膜的不足之处。这个方法的优点是：由于金属膜存在，可以得到较强的信号。应该指出，在动态研究中，不能用金属膜，因而喷涂抗静电剂是很有意义的。

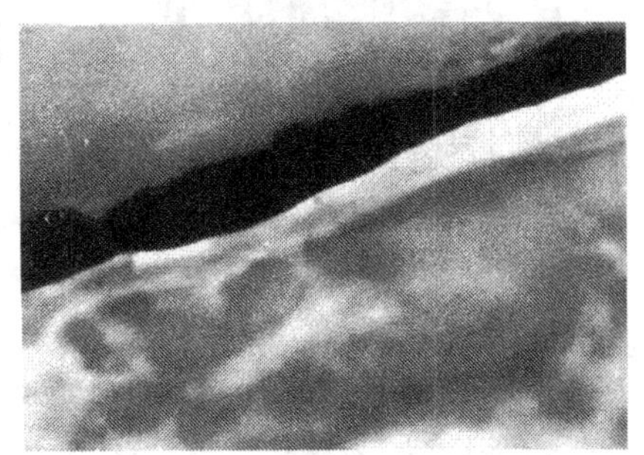

图6-86 垂直于ABS的镀金膜表面切片

金属镀膜的厚度可以用自动仪器装置来计测，也可用 OsO_4 染色，垂直于镀金表面制成超薄切片，再用透射电镜照相，求出金属膜的厚度，见

图 6-86。图中的黑带部分是镀金膜，由此可以估算镀膜的厚度。

6.2.5.3　扫描电镜应用实例

（1）断口形貌　在研究金属或非金属材料的断裂机理时，观察材料在各种条件下的断口形貌是十分重要的。由图 6-87 可以看出尼龙纤维的断口是脆性断裂，而丁腈橡胶改性的聚氯乙烯用维纶纤维增强后的断口，基体与纤维之间存在很多微纤状联系，材料的韧性和强度都会有较大提高，如图 6-88 所示。金属材料和高分子材料的断口可能出现各种不同形状的韧窝，例如在钢中经常可以看到大韧窝之间布满小韧窝如图 6-89 所示。韧窝大小、深浅与数量取决于材料夹杂物或第二相粒子的大小、间距、数量及材料的塑性和试验温度。如果夹杂物或第二相粒子多，材料塑性较差则断口上韧窝尺寸较小也较浅，反之则韧窝较大较深。

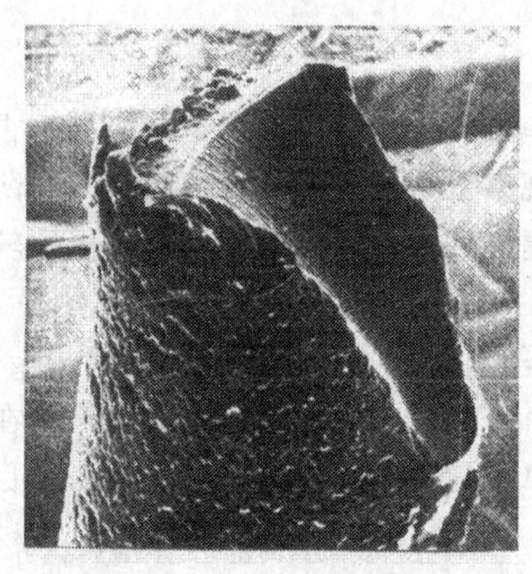

图 6-87　尼龙纤维的断口形貌

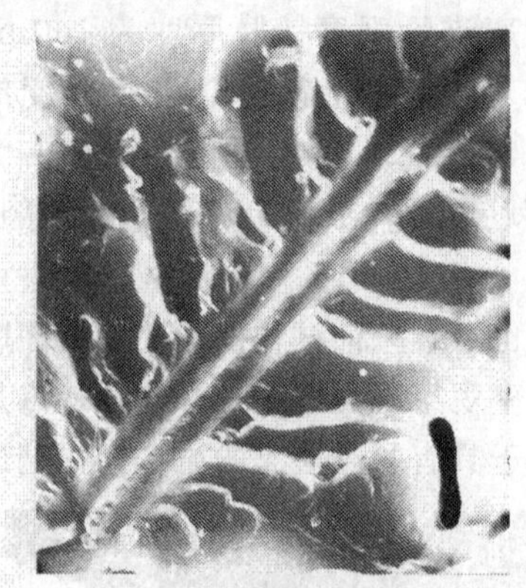

图 6-88　维纶短纤维增强 PVC/NBR 断口形貌

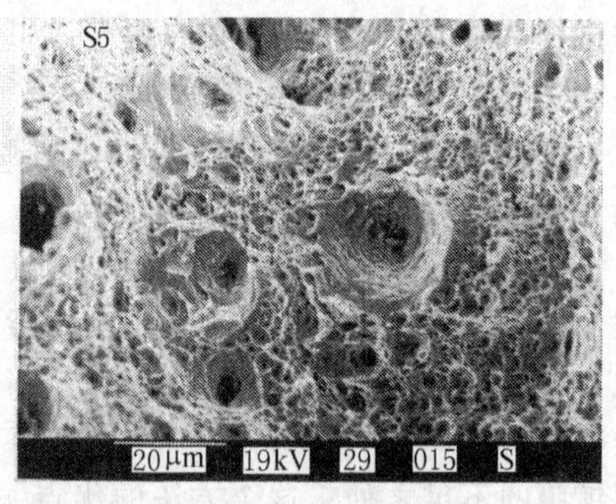

图 6-89　钢的断口形貌

（2）横截面形貌　由材料横截面可以观察到材料微细结构。图 6-90 是等离子刻蚀的碳纤维截面细节。

（3）内部结构　用剖开、离子刻蚀、化学刻蚀和溶剂刻蚀等方法可以观察研究材料的内部结构。

由图 6-91 可以看出做防弹背心的芳纶在皮层里面存在许多微球结构对芳纶的性能具有很大的影响。

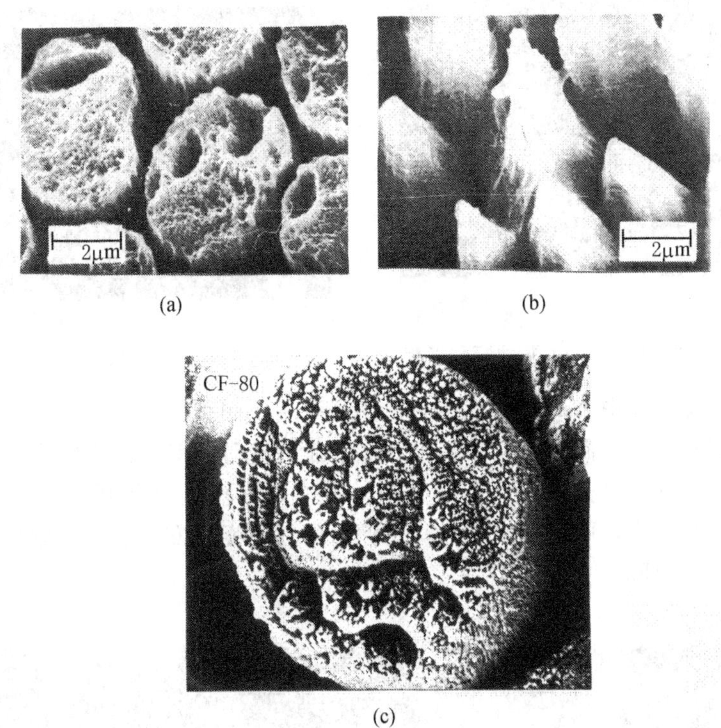

(a) (b)

(c)

图 6-90　等离子刻蚀的碳纤维表面

(a)、(b) 与 (c) 试样不同

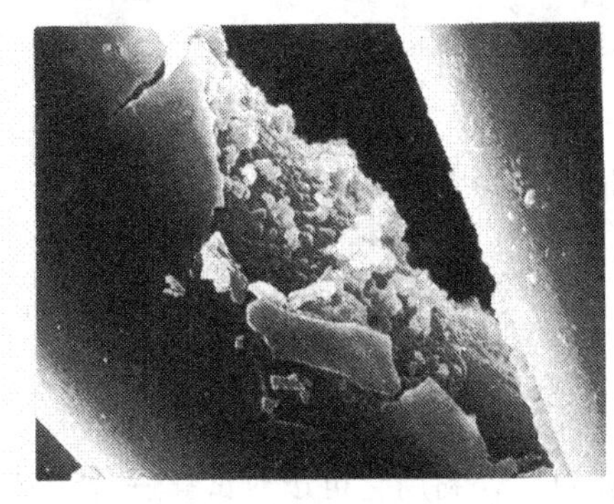

图 6-91　芳纶刻蚀后的形貌

(4) 粉末　在材料科学研究中常常会用到微粉，它的粒径大小及分布对材料性能具有重要影响。图 6-92 是钛白粉的颗粒形态，图 6-93 是汽车发动机润滑油中添加的铜粉形貌。它可使发动机镀一层铜膜而提高发动机的牵引力。

(5) 动态和其他特殊实验　随着扫描电镜的普遍应用，近些年生产的电镜一般都提供动态观察和特殊需要的各种样品台，如：集成电路观测台、样品拉伸台、样品加热台、样品冷却台、样品多用测角台等。这样就可以研究试样拉伸形变过程的形态变化以及加热冷却等形态变化。

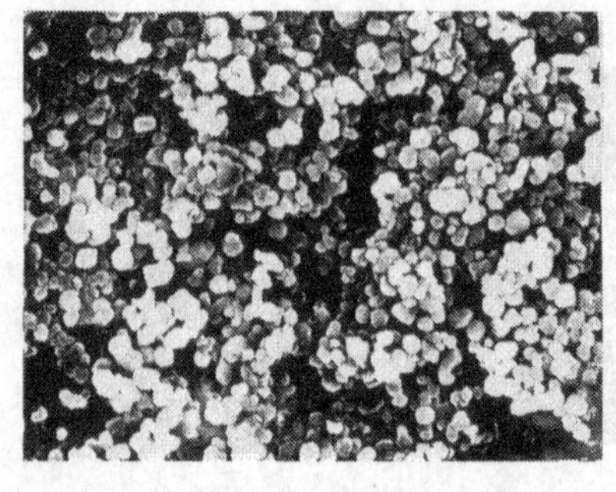

图 6-92 钛白粉（TiO_2）的颗粒形貌

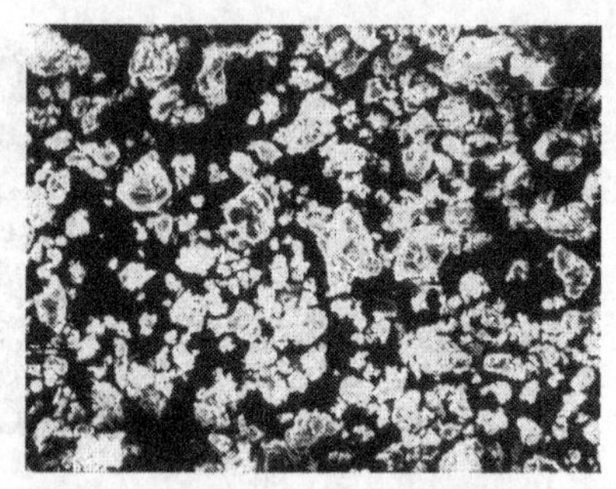

图 6-93 铜微粉形貌

在动态实验中，试样被拉伸时，样品产生不同程度的形变，样品表面的金属膜容易被拉破而导致样品带电。做动态实验时，要用抗静电剂喷涂样品表面，防止试样电荷积累而产生异常衬度等，图 6-94 是聚丙烯球晶拉伸过程中的形态变化，可以看出球晶片拉伸后向球晶赤道方向靠拢，球晶由圆形逐渐变成椭圆形。

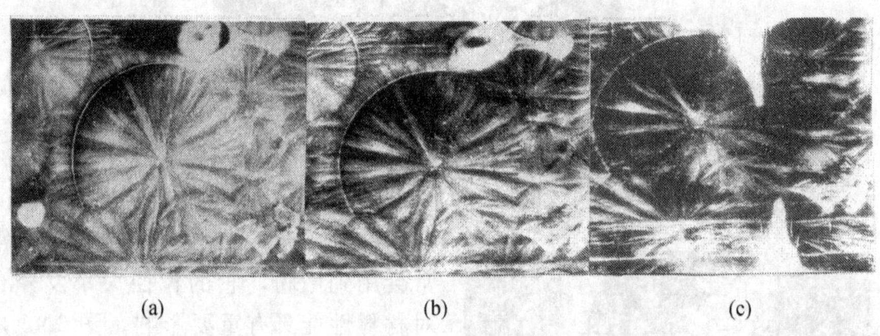

(a) (b) (c)

图 6-94 聚丙烯球晶拉伸过程中的变化

(a) 拉伸变形前；(b) 拉伸过程中；(c) 进一步拉伸后

6.3 X 射线显微分析

6.3.1 X 射线能谱仪（EDS）

X 射线能谱仪是扫描电镜的一个重要附件，利用它可以对试样进行元素定性、半定量和定量分析。其特点是探测效率高，可同时分析多种元素。

6.3.1.1 能谱仪工作原理及结构

A. 能谱仪的工作原理

锂漂移硅（以下简称 Si（Li））X 射线能谱仪的工作原理如图 6-95 所示。

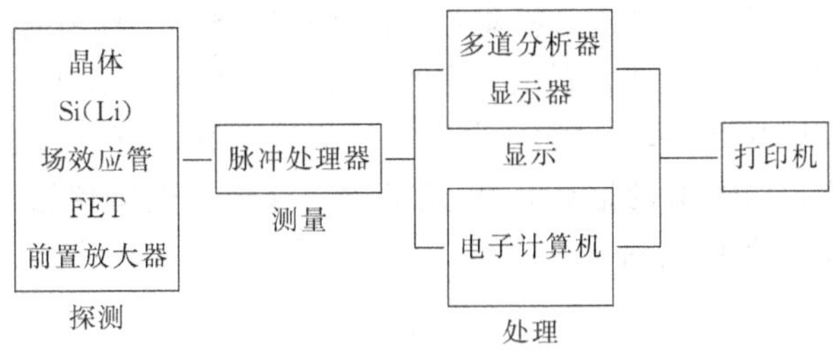

图 6-95　能谱仪工作原理方框图

从试样中产生的 X 射线被 Si（Li）半导体检测，得到电荷脉冲信号经前置放大器和主放大器转换放大得到与 X 射线能量成正比的电压脉冲信号后，送到脉冲处理器进一步放大再经模数转换器（ADC）转换成数字信号送入多道分析器（MCA）由计算机处理后，在显示器上显示分析结果并由打印机打印。

B. 能谱仪的基本结构

（1）X 射线探测器　X 射线探测器由 Si（Li）半导体、场效应晶体管（FET）和前置放大器组成。为了限制 Si（Li）半导体中锂发生迁移并减小电子线路的噪声，将 X 射线探测器放在低温恒温器中用液氮冷却恒温。

① Si（Li）半导体。Si（Li）是 P 型半导体，当被测 X 射线进入 Si（Li）半导体时，就会产生一定数量的电子空穴对。在 100K 下，硅中产生一对电子空穴平均需要消耗能量 3.8eV，因此每个能量为 E 的 X 光子产生的电子空穴对数目为 $E/3.8$，加在 Si（Li）上的偏压将电子空穴对收集起来，每入射一个 X 光子，探测器就输出一个脉冲高度与入射 X 光子能量 E 成正比的电荷脉冲。

② 场效应管与前置放大器。场效应管将 Si（Li）半导体送来的电荷脉冲转换成电压脉冲输送给前置放大器然后送到脉冲处理器。

③ 低温恒温容器。为了减少噪声并防止 Si（Li）中锂发生迁移，X 射线探测器的所有部件都处于低温真空状态中。因此要使 X 射线能够进入探测器，必须在探测器上设置一个既能承受一个大气压又能使低能 X 射线进入探测器的铍窗。由于铍窗吸收一部分低能 X 射线，所以能谱仪仅能分析原子序数 11 以上的元素。为了克服能谱仪不能分析轻元素的缺点，人们采用超薄铍窗或无窗探测器已经可以分析原子序数为 4 的铍元素。

（2）脉冲处理器和模数转换器　脉冲处理器主要作用是在接到前置放大器送来的信号后，向前置放大器反馈复位信号。另外它一次只放大一个脉冲，放大成形后的信号送到模数转换器将脉冲高度进行测量并转换成一个数字量输送到多道分析器分析处理。

(3) 多道分析器　多道分析器是由许多存储单元（称为通道）组成的存储器，与X光子能量成正比的时钟脉冲数按大小分别进入不同的存储单元。每进入一个时钟脉冲数，存储单元记一个X光子数，所以通道道址与X光子能量成正比，而通道的记数是X光子数。这样在能谱仪显示屏上就会显示出X射线能量色散谱图。

6.3.1.2　定性分析

A. 能谱分析的几个基本概念

(1) 死时间（DT）　死时间是脉冲处理器占线不能处理新入射的X射线脉冲的时间百分率。

(2) 活时间（LT）　脉冲处理器实际（actually）处理X射线脉冲的时间称为活时间。

(3) 分析时间（AT）　收集谱所需要的实际时间称为分析时间。

(4) 能量分辨率　能量分辨率的定义是谱线强度最大值一半处的峰宽度(半高宽FWHM)。对MnK_{α}来说Si（Li）能谱仪的分辨率（FWHM）约为150eV。

(5) 记数率（cps）　记数率是每秒输入主放大器的X光子数。Si（Li）能谱仪在最佳分辨率工作时，其记数率约为每秒2000～3000个记数，如果检测较低含量成分时，最好将记数率调到几百，用较长的时间收谱而获得所期望的分析精度。

(6) 逃逸峰（escape peak）　当X射线射到Si（Li）上时，Si被激发产生特征X射线，Si的K_{α}谱线能量为1.74keV，这样在比被测元素主峰能量小1.74keV的位置出现一个强度为主峰1%（P的K_{α}）到0.01%（Zn的K_{α}）的小峰，把这个小峰称作逃逸峰。

(7) 和峰　如果收谱时记数率很高，可能有两个X光子同时进入探测器Si（Li）晶体，这时产生的电子空穴对数目相当于具有两个X光子能量之和的一个X光子所产生的电子空穴对数目，因此谱图会在能量为两个X光子能量之和的位置出现一个谱峰称为和峰。如果能量在$K_{\alpha}+K_{\beta}$和$2K_{\alpha}$位置出现谱峰，若它们与各元素的特征峰能量不符，就应考虑和峰是否存在。如果存在和峰可调低记数率重新收谱。

B. 定性分析

定性分析是将试样各元素的特征X射线峰显示在能谱仪上，按其能量数值确定试样的元素组成。定性分析的一般方法是：选定扫描电镜加速电压、工作距离和束流等，观察二次电子像选择需要分析的区域，调出计算机程序，确定探测器对试样的几何条件；调整计数率在1000～3000之间，死时间小于30%；用校正元素校准仪器，然后收谱并用计算机程序确定试样元素组成。定性分析应注意下面几点。

① 确定逃逸峰及和峰的能量位置，排除其干扰。

② 用元素特征 X 射线能量数值图表，谱线能量拉尺或能谱仪中存储的各种元素 K、L、M 标示线鉴别标示每个谱峰所代表的元素和谱线名称。表 6-5 给出了同一元素的 K、L、M 线系中不同谱线强度之间的比例关系。

表 6-5　特征 X 射线相对强度的近似比例关系

X 射线谱线系	同一线系中各谱线的相对强度比例关系
K 系	K_α：1，K_β：0.2
L 系	L_α：1，$L_{\beta1}$：0.7，L_γ：0.8，$L_{\beta2}$：0.2，L_l：0.04，L_η：0.01
M 系	M_α：1，M_β：0.6，M_ξ：0.06，M_γ：0.05，$M_{\mathrm{I}}N_{\mathrm{IV}}$ 跃迁：0.01

图 6-96 给出了 0.7～10keV 能量范围内可观测的各种元素特征 X 射线名称和能量。上述图和表可帮助分析某种元素在收谱能量范围内存在的所有谱线和它们同一线系各谱线相对强度的比例关系，可减少错误的判断。例如

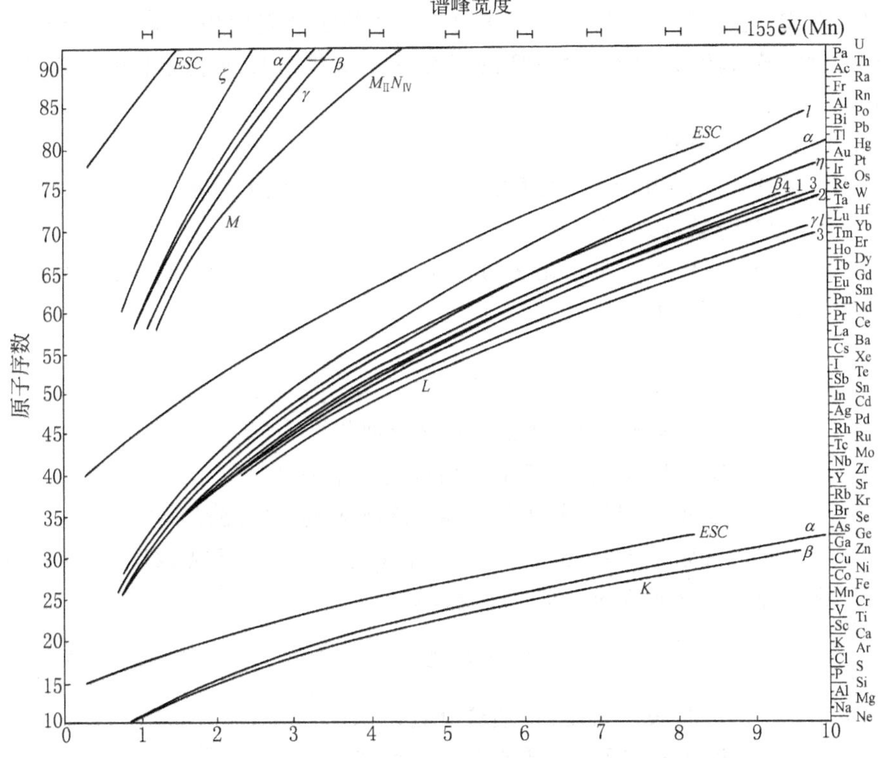

图 6-96　能谱仪在 0.7～10keV 能量范围内可观测到的特征 X 射线谱

当鉴别铜 K_α 峰（8.04keV）和 K_β 峰（8.90keV），那么在 0.93keV 处一定存在铜的 L 线系谱峰，而且 K_α 的相对强度约为 K_β 的 5 倍。

③ 由于能谱仪的能量分辨率比波谱仪低，因此不同元素的谱峰有时会发生重叠现像，所以准确判断重叠峰是很重要的。表 6-6 列出了常见重叠峰谱线名称及能量，如果存在谱峰被重叠掩盖，不能确定某元素是否存在时，应该用分辨较高的波谱仪作定性分析。

表 6-6　材料分析中常见的重叠峰谱线及能量

元素谱线	能量/keV	重叠元素谱线	能量/keV	元素谱线	能量/keV	重叠元素谱线	能量/keV
V,K_α	4.952	Ti,K_β	4.931	S,K_α	2.307	P,M_α	2.346
Cr,K_α	5.415	V,K_β	5.427	Mo,L_α	2.293	S,K_α	2.307
Mn,K_α	5.899	Cr,K_β	5.947	Ta,M_α	1.710	Si,K_α	1.740
Fe,K_α	6.404	Mn,K_β	6.492	Ti,K_α	4.508	Ba,L_α	4.467
Co,K_α	6.930	Fe,K_β	7.059				

④ 判断是否存在弱小谱峰也很重要。当被测元素含量较低时，在能谱仪中形成峰值较低的谱峰，它与连续谱背底的统计起伏相似难以区分辨认。这可设定较长的活时间，用较低的记数率延长收谱时间来检出较低含量的元素。

6.3.1.3　定量分析

定量分析的目的是确定被测试样中各个组成元素的含量。

A. 定量分析原理

定量分析是将被测未知元素的特征 X 射线强度与已知标样特征 X 射线强度相比而得到它的含量：

$$C=\frac{I_{\mathrm{i}}}{I_{\mathrm{i}}^{\mathrm{s}}}$$

式中　C——被测未知元素 i 质量分数的近似值；

I_{i}——被测未知元素 i 特征 X 射线的测量强度；

$I_{\mathrm{i}}^{\mathrm{s}}$——已知（浓度）标准样元素 i 特征 X 射线的测量强度。

对上式进行原子序数效应（Z）、吸收效应（A）和荧光效应（F）校正可得到试样中未知元素的真实浓度表达式：

$$C_{\mathrm{i}}=(ZAF)_{\mathrm{i}}\frac{I_{\mathrm{i}}}{I_{\mathrm{i}}^{\mathrm{s}}}$$

式中　C_{i}——被测未知元素 i 的质量分数；

I_{i}——被测未知元素 i 特征 X 射线测量强度；

$I_{\mathrm{i}}^{\mathrm{s}}$——已知（浓度）标准样元素 i 特征 X 射线测量强度；

$(ZAF)_i$——被测未知元素 i 的 ZAF 校正因子。

有关 Z、A、F 的计算公式比较繁杂，可参考 X 射线显微分析专著。现代能谱仪一般均带有 ZAF 校正软件程序可自动对检测结果进行 ZAF 校正得到未知元素的准确含量（质量分数）。

B. 定量分析应注意的几个问题

（1）选择适当的加速电压　为了测得未知元素特征 X 射线的强度，必须选择大于该元素特征 X 射线临界激发加速电压，提高加速电压可得到较高的峰背比，一般选用 10～25kV。当分析微量元素时，可在空间分辨率和吸收校正误差允许的情况下适当提高加速电压有时可采用 40kV。

（2）收谱记数时间　收谱活时间一般选用 100s，记数率选在 1000～3000 之间，这可减小试样污染等因素带来的测量误差。但当分析微量元素时，应适当增加活时间提高峰背比。

（3）试样中元素的原子序数相差较大时，选择适宜的加速电压和速流很困难，这时可根据所需分析精度来确定。如果要得到重元素的精确分析可选择较大的加速电压和束流，而要得到轻元素的精确测量则需选用较低的加速电压和束流。

6.3.2　X 射线波谱仪（WDS）

X 射线波长色散谱仪是又一个常用的元素分析技术。它可检测微米级区域的成分含量。原子序数从 4～92 的所有元素均可分析检出。检测的最小含量为万分之一，波谱仪的分辨率高于能谱仪，因此在材料成分分析中得到了广泛应用。

A. 波谱仪工作原理

当被测元素的特征 X 射线照到波谱仪的晶体上而且满足布拉格方程 $2d\sin\theta = n\lambda$ 时，就产生 X 射线衍射，若在衍射方向用 X 射线探测器将其接收。由于衍射晶体的晶面间距（d）已知，特征 X 射线的掠射角（θ）可以由波谱仪测得，那么即可用布拉格方程计算出某一元素特征 X 射线的波长（λ），进而确定产生此特征 X 射线的元素名称。当不断改变 X 射线与晶体的夹角且试样中某些元素的特征 X 射线满足布拉格方程，便可在衍射方向检测到这些元素的特征 X 射线波长（λ），从而测出试样中所含各个元素的名称得到定性分析结果。由下式可得到元素分析的半定量结果：

$$C = \frac{(\text{被测未知元素 i 的 X 射线记数}) \times (\text{标样中元素 i 的质量分数})}{(\text{标样中元素 i 的 X 射线记数})}$$

式中　C——被测元素 i 的质量分数近似值。

上式得到的是半定量分析结果误差较大，对上式进行 ZAF 校正后可得到较精确的定量分析结果。

B. 波谱仪的结构

波谱仪是由衍射晶体、正比计数器、放大器和显示记录部分组成的如图 6-97 所示。

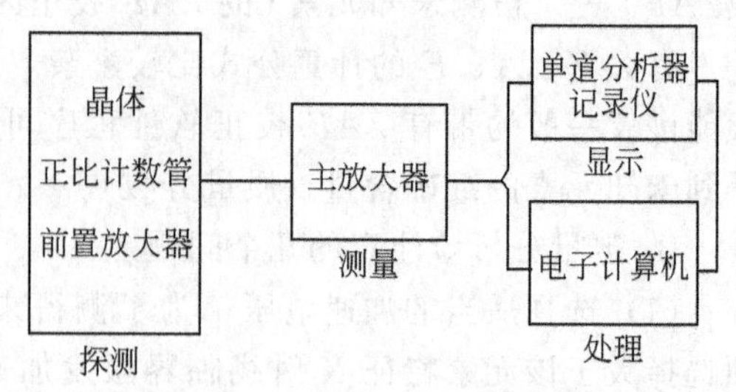

图 6-97 波谱仪工作框图

(1) 晶体　对于一个全聚焦谱仪来说，试样、晶体、正比计数管都处在一个半径为 R 的圆上，这个圆称作聚焦圆或称罗兰圆，晶体采用曲率半径为 $2R$ 的弯晶，图 6-98 所示为全聚焦谱仪的几何关系图。图 6-98 (a) 中，圆半径为 R，由同弧圆周角相等的几何定理可知：

因为 $$\angle SMB=\theta \qquad MB=2R$$

$$\angle SAM=\angle SBM=\angle SCM=90^\circ-\theta$$

$$SB=2R\sin\theta$$

而 $$\sin\theta=\lambda/2d$$

所以 $$SB=R\lambda/d$$

由此可见，X 射线的波长与晶体到样品表面的距离成正比，根据波长与晶体

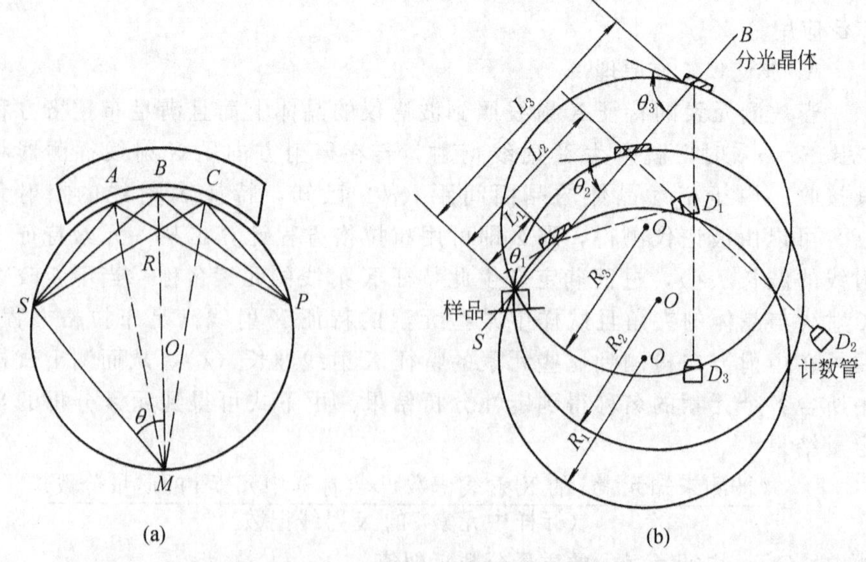

图 6-98 全聚焦谱仪的几何关系图

(a) 晶体的对称聚焦示意图；(b) 全聚焦直进式谱仪工作原理

到光源的距离的对应关系，改变 SB 的长度，在 P 点就可以得到不同波长的特征 X 射线。只要测得 SB 的长度，便可算出波长的值。

根据入射角等于反射角的关系

$$\angle SAP = 2\angle SAM = \angle SBP = \angle SCP = 180^\circ - 2\theta$$

所以，只要光源位于圆周上，符合布拉格衍射条件的衍射线必定在与光源对称的罗兰圆圆周某一点 P 上聚焦。全聚焦直进式谱仪就是使分光晶体在 SB 方向上做直线运动，不断改变与样品的距离 L，同时也旋转一定角度保持与罗兰圆圆周相切，计数管也同时运动。在运动过程中，聚焦圆半径 R 不变，只是圆心位置不变，见图 6-98（b），由不同的 L 值可以得到对应的 λ。半聚焦谱仪是将几块弯成不同曲率半径的晶体装在一个转轴上，使每个晶体都能转换到位而不必利用单块弯晶，但这种方法会引起一定程度的离焦。由于 X 射线源在罗兰圆上的位置不很严格，故图像对离焦影响不敏感。

在实际分析中必须使 X 射线发射源始终处于罗兰圆上，因此，大多数电镜都带有一台同轴光学显微镜，用以确定谱仪的焦距。这是由于扫描电镜的长焦深观察不到几微米工作距离的变化。常用的衍射晶体如表 6-7。

表 6-7　常用衍射晶体

晶体	晶面间距/nm	适用元素原子序数范围	适用元素谱线	反射率	分辨率
氟化锂（LiF）	0.021	20（Ca）～38（Sr） 51（Sb）～92（U）	K_α L_α	高	高
石　英（SiO_2）	0.334	16（S）～29（Cu） 41（Nb）～74（W） 80（Hg）～92（U）	K_α L_α M_α	高	高
异戊四醇（PET）	0.437	14（Si）～26（Fe） 37（Rb）～66（Dy） 72（Hf）～92（U）	K_α L_α M_α	高	低
邻苯二甲酸氢铷（RAP）	1.306	9（F）～15（P） 24（Cr）～41（Nb） 57（La）～80（Hg）	K_α L_α M_α	中	中
硬脂酸铅（PbSt）	5.020	5（B）～8（O） 16（S）～23（V）	K_α L_α	中	中

（2）探测器及显示记录部分　波谱仪常用的探测器是充氩甲烷气的气体正比计数器，如图 6-99 所示。

气体正比计数器是由一个金属圆筒和横穿圆筒中心的金属丝组成。两者之间加一定电压，圆筒为阴极，金属丝为阳极。圆筒上设一个窗口，当一个 X 光子通过薄窗进入圆筒内后，将被一气体原子吸收发射出一个光电子，这

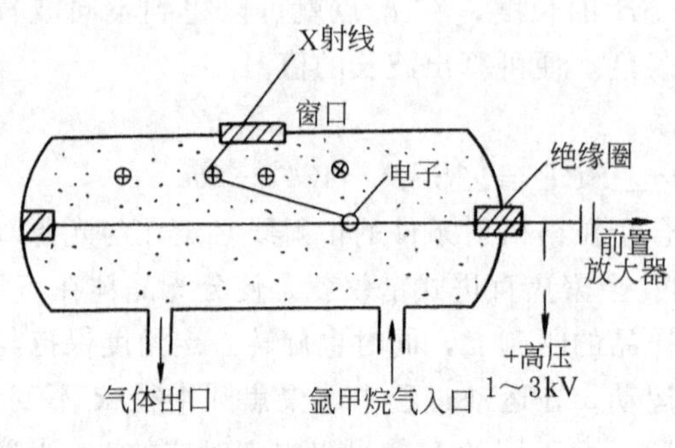

图 6-99　气体正比计数器

个光电子使筒内其他气体原子电离，释放出电子，这些电子被吸收到中心金属丝产生一个电荷脉冲。电子数越多形成的脉冲高度（幅度）越高，表示X光子的能量越大。脉冲高度与X光子的能量成正比，因此称为正比计数器。这些电荷脉冲经前置放大器和主次放大器放大后，由单道分析器转换成标准大小的脉冲作为显示器和记录仪的调制信号或输入计算机以谱图或数据形式输出分析结果。

6.3.3　波谱仪与能谱仪的比较

波谱仪和能谱仪的各自特点见表 6-8。

表 6-8　波谱仪和能谱仪的比较

项　目	波　谱　仪	能　谱　仪
探测效率	低立体角，探测效率低，需要大束流	高立体角，探测效率高，可用小束流
能分辨率（在 5.9keV）	10eV	150eV
探测灵敏度	对块状试样，峰背比高，最小探测限度可达 0.001％	对块状试样，峰背比低，最小探测限度可达 0.01％
可分析元素范围	从铍（Z＝4）到铀（Z＝92）	一般从钠（Z＝11）到铀（Z＝92）好的仪器也可分析到铍（Z＝4）
机械设计	具有复杂的机械传动系统	基本无可动部件
需分析时间	几分钟甚至几小时	几分钟
定性分析	擅长作“线分布”和“面分布”图，由于成谱扫描速度慢，作未知成分点分析不太好	获得全谱速度快，作点分析很方便。由于峰背比较低，作“线分布”和“面分布”不太好
定量分析	分析精度高，可作痕量元素轻元素和有重叠峰存在元素的分析	对痕量元素，轻元素和有重叠峰元素的分析精度不高

6.3.4　X射线显微分析在材料科学研究中的应用

6.3.4.1　非金属材料X射线显微分析的特殊性

X射线显微分析在材料成分分析中应用十分广泛。由于高分子材料和非金属无机材料大部分是绝缘体，有的材料中含有轻元素，因此与金属材料相比有其特殊性。

① 有机高分子和无机非金属材料绝大部分导电性能较差，因此在作波谱和能谱分析前应对试样喷镀导电薄膜，防止电荷在试样表面局部积累。

② 在 X 射线显微分析时，高能电子束会对试样产生电子损伤影响分析结果，因此需确定适宜的分析条件和采用冷冻试样台来避免或减小对试样的损伤。

③ 对含有轻元素的材料，考虑到轻元素的吸收效应较大，分析时应选用较低的加速电压和束流提高轻元素的分析精度。

④ 尽量减少电镜中泵油和有机材料本身对分析试样表面的污染和减小对轻元素低能 X 射线的严重吸收，提高分析结果的精度。

6.3.4.2 应用举例

（1）材料中元素的线分布　图 6-100 是阻燃剂 Br 元素在纤维中的分布。由图 6-100（a）看出 Br 分布在纤维内部，而图 6-100（b）Br 分布在纤维表层。

（2）材料中元素的面分布，为了使聚合物薄膜具有导电性能，用铜离子

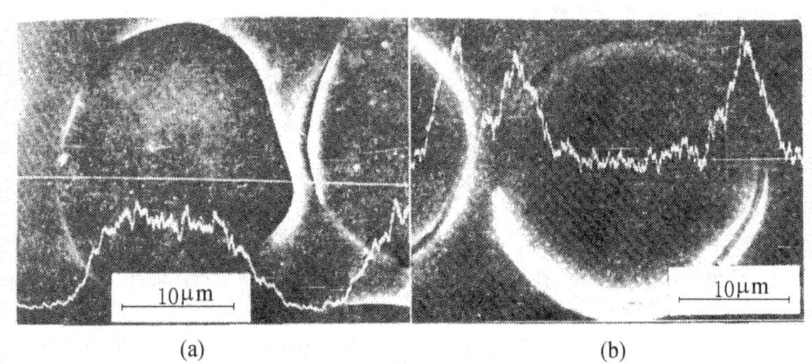

(a)　　(b)

图 6-100　纤维断面阻燃剂的 EDS 线扫描图

图 6-101　铜在聚合物薄膜断面中的 X 射线面分布图

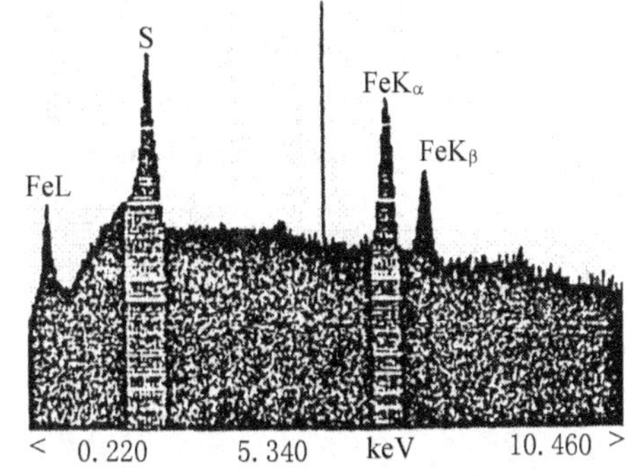

图 6-102　未知试样谱图（EDS）

处理薄膜。可用X射线面分布图来确定铜离子在聚合物薄膜中的分布情况，由图6-101看出薄膜两侧有两条粗亮线，说明薄膜两侧渗入了铜离子因而使聚合物薄膜具有了良好的导电性能。

（3）材料的元素分析　以能谱仪为例，确定好分析条件后，收集X射线谱，如前所述用相应的计算机程序可确定谱峰所代表的元素和线系，从而得到试样中所含元素的定性结果如图6-102所示。

由图6-102可知未知试样中含有Fe和S。利用能谱仪的ZAF校正软件可得到Fe和S含量的准确定量分析结果。

参 考 文 献

1 朱宜，张存硅. 电子显微镜的原理和使用. 北京：北京大学出版社，1983

2 北京钢铁学院金属物理教研室. 电子显微技术. 北京：钢铁学院出版社，1979

3 黄教英. 电子衍射分析法. 金属材料研究编辑部，1976

4 高分子材料学会编. 高分子测定方法＝構造と応用。東京培風館，1973

5 Hear J. W. S. The Use of The Scanning Electron Microscopy. Oxford：Pergama，1972

6 Hobbs S. Y. J. Macromol SCI，REV Macromol Chem，1980，C**19**（2）：221～265

7 Kato K. Roly Eng Sci. 1962，7：38

8 Trent J. S. Macromolecules. 1983，16：569

9 Zhang Quan. C－Mrs International Synposia Proceedings. 1990，3

10 张权等. 电子显微学报. 1991，**10**（3）：292

11 张权等. 塑料. 1988. 2：46

12 张权等. 电子显微学报. 1990，**9**（3）：218

13 洪班德主编. 金属电子显微分析实验指导. 哈尔滨：哈尔滨工业大学出版社，1984

14 J. I. 戈尔茨坦等，张大同译. 扫描电子显微技术与X射线显微分析. 北京：科学出版社，1988

15 吴杏芳，柳得橹. 电子显微分析实用方法. 北京：冶金工业出版社，1998

16 王世中等. 电子显微技术基础. 北京：北京航空学院出版社，1987

17 Goerg H. Michier，Applled Spectroscopy Reviews，1993，**28**（4），327～348

18 杨南如. 无机非金属材料测试方法. 武汉：武汉工业大学出版社，1996

19 刘安生（日）译. 材料评价的高分辨电子显微方法. 北京：冶金工业出版社，1988

20 X. F. Zhang，Z. Zhang，Progress in Transmission Electron Microscopy，Ⅱ Applications in Materials Science，Beijing：Tsinghua University Press Springer－Verlag，1999

第 7 章　X 射线光电子能谱分析

电子能谱分析是一种研究物质表层元素组成与离子状态的表面分析技术，其基本原理是用单色射线照射样品，使样品中原子或分子的电子受激发射，然后测量这些电子的能量分布。通过与已知元素的原子或离子的不同壳层的电子的能量相比较，就可确定未知样品表层中原子或离子的组成和状态。一般认为，表层的信息深度大约为十个纳米左右，如果采用深度剖析技术（例如：离子溅射），也可以对样品进行深度分析。根据激发源的不同和测量参数的差别，常用的电子能谱分析是：X 射线光电子能谱分析（XPS）、俄歇电子能谱分析（AES）和紫外光电子能谱分析（UPS），本章只简要讲述 X 射线光电子能谱分析（XPS）。

7.1　X 射线光电子能谱分析的基本原理

7.1.1　X 射线光电子能谱分析的创立和发展

X 射线光电子能谱分析（X-ray Photoelectron Spectroscopy，简写为 XPS）是由瑞典皇家科学院院士、Uppsala 大学物理研究所所长 K. Siegbahn 教授领导的研究小组创立的，并于 1954 年研制出了世界上第一台光电子能谱仪。此后，他们精确地测定了元素周期表中各种原子的内层电子结合能。但是，这种仪器在当时并没有引起过多的重视。到了 20 世纪 60 年代，他们在硫代硫酸钠（$Na_2S_2O_3$）的常规研究中意外地观察到，硫代硫酸钠的 XPS 谱图上出现两个完全分离的 $S2_p$ 峰，并且两峰的强度相等；而在硫酸钠的 XPS 谱图中只有一个 $S2_p$ 峰，见图 7-1。这表明，硫代硫酸钠（$Na_2S_2O_3$）中的两个硫原子（+6 价和−2 价）周围的化学环境不同，从而造成了二者内层电子结合能有显著的不同。因此，如果知道了同种元素（原子）结合能的差异，就可以知道原子的离子存在状态。

鉴于原子内壳层电子结合能的变化可以为材料研究提供分子结构、原子价态等方面的信息，具有广泛的应用价值，因此，自 20 世纪 60 年代起，XPS 开始得到人们的重视，并且迅速在不同的材料研究领域中得到应用。例如，在电子工业中半导体薄膜层、集成电路各种表面层的制备和应用、金属材料的表面处理、材料表面的涂层或镀层、催化剂的选择和处理、有机物的老化机理以及材料表面吸附层等方面都有广泛应用。K. Siegbahn 教授领导的研究小组及时地总结了 XPS 的研究成果，在 1967 和 1969 年出版了两

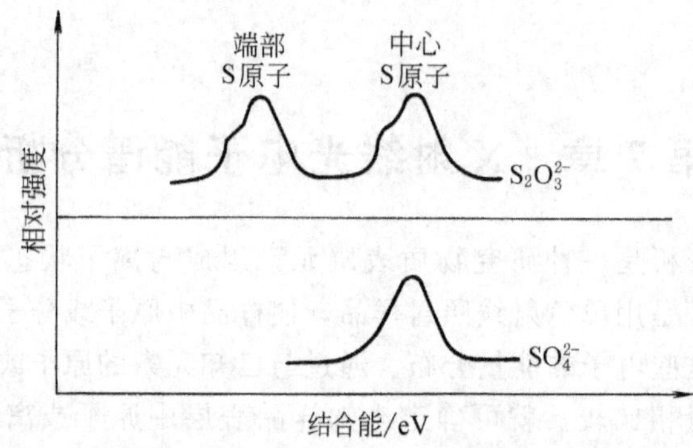

图 7-1　$Na_2S_2O_3$ 和 Na_2SO_4 的 S2p 的 XPS 谱图

本有关电子能谱方面的专著，对电子能谱的理论和实践进行了全面阐述，为现代分析化学的发展开拓了一个新的领域，为鉴别化学状态、进行结构分析建立了一种新的分析方法。从 1972 年起，两年一度的分析化学评论正式将电子能谱列为评论之列。20 世纪 70 年代初期，K. Siegbahn 教授又提出了一些电子能谱研究工作中有待解决的课题，其中有的已经解决，有的还在研究中。K. Siegbahn 教授领导的研究小组对电子能谱理论、仪器、应用等诸多方面的发展都做出了巨大的贡献，K. Siegbahn 教授本人也因此在 1981 年获得了诺贝尔物理学奖。

7.1.2　光电效应

在 X 射线衍射分析一章中已讲过，物质受光作用放出电子的现象称为光电效应，也称为光电离或光致发射。原子中不同能级上的电子具有不同的结合能，当具有一定能量 $h\nu$ 的入射光子与试样中的原子相互作用时，单个光子把全部能量交给原子中某壳层（能级）上一个受束缚的电子，这个电子就获得了能量 $h\nu$。如果 $h\nu$ 大于该电子的结合能 E_b，那么这个电子就将脱离原来受束缚的能级，剩余的光子能量转化为该电子的动能，这个电子最后从原子中发射出去，成为自由光电子，原子本身则变成激发态离子。该过程表示如下（见图 7-2）：

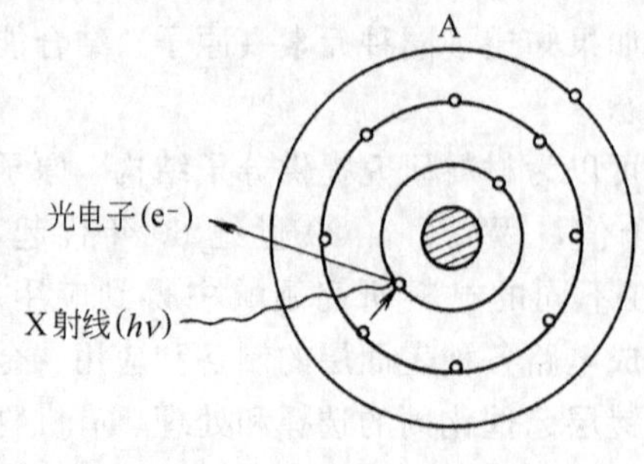

图 7-2　光电效应过程

$$h\nu + A \longrightarrow A^{*+} + e^- \qquad (7\text{-}1)$$

式中　A——中性原子；

$h\nu$——入射光子能量；

A^{*+}——处于激发态离子；

e^-——发射出的光电子。

但是，当光子与试样相互作用

时，从原子中各能级发射出来的光电子数是不同的，而是有一定的几率，这个光电效应的几率常用光电效应截面 σ 表示。σ 定义为某能级的电子对入射光子有效能量转移面积，也可以表示为一定能量的光子与原子作用时从某个能级激发出一个电子的几率。光电效应截面 σ 与电子所在壳层的平均半径 r、入射光子频率 ν 和受激原子的原子序数 Z 等因素有关。表 7-1 是用 AlK_α 射线作激发源时部分元素的光电截面与原子序数的关系。它表明，对于不同元素，σ 随原子序数的增加而增加。

表 7-1 光电效应截面 σ 与原子序数的关系

原子序数	3	4	5	6	7	8	9	11	12
元　素	Li	Be	B	C	N	O	F	Na	Mg
σ	1.1	4.2	11	22	40	64	100	195	266

一般来说，在入射光子的能量为一定的条件下，同一原子中半径越小的壳层，其光电效应截面 σ 越大；电子结合能与入射光子能量越接近，光电效应截面 σ 越大。对不同原子同一壳层的电子，原子序数越大，光电效应截面 σ 越大。光电效应截面 σ 越大，说明该能级上的电子越容易被光激发，与同原子其他壳层上的电子相比，它的光电子峰的强度就较大。影响光电效应截面 σ 的因素很多，也很复杂，各元素在 MgK_α、AlK_α 射线激发下，各能级的光电截面现在已由科学工作者作了计算，见附录 1（这里仅列出了 MgK_α 激发时各元素的光电截面）。元素周期表中各元素所具有的最大光电截面或最大光电子线强度的能级见表 7-2，在这些能级上激发出的光电子线是各元素的最强光电子线，通常做 XPS 分析时，主要是利用这些最强光电子线，光电子线强度是 XPS 定量分析的依据。

表 7-2 AlK_α 射线激发出的最强光电子线

原子序数(Z)	最强线所在壳层的主量子数	壳　层	最强线所在亚壳层(能级)
3～12	1	K	1s
13～33	2	L	2p
34～66	3	M	3d
67～71	4	N	4d
72～92	4	N	4f

7.1.3 原子能级的划分

原子中单个电子的运动状态可以用量子数 n，l，m_l，m_s 来描述。

n 为主量子数，每个电子的能量主要（并非完全）取决于主量子数，n 值越大，电子的能量越高。n 可取下列数值。

$n=1,2,3,4$，……，但不等于零，通常以 K($n=1$)，L($n=2$)，M($n=3$)，N($n=4$)，……表示。在一个原子内，具有相同 n 值的电子处于相同的

电子壳层。

l 为角量子数，它决定电子云的几何形状，不同的 l 值将原子内的电子壳层分成几个亚层，即能级。l 值与 n 有关，给定 n 值后，l 限于下列数值：

$l=0$，1，2，……，$(n-1)$。通常分别用 s$(l=0)$，p$(l=1)$，d$(l=2)$，f$(l=3)$，……表示。当 $n=1$ 时，$l=0$；$n=2$，则 $l=0$，1；依次类推。在给定壳层的能级上，电子的能量随 l 值的增加略有增加。

m_l 为磁量子数，它决定电子云在空间伸展的方向（即取向），给定 l 值，m_l 可取 $+l$ 与 $-l$ 之间的任何整数，即 $m_l=l$，$l-1$，……，0，-1，……，$-l$。所以，若 $l=0$，则 $m_l=0$；若 $l=1$，则 $m_l=1$，0，-1，……依次类推。

m_s 为自旋量子教，它表示电子绕其自身轴的旋转取向，与上述三个量子数没有联系。根据电子自旋的方向，它可以取 $+1/2$ 或 $-1/2$。

另外，原子中的电子既有轨道运动又有自旋运动。量子力学的理论和光谱实验的结果都已证实，电子的轨道运动和自旋运动之间存在着电磁相互作用，即：自旋-轨道偶合作用的结果使其能级发生分裂，对于 $l>0$ 的内壳层来说，这种分裂可以用内量子数 j 来表征，其数值为：

$$j=|l+m_s|=|l\pm 1/2| \tag{7-2}$$

由式（7-2）可知，当 $l=0$ 时，j 只有一个数值，即 $j=1/2$；若 $l=1$，则 $j=l\pm 1/2$，有两个不同的数值，既：$j=3/2$ 和 $1/2$。所以，除 s 亚壳层不发生自旋分裂外，凡 $l>0$ 的各亚壳层，都将分裂成两个能级，在 XPS 谱图上出现双峰。图 7-3 是 C 1s、Ti2p、W4f 和 Ag3d 的 XPS 谱图，结果证明，l 大于零的 Ti2p、W4f 和 Ag3d，由于存在自旋-轨道偶合作用，在它们的 XPS 谱图上出现双峰；C 1s 的 l 等于零，在 XPS 谱图上只出现单峰。

原子中内层电子的运动状态可以用描述单个电子运动状态的四个量子数来表征。电子能谱实验通常是在无外磁场作用下进行的，磁量子数 m_l 是简并的。所以，在电子能谱研究中，通常用 n（主量子数）、l（角量子数）和 j（内量子数）三个量子数来表征内层电子的运动状态。

在 XPS 谱图分析中，单个原子能级用两个数字和一个小写字母表示。例如，$3d_{5/2}$，第一个数字代表主量子数（此例中 $n=3$），小写字母代表角量子数（此例中 d 代表 $l=2$，同样 s 代表 $l=0$，p 代表 $l=1$，f 代表 $l=3$，……），右下角的分数代表内量子数 j 值（此例中 $j=5/2$，在 XPS 谱图中 s 能级电子的内量子数 $j=1/2$ 通常省略）。图 7-3 就是 W4f、Ti2p、Ag3d 和C 1s的 XPS 高分辨谱图，图中表明，由于自旋-轨道偶合作用，W4f、Ti2p 和 Ag3d 的能级分裂，在 XPS 谱图上出现双峰；C 1s 没有能级分裂，

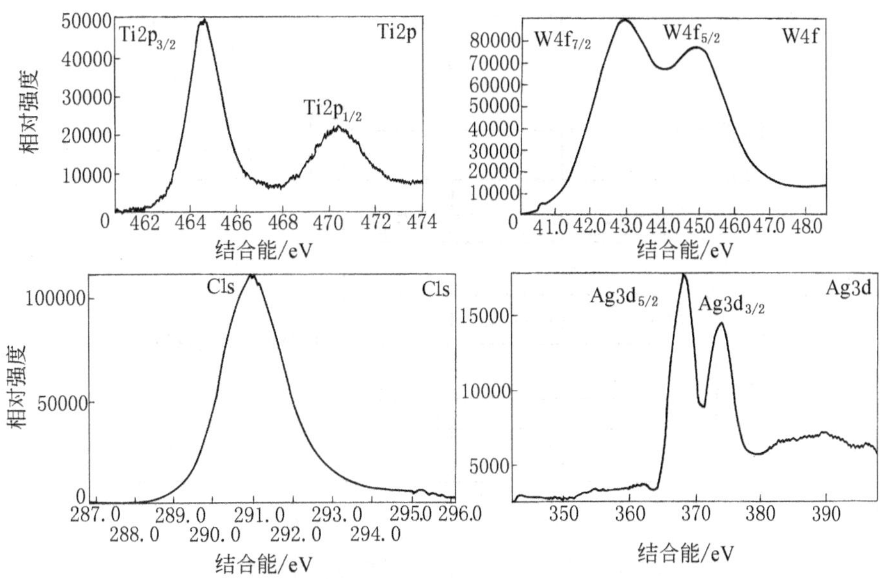

图 7-3　W4f、Ag3d、Ti2p 和 C 1s 的 XPS 高分辨谱图

在 XPS 谱图上只有一个峰。

7.1.4　电子结合能 E_b

一个自由原子或离子的结合能，等于将此电子从所在的能级转移到无限远处所需要的能量。对于气体样品，如果样品室和谱仪制作材料的影响可忽略，那么电子结合能 E_b 可从入射光子能量 $h\nu$ 和测得的电子动能 E_k 中求出：

$$E_b = h\nu - E_k \tag{7-3}$$

对固体样品，电子结合能可定义为把电子从所在能级转移到费米（Fermi）能级所需要的能量。所谓费米能级，相当于 0K 时固体能带中充满电子的最高能级。固体样品中电子由费米能级跃迁到自由电子能级所需要的能量称为逸出功，也就是所谓的功函数。图 7-4 表示固体样品光电过程的能量关系。从图 7-4 可见，入射光子的能量 $h\nu$ 被分成了三部分：（1）电子结合能 E_b；（2）克服功函数所需能量，数值上等于逸出功 W_s；（3）自由电子所具有的动能 E_k。

$$h\nu = E_b + E_k + W_s \tag{7-4}$$

在 X 射线光电子能谱仪中，样品与谱仪材料的功函数的大小是不同的。但是，固体样品通过样品台与仪器室接触良好，而且都接地。根据固体物理的理论，它们二者的费米能级将处在同一水平。其原因是，如果样品材料的功函数 W_s 大于仪器材料的功函数 W'，即 $W_s > W'$，当两种材料一同接地

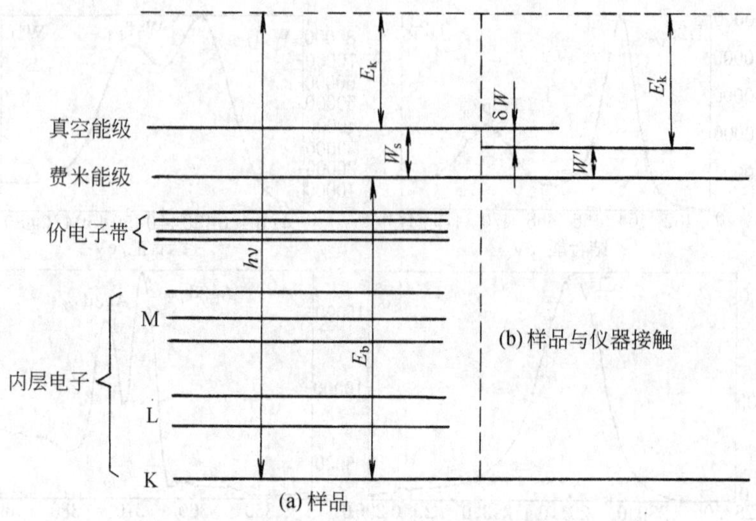

图 7-4 固体材料光电过程的能量关系示意图

后，功函数小的仪器中的电子便向功函数大的样品迁移，并且分布在样品的表面，使样品带负电，谱仪入口处则因少电子而带正电，于是在样品和仪器之间产生了接触电位差，其值等于样品功函数与谱仪功函数之差 δW。这个电场阻止电子继续从仪器向样品迁移，当二者达到动态平衡时，它们的化学势相同，费米能级完全重合。当具有动能 E_k 的电子穿过样品至谱仪入口之间的空间时，便受到上述电位差所形成的电场的作用，因而被加速，使自由光电子进入谱仪后，其动能由 E_k 增加到 E'_k。由图 7-4 可得：

$$E_k + W_s = E'_k + W' \tag{7-5}$$

把式 (7-4) 代入式 (7-5) 得：

$$E_b = h\nu - E'_k - W' \tag{7-6}$$

固体样品的功函数随样品而异。但是，对一台仪器而言，当仪器条件不变时，它的功函数 W' 是固定的，一般在 4eV 左右。$h\nu$ 是实验时选用的 X 射线能量，也是已知的。因此，根据式 (7-6)，只要测量出光电子的动能 E'_k，就可以计算出样品中某一原子不同壳层电子的结合能 E_b。

各种原子和分子的不同轨道电子的结合能是一定的，具有标识性。因此，只要借助 X 射线光电子能谱仪得到结合能 E_b，就可方便地鉴别出物质的原子（元素）组成和官能团类别。

电子结合能更为精确的计算还应考虑它的弛豫过程所产生的能量变化。

因为当一个内壳层的电子被发射出去后，同时留下一个空穴时，原子中的其余电子，包括价电子将经受原子核静电吸引的突然变化，它们的分布需要重新调整，这种重新调整的过程称为电子的弛豫过程。弛豫过程的时间和内壳层电子发射的时间相当，因而弛豫过程必然对发射的电子产生影响。可以这样理解，当内壳层出现空穴后，原子中其余电子很快地向带正电荷的空穴弛豫，于是对发射的电子产生加速，所以原来定义的结合能 E_b 是中性原子的初态能量 $E_{初}$ 和达到最后空穴态的终态能量 $E_{终}$ 之差，与突然发生的过程相比，这样测得的结合能要小一些，这个差别就是原子的弛豫能量造成的。考虑弛豫过程对分析图谱有参考价值，但是相对来说，差别的数值不太大，有时也可忽略，各元素不同能级的弛豫能量见附录 2。

表 7-3 是常见元素各轨道的电子结合能，它是 XPS 定性分析的依据。图 7-5 是一 X 射线光电子能谱表面全分析图例，谱图的横坐标是电子结合能（eV），纵坐标是光电子线的相对强度（单位时间电子计数，cps）。试样制备方法：首先用溶胶-凝胶法在普通玻璃表面制备二氧化钛涂层，然后经过一定条件的热处理。根据表 7-3 提供的数据，对照谱图上每一峰位对应的结合能值，就可以分析图 7-5 谱图所示试样的表面元素组成，结果标注在谱图上，括号中的 A 表示该元素的俄歇线。此图的结果说明：用溶胶-凝胶法可以在普通玻璃表面上制备二氧化钛涂层；经过一定的热处理，普通玻璃中的钠离子容易向玻璃表面扩散；C 1s 的相对强度（cps）较低，可能是试样的热处理保温时间较长，溶胶中的碳完全燃尽的缘故，谱图中显示出的少量碳是 XPS 仪器扩散泵的油污染所致。

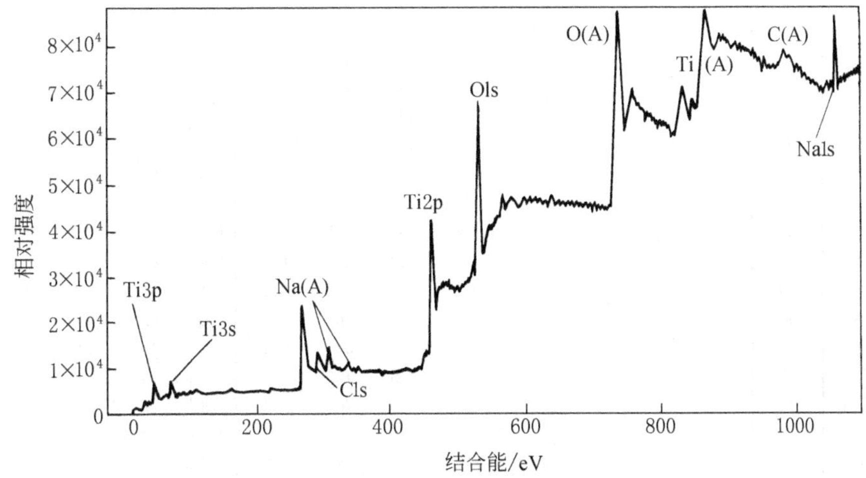

图 7-5　X 射线光电子能谱表面全分析图例

表 7-3 电子结合能[①]/eV

元素	原子序数	电子轨道能级											
		1s	2s	$2p_{1/2}$	$2p_{3/2}$	3s	$3p_{1/2}$	$3p_{3/2}$	$3d_{3/2}$	$3d_{5/2}$	4s	$4p_{1/2}$	$4p_{3/2}$
Li	3	56											
Be	4	113											
B	5	191											
C	6	287											
N	7	402											
O	8	531	23										
F	9	686	30										
Ne	10	863	41		14								
Na	11	1072	64		31								
Mg	12	1305	90		51								
Al	13		119		74								
Si	14		153	103	102								
P	15		191	134	133	14							
S	16		229	166	165	17							
Cl	17		270	201	199	17							
Ar	18		319	243	241	22							
K	19		378	296	293	33		17					
Ca	20		439	350	347	44		25					
Sc	21		501	407	402	53		31					
Ti	22		565	464	458	62		37					
V	23		630	523	515	69		40					
Cr	24		698	586	577	77	46	45					
Mn	25		770	652	641	83	49	48					
Fe	26		847	723	710	93	56	55					
Co	27		927	796	781	103	63	61					
Ni	28		1009	873	855	112	69	67					
Cu	29		1098	954	934	124	79	77					
Zn	30		1196	1045	1022	140	92	89		10			
Ga	31		1299	1144	1117	160	108	105		20			
Ge	32			1250	1219	184	128	124	32	31			
As	33				1326	207	148	143	45	44			
Se	34					232	169	163	58	57			
Br	35					256	189	182	70	69			
Kr	36					287	216	208	89	88	22		
Rb	37					322	247	238	111	110	29		14
Sr	38					358	280	269	135	133	37		20
Y	39					395	313	301	160	158	45		25
Zr	40					431	345	331	183	181	51		29
Nb	41					470	379	364	209	206	59	35	
Mo	42					508	413	396	233	230	65	38	
Tc	43					544	445	425	257	253	68	39	
Ru	44					587	485	463	286	282	77		45
Rh	45					629	522	498	314	309	83		49
Pd	46					673	561	534	342	337	88		54
Ag	47					718	604	573	374	368	97		58

续表

元素	原子序数	电子轨道能级																			
		3s	$3p_{1/2}$	$3p_{3/2}$	$3d_{3/2}$	$3d_{5/2}$	4s	$4p_{1/2}$	$4p_{3/2}$	$4d_{3/2}$	$4d_{5/2}$	$4f_{5/2}$	$4f_{7/2}$	5s	$5p_{1/2}$	$5p_{3/2}$	$5d_{3/2}$	$5d_{5/2}$	6s	$6p_{1/2}$	$6p_{3/2}$
Cd	48	772	652	618	412	405	109		68		11										
In	49	828	704	666	453	445	123		79		19										
Sn	50	884	757	715	494	486	137		91	26			25								
Sb	51	946	814	768	539	530	155		105	35			34								
Te	52	1009	873	822	585	575	171		114	44			43	14							
I	53	1071	930	874	630	619	186		123	52			50	16							
Xe	54	1144	997	936	685	672	209		141	65			63	19							
Cs	55		1064	997	738	724	230	170	158	77			75	24							
Ba	56		1137	1062	795	780	254	192	179	92			90	23							
La	57			1126	851	834	274	210	195	104			101	34		17					
Ce	58			1184	900	882	290	222	207	112			108	37		18					
Pr	59				950	930	305	237	218		114			38		20					
Nd	60				1001	980	318	248	227		120			38		23					
Pm	61				1060	1034	337	264	242		129			38		22					
Sm	62				1110	1083	349	283	250		132			41		20					
Eu	63				1166	1136	366	289	261		136			34		24					
Gd	64					1186	380	301	270		141			36		21					
Tb	65						398	317	284		150			42		28					
dy	66						412	329	293		154			63		26					
Ho	67						431	345	306		161			51		20					
Er	68						451	362	320		169			61		25					
Tm	69						470	378	333		180			54	32	26					
Yb	70						483	392	342	194			185	55	33	26					
Lu	71						507	412	359	207			197	58	34	27					
Hf	72						537	437	382	224	213	19	17	64	37	30					
Ta	73						566	464	403	241	229	27	25	71	45	37					
W	74						594	491	425	257	245	36	34	77	47	37					
Re	75						628	521	449	277	263	45	43	81	44	33					
Os	76						657	549	475	294	279	55	52	86	60	48					
Ir	77						692	579	497	313	297	65	62	98	65	53					
Pt	78						726	610	521	333	316	76	73	105	69	54					
Au	79						763	643	547	354	336	89	85	110	75	57					
Hg	80						803	681	577	379	359	104	100	127	84	65					
Tl	81						845	721	608	406	385	122	118	137	100	76	15	13			
Pb	82						893	762	645	435	413	143	138	148	107	84	22	19			
Bi	83						942	807	681	467	443	164	159	161	120	94	29	26			
Th	90							1168	968	714	677	344	335	290	226	179	94	87	43	26	18
U	92								1046	781	739	391	380	325	262	197	104	96	46	29	19
Np	93								1086	816	771	414	402			206		101		29	18
Pu	94								1121	850	802	439	427			216		105		31	18
Am	95									883	832	463	449	351		216	119	109		31	18
Cm	96									919	865	487	473			232		113		32	18
Bk	97									958	901	514	498			246		120		34	18
Cf	98									994	933	541	523					124		35	19

① 方框内的能级产生于该元素最强的 XPS 谱线

7.1.5 XPS信息深度

在XPS分析中，一般用能量较低的软X射线激发光电子（如：MgK_α、AlK_α射线）。尽管软X射线的能量不是很高，但仍然可穿透10nm厚的固体表层并引起那里的原子轨道上的电子电离。产生的光电子在离开固体表面之前要经历一系列弹性或非弹性散射，所谓弹性散射是指光电子与其他原子核及电子相互作用时只改变运动方向而不损失能量，这种光电子形成XPS谱的主峰；如果这种相互作用的结果同时还使光电子损失了能量，便称之为非弹性散射。经历了非弹性散射的光电子只能形成某些伴峰或信号背底。一般认为，对于那些具有特征能量的光电子在穿过固体表面层时，其强度衰减服从指数规律。

设初始光电子的强度为I_0，在固体中经过dt距离，强度损失了dI。显然，dI应与I_0及dt成正比，于是有：

$$\mathrm{d}I=-I_0\mathrm{d}t/\lambda(E_\mathrm{k}) \tag{7-7}$$

这里$\lambda(E_\mathrm{k})$是一个常数，它与电子的动能E_k有关，称为光电子非弹性散射自由程或电子逸出深度，有时也被称为非弹性散射“平均自由程”。如果t代表垂直于固体表面并指向固体外部的方向，则$\lambda(E_\mathrm{k})$就是“平均逸出深度”。式（7-7）中的负号表示减少，对该式积分并代入边界条件（$t=0$，$I=I_0$），便可得到当光电子垂直于固体表面出射时，经历厚度为t之后的强度：

$$I(t)=I_0\exp[-t/\lambda(E_\mathrm{k})] \tag{7-8}$$

由式（7-8）不难看出，当厚度t达4倍$\lambda(E_\mathrm{k})$值后，光电子强度还剩下不到初始光电子强度I_0的2%；当厚度t达3倍$\lambda(E_\mathrm{k})$值后，光电子强度还剩下不到初始光电子强度I_0的5%，这时就可粗略地认为全部信号都被衰减掉了。一般把$3\lambda(E_\mathrm{k})$定义为电子能谱的信息深度，即：XPS的分析深度。如果光电子沿着与固体表面法线成θ角并指向固体外部的方向输运，则大致可认为深度超过$3\lambda(E_\mathrm{k})\cos\theta$处产生的光电子，就不能使其能量无损地到达表面，然后逸出，见图7-6所示。这说明能够逃离固体表面的光电子只能来源于表层有限厚度范围之内。实际上$\lambda(E_\mathrm{k})$非常小，对于金属材料，$\lambda(E_\mathrm{k})$约为0.5～3nm；无机材料的$\lambda(E_\mathrm{k})$为2～4nm；有机

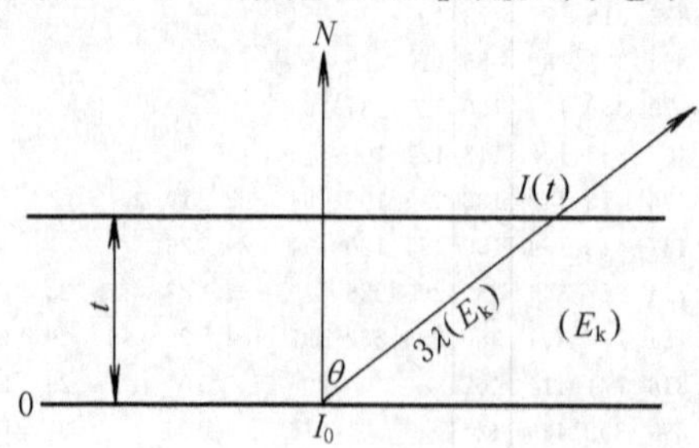

图7-6 电子逸出示意图

I_0—光电子初始强度；$I(t)$—光电子逸出时强度；t—光电子法线方向逸出深度，$t=3\lambda(E_\mathrm{k})\cos\theta$；$N$—试样法线方向

高聚物的 $\lambda(E_k)$ 为 4～10nm。因此，XPS 是一种分析深度很浅的表面分析技术。

实验中发现，光电子的逸出深度对不同材料及不同动能的光电子是不同的，为便于定量计算，人们作了大量的工作，试图用简单的数学关系表示材料、光电子动能和平均逸出深度之间的关系。综合大量实测数据，总结出了以下经验公式。

对于纯单质元素（材料）。$\lambda(E_k)$ 与元素种类近似无关，只是光电子动能值的函数。若光电子动能 E_k 在 100～2000eV 之间，$\lambda(E_k)$ 近似与 $(E_k)^{1/2}$ 成正比。常用的经验公式为：

$$\lambda(E_k)=538E_k^{-2}+0.42(aE_k)^{1/2} \tag{7-9}$$

对于无机化合物材料

$$\lambda(E_k)=2170E_k^{-2}+0.72(aE_k) \tag{7-10}$$

对于有机化合物材料

$$\lambda(E_k)=49E_k^{-2}+0.11(E_k)^{1/2} \tag{7-11}$$

式中　E_k——光电子的动能，eV；

　　a——单原子层厚度，nm；

它可以根据原子的密度求出 $a^3=10^{24}A/(\rho nN)$

式中　A——相对原子质或相对分子质量；

　　n——该原子在分子中的个数；

　　N——Avogadros 常数；

　　ρ——材料密度，kg/m^3。

得到的 $\lambda(E_k)$ 的单位是单层数，可同样根据密度转化为厚度 nm。对于式（7-11）表示的有机化合物材料，所得 $\lambda(E_k)$ 的单位是 $mg\cdot m^{-2}$，要除以密度才是厚度单位。

对于不同的材料，利用式（7-9）、式（7-10）和式（7-11）三式中之一，通过 XPS 获得电子的动能，可得到 $\lambda(E_k)$；然后用 XPS 得到体相材料的 I_0 及膜层的 $I(t)$，把它们代入式（7-8）中，就可以大体上得到膜层在 10 个纳米左右内的尺寸厚度 t。

7.1.6 化学位移

表 7-3 中所给出的电子结合能是指单个原子时的数据，但在实际测定中，往往发现得到的结合能谱峰值与上述数据有一定的偏差，即：谱线有一定的位移，该位移称之为结合能的位移。其原因是原子的一个内壳层电子的 E_b 同时受核内电荷与核外电荷分布的影响，当这些电荷分布发生变化时，就会引起 E_b 的变化。同种原子由于处于不同的化学环境，引起内壳层电子

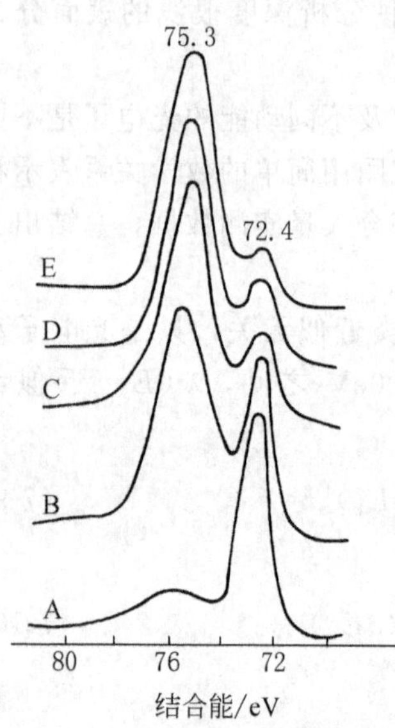

图 7-7 经不同处理后铝箔表面的 Al2p 谱图

A—干净铝表面；B—空气中氧化；C—磷酸处理；d—硫酸处理；E—铬酸处理

结合能变化，在谱图上表现为谱线的位移，这种现象称为化学位移，它实质上是结合能的变化值，如图 7-1 所示的硫 S2p 谱线，尽管是同一种元素，但由于所处化学环境不同，因此结合能有位移。所谓某原子所处化学环境不同，大体上有两方面的含义，一是指与它相结合的元素种类和数量不同；二是指原子具有不同的价态。例如，纯金属铝原子在化学上为零价 Al^0，其 2p 能级电子结合能为 72.4eV；当它被氧化反应化合成 Al_2O_3 后，铝为正三价 Al^{3+}，由于它的周围环境与单质铝不同，这时 2p 能级电子结合能为 75.3eV，增加了 2.9eV，即化学位移为 2.9eV，见图 7-7。随着单质铝表面被氧化程度的提高，表征单质铝的 Al2p（结合能为：72.4eV）谱线的强度在下降，而表征氧化铝的 Al2p（结合能为 75.3eV）谱线的强度在上升；这是由于氧化程度提高，氧化膜层变厚，使下表层单质铝的 Al2p 电子难以逃逸出的缘故，从而也说明 XPS 是一种材料表面分析技术。除少数元素（如：Cu、Ag 等）内层电子结合能位移较小，在 XPS 谱图上不太明显外，一般元素的化学位移在 XPS 谱图上均有可分辨的谱线。图 7-8 所示为典型的有机化合物化学位移的例子，化合物三氟醋酸乙酯中含有四个碳原子，由化学结构式可见，这四个碳和不同的元素相结合；由于碳所处的化学环境不同，因此就产生了化学位移，谱图上显示出各自不同的结合能。以上 XPS 谱图的例子说明，原子的化学环境不同，在 XPS 谱图上就出现化学位移，反之，如果在实验中测得某化合物中某一元素（离子）的化学位移，就可从理论上推测出该化合物的结构或该元素（离子）与周围其他离子的结合状态。正因为 X 射线光电子谱能测出内层电子结合能位移，所以它在化学分析中获得了广泛的应用。在分析化学位移的高、低变化时，主要从元素电负性及原子氧化程度上加以考虑，各元素的电负性见附录 3。

7.1.6.1 化学位移与元素电负性的关系

引起原子中电子结合能化学位移的原因有原子价态的变化，原子与不同电负性元素结合等。其中与其结合的原子的电负性对化学位移的影响较大。例如，用卤族元素 X 取代 CH_4 中的 H，由于卤族元素 X 的电负性大于 H

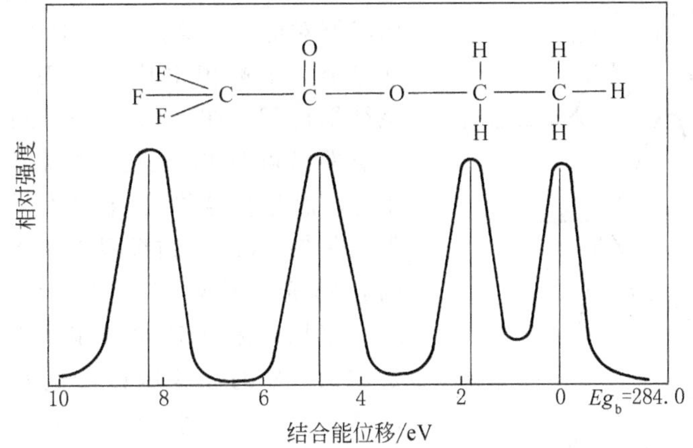

图 7-8　三氟醋酸乙酯中 C 1s 轨道电子结合能位移

的电负性，造成 C 原子周围的负电荷密度较未取代前有所降低，这时碳的 1s 电子同原子核结合得更紧，因此，C 1s 的结合能会提高。可以推测，C 1s 的结合能必然随 X 取代数目的增加而增大；同时，它还和电负性差$\Sigma(X_i - X_H)$成正比。这里：X_i 是取代卤素的电负性，X_H 是氢原子的电负性。因此，取代基的电负性愈大，取代数愈多，它吸引电子后，使碳原子变得更正，因而内层 C 1s 电子的结合能越大。下面再以三氟醋酸乙酯（图 7-8）$CF_3COOC_2H_5$ 为例来观察 C 1s 结合能的变化。该分子中的四个 C 原子处于四种不同的化学环境，即 F_3—C— 、 —C(=O)—O 、 O—CH_2— 、 —C—H_3 。元素的电负性大小次序为 F>O>C>H。所以，对 F_3—C— 中的 C 来说，由于 F 的电负性较大，它周围的负电荷密度就较低，对 1s 电子的屏蔽作用也较小，使 1s 电子与 C 原子核结合较紧密，所以 C 1s 的结合能就较大。由图 7-8 可见，F_3—C— 中的 C1s 结合能从原来的 284.0eV 正位移至 292.2eV；而在—CH_3 中的 C 1s 结合能，由于 H 的电负性小，所以它的 C 1s结合能就小，位于图 7-8 中谱线的最右边。另两种情况的 C 1s 电子结合能介于二者中间。这个例子说明，借助光电子能谱及元素的电负性可以分析元素或离子之间的结合状态。

7.1.6.2　化学位移与原子氧化态的关系

当某元素的原子处于不同的氧化状态时，它的结合能也将发生变化。这里以金属铍的氧化过程来加以说明。金属 Be 的 1s 电子结合能为 110eV，如果把它放在 1.33×10^{-7}Pa 的真空下蒸发到 Al 基片上，然后再用 AlK_α 作激发源，测量它的光电子能谱（图 7-9（a）），便得到一个有分裂峰的谱峰，

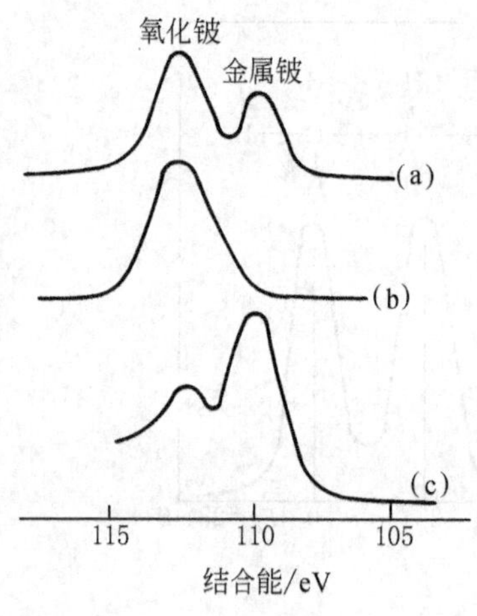

图 7-9　Be1s 的 XPS 谱图

二者能量相差 2.9±0.1eV。其中 110.0eV 的峰值对应的是金属 Be（Be1s），而另一能量稍大的峰值对应的是 BeO 的 Be1s，该结果说明，在 1.33×10^{-7} Pa 真空条件下蒸发已可使 Be 氧化。如果不是在真空条件，而是直接将 Be 在空气中氧化，就得到图 7-9（b），结果只有一个对应 BeO 的 Be1s 光电子峰，E_b=113.0eV。假如用 Zr 作还原剂阻止 Be 的氧化，就得到主要是 110.0eV 的金属 Be1s 光电子峰（图 7-9（c））。本例说明，Be 在氧化后，会使 Be1s 电子的结合能增大。

如果 Be 与 F 化合为 BeF_2，由于氟（F）的电负性大于氧（O）的电负性，BeF_2 中的 Be1s 电子结合能的位移将更大，约为 5eV（图 7-10）。

因此可以初步得到结论，原子内壳层电子的结合能随原子氧化态的增高而增大；氧化态愈高，化学位移也愈大。原子内壳层的电子结合能随化学环境而变化，反映在光电子能谱图上就是结合能谱线位置发生位移，其强度与原子所在的不同结构（化学环境）的数目有关。可以设想，原子氧化态和结合能位移有如下关系：从一个原子中移去一个电子所需要的能量，将随着原子中正电荷的增加，或随负电荷的减少而增加。需要注意的是，原子氧化态与结合能位移之间并不存在数值上的绝对关系，在测得某原子的结合能之后，还应当与标准数据或谱线对照，以便正确地得出各种氧化态与化学位移的对应关系。

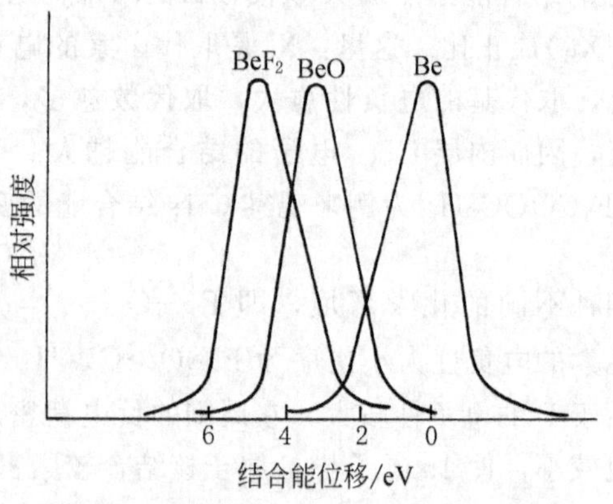

图 7-10　金属铍、氧化铍和氟化铍中 Be1s 的 XPS 谱图

7.2　光电子能谱实验技术

7.2.1　光电子能谱仪

以 X 射线为激发源的光电子能谱仪主要由激发源、样品分析室、能量

分析器、电子检测器、记录控制系统和真空系统等组成。图 7-11 是它的方框示意图。从激发源来的单色光束照射样品室里的样品，只要光子的能量大于材料中某原子轨道中电子的结合能，样品中的束缚电子就被电离而逃逸。光电子在能量分析器中按其能量的大小被“色散”、聚集后被检测器接受，信号经放大后输入到记录控制系统，一般都由计算机来完成仪器控制与数据采集工作。整个谱仪要有良好的真空度，一般情况下，样品分析室的真空度要优于 10^{-5}Pa，这一方面是为了减少电子在运动过程中同残留气体发生碰撞而损失信号强度，另一方面是为了防止残留气体吸附到样品表面上，甚至可能与样品发生反应。谱仪还要避免外磁场的干扰。这里主要讨论 X 射线光电子能谱对激发源、能量分析器和电子检测器的特殊要求。

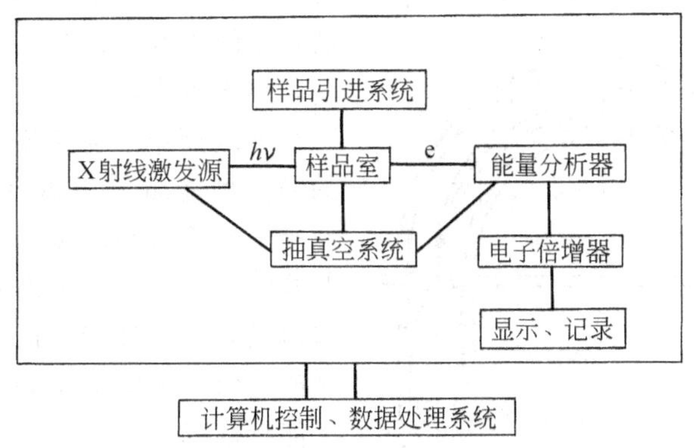

图 7-11　X 射线光电子能谱仪基本构成示意图

7.2.1.1　X 射线激发源

用于电子能谱的 X 射线源，其主要指标是强度和线宽。一般采用 K_α 线，因为它是 X 射线发射谱中强度最大的。K_α 射线相应于 L 能级上的一个电子跃迁到 K 壳层的空穴上。光电效应几率随 X 射线能量的减少而增加，所以在光电子能谱工作中，应尽可能采用软 X 射线（波长较长的 X 射线）。在 X 射线光电子能谱中最重要的两个 X 射线源是 Mg 和 Al 的特征 K_α 射线（能量分别是 1253.6eV 和 1486.6eV），其线宽分别为 0.7eV 和 0.9eV。由于 Mg 的 K_α 射线的自然宽度稍窄一点，对于分辨率要求较高的测试，一般采用该射线源。如欲观测重元素内层电子能谱，则应采用重元素靶的 X 射线管。电子能谱中用的 X 射线管与 X 射线衍射分析用的类似。

为了让尽可能多的 X 射线照射样品，X 射线源的靶应尽量靠近样品，另外，X 射线源和样品分析室之间必须用箔窗隔离，以防止 X 射线靶所产生的大量次级电子进入样品分析室而形成高的背底。对 Al 和 Mg 的 X 射线而言，隔离窗材料可选用高纯度的铝箔或铍箔。X 射线也可以利用晶体色散单色化，X 射线经单色化后，除了能改善光电子能谱的分辨率外，还除去了其他波长的 X 射线产生的伴峰，改善信噪比。

除了用特征 X 射线作激发源外，还可用加速器的同步辐射，它能提供能量从 10eV 到 10keV 连续可调的激发源。这种辐射在强度和线宽方面都比特征 X 射线优越，更重要的是能够从连续能量范围内任意选择所需要的辐射能量值。

7.2.1.2　电子能量分析器

能量分析器是光电子能谱仪的核心部件。其作用在于把具有不同能量的光电子分别聚焦并分辨开，一般利用电磁场来实现电子的偏转性质。电子能量分析器分磁场型和静电型，前者有很高的分辨能力，但因结构复杂，磁屏蔽要求严格，目前已很少采用。商品化电子能谱仪都采用静电型能量分析器，它的优点是整个仪器安装比较紧凑，体积较小，真空度要求较低，外磁场屏蔽简单，易于安装调试。常用的静电型能量分析器有球形分析器、球扇形分析器和筒镜型分析器等，其共同特点是：对应于内外两面的电位差值只允许一种能量的电子通过，连续改变两面间的电位差值就可以对电子能量进行扫描。

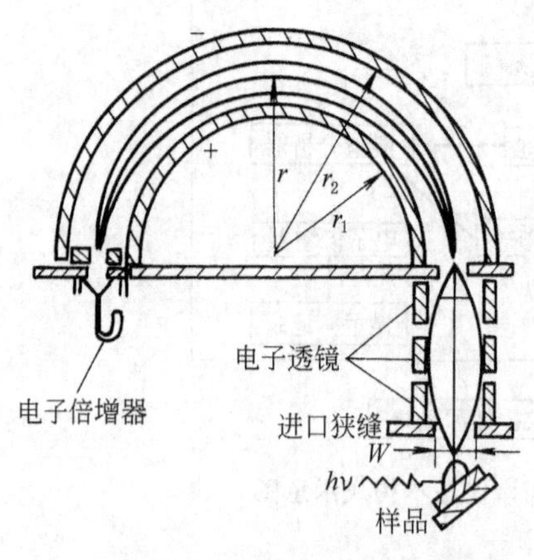

图 7-12　半球形电子能量分析器示意图

图 7-12 是半球形电子能量分析器的示意图。半球形电子能量分析器由内外两个同心半球面构成，内、外半球的半径分别是 r_1 和 r_2，两球间的平均半径为 r；两个半球间的电位差为 V，内球为正，外球为负。若要使能量为 E_k 的电子沿平均半径 r 轨道运动，则必须满足以下条件：

$$E_k = eV/c \tag{7-12}$$

式中　e——电子电荷；

c——由球的内外径决定的谱仪常数$[(r_2/r_1)-(r_1/r_2)]$。

由式(7-12)可知,如果在球形电容器上加一个扫描电压,同心球形电容器就会对不同能量的电子具有不同的偏转作用,从而把能量不同的电子分离开来。这样就可以使能量不同的电子,在不同的时间沿着中心轨道通过,从而得到 XPS 谱图。

能量分析器的分辨率与电子能量有关,它定义为:$(\Delta E/E_k)\times 100\%$，表示分析器能够区分两种相近电子能量的能力，它与分析器的几何形状、入口及出口狭缝宽度和入口角 α 之间有以下关系：

$$\Delta E/E_k=(W/2r)+\alpha^2/2 \tag{7-13}$$

式中 ΔE——光电子谱线的半高宽即绝对分辨率；

E_k——通过分析器电子的动能；

W——狭缝宽度。

由式（7-13）可知，在同等条件下，高动能电子进入能量分析器，将使仪器分辨率大大降低，表 7-4 是分析器绝对分辨率与电子动能的关系。

表 7-4　分析器绝对分辨率与电子动能的关系

E_k/eV	25	50	65	75	100	1000	1250
ΔE/eV	0.01	0.20	0.26	0.30	0.40	4.0	5.0

对 XPS 分析来说，一般要求电子动能在 1000eV 时的绝对分辨率在 0.2eV 左右。为了解决这个问题，常用减速透镜使电子在进入分析器之前先减速，以提高分辨率。如：固定半球形电容器电压，使之成为单能选择器，用透镜电压扫描测定电子能谱。目前，实验仪器大多采用固定通过能的方法，即使电子在进入能量分析器之前被减速后以一个固定的动能值通过分析器。用这种方式扫描，加在分析器上的电压不变而改变透镜电位。仪器实验参数中有多个通过能供选择，常用的有：2、5、10、20、50、100、200eV 等。通过能大，强度高，但是分辨率低，要根据样品的测试要求来选择通过能。球扇形分析器的结构和原理与球形分析器相似。

筒镜型电子能量分析器，由内外两个同轴圆筒组成，如图 7-13 所示。电子发射源在两圆筒的公共轴 S 处，在内圆筒上切有一环形狭缝 A，环平面垂直于圆筒的公共轴。如果电子源和内圆筒同电位，电子束将以直线射到入口狭缝而进入两圆筒之间的电场区。适当调节内外圆筒的电位差，就将使具有某一能量的电子被偏转通过出口狭缝 B，进入内圆筒并聚焦于 I 点。为了减少散乱的低能电子进入检测器，提高信噪比，改善分辨率，可将两个圆筒镜分析器串接起来。

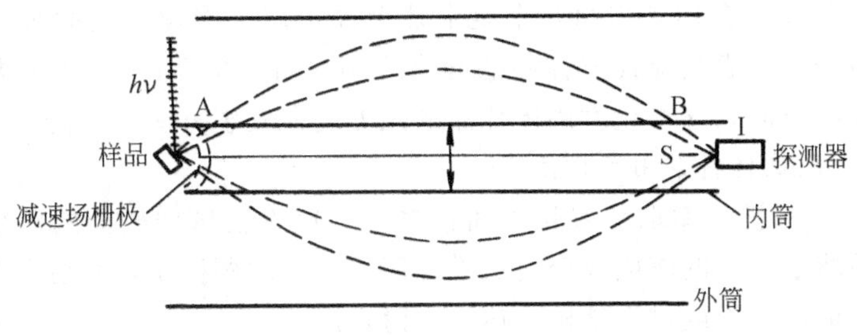

图 7-13　圆筒镜分析器示意图

7.2.1.3　检测器

原子和分子的光电离截面都不大，在 XPS 分析中所能检测到的光电子流非常弱。要接受这样的弱信号，一般采用脉冲计数的方法，即用电子倍增器来检测电子的数目。现在的 XPS 仪所用的检测器主要是多通道检测器，以前用的单通道电子倍增器已不多见。

通道电子倍增器如图 7-14 所示，它由高铅玻璃或钛酸钡系陶瓷管制成。管的内壁具有二次发射特性。其原理是，当具有一定动能的电子进入这种器件，打到内壁上后，它又打击出若干个二次电子，这些二次电子沿内壁电场加速，又打到对面的内壁上，产生出更多的二次电子，如此反复倍增，最后在倍增器的末端形成一个脉冲信号输出。倍增器两端的电压约为 3000 伏左右。

如果把多个如图 7-14 所示的单通道电子倍增器组合在一起，就成了多通道电子倍增器，它能够提高采集数据的效率，并大大提高仪器的灵敏度。

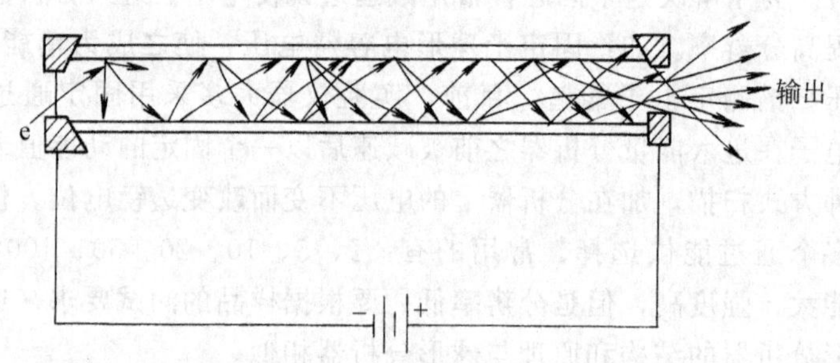

图 7-14　单通道电子倍增器电子倍增示意图

电子能谱仪一般都有自动记录和自动扫描装置，并采用电子计算机进行程序控制和数据处理。

7.2.2　待测样品制备方法

实践经验表明，要想获得一张正确的 XPS 谱图，首先必须采用正确的制样方法。若采用的方法不当，所得信息不仅灵敏度低、分辨率差，有时甚至会给出错误的结果，从而导致整个实验失败。

XPS 信息来自样品表面几个至十几个原子层，因此在实验技术上要保证所分析的样品表面能代表样品的固有表面。目前的 XPS 分析主要是集中在固体样品方面，这里仅就固体样品的预处理和安装方法作一简介。

7.2.2.1　无机材料常用的方法有

① 溶剂清洗（萃取）或长时间抽真空，以除去试样表面的污染物。例如，对不溶于溶剂的陶瓷或金属试样，用乙醇或丙酮擦洗，然后用蒸馏水洗掉溶剂，最后吹干或烘干试样，达到去污目的。

② 一般商品仪器都配有氩离子枪，可以用氩离子刻蚀法除去表面污染

物。利用该方法要注意的是，由于存在择优溅射现象，刻蚀可能会引起试样表面化学组成的变化，易被溅射的成分在样品表面的原子浓度会降低，而不易被溅射的成分的原子浓度将提高，有的样品还会发生氧化或还原反应。因此，若需利用该方法清洁试样表面，最好用一标准样品来选择刻蚀参数，以避免待测样品表面被氩离子还原及改变表面组成。

③ 擦磨、刮剥和研磨。如果样品表层与内表面的成分相同，则可用 SiC（600 号）纸擦磨或用刀片刮剥表面污染层，使之裸露出新的表面层，如果是粉末样品，则可采用研磨的办法使之裸露出新的表面层。对于块状样品，也可在气氛保护下，打碎或打断样品，测试新露出的端面。需要注意的是，在这些操作过程中，不要带进新的污染物。

④ 真空加热法。一般商品仪器都配有加热样品托装置，最高加热温度可达 1000 摄氏度。对于能耐高温的样品可采用在高真空度下加热的办法除去样品表面的吸附物。

7.2.2.2　有机和高聚物样品常用的制样方法

（1）压片法　软散的样品采用压片的方法。

（2）溶解法　将样品溶解于易挥发的有机溶剂中，然后将 1～2 滴溶液滴在镀金的样品托上，让其晾干或用吹风机吹干后测定。

（3）研压法　对不溶于易挥发有机溶剂的样品，可将少量样品研磨在金箔上，使其形成薄层，然后再进行测定。

样品安装的方法一般是把粉末样品粘在双面胶带上或压入铟箔（或金属网）内，块状样品可直接夹在样品托上或用导电胶粘在样品托上进行测定。对块状样品来说，尺寸大小在 1cm×1cm 左右即可。

7.2.3　XPS 谱图解释

7.2.3.1　XPS 谱图的一般特点

由于光电子来自不同的原子壳层，因而具有不同的能量状况，结合能大的光电子将从激发源光子那里获得较小的动能，而结合能小的将获得较大的动能。整个光电发射过程是量子化的，光电子的动能也是量子化的，因而来自不同能级的光电子的动能分布是离散形的。电子能量分析器检测到的光电子的动能，通过一个模拟电路，以数字方式记录下来并储存在计算机的磁盘里。计算机所记录的是给定时间内一定能量（动能或结合能）的电子到达探测器的个数，即每秒电子计数，简称为 cps（Counts Per Second，相对强度）。

虽然能量分析器检测的是光电子的动能，但只要通过简单的换算即可得到光电子原来所在能级的结合能（$h\nu=E_b+E'_k+W'$）。通常谱仪的计算机可用动能（E_k）或者用结合能（E_b）两种坐标形式绘制和打印 XPS 谱图，即谱图的横坐标是动能或结合能，单位是：eV；纵坐标是相对强度（CPS），一般以结合能为横坐标。以结合能为横坐标的优点在于光电子的结合能比它的动能更能直接地反映出电子的壳层式（能级）结构。来自不同壳层的光电子的结合能值与激发源光子的能量无关，只与该光电子原来所在能级的能量有关。也就是说，对同一个样品，无论取 MgK_α 还是取 AlK_α 射线作为激发源，所得到的该样品的各种光电子在其 XPS 谱图上的结合能分布状况都是一样的。

XPS 谱图中那些明显而尖锐的谱峰，都是由未经非弹性散射的光电子形成，而那些来自样品深层的光电子，由于在逃逸的路径上有能量损失，其动能已不再具有特征性，成为谱图的背底或伴峰。由于能量损失是随机的，因此，背底电子的能量变化是连续的，往往低结合能端的背底电子少，高结合能端的背底电子多，反映在谱图上就是，随着结合能的提高，背底电子的强度一般呈现逐渐上升的趋势。这种能量分布状况见图 7-15 所示。

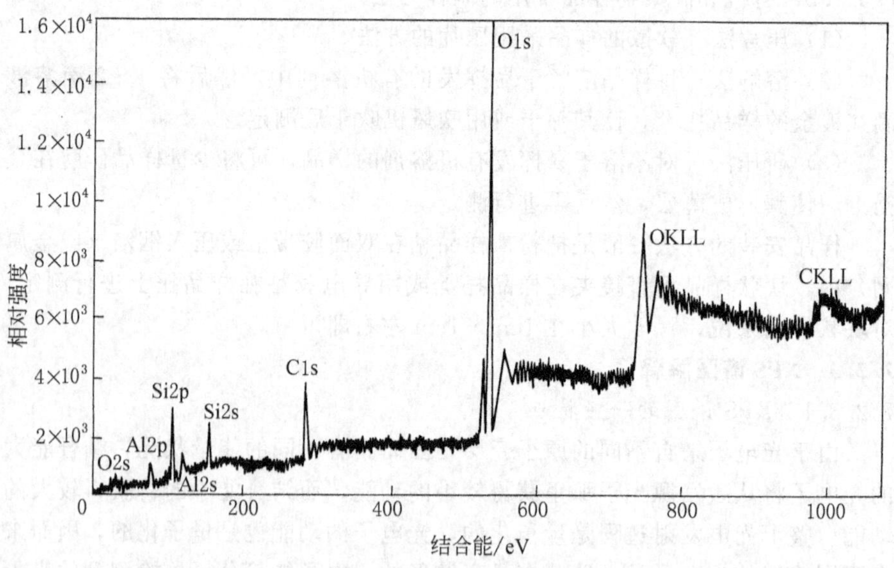

图 7-15　XPS 谱图的背底随结合能值的变化关系

在本征信号不太强的 XPS 谱图里，往往会看见明显的“噪音”，即谱线不是理想的平滑曲线，而是锯齿般的曲线（图 7-16，扫描一次）。这种“噪音”并不完全是仪器导致的，有时也可能是信噪比 S/N 太低，即样品中某一待测元素含量太少的缘故。由于噪音是随机出现的，一般采用增加扫描次数、延长扫描时间、利用计算机多次累加信号的方法来达到提高信噪比、平滑谱线的目的，见图 7-17，它是在得到图 7-16 后，又重新扫描三次得到的谱线。图 7-17 较图 7-16 平滑，强度也高。这里需要指出的是，如果要进行定量分析，一定要在同一扫描次数下进行，不然就会引起误差，因为 XPS 是依据强度进行定量的。

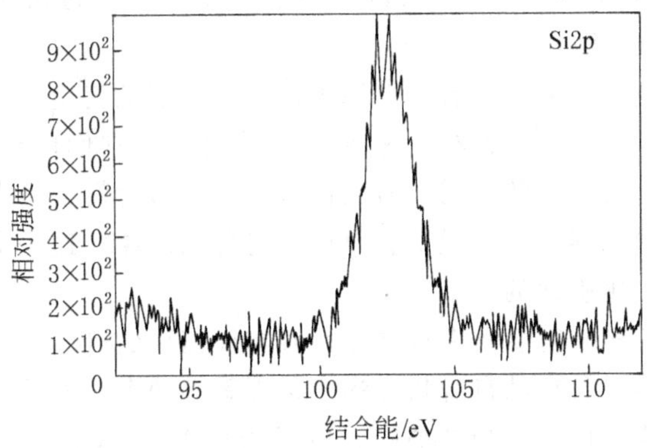

图 7-16 涂膜玻璃的 Si2p XPS 谱图（扫描一次）

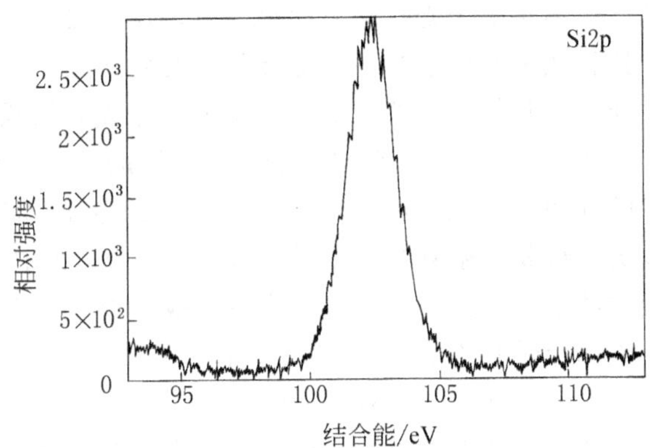

图 7-17 涂膜玻璃的 Si2p XPS 谱图（扫描三次）

7.2.3.2 XPS 光电子线及伴线

XPS 谱图中可以观测到的谱线除主要的光电子线外，还有俄歇线、X 射线卫星线、鬼线、振激线和振离线、多重劈裂线和能量损失线等。一般把强光电子线称为 XPS 谱图的主线，而把其他的谱线称为伴线或伴峰。研究伴线，不仅对正确解释谱图很重要，而且也能为分子和原子中电子结构的研究提供重要信息。研究伴线的产生、性质和特征，对探讨化学键的本质是极其重要的，这也是当前电子能谱学发展的一个重要方面。

A. 光电子线（Photoelectron Lines）

最强的光电子线常常是谱图中强度最大、峰宽最小、对称性最好的谱峰，称为XPS谱图中的主线。每一种元素都有自己最强的、具有表征作用的光电子线，它是元素定性分析的主要依据。一般来说，来自同一壳层上的光电子，内角量子数越大，谱线的强度越大。常见的强光电子线有1s、$2p_{3/2}$、$3d_{5/2}$、$4f_{7/2}$等。

除了强光电子线外，还有来自原子内其他壳层的光电子线，例如图7-15中所标识的O2s、Al2s、Si2s。这些光电子线比起它们的最强光电子线来说，强度有的稍弱，有的很弱，有的极弱。在元素定性分析中它们起着辅助的作用。纯金属的强光电子线常会出现不对称的现象，这是由于光电子与传导电子的偶合作用引起的。

光电子线的谱线宽度是来自样品元素本征信号的自然线宽、X射线源的自然线宽、仪器以及样品自身状况的宽化因素等四个方面的贡献。高结合能端的光电子线通常比低结合能端的光电子线宽1～4eV，所有绝缘体的光电子线都比良导体的光电子线宽约0.5eV。

B. 俄歇线（Auger Lines）

当原子中的一个内层电子光致电离而射出后，在内层留下一个空穴，原子处于激发态。这种激发态离子要向低能转化而发生弛豫，弛豫的方式可通过辐射跃迁释放能量，其值等于两个能级之间的能量差，波长在X射线区，辐射出的射线称为X射线荧光，该方式类似X射线的产生。另一种弛豫方式是通过非辐射跃迁使另一电子激发成自由电子，该电子就称为俄歇电子，由俄歇电子形成的谱线就是俄歇线。X射线激发的俄歇线往往具有复杂的形式，它多以谱线群的形式出现，与相应的光电子线相伴随，它到主光电子线的线间距离与元素的化学状态有关。在XPS谱图中可以观察到的俄歇谱线主要有四个系列：它们是KLL、LMM、MNN和NOO，符号的意义是：左边字母代表产生起始空穴的电子层，中间字母代表填补起始空穴的电子所属的电子层，右边字母代表发射俄歇电子的电子层，图7-18是俄歇激发过程示意图。

若要在XPS谱图上标注俄歇线，还要在这些符号的最左边写上元素符号，如在图7-15上标注的O_{KLL}和C_{KLL}。KLL系列中包括了初始空穴在K层、终态双空穴在L层的所有俄歇跃迁。在理论上，KLL系列应包括六条俄歇线，它们是KL_1L_1、KL_2L_2、KL_3L_3、KL_1L_2、KL_1L_3、KL_2L_3。其他系列的俄歇线更多。在原子序数Z＝3～14元素中，突出的俄歇线为KLL系列；Z＝14～40的元素中，突出的俄歇线为LMM系列；Z＝40～79元素中，突出的俄歇线为MNN系列；更重的元素为NOO系列。

以上四个系列为内层型俄歇线，此外还有价型俄歇线，比如KVV、

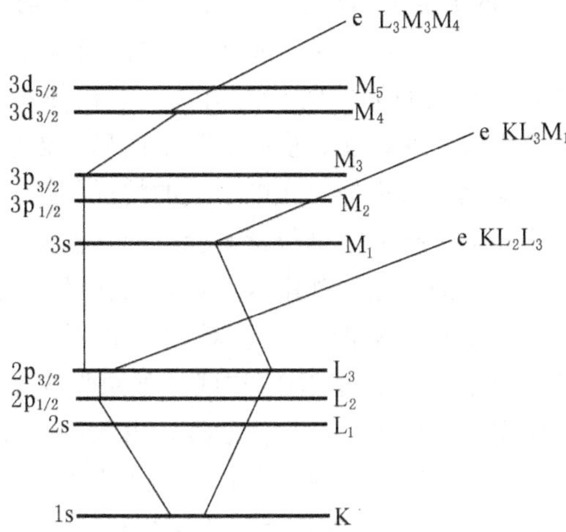

图 7-18 KLL、KLM、LMM 俄歇电子跃迁示意图

LVV、LMV 等。这里 V 表示价带能级，例如：O_{KLL} 也可写为 O_{KVV}。这类俄歇线表示终态空穴至少有一个发生在价带上。能用 Al/MgK_{α} 射线激发出俄歇线的元素占天然元素的一半，其中 29 个元素具有内层型俄歇跃迁，16 个具有价型俄歇跃迁，具有分析意义的俄歇线见附录 4。

俄歇电子能量的计算涉及到三个能级，这里以 KLL 系列的 KL_2L_3 为例来说明计算方法。设 K、L_2、L_3 各能级的电子结合能分别是 E_{bk}、E_{bL2}、E_{bL3}，当 L_2 电子填充 K 层空穴时，产生的过剩能量为：

$$\Delta E = E_{bk} - E_{bL2} \tag{7-14}$$

由于 ΔE 足够大，能克服 L_3 能级上电子的结合能，使之电离，并有多余的能量转化为该电子的动能，使之发射出去，所以 KL_2L_3 俄歇电子的动能为：

$$E_k = (E_{bk} - E_{bL_2}) - E_{bL_3} \tag{7-15}$$

如同推导结合能一样，考虑样品与仪器的功函数，则式（7-15）改写为：

$$E_k = (E_{bk} - E_{bL_2}) - E_{bL_3} - W' \tag{7-16}$$

但是，这样计算出来的俄歇电子的动能与实测的数值之间有很大的差距，主要由空穴产生后能级间的弛豫现象所致，把式（7-16）加上弛豫能得：

$$E_k = (E_{bk} - E_{bL_2}) - E_{bL_3} - W' + E_R \tag{7-17}$$

E_R 为弛豫能。俄歇电子动能计算的通式可写为：

$$E_{XYZ} = (E_X - E_Y) - E_Z - W' + E_R \tag{7-18}$$

E_{XYZ}为 XYZ 系列俄歇电子的动能，E_X、E_Y、E_Z分别为 X、Y、Z 能级上电子的结合能。从式（7-18）可见，俄歇电子的动能与激发源无关。

由于俄歇线具有与激发源无关的动能值，因而在使用不同 X 射线激发源对同一样品采集谱线时，在动能为横坐标的谱图里，俄歇线的能量位置不会因激发源的变化而变化，这正好与光电子线的情况相反。在以结合能为横坐标的谱图里，尽管光电子线的能量位置不会改变，但俄歇线的能量位置会因激发源的改变而作相应的变化。利用这一点，当在区分光电子线与俄歇线有困难的时候，可以利用换靶的方式，对同一样品分别采用 MgK_α 和 AlK_αX 射线以结合能为横坐标采集 XPS 谱线，如果发现某些谱线的位置发生了变化，那么这些变化了位置的就是俄歇线，由此可以方便地鉴别出光电子线和俄歇线。例如：图 7-15 是用 MgK_α 取得的 XPS 谱图，如果换用 AlK_α 射线取谱，谱图上的光电子线不动，而俄歇线 O_{KLL}、C_{KLL} 就向高结合能端移动 233eV，此值正好是 MgK_α 和 AlK_α 射线的能量差。

另外，俄歇线也有化学位移，并且位移方向与光电子线的一致。当有些元素的光电子线的化学位移不明显时，也许俄歇线的化学位移会有帮助，见表 7-5。由表中的数据可见，照目前谱仪的分辨能力，用光电子谱线的位移难以辨别出 Cu 和 Cu_2O 化学态的差别，但用俄歇线位移就能明确地辨别出。因此，俄歇线是 XPS 谱图中光电子线信息的补充，它也能提供元素化学状态的信息。

表 7-5　几种元素化合物的光电子和俄歇电子谱线位移对比

状态变化	Cu→Cu_2O	Zn→ZnO	Mg→MgO	Ag→Ag_2SO_4	In→In_2O_3
光电子位移/eV	0.1	0.8	0.4	0.2	0.5
俄歇电子位移/eV	2.3	4.6	6.4	4.0	3.6

C. X 射线卫星峰（X-ray Satellites）

用来照射样品的单色 X 射线并非单色，常规使用的 Mg/Al$K_{\alpha1,2}$射线里混杂有 $K_{\alpha3,4,5,6}$ 和 K_β 射线，它们分别是阳极材料原子中的 L_2 和 L_3 能级上的 6 个状态不同的电子和 M 能级的电子跃迁到 K 层上产生的荧光 X 射线效应，这些射线统称为 $K_{\alpha1,2}$ X 射线的卫星线。样品原子在受到 X 射线照射时，除了发射特征 X 射线（$K_{\alpha1,2}$）所激发的光电子外，X 射线卫星线也同样激发光电子，由这些光电子形成的光电子峰，称为 X 射线卫星峰。由于 $K_{\alpha1,2}$ 射线卫星线的能量较高，因而这些光电子往往有较高的动能，表现在 XPS 谱图上就是，在主光电子线的低结合能端或高动能端产生强度较小的卫星峰。这些强度较小的卫星峰离主光电子线（峰）的距离以及它们的强度大小因阳极材料的不同而不同。AlK_α、MgK_α 射线的卫星峰离主光电子峰的位置和相对强度如表 7-6 和图 7-19 所示。

表 7-6　AlKα、MgKα 卫星线的卫星峰离主光电子峰的位移和相对强度

射线名称		$K_{\alpha1,2}$	$K_{\alpha3}$	$K_{\alpha4}$	$K_{\alpha5}$	$K_{\alpha6}$	K_{β}
Mg 靶	高动能端位移	0eV	8.4eV	10.2eV	17.5eV	20.0eV	48.5eV
	相对强度	100	9.2	5.1	0.8	0.5	2.0
Al 靶	高动能端位移	0	9.8eV	11.8eV	20.1eV	23.4eV	69.7eV
	相对强度	100	7.8	3.3	0.42	0.28	2

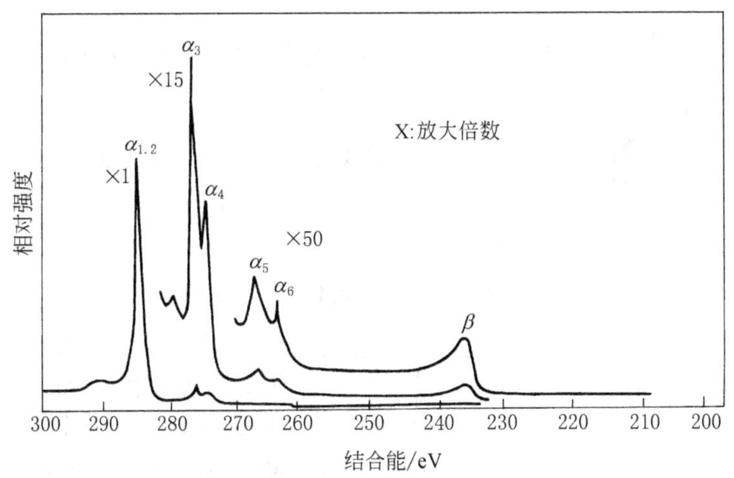

图 7-19　MgK_{α} 射线的卫星峰

d. 多重分裂（Mulitiplet Splitting）

当原子或自由离子的价壳层拥有未成对的自旋电子时，光致电离所形成的内壳层空位便将与价轨道上未成对的自旋电子发生偶合，使体系不止出现一个终态。相应于每一个终态，在 XPS 谱图上将有一条谱线，这就是多重分裂的含义。过渡金属具有未充满的 d 轨道，稀土和锕系元素具有未充满的 f 轨道，这些元素的 XPS 谱图中往往出现多重分裂。

下面以 Mn^{2+} 离子的 3s 轨道电离为例来说明 XPS 谱图中的多重分裂现象。基态锰离子 Mn^{2+} 的电子组态为（Ne）$3s^2 3p^6 3d^5$，当 Mn^{2+} 离子的 3s 轨道受激发后，就会出现两种终态（a 和 b），见图 7-20。a、b 两种终态的区别在于，b 态表示电离后剩下的一个 3s 电子和 5 个 3d 电子的自旋方向相反，而 a 态表示电离后剩下的一个 3s 电子和 5 个 3d 电子的自旋方向相同。因此，在终态 b 中，光电离后产生的未成对电子与价轨道上的未成对电子偶合，使其能量降低，即与原子核结合牢固；而在终态 a 中，光电离后产生的未成对电子与价轨道上的未成对电子自旋方向相同，没有偶合作用，所以其能量较高，即与原子核结合的较弱。反映在 XPS 谱图上就是，与 5 个 3d 电子自旋相同的终态 a 的 3s 电子结合能低；自旋相反的终态 b 的 3s 电子结合能高，二者的强度比为 $I_a/I_b=2.0/1.0$，分裂的程度就是二谱线峰位之间的能量差，见图 7-21。

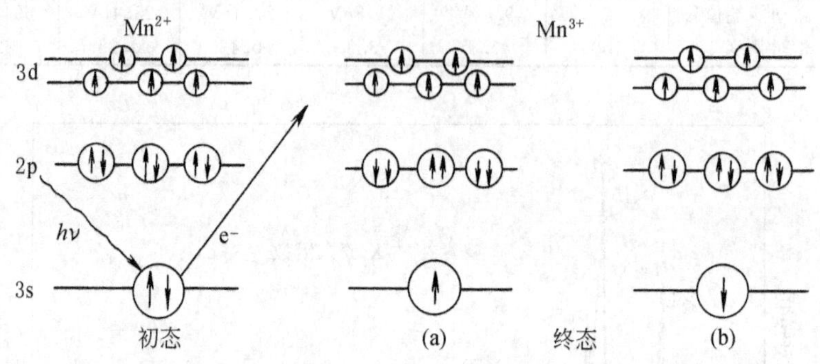

图 7-20 锰离子的 3s 轨道电离时的两种终态

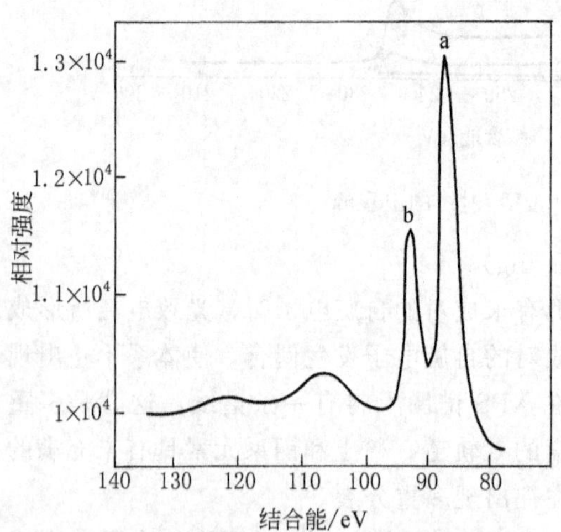

图 7-21 MnF_2 中 3s 电子的 XPS 谱图（激发源是单色 AlK_α）

实验证实，当配位体相同时，多重分裂的程度与未成对电子数有关。例如，MnF_2 3d 轨道的未配对电子数为 5，多重分裂值最大（6.3eV），CrF_3 的未配对电子数较少（3 个），多重分裂也小（4.2eV），$K_4Fe(CN)_6$ 没有未成对电子，无多重分裂。过渡元素的多重分裂随未成对 d 电子数的变化情况如图 7-22 所示，d 电子数从 0 变到 10，具有 5 个未配对电子时，多重分裂最大。同理，最外层 f 轨道部分充满的稀土和锕系元素也存在着类似的关系。在 p 轨道电离中也能发生多重分裂，但偶合情况更复杂，对谱图的解释也较困难。影响多重分裂程度的另一个因素是配位体的电负性。配位体的电负性 X 越大，化合物中过渡元素的价电子越倾向于配位体，化合物的离子特性越明显，两个终态能量差值越大，见表 7-7。

在 XPS 谱图上，通常能够明显出现的是自旋-轨道偶合能级分裂谱线。

这类分裂谱线主要有：p 轨道的 $p_{3/2}$、$p_{1/2}$，d 轨道的 $d_{3/2}$、$d_{5/2}$ 和 f 轨道的 $f_{5/2}$、$f_{7/2}$，其裂分能量间距依元素不同而不同。但是，也并非所有的元素都有明显的自旋-轨道偶合裂分谱线，例如：在 XPS 谱图上看不见 B、C、N、F、O、Na、Mg 元素的 p 裂分谱线；Al、Si、P、Cl、S 等元素的 p 裂分谱线能量间距很小，即 $p_{3/2}$、$p_{1/2}$ 之间的距离难以区分，只有使用单色器的谱仪才能看出微小差别，例如图 7-16 中所示的 Si2p 光电子谱线，由于没有使用单色器，就不能区别出 $Si2p_{3/2}$ 和 $Si2p_{1/2}$，如果使用单色器就会发现二者相差约 1.0eV；过渡金属元素不但有明显的 $p_{3/2}$、$p_{1/2}$ 裂分谱线，而且裂分的能量间距还因化学状态而异。自旋-轨道偶合能级分裂谱线能量间距见附录 5-1 和附录 5-2 中括号里的数据（该附录中元素左边的数值为结合能数值，它由小到大排序，便于查找）。在通常情况下，自旋-轨道偶合裂分线的相对强度比可用下式表示：

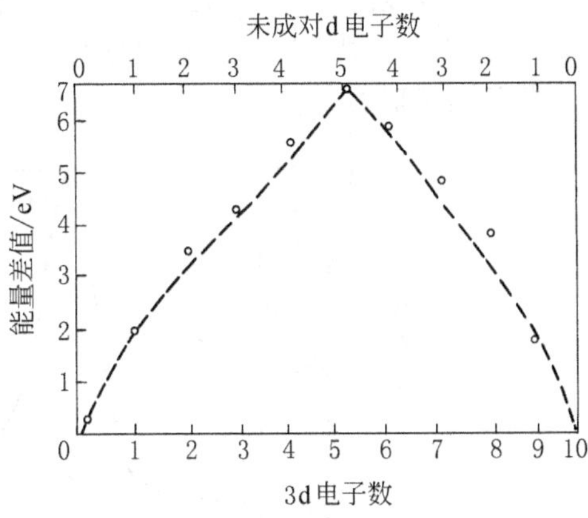

图 7-22　3s 电子多重分裂能量的差值随未配对 d 电子数的变化规律

$$I_r=[2\times(l+1/2)+1]/[2\times(l-1/2)+1] \tag{7-19}$$

式中　I_r——裂分线之间的相对强度比值；

l——角量子数。

表 7-7　过渡金属离子 3s 轨道电子电离时多重分裂谱线能量差（XPS 实验值）**与配位体离子的电负性关系**

化合物	配位体电负性 X	分裂谱线能量差/eV	化合物	配位体电负性 X	分裂谱线能量差/eV
CrF_3	3.9	4.2	MnN	3.0	5.5
$CrCl_3$	3.1	3.8	FeF_2	3.9	6.0
$CrBr_3$	2.9	3.1	$FeCl_2$	3.1	5.6
Cr_2O_3	3.5	4.1	$FeBr_2$	2.9	4.2
Cr_2S_3	2.6	3.2	$MnBr_2$	2.9	4.8
MnF_2	3.9	6.3	$MnCl_2$	3.1	6.0
MnS	2.6	5.3	MnO	3.5	5.5

因此可得自旋-轨道偶合裂分线的相对强度比 I_r：

$$p_{3/2}/p_{1/2}=2:1;d_{5/2}/p_{3/2}=3:2;f_{7/2}/f_{5/2}=4:3$$

在实际分析样品时，可以根据相对强度比 I_r 及裂分能量间距来鉴别样品中存在的元素。图 7-23 是 Ti2p 原子自旋-偶合裂分 XPS 谱图，裂分能量间距是 5.7eV。根据结合能及裂分间距可以认为，涂层玻璃表面的钛主要以+4 价的离子形式存在。

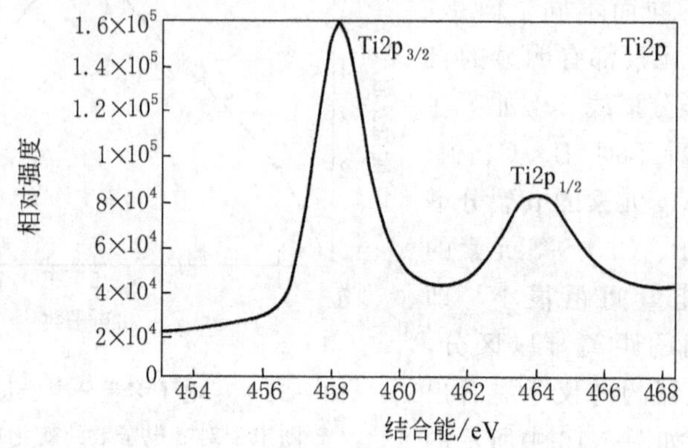

图 7-23 涂层玻璃表面 Ti2p 的 XPS 谱图

E. 能量损失谱线（Energy Loss Lines）

光电子能量损失谱线是由于光电子在穿过样品表面时同原子（或分子）之间发生非弹性碰撞、损失能量后在谱图上出现的伴峰。

特征能量损失的大小同所分析的样品有关，其能量损失峰的强度取决于样品的特性和穿过样品的电子动能。在气相中，能量损失谱线是以分立峰的形式出现的，其强度与样品气体分压有关，降低样品气体分压可以减小或基本消除气体的特征能量损失效应。在固体中，能量损失谱线的形状比较复杂。对于金属，通常在光电子主峰的低动能端或高结合能端的 5～20eV 处

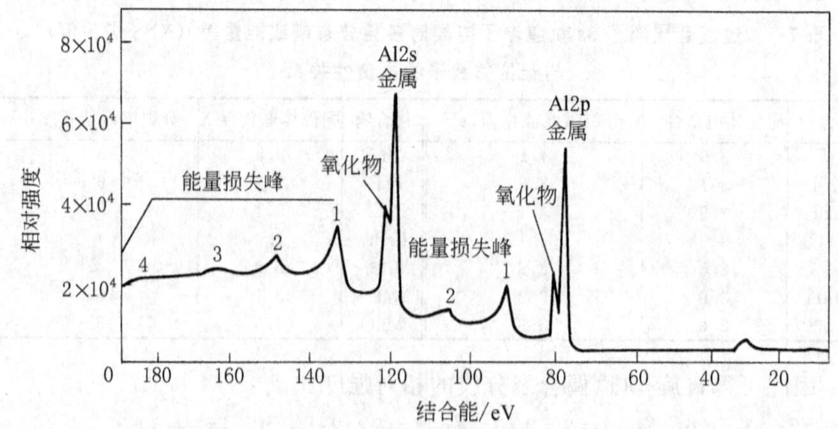

图 7-24 金属铝的 XPS 谱图

可观察到主要损失峰，随后在谐波区间出现一系列次级峰；对于非导体，通常看到的是一个拖着长尾巴的拖尾峰，在一定的情况下，给分析谱图增加困难。图 7-24 是金属铝的能量损失谱，金属铝表面已有部分被氧化，激发源是 AlK_α。图中分别以 1、2 和 1、2、3、4 表示 Al2p 和 Al2s 的能量损失谱，当主光电子线的强度较高时，它的能量损失谱的强度也较高，这时分析谱图时要格外慎重，以免把能量损失谱误作为其他元素的主光电子线，对未知样品的分析更要引起注意。图 7-25 是二氧化硅样品中氧（O1s）的能量损失峰，它出现在离 O1s 光电子线的高结合能端 21eV 处。

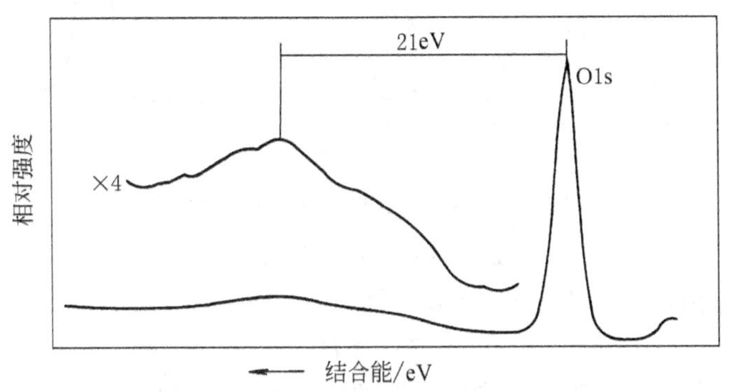

图 7-25　二氧化硅中 O1s 的能量损失峰

F. 电子的振激与振离谱线

在光电发射中，由于内壳层形成空位，原子中心电位发生突然变化将引起价壳层电子的跃迁，这时有两种可能的结果：如果价壳层电子跃迁到更高能级的束缚态，则称之为电子的振激（Shake up）；如果价壳层电子跃迁到非束缚的连续状态成了自由电子，则称此过程为电子的振离（Shake off）。图 7-26 是 Ne1s 电子发射时振激和振离过程示意图。

（1）振离谱线（Shake off Lines）　振离是一种多重电离过程（亦称作单极电离）。当原子的一个内层电子被 X 射线光电离而发射时，由于原子有效电荷的突然变化，导致一个外层电子激发到连续区（即电离）。这种激发使部分 X 射线光子的能量被原子吸收，显然，对于能量一定的光子，由于部分能量被原子吸收，剩余部分用于正常激发光电子的能量就减小，其结果是在 XPS 谱图主光电子峰的高结合能端（或低动能端）出现平滑的连续谱线（见图 7-26），在这条连续谱线的低结合能端（或高动能端）有一陡限，此限同主光电子峰之间的能量差等于带有一个内层空穴离子基态的电离电位。可以看出，光致电离发射出光电子后形成两种终态，且能量不同。

以图 7-26 为例，对于正常的光电离（忽略功函数）：

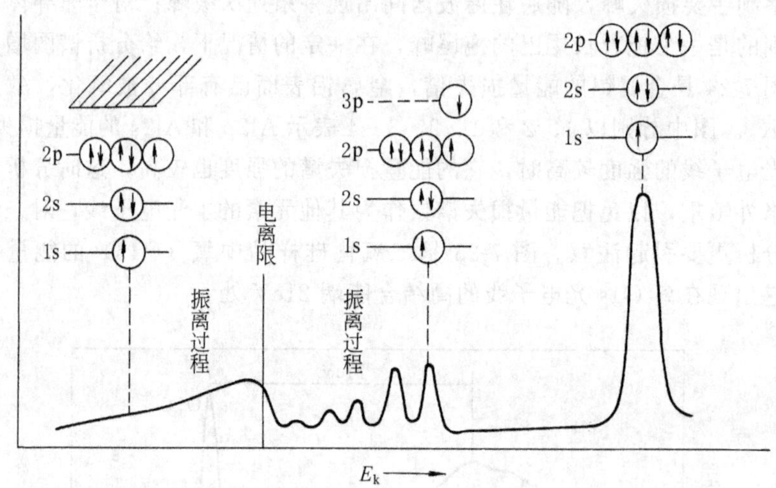

图 7-26　Ne1s 电子发射时振激和振离过程示意图

$$E_{\mathrm{k}}(1\mathrm{s})=h\nu-E_{\mathrm{b}}(1\mathrm{s})$$

对于振离：　$E'_{\mathrm{k}}(1\mathrm{s})=h\nu-[E_{\mathrm{b}}(1\mathrm{s})+E_{\mathrm{b}}(2\mathrm{p})]$

所以　$E_{\mathrm{k}}>E'_{\mathrm{k}}$

因此，振离线出现在主光电子线的低动能端。振离峰的强度一般很弱，往往被仪器噪音掩盖，它实际上只是增加了背底。

(2) 振激谱线（Shake up Lines）　振激是一种与光电离过程同时发生的激发过程，它的产生与振离类似，所不同的是它的价壳层电子跃迁到了更高级的束缚态（图 7-26 所示，2p 电子跃迁到了 3p 能级）。外层电子的跃迁，导致用于正常发射光电子的射线能量减少，其结果是在谱图主光电子峰的低动能端出现分立（不连续）的伴峰，伴峰同主峰之间的能量差等于带有一个内层空穴的离子的基态同它的激发态之间的能量差。此过程也称为电子单极激发。

对于正常光电离：　$E_{\mathrm{k}}(1\mathrm{s})=h\nu-E_{\mathrm{b}}(1\mathrm{s})$

对于振激：$E'_{\mathrm{k}}(1\mathrm{s})=h\nu-E_{\mathrm{b}}(1\mathrm{s})-[E_{\mathrm{b}}(2\mathrm{p})-E_{\mathrm{b}}(3\mathrm{p})]$

因为 $E_{\mathrm{k}}>E'_{\mathrm{k}}$，所以振激峰出现在主光电子峰的低动能一边。

原则上，每个分子都能在光电离的同时产生电子振激峰。对于气体分子，由于背底比较小，容易将电子振激峰同能量损失峰区分开，所以在谱图上一般能观察到电子振激峰。对于固体样品，通常背底较大，能量损失峰往往遮盖电子振激峰，只有当电子振激的几率非常大的时候，才能在光电子能谱图中观察到明显的振激峰。过渡金属化合物和有共轭 π 电子体系的化合物，一般都能观察到较强的振激峰。在用 XPS 研究聚苯乙烯时发现，聚苯乙烯 C1s 峰的振激峰（$\pi\rightarrow\pi^*$ 跃迁）的相对强度与聚苯乙烯交联度之间有很好的对应关系，C1s 峰的振激峰的相对强度就是聚苯乙烯 π 电子共轭效应强弱的表征，因此有人建议用振激峰的相对强度来表征聚苯乙烯的辐射交联度（见 7.3.2 中高分子结构分析内容）。

对于化学研究来说，振激峰是非常有用的信息，许多化学性质，如顺磁反磁性、键的共价性和离子性、几何构型、自旋密度和配位物中的电荷转移等都与振激峰有密切的关系。有些性质不同的化合物，在主光电子峰的化学位移上未出现不同，而振激峰却有明显的差别，例如，在 Cu、CuO 和 Cu_2O 系列化合物中，由于三者的光电子线的结合能差距不大，即结合能的位移很小，鉴别起来很困难，但是，它们的 $Cu2p_{3/2}$ 和 $Cu2p_{1/2}$ 电子谱线的振激峰却显著不同，见图 7-27。其中 Cu 和 Cu_2O 没有 $2p_{3/2}$ 谱线的振激峰，而 CuO 却有明显的振激峰，这样就可以判断出该系列化合物中是否含有 CuO。但应注意的是，利用这种信息必须谨慎，因为具有相同化学状态的不同化合物并不一定具有类似的振激峰，如：CuO 有而 CuS 没有。一般情况下，顺磁态的离子具有振激峰，因此，常用振激峰的存在与否来鉴别顺磁态化合物的存在与否。附录 6 列出了部分顺磁态与逆磁态离子。

此外，振激和振离都与弛豫过程有关，所以对这两种谱线的研究也能得到有关弛豫现象的信息。

G. 鬼线（X-ray“Ghosts”）

XPS 谱图中有时会出现一些难以解释的光电子线，这时就要考虑该线是否为鬼线。鬼线的来源主要是由于阳极靶材料不纯，含有微量的杂质，这时 X 射线不仅来自阳极靶材料元素，而且还来自阳极靶材料中的杂质元素。这些杂质元素可能是 Al 阳极靶中的 Mg，或者 Mg 阳极靶中的 Al，或者阳极靶的基底材料 Cu。鬼线还有可能起因于 X 射线源的窗口材料—Al 箔，甚至是样品材料中的组成元素，当然，最后的这种可能性是很小的。来自杂质元素的 X 射线同样激发出光电子，这些光电子反映在 XPS 谱图上，出现的就是彼此交错的光电子线，象幽灵一样随机出现，常令人困惑不解。因此，把这种光电子线称为“鬼线”。常见的与主光电子线相伴的鬼线离主线的间距见表 7-8。

表 7-8　鬼线离主光电子谱线的能量间距/eV

（鬼线的结合能减去主光电子线的结合能的差值）

杂质 X 射线	OK_α	CuK_α	MgK_α	AlK_α
靶材料　Mg	728.7	323.9	—	−233.0
Al	961.7	556.9	233.0	—

图 7-28 是用 AlK_α 作射线源得到的玻璃纤维的 XPS 全谱。从谱图中可见，试样的表面主要由 O、Si、Al、Ca 元素组成。但是，在结合能为 841eV 和 1087eV 处的两个峰位却令人困惑不解，该峰位值不能与附录 5-2

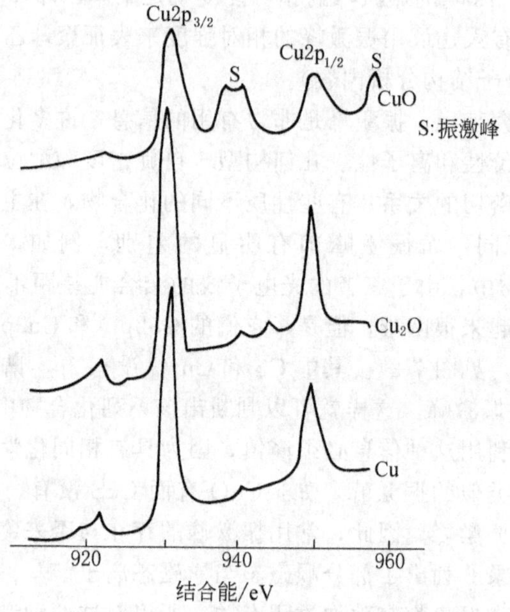

图 7-27　Cu、Cu_2O 和 CuO 的 Cu2p 的 XPS 谱图

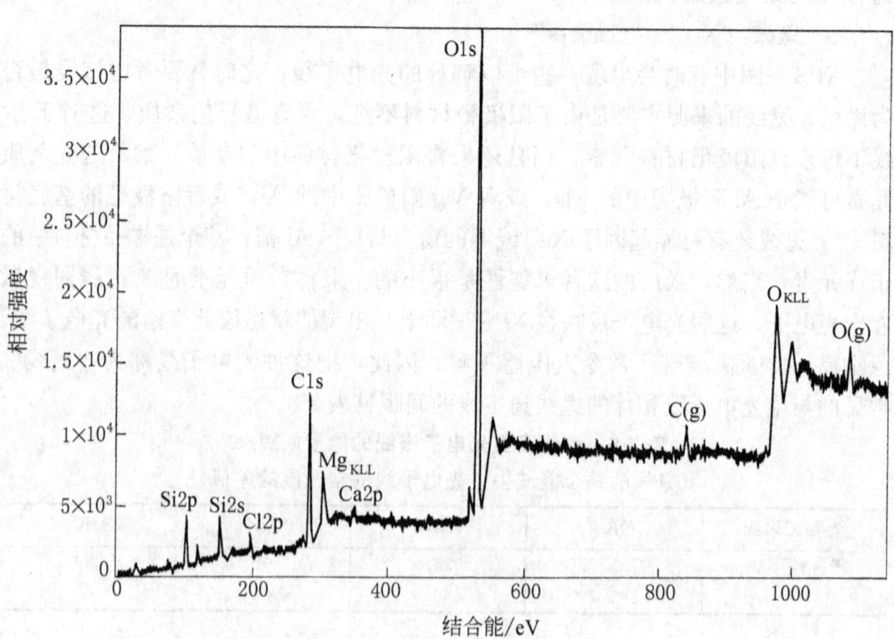

图 7-28　玻璃纤维试样的 XPS 全谱

注：该现象很少出现，在实验中共发现 16 次，
该图是 1998 年的一次实验中出现的

及表 7-3 中的数据对应，对照表 7-8 中的数据可知，这两个峰线是阳极靶的基底材料铜引起的 C 及 O 的鬼线（284.6＋556.9＝841.5eV，1087－531＝556eV）。谱图中标示为 C(g)和 O(g)。这可能是 XPS 仪使用时间较长，Al 靶剥落而露出 Cu 基底的缘故。

7.2.4 XPS 谱图能量校正

由于各种样品的导电性能不同，在光电子发射后，样品表面都有不同程度的正电荷聚集，影响样品的光电子的继续发射，导致光电子的动能降低，绝缘样品的光电子动能降低现象最为严重。这使得光电子信号在 XPS 谱图上的结合能偏高，偏离其本征结合能值，严重时偏离可达 10 几个电子伏特(eV)，一般情况下都偏高 3～5eV 的。这种现象称为“静电效应”，也称之为“荷电效应”。静电效应还会引起谱线宽化，它是谱图分析的主要误差来源之一。

受静电影响的谱线位置为谱线的表观位置，其能量为表观能量。为了准确无误地标识谱线的真实能量位置，必须检验样品的荷电情况，把静电引起的谱线位移从表观能量中扣除，这一操作称之为“谱图能量校正”，也称之为“扣静电”。

消除荷电的主要方法有消除法和校正法。消除法包括有电子中和法和超薄法，校正法有外标法、内标法。外标法主要有污染碳外标法、镀金法、石墨混合法、Ar 气注入法等。各种方法都有利有弊，这里仅就扩散泵油污染 C1s 外标法，基团内标法、超薄法讨论如下：

（1）污染 C1s 外标法　它是利用谱仪抽真空扩散泵的油含有的碳作为能量校正，该法是目前 XPS 实验室里最常用的方法。对于较厚的绝缘样品，若要采用该法作能量校正，最可靠的方法是把样品放置在 XPS 谱仪的分析室内，在 10^{-6}Pa 的低压下，让缓慢出现的泵油挥发物的碳氢污染样品，在数小时内就可均匀地在样品表面上覆盖一层泵油挥发物，直到有明显的 C1s 信号为止，泵油挥发物的表面电势与样品相同。这种油污染 C1s 的结合能定为 284.6eV（文献上报道的还有 285.0eV 或 284.8eV 等）。原则上讲，泵油污染的 C1s 线的结合能应该在消除静电的情况下，在各自的谱仪上准确测定。

样品本体中不含 C 或本体中的 C 与污染 C 的 C1s 线有较大的化学位移，或者本体 C 的 C1s 与污染 C 的 C1s 线完全重合，都可以采用油污染 C1s 外标法来校正谱线的能量位置。对于那些本体含 C，但本体 C 的 C1s 线既不和污染 C1s 重合，又与 C1s 线没有明显化学位移（比如大量的有机聚合物材料），采用污染 C1s 线进行谱线能量校正，会导致大的误差。但是，从分析角度讲，有时相对的谱线位置较之绝对的谱线位置更有意义，这时候仍然可以用污染 C1s 外标法。

(2) 内标法 有机高分子系列样品常常有共同的基团，这些基团的化学环境不因样品不同而变化，可用该基团在某一样品中的表观能量为参考，来标定其他基团的元素的谱线位置。这种方法特别有利于化学位移的研究。在这种研究中，人们感兴趣的是相对化学位移而不是绝对的谱线位置。

(3) 超薄法 将试样溶于易挥发的有机溶剂中，滴一滴试液在样品托上，均匀地在样品托上抹一层液层，待有机溶剂挥发完全后，即可进行分析。这样的薄层一般只有 1～2 个分子单层，可以发射足够的光电子信号，导电性能良好。这一方法特别适合于本体 C1s 与污染 C1s 化学位移不大的有机材料的荷电校正。对于无机化合物，也可以制备它们的饱和水溶液，以同样的方法抹在样品托上，烘烤除去水分后即可进样分析。

7.2.5 XPS 谱图定性和定量分析

X 射线光电子能谱是一种非破坏性的分析方法，当用于固体样品定性分析时，是一种表面分析方法，它的绝对灵敏度可达 10^{-18} g，也就是说，当样品中某一组分（元素）的含量只有 10^{-18} g 时，仪器就有感应；但是，由于仪器噪音等方面的影响，这微弱的感应信号往往被淹没，使仪器难以区分噪音与信号，一般只考虑它的相对灵敏度。但是，由于仪器噪音等多方面的影响，它的相对灵敏度也并不是太高，一般只有 0.1%左右。因此，XPS 只是一种很好的微量分析技术，对痕量分析效果较差。它除了能对许多元素进行定性分析以外，也可以进行定量或半定量分析，特别是适合分析原子的价态和化合物的结构。它是最有效的元素定性分析方法之一，原则上可以鉴定元素周期表上除氢以外的所有元素。由于各种元素都有它特征的电子结合能，因此在能谱图中就出现特征谱线。即使是周期表中相邻的元素，它们的同种能级的电子结合能相差也相当大，所以我们可以根据谱线位置来鉴定元素种类。分析步骤一般如下。

7.2.5.1 XPS 谱图元素定性分析步骤

定性分析就是当用 X 射线光电子能谱仪得到一张 XPS 谱图后，依据前面所述的元素的光电子线、俄歇线的特征能量值及其他伴线的特征来标示谱图，找出每条谱线的归属，从而达到定性分析的目的。

① 利用污染碳的 C1s 或其他的方法扣除荷电。

② 首先标识那些总是出现的谱线。如 C1s、C_{KLL}、O1s、O_{KLL}、O2s、X 射线卫星峰和能量损失线等。

③ 利用附录 5-1 或附录 5-2 及表 7-3 中的结合能数值标识谱图中最强的、代表样品中主体元素的强光电子谱线，并且与元素内层电子结合能标准值仔细核对，并找出与此相匹配的其他弱光电子线和俄歇线群，要特别注意

某些谱线可能来自更强光电子线的干扰。

④ 最后标识余下的较弱的谱线，其标识方法同上所述。在标识它们之前，应首先想到它们可能来自微量元素或杂质元素的信号，也可能来自强的谱线的 K_βX 射线等卫星峰的干扰。

⑤ 对那些经反复核实都没有归属的谱线，应想到它们可能是鬼线，应用表 7-8 进行核实。

⑥ 当发现一个元素的强光电子线被另一元素的俄歇线干扰时，应采用换靶的方法，在以结合能为横坐标的 XPS 谱图里，把产生干扰的俄歇线移开，达到消除干扰的目的，以利于谱线的定性标识。

7.2.5.2 XPS 定量分析方法

XPS 定量分析的关键是如何把所观测到的谱线的强度信号转变成元素的含量，即将峰的面积转变成相应元素的浓度。通常，光电子强度的大小主要取决于样品中所测元素的含量（或相对浓度）。因此，通过测量光电子的强度就可进行 XPS 定量分析。但在实验中发现，直接用谱线的强度进行定量，所得到的结果误差较大。这是由于不同元素的原子或同一原子不同壳层上的电子的光电截面是不一样的，被光子照射后产生光电离的几率不同。即有的电子对光照敏感，有的电子对光照不敏感，敏感的光电子信号强，反之则弱。所以，不能直接用谱线的强度进行定量。目前一般采用元素灵敏度因子法定量。

A. 元素灵敏度因子法

元素灵敏度因子法也叫原子灵敏度因子法，它是一种半经验性的相对定量方法。对于单相、均一、无限厚的固体表面，从光电发射物理过程出发，可导出谱线强度的计算公式如下：

$$I=f_0\rho A_0 Q\lambda e\Phi yd \tag{7-20}$$

式中 I——检测到的某元素特征谱线所对应的强度（cps）；

f_0——X 射线强度，它表示每平方厘米样品表面上每秒所碰撞的光子数，光子数·cm^{-2}·s^{-1}；

ρ——被测元素的原子密度，原子数·cm^{-3}；

Q——待测谱线对应轨道的光电离截面，cm^2；

A_0——被测试样有效面积，cm^2；

λe——试样中电子的逸出深度，cm；

Φ——考虑入射光和出射光电子间夹角变化影响的校正因子；

y——形成特定能量光电过程效率；

d——能量分析器对发射电子的检测效率。

由式（7-20）得：

$$\rho = I/(f_0 A_0 Q\lambda e\Phi yd) = I/S \tag{7-21}$$

$S = f_0 A_0 Q\lambda e\Phi yd$，定义为元素灵敏度因子或标准谱线强度，它可用适当的方法加以计算，一般通过实验测定。这样，对某一固体试样中两个元素1、2，如已知它们的灵敏度因子 S_1 和 S_2，并测出二者各自特定正常光电子能量的谱线强度 I_1 和 I_2，则它们的原子密度之比为：

$$\rho_1/\rho_2 = (I_1/S_1)/(I_2/S_2) \tag{7-22}$$

在同一台谱仪中，处于不同试样中的元素灵敏度因子 S 是不同的。但是，如果 S 中的各有关因子 Q、λe、y、d 等对不同试样有相同的变化规律，即随光电子动能变化它们改变相等的倍数，这时 S_1/S_2 比值将保持不变。在选定某个元素的 S 值作为标准并定为 1 个单位后，便可求得其他元素的相对 S 值，并且 S 值同材料基体性质无关。目前发表的有关元素的 S 值，一般均是以氟 F1s 轨道电子谱线的灵敏度因子为 1 定出的，见附录 7。由式（7-22）可写出样品中某个元素所占有的原子分数：

$$C_x = \rho_x/(\sum\rho_i) = (I_x/S_x)/(\sum I_i/S_i) \tag{7-23}$$

因此，有了灵敏度因子数据表，利用式（7-23）就可以进行相对定量。只要测量出样品中各元素的某一光电子线的强度，再分别除以它们各自的灵敏度因子，就可利用式（7-23）进行相对定量，得到的结果是原子比或原子百分含量。大多数元素都可用这种方法得到较好的半定量结果。

这里需要说明的是：由于元素灵敏度因子 S 概括了影响谱线强度的多种因素，因此不论是理论计算还是实验测定，其数值是不可能很准确的。

B. 谱线强度的确定

用 XPS 作定量分析时所测量的光电子线的强度，反映在谱图上就是峰面积。图 7-29 是典型的光电子线，现将有关术语说明如下。

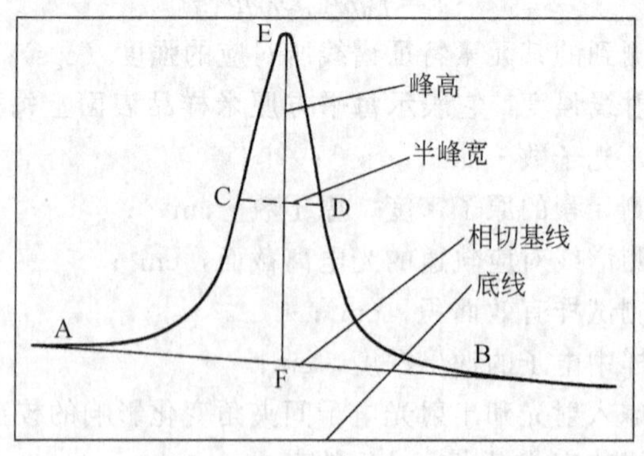

图 7-29　光电子线的高度、宽度和面积的测量方法

（1）峰高（H）　垂直于底线的从峰顶到基线的直线（EF）。

（2）半峰宽（FWHM，Full Width of Half Maximum） 峰高一半处与基线平行的峰宽度（Cd）。

（3）峰面积（A） 由谱线与相切基线所围成的面积（ACEdB）。

测量峰面积的方法有：

① 几何作图法，适用于比较对称的峰形。

$$峰面积=峰高\times半峰宽\ (A=H\times \mathrm{FWHM})$$

② 称重法，把谱线打印在相对均质的纸上，沿谱线 ACEdBFA 仔细剪下，用天平称重，用此质量表示强度。

③ 机械积分法，用于对称或不对称、甚至严重拖尾的谱峰。

④ 电子计算机，适用于各种峰形，对于交叠峰也可以通过分峰、拟合的办法达到分开的目的。目前，XPS 实验室里主要就是用计算机进行定量。

需要说明的是，准确地测量峰面积是减小定量误差的一个重要方面。由于谱线强度测量的不准确和 X 射线通量的不稳定，可能引起一定的误差。一般情况下，由于仪器噪音等背底信号的影响，要求参加定量的元素的相对含量应大于 0.1%（原子分数）。

7.3 X 射线光电子能谱的应用

7.3.1 表面元素全分析

在进行 XPS 分析时，一般先要对表面作一全分析，即取全谱（整谱），以便了解样品表面含有的元素组成，考察谱线之间是否存在相互干扰，并为取窄区谱（高分辨谱）提供能量设置范围作依据。全分析实质上就是根据能量校正后的结合能的值，与标准数据（附录 5-1 或附录 5-2 及表 7-3）或标准谱线对照，找出谱图上各条谱线的归属，谱图上一般只标示出光电子线和俄歇线，其他的伴线只用来作为分析时的参考。目前实验室里一般使用美国 PHI 公司发表的 Hand book of X-ray photoelectron spectroscopy 作为标准。图 7-30 是用溶胶凝胶法在玻璃表面涂敷二氧化钛膜试样的 XPS 全谱，结果表明，试样表面除有钛、氧元素外，还有玻璃中的硅元素；硅元素的存在可能有两方面的原因：一是涂层太薄，小于 10nm，使基体硅元素的光电子逃逸出表面，从而在 XPS 谱图上出现硅的信号；二是在一定的热处理条件下涂层向玻璃基体扩散使得涂层变薄；谱图上 C1s 的来源有两条途径，一是来自溶胶，二是谱仪中的油污染碳。

7.3.2 元素窄区谱分析

元素窄区谱分析，也称为分谱分析或高分辨谱分析，在仪器设置分析参数时，与全谱相比，它的扫描时间长、通过能小、扫描步长也小，扫描区间在几十个电子伏特内。根据全分析谱图设定元素窄区谱扫描范围，只要能包

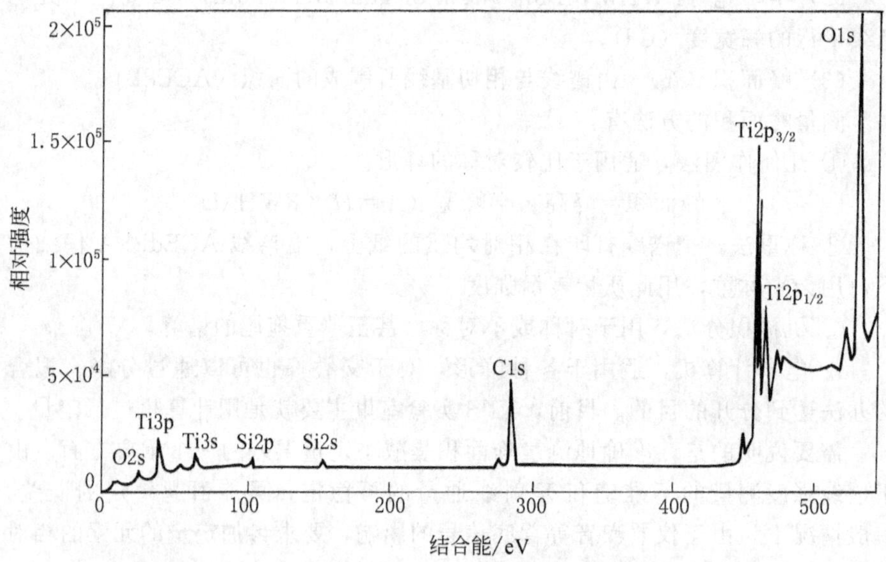

图 7-30 二氧化钛涂层玻璃试样的 XPS 谱图

括待测元素的能量范围、又没有其他元素的谱线干扰就行。一般情况下，元素窄区谱的能量范围以强光电子线为主。元素窄区谱分析，可以得到谱线的精细结构，这也是 XPS 分析的主要工作之一，另外，在定量分析时最好也用窄区谱，这样得到的定量数据结果的误差会小一些。

7.3.2.1 离子价态分析

图 7-31 是铜红玻璃试样、化学试剂 CuO 和 CuCl 的 Cu2p 的 XPS 窄区谱，试图分析铜红玻璃的着色机理。为了得到正确的结果，预先测试了 CuO 和 CuCl 试剂中的 Cu2p 的 XPS 谱图。从图 7-31 的结果可见，铜红玻

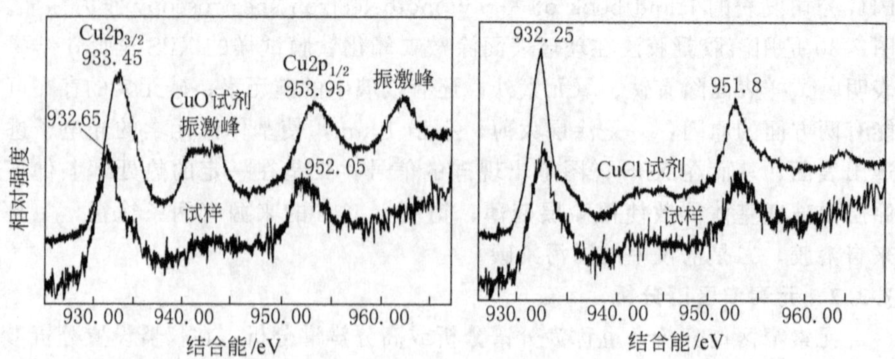

图 7-31 铜红玻璃试样、CuO 和 CuCl 试剂中 Cu2p 的 XPS 谱图

璃试样的 Cu2p 谱线与 CuCl 的 Cu2p 谱线相比，除谱线强度较低外，形状相似；再与 CuO 的 Cu2p 谱线比较，发现二者差距较大，CuO 试剂的 Cu2p 谱线有明显的振激峰，而铜红玻璃试样的 Cu2p 谱线没有振激峰，因此，结合材料学知识可判定该试样中的铜离子以+1 价的形式存在。

7.3.2.2 元素不同离子价态比例

图 7-32 是玻璃表面二氧化钛涂层的 Ti2p 的高分辨 XPS 谱，谱线经过计算机数据处理，并把谱线拟合，谱图中的虚线为拟合线。每一拟合的谱线对应一钛离子的不同价钛，每一拟合谱线的峰面积即对应某一钛离子的强度，根据面积的比值，就可得到不同钛离子的比值，结果见表 7-9。图 7-33 是玻璃表面二氧化钛涂层中 O1s 的高分辨 XPS 谱，同样也经过计算机数据处理，得到氧存在的不同状态，根据文献资料把每一状态分别归于各自的结合状态，结果见表 7-10。

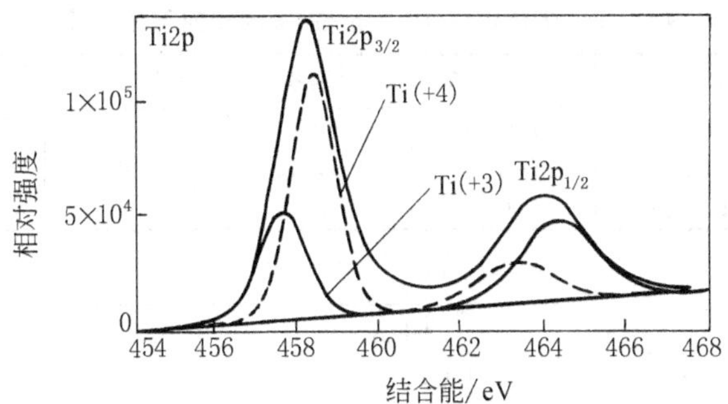

图 7-32 二氧化钛涂层玻璃表面 Ti2p 的 XPS 谱图

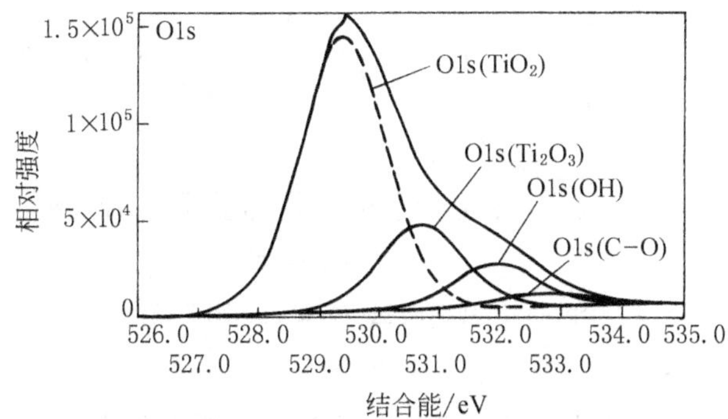

图 7-33 二氧化钛涂层玻璃表面 O1s 的 XPS 谱图

表 7-9 钛离子不同状态的结合能和相对含量

钛离子价态	结合能峰位($2p_{3/2}$)/eV	相对原子含量/%
+4	458.45	67.79
+3	457.7	32.21

表 7-10 氧离子不同状态对应的结合状态及相对含量

氧离子峰位/eV	529.40	530.70	531.90	532.80
相对原子含量/%	65.74	20.37	10.65	3.24
对应的结合状态	TiO_2	Ti_2O_3	OH	碳酸根

7.3.2.3 材料表面不同元素之间的定量

在制作材料时，有时会由于工艺的不同而导致最终化合物中各元素的比例与设计时的不相吻合。因此，往往需要测试最终化合物中各元素的比例，特别是对易挥发性的原料更是如此，以便改变工艺，比如在配料时多加一些易挥发的成分。在定量时，先取各元素的窄区谱，然后根据各自的峰面积，利用灵敏度因子定量。这些工作都可由计算机完成。图 7-34、图 7-35 和图 7-36 就是为了确定某一功能陶瓷薄膜中 Ti/Pb/La 的比值而得到的各自的窄区谱，定量结果见表 7-11。

表 7-11 功能陶瓷 Ti、Pb 和 La 的相对原子含量

元 素	谱 线	结合能/eV	峰面积	灵敏度因子	相对原子含量/%
Ti	$Ti2p_{3/2}$	458.05	469591	1.10	37.65
Pb	$Pb4f_{7/2}$	138.10	1577010	2.55	54.55
La	$La3d_{5/2}$	834.20	592352	6.7	7.80

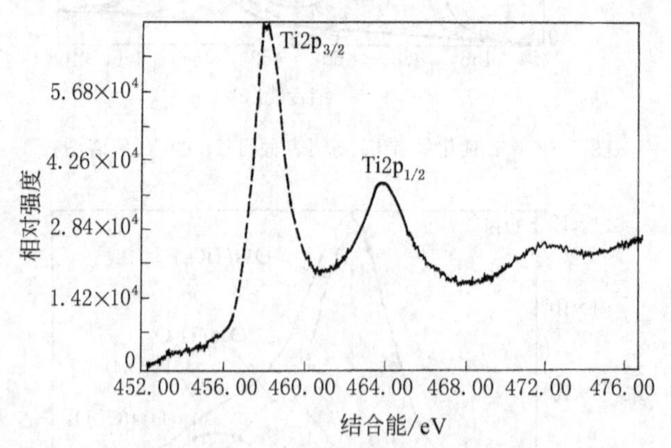

图 7-34 功能陶瓷中 Ti2p 的 XPS 谱图

7.3.2.4 深度分析

XPS 只能用于表层分析，但是，目前的仪器都附带一个离子枪，其目的一是用来清洗材料表面以去除污染，二来可以做材料的深度分析。其原理就是用离子枪打击表面，可以在线测试，也可以离线测试，这样就可以不断打击出新的下表面，连续测试、循序渐进就可以做深度分析，得到沿表层到深层元素的浓度分布。在做深度分析时要注意择优溅射问题，溅射源离子的

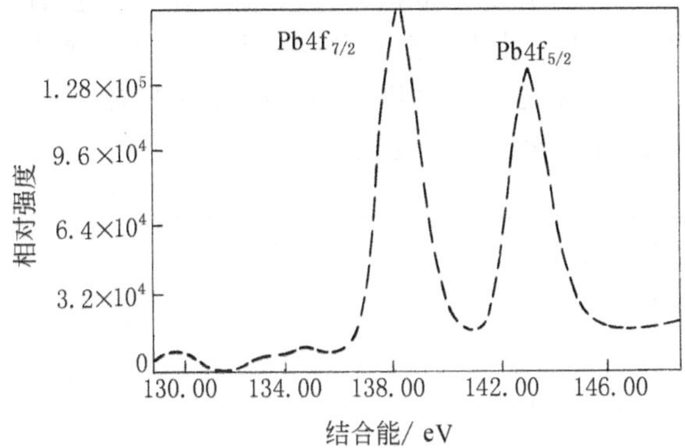

图 7-35 功能陶瓷中 Pb4f 的 XPS 谱图

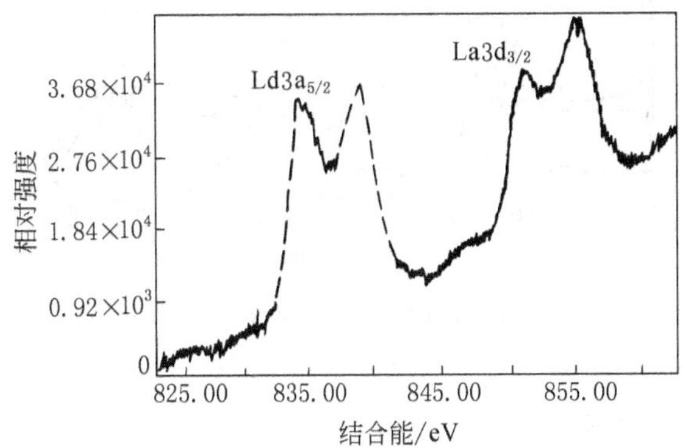

图 7-36 功能陶瓷中 La3d 的 XPS 谱图

能量要尽可能的小。深度的尺寸变化一般用溅射时间为坐标。

图 7-37 是 Co-Ni-Al 多层磁带材料的结构示意图，图 7-38 是该多层磁带的 XPS 深度分析。采用小束斑氩离子枪，溅射一次取一次谱，交替反复进

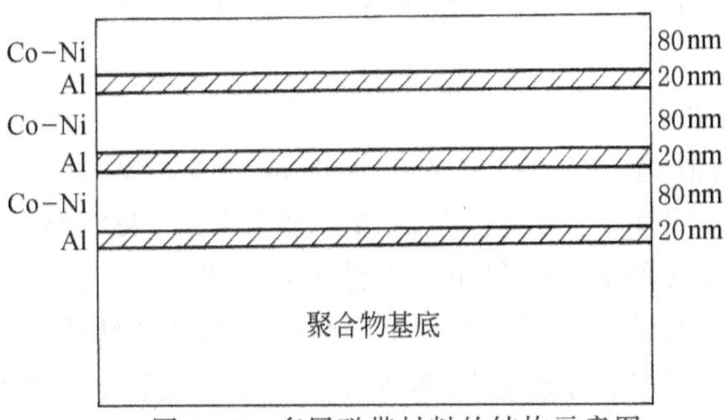

图 7-37 多层磁带材料的结构示意图

行，总溅射时间为450min，加上取谱时间共花费36个h左右。该深度谱线反映出的元素浓度变化基本上与磁带的结构一致，它也反映出了在各层界面之间的浓度变化。XPS深度分析可用于多层梯度材料在不同工艺条件下的扩散情况及扩散界面处元素的价态变化。

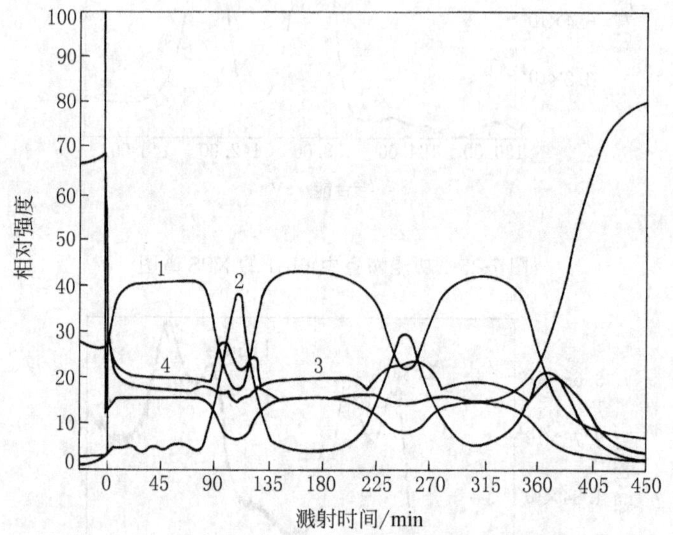

图7-38　多层磁带材料的XPS选区深度分布曲线（MgK_{α}）

1—Co；2—Al；3—C；4—O

7.3.2.5　高分子结构分析

A. 光降解作用

由于白色垃圾日益增多，科学家们正在寻找一些有效的方法来降解这些白色垃圾，光降解是其中的方法之一。通过对光降解作用的研究，可以了解高聚物在光化学反应中的变化情况及其性质。图7-39是光照前聚丙烯酸甲酯的C1s和O1s的XPS谱图。C1s有三个峰组成，分别代表

$$—{}^{a}CH_2—{}^{b}CH—$$
$$\quad\quad\quad|$$
$$\quad\quad C^{c}=O^{m}$$
$$\quad\quad\quad|$$
$$\quad\quad O^{n}—{}^{d}CH_3$$

单元中的$C^{a,b}$（$C^{a}1s \approx C^{b}1s$）、C^{d}和C^{c}三种结构，它们分别对应的结合能值是284.8eV、286.1eV和288.6eV。O1s是由羰基氧（O^{m}）和酯基氧（O^{n}）组成，它们的结合能分别是532.4eV和533.9eV。聚丙烯酸甲酯在大气和惰性气氛下，经紫外线照射后，它的XPS谱图没有明显的变化。该结果说明，紫外线对聚丙烯酸甲酯的降解作用不大。

图7-40是经不同时间紫外线照射下，聚偏二氯乙烯的C1s、O1s和Cl2p的XPS谱图。未照紫外线前（见图7-40中a谱线），C1s由两个强度

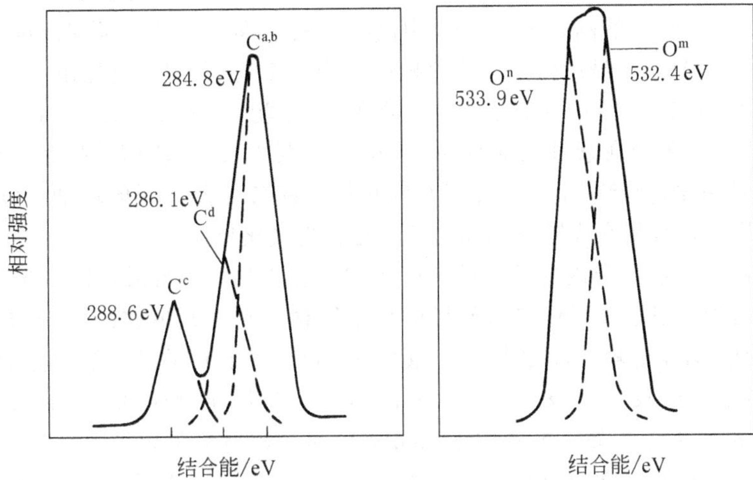

图 7-39 聚丙烯酸甲酯的 C1s 和 O1s 的 XPS 谱图

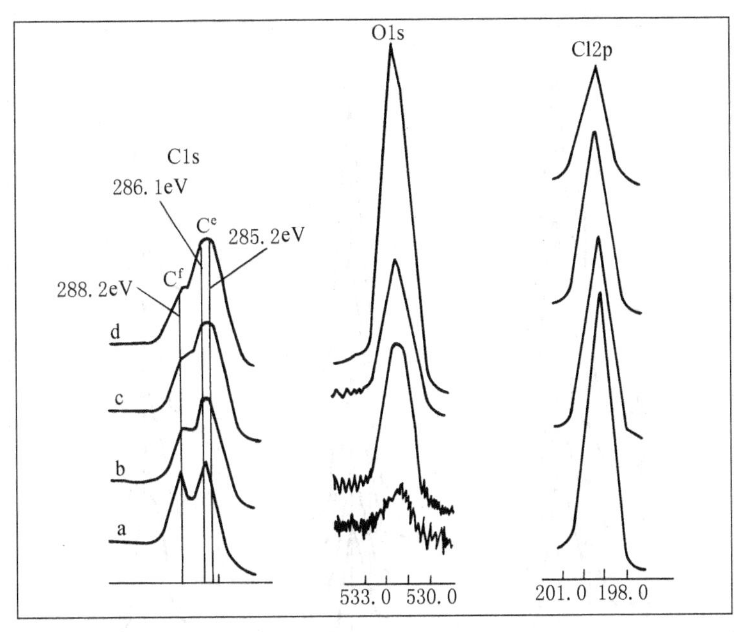

图 7-40 聚偏二氯乙烯的 C1s、O1s 和 Cl2p 的 XPS 谱图

（在大气中紫外线照射时间 t/min，a：$t=0$；b：$t=5$；c：$t=15$；d：$t=60$）

等同的峰组成，二者分别对应于—C^eH_2—C^fCl_2—单元中的两个碳原子，C^e 的结合能为 286.1eV，C^f 的为 288.2eV。尽管 C^e 和 C^a 的化学状态均是

CH_2，但在聚偏二氯乙烯中，由于—CCl_2—对 C^e 有较强的吸引力，因此，C^e 的结合能比 C^a 的高。由图 7-40 中谱线 a～d 可知，随着光照时间的增加，C^f 峰的强度递减，最后仅为一小肩峰；C^e 与 Cl2p 的相对峰高比由 0.4（$t=$0min）增至 1.1（$t=60$min）；C^e 峰的结合能由原来的 286.1eV 移至 285.2eV，这表明在紫外线照射下，—CCl_2—结构中的 C—Cl 键发生断裂，从而使 C^e 的结合能减小；再观察 O1s 可知，随着光照时间的增加，O1s 的强度递增，这表明在光降解的同时还存在着光氧化反应。

当偏二氯乙烯与丙烯酸甲酯聚合为偏二氯乙烯—丙烯酸甲酯共聚物后，根据聚丙烯酸甲酯和聚偏二氯乙烯的分子结构，它们共聚物的 XPS 谱图中 C1s 至少应有 4 个峰，即 $C^{a,b}$、C^d+C^e、C^f 和 C^c，它们的结合能应分别位于 284.8eV、286.1eV、288.2eV 和 288.6eV，但实际上共聚物的 C1s 谱线中只有 C′和 C″两个主峰，分别位于 285.3eV 和 288.2eV 处，见图 7-41。这是由于这几种碳的化学位移较小，$C^{a,b}$、C^d 和 C^e 相互交叠成 C′峰，C^f 和 C^c 相互交叠成 C″峰。O1s 由两个相互叠加的 O^m 和 O^n 组成，与聚丙烯酸甲酯的 O1s 峰（图 7-39）相比，O^m 强于 O^n，这可能是表面被部分氧化的结果。

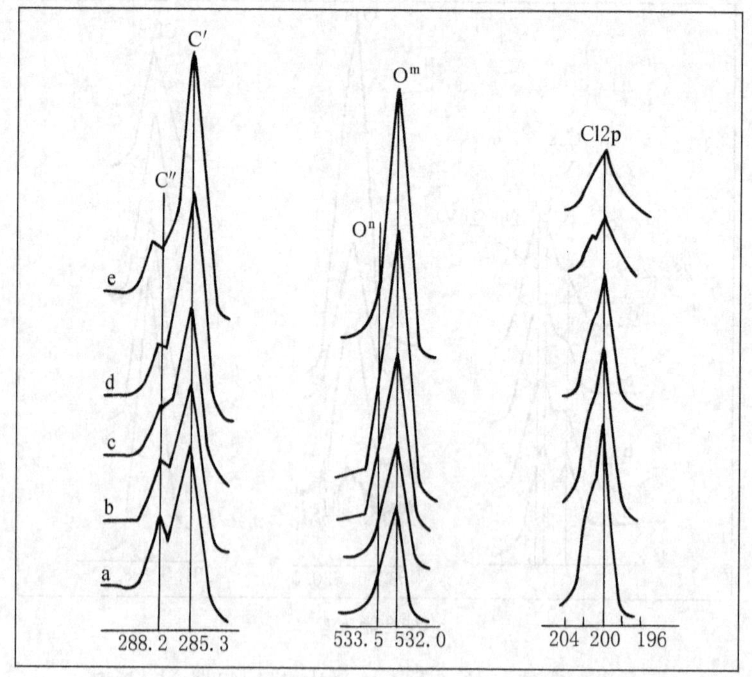

结合能/eV

图 7-41　共聚物的 C1s、O1s 和 Cl2p 的 XPS 谱图

（在大气中紫外线照射时间 t/min，a：$t=0$；b：$t=5$；c：$t=15$；d：$t=30$；e：$t=60$）

从图7-41（b～e）可见，C″峰和 Cl2p 峰强度随光照时间的递增而递减，这同样可从 C—Cl 键断裂使—CCl_2—单元减少得到解释，即从 C^f 减少得到解释。增加光照时间，随着—CCl_2—结构减少，图 7-41 共聚物的 C1s 谱图与图 7-39 的类似，可以认为由于光照的缘故，共聚物的表面富集着聚丙烯酸甲酯。

B. 辐射交联

对于仅有碳和氢两种元素组成的各种有机化合物来说，单纯用 XPS 来鉴别彼此间的差异是比较困难的。但是，在芳香族化合物中，由于芳环中存在着共轭 π 电子体系，当碳原子的内层光电子发射时，价电子的电位受到突然改变会向更高未占有的空轨道跃迁，即 $\pi\rightarrow\pi^*$ 跃迁。这种 $\pi\rightarrow\pi^*$ 跃迁在 XPS 的谱图上的表现就是在样品的 C1s 主光电子线的高结合能端（约 6～7eV）出现振激峰。图 7-42 是聚苯乙烯在高能射线作用下的交联过程中，振激峰的相对强度随辐射剂量变化的关系。从图中可见，辐射剂量增加，振激峰的相对强度明显下降。因此，振激峰相对强度的大小能够反映出辐射交联程度，它实际上表征的是 π 电子共轭效应的强弱。当交联体系的 π 电子共轭效应减弱，相应的振激峰强度就下降，交联度就高。因此，可以用振激峰相对强度的大小来表征聚苯乙烯的交联度。

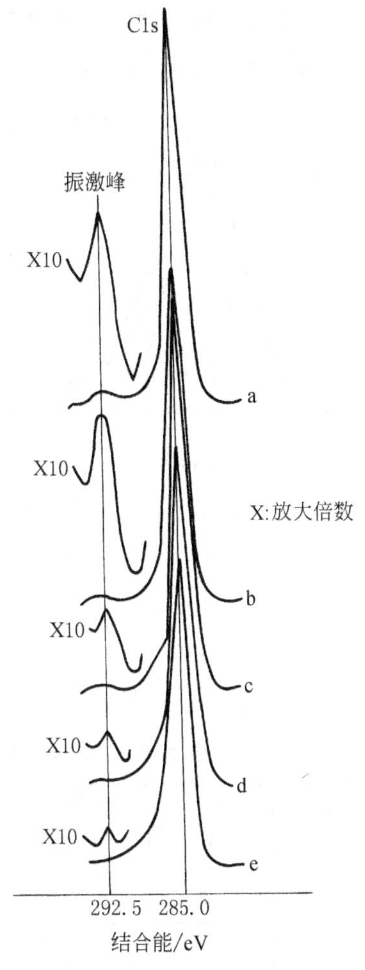

图 7-42　振激峰的相对强度与辐射剂量关系的 C1s 的 XPS 谱图
（辐射剂量 Sv，a：0；b：46.38；c：85.11；d：140.76；e：259.7）

C. 有机物界面反应

连续玻璃纤维增强聚丙烯复合材料具有优良的性能，一般认为这是由于以化学键结合在玻璃纤维上的硅烷可与基体中接枝聚丙烯分子链上的极性基团发生界面反应的缘故。然而，这一观点一直缺少直接的实验证据。图 7-43 是化学键接在玻璃纤维表面的氨基硅烷与马来酸酐接枝聚丙烯间的界面化学反应前后的 N1s 的 XPS 研究结果，试样以二甲苯为溶剂于索氏萃取器中连续萃取 72h，残留的玻璃纤维作为 XPS 分析试样。从图中可见，反应前的玻璃纤维表面的氨基硅烷中的 N1s 存在三个状态（谱图中拟合虚线），当玻璃纤维表面的氨基硅烷与马来酸酐接枝聚丙烯在一定的工艺条件下进行界面化学反应后，氨基硅烷中的 N1s 存在四个状态（谱图中拟合虚线所示）。反应后在 401.9eV 处出现了新峰，从结合能值上可以认为，这一新峰应归属于接枝于聚丙烯分子链上的马来酸酐与玻璃纤维表面上化学键接的氨基硅烷按下式反应所生成的反应产物中酰胺基的 N1s 峰，这一结果说明氨基硅烷与马来酸酐发生了界面化学反应。N1s 的 XPS 谱图中各拟合谱线所属化学状态见表 7-12。

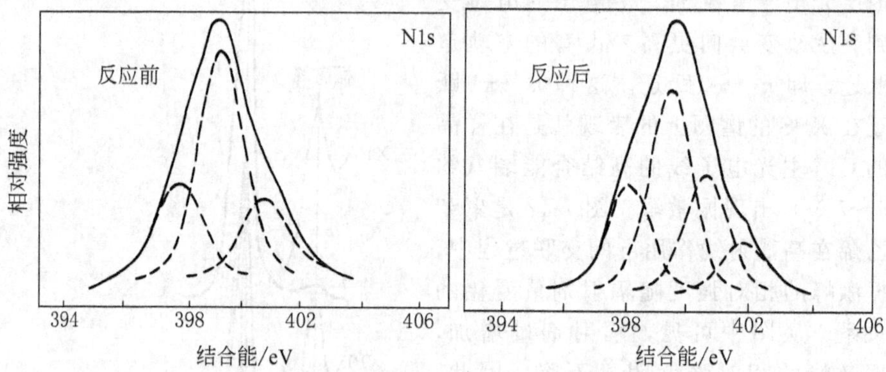

图 7-43　二甲苯萃取后残留玻璃纤维中 N1s 的 XPS 谱图

聚丙烯（PP）—CH(—CH$_2$—)马来酸酐环（C=O、O、C=O）+ NH$_2$—Si $\xrightarrow{\text{反应}}$ PP—CH(—CH$_2$—)酰亚胺环（C=O、N、C=O）N—Si 玻璃纤维

表 7-12　不同化学状态的 N1s 的 XPS 分析结果

试　样	谱峰	结合能/eV	化学状态	原子含量/%
反应前	1	397.9	N_2（吸附）	22.94
	2	399.4	—CH_2—NH_2	56.34
	3	400.8	—OH…NH_2—CH_2	20.72
反应后	1	398.0	N_2（吸附）	22.26
	2	399.5	—CH_2—NH_2	41.86
	3	400.6	—OH…NH_2—CH_2	25.12
	4	401.9	N—CH_2—	10.76

从表 7-12 可见，反应前、后试样中吸附氮的含量基本相同，以氢键结

合的—OH…NH_2—CH_2 的含量变化也不大，但与反应前试样相比，反应后试样中的—CH_2—NH_2 含量明显减少。由此可以推断，在界面上主要是氨基硅烷中的—CH_2—NH_2 与酸酐发生了反应。

有关XPS的应用还有很多，但是，它的主要特长是作材料的表面组成与离子状态，它的定性分析依据就是对照标准的结合能数据和标准谱线及化学位移，定量分析的依据是光电子的强度，能够根据灵敏度因子得到试样的相对原子含量，对测试结果的分析要结合材料学知识，最好与其他分析方法得到的测试结果一同分析。

参 考 文 献

1 刘世宏，王当憨，潘承璜编著. X射线光电子能谱分析．北京：科学出版社，1988

2 桂琳琳，黄惠忠，郭国霖译．X射线与紫外光电子能谱．北京：北京大学出版社，1984

3 陆家和，陈长彦等编著．表面分析技术．北京：电子工业出版社，1987

4 王典芬编著．X射线光电子能谱在非金属材料研究中的应用．湖北：武汉工业大学出版社，1994

5 Briggs D. and Seah，M. P. Practical Surface Analysis by Auger and X-ray Photoelectron Spectroscopy. John Wiley & Sone Ltd.，Mar.，1987

6 余剑英，周祖福，赵青南．氨基硅烷/马来酸酐接枝聚丙烯界面化学反应的研究．化学物理学报，2000，**13**（1）：109～112

7 Jiaguo Yu，Xiujian Zhao，Qingnan Zhao. Effect of Film Thickness on the Grain Size and Photocatalytic Activity of the Sol-Gel derived Nanometer TiO_2 Thin Films，J. Mater. Sci. Lett. 2000，19（12）：1015～1017

8 Jiaguo Yu，Qingnan Zhao，Xiujian Zhao，Study on Photocatalytic Mechanism of Sol-Gel Derived Pb-doped TiO_2 Thin Films，J. Wuhan Univ. of Tech. —Mater. Sci. Edi.，1999，**14**（4）：1～8

9 Jiaguo Yu，Xiujian Zhao，Qingnan Zhao，XPS Studies of TiO_2 Photocatalytic Thin Films Prepared by the Sol-Gel Method，材料研究学报（Edited in English），2000，**14**（2）：203～209

10 余家国，赵修建，赵青南．光催化多孔 TiO_2 薄膜的表面形貌对亲水性的影响。硅酸盐学报，2000，**28**（3）：248～253

11 余家国，赵修建，赵青南．TiO_2 涂层自洁净玻璃的制备及其特性研究．太阳能学报，1999，**20**（4）：398～403

第 8 章　材料热分析

8.1　热分析技术的概述

热分析是在程序控制温度下，测量材料物理性质与温度之间关系的一种技术。在加热或冷却过程中随着材料结构、相态和化学性质的变化都会伴有相应的物理性质变化，这些物理性质包括质量、温度、尺寸和声、光、热、力、电、磁等性质。为了测量这些性质，于是开发出相应的热分析技术，例如：热重分析（thermogravimetric analyzer）、差热分析技术（differential thermal analyzer）、差示扫描量热技术（differential scanning calorimeter）、热机械分析技术（thermomechanical analyzer）和动态热机械分析技术（dynamic thermechanical analyzer）等。热分析主要用于测量和分析材料在温度变化过程中的物理变化（晶型转变、相态变化和吸附等）和化学变化（脱水、分解、氧化和还原等），通过这些变化的研究不仅可以对材料的结构作出鉴定，而且从材料的研究和生产的角度来看，既可为新材料的研制提供有一定参考价值的热力学参数和动力学数据，又可达到指导生产、控制产品质量的目的。

热分析起始于 1887 年，德国人 H. Lechatelier 用一个热电偶插入受热粘土试样中，测量粘土的热变化；1891 年英国人 Relerts 和 Austen 改良了 Lechatelier 装置，首次采用示差热电偶记录试样与参比物间产生的温度差 ΔT，这即目前广泛应用的差热分析法的原始模型；1915 年又发展了热重分析；二次大战后，由于电子技术的普及，使热分析仪器摆脱了手工操作，实现了温控、记录等过程的自动化，从而使热分析得到广泛的发展；1964 年 Watson 等人首先提出示差扫描量热计的概念，被 Perkin-Elmer 公司采用，并研制出 DSC-1 型示差扫描量热分析仪，使微量测定装置（$<$10mg）得到普及；近年来，随着热分析仪器微机处理系统的不断完善，使热分析仪获得数据的准确性进一步提高，从而加速了热分析技术的发展。

根据国际热分析协会（International Conference on Thermal Analysis 简称 ICTA）的归纳，可将现有的热分析技术方法分为 9 类 17 种，见表 8-1。在这些热分析技术中热重法（TG）、差热分析（DTA）和差示扫描量热法（DSC）应用得最为广泛，因此本章将着重讨论这些热分析技术。

逸出气体分析法主要用于研究在热分析中材料产生的逸出气体的性质及

表 8-1 国际热分析协会确认的热分析技术

物理性质	热分析技术名称	缩写
质　　量	热重法 等压质量变化测定 逸出气检测 逸出气分析 放射热分析 热微粒分析	TG EGD EGA
温　　度	升温曲线测定差热分析	DTA
热　　量	差热扫描量热法	DSC
尺　　寸	热膨胀法	
力学特性	热机械分析 动态热机械法	TMA DMA
声学特性	热发声法 热传声法	
光学特性	热光学法	
电学特性	热电学法	
磁学特性	热磁学法	

质量。差热分析和差示扫描量热计是热分析技术中使用较普遍的两种方法，前者是在控制温度变化的情况下，研究在相同温度下试样与参比物间的温度差对时间或温度关系的方法，所得结果是以温度差为纵坐标，时间或温度为横坐标的差热分析曲线；若以保持试样和参比物间温差为零所需供给的热量为纵坐标，在一定加热速率的时间或温度为横坐标的记录方法称差示扫描量热法。在温度受控制地改变过程中，研究物质的尺寸变化的方法称热膨胀法。热机械分析是研究物质在外力作用下发生的形变与温度关系的方法。从以上简述可以看出热分析技术的两个特点：一是温度的变化是受程序控制的；二是一种很简便地测定因温度变化而引起材料物性改变的方法，通常不涉及复杂的光谱仪或其他手段。除了以上被国际热分析协会确认的热分析技术以外，也还有如研究材料性质随温度改变的变化速度的关系，以及同时研究两种或两种以上性质随温度变化关系的热分析方法。

与热分析技术方法相应的现代热分析仪大致由五个部分组成：程序控温系统、测量系统、显示系统、气氛控制系统、操作控制和数据处理系统。

程序控温系统由炉子和控温两部分组成，通常是以比例-积分-微分(PID) 调节器通过可控硅触发器进行温度控制，控温方式有升温、降温、等温和循环等。

测量系统是热分析的核心部分，测量物质的物理性质与温度无关。显示系统是把测量系统的电信号通过放大器进行放大并直接记录下来。气氛控制系统是由气氛控制、真空和加压三部分组成，其中气氛控制部分主要提供反应气氛或保护气氛。操作控制和数据处理系统主要通过与热分析仪在线联用的计算机进行，计算机不仅可有效地提高仪器控制的精度和自动化程度，而且还能提高实验数据的测试精度。

以下将分别介绍一些主要的热分析技术方法在材料科学中的应用。

8.2 热重分析法

8.2.1 热重分析基本原理

热重法是对试样的质量随以恒定速度变化的温度或在等温条件下随时间变化而发生的改变量进行测量的一种动态技术，在热分析技术中热重法使用最为广泛，这种研究是在静止的或流动着的活性或惰性气体环境中进行的。所有因素如试样的重量、状态、加热速度、温度、环境条件都是可变的，在热重分析中，这些因素的变化对测得的重量—温度曲线将产生显著影响，并可用来估计热敏元件与试样间的热滞后关系，因此在表示测定结果时，所有以上条件都应被标明，以便他人进行重复实验。热重法通常有下列两种类型：等温热重法——在恒温下测定物质质量变化与时间的关系；非等温热重法——在程序升温下测定物质质量变化与温度的关系。

热重法所用仪器称为热重分析仪或热天平，其基本构造是由精密天平和线性程序控温的加热炉所组成，热天平是根据天平梁的倾斜与重量变化的关系进行测定的，通常测定重量变化的方法有变位法和零位法两种。①变位法，主要利用质量变化与天平梁的倾斜成正比关系，当天平处于零位时位移检测器输出的电讯号为零，而当样品发生重量变化时，天平梁产生位移，此时检测器相应地输出电讯号，该讯号可通过放大后输入记录仪进行记录。②零位法，由重量变化引起天平梁的倾斜，靠电磁作用力使天平梁恢复到原来的平衡位置，所施加的力与重量变化成正比。当样品质量发生变化时，天平梁产生倾斜，此时位移检测器所输出的讯号通过调节器向磁力补偿器中的线圈输入一个相应的电流，从而产生一个正比于质量变化的力，使天平梁复位到零位。输入线圈的电流可转换成电压讯号输入记录仪进行记录。

热重分析仪的天平具有很高的灵敏度（可达到 $0.1\mu g$）。由于天平灵敏度越高，所需试样用量越少，在 TG 曲线上重量变化的平台越清晰，分辨率越高，此外，加热速率的控制与质量变化有密切的关联，因此高灵敏度的热重分析仪更适用于较快的升温速度。

近年来，在热重分析仪的研制上取得一定进展，除了在常压和真空条件下工作的热天平之外，还研制出高压热天平。在程序控制温度方面又设计出一种新的方法，它是由炉膛内和加热炉丝附近两根热电偶进行控制，可获得精确而灵敏的温度程序控制。

由热重法记录的质量变化对温度的关系曲线称热重曲线（TG 曲线），它表示过程的失重累积量，属积分型，从热重曲线可得到试样组成、热稳定性、热分解温度、热分解产物和热分解动力学等有关数据。同时还可获得试样质量变化率与温度或时间的关系曲线，即微商热重曲线（DTG 曲线）。微商热重分析主要用于研究不同温度下试样质量的变化速率，因此它对确定分解的开始阶段温度和最大分解速率时的温度是特别有用的。尤其有竞争反应存在时，从 DTG 曲线上观察就比从 TG 曲线上观察更清楚。

图 8-1 比较了 TG 和 DTG 的两种失重曲线，在 TG 曲线中，水平部分表示质量是恒定的，曲线斜率发生变化的部分表示质量的变化，因此从 TG 曲线可求算出 DTG 曲线，新型热重分析仪都可直接记录 DTG 曲线。DTG 曲线表示质量随时间的变化率（dw/dt），它是温度（T）或时间（t）的函数：

$$dw/dt = f(T \text{ 或 } t) \quad (8\text{-}1)$$

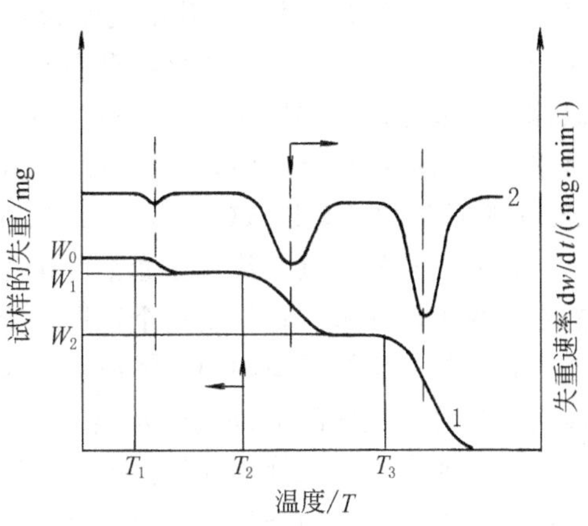

图 8-1　典型的热谱图

1—热重曲线；2—微分热重曲线

DTG 曲线的峰顶 $d^2w/d^2t=0$ 即失重速率的最大值，它与 TG 曲线的拐点相对应，即样品失重在 TG 曲线中形成的每一个拐点，在 DTG 曲线上都有对应的峰，并且 DTG 曲线上的峰数目和 TG 曲线台阶数相等。由于 DTG 曲线上的峰面积与样品失重量成正比，因此可从 DTG 的峰面积算出样品的失重量。由热重分析曲线可获得如起始失重、失重 5%、失重 10%、失重 20%、失重 50%或呈现极大失重时的温度及其失重速率，甚至完全失重时的温度，或在某一固定温度处的失重百分数。此外，在热重法中，DTG 曲线与 DTA 曲线相类似，可在相同温度范围对它们进行对比和分析而获得有价值的资料。

8.2.2　影响热重分析的因素

8.2.2.1　实验条件的影响

（1）样品盘的影响　在热重分析时样品盘应是惰性材料制作的，如：铂或陶瓷等，然而对碱性试样不能使用石英和陶瓷样品盘，这是因为它们都和碱性试样发生反应而改变 TG 曲线。使用铂制样品盘时必须注意铂对许多有机化合物和某些无机化合物有催化作用，所以在分析时选用合适的样品盘十分重要。

（2）挥发物冷凝的影响　样品受热分解或升华，溢出的挥发物往往在热重分析仪的低温区冷凝，这不仅污染仪器，而且使实验结果产生严重偏差，对于冷凝问题，可从两方面来解决：一方面从仪器上采取措施，在试样盘的周围安装一个耐热的屏蔽套管或者采用水平结构的热天平；另一方面可从实验条件着手，尽量减少样品用量和选用合适的净化气体流量。

(3) 升温速率的影响　升温速率对热重法的影响比较大。由于升温速率越大，所产生的热滞后现象越严重，往往导致热重曲线上的起始温度 T_i 和终止温度 T_f 偏高。另外，升温速率快往往不利于中间产物的检出，在 TG 曲线上呈现出的拐点很不明显，升温速度慢可得到明确的实验结果。改变升温速率可以分离相邻反应，如快速升温时曲线表现为转折，而慢速升温时可呈平台，为此在热重法中，选择合适的升温速率至关重要，在报道的文献中 TG 实验的升温速率以 5℃/min 或 10℃/min 的居多。

(4) 气氛的影响　热重法通常可在静态气氛或动态气氛下进行测定，在静态气氛下，如果测定的是一个可逆的分解反应，虽然随着升温，分解速率增大，但是由于样品周围的气体浓度增大又会使分解速率降低；另外炉内气体的对流可造成样品周围气体浓度不断变化，这些因素会严重影响实验结果，所以通常不采用静态气氛。为了获得重复性好的实验结果，一般在严格控制的条件下采用动态气氛，使气流通过炉子或直接通过样品。不过当样品支持器的形状比较复杂时，如欲观察试样在氮气下的热解等，则须预先抽空，而后在较稳定的氮气流下进行实验。控制气氛有助于深入了解反应过程的本质，使用动态气氛更易于识别反应类型和释放的气体，以及对数据的定量处理。

8.2.2.2　样品的影响

(1) 样品用量的影响　由于样品用量大会导致热传导差而影响分析结果，通常样品用量越大，由样品的吸热或放热反应引起的样品温度偏差也越大；样品用量大对溢出气体扩散和热传导都是不利的；样品用量大会使其内部温度梯度增大，因此在热重法中样品用量应在热重分析仪灵敏度范围内尽量小。

(2) 样品粒度的影响　样品粒度同样对热传导和气体扩散有较大的影响，粒度越小，反应速率越快，使 TG 曲线上的 T_i 和 T_f 温度降低，反应区间变窄，试样颗粒大往往得不到较好的 TG 曲线。

8.2.3　热重分析的应用

热重分析主要研究在空气中或惰性气体中材料的热稳定性、热分解作用和氧化降解等化学变化；还广泛用于研究涉及质量变化的所有物理过程，如测定水分、挥发物和残渣，吸附、吸收和解吸，气化速度和气化热，升华速度和升华热；除此之外还可以研究固相反应，缩聚聚合物的固化程度；有填料的聚合物或共混物的组成；以及利用特征热谱图作鉴定等。这里着重介绍热重法在材料成分测定、材料的热稳定性和热老化寿命、材料的热降解（动力学和机理）以及材料中挥发性物质的测定等方面的应用。

8.2.3.1 材料成分测定

热重法测定材料成分是极为方便的，通过热重曲线可以把材料尤其是高聚物的含量、含碳量和灰分测定出来。例如测定添加无机填料的聚苯醚的成分时，试样先在氮气气流中加热，达到聚苯醚的分解温度后，聚苯醚样品开始分解，在TG曲线的455.7～522.7℃温度范围内，出现一个失重的台阶，该台阶对应着聚苯醚的分解失重量为65.31%；随后根据压力信号的变化，自动气体转换开关会立即与空气气流接通，此时因聚苯醚分解产生的短链碳化物被立刻氧化成CO_2，在TG曲线中出现第二个失重台阶，对应的失重量约为29.50%；最后在712.4℃以上温度获得一稳定的平台，说明剩余的残渣处于稳定状态为惰性的无机填料和灰粉，其质量含量约为5.44%，如图8-2所示，因此，由热重法测定获得的分析结果为：聚苯醚65.31%、含碳量29.50%、残渣含量为5.44%。

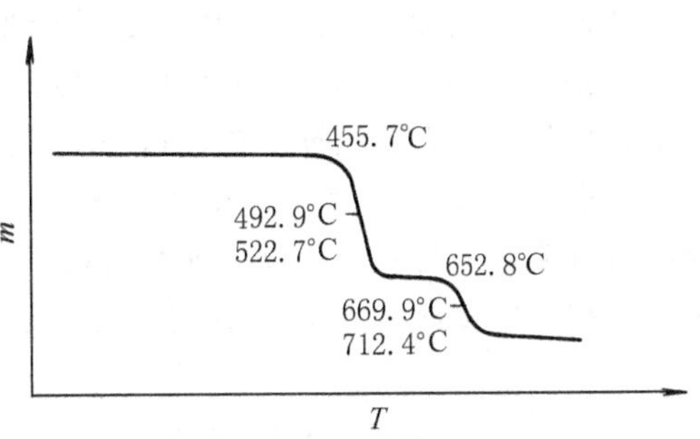

图8-2 添加填料的聚苯醚热重曲线

利用共混物中各组分的分解温度的差异，热重法也可用于共混物的测定，例如聚四氟乙烯与缩醛共聚物的相对含量可通过TG曲线分析出来，见图8-3。试样先在氮气气流中加热，当达到300℃以上缩醛的分解温度后，共聚物中的缩醛组分开始分解，并在TG曲线上出现一个失重的台阶，直至350℃左右，共聚物中的缩醛组分全部分解完毕，为此，该台阶对应的缩醛相对含量约为80%；随后继续升温，当温度进一步升至550℃左右时，共聚物中的聚四氟乙烯组分又开始分解，在TG曲线中出现了第二个失重台阶，

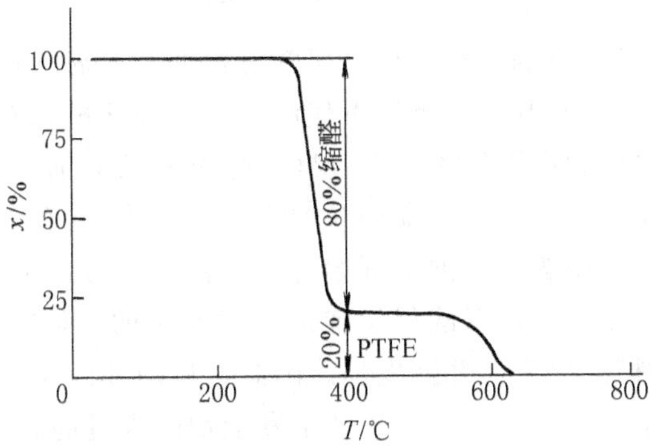

图8-3 聚四氟乙烯与缩醛共聚物的热重曲线

对应的相对含量约为 20%，因此，由热重法测定可获得该共混物中含有缩醛树脂 80%和聚四氟乙烯 20%。

8.2.3.2 材料中挥发性物质的测定

在材料尤其是塑料加工过程中溢出的挥发性物质，即使极少量的水分、单体或溶剂都会产生小的气泡，从而使产品性能和外观受到影响。热重法能有效地检测出在加工前塑料所含有的挥发性物质的总含量。如：聚氯乙烯（PVC）中增塑剂邻苯二辛酯（DOP）的测定。

如图 8-4 所示，在测定聚氯乙烯中增塑剂含量的过程中先以每分钟 160℃的升温速率加热，达到 200℃后等温 4min，这 4min 足以使 98%的增塑剂扩散到试样表面而挥发掉，这一阶段主要是增塑剂的失重过程，失重约 29%，然后用每分钟 80℃的升温速率加热，并且在 200℃以后通过气体转换阀将氮气流转换为氧气，以保证有机物完全燃烧，该阶段主要是聚氯乙烯的失重过程，失重约 67%，最后剩下惰性无机填料约为 3.5%。

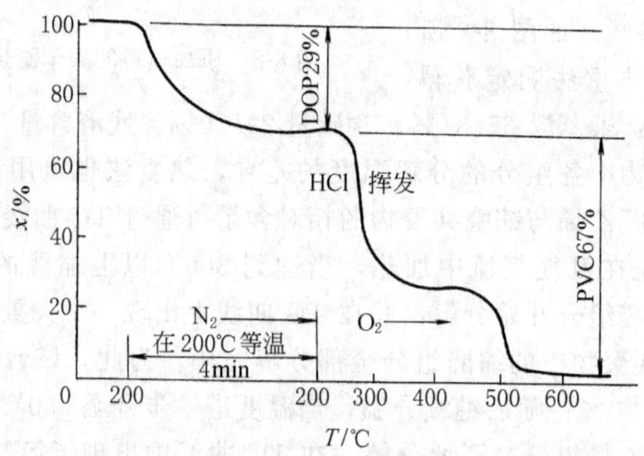

图 8-4 测定聚氯乙烯中增塑剂 DOP 的量

又如在含有发泡剂的高聚物中，通常可根据发泡剂分解出的氮气量来测定发泡剂的含量，但是利用热重法可使测定发泡剂含量的方法更为简便。含不同发泡剂量的低密度聚乙烯泡沫塑料的热重曲线具有明显的差异，如图 8-5 所示，实验时，在氮气气流中试样以 100℃/min 的升温速率加热到 180℃，促使物料中所含的发泡剂开始分解，然后用 5℃/min 的升温速率从 180℃缓慢加热到 210℃，以确保发泡剂分解产生的气体在聚氯乙烯降解前从熔融的试样中扩散出来，并挥发掉。因此，从图 8-5 可以分析得出：试样 1 中发泡剂的含量约为 5.5%，试样 2 中发泡剂的含量约为 14.25%。

8.2.3.3 材料的热稳定性和热老化寿命的研究

在材料使用中，不论是无机物还是有机物，热稳定性是主要指标之一。

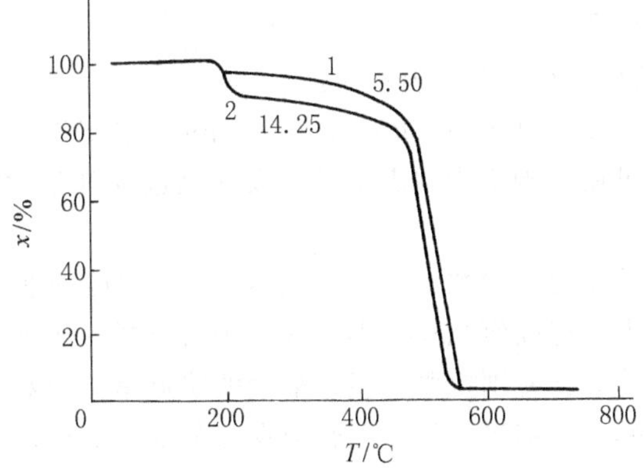

图 8-5 用 TG 测定聚乙烯中发泡剂含量

虽然研究材料热稳定性和热老化寿命的方法有许多种，但是惟有热重法因其快速而简便，因此使用最为广泛。

利用热重法研究化纤助剂的寿命时，根据化纤生产工艺条件，先测定化纤助剂在 215℃ 和 236℃ 的恒温失重，测得失重 10% 所需时间分别为 282.4min 和 64min，再根据下列热老化寿命经验公式：

$$\ln\tau = a \cdot 1/T + b \tag{8-2}$$

式中 τ——寿命；

T——材料的使用温度。

计算出 a 和 b 值，即得到化纤助剂的寿命公式：

$$\ln\tau = 7.624 \times 10^3 \cdot 1/T - 13.172 \tag{8-3}$$

通过该式可求出其他温度下的失重 10%的寿命值。

8.2.3.4 材料的热降解动力学研究

对于包括下述类型分解过程的反应，如：

$$\text{A(固体)} \xrightarrow{k} \text{B(固体)} + \text{C(气体)} \tag{8-4}$$

其热失重速率 k 可用 Arrhenius 方程表示：

$$k = \frac{dm}{dt} = Am^n e^{-E/RT} \tag{8-5}$$

式中 A——指前因子；

m——剩余试样的质量；

n——反应级数；

dm/dt——反应速率；

E——活化能；

R——普通气体常数；

T——绝对温度。

可将式（8-5）以对数形式表示为：

$$\ln k = \ln(\mathrm{d}m/\mathrm{d}t) = \ln A + n\ln m - E/RT \tag{8-6}$$

有几种方法可用来测定指前因子 A、反应级数 n 和活化能 E。

（1）示差法

用这种方法求动力学参数的优点是只需要一条 TG 曲线，而且可以在一个完整的温度范围内连续研究动力学，这对于研究材料热降解时动力学参数随转化率而改变的场合特别重要。但是最大的缺点是必须对 TG 曲线很陡的部位求出它的斜率，其结果会使作图时数据点分散，对精确计算动力学参数带来困难。此法中，将两个不同温度的实验值代入式（8-6），把得到的两式相减，即可得到以差值形式表示的方程：

$$\Delta\ln(\mathrm{d}m/\mathrm{d}t) = n\ln m - E/R\Delta(1/T) \tag{8-7}$$

从图 8-6 可以计算出 n 及 E/R 值，该图在纵坐标上的截矩为 E/R，斜率为 $\tan\alpha = n$

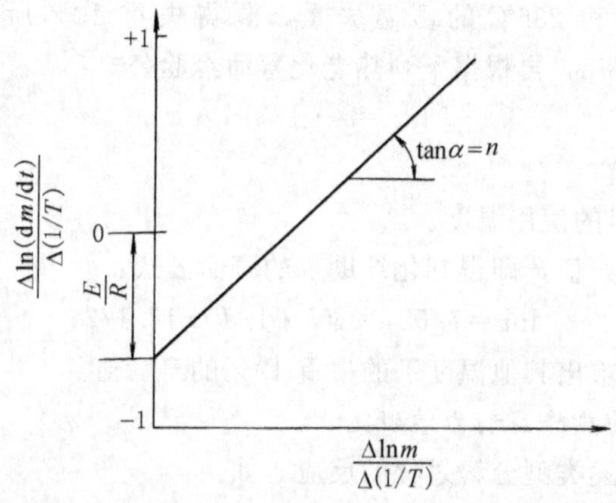

图 8-6　给定聚合物在恒定的 Δ（1/T）的热降解动态图

（2）多种加热速率法

此法中，改变每次实验的等速升温速度而其他条件不变，可得一组不同的 TG 曲线（图 8-7），可用方程（8-6）从图 8-7 直接求出指前因子（A）和活化能（E），该图的纵坐标截矩为 A，斜率为 $\tan\alpha = E$。为了评价反应级数 n，可将 $\ln k = 0$ 值代入式（8-6）即

$$E/RT_0 = \ln A + n\ln m \tag{8-8}$$

在这种情况下，E/RT_0 对 $\ln m$ 作图（图 8-8），可得一直线，其斜率为 $\tan\alpha = n$。

这种方法虽然需要多做几条 TG 曲线，然而计算结果比较可靠。除了用升温的 TG 曲线计算动力学参数外，还可以用恒温的 TG 曲线求出动力学参数，计算方法与前者类似。利用公式（8-6），对每一种恒定的温度可以作出 $\ln(dm/dt)$ 对 $\ln m$ 的直线，其斜率为 n，再从几条线的截距中求出 E 和 A。

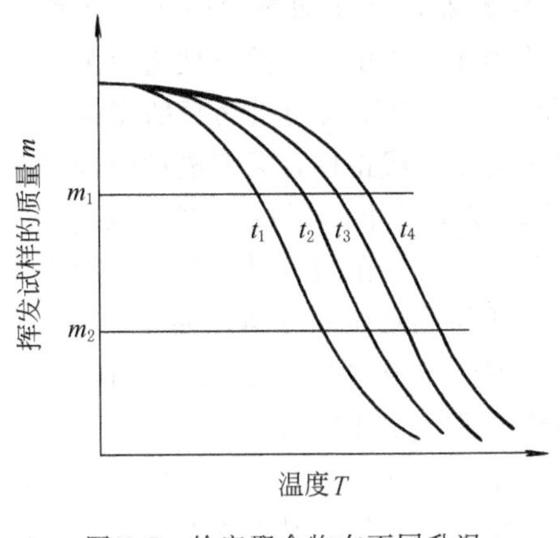

图 8-7 给定聚合物在不同升温速度下的热重图

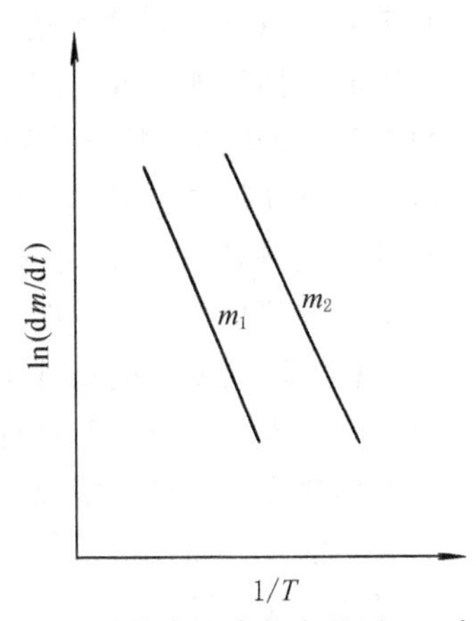

图 8-8 给定聚合物在从图 8-7 中得到的 m_1，m_2 的 $\ln(dm/dt)$ 对 $1/T$ 的动力学图

8.3 差热分析法（DTA）

8.3.1 差热分析基本原理

在热分析仪器中，差热分析仪是使用得最早和最为广泛的一种热分析仪器，它是在程序控制温度下，测量物质和参比物的温度差随时间或温度变化的一种技术。当试样发生任何物理或化学变化时，所释放或吸收的热量使样品温度高于或低于参比物的温度，从而相应地在差热曲线上得到放热或吸热峰。图 8-9 中显示出材料典型的 DTA 曲线，在 DTA 曲线中反映出材料随

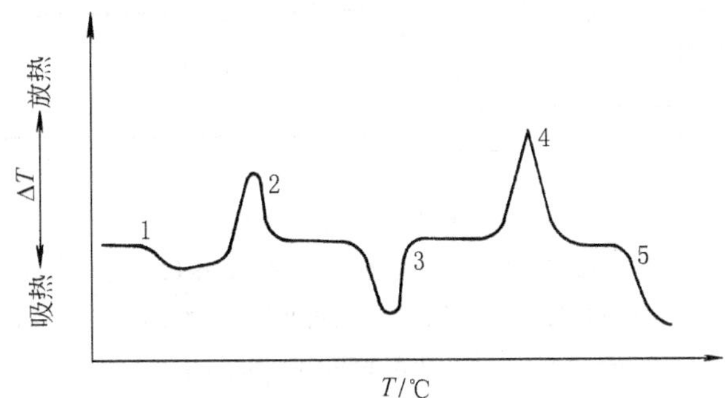

图 8-9 聚合物材料的典型 DTA 曲线

1—玻璃化转变；2—氧化放热峰；3—结晶峰；4—熔融峰；5—分解

温度升高而产生的玻璃化转变、结晶、熔融、氧化和分解等过程。

差热分析仪主要由加热炉、温差检测器、温度程序控制仪、讯号放大器、量程控制器、记录仪和气氛控制设备等所组成。DTA 仪的示意图如图 8-10所示，其测量系统主要是温差检测器，处在加热炉中的试样和参比物在相同的条件下加热或冷却，炉温的程序控制由两支热电偶进行测定，绝大多数 DTA 仪中两个接点分别与盛装试样和参比物的坩埚底部相接触。由于热电偶的电动势与试样和参比物之间的温差成正比，温差电动势经微伏放大器和量程控制器放大后由 X—Y 记录仪记录下试样的温度（或时间 t），这样就可获得差热分析曲线即 $\Delta T \sim T(t)$曲线。在测定时所采用的参比物应是惰性材料，即在测定的条件下不产生任何热效应的材料，如 α-Al_2O_3、石英、硅油等。当把参比物和试样同置于加热炉中的托架上等速升温时，若试样不发生热效应，在理想情况下，试样温度和参比物温度相等，$\Delta T=0$，差示热电偶无信号输出，记录仪上记录温差的笔仅划一条直线，称为基线，另一支笔记录试样温度变化。而当试样温度上升到某一温度发生热效应时，试样温度与参比物温度不再相等，$\Delta T \neq 0$，差示热电偶有信号输出，这时就偏离基线而划出曲线。由记录仪记录的 ΔT 随温度变化的曲线称为差热曲线。温差 ΔT 作纵坐标，吸热峰向下，放热峰向上；温度 T（或时间 t）作横坐标。为了对差热曲线进行理论上的分析，神户博太郎先生对差热曲线提出一个理论解析的数学方程式，该方程能够十分简便地阐明差热曲线所反映的热力学过程和各种影响因素。

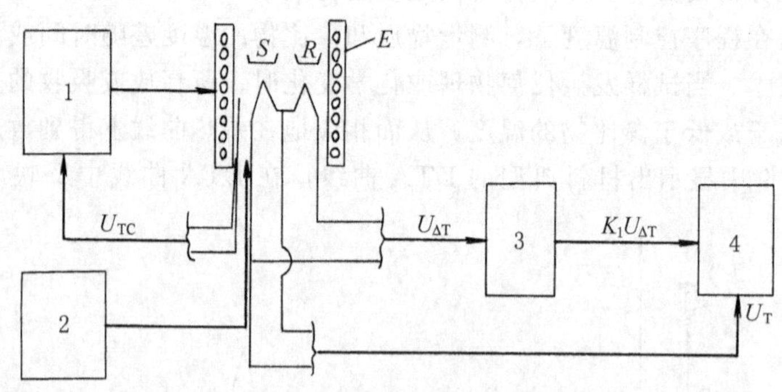

图 8-10　DTA 示意图

S—试样；U_{TC}—由控温热电偶送出的毫伏信号；

R—参比物；U_T—由试样下的热电偶送出的毫伏信号；

E—电炉；$U_{\Delta T}$—由差示热电偶送出的毫伏信号

1—温度程序控制器；2—气氛控制；3—差热放大器；4—记录仪

在差热分析时，把试样（S）和参比物（R）分别放置于加热的金属块中，使它们处于相同的加热条件下，并作出如下假设：

① 试样和参比物中的温度分布均匀，试样和试样容器的温度亦相等；

② 试样和参比物（包括容器、温差电偶等）的热容 C_s、C_r 不随温度变化；

③ 试样和参比物与金属块之间的热传递和温差成比例，比例常数（传热系数）K 与温度无关。

设 T_w 为金属块温度即炉温，$\Phi=dT_w/dt$ 为程序升温速率。当 $t=0$ 时，$T_s=T_r=T_w$。在差热分析时，炉温 T_w 以一定升温速率 Φ 开始升温，但是由于存在着热阻，试样温度 T_s 和参比物的温度 T_r 在升温时都稍有滞后现象，要经过一定时间以后，它们才以程序升温速率 Φ 开始升温。

由于试样和参比物的热容量不同，在一定的程序升温过程中，它们对 T_w 的温度滞后并不相同，即在试样和参比物之间有温差 ΔT 存在。当它们的热容量差被热传导自动补偿以后，试样和参比物才按程序升温速度 Φ 升温，此时 ΔT 成为定值$(\Delta T)_a$ 形成差热曲线的基线，如图 8-11 所示。

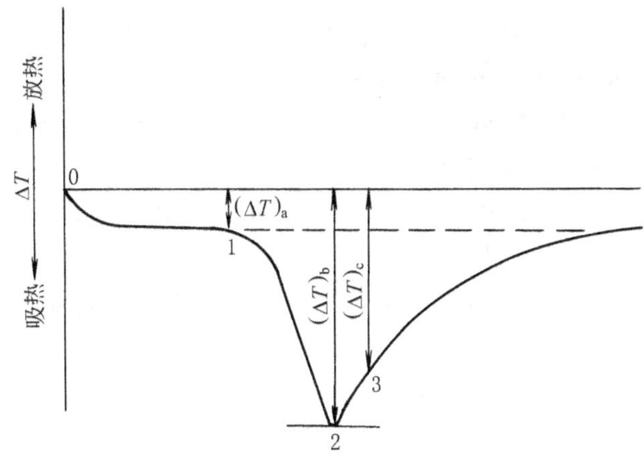

图 8-11　DTA 吸热转变曲线

1—反应起始点；2—峰顶；3—反应终点

从图 8-11 可看到在 $0\sim a$ 之间是差热曲线的基线形成过程，在该过程中 ΔT 的变化可用下列方程式描述：

$$\Delta T=[(C_r-C_s)/K]\Phi\{1-\exp(-Kt/C_s)\} \tag{8-9}$$

式中　K——传热系数；

t——时间。

其基线的位置$(\Delta T)_a$ 为：

$$(\Delta T)_a=[(C_r-C_s)/K]\Phi \tag{8-10}$$

根据方程（8-10）可得出下列结论：

① 程序升温速率 Φ 值恒定才可能获得稳定的基线；

② 试样和参比物的热容 C_s 和 C_r 越相近，$(\Delta T)_a$ 越小，因此试样和参比物应选用化学上相似的物质；

③ 在程序升温过程中，如果试样的比热有变化，则基线 $(\Delta T)_a$ 也发生变化；

④ 程序升温速率 Φ 值越小，$(\Delta T)_a$ 也越小。

在差热曲线的基线形成之后，如果试样产生吸热效应，此时试样所得的热量为（主要讨论试样熔化时的情况）：

$$C_s \mathrm{d}T_s/\mathrm{d}t = K(T_w - T_s) + \mathrm{d}\Delta H/\mathrm{d}t \tag{8-11}$$

式中 ΔH——试样全部熔化的总吸收量。

参比物所得热量为：

$$C_r \mathrm{d}T_r/\mathrm{d}t = K(T_w - T_r) \tag{8-12}$$

将试样所得的热量式（8-11）与参比物所得热量式（8-12）相减，并简化可得到下式：

$$C_s \mathrm{d}\Delta T/\mathrm{d}t = \mathrm{d}\Delta H/\mathrm{d}t - K\{\Delta T - (\Delta T)_a\} \tag{8-13}$$

根据方程式（8-13）可得到以下结论：

① 由于试样发生吸热效应，在温升的同时 ΔT 变大，因而在 ΔT 对时间的曲线中会出现一个峰值。

② 在峰顶（图 8-11 的 b 点）处 $\mathrm{d}\Delta T/\mathrm{d}t=0$，则可由式（8-13）得到：

$$(\Delta T)_b - (\Delta T)_a = 1/K \quad \mathrm{d}\Delta H/\mathrm{d}t \tag{8-14}$$

从式（8-14）可清楚看到，K 值越小，峰越高，因此可通过降低 K 值来提高差热分析的灵敏度。

③ 在反应终点 c 处，$\mathrm{d}\Delta H/\mathrm{d}t=0$，式（8-13）右边第一项将消失，即得：

$$C_s \mathrm{d}\Delta T/\mathrm{d}t = -K\{\Delta T - (\Delta T)_a\} \tag{8-15}$$

式（8-15）经移项和积分后得：

$$(\Delta T)_c - (\Delta T)_a = \exp(-Kt/C_s) \tag{8-16}$$

从反应终点以后，ΔT 将按指数函数衰减返回基线。

为了确定反应终点 c，通常可作 $\log\{\Delta T - (\Delta T)_a\} \sim t$ 图，它应是一直线。当从峰的高温侧的底部逆向取点时，就可找到开始偏离直线的那个点，即为反应终点 c。将式（8-13）从开始熔化点（a 点）到终点（c 点）进行积分，便可得到熔化热 ΔH

$$\Delta H = K\int_a^{\infty} \{\Delta T - (\Delta T)_a\}\mathrm{d}t = KA \tag{8-17}$$

式中　A——差热曲线和基线之间的面积。

根据式（8-13）可得出下述结论。

① 反应热效应 ΔH 与差热曲线的峰面积 A 成正比，该公式被称为 Speil 公式。

② 传热系数 K 值越小，对于相同的反应热效应 ΔH 来讲，峰面积 A 越大，灵敏度越高。

应该指出，式（8-13）中没有涉及程序升温速率 Φ，即升温速率 Φ 不管怎样，A 值总是一定的。由于 ΔT 和 Φ 成正比，所以 Φ 值越大峰形越窄越高。

由于现代差热分析仪的检测灵敏度很高，因此它能检测出试样中所发生的各种物理和化学变化，如晶型的变化、比热容、相变和分解反应等。目前，差热分析仪的温度范围可从 -175℃～2400℃，压力范围为 0.133MPa 到几十兆帕，可根据需要选择不同类型的仪器。由于差热扫描量热仪（DSC）的出现，致使差热分析仪主要应用于高温、高压以及腐蚀材料的研究。

8.3.2　影响差热分析的因素

DTA 的原理和操作比较简单，但由于影响热分析的因素比较多，因此要取得精确的结果并不容易，因为影响热分析的因素比较多，这些因素有仪器因素、试样因素、气氛、加热速度等，这些因素都可能影响峰的形状、位置，甚至出峰的数目，所以在测试时不仅要严格控制实验条件，还要研究实验条件对所测数据的影响，并且在发表数据时应明确测定所采用的实验条件。

8.3.2.1　实验条件的影响

（1）升温速率的影响　程序升温速率主要影响 DTA 曲线的峰位和峰形，一般升温速率越大，峰位越向高温方向迁移以及峰形越陡。升温速度采用1～10℃/min 者居多。

（2）气氛的影响　不同性质的气氛如氧化性、还原性和惰性气氛对 DTA 曲线的影响很大，有些场合可能会得到截然不同的结果。为了避免氧化，常常封入 N_2、Ne 等惰性气体。

8.3.2.2　样品的影响

（1）样品用量的影响　样品用量是一个不可忽视的因素。通常用量不宜过多，因为过多会使样品内部传热慢、温度梯度大，导致峰形扩大和分辨率下降。

（2）样品粒度的影响　粒度的影响比较复杂，以采用小颗粒样品为好，通常样品应磨细过筛并在坩埚中装填均匀。

（3）样品热历史的影响　许多材料往往由于热历史的不同而产生不同的

晶型或相态（包括亚稳态），以致对DTA曲线有较大的影响，因此在测定时控制好样品的热历史条件是十分重要的。

8.3.3 差热分析的应用

在热分析中差热分析的发展历史最长，它的应用领域也最广，已从早先研究的矿物、陶瓷和高聚物等材料，发展到对液晶、药物、络合物及动力学的研究。虽然20世纪60年代中期出现了差示扫描量热仪（DSC），但是差热分析在高温和高压方面取得了较大进展，可用于高达1600℃的高温和几百大气压以上的研究工作，对物质在高温或高压下的热性质提供了有价值的资料。因此，它在高温、高压和抗腐蚀的研究领域占据独特的优势。

8.3.3.1 材料的鉴别和成分分析

应用DTA对材料进行鉴别主要是根据物质的相变（包括熔融、升华和晶型转变等）和化学反应（包括脱水、分解和氧化还原等）所产生的特征吸热或放热峰。有些材料常具有比较复杂的DTA曲线，虽然有时不能对DTA曲线上所有的峰作出解释，但是它们像“指纹”一样表征着材料的种类。例如根据石英的相态转变的DTA峰温、DTA曲线的形状推断石英的形成过程以及石英矿床、天然石英的种类，并且也可用于检测天然石英和人造石英之间的差异。

又如Chiu根据一些聚合物在DTA曲线上所具有的特征熔融吸热峰，对共混聚合物进行鉴定。图8-12为七种聚合物组成的共混聚合物的DTA曲线，这七种聚合物分别为高压聚乙烯（EPPE）、低压聚乙烯（LPPE）、聚丙烯（PP）、聚次甲氧基（POM）、尼龙6（Nylon 6）、尼龙66（Nylon 66）

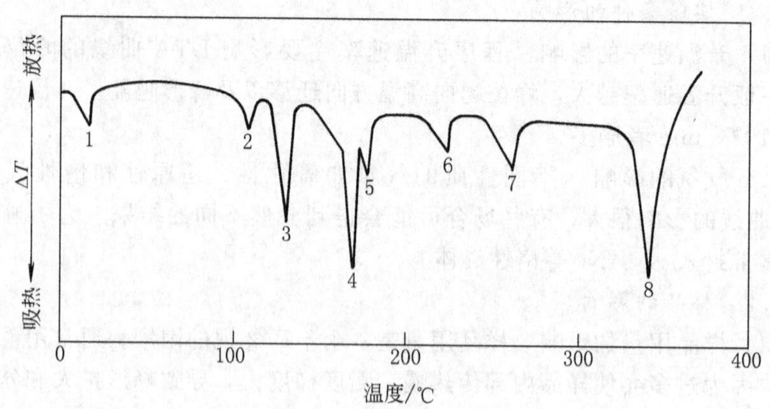

图8-12 七种聚合物混合时的DTA曲线

1—聚四氟乙烯；2—高压聚乙烯；3—低压聚乙烯；4—聚丙烯；
5—聚甲醛；6—尼龙6；7—尼龙66；8—聚四氟乙烯

和聚四氟乙烯（PTFE），它们在 DTA 曲线上对应的特征熔融吸热峰的峰顶温度分别为 108℃、127℃、165℃、170℃、220℃、257℃和 340℃，由此可以鉴别出未知共混物由哪些聚合物共混而成。DTA 用来鉴定这类共混物的优点在于实验时样品用量少（约 8mg）、时间短。

再如测定水泥中的高炉炉渣，该测定是基于粒化过程中炉渣存在无定型玻璃态，高于 800℃玻璃态发生结晶，这样就可利用 DTA 测定从玻璃态产生结晶的放热峰。不同的炉渣结晶过程所释放的热量和结晶温度是不同的，水泥熟化和炉渣混合物的 DTA 曲线如图 8-13 所示，随着混合物中炉渣的含量 0%增加到 100%，炉渣在 870℃左右因结晶形成的放热峰也逐渐增强，因此，通过实测未知水泥熟化和炉渣混合物的 DTA 曲线与图 8-13 的水泥熟化和炉渣混合物的 DTA 工作曲线的对照，可以确定水泥熟料中高炉炉渣含量。实验结果还表明炉渣含量高于 5%时，才能可靠地对其作出检测，测量精确度可达±2%。

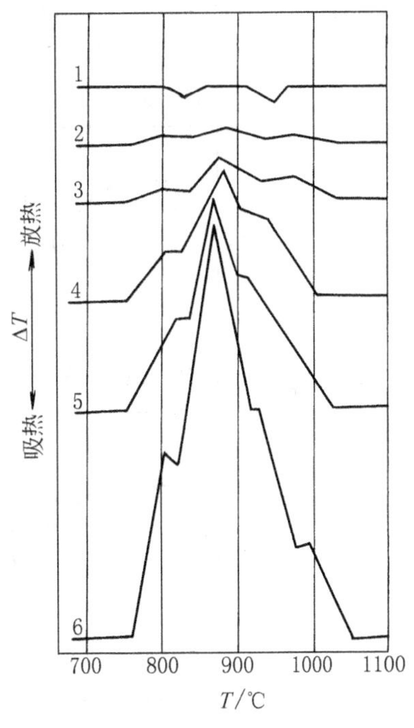

图 8-13　水泥熟料和高炉炉渣混合物的 DTA 曲线

水泥熟料和高炉炉渣质量比：1—100∶0；2—95∶5；3—90∶10；4—70∶30；5—50∶50；6—0∶100

Clampitt 还通过 DTA 技术估算了聚乙烯共混物中线性部分的含量，图 8-14 显示出几种聚乙烯共混物的 DTA 曲线。未退火的聚乙烯样品，DTA 曲线上出现吸热峰，ΔT_{min} 对应的温度为 134℃，而且是个肩峰；在 120℃退火 30min 的样品，此肩峰分解为两个峰，ΔT_{min}对应的温度分别为 115℃和 124℃。用上述退火方法，可获得一组不同线性含量聚乙烯共混物的 DTA 曲线，如图 8-14 所示，曲线上出现吸热峰，其 ΔT_{min}对应温度分别为 115℃、124℃和 134℃，对于纯组分的高压聚乙烯（a）却只有一个峰，ΔT_{min}对应的温度为 115℃，该 115℃的峰与高压聚乙烯中存在的结晶有关。随着线性聚乙烯含量增加，与线性聚乙烯结晶有关的 134℃的峰面积逐渐增加，到 100%线性聚乙烯（f）时，在 DTA 曲线中仅存在着一个 134℃的峰，因而，可以根据不同线性含量聚乙烯共混物的 DTA 工作曲线，估算出未知聚乙烯共混物中线性部分的含量。

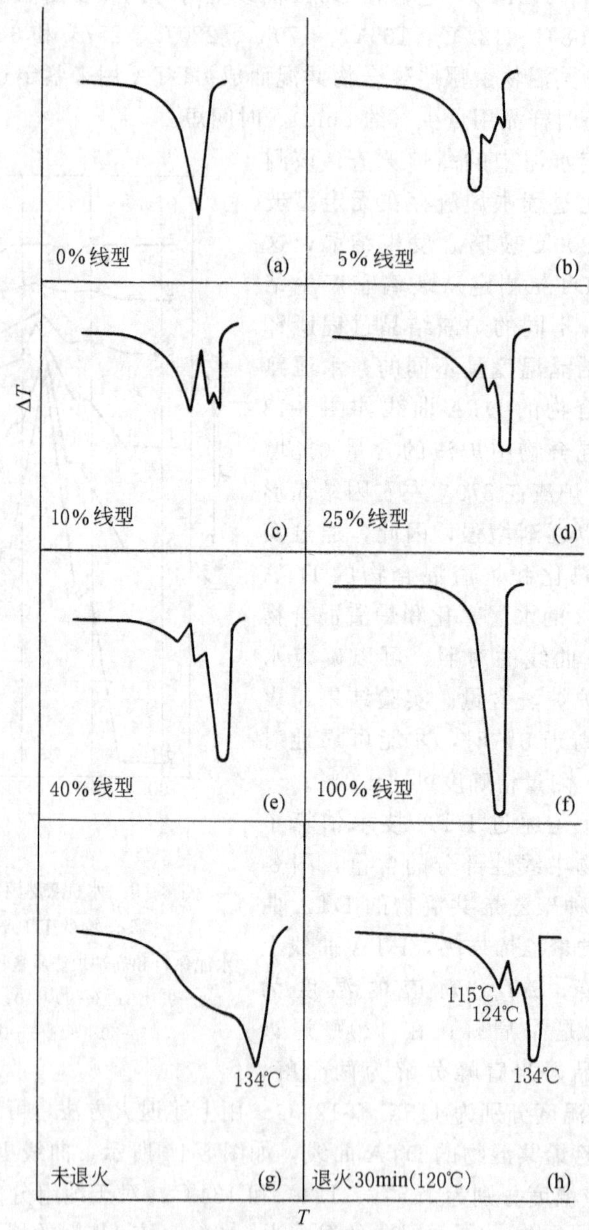

图 8-14　线性高压聚乙烯共混物的 DTA 曲线

8.3.3.2　材料相态结构的变化

检测非晶态的分相最直接的方法是通过电镜来观察，它可以直接观察待测样品的分相形貌，在扫描电镜分析中还可进行电子探针分析，这样还可以探明分相中的组成。但电镜分析比较复杂，从制样到分析需要的周期比较长，而用 DTA 不仅制样简单，而且方便快速。下面举例说明。

(1) 引入 CaF_2 的 Na_2O-CaO-SiO_2 系统试样的差热分析　由图 8-15 可知，未加 CaF_2 的 Na_2O-CaO-SiO_2 系统试样的 DTA 曲线仅在 576℃处出现

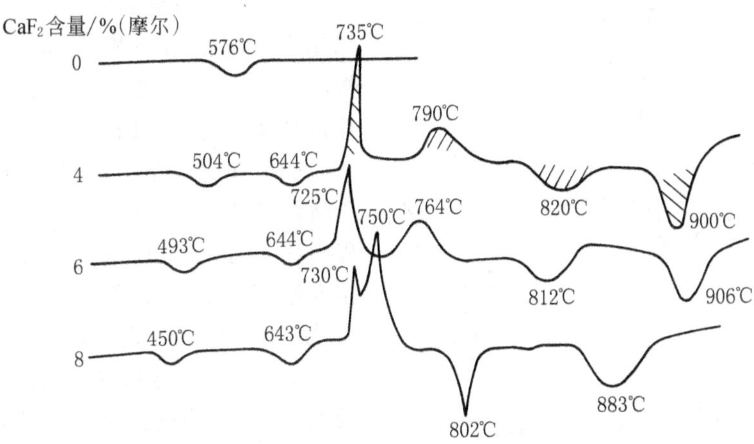

图 8-15　Na_2O-CaO-SiO_2 系统引入少量 CaF_2 后试样的 DTA 曲线

一个玻璃转变温度，随着 CaF_2 引入 Na_2O-CaO-SiO_2 系统后，试样的 DTA 曲线上分别在 504℃和 644℃附近出现两个玻璃转变温度，即意味着系统中分成两相，一相随着 CaF_2 的引入量增加，玻璃的转变温度（644℃左右）基本不变，这表明该相为少氟相，另一相则随着 CaF_2 的引入量增加，玻璃的转变温度不断下降，这表明该相为多氟相；此外，随 CaF_2 引入量增加，由于氟是一价离子，在玻璃中起网络制止剂的作用，使玻璃的结构逐渐疏松，析晶倾向增大，析晶速度也逐渐增大。这可从析晶峰的高低和面积看出；从析晶峰下的面积与熔融相下面积的对等程度，判断其相应的熔融温度。

(2) 高硅氧玻璃的差热分析　图 8-16 是组分分别为两不同组分的高硅氧玻璃的差热分析曲线。

由图可知，由于曲线均出现两个 T_g，所以可以判断此两组分玻璃都是分成两相，曲线 1 第一相 T_g 低，可判断其 B_2O_3 的含量高，第二相的 T_g 高，故其中的 SiO_2 含量高。根据 T_g 的凹峰面积，还可半定量地知道两分相的相

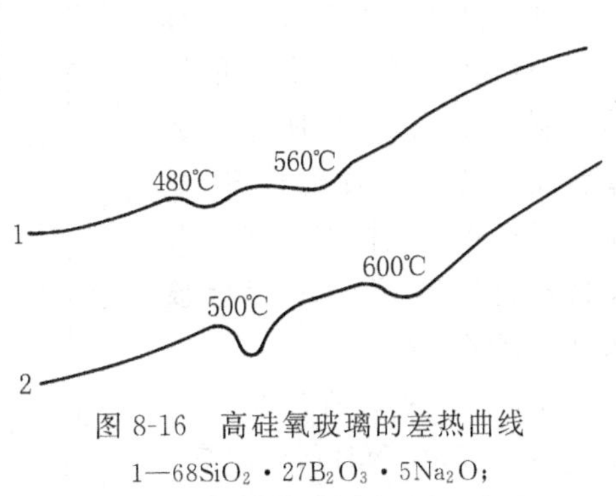

图 8-16　高硅氧玻璃的差热曲线

1—$68SiO_2 \cdot 27B_2O_3 \cdot 5Na_2O$；

2—$60SiO_2 \cdot 30B_2O_3 \cdot 10Na_2O$

对数量。曲线 1 上两个 T_g 的吸热效应相似(凹峰面积相近),可以推断这种该玻璃的分相(形貌)是两相交错连通。曲线 2 上第一相吸热峰效应大,这是因为该相含有较多的 B_2O_3。该相构成了玻璃的基体,有较高的体积分数。第二相为 SiO_2 高含量相,其 T_g 效应小,表明其体积分数小,可以推断第二相为分布在第一相(基体)中的球粒状高 SiO_2 含量相。后来的电镜照片也证实了这一推断。

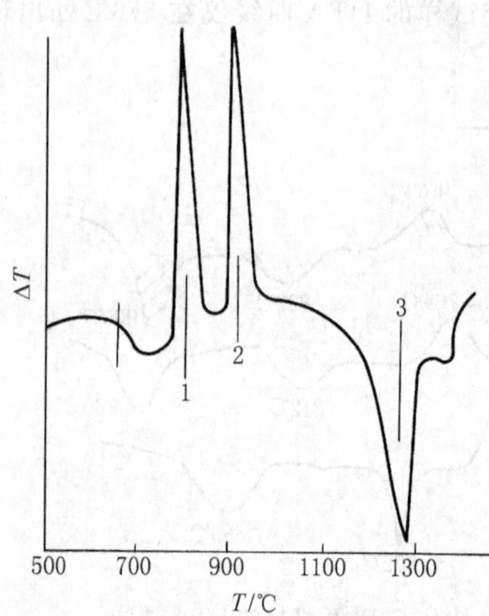

图 8-17　$BaO-TiO_2-Al_2O_3-SiO_2$ 玻璃陶瓷的 DTA 曲线
1—铁电结晶相;2—结晶相;3—熔融

(3) 陶瓷材料的差热分析　对于研制新型的陶瓷材料以及制造工程中工艺条件的控制,陶瓷材料的相变温度和相图的测定可提供极为有用的数据,例如 $BaO-TiO_2-Al_2O_3-SiO_2$ 玻璃陶瓷材料的 DTA 曲线见图 8-17。通过 DTA 曲线发现该材料在铁电结晶放热峰 1 和熔融峰 3 之间另有一个结晶相 2,实验表明当这类玻璃陶瓷材料中微观结构都能以这种结晶相 2 存在时,材料将能达到最佳状态。

8.3.3.3　材料的筛选

利用 DTA 测定不同组分的 Se-Te-Sb-Ge 四元体系,发现所测定的不同组分的 Se-Te-Sb-Ge 四元体系存在着四种不同类型的差热曲线,它们分别是:典型的玻璃态、具有再结晶的玻璃态、具有部分结晶的样品和典型的结晶样品,如图 8-18 所示。通过热性质的研究发现含 Se 量高的 Ge-Sb-Se 体系适宜作开关材料,而 Se-Te-Ge 合金玻璃可作记忆器件。

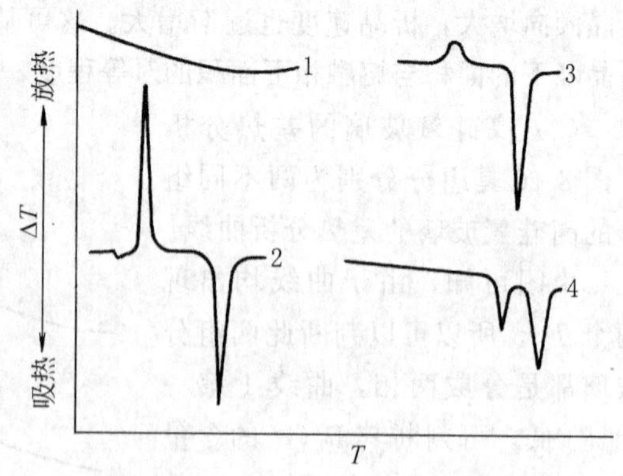

图 8-18　Se-Te-Sb-Ge 四元体系的 DTA 曲线
1—典型的玻璃态;2—具有再结晶的玻璃态;
3—具有部分结晶的试样;4—典型的结晶试样

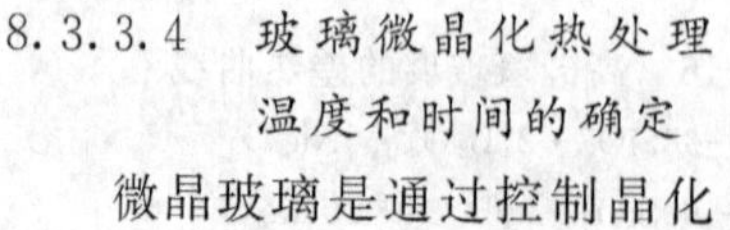

8.3.3.4　玻璃微晶化热处理温度和时间的确定

微晶玻璃是通过控制晶化

而得到的多晶材料，在晶化过程中常释放出大量的结晶潜热，产生明显的热效应，因而 DTA 在微晶玻璃研究中有很重要的地位。

一般微晶玻璃的核化温度取接近 T_g 而低于膨胀软化点的范围，温度的保温时间为 2～3h；晶化温度取放热峰的上升点至峰顶温度范围（低于 T_c），保温时间为 1～2h。

通常用 DTA 测定原始玻璃的热效应，用 X-射线衍射分析鉴定在持续温度范围中所得的晶相产物和测试力学性能等来确定微晶玻璃的热处理温度和时间。

根据 A. Marotta 的观点，对微晶玻璃进行 DTA 研究时，存在以下关系：

$$\ln\mu-\ln N=-E_c/RT_c+C_1 \tag{8-18}$$

式中 μ——加热速率,℃ • min^{-1}；

N——单位体积的晶核总数，个 • m^{-3}；

E_c——晶体生长活化能，kJ • mol^{-1}；

T_c——热峰顶端温度；

R——气体常数；

C_1——常数。

N 为所有的晶核的总和：即

$$N=N_S+N_B+N_H \tag{8-19}$$

式中 N_S——表面晶核；

N_B——DTA 升温过程生成的晶核；

N_H——晶核剂。

如果样品较粗，u 很快，则：$N_S+N_B\ll N_H$；所以 $N=N_H$。

未预核化处理样品的晶化峰温度 T'_p与已预核化处理样品的 T_p 之差是预核化处理的样品所生成的晶核数 N_H 的函数

$$T'_p-T_p=C_2\ln N_H+C_3 \tag{8-20}$$

N_H 的大小与预核化处理的温度和时间两个参数有关。固定一个，变动另一个，根据式（8-20）可得最佳核化温度和最佳核化时间。

例 1 Li_2O-Al_2O_3-SiO_2 系统玻璃某一试样晶化温度、核化温度以及处理时间的确定。试样的 $T_g=680$℃，DTA 样品用量约为 50mg，升温速度为 20℃/min。图 8-19 为未预核化处理样品的晶化峰温度 T'_p与已预核化处理样品的 T_p 之差即 T'_p-T_p 与核化温度的关系。

由图 8-19 可见，该曲线形状与晶核形成速度曲线非常相似。此组分玻璃核化温度范围为 620～750℃，其中 670～710℃内（T'_p-T_p）均在 40℃以上，为有效核化温度范围，最佳核化温度为 700℃。

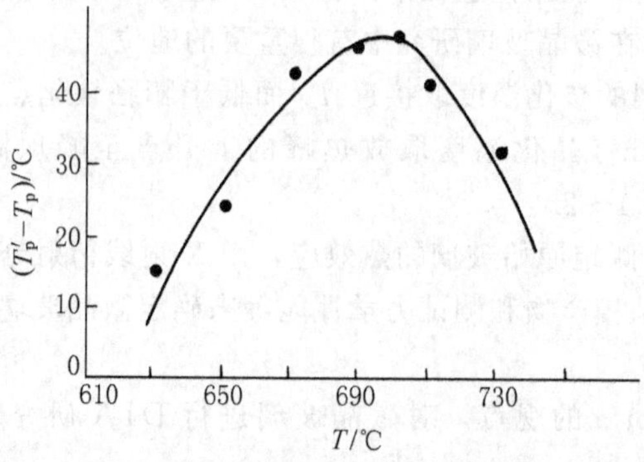

图 8-19　$T_p'-T_p$ 核化温度的关系

图 8-20 为所测试样在 700℃核化后（$T_p'-T_p$）与核化时间的关系。由图可见，开始时（$T_p'-T_p$）的增加速度很快，此后逐渐减慢，到了一定时间以后，（$T_p'-T_p$）达到饱和值，不再随时间的延长而增大，在核化 3h 以后，（$T_p'-T_p$）已经接近饱和值，为最佳核化时间。

图 8-21 是经过最佳预核化处理的试样的 DTA 曲线，它可以帮助确定晶化温度。由于加热速度较快（10℃/min），热效应滞后较多，取热峰开始温度 Ta 作为晶化温度较为适宜。从图 8-21 可得试样的晶化温度为 780℃。事实上试样经过 700℃核化 3h、780℃晶化 2h 以后得到了$\alpha=0.9\times10^{-7}℃^{-1}$透明微晶玻璃，证明了这种方法确定的热处理制度是合理的。

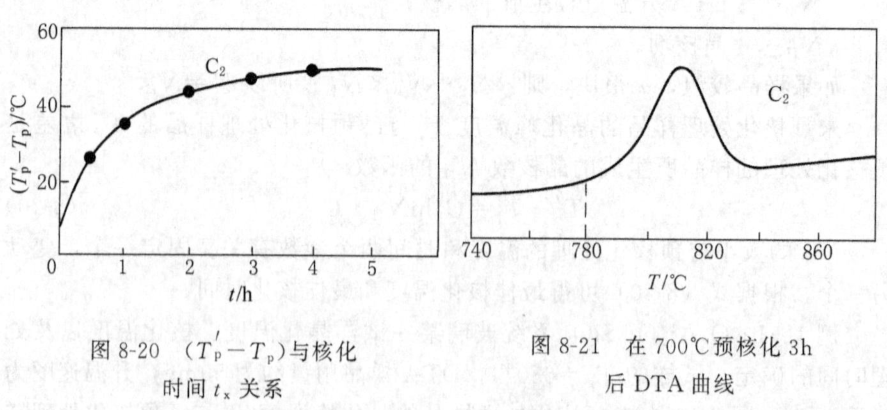

图 8-20　（$T_p'-T_p$）与核化时间 t_x 关系

图 8-21　在 700℃预核化 3h 后 DTA 曲线

例 2　矿渣微晶玻璃的 DTA 曲线

图 8-22 是一组矿渣微晶玻璃的 DTA 曲线，从这些 DTA 曲线可判断其微晶化的难易。

由图 8-22 可见，曲线(a)核化峰和晶化峰都比较明显，而且峰之间比较平

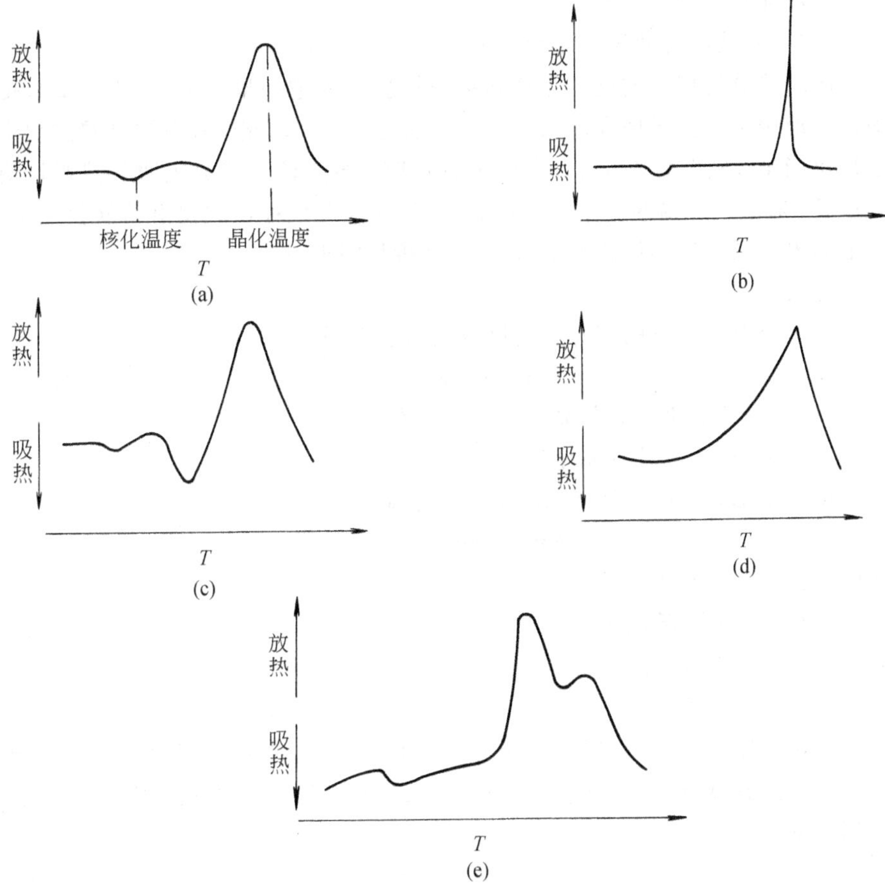

图 8-22 矿渣微晶玻璃的 DTA 曲线

直，结晶峰比较宽。结晶峰宽，说明其放热量大，结晶温度范围也较大，热处理工艺上容易掌握。两峰之间平直，说明在升温热处理过程中不易软化变形。

曲线(b)核化峰和晶化峰明显，但结晶峰宽度过窄，表明其结晶过程放热量不大，结晶能力不是很强，结晶温度范围窄。该组分玻璃在热处理过程中得不到结晶完善的制品。

曲线(c)在核化峰后，结晶峰前有一明显吸热峰，这一吸收峰常是由于材料软化吸热引起的，该组分玻璃虽结晶比较完全，但在未析晶前易软化变形。

曲线（d）核化峰不明显，只见晶化峰。该组分玻璃在热处理过程中虽不易软化变形，但结晶不够细微（微晶化差）。说明在核化阶段已有晶化过程发生。

曲线（e）放热峰在两个以上，在第一个主放热峰位置热处理一般可结晶，但其晶相一般不单一（其中可能包含第二相晶相，第二晶相可能是新结晶，也可能是晶型转变)。

8.3.3.5 玻璃的析晶活化能的测定

随着热分析理论的逐步完善和热分析技术的进一步发展，DTA 和 DSC 被广泛地用于包括玻璃在内的固体相变动力学研究。玻璃在其再加热过程中会放出能量而析晶，在 DTA 曲线上有相应的放热峰。研究表明放热峰峰值温度 T_c 依赖于升温速度 v，当 v 增加 T_c 向高温位移，如找出其函数关系，就能算出玻璃的析晶活化能 E_c，了解其析晶的机理。

方法一

在非等温条件下的固态相变反应动力学方程为：

$$dx/dt = k(1-x)^n \tag{8-21}$$

式中 n——反应级数，与晶体生长机理有关；

x——相变分数（晶化率）。

Kinssinger 证明 k 服从 Arrhenius 关系：

$$k = k_0 \exp(-E/RT) \tag{8-22}$$

式中 k_0——频率因子；

E——析晶活化能；

R——气体常数；

T——温度。

当转变速率达到最大时，$d(dx/dt)/dt=0$，此时对应 DTA 曲线上的析晶放热峰值温度 T_c。将式（8-22）代入式（8-21），并对式（8-21）求导，整理可得：

$$\ln v/T_c^2 = -E/RT_c + C \tag{8-23}$$

式中 v——DTA 升温速度；

T_c——放热峰峰值温度；

E——析晶活化能；

R——气体常数；

C——常数。

若将在不同的升温速度下得到的 $\ln v/T_c^2$ 与 $1/T_c$ 作图可得到斜率为 E/R 的直线关系。

方法二

DTA 研究玻璃析晶活化能，大都依据 JMA（Johnson-Mehl-Avrami）提出的在等温条件下的转变动力学方程：

$$X = 1-\exp[-(kt)^n] \tag{8-24}$$

式中除 t 是时间外，其他各参量的意义同前。在变温情况下，JMA 方程不能直接用，须稍作数学处理，即对式（8-24）先微分，后积分（k、t 均作

变量)，通过整理可得

$$\ln v/T_c = -E/RT_c + \ln k_0 + C \qquad (8\text{-}25)$$

方法三

如果式（8-22）中 k 不随时间而变，则对 JMA 方程二次微分，并取对应 DTA 曲线上的析晶放热峰值温度时 $d(dx/dt)/dt=0$，通过整理得：

$$\ln v = -E/RT_c - 1/n\ln(n-1)/n + \ln k_0 + C \qquad (8\text{-}26)$$

析晶活化能的测定步骤：

作不同升温速度的 DTA 曲线，得到不同的 v 对应的 T_c 值；

作出 $\ln v/T_c^2$、$\ln v/T_c$ 及 $\ln v$ 与 $1/T_c$ 的关系曲线；

由曲线得其斜率 E/R，算出各样品的析晶活化能 E。

例　求氟化物玻璃系列试样的析晶活化能

表 8-2 列出了在不同升温速度 v 下各玻璃试样的析晶峰温度 T_c。根据式（8-23）、式（8-25）和式（8-26）分别作出 $\ln v/T_c^2$、$\ln v/T_c$ 及 $\ln v$ 与 $1/T_c$ 的关系曲线，得到斜率为 E/R 的直线，如图 8-23、图 8-24 和图 8-25 所示。用最小二乘法拟合，算出各样品的析晶活化能。结果示于表 8-3。

表 8-2　不同升温速度下的样品析晶峰温度

样品编号	2℃/min	5℃/min	10℃/min	20℃/min
A0	358.5	367.5	375.0	382.5
A1	367.5	373.5	377.0	381.0
A2	368.5	375.0	380.5	385.0
A3	369.0	376.0	382.5	387.5
A4	369.5	377.0	383.5	389.0

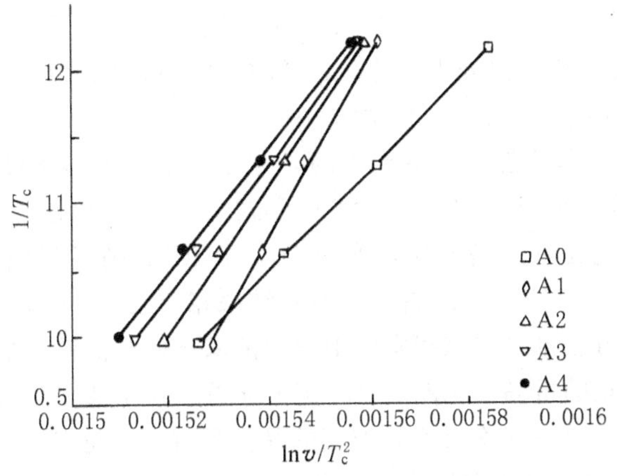

图 8-23　各玻璃试样的 $\ln v/T_c^2$ 与 $1/T_c$ 的关系

表 8-3 不同方法计算的玻璃析晶活化能

No.	方法一 $E/(\mathrm{kJ/mol})$	方法二 $E/(\mathrm{kJ/mol})$	方法三 $E/(\mathrm{kJ/mol})$
A0	312	317	323
A1	586	592	597
A2	473	479	484
A3	421	426	431
A4	402	406	413

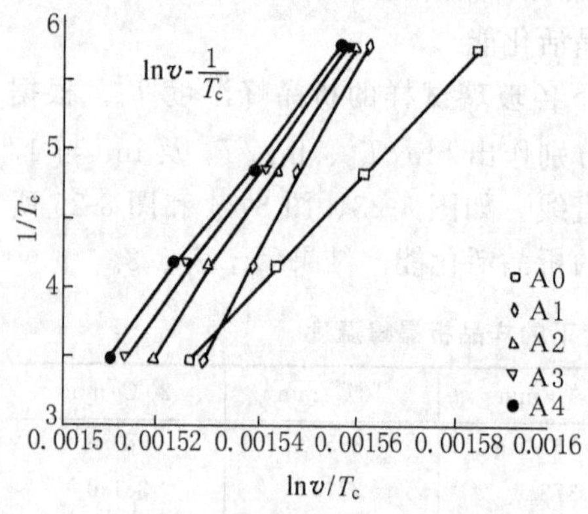

图 8-24 各玻璃试样的 $\ln v/T_c$ 与 $1/T_c$ 的关系

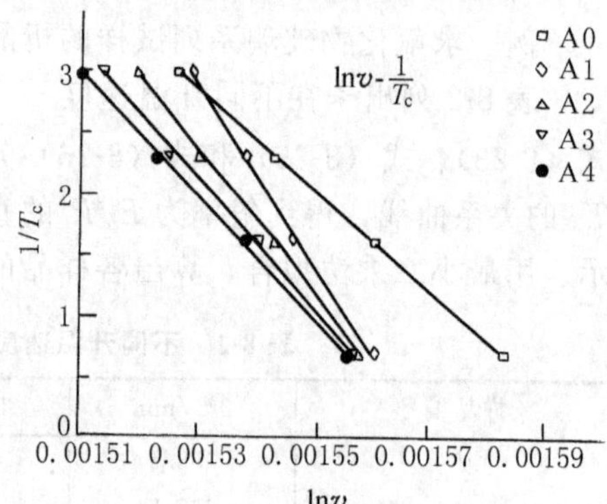

图 8-25 各玻璃试样的 $\ln v$ 与 $1/T_c$ 的关系

表 8-2 表明用三种不同方法计算析晶活化能值略有不同，但它们之间的误差较小。方法一在整个推导过程中同时使用了微分和积分，且作了 $E/RT \gg 1$ 的假设和近似处理；方法二和方法三则用 JMA 方程，在其推导过程也作了一些近似处理；其次方法一、方法二与方法三的另一个区别是：前二者是在非等温条件下导出的，方法三是在等温条件下得出的，从式（8-23）、式（8-25）和式（8-26）形式上看，三者方程左边依次相差 $\ln 1/T_c$，因为它是一个慢变化函数，与 $1/T_c$ 相比则可忽略。正是由于这个因子使三种方法计算的析晶活化能的结果相差在 5～6kJ/mol。

以上三种方法虽是文献和实验中常用的求玻璃析晶活化能的方法，但其数值与玻璃真正的析晶活化能还有一定的误差。这主要因为玻璃的晶化不是基元反应，也不存在 n 次反应。玻璃的晶化具有 3 个特点：

① 包含成核和晶体生长两个过程；

② 晶体生长受扩散影响；

③ 升温速率慢或反应速率快时，相变化界面温度高于环境温度。

作花济夫等通过分析晶体整体（三维）和表面生长情况对以上的析晶活化能的公式进行了修整。

8.3.3.6 其他应用

（1）凝胶材料烧结进程研究　溶胶凝胶化是一种低温制备新材料的方法，在材料制备过程须进行烧结以脱去吸附水和结构水，排除有机物，材料还会发生析晶等变化。图 8-26 是某一凝胶材料差热曲线和失重曲线（下面一条曲线），两者结合分析可知，差热曲线上 110℃附近的吸热峰是吸附水的脱去；300℃附近的吸热峰由于在失重曲线上有明显的失重，所以应是凝胶中的结构水脱去引起的；400℃左右的放热峰由于在失重曲线上也有明显的失重，所以可以判断这一放热峰应是有机物的燃烧造成的；500～600℃的放热峰由于此时失重曲线基本上是平坦的无失重，所以可以认为此峰是一析晶峰。由差热曲线和失重曲线我们可以定出烧结工艺制度，升温烧结时在 100℃、300℃和 400℃附近升温的速度要慢，以防止制品开裂等现象。

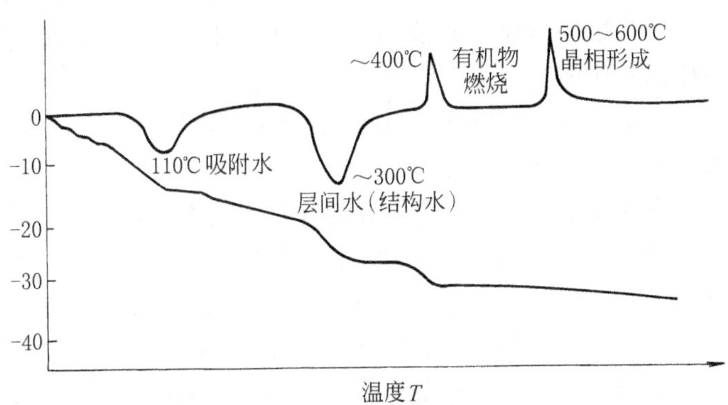

图 8-26　凝胶化材料的差热曲线和失重曲线

（2）高压瓷胚料综合分析　原料：粘土（SiO_2 约 54%，Al_2O_3 约 40%）17.9%；高岭土（$Al_2O_3 \cdot 2SiO_2 \cdot 2H_2O$）28.3%；其余为石英、伟晶花岗石、碎瓷粉等。对该瓷胚料进行差热、失重和体积变化方面的综合分析，所得的各种曲线见图 8-27。

由图 8-27 可以得到如下信息。

① 由DTA 曲线可知，675℃吸热峰是由于脱水；1050℃析晶峰是一次莫来石晶体形成；1250℃的吸热峰是二次莫来石晶体形成；1300℃为方石英晶体形成。

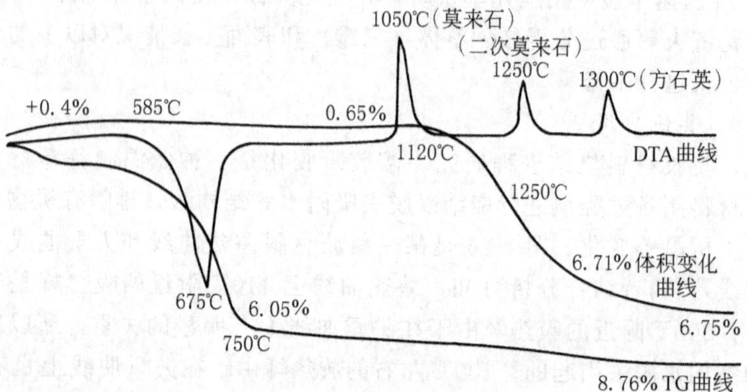

图 8-27　高压瓷胚料的综合分析曲线

② 在400℃以前，坯料的失重变化不大，体积则因膨胀而略有增强，500℃以后由于粘土类脱水，使失重发生明显变化，至750℃左右，失重稳定。在坯体剧烈失水阶段（500～700℃），升温速度应缓慢。

③ 在1120℃左右坯体开始收缩，孔隙率降低，容量增加，在1120～1130℃，由于低共熔物形成大量液相，坯体剧激收缩，并出现二次莫来石、方石英等晶体此时坯体速度更宜缓慢。

④ 1300～1370℃，坯体失重，收缩趋于稳定，DTA（热差分析）也无热效应，可视为坯体的烧成温度。

（3）聚合物热降解分析　聚合物在热降解中会发生重排、交联和解聚等化学反应，DTA对这些变化过程都可给予鉴定，并检测出聚合物组分的变化或聚合物骨架上取代基的变化，这对于研究聚合物热降解机理很有帮助。Schwenden等人用DTA研究了尼龙66和氯丁胶W在空气和氮气中的热降解，如图8-28所示，尼龙66曲线中在大约100℃出现弱的吸热峰，这是由于吸附水的失去引起的，在空气中，大约185℃开始有放热峰，对应于ΔT_{max}温度为250℃，随后在255℃处出现一小的吸热峰，这是聚合物熔化引起的，随着温度进一步升高，又分别在340℃和405℃出现两个放热峰，认为这是由于空气的氧化而引起的放热峰；在氮气中曲线仅在266℃和405℃出现两个吸热峰，这分别是由于聚合物熔化和解聚反应引起的，显然，尼龙66在空气和氮气中的热降解机理完全不同，在空气中的热降解机理要复杂得多。

在氯丁胶W的DTA曲线上，两曲线中都在377℃出现放热峰，这是由于HCl分解后残留物的交联引起的，在空气中还在477℃出现因空气的氧化而引起的放热峰。

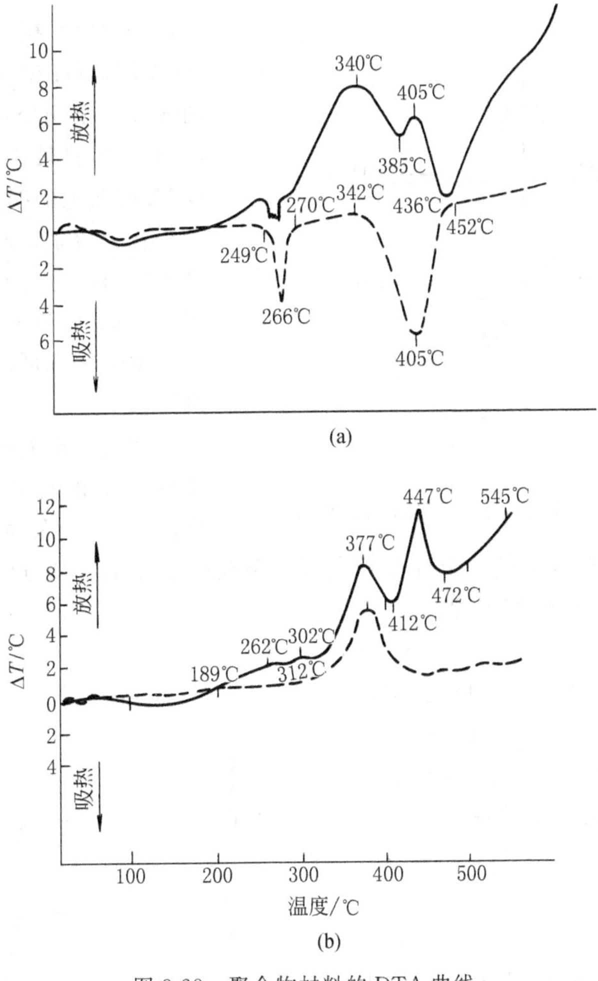

图 8-28 聚合物材料的 DTA 曲线

—— 在空气中；------ 在氮气中

(a) 尼龙 66；(b) 氯丁胶 W

8.3.4 其他类型的差热分析

8.3.4.1 微分差热分析

如果在一定的温度条件下测得的某一热分解反应的 DTA 曲线没有一个很陡的吸热或放热峰，那么要作定性和定量的分析就十分困难。在这种情况下，可采用微分差热曲线。因为差热曲线的一级微分所测定的是 $d(\Delta T)/dt \sim T(t)$ 图（图 8-29）。它不仅可精确提供相变温度和反应温度而且可使原来变化不显著的 DTA 曲线变得更明显。

由于 DDTA 曲线变化显著，可更精确地测定基线。基线的精确测定对定量分析和动力学研究都是极为重要的。从图 8-29 可看到 DDTA 曲线上的正、负双峰相当于单一的 DTA 峰，DTA 峰顶与 DDTA 曲线和零线相交点相对应，而 DDTA 上的最大或最小值与 DTA 曲线上的拐点相应。

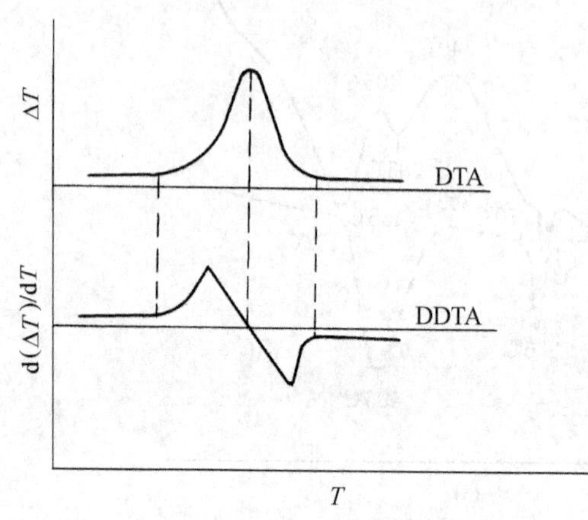

图 8-29　典型的 DTA 和 DDTA 曲线

在分辨率低和出现部分重叠效应时微分差热分析是很有用的，因为 DDTA 曲线可清楚地把分辨率低和重叠的峰分辨开。

在动力学的研究中，微分差热分析的优势显得更为突出。Marotta 等人提出根据单一的 DDTA 曲线上的两个峰温测定固相反应的活化能。其方法是根据通常采用的固相反应速率方程式：

$$-\ln(1-\alpha)=(Kt)^n \tag{8-27}$$

并在 DTA 中 ΔT 与反应速率成正比的基础上建立了 DDTA 曲线上两个转折点温度 T_{f1} 和 T_{f2} 与活化能 E 之间的关系式：

$$\frac{E}{R}\left(\frac{1}{T_{f1}}-\frac{1}{T_{f2}}\right)=\frac{1.92}{n} \tag{8-28}$$

如果 DTA 和 DDTA 曲线同时记录下来，那么两个转折点，即 DTA 峰的最大和最小斜率相当于 DDTA 双峰的最大值和最小值，如图 8-30 所示。因此，T_{f1} 和 T_{f2} 值可从 DDTA 曲线上测得。

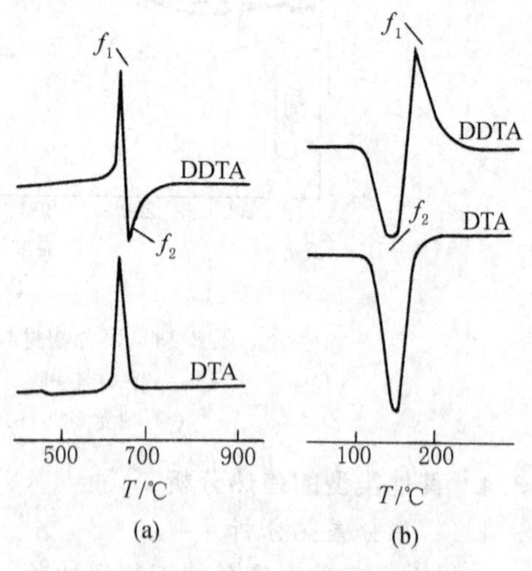

图 8-30　DTA 和 DDTA 曲线

(a) $Li_2O\cdot 2SiO_2$；(b) $NaHCO_3$

利用式（8-28）对 $Li_2O\cdot 2SiO_2$ 玻璃的结晶作用和 $NaHCO_3$ 的热分解进行了计算，所获得的结果与其他方法的比较相近。DDTA 法的优点是只需测定一条曲线，就可以很容易地测得反应活化能的数据，为此，在研究固相热反应动力学方面，它是一种很有用的工具。

8.3.4.2　高压差热分析

近年来高压DTA取得了较大的进展，先后已研制出各种类型的高压DTA，例如双池型高压DTA-DPA（差热压力分析仪）和气流型高压DTA等等，有的高压可达几百到几千个大气压，这些研制工作为高压研究创造了条件。已有许多研究者利用高压DTA研究了无机材料、高分子材料的相变和相图以及高分子材料的燃烧等。

例如：利用高压DTA研究HgO的多晶转变和分解反应，如图8-31所示，HgO在常压下的分解温度为500℃，而10^5kPa压力的DTA曲线上275℃的第一峰为HgO的多晶转变吸热峰，在655℃的第二个峰为HgO的分解放热峰。实验结果表明，在高压下HgO产生了多晶现象，并提高了分解温度。

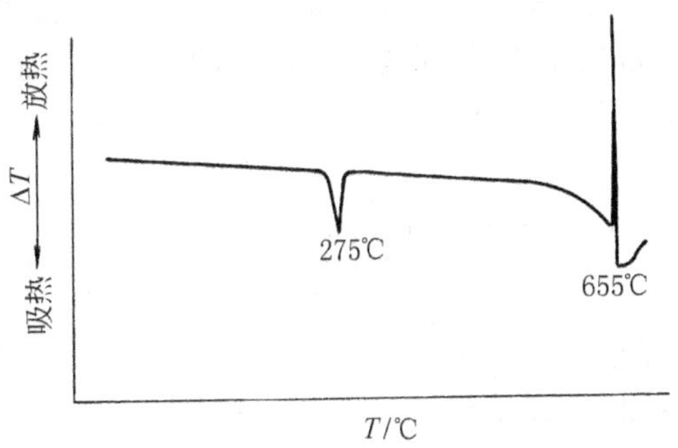

图8-31　HgO在10^5kPa压力下的DTA曲线

8.4　示差扫描量热分析法

8.4.1　示差扫描量热分析基本原理

示差扫描量热法（DSC）是在程序控制温度下，测量输入到试样和参比物的功率差与温度之间关系的一种技术，仪器由下列各部分组成（如图8-32所示）：试样和参比物分别由单独控制的电热丝加热，根据试样中的热效应，可连续调节这些电热丝的功率，用这种方法使试样和参比物处于相同的温度下，达到这个条件所需的功率差作为纵坐标，系统的温度参数作为横坐标，一起由记录仪进行记录。

根据测量方法的不同，又分为两种类型：功率补偿型DSC和热流型DSC。DSC的主要特点是使用的温度范围比较宽（－175～725℃），分辨能力高和灵敏度高。在－175～725℃的温度范围内，除了不能测量腐蚀性材料之外，DSC不仅可涵盖DTA的一般功能，而且还可定量地测定各种热力学参数（如热焓、熵和比热等），所以在材料应用科学和理论研究中获得广泛应用。

功率补偿型DSC示意图如图8-32所示，其主要特点是试样和参比物分别具有独立的加热器和传感器，整个仪器由两条控制电路进行监控，其中一条控制温度，使样品和参比物在预定的速率下升温或降温；另一条用于补偿样品和参比物之间所产生的温差，通过功率补偿电路使样品与参比物的温度保持相同。当试样发生热效应时，比如放热，试样温度高于参比物温度，放置于它们下面的一组差示热电偶产生温差电势 $U_{\Delta T}$，经差热放大器放大后送入功率补偿放大器，功率补偿放大器自动调节补偿加热丝的电流，使试样下面的电流 I_S 减小，参比物下面的电流 I_R 增大，从而降低试样的温度，增高参比物的温度，使试样与参比物之间的温差 ΔT 趋于零，使试样与参比物的温度始终维持相同。因此，只要记录试样放热速度（或者吸热速度），即补偿给试样和参比物的功率之差随 T（或 t）的变化，就可获得DSC曲线。DSC曲线的纵坐标代表试样放热或吸热的速度即热流速度，单位是 $mJ \cdot s^{-1}$，横坐标是 T（或 t）。

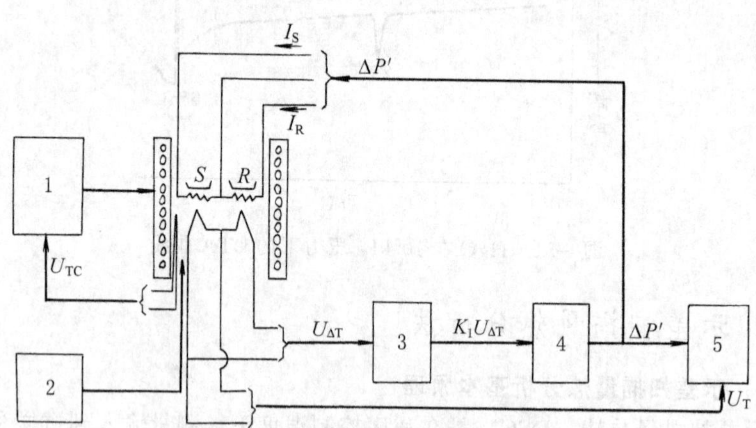

图8-32 功率补偿式DSC示意图

S—试样；U_{TC}—由控温热电偶送出的毫伏信号；
R—参比物；U_T—由试样下的热电偶送出的毫伏信号；
$U_{\Delta T}$—由差示热电偶送出的毫伏信号；1—温度程序控制器；
2—气氛控制；3—差热放大器；4—功率补偿放大器；5—记录仪

试样放热或吸热的热量为

$$\Delta Q=\int_{t_1}^{t_2}\Delta P'\mathrm{d}t \tag{8-29}$$

式中 $\Delta P'$——所补偿的功率。

式（8-29）右边的积分就是峰的面积，峰面积 A 是热量的直接度量，也就是说 DSC 是直接测量热效应的热量。不过试样和参比物与补偿加热丝之间总存在热阻，致使补偿的热量或多或少产生损耗，因此热效应的热量应是 $\Delta Q=KA$。K 是仪器常数，同样可由标准物质实验确定。这里的 K 不随温度、操作条件而变，因此 DSC 比 DTA 定量性能好。同时试样和参比物与热电偶之间的热阻可作得尽可能的小，使得 DSC 对热效应的响应更快、灵敏度及峰的分辨率更好。

热流型 DSC 示意图如图 8-33 所示，该仪器的特点是利用导热性能好的康铜盘把热量传输到样品和参比物，并使它们受热均匀。样品和参比物的热流差是通过试样和参比物平台下的热电偶进行测量。样品温度由镍铬板下方的镍铬—镍铝热电偶直接测量，这样热流型 DSC 仍属 DTA 测量原理，但它可定量地测定热效应，主要是该仪器在等速升温的同时还可自动改变差热放大器的放大倍数，以补偿仪器常数 K 值随温度升高所减少的峰面积。

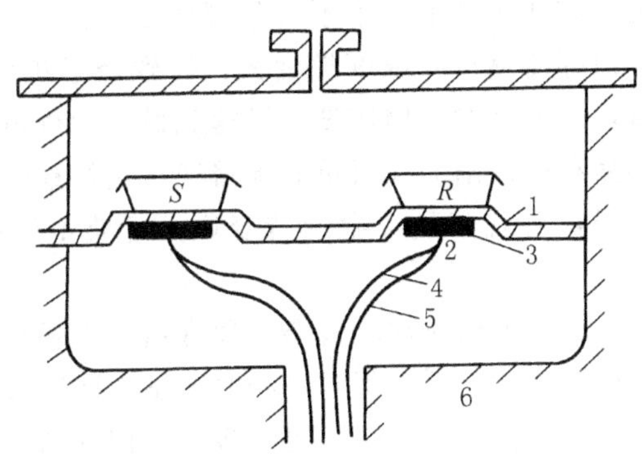

图 8-33　热流型 DSC 示意图

1—康铜盘；2—热电偶热点；3—镍铬板；
4—镍铝丝；5—镍铬丝；6—加热块

8.4.2　影响示差扫描量热分析的因素

影响 DSC 的因素和差热分析基本上相类似，鉴于 DSC 主要用于定量测定，因此某些实验因素的影响显得更为重要，其主要的影响因素大致有下列几方面。

8.4.2.1　实验条件的影响

（1）升温速率　程序升温速率主要影响 DSC 曲线的峰温和峰形。一般升温速率越大，峰温越高、峰形越大和越尖锐。

在实际中，升温速率的影响是很复杂的，它对温度的影响在很大程度上与试样种类和转变的类型密切相关。如考察升温速度对聚合物 T_g 的影响，因为玻璃化转变是一松弛过程，升温速度太慢，转变不明显，甚至观察不到，升温快，转变明显，但 T_g 移向高温；而升温速度对 T_m 影响不大，但有些聚合物在升温过程中会发生重组、晶体完善化，使 T_m 和结晶度都提高。

升温速度对峰的形状也有影响，升温速度慢，峰尖锐，分辨率也好，而升温速度快，基线漂移大，因而一般采用 10℃/min。

(2) 气体性质　在实验中，一般对所通气体的氧化还原性和惰性比较注意，而往往容易忽视其对 DSC 峰温和热焓值的影响，实际上，气氛对 DSC 定量分析中峰温和热焓值的影响是很大的。在氦气中所测定的起始温度和峰温都比较低，这是由于氦气的热导性近乎空气的 5 倍，温度响应就比较慢；相反，在真空中温度响应要快得多。同样，不同的气氛对热焓值的影响也存在着明显的差别，如在氦气中所测定的热焓值只相当于其他气氛的 40% 左右。

8.4.2.2　试样特性的影响

(1) 试样用量　试样用量是一个不可忽视的因素。通常用量不宜过多，因为过多会使试样内部传热慢、温度梯度大，导致峰形扩大和分辨力下降。当采用较少样品时，用较高的扫描速度，可得到最大的分辨率、可得到最规则的峰形、可使样品和所控制的气氛更好地接触，更好地除去分解产物；当采用较多样品用量时，可观察到细微的转变峰，可获得较精确的定量分析结果。

(2) 试样粒度　粒度的影响比较复杂。通常由于大颗粒的热阻较大而使试样的熔融温度和熔融热焓偏低，但是当结晶的试样研磨成细颗粒时，往往由于晶体结构的歪曲和结晶度的下降也可导致相类似的结果。对于带静电的粉状试样，由于粉末颗粒间的静电引力使粉状形成聚集体，也会引起熔融热焓变大。

(3) 试样的几何形状　在高聚物的研究中，发现试样几何形状的影响十分明显。对于高聚物，为了获得比较精确的峰温值，应该增大试样与试样盘的接触面积，减少试样的厚度并采用慢的升温速率。

8.4.3　示差扫描量热分析的应用

鉴于 DSC 能定量地量热，灵敏度高和工作温度可以很低，所以它的应用领域很宽，该技术特别适用于高分子材料领域的研究。为了研制新型的高分子材料与控制高分子材料的质量和性能，测量材料的相变温度、玻璃化转变温度、分解温度、混合物和共聚物的组成、结晶度等都是必不可少的，在这些参数的测定中 DSC 是一种最佳的分析仪器。因此，DSC 已成为研究高分子材料结构十分有效的方法，表8-4列举了 DSC 的主要应用。

表 8-4 DSC 的主要应用

序 号	应 用
1	一般鉴定——与标准物质对照
2	比热测定
3	热力学参数、热焓和熵的测定
4	玻璃化转变的测定和物理老化速率测定
5	结晶度、结晶热、等温和非等温结晶速率的测定
6	熔融、熔融热——结晶稳定性研究
7	热、氧分解动力学研究
8	添加剂和加工条件对稳定性影响的研究
9	聚合动力学的研究
10	吸附和解吸——水合物结构等的研究
11	反应动力学研究

8.4.3.1 玻璃化转变温度（T_g）的测定

无定形高聚物或结晶高聚物无定形部分在升温达到它们的玻璃化转变时，被冻结的分子微布朗运动开始，因而热容变大，用 DSC 可测定出其热容随温度的变化而改变。DSC 法属于动态测定法，可用下列两种方法从 DSC 曲线中确定出 T_g（如图 8-34 所示）。

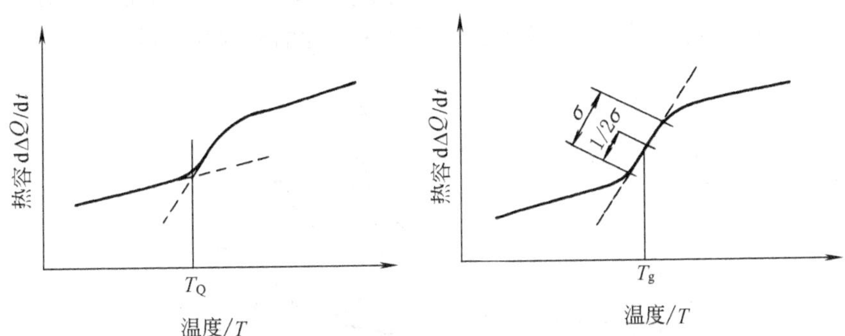

图 8-34 从 DSC 曲线中测定 T_g 的方法

① 取基线及曲线弯曲部的外延线的交点为 T_g。

② 取曲线的拐点为 T_g。

高分子材料改性的最有效方法之一就是将不同性质的聚合物进行共混(blend)，利用 DSC 测定高分子共混物的 T_g 是研究高分子共混物结构的一种十分简便有效的方法。例如，对于无相容性的高分子共混物，在它们的 DSC 曲线上将显示共混高分子各自的玻璃化转变，若在曲线上显示与共混组分的 T_g 不同的玻璃化转变温度，表明不同共混组分间相容性好。

利用 DSC 研究嵌段聚合物的玻璃化转变也可提供嵌段聚合物结构的信息。例如，图 8-35 所示的聚苯乙烯（S）、聚丁二烯（B）及不同组成的苯乙烯-丁二烯嵌段共聚物的 DSC 曲线，分别显示了嵌段聚合物中苯乙烯链段和丁二烯链段的玻璃化转变及组成变化的影响。

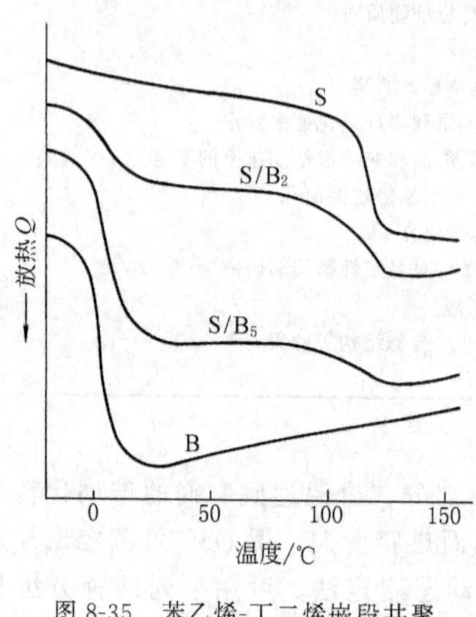

图 8-35 苯乙烯-丁二烯嵌段共聚物的 DSC 曲线

8.4.3.2 混合物和共聚物的成分检测

脆性的聚丙烯往往与聚乙烯共混或共聚增加它的柔性。因为在聚丙烯和聚乙烯共混物中它们各自保持本身的熔融特性，因此关于该共混物中各组分的混合比例可分别根据它们的熔融峰面积计算。图 8-36 为不同组成的聚丙烯/聚乙烯共聚物的 DSC 曲线，处于 130℃左右的峰归属于乙烯链段的熔融峰，而处于 165℃左右的峰归属于丙烯链段的熔融峰。将曲线 1 与曲线 2、3 进行对照，可以证实，曲线 1 对应的试样完全是聚丙烯/聚乙烯共聚物，并经冲击试验表明这一类试样的抗冲击性明显优于未经聚乙烯共聚改性的聚丙烯试样。

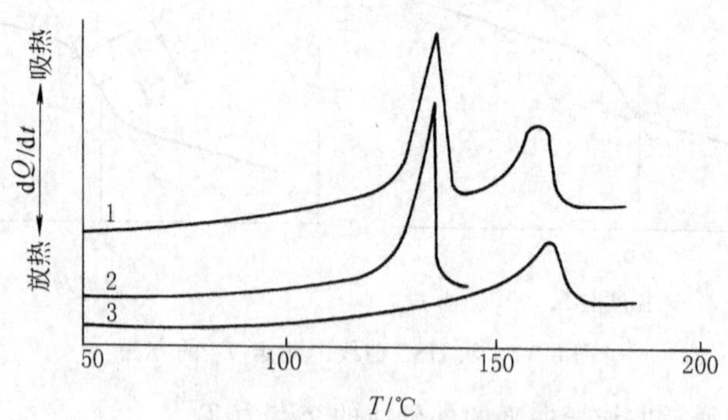

图 8-36 聚丙烯、聚乙烯及其共混物的 DSC 曲线

1—共混物；2—聚乙烯；3—聚丙烯

对于共聚混合物的相容性和相分离，可采用许多方法加以判别，而其中 DSC 测定不同条件下共聚混合物的玻璃化转变温度是一种很简便的方法，目前已在高聚物的研究中获得广泛应用。其基本原理是：共聚物相互混合呈现出单一的玻璃化转变温度，如果发生相分离则显示出两个纯组分的玻璃化转变温度。如 Vukovic 等利用 DSC 研究了苯乙烯（S）-对氟苯乙烯（PFS）共聚物 P（S-PFS）与聚苯醚 PPO 混合物的相容性，如图 8-37 所示，PFS

含量由8%（摩尔）增加到56%（摩尔）时，曲线1～曲线7上仅出现一个玻璃化转变温度，而当PFS含量进一步由67%（摩尔）增加到78%（摩尔）时，曲线8和曲线9上出现了两个玻璃化转变温度。因此，DSC研究结果表明，在质量分数为50∶50的P（S-PFS）和PPO共聚混合物以及在P（S-PFS）共聚物中PFS含量低于56%都是相容的，而当PFS含量高于56%时DSC曲线上才显示出两个玻璃化转变，即说明发生了相分离。

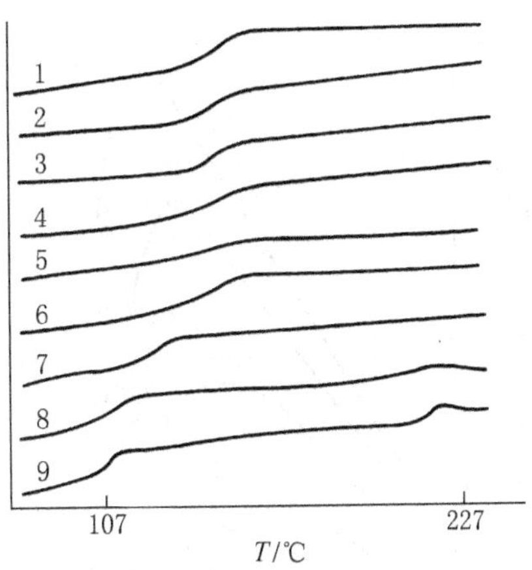

图8-37　P(S-PFS)和PPO共聚混合物的DSC曲线

PFS摩尔含量：1—8%；2—16%；3—25%；4—36%；5—46%；6—49%；7—56%；8—67%；9—78%

8.4.3.3　氧化诱导的测定

为了防止高分子材料的氧化降解作用，通常在高分子材料中添加少量的抗氧剂。用什么方法来评价抗氧剂的效力是人们关注的问题，目前普遍采用的方法是利用DSC测定高分子材料的氧化诱导期。例如对具有不同含量抗氧剂的聚乙烯在200℃和氧气下进行测定，所测得的氧化诱导期是随着抗氧剂含量的增大而延长的，如图8-38所示。利用这种方法，对具有不同含量抗氧剂的高聚物在一系列温度下进行等温测定，将由DSC分析测得的不同温度下氧化诱导期t与相应的温度T作图，再用外推法可求出高聚物在室温使用下的估计寿命。

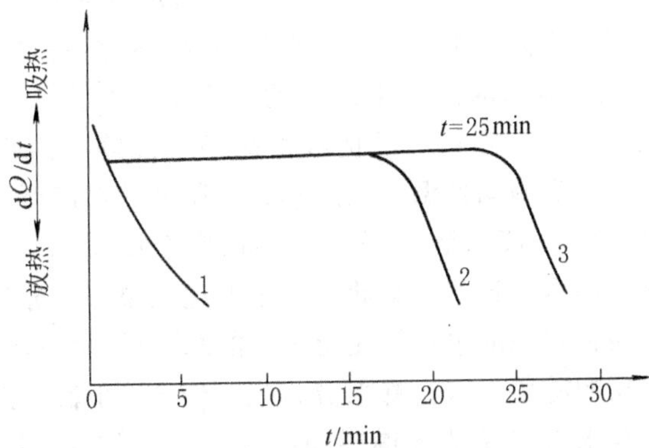

图8-38　聚乙烯氧化诱导期的DSC曲线

抗氧剂含量：1—0%；2—0.04%；3—0.055%

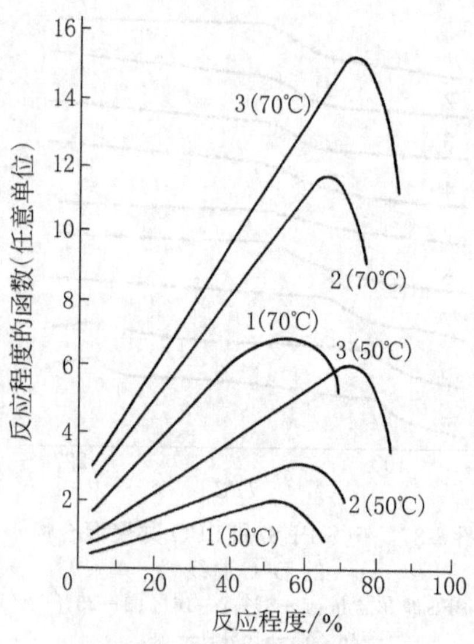

图 8-39　不同二元胺为固化剂的环氧树脂的固化反应

1—乙二胺；2—三甲二胺；3—己二胺

8.4.3.4　固化程度的测定

测定固化程度的方法有好几种，其中以 DSC 法最为简便，由于固化反应为放热反应，可根据 DSC 曲线上的固化反应放热峰的面积来估算热固性高分子材料的固化程度。如用 DSC 研究以不同胺为固化剂的环氧树脂的固化反应，结果如图 8-39 所示。

以三级反应方程处理数据，反应前阶段为一直线，直到反应程度达 50%～70%，而后由于体系粘度增大，扩散受阻，反应急剧减慢，出现明显的转折，而转折处的反应程度与二元胺的链长及温度有关，与凝胶点无关。Barton 还在敞开的铝盘中在氮气流下研究了环氧树脂在不同温度或在不同加热速度下的固化特征，保持试样在一恒定温度直到固化完成，实验前先测定基线，反应速度是以对基线的偏移作为时间的函数来确定。

8.4.3.5　高分子薄膜中吸附水的测定

醋酸纤维素膜作为选择性膜用于海水淡化，为了弄清楚这种半透膜的机理和研制出性能良好的薄膜，Taniguchi 等对不同含水量的醋酸纤维素膜进行了 DSC 测定，如图 8-40 所示。从 DSC 曲线可看到：膜中水的熔融峰的起始温度都比纯水低 10～15℃；在曲线 1，2 上出现较陡和较宽两个峰，8℃附近的陡峰是由完全游离的水产生的，它与纯水的峰温基本相同，而宽峰是由与高聚物相互作用很弱的游离水产生的，膜中含水量为 57.6%的曲线 1 中宽峰与陡峰几乎重叠，宽峰所处的温度略高于陡峰，而膜中含水量减至 32.6%的曲线 2 中，宽峰向低温方向迁移，其所处的温度明显低于陡峰；随着膜中含水量由 32.6%降低到 14.5%时，由完全游离水引起的陡峰消失，而宽峰进一步向低温方向迁移。为此，根据上述现象，可分析得出在醋酸纤维素膜中存在着四种状态的水：①完全游离的水（8℃附近的陡峰部分）。②与膜相互作用很弱的游离水（宽峰部分），这部分水可能与膜中毛细管相互作用。③含盐结合水（与膜结合得很强的水）。④不含盐的结合水。此外，与膜结合得很弱的游离水的熔融温度是随着膜中含水量的减少而下降的；随着膜中总水量的下降，游离水含量要比结合水下降得快，当膜中总水量约为

12%～13%时，游离水含量为零。

8.4.3.6 结晶度的测定

高分子材料的许多重要物理性能是与其结晶度密切相关的，所以百分结晶度成为高聚物的特征参数之一。由于结晶度与熔融热焓值成正比，因此可利用DSC测定高聚物的百分结晶度，先根据高聚物的DSC熔融峰面积计算熔融热焓 ΔH_f，再按下列公式求出百分结晶度：

$$\text{结晶度}=\frac{\Delta H_f}{\Delta H_f^*}\times 100\% \qquad (8\text{-}30)$$

式中 ΔH_f^*——100%结晶度的熔融热焓。

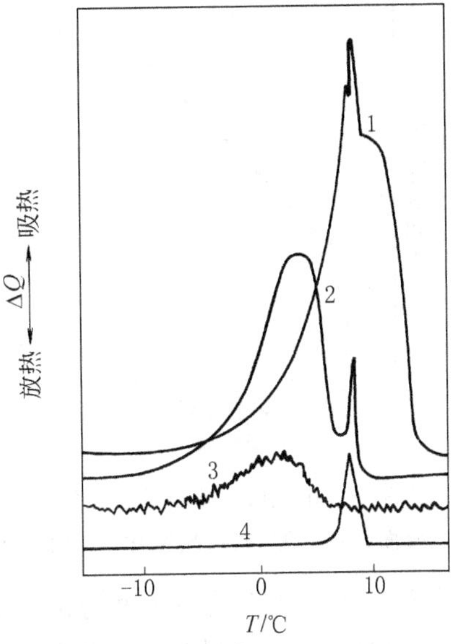

图 8-40 含水醋酸纤维素膜的DSC熔融曲线

含水量：1—57.6%；2—32.6%；3—14.5%；4—纯水

ΔH_f^* 的测定方法主要有下列两种：

① 用一组已知结晶度的样品作出结晶度 ΔH_f 图,然后外推求出100%结晶度的 ΔH_f^*。

② 采用一模拟样品的熔融热焓作为 ΔH_f^*,例如对聚乙烯可选用正三十二烷为100%结晶度的模拟样品。

为此,要测定高聚物试样的结晶度,必须测量单位质量试样发生熔融时,

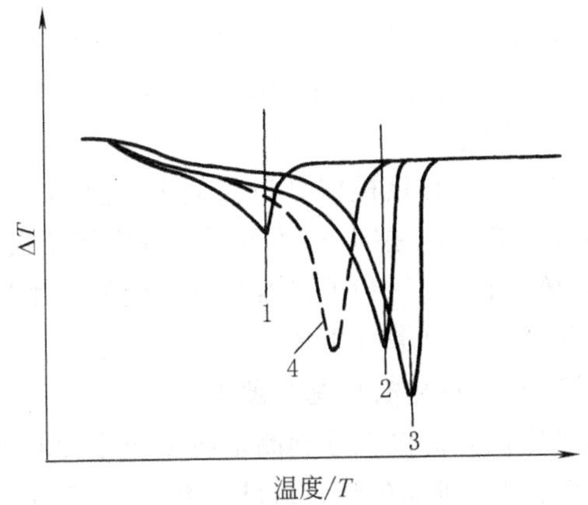

图 8-41 三种不同密度和结晶度的聚合物熔融曲线

1—试样密度为0.92,结晶度为30%；2—试样密度为0.95,结晶度为60%；3—试样密度为0.96,结晶度为73%；4—结晶度未知的试样

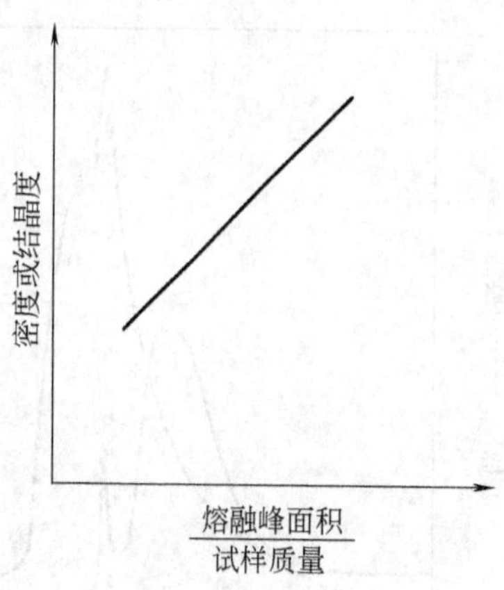

图 8-42 单位质量聚合物试样的熔融峰面积对密度(或结晶度)的关系曲线

其熔融曲线下的面积(图 8-41),并和校正曲线相比较,校正曲线可从测定已知结晶度试样获得(图 8-42)。

8.5 动态热机械分析

动态热机械分析技术是在周期交变负荷作用下研究材料的热机械行为,从高分子材料的所有使用情况考虑,这种技术是很有实际意义的,它使高分子材料的力学行为与温度和作用的频率联系起来。同时,这样的机械行为对分子结构变化也十分灵敏,它们随温度的变化关系已被用来测定高分子材料的玻璃化转变区域,结晶的存在及相分离和交联作用。这种动态热机械法已被用来研究各种高分子共混物、嵌段共聚物和共聚合反应等。

通常,高分子材料是粘弹性材料,形变时能量是以弹性方式贮存,潜能以热的方式释放,表明高分子材料本身是机械阻尼的。当高分子材料作为结构材料使用时,主要利用它们的弹性;作为减振或隔音材料使用时,需利用它们的粘性。前者要求材料在使用的温度和频率范围内有较高的弹性模量,后者要求在使用的温度和频率范围内有较高的阻尼,因此在设计与加工高分子材料时,材料的动态力学性能参数是极其重要的。在动态热机械分析中,弹性模量和机械阻尼都是作为温度或振动负荷频率的函数而测定的。为了尽可能发挥这种技术潜力,测定应在尽可能宽的温度范围和频率范围内进行,然而,由于技术的限定,通常是选择较低的频率,如 1Hz,而不是高的频率,这是由于二级转变在低频下更容易测定。

目前已有许多类型的动态热机械分析仪问世,它们彼此间在测定方式以及施加负荷的频率方面有一定差别,有的可用于测定杨氏模量,有的用于测定切变模量,甚至测定体积模量,每一种仪器都有一定的使用界限及范围。此处将着重介绍粘弹仪和动态热机械分析仪。

8.5.1 粘弹仪和动态热机械分析仪基本原理

粘弹仪和动态热机械分析仪是分别测定应力和应变的振幅和被测定的应力和应变间的相角差。测量时,在被夹持的试样一端施加一个由机械振荡器供给的正弦形式的拉伸应力,这个应力通过试样传递,在试样另一端检测位移的幅度和相差,采用两个分离的转换器系统分别测定应力和应变的振幅以及应力与应变之间的相位角 δ,由此可计算出模量 E^* 和 $\tan\delta$ 的绝对值。$\tan\delta$

是阻尼或损耗模量 E'' 与真实模量 E' 的比值，复合模量 E^* 为：

$$E^* = |\sigma|/|\varepsilon| \quad \text{即，应力/应变} \tag{8-31}$$

而

$$E' = |E^*|\cos\delta$$

$$E'' = |E^*|\sin\delta$$

$$E''/E' = \tan\delta \tag{8-32}$$

标准的流变振动粘弹仪是测定聚合物材料动态力学性质最常用的仪器之一，它是由三个独立的单元组成：一是基架，它承受着电动力学策动装置、应力和应变转换器、控温室以及固定试样并施加最初应变用的必要机械部件；二是台式仪表箱，它包括放大器、振荡器、tanδ 计和一些主要控制部件；三是底座，主要包括供电子线路用的电源部分。流变振动粘弹仪特点是：在从 $-150\sim+300$℃这样宽的温度范围内可直接读取动态损耗角正切（tanδ）；在同一台仪器上既能够作温度扫描，又能够作频率扫描；测量范围宽，动态模量由 $10^5\sim10^{11}$ Pa，tanδ 由 0.001～1.7。目前这类仪器可以在不同的频率范围内以不同的灵敏度操作，如：流变振动粘弹仪（DDV-Ⅱ型）在 3.5～110Hz 范围操作，而 PLDMTA 型在 $3.3\times10^{-2}\sim90$Hz 范围操作。多数仪器都有一个操作范围，要在一台仪器上实现频率范围跨越五个数量级以上的测试，技术上仍有困难，为了得到很宽频率范围内的动态力学性能谱，可用不同的仪器分别测定不同频率范围内的动态机械热分析频率谱，然后将它们连接起来，或利用高分子材料粘弹性的时-温叠加原理，在一台仪器能实现的频率范围内测定不同温度下的一组频率谱，然后通过水平位移和垂直位移获得特定温度下组合曲线。

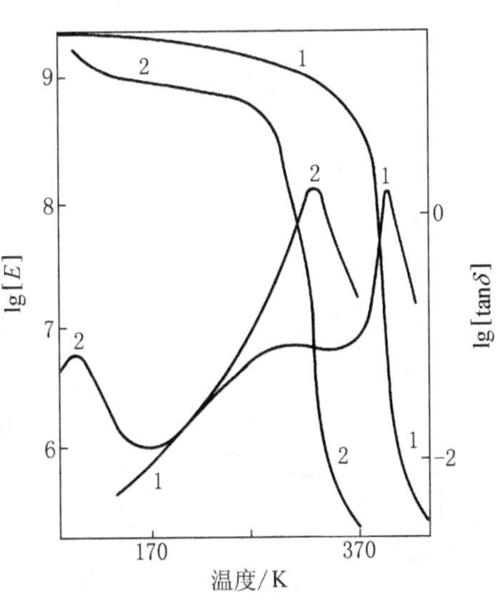

图 8-43　聚甲基丙烯酸酯在 11Hz 时的动态热机械谱

1—聚甲基丙烯酸甲酯；
2—聚甲基丙烯酸正丁酯

动态热机械分析仪（DMA）是在一固定频率下在一温度范围进行，这时，tanδ 变化与高分子材料的转变有关，这从图 8-43 可以明显看出，除了主要的玻璃化转变以外，由于高分子链的部分运动，许多高分子材料还显示次级转变，这通常是由于无定形高聚物中大分子链上的侧基运动所引起，虽然，这种转变不能为 DTA 和 DSC 所测得，但它们确实很容易由阻尼测定中观测出来。

动态热机械分析仪是由力学振荡器、传动装置和DMA系统的数字显示部分组成。该仪器可以在－150～500℃的温度范围内以0.5～20℃·min^{-1}的不同加热速度作程序升温，对厚度为0.02～1.6mm、宽度为0.02～13mm以及厚度为10～25mm的试样进行测试，测量时采用的频率一般随温度的增加和样品模量的降低而改变，约在150～3.5Hz的范围，测得的模量范围约在0～10^{10}Pa，因此可以研究金属、聚合物或其他性质不同的材料。

8.5.2 粘弹仪和动态热机械分析仪的应用

动态热机械分析仪可提供高分子材料的下列信息。

- 模量
- 粘度
- 阻尼特性
- 固化速率与固化程度
- 主转变（α 转变）与次级转变（β，γ，δ 等转变）
- 凝胶化与玻璃化

这些信息又可用来研究高分子材料的加工特性、共混高聚物的相容性；预估材料在使用中的承载能力、减振、吸声效果、冲击特性、耐热性、耐寒性等。因而，动态机械热分析开始在选材、配方筛选、工艺条件优化、质量控制、产品评估、寿命预测及失效分析等方面逐步得到应用。

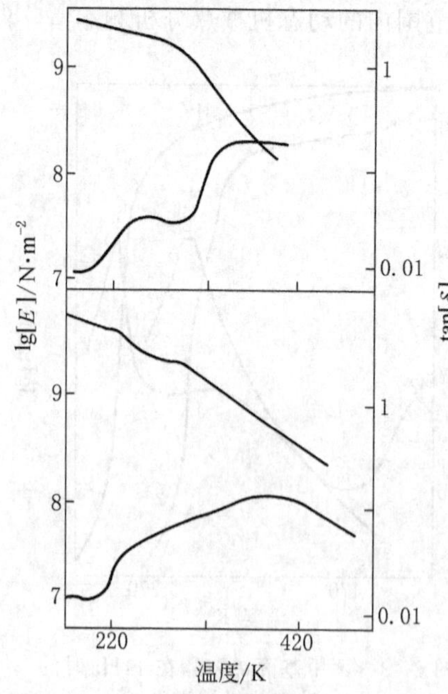

图8-44 在11Hz时尼龙的杨氏模量和tanδ与温度的关系

8.5.2.1 测定高分子材料中的玻璃化转变温度和次级转变温度

聚甲基丙烯酸正烷基酯的转变在某种程度上随酯的结构而变化，α 转变，或玻璃化转变随酯基链的增长而逐渐降低，而 β 转变不受酯基的影响，在很低的温度处还有一个 γ 转变，它随酯基大小而升高，这些从图8-43可以看出。

最近又有采用流变振动粘弹仪和Instron张力试验仪研究了尼龙的机械性质，并把所得结果与从DSC的实验结果作比较。测定了在11Hz时在一定温度范围的杨氏模量和tanδ

(见图 8-44)。

从结果可明显看出有几个转变存在，即在 250～270K 间有一个 β 转变，在 370K 有一个 α 转变，模量随温度慢慢降低，但在 370K 附近接近于一类似橡胶的值，这个值与玻璃化转变的开始阶段有关。但用差示扫描量热计测定相同试样时，在 α 或 β 处未发现转变，仅是比热随温度呈线性增加。由于尼龙具有伸展链的构象，所以，与玻璃化转变有关构象数目增加的可能是很小的，玻璃化转变时热容的变化 Δc_p (T_g) 也将很小，所以，DSC 无法测定出。

不同加热速度和广泛变化频率下高分子材料的动态热机械分析对于测定它们的转变和解释它们的性质方面是很有用的，这些转变常常不易为其他研究方法观测到，因此，动态热机械分析技术在高分子材料结构-性质关系的研究中具有很强的应用潜力。

8.5.2.2 测定 W-L-F (Williams, Landel 和 Ferry) 曲线

动态热机械分析也可以在一系列恒定温度下改变频率或在确定的频率下改变温度进行研究，在测定损耗峰随温度和频率的变化而改变时，这种方法特别有用，它可给出一个完全的流变行为的描述，由此，从时间-温度叠加原理将能测定出有名的 W-L-F 曲线。转变的活化能也可从损耗峰极大值的温度随频率的变化中求得，这对确定这些损耗峰的性质是很重要的。

8.5.2.3 评估材料的长期耐热性

通常材料供方只提供材料的短时信息，如一定载荷下的热变形温度 (DTUL)。然而仅据此来预测材料在长期使用中的高温性能是很困难的。事实上，由于高分子材料结构、填料的种类与含量、氧化稳定性、制品的几何形状、残余内应力等诸因素的影响，材料在长期使用中的温度上限可能比热变形温度低得多，绝大多数高分子材料的长期使用温度上限只能低于 150℃。而 DMA 测试的特点就在于在一次试验中就能获得材料的模量与阻尼对温度和/或频率变化，因此能对材料的长期耐热性给出更科学的评估。

以半结晶塑料聚对苯二甲酸丁二醇酯 (PBT) 为例，它的热变形温度约为 200℃，接近于它的熔点。在几个不同频率下测得的 DMA 温度图谱如图 8-45 所示。由图可见，其模量在玻璃化转变时就有明显的降落，说明这种材料的长期使用温度应远远低于其热变形温度，甚至低于其玻璃化转变温度（取决于材料在具体应用中的受载状态与允许应变）。同时，根据频率对它的 DMA 温度谱的影响，可以进一步通过时—温叠加预测它在特定应用中的长期性能。

8.5.2.4 评估加工因素对薄膜、纤维性能的影响

图 8-46 给出了一种聚酯基录像带的 DMA 温度谱，图中除了聚酯的玻璃化转变与熔融开始外，在 50℃附近还有一个弱转变。后者与录像带制作中所用的胶粘剂有关。由于用拉伸模式能灵敏地检测出小试样的弱转变，所

以可以用来研究纤维的纺织、热定形和相对加工因素对纤维性能的影响。

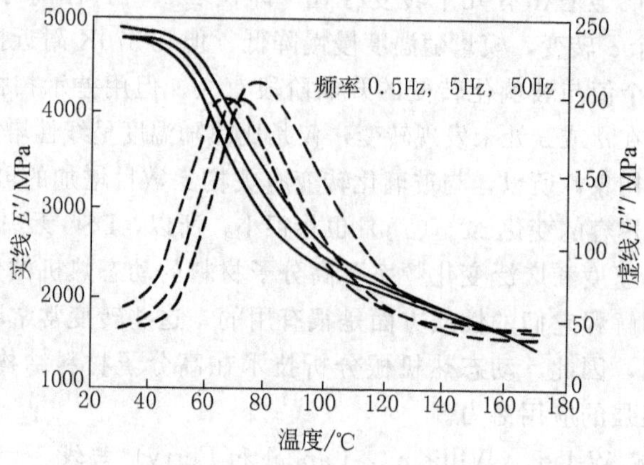

图 8-45　PBT 在不同频率下的 DMA 温度谱

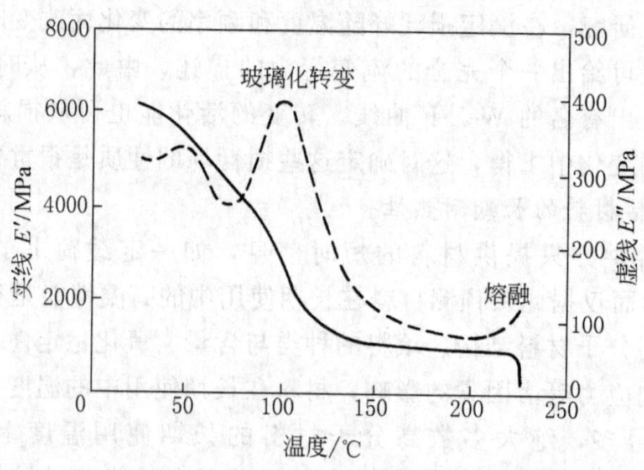

图 8-46　一种录像带的 DMA 温度谱

8.5.2.5　评估弹性体的低温性能

对弹性体而言，柔软的高弹性是一个很重要的使用性能。当温度降到它的玻璃化转变温度以下时，弹性体会变成刚硬的玻璃态。因此，玻璃化转变温度是决定弹性体在具体应用中是否适合的临界参数。图 8-47 给出了一种氯丁胶垫片在冷却过程中的 DMA 温度谱。图中除了一个在 10℃附近的转变外，还有一个低温转变，该低温转变是很重要的。正因为它的存在，才使这种氯丁胶在很冷的气候条件下仍保持柔软性。在这个例子中，采用了压缩模式进行测试，一方面因为这种模式直接模拟垫片在使用中的形变状态，另一方面，由于压缩夹具的面积较大，有利于更精确地测定橡胶在玻璃化转变温度以上的低模量。

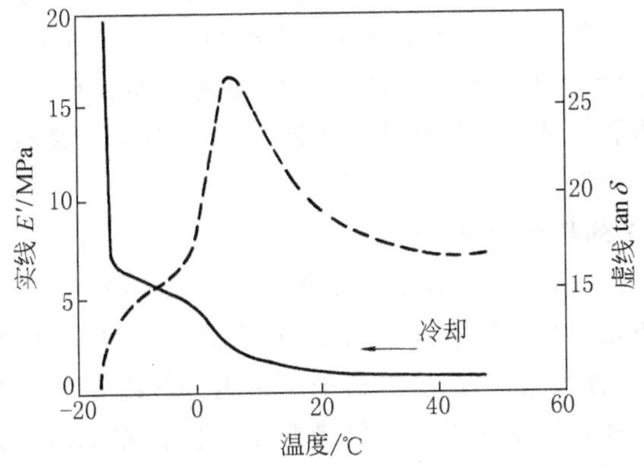

图 8-47　一种氯丁胶垫片在冷却过程中的 DMA 温度谱

8.6　热分析技术的发展趋势及一些先进技术介绍

8.6.1　热分析仪器的发展趋势

热分析虽然已有百年的发展历程，但随着科学技术的发展，尤其是热分析在材料领域中的广泛应用，使热分析技术展现出新的生机和活力，为此，介绍一下热分析仪器的发展趋势。

热分析仪器小型化和高性能是今后发展的普遍趋势，如日本理学的热流式 DSC，只相当于原产品体积的三分之一，不仅简便经济，提高了升降温和气体切换速度，而且提高了仪器的灵敏度和精度。美国 PE 公司新型产品 PYRⅡDSC，仪器整体设计将电子仓和加热仓分开，大大提高了仪器的稳定性，还采用了热保护、空气屏蔽和深冷等技术，获得了卓越的基线再现性，显著改善仪器的低温性能，并使量热精度由原来的 1μW 提高到 0.2μW。梅特勒-托利多仪器公司新近推出的 DSC 821c 分析仪，采用独特的 14 点金/金钯热电偶堆传感器，具有高抗腐蚀性及容易更换的优点，独有的时滞校正功能，经校正后结晶等起始温度不因升温速度而改变。目前 TG 和 DTA 的使用温度范围广，可达到 $-160\sim3000$℃，测温精度 0.1℃，天平灵敏度 0.1μg，压力范围 1.33×10^{-2}Pa～25MPa。动态热机械位移传感器的灵敏度或精度可达到≤1nm，宽的频率 $1.6\times10^{-6}\sim318$Hz，负荷范围 10^{-4}N～10^{8}N 和模量范围 10^{3}Pa～10^{12}Pa，可以获取损耗、相角、模量、应力、应变等几十个参数。

热分析仪器发展的另一个趋势是将不同仪器的特长和功能相结合，实现联用分析，扩大分析范围。近年来，除已有 TG、DTA、DSC 联用外，热分析还能与质谱（MS），傅里叶变换红外（FTIR）、X 射线衍射仪等联用。

热分析仪器发展的再一个趋势是许多公司相继推出带有机械手的自动热分析测量系统，并配有相应的软件包，能检测多达60个样品，还能自动设定测量条件和存储测试结果。目前许多公司还开始采用WINDOW操作平台，配备有多功能软件包，软件功能不断丰富与改进，使仪器操作更简便，结果更精确，重复性与工作效率更高。

8.6.2 一些先进的热分析技术介绍

8.6.2.1 热分析（DSC）与红外光谱法（IR）联用技术

当采用红外光谱法（IR）对由多组分共混、共聚或复合成的材料及制品进行研究时，经常会遇到这些材料中混合组分的红外吸收光谱带位置很靠近，甚至还发生重叠，相互干扰，很难判定，仅依靠IR法有时就不能满足要求，必须要和其他仪器配合鉴定，方能得到正确的结果。而用热分析（DSC）测定混合物时，不需要分离，一次扫描就能把混合物中几种组分的熔点按高低分辨出来，但是单独用其定性，灵敏度不够，而且混合物中某物质的热性质有时会随其他组分的变化而变化。为此，出现了IR与DSC联用法，该方法利用IR法提供的特征吸收谱带初步判定几种基团的种类，再由DSC法提供的熔点和曲线，就可以准确地鉴定共混物组成。这种方法对于相同型不同品种材料的共混物、掺有填料的多组分混合物和很难分离的复合材料的分析鉴定既准确，又快捷，是一种行之有效的方法。

采用IR光谱法测得未知样品的IR谱图，如图8-48所示，在IR光谱图中最强的谱带位于1650cm^{-1}，这是酰胺羰基伸缩振动产生的谱带，称酰胺Ⅰ带；次强的IR谱带在1550cm^{-1}，称为酰胺Ⅱ带，这是N—H弯曲振动和C—N伸缩振动的组合吸收谱带。1260cm^{-1}为C—N—H振动吸收谱带，690cm^{-1}为N—H面外摇摆振动吸收谱带。位于3300cm^{-1}处的谱带又强又宽，是N—H的伸缩振动吸收谱带，3090cm^{-1}处有一弱吸收谱带，是

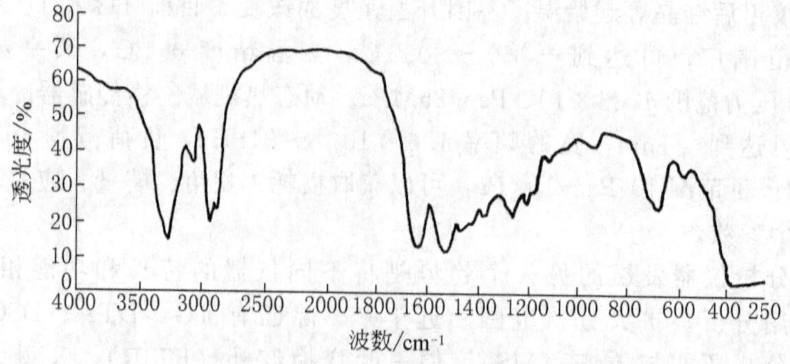

图8-48 尼龙66/尼龙6共混物的IR光谱图

$1550cm^{-1}$的倍频，因而可以判断该样品是尼龙。但是，尼龙系列产品很多，它们的结构相似，都含有酰胺基团—CO—NH—，主要特征相似，区别在于(1550～900) cm^{-1}之间的谱带的位置及形状。但当这些物质共混时，谱带重叠或相互干扰，不能清楚地区别，特别是尼龙 6 和尼龙 66，但它们的熔点相差较大，用 DSC 测定得图 8-49。图中可见二个分离很好的熔融峰。尼龙 6 的熔点 T_m 为 219℃，尼龙 66 的熔点 T_m 为 262℃。根据 IR 和 DSC 测定，可以鉴定该物质为尼龙 6 和尼龙 66 的共混物，而主要成分是尼龙 66。

为确定该材料是否是增强尼龙，还需进一步鉴定其中的增强材料及其含量，于是测定了该材料的 TG 曲线，得到图 8-50，由图可见，331～502℃为尼龙 6 和尼龙 66 共混物的分解曲线，502～640℃为一平台，说明此温度没有失重，确定为无机填料，经计算其含量为 29.0%。将残留物用 KBr 压片，作 IR 光谱图，得图 8-51。由图可知，该残留物是 SiO_2 和 TiO_2。最终确定该样品是尼龙 6 和尼龙 66 共混物用 SiO_2 改性的增强尼龙。该方法对尼龙与

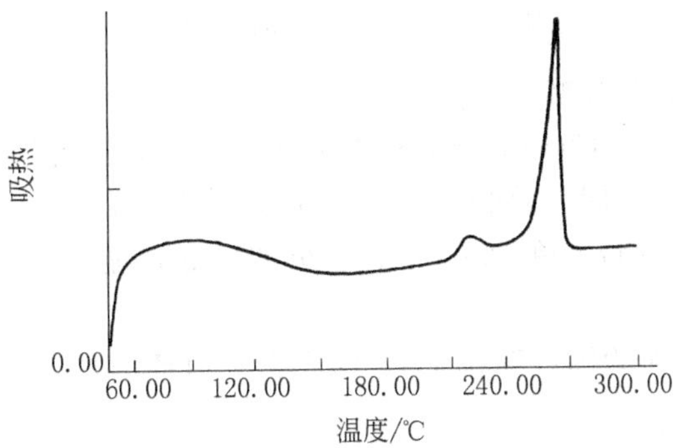

图 8-49　尼龙 66/尼龙 6 共混物的 DSC 曲线

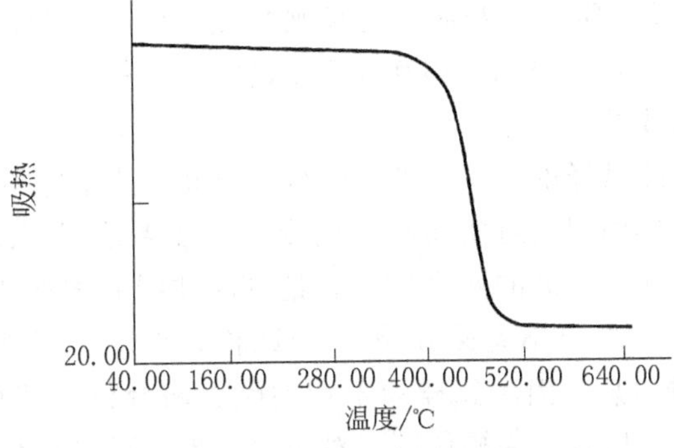

图 8-50　尼龙 66/尼龙 6 共混物的 TG 曲线

其他高聚物的共混物的鉴定也是相当有效和快速的。

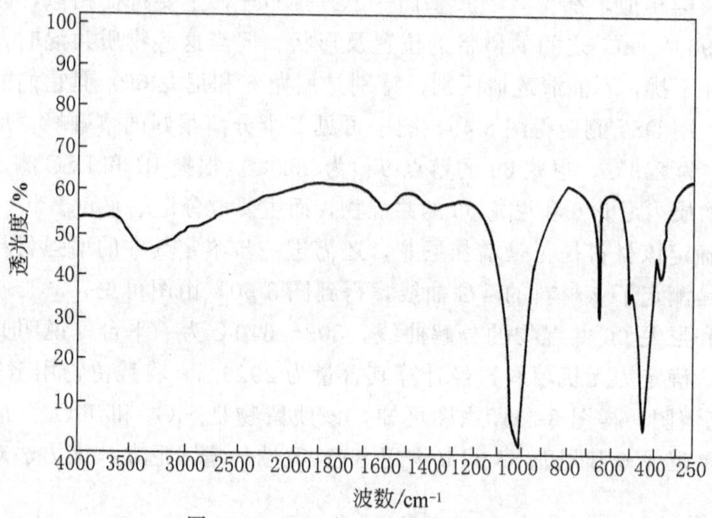

图 8-51　SiO_2/TiO_2 的 IR 光谱图

8.6.2.2　TG 与 DSC 联用技术

1979 年，著名的英国聚合物实验室公司（PL）率先推出了 TG-DSC 同时联用仪，即 STA 同步热分析，该联用技术是 TG-DTA 的重大发展和突破，可以解决单 TG、单 DSC 无法解决的问题，显示出下列一些主要优越性。

- 只需一次实验即可得到 TG、DSC 两种信息，大量节省研究人员的宝贵时间。
- 多侧面多角度反映材料的同一个变化过程更利于分析和判断。材料受热过程中发生的物理转变或化学变化，通常均伴有热焓的变化或质量的转变，或二者兼有。DSC 只能反映焓变而不能反映质量改变；而 TG 只能反映质量改变而不能反映焓变。因此，TG、DSC 两种信息相辅相成，互为补充、相互验证，这对于一些复杂的变化过程的研究是非常重要的。
- 可完全消除试样的不均匀性、两台仪器间加热条件和气氛条件的差异以及人为操作因素对实验结果的影响。如果采用 TG 和 DSC 两台仪器分别作同一样品的两个试验，把 TG 曲线和 DSC 曲线画在同一张图上，这样由于不是采用同一个试样，也就不可能同时得到 TG、DSC 两种信息，因而试样的不均匀性、两台仪器间加热条件和气氛条件的差异以及人为操作因素对实验结果的影响就不可避免。
- 可精确而容易地进行温度标定。DSC 可利用 NBS—ICTA 标准物质进行温度标定，精度可达0.1℃。而TG的温度标定一般采用居里点法和吊丝熔断失重法，其标定误差为约2℃，不但精度低，具体操作也很复杂。TG—DSC同时联用仪可用NBS—ICTA标准物质进行温度标定，标定精度达0.1℃。因此，TG—DSC仪器特别适用于定量TG研究和利用TG曲线进行的动力学参数测定。

高水平的TG—DSC同时联用热分析仪，显然可以代替两台单TG和DSC仪器使用，从这个意义上看，同时联用(TG—DSC)＝TG＋DSC。但更重要的是TG—DSC同时联用仪可以解决单TG、单DSC不能解决的问题，从这个意义上讲，同时联用（TG—DSC）＞TG＋DSC。

(1) 判断DSC纯度测定结果的有效性　根据Vant Hoff方程，通过对样品在DSC曲线上的熔融峰的处理可以计算样品的纯度。样品（含有杂质）在加热过程中，如果挥发，或发生分解，在这种情况下测出的纯度不是样品的真正纯度，因而是无效的。单DSC无法知道是否有挥发或分解发生，而利用TG—DSC同时联用仪测定纯度，任何微小的挥发或分解现象在TG曲线上均可监视到。只有TG曲线上没有质量变化时测得的纯度数据才是有效的。

(2) 吸潮聚合物的物理参数的测定　聚合物吸潮程度（含水量）不同，其物理参数也可有差异。单用DSC测定聚合物的玻璃化转变温度（T_g）离散性很大，主要原因就是聚合物的含水量不同。而用TG—DSC同时联用仪测定T_g，聚合物的含水量可由TG曲线精确测定，因此可测出聚合物的已知含水量时T_g。在测定含水聚合物的比热容（c_p）时，也存在上述类似问题。

8.6.2.3　热分析与质谱联用技术

热分析与质谱（MS）联用，同步测量样品在热过程中质量热焓和析出气体组成的变化，对剖析物质的组成、结构以及研究热分析或热合成机理都是极为有用的一种联用技术，近年来获得较快的发展。质谱在定性定量分析挥发性物质和物质的热分解分子等碎片方面是很有用的工具，因此TA—MS首先在高聚物领域得到广泛的应用。目前德国Netzsch公司，美国TA公司，美国流变科学仪器公司（RSI)，瑞士Mettler Toledo公司等都有该联用技术的报道。

热分析与质谱联用技术应用研究发展很快，已经从高聚物领域扩展到无机物、有机物、金属和陶瓷等，体现出这种联用技术的潜在力量。图8-52是聚苯乙烯样品（质量数140～222）裂解产物分析三维图、有助于研究热降解机理和动力学。图8-53是氧化铝陶瓷粘接剂组成的分析。图8-54是YbaCuO超导材料分析，这些均有利于新材料的开发研究。

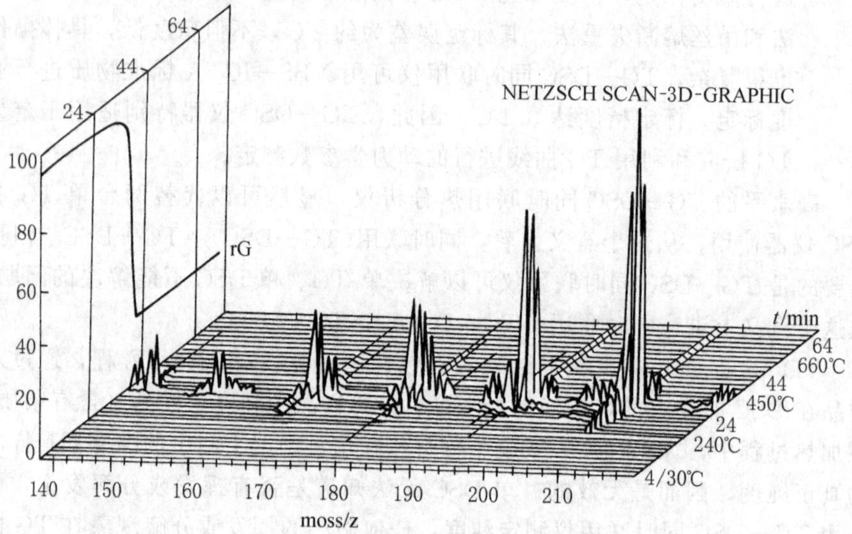

图 8-52　聚苯乙烯热裂解产物分析

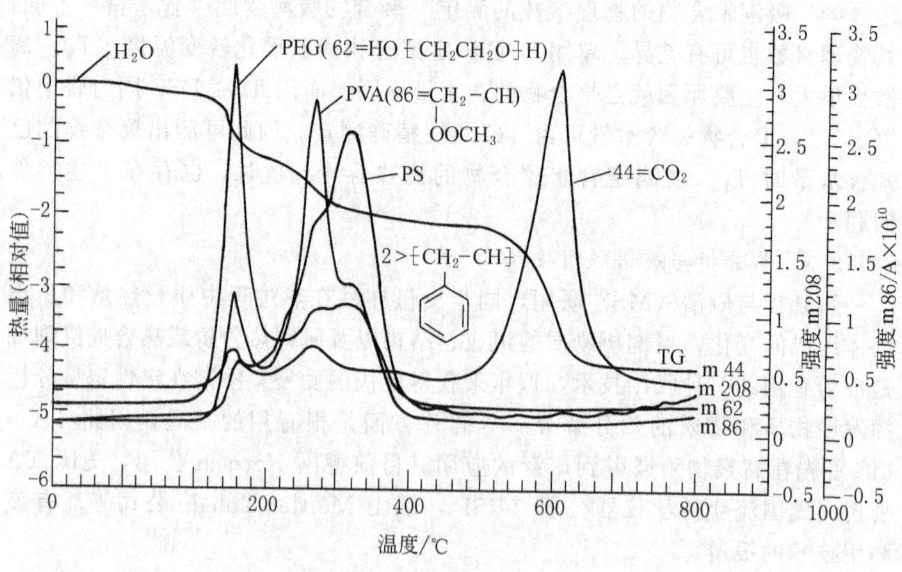

图 8-53　粘接剂组成的分析

8.6.2.4　调幅式 DSC 技术

在一般条件下获得的玻璃态聚合物通常处于热力学非平衡态，这一非平衡态在长期使用过程中或低于 T_g 以下的温度退火，将逐步趋向平衡态，力

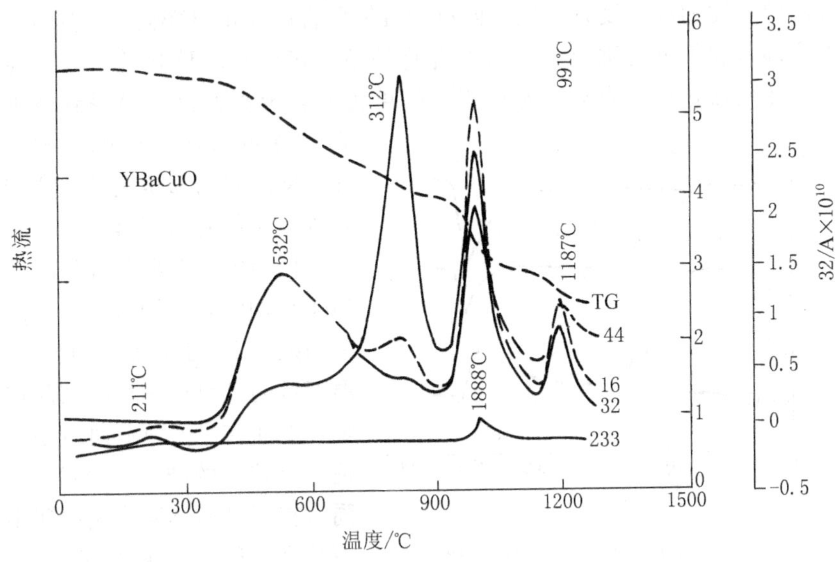

图 8-54 超导材料分析

学性能也会随之发生脆韧转变，这是高聚物的一种物理老化现象。研究表明：这些物理性能的转化与玻璃态聚合物的分子运动和结构变化有关，对于物理老化后的聚合物，其玻璃化转变的 DSC 谱图上往往会出现类似于一级转变的小峰，通常被称为反常比热峰。物理老化对聚合物的物性影响和物理老化行为特征的研究近来十分活跃，作为研究物理老化的主要手段，普通 DSC 有它很大的缺陷，即无法将 T_g 及其附近的热焓松弛分开，因而得到的数据属表观性的居多。针对这类问题，美国 TA 公司和英国 ICI 涂料公司合作开发了一种新的热分析技术，即调幅式 DSC（MDSC），常规 DSC 和MDSC的测试结果如图 8-55 所示。

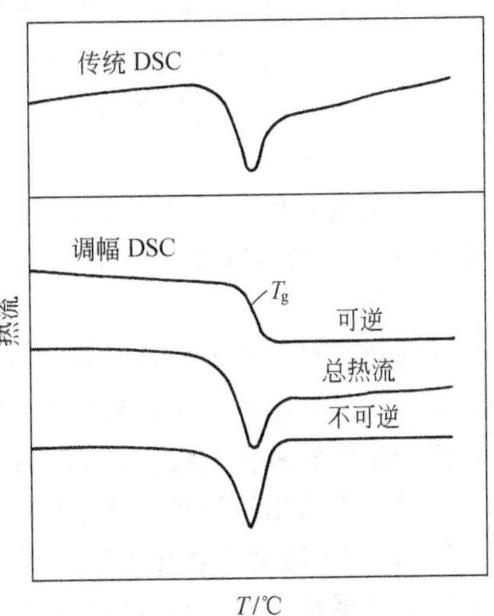

图 8-55 物理老化聚合物的常规 DSC 和 MDSC 测试示意图

MDSC 是在线性升温的基础上，另外重叠一正弦波加热方式。当试样缓慢地线性加热时，可得到高的解析度，而正弦波振荡方式的加热，做成了瞬间的剧烈的温度变化，故同时具有较好的敏感度和解析度，再配合傅里叶转换可将试样热焓变化的总热流分解为可逆部分和不可逆部分。因为聚合物的结晶熔融和玻璃化转变为可逆过程，而热焓松弛现象为不可逆过程，故可将两者分离开来，而得到清晰的 T_g，并可对热焓松弛定量，因而，MDSC 有望成为研究高聚物物理老化的有力工具。

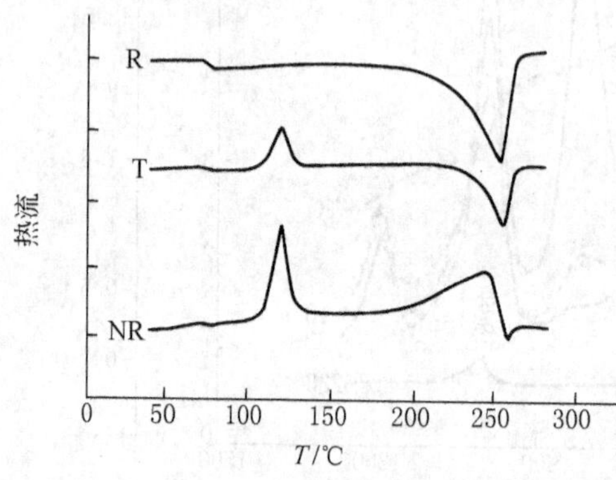

图 8-56　非晶 PET 的 MDSC 曲线
T—总热流；R—可逆热流；
NR—不可逆热流

图 8-56 是非晶 PET 膜的 MDSC 曲线，由图可知，在总热流曲线（T）上，在 160～230℃ 温度区间仅出现一小的结晶熔融峰，然而在可逆热流曲线中却出现一个较大的结晶熔融峰（R），同时在不可逆热流曲线中还出现一结晶过程放热峰（NR）。因此通过 MDSC 技术分析，可以判断实际情况是在该温度区间内，熔融和结晶同时发生，只不过在一定的升温速率下这两个过程处于一种近似的动态平衡，所以在 DSC 的总热流曲线上表现出一小的吸热峰。

8.6.2.5　动态热机械—介电同步分析仪

介电热分析仪 DEA 是近几年新发展起来的，用于材料科学研究和发展的新技术。它是从介电的原理出发，通过研究材料中离子和偶极子在电场中运动变化来预测材料的性能及其变化等，性能参数用介电粘度表示。DEA 通过在设定时间/温度及频率下对材料的两项基本电荷特性——电容和电导进行定性定量分析，可以获得有关介电常数、玻璃化转变温度、固化程度及固化速率、二级转化温度、损耗系数、离子导电率及高级形态等方面的信息。

动态热机械—介电同步分析仪（DMA-DEA）是由 PERKIN ELMER 公司最新推出的，是由动态热机械分析仪和介电分析仪两个主要部分组成，并由相应的配件和软件连接。以 DMA 主机作为主要的力学测试机构和试样夹具，试样夹具采用平行板测试系统，为圆片状。若试样为液体（如固化前的环氧树脂），则可用杯状和平板的测试系统。DEA 作为电信号的发生、接收和数据处理系统，在底盘（即样品底部）施加振荡电压、电信号穿过试样，到达上平行板后，通过一个电导接口箱，将信号输入计算机，通过数据处理，以离子粘度随时间变化的形式输出。DMA-DEA 主要用于研究高分子材料和复合材料，它可同步测量材料的热机械性能和介电性能，因此，可为材料的研究和发展、产品的质量控制以及降低生产成本提供可靠的科学依据。

图 8-57 为环氧树脂预浸处理 DMA-DEA 的同步表征，图中曲线为 DEA 在多频下（10000Hz，3000Hz，1000Hz，300Hz，100Hz，30Hz，10Hz）的离子传导率以及 DMA 在 1Hz 固定频率下的储存模量和损耗模数，从这些曲线可以很容易地辨别出树脂的玻璃化转变，最小的粘度点，凝胶点和固化的整个行为。

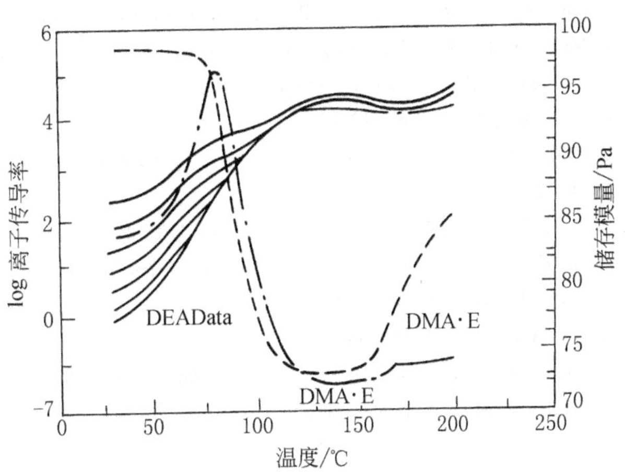

图 8-57　环氧树脂预浸处理 DMA-DEA 联用分析

8.6.2.6　高压 DSC

它是带有高压样品池的 DSC，可以在高压下进行 DSC 实验，是以功率补偿原理为基础，最大工作压力为 4.2×10^{6}Pa，工作温度范围为 40～600℃。主要应用于：

- 研究材料的氧化反应
- 研究材料合成与加工过程中的固化和交联反应
- 分析材料合成与加工过程中压力的影响
- 抑制 DSC 实验中可挥发物的蒸发

参　考　文　献

1　李余增. 热分析. 北京：清华大学出版社，1987
2　刘振海. 热分析导论. 北京：化学工业出版社，1991
3　于伯龄. 实用热分析. 北京：纺织工业出版社，1990
4　徐国华. 热分析. 北京：化学工业出版社，1991
5　朱良漪. 分析仪器手册. 第十三章. 北京：化学工业出版社，1997

6 Breuer K. H. Thermo Chimica Acta. 1982, 57, 317

7 Chen H. Thermal Analysis. Proceeding of the 7th ICTA. 1982, 2, 1303

8 Rabek J. F. Experimental Methods in Polymer Chemistry. John wiley & Sons, 1980

9 Still R. H. Brit. Polym. J. 1979, 11, 101

10 Kambe H. and Garn P. D. Thermal Analysis. New York: Wiley, 1974

11 Hay N. J. Polymer. 1978, 19, 1224

12 Barton J. M. Brit. Polym. J. 1979, 11, 115

13 Heijboer J. Brit. Polym. J. 1969, 1, 3

14 Owadh A. A, Parsons I. W. Hay J. N. and Haward R. N. Polym. 1978, 19, 386

15 Wendlandt W. W, and Collins L. W. Thermal Analysis. New York. Wiley-Interscience, 1977

16 Ariyama T, Nakayama T. and Inoue N. J. Polym. Sci. 1977, B, 15, 427

17 Brown I. G. Wetton R. E. Richardson M. J. and Savill N. G., Polym. 1978, 19, 659

18 Roe R. J. and Tonelli A. E., Macromolecules, 11, 114 (1978)

19 Perkin-Elmer TA Appl. Study, No. 22 (1977)

20 Marotta A., Thermal Analysis, Proceedings of the 7th International Conference on Thermal Analysis, Vol. 1, 85~89 (1982)

21 Taniguchi Y., et al., J. Appl. Polym. Sci. 1975, 19, 2743~2748

22 Vukovic R., et al., Thermochimica Acta. 1982, 54, 349~356

23 Chiu J., DuPont Thermogram. 1965, **2** (3), 9

24 Clampitt B. H., Anal Chem. 1963, **35**, 577

25 Gill P. S., Sauerbrenn S. R., Reading M., J. Them. Anal. 1993, **40** (3), 931

26 Reading M., Trends Polym. Sci. 1993, **1**(8), 248

附录 1　MgK_{α}(1254eV)激发时各元素的光电截面

（以 C1s 的光电截面 22200b 为单位）

元素	Z	总截面	$1s_{1/2}$	$2s_{1/2}$	$2p_{1/2}$	$2p_{3/2}$	$3s_{1/2}$	$3p_{1/2}$	$3p_{3/2}$	$3d_{3/2}$	$3d_{5/2}$	$4s_{1/2}$	$4p_{1/2}$	$4p_{3/2}$
H	1	0.0002	0.0002											
He	2	0.0087	0.0087											
Li	3	0.0602	0.0593	0.0008										
Be	4	0.207	0.1997	0.0074										
B	5	0.515	0.492	0.0220	0.0001	0.0002								
C	6	1.05	1.00	0.0470	0.0006	0.0012								
N	7	1.87	1.77	0.0841	0.0025	0.0049								
O	8	3.01	2.85	0.1345	0.0073	0.0145								
F	9	4.51	4.26	0.198	0.01789	0.0352								
Ne	10	6.34	5.95	0.277	0.0381	0.0751								
Na	11	8.60	7.99	0.390	0.0714	0.1406	0.0059							
Mg	12	0.912		0.525	0.1214	0.239	0.0261							
Al	13	1.31		0.681	0.1935	0.380	0.0485	0.0012	0.0023					
Si	14	1.81		0.855	0.292	0.573	0.0726	0.0050	0.0097					
P	15	2.43		1.05	0.422	0.828	0.0998	0.0129	0.0253					
S	16	3.21		1.25	0.590	1.15	0.1302	0.0269	0.0527					
Cl	17	4.15		1.48	0.800	1.56	0.1632	0.0493	0.0964					
Ar	18	5.28		1.71	1.06	2.07	0.1989	0.0823	0.1605					
K	19	6.61		1.95	1.37	2.67	0.249	0.1221	0.238			0.0061		
Ca	20	8.17		2.21	1.74	3.39	0.305	0.1693	0.330			0.0233		
Sc	21	9.90		2.46	2.18	4.24	0.356	0.216	0.420	0.0020	0.0030	0.0273		

续表

元素	Z	总截面	$1s_{1/2}$	$2s_{1/2}$	$2p_{1/2}$	$2p_{3/2}$	$3s_{1/2}$	$3p_{1/2}$	$3p_{3/2}$	$3d_{3/2}$	$3d_{5/2}$	$4s_{1/2}$	$4p_{1/2}$	$4p_{3/2}$
Ti	22	11.87		2.72	2.68	5.22	0.408	0.268	0.521	0.0064	0.0095	0.0308		
V	23	14.06		2.98	3.26	6.33	0.462	0.362	0.633	0.0145	0.0213	0.0339		
Cr	24	16.47		3.23	3.92	7.60	0.511	0.382	0.740	0.0303	0.0445	0.0139		
Mn	25	19.18		3.48	4.63	8.99	0.575	0.460	0.892	0.0484	0.0117	0.0398		
Fe	26	22.11		3.70	5.43	10.54	0.634	0.535	1.04	0.0788	0.1156	0.0425		
Co	27	25.25		3.92	6.28	12.20	0.693	0.616	1.19	0.1220	0.1787	0.0451		
Ni	28	28.56		4.16	7.18	13.92	0.753	0.701	1.36	0.1814	0.265	0.0476		
Cu	29	32.18		4.38	8.18	15.87	0.805	0.779	1.50	0.268	0.390	0.0188		
Zn	30	36.25		4.55	9.29	18.01	0.873	0.882	1.70	0.365	0.532	0.0520		
Ga	31	36.17			10.56	20.47	0.945	0.993	1.92	0.485	0.708	0.0742	0.0056	0.0106
Ge	32	27.20				21.22	1.02	1.11	2.15	0.631	0.920	0.0939	0.0179	0.0340
As	33	6.92					1.10	1.24	2.40	0.802	1.17	0.1137	0.0372	0.0710
Se	34	7.99					1.18	1.37	2.65	1.00	1.46	0.1343	0.0642	0.1228
Br	35	9.17	$4d_{3/2}$	$4d_{5/2}$		$5s_{1/2}$	1.26	1.50	2.92	1.24	1.80	0.1557	0.0996	0.1906
Kr	36	10.48					1.35	1.64	3.20	1.50	2.19	0.1779	0.1441	0.276
Rb	37	11.91				0.0058	1.43	1.79	3.48	1.81	2.63	0.209	0.1868	0.361
Sr	38	13.47				0.0209	1.52	1.93	3.78	2.15	3.14	0.242	0.230	0.445
Y	39	15.14	0.0128	0.0185		0.0255	1.61	2.08	4.09	2.54	3.70	0.273	0.268	0.521
Zr	40	16.96	0.0353	0.0510		0.0290	1.70	2.24	4.40	2.97	4.33	0.305	0.307	0.596
Nb	41	18.90	0.0816	0.1176		0.0131	1.79	2.39	4.71	3.45	5.01	0.333	0.340	0.661
Mo	42	21.01	0.1296	0.1865		0.0141	1.89	2.54	5.03	3.97	5.77	0.364	0.379	0.739
Tc	43	23.28	0.1915	0.276		0.0149	1.98	2.69	5.36	4.54	6.60	0.397	0.419	0.818
Ru	44	25.71	0.269	0.387		0.0157	2.07	2.84	5.68	5.17	7.51	0.429	0.460	0.899
Rh	45	28.32	0.365	0.524		0.0164	2.15	2.98	6.00	5.84	8.48	0.463	0.501	0.981
Pd	46	31.10	0.495	0.707			2.24	3.12	6.33	6.58	9.54	0.494	0.538	1.06
Ag	47	34.06	0.616	0.884		0.0176	2.33	3.25	6.64	7.36	10.68	0.531	0.586	1.15
Cd	48	37.20	0.747	1.07		0.0464	2.40	3.39	6.96	8.22	11.91	0.571	0.636	1.26

续表

元素	Z	总截面	$3s_{1/2}$	$3p_{1/2}$	$3p_{3/2}$	$3d_{3/2}$	$3d_{5/2}$	$4s_{1/2}$	$4p_{1/2}$	$4p_{3/2}$	$4d_{3/2}$	$4d_{5/2}$	$4f_{5/2}$	$4f_{7/2}$
In	49	40.54	2.48	3.51	7.27	9.13	13.23	0.611	0.689	1.37	0.893	1.29		
Sn	50	44.02	2.54	3.62	7.58	10.09	14.63	0.653	0.743	1.48	1.05	1.51		
Sb	51	47.69	2.60	3.71	7.86	11.13	16.13	0.696	0.799	1.60	1.22	1.76		
Te	52	51.51	2.67	3.79	8.14	12.21	17.70	0.741	0.856	1.73	1.40	2.01		
I	53	55.43	2.75	3.87	8.37	13.33	19.33	0.785	0.913	1.86	1.58	2.29		
Xe	54	59.64	2.83	3.95	8.64	14.55	21.08	0.831	0.971	1.99	1.78	2.57		
Cs	55	64.02	2.84	4.04	8.94	15.80	22.93	0.877	1.03	2.12	1.99	2.88		
Ba	56	65.53		4.10	9.26	17.04	24.75	0.924	1.09	2.26	2.21	3.20		
La	57	69.64		4.06	9.52	18.25	26.49	0.971	1.15	2.40	2.44	3.53		
Ce	58	69.82			9.67	19.67	28.57	1.00	1.18	2.49	2.58	3.74	0.0689	0.088
Pr	59	74.30			9.75	21.13	30.72	1.04	1.23	2.60	2.77	4.01	0.1256	0.161
Nd	60	69.16				22.66	32.96	1.07	1.27	2.71	2.96	4.28	0.200	0.257
Pm	61	74.06				24.32	35.33	1.11	1.30	2.81	3.14	4.55	0.296	0.379
Sm	62	79.35				26.12	37.90	1.14	1.34	2.91	3.33	4.82	0.416	0.531
Eu	63	85.36				28.20	40.87	1.17	1.37	3.01	3.51	5.09	0.562	0.718
Gd	64	85.24				24.35	43.43	1.20	1.41	3.13	3.73	5.41	0.693	0.887
Tb	65	39.20					20.80	1.22	1.43	3.21	3.88	5.61	0.949	1.21
Dy	66	19.55						1.25	1.45	3.30	4.05	5.87	1.20	1.52
Ho	67	20.78						1.27	1.47	3.39	4.22	6.13	1.49	1.89
Er	68	22.09						1.29	1.49	3.48	4.39	6.37	1.82	2.31
Tm	69	23.48						1.31	1.50	3.56	4.56	6.62	2.20	2.78
Yb	70	24.97						1.32	1.51	3.64	4.72	6.85	2.63	3.33
Lu	71	26.65						1.34	1.52	3.73	4.91	7.13	3.05	3.87
Hf	72	28.45						1.36	1.53	3.83	5.10	7.42	3.50	4.45

续表

元素	Z	总截面	$3s_{1/2}$	$3p_{1/2}$	$3p_{3/2}$	$3d_{3/2}$	$3d_{5/2}$	$4s_{1/2}$	$4p_{1/2}$	$4p_{3/2}$	$4d_{3/2}$	$4d_{5/2}$	$4f_{5/2}$	$4f_{7/2}$
Ta	73	30.35						1.38	1.54	3.93	5.29	7.71	3.99	5.08
W	74	32.36						1.39	1.55	4.03	5.48	8.01	4.52	5.75
Re	75	34.48						1.41	1.55	4.13	5.67	8.31	5.08	6.46
Os	76	36.70						1.42	1.55	4.24	5.86	8.60	5.67	7.22
Ir	77	39.08						1.43	1.55	4.34	6.05	8.90	6.80	8.03
Pt	78	41.50						1.44	1.54	4.45	6.24	9.20	6.97	8.89
Au	79	44.03						1.45	1.53	4.55	6.42	9.50	7.68	9.79
Hg	80	46.63						1.45	1.52	4.65	6.60	9.79	8.43	10.75
Tl	81	49.35						1.46	1.50	4.75	6.78	10.08	9.22	11.77
Pb	82	52.15						1.46	1.47	4.86	6.94	10.37	10.05	12.83
Bi	83	55.03						1.45	1.45	4.96	7.11	10.64	10.93	13.95
Po	84	58.01						1.44	1.42	5.06	7.27	10.92	11.84	15.12
At	85	61.08						1.44	1.38	5.15	7.42	11.20	12.80	16.35
Rn	86	64.22						1.44	1.34	5.24	7.56	11.46	13.80	17.63
Fr	87	67.45						1.44	1.30	5.34	7.69	11.70	14.84	18.97
Ra	88	70.74						1.41	1.26	5.42	7.82	11.95	15.92	20.36
Ac	89	74.34						1.58	1.22	5.50	7.95	12.21	17.05	21.80
Th	90	76.27							1.17	5.59	8.05	12.45	18.21	23.30
Pa	91	79.91							1.12	5.68	8.13	12.66	19.38	24.81
U	92	82.57								5.77	8.21	12.84	20.61	26.38
Np	93	86.49								5.87	8.31	13.02	21.87	28.02
Pu	94	90.56								5.95	8.39	13.22	23.14	29.67
Am	95	94.61								6.03	8.43	13.43	24.44	31.35
Cm	96	98.65								6.08	8.45	13.57	25.80	33.09

续表

元素	Z	$5s_{1/2}$	$5p_{1/2}$	$5p_{3/2}$	$5d_{3/2}$	$5d_{5/2}$	$5f_{5/2}$	$5f_{7/2}$	$6s_{1/2}$	$6p_{1/2}$	$6p_{3/2}$	$6d_{3/2}$	$6d_{5/2}$	$7s_{1/2}$
In	49	0.0626	0.0058	0.0107										
Sn	50	0.0765	0.0169	0.318										
Sb	51	0.0899	0.0331	0.0629										
Te	52	0.1086	0.0542	0.1040										
I	53	0.1175	0.0805	0.1555										
Xe	54	0.1319	0.1123	0.218										
Cs	55	0.1523	0.1397	0.278					0.0049					
Ba	56	0.1737	0.1661	0.334					0.0171					
La	57	0.1933	0.1887	0.382	0.0187	0.0267			0.0206					
Ce	58	0.1891	0.1805	0.365					0.0178					
Pr	59	0.1958	0.1864	0.378					0.0181					
Nd	60	0.202	0.1917	0.390					0.0183					
Pm	61	0.208	0.1964	0.402					0.0184					
Sm	62	0.213	0.201	0.412					0.0186					
Eu	63	0.219	0.205	0.422					0.0187					
Gd	64	0.235	0.223	0.465	0.0219	0.0306			0.0222					
Tb	65	0.228	0.211	0.440					0.0189					
Dy	66	0.232	0.214	0.449					0.0189					
Ho	67	0.237	0.216	0.457					0.0190					
Er	68	0.240	0.219	0.464					0.0190					
Tm	69	0.244	0.220	0.471					0.0191					
Yb	70	0.247	0.222	0.478					0.0191					
Lu	71	0.261	0.237	0.519	0.0212	0.0290			0.0231					
Hf	72	0.276	0.253	0.562	0.0541	0.0747			0.0261					

续表

元素	Z	$5s_{1/2}$	$5p_{1/2}$	$5p_{3/2}$	$5d_{3/2}$	$5d_{5/2}$	$5f_{5/2}$	$5f_{7/2}$	$6s_{1/2}$	$6p_{1/2}$	$6p_{3/2}$	$6d_{3/2}$	$6d_{5/2}$	$7s_{1/2}$
Ta	73	0.291	0.268	0.606	0.0976	0.1357			0.0287					
W	74	0.306	0.283	0.651	0.1518	0.212			0.0310					
Re	75	0.322	0.299	0.697	0.217	0.303			0.330					
Os	76	0.337	0.314	0.743	0.293	0.410			0.330					
Ir	77	0.350	0.324	0.774	0.431	0.593			0.0349					
Pt	78	0.366	0.340	0.829	0.508	0.709			0.0167					
Au	79	0.381	0.353	0.877	0.619	0.865			0.0173					
Hg	80	0.397	0.368	0.935	0.707	0.997			0.0410					
Tl	81	0.413	0.383	0.996	0.804	1.14			0.0513	0.0042	0.0079			
Pb	82	0.430	0.398	1.06	0.900	1.29			0.0597	0.0115	0.0233			
Bi	83	0.446	0.412	1.13	0.997	1.44			0.0676	0.0210	0.0456			
Po	84	0.462	0.426	1.19	1.09	1.58			0.0753	0.0329	0.0745			
At	85	0.478	0.439	1.26	1.19	1.73			0.0830	0.0469	0.1099			
Rn	86	0.493	0.451	1.33	1.29	1.88			0.0906	0.0631	0.1520			
Fr	87	0.508	0.462	1.40	1.39	2.04			0.1008	0.0738	0.1928			0.0037
Ra	88	0.523	0.472	1.48	1.49	2.20			0.1109	0.0837	0.230			0.0122
Ac	89	0.537	0.480	1.55	1.60	2.36			0.1207	0.0925	0.262	0.0125	0.0174	0.152
Th	90	0.551	0.488	1.63	1.70	2.52			0.1301	0.1007	0.293	0.0316	0.0446	0.0176
Pa	91	0.561	0.492	1.69	1.77	2.63	0.1907	0.239	0.1304	0.0986	0.290	0.0138	0.0191	0.0159
U	92	0.572	0.495	1.76	1.85	2.76	0.324	0.407	0.1343	0.1006	0.301	0.0142	0.0196	0.0160
Np	93	0.581	0.497	1.82	1.93	2.88	0.482	0.606	0.1379	0.1022	0.312	0.0145	0.0199	0.0161
Pu	94	0.589	0.496	1.88	1.99	2.98	0.747	0.933	0.1370	0.0988	0.304			0.0138
Am	95	0.596	0.494	1.95	2.07	3.10	0.960	1.20	0.1398	0.0995	0.313			0.0138
Cm	96	0.603	0.492	2.02	2.15	3.25	1.11	1.40	0.1463	0.1042	0.340	0.0149	0.0200	0.0163

附录 2　原子的弛豫能量

/eV

元素	Z	1s	2s	2p	3s	3p	3d	4s	4p	4d	4f	5s	5p	5d	6s
He	2	1.5													
Li	3	3.8	0.0												
Be	4	7.0	0.7												
B	5	10.6	1.6	0.7											
C	6	13.7	2.4	1.6											
N	7	16.6	3.0	2.4											
O	8	19.3	3.6	3.2											
F	9	22.1	4.1	3.9											
Ne	10	24.8	4.8	4.7											
Na	11	23.3	4.1	4.7	0.3										
Mg	12	24.6	5.2	6.0											
Al	13	26.1	6.1	7.1	1.0	0.2									
Si	14	27.1	7.0	8.0											
P	15	28.3	7.8	8.8											
S	16	29.5	8.5	9.6	1.4	0.9									
Cl	17	30.7	9.3	10.4											
Ar	18	31.8	9.9	11.1	1.8	1.4									
K	19	31.2	9.1	10.5											
Ca	20	32.0	9.6	11.1											
Sc	21	33.8	11.5	12.9											
Ti	22	35.4	13.0	14.4	3.9	3.4	2.0	0.3							
V	23	37.0	14.5	16.0											
Cr	24	38.6	15.9	17.4											
Mn	25	40.1	17.2	18.8	—	—	3.6	0.4							
Fe	26	41.6	18.5	20.2	5.7	5.3									
Co	27	43.2	19.8	21.6	—	—	4.1	0.0							
Ni	28	44.7	21.1	22.9	6.7	6.3									
Cu	29	48.2	23.7	25.7	7.7	7.2	5.3	0.3							
Kr	36	53.6	26.1	28.9	8.7	8.9	9.0	1.7	1.3						
I	53	66.9	34.8	38.2	14.7	15.2	16.3	5.6	5.3	4.6	—	1.3	0.7		
Eu	63	76.5	43.5	46.6	24.8	25.3	25.3	12.2	11.4	9.5	6.2	3.2	2.8	—	0.2
Hg	80	94.7	58.5	60.7	35.4	36.5	49.3	19.6	17.1	14.4	12.9	5.7	4.8	2.6	1.8
U	92	103.9	63.7												

附录 3 元素的电负性

Z	元素	X	Z	元素	X	Z	元素	X
1	H	2.20	21	Sc	1.3	50	Sn	1.8
3	Li	1.0	22	Ti	1.5	51	Sb	1.9
4	Be	1.76	23	V	1.6	52	Te	2.1
5	B^-	1.98	24	Cr	1.6	53	I	2.5
5	B	2.20	25	Mn	1.5	55	Cs	0.7
6	C^-	2.33	26	Fe	1.8	56	Ba	0.9
6	C	2.45	27	Co	1.8	57～71	La-Lu	1.1～1.2
6	C^+	2.80	28	Ni	1.8	72	Hf	1.3
7	N^-	2.80	29	Cu	1.9	73	Ta	1.5
7	N	3.15	30	Zn	1.6	74	W	1.7
7	N^+	3.40	31	Ga	1.6	75	Re	1.9
8	O^-	3.40	32	Ge	1.8	76	Os	2.2
8	O	3.65	33	As	2.0	77	Ir	2.2
8	O^+	3.82	34	Se^-	2.37	78	Pt	2.2
9	F^-	3.82	34	Se	2.4	79	Au	2.4
9	F	4.00	35	Br	3.05	80	Hg	1.9
9	F^+	4.25	37	Rb	0.8	81	Tl	1.8
11	Na	0.9	38	Sr	1.0	82	Pb	1.8
12	Mg	1.2	39	Y	1.2	83	Bi	1.9
13	Al	1.5	40	Zr	1.4	84	Po	2.0
14	Si	1.95	41	Nb	1.6	85	At	2.2
15	P	2.47	42	Mo	1.8	87	Fr	0.7
15	P^+	2.47	43	Tc	1.9	88	Ra	0.9
16	S^-	2.47	44	Ru	2.2	89	Ac	1.1
16	S	2.75	45	Rh	2.2	90	Th	1.3
16	S^+	3.00	46	Pd	2.2	91	Pa	1.5
17	Cl	3.25	47	Ag	1.9	92	U	1.7
19	K	0.8	48	Cd	1.7	93～102	Np-No	1.3
20	Ca	1.0	49	In	1.7			

附录 4　元素的有分析意义的俄歇线

(-----)价型；(——)常规 X 射线激发的内层型；

(……)高能 X 射线激发的内层型

KLL	$L_3M_{23}M_{23}$	$L_3M_{23}M_{45}$	$L_3M_{45}M_{45}$	$M_4N_{45}N_{45}$	$M_5N_{67}N_{67}$	$N_7O_{45}O_{45}$
Li	Si	Ti	Fe	Ru	Lu	Ir
Be	P	V	Co	Rh	Hf	Pt
B	S	Cr	Ni	Pd	Ta	Au
C	Cl	Mn	Cu	Ag	W	Hg
N	Ar		Zn	Cd	Re	Tl
O	K		Ga	In	Os	Pb
F	Ca		Ge	Sn	Ir	Bi
Ne	Sc		As	Sb	Pt	
Na			Se	Te	Au	
Mg			Br	I	Hg	
Al			Kr	Xe	Tl	
Si			Pb	Cs	Pb	
P			Sr	Ba	Bi	
S			Y			
Cl			Zr			
			Nb			
			Mo			

附录 5-1　电子结合能标识元素表[①]（以 MgK_{α} 为激发源）

17[②]	Hff$_7$	(2)	102[②]	Si2p$_3$	(1)	206[②]	Nb3d$_5$	(3)
23	O$_2$s		105	Ga3p$_3$	(3)	208	Kr3p$_3$	(8)
25	Ta4f$_7$	(2)	108	Ce4d$_5$	(4)	213	Hf4d$_5$	(11)
30	F2s		110	Rb3d$_5$	(1)	229	S2s	
31	Ge3d$_5$	(1)	113	Be1s	(1)	229	Ta4d$_5$	(12)
34	W4f$_7$	(2)	113	Ge(A)		230	Mo3d$_5$	(3)
40	V3p		114	Pr4d		238	Rb3p$_3$	(9)
41	Ne2s		118	Tl4f$_7$	(4)	241	Ar2p$_3$	(2)
43	Re4f$_7$	(2)	119	Al2s		245	W4d$_5$	(12)
44	As3d$_5$	(1)	120	Nd4d		263	Re4d$_5$	(14)
45	Cr3p$_3$	(1)	124	Ge3p$_3$	(4)	264	Na(A)	
48	Mn3p$_3$	(1)	132	Sm4d		265	Zn(A)	
50	I4d$_5$	(2)	133	P2p$_3$	(1)	269	Sr3p$_3$	(11)
51	Mg2p		133	Sr3d$_5$	(2)	270	Cl2s	
52	Os4f$_7$	(3)	136	Eu4d		279	Os4d$_5$	(15)
55	Fe3p$_3$	(1)	138	Pb4f$_7$	(5)	282	Ru3d$_5$	(4)
56	Li1s		143	As3p$_3$	(5)	284	Tb4p$_3$	(33)
57	Se3d$_5$	(1)	150	Tb4d		287	C1s	
61	Co3p$_3$	(2)	153	Si2s		293	Dy4p$_3$	(36)
62	Ir4f$_7$	(3)	154	Dy4d	(2)	293	K2p$_3$	(3)
63	Xe4d$_5$	(2)	158	Y3d$_5$	(2)	297	Ir4d$_5$	(16)
64	Na2s		159	Bi4f$_7$	(5)	301	Y3p$_3$	(12)
67	Ni3p$_3$	(2)	161	Ho4d		306	Ho4p$_3$	(39)
69	Br3d$_5$	(1)	163	Se3p$_3$	(6)	309	Rh3d$_5$	(5)
73	Pt4f$_7$	(3)	165	S2p$_3$	(1)	316	Pt4d$_5$	(17)
74	Al2p		169	Er4d		319	Ar2s	
75	Cs4d$_5$	(2)	180	Tm4d		320	Er4p$_3$	(42)
77	Cu3p$_3$	(2)	181	Zr3d$_5$	(2)	331	Zr3p$_3$	(14)
85	Au4f$_7$	(4)	182	Br3p$_3$	(7)	333	Tm4p$_3$	(45)
87	Zn3p$_3$	(3)	185	Yb4d$_5$	(9)	335	Th4f$_7$	(9)
88	Kr3d$_5$	(1)	189	Ga(A)		336	Au4d$_5$	(18)
90	Ba4d$_5$	(2)	191	B1s		337	Pd3d$_5$	(5)
90	Mg2s		191	P2s		337	Cu(A)	
100	Hg4f$_7$	(4)	197	Lu4d$_5$	(10)	342	Yb4p$_3$	(50)
101	La4d$_5$	(3)	199	Cl2p$_3$	(2)	347	Ca2p$_3$	(3)

续表

359	Lu4p_3	(53)	575	Te3d_5	(10)	863	Ne1s	
359	Hg4d_5	(20)	577	Cr2p_3	(9)	872	Cd(A)	
362	Gd(A)		594	Ce(A)		875	N(A)	
364	Nb3p_3	(15)	599	F(A)		882	Ce3d_5	(18)
368	Ag3d_5	(6)	618	Cd3p_3	(34)	897	Ag(A)	
378	K2s		619	I3d_5	(11)	920	Sc(A)	
380	U4f_7	(11)	632	La(A)		928	Fd(A)	
385	Tl4d_5	(21)	641	Mn2p_3	(11)	930	Pr3d_5	(20)
396	Mo3p_3	(17)	657	Ba(A)		934	Cu2p_3	(20)
402	N1s		666	In3p_3	(38)	954	Rh(A)	
402	Eu(A)		670	Mn(A)		961	Ca(A)	
402	Sc2p_3	(5)	672	Xe3d_5	(13)	970	U(A)	
405	Cd3d_5	(7)	677	Th4d_5	(37)	980	Nd3d_5	(21)
410	Ni(A)		684	Cs(A)		981	Ru(A)	
413	Pb4d_5	(22)	686	F1s		993	C(A)	
435	Ne(A)		710	Fe2p_3	(13)	1003	K(A)	
439	Ca2s		711	Xe(A)		1005	Th(A)	
440	Sm(A)		715	Sn3p_3	(42)	1022	Zn2p_3	(23)
443	Bi4d_5	(24)	724	Cs3d_5	(14)	1035	Ar(A)	
445	In3d_5	(8)	729	Cr(A)		1071	Cl(A)	
458	Ti2p_3	(6)	737	I(A)		1072	Na1s	
463	Ru3p_3	(22)	739	U4d_5	(42)	1082	B(A)	
483	Co(A)		743	O(A)		1083	Sm3d_5	(27)
486	Sn3d_5	(8)	765	Te(A)		1088	Nb(A)	
498	Rh3p_3	(24)	768	Sb3p_3	(46)	1103	S(A)	
501	Sc2s		780	Ba3d_5	(15)	1117	Ga2p_3	(27)
515	V2p_3	(8)	781	Co2p_3	(15)	1136	Eu3d_5	(30)
519	Nd(A)		784	V(A)		1155	Bi(A)	
530	Sb3d_5	(9)	794	Sb(A)		1162	Pb(A)	
531	O1s		819	Sn(A)		1169	Tl(A)	
534	Pd3p_3	(27)	822	Te3p_3	(51)	1176	Hg(A)	
553	Fe(A)		834	La3d_5	(17)	1184	Au(A)	
555	Pr(A)		839	Ti(A)		1186	Gd3d_5	(33)
565	Ti2s		846	In(A)		1192	Pt(A)	
573	Ag3p_3	(31)	855	Ni2p_3	(18)			

① 括号内的 A 表示这一结合能值是该元素俄歇电子峰的位置；括号内的数字是自旋-轨道偶合双重线的间距能量值。

② 第 1 列数据为结合能值，结合能数由小到大排列。

附录 5-2　电子结合能标识元素表（以 AlK_α 为激发源）

17	Hf4f_7	(2)	118	Tl4f_7	(4)	265	Tb(A)	
23	O2s		119	Al2s		266	As(A)	
25	Ta4f_7	(2)	120	Nd4d		269	Sr3p_3	(11)
30	F2s		124	Ge3p_3	(4)	270	Cl2s	
34	W4f_7	(2)	132	Sm4d		279	Os4d_5	(15)
40	V3p		133	P2p_3	(1)	282	Ru3d_5	(4)
41	Ne2s		133	Sr3d_5	(2)	287	C1s	
43	Re4f_7	(2)	136	Eu4d		293	K2p_3	(3)
44	As3d_5	(1)	138	Pb4f_7	(5)	297	Ir4d_5	(16)
45	Cr3p_3	(1)	141	Gd4d		301	Y3p_3	(12)
48	Mn3p_3	(1)	142	Ho(A)		305	Mg(A)	
50	I4d_5	(2)	150	Tb4d		306	Ho4p_3	(39)
52	Os4f_7	(3)	153	Si2s		309	Rh3d_5	(5)
55	Fe3p_3	(1)	154	Dy4d		316	Pt4d_5	(17)
56	Li1s		158	Y3d_5	(2)	319	Ar2s	
57	Se3d_5	(1)	159	Bi4f_7	(5)	320	Er4p_3	(42)
61	Co3p_3	(2)	161	Ho4d		331	Zr3p_3	(14)
62	Ir4f_7	(3)	163	Se3p_3	(6)	333	Tm4p_3	(45)
63	Xe4d_5	(2)	165	S2p_3	(1)	335	Th4f_7	(9)
64	Na2s		169	Er4d		336	Au4d_5	(18)
67	Ni3p_3	(2)	180	Tm4d		337	Pd3d_5	(5)
69	Br3d_5	(1)	181	Zr3d_5	(2)	342	Yb4p_3	(50)
73	Pt4f_7	(3)	182	Br3p_3	(7)	346	Ge(A)	
74	Al2p		184	Se(A)		347	Ca2p_3	(3)
75	Cs4d_5	(2)	185	Yb4d_5	(9)	359	Lu4p_3	(53)
77	Cu3p_3	(2)	191	B1s		359	Hg4d_5	(20)
85	Au4f_7	(4)	191	P2s		364	Nb3p_3	(15)
87	Zn3p_3	(3)	195	Dy(A)		368	Ag3d_5	(6)
88	Kr3d_5	(1)	197	Lu4d_5	(10)	378	K2s	
90	Ba4d_5	(2)	199	Cl2p_3	(2)	380	U4f_7	(11)
90	Mg2s		206	Nb3d_5	(3)	385	Tl4d_5	(21)
99	Er(A)		208	Kr3p_3	(8)	396	Mo3p_3	(17)
100	Hg4f_7	(4)	213	Hf4d_5	(9)	402	N1s	
101	La4d_5	(3)	229	S2s		402	Sc2p_3	(5)
102	Si2p_3	(1)	229	Ta4d_5	(12)	405	Cd3d_5	(7)
105	Ga3p_3	(3)	230	Mo3d_5	(3)	413	Pb4d_5	(22)
108	Ce4d_5	(4)	238	Rb3p_3	(9)	422	Ga(A)	
110	Rb3d_5	(1)	241	Ar2p_3	(2)	439	Ca2s	
113	Be1s		245	W4d_5	(12)	443	Bi4d_5	(24)
114	Pr4d		263	Re4d_5	(14)	445	In3d_5	(8)

续表

458	$Ti2p_3$	(6)	752	Nd(A)		1105	Cd(A)	
463	$Ru3p_3$	(22)	768	$Sb3p_3$	(46)	1108	N(A)	
486	$Sn3d_5$	(8)	780	$Ba3d_5$	(15)	1117	$Ga2p_3$	(27)
497	Na(A)		781	$Co2p_3$	(15)	1130	Ag(A)	
498	Zn(A)		786	Fe(A)		1136	$Eu3d_3$	(30)
498	$Rh3p_3$	(24)	788	Pr(A)		1153	Sc(A)	
501	Sc2s		822	$Te3p_3$	(51)	1161	Pd(A)	
515	$V2p_3$	(8)	827	Ce(A)		1186	$Gd3d_5$	(33)
530	$Sb3d_5$	(9)	832	F(A)		1187	Rh(A)	
531	O1s		834	$La3d_3$	(17)	1194	Ca(A)	
534	$Pd3p_3$	(27)	855	$Ni2p_3$	(18)	1205	U(A)	
565	Ti2s		863	Ne1s		1214	Ru(A)	
570	Cu(A)		865	La(A)		1219	$Ge2p_3$	(31)
573	$Ag3p_3$	(31)	882	$Ce3d_5$	(18)	1226	C(A)	
575	$Te3d_3$	(10)	890	Ba(A)		1230	Th(A)	
577	$Cr2p_3$	(9)	903	Mn(A)		1236	K(A)	
595	Gd(A)		917	Cs(A)		1244	$Tb3d_5$	(35)
618	$Cd3p_3$	(34)	930	$Pr3d_5$	(20)	1268	Ar(A)	
619	$I3d_5$	(11)	934	$Cu2p_3$	(20)	1295	$Dy3d_5$	(39)
635	Eu(A)		944	Xe(A)		1301	Mo(A)	
641	$Mn2p_3$	(11)	962	Cr(A)		1304	Cl(A)	
643	Ni(A)		970	I(A)		1305	Mg1s	
666	$In3p_3$	(38)	976	O(A)		1315	B(A)	
668	Ne(A)		980	$Nd3d_5$	(21)	1321	Nb(A)	
672	$Xe3d_3$	(13)	998	Te(A)		1326	$As2p_3$	
673	Sm(A)		1017	V(A)		1336	S(A)	
677	$Th4d_3$	(37)	1022	$Zn2p_3$	(23)	1388	Bi(A)	
686	F1s		1027	Sb(A)		1395	Pb(A)	
710	$Fe2p_3$	(13)	1052	Sn(A)		1402	Tl(A)	
715	$Sn3p_3$	(42)	1072	Na1s		1409	Hg(A)	
716	Co(A)		1072	Ti(A)		1417	Au(A)	
724	$Cs3d_5$	(14)	1079	In(A)		1425	Pt(A)	
739	$U4d_5$	(42)	1083	$Sm3d_5$	(27)			

附录6　顺磁态与逆磁态离子

原子序数	顺磁态离子	逆磁态离子
22	Ti^{2+}, Ti^{3+}	Ti^{4+}
23	V^{2+}, V^{3+}, V^{4+}	V^{5+}
24	Cr^{2+}, Cr^{3+}, Cr^{4+}, Cr^{5+}	Cr^{6+}
25	Mn^{2+}, Mn^{3+}, Mn^{4+}, Mn^{5+}	Mn^{7+}
26	Fe^{2+}, Fe^{3+}	$K_4Fe(CN)_6$, $Fe(CO)_4Br_2$
27	Co^{2+}, Co^{3+}	CoB, $Co(NO_2)_3(NH_3)_3$, $K_3Co(CN)_6$, $Co(NH_3)_6Cl_3$
28	Ni^{2+}	$K_2Ni(CN)_4$
29	Cu^{2+}	Cu^{1+}
42	Mo^{4+}, Mo^{5+}	Mo^{6+}, MoS_2, $K_4Mo(CN)_8$
44	Ru^{3+}, Ru^{4+}, Ru^{5+}	Ru^{2+}
47	Ag^{2+}	Ag^{1+}
58	Ce^{3+}	Ce^{4+}
59～70	Pr, Nd, Sm, Eu, Gd, Tb, Dy, Ho, Er, Tm, Yb 等的化合物	
74	W^{4+}, W^{5+}	W^{6+}, WO_2, WCl_4, WC, $K_4W(CN)_8$
75	Re^{2+}, Re^{3+}, Re^{4+}, Re^{5+}, Re^{6+}	Re^{7+}, ReO_3
76	Os^{3+}, Os^{4+}, Os^{5+}	Os^{2+}, Os^{6+}, Os^{8+}
77	Ir^{4+}	Ir^{3+}
92	U^{3+}, U^{4+}	U^{6+}

附录 7　原子灵敏度因子(ASF)

原子序数	元　素	谱　线	灵敏度因子	原子序数	元　素	谱　线	灵敏度因子
3	Li	1s	0.012	34	Se	3d	0.48
4	Be	1s	0.039	35	Br	3d	0.59
5	B	1s	0.088	36	Kr	3d	0.72
6	C	1s	0.205	37	Rb	3d	0.88
7	N	1s	0.38	38	Sr	3d	1.05
8	O	1s	0.68	39	Y	3d	1.25
9	F	1s	1.00	40	Zr	$3d_{5/2}$	0.87
10	Ne	1s	1.54	41	Nb	$3d_{5/2}$	1.00
11	Na	1s	2.51	42	Mo	$3d_{5/2}$	1.2
	Na	1s	(2.27)	43	Tc	$3d_{5/2}$	1.35
12	Mg	1s	(3.65)	44	Ru	$3d_{5/2}$	1.55
	Mg	2p	0.07	45	Rh	$3d_{5/2}$	1.75
13	Al	2p	0.11	46	Pd	$3d_{5/2}$	2.0
14	Si	2p	0.17	47	Ag	$3d_{5/2}$	2.25
15	P	2p	0.25	48	Cd	$3d_{5/2}$	2.55
16	S	2p	0.35	49	In	$3d_{5/2}$	2.85
17	Cl	2p	0.48	50	Sn	$3d_{5/2}$	3.2
18	Ar	$2p_{3/2}$	0.42	51	Sb	$3d_{5/2}$	3.55
19	K	$2p_{3/2}$	0.55	52	Te	$3d_{5/2}$	4.0
20	Ca	$2p_{3/2}$	0.71	53	I	$3d_{5/2}$	4.4
21	Sc	$2p_{3/2}$	0.90	54	Xe	$3d_{5/2}$	4.9
22	Ti	$2p_{3/2}$	1.1	55	Cs	$3d_{5/2}$	5.5
23	V	$2p_{3/2}$	1.4	56	Ba	$3d_{5/2}$	6.1
24	Cr	$2p_{3/2}$	1.7	57	La	$3d_{5/2}$	6.7
25	Mn	$2p_{3/2}$	2.1			4d①	1.22
26	Fe	2p①	3.8	58	Ce①	3d	12.5
27	Co	2p①	4.5			4d	1.29
28	Ni	2p①	5.4	59	Pr①	3d	14.0
29	Cu	$2p_{3/2}$	4.3			4d	1.38
30	Zn	$2p_{3/2}$	5.3	60	Nd①	3d	15.7
31	Ga	$2p_{3/2}$	6.9			4d	1.48
		$2p_{3/2}$	(5.8)	61	Pm①	3d	17.6
32	Ge	$2p_{3/2}$	9.2			4d	1.57
		$2p_{3/2}$	(7.2)	62	Sm①	3d	20.3
		3d	0.30			4d	1.66
33	As	$2p_{3/2}$	(9.1)	63	Eu	3d	23.8
		3d	0.38			3d	(20.2)

续表

原子序数	元素	谱线	灵敏度因子	原子序数	元素	谱线	灵敏度因子
		4d	1.76	73	Ta	4f	1.75
64	Gd①	3d	29.4	74	W	4f	2.0
		3d	(22.6)	75	Re	$4f_{7/2}$	1.25
		4d	1.84	76	Os	$4f_{7/2}$	1.4
65	Tb①	3d	(26.7)	77	Ir	$4f_{7/2}$	1.55
		4d	1.93	78	Pt	$4f_{7/2}$	1.75
66	Dy①	3d	(30.0)	79	Au	$4f_{7/2}$	1.9
		4d	2.03	80	Hg	$4f_{7/2}$	2.1
67	Ho①	4d	2.12	81	Ti	$4f_{7/2}$	2.3
68	Er①	4d	2.19	82	Pb	$4f_{7/2}$	2.55
69	Tm①	4d	2.28	83	Bi	$4f_{7/2}$	2.8
70	Yb①	4d	2.36	90	Th	$4f_{7/2}$	4.8
71	Lu①	4d	2.45	92	U	$4f_{7/2}$	5.6
72	Hf	4f	1.55				

① 由于峰形复杂，通常取 $2p_{3/2}$ 和 $2p_{1/2}$ 两个峰的面积作为测试依据。

附录 8　表面分析用元素周期表

符号说明

原子序数 — Z	A	O — MgK_{α}激发的光电子线符号
		元素符号
结合能(eV) — BE		KE_{Mg} — 动能(eV，MgK_{α}激发)
相对于 C1s 的光电截面(MgK_{α}激发) — Cs		KE_{Al} — 动能(eV，Al K_{α}激发)
最尖锐俄歇线符号 — KLL		KE — 动能(eV，最强俄歇线能量)

1 1s H 14 1240 0.0002 1473																	2 1s He 25 1229 0.009 1462
3 1s Li 55 1199 0.06 1432 KLL 43	4 1s Be 111 1143 0.2 1376 KLL 104											5 1s B 188 1066 0.5 1299 KLL 179	6 1s C 284 970 1 1203 KLL 272	7 1s N 399 855 1.8 1088 KLL 379	8 1s O 532 722 2.9 955 KLL 508	9 1s F 686 568 4.3 801 KLL 647	10 1s Ne 867 387 6.0 620 KLL 805
11 1s Na 1072 182 8.0 415 KLL 990	12 2s Mg 89 1165 0.5 (1398) KLL											13 2s Al 118 1136 0.7 1369 LMM 68	14 2p Si 99 1156 0.9 1388 LMM 92	15 2p P 135 1119 1.3 1352 LMM 120	16 2p S 164 1090 1.7 1323 LMM 152	17 2p Cl 200 1054 2.4 1287 LMM 181	18 2p Ar 245 1009 3.1 1242 LMM 53
19 2p K 294 960 2.7 1193 KLL 152	20 2p Ca 347 907 3.4 1140 LMM 293	21 2p Sc 402 852 4.2 1085 LMM 340	22 2p Ti 455 799 5.2 1032 LMM 418	23 2p V 513 741 6.3 974 LMM 473	24 2p Cr 575 679 7.6 912 LMM 529	25 2p Mn 641 613 9.0 846 LMM 589	26 2p Fe 710 544 10.5 777 LMM 703	27 2p Co 779 475 12.2 708 LMM 775	28 2p Ni 856 399 13.9 632 LMM 850	29 2p Cu 931 323 15.9 556 LMM 920	30 2p Zn 1021 233 18.0 466 LMM 994	31 2p Ga 1116 138 20.5 371 LMM 1070	32 2p Ge 1217 37 21.2 270 LMM 1147	33 3p As 141 1113 4.0 1346 MNN 31	34 3d Se 57 1197 2.5 1430 MNN 43	35 3d Br 69 1185 3.0 1418 MNN 55	36 3d Kr 89 1165 37 1398 MNN 53
37 3d Rb 111 1143 4.4 1376 MNN 70	38 3d Sr 133 1121 5.3 1353 MNN 76	39 3d Y 158 1096 6.2 1339 MNN 27	40 3d Zr 180 1074 4.3 1307 MNN 418	41 3d Nb 205 1049 5.0 1282 MNN 24	42 3d Mo 227 1027 5.8 1260 MNN 28	43 3d Tc 293 1001 6.6 1234 MNN	44 3d Ru 279 975 7.5 1208 MNN 273	45 3d Rh 307 947 8.5 1180 MNN	46 3d Pd 335 919 9.5 1152 MNN	47 3d Ag 367 887 10.7 1120 MNN	48 3d Cd 404 850 11.9 1083 MNN	49 3d In 443 811 13.2 1044 MNN	50 3d Sn 485 769 14.6 1002 MNN	51 3d Sb 528 726 16.1 959 MNN	52 3d Te 572 682 17.7 915 MNN	53 3d I 620 634 19.3 867 MNN	54 3d Xe 672 582 21.1 815 MNN
56 3d Cs 726 528 22.9 761 MNN	56 3d Ba 781 473 24.8 706 MNN	57 3d La 832 422 26.5 655 MNN	72 4d Hf 214 1040 8.0 1273 MNN	73 4f Ta 25 1229 9.1 1462 MNN	74 4f W 34 1220 5.8 1453 MNN	75 4f Re 45 1209 6.5 1442 MNN	76 4f Os 50 1204 7.2 1437 MNN	77 4f Ir 60 1194 8.1 1427 MNN	78 4f Pt 70 1184 8.9 1417 MNN	79 4f Au 83 1171 9.8 1404 MNN	80 4f Hg 99 1155 10.8 1388 MNN	81 4f Tl 118 1136 11.8 1369 MNN	82 4f Pb 138 1116 12.8 1399 MNN	83 4f Bi 158 1096 14.0 1329 MNN	84 4f Po 184 1070 15.1 1303 MNN	85 4f At 210 1044 16.4 1277 MNN	86 4f Rn 238 1016 17.6 1249 MNN
87 4f Fr 268 986 19.0 1219 MNN	88 4f Ra 299 955 20.4 1188 MNN	89 4f Ac 319 935 21.8 1168 MNN															

58 3d Ce 884 370 28.6 603 MNN	59 3d Pr 931 325 30.7 556 MNN	60 3d Nd 978 276 33.0 509 MNN	61 3d Pm 1027 227 35.3 460 MNN	62 3d Sm 1083 173 37.9 406 MNN	63 3d Eu 1131 123 37.9 356 MNN	64 3d Gd 1186 68 20.8 245 MNN	65 3d Tb 1242 12 20.8 245 MNN	66 4d Dy 154 1100 5.9 1333 MNN	67 4d Ho 161 1093 6.1 1326 MNN	68 4d Er 168 1086 6.4 1319 MNN	69 4d Tm 180 1074 6.6 1307 MNN	70 4d Yb 184 1070 6.9 1303 MNN	71 4d Lu 195 1059 7.1 1292 MNN
90 4f Th 335 919 23.3 1152	91 4f Pa 380 894 24.8 1127	92 4f U 381 873 26.4 906											

内 容 提 要

本书主要介绍了红外光谱及激光拉曼光谱、核磁共振波谱、质谱、X射线衍射分析、电子显微镜技术、X射线光电子能谱分析、材料热分析，并附有原子的弛豫能量表、元素的电负性表、元素的有分析意义的俄歇线、电子结合能标示元素表、顺磁态与逆磁态离子、原子灵敏度因子、表面分析用元素周期表等。

本教材可供有关专业的本科生、研究生、教师和科研人员参考。